ENVIRONMENTAL SCIENCE

환경과학

자연과 문명에 대한 통찰과 생태학적 시선으로 본 환경문제

ENVIRONMENTAL SCIENCE

Copyright © 2022
   Sangkyu Park, Keedae Kim, Eun-Jin Park,
   Young-Han You, Kyu-Song Lee, Donguk Han,
   GeoBook Publishing Co.

Published by GeoBook Publishing Co.
   1015 Platinum, 28, Saemunan-ro 5ga-gil, Jongno-gu, Seoul, 03170, Rep. of KOREA
   Tel. +82-2-732-0337 http://www.geobook.co.kr
   Email : book@geobook.co.kr

Authors Sangkyu Park, Keedae Kim, Eun-Jin Park,
         Young-Han You, Kyu-Song Lee, Donguk Han

Printed in Rep. of KOREA

ISBN 978-89-94242-81-1 93400

ENVIRONMENTAL SCIENCE
환경과학

자연과 문명에 대한 통찰과 생태학적 시선으로 본 환경문제

박상규 김기대 박은진 유영한 이규송 한동욱

GEOBOOK 지오북

머리말

한국전쟁 이후 원조를 받는 가난한 나라였던 우리나라는 "급격한 산업화와 경제개발" 덕에 G7 국가와 어깨를 나란히 하는 선진국이 되었다. 그 수십 년 동안 우리의 강산은 수많은 도로와 댐으로 쪼개지고, 가로막혔으며, 도시는 미세먼지에, 사람들은 코로나와 같은 전염병에 지속적으로 노출되고 있다. 주위의 많은 것들이 희생되며 얻은 인간의 삶이 더 나아지기는커녕, 더 힘들어지는 상황이다. 문명이 더 발전할수록 자연이 파괴되고 생물들이 사라진다면, 그 문명은 잘못된 방향으로 가는 것이 아닐까? 그렇다면 문명이 자연과 조화롭게 공존하기 위해서는 어떤 지향점을 가져야 할까? 망가진 자연을 회복시키고 아름다운 자연을 후손에게 물려주려면 현재의 우리 세대는 어떻게 살아야 할까?

환경과학은 "문명"이 "자연"을 어떻게 바꿔왔는지, 즉 문명과 자연의 관계에 대한 학문이다. 이는 내가 대학에서 환경과학 수업을 십수 년 동안 해오면서 나름대로 내린 환경과학의 정의이다. 환경과학을 공부하다 보면, 평화로운 초록빛 논들의 아름다운 경관도 실은 강가의 배후습지를 없애고 인간의 먹거리를 생산하는 농경지로 토지이용(land use)이 바뀐 것임을 알게 된다. "인간이 자연을 어떻게 변화시켜 왔는가"라는 관점으로 우리 주위를 바라보면 우리나라에 자연이 남아있는 곳이 거의 없다는 것을 알게 된다. 서울에서 서해안고속도로를 타고 호남으로 내려가면서 서쪽을 바라보면 바다였지만 간척으로 땅이 된 곳이 대부분이라고 한다. 논 사이의 낮은 산들은 다 예전에는 섬이었다. 기록에 의하면 강화도는 고려 때부터 간척이 이루어져 2개의 섬이 연결된 것이다. 영종도는 1990년대 초부터 인천국제공항을 건설하면서 4개의 섬을 간척사업으로 연결한 땅이다. 우리 주위 환경을 바라보는 시각과 사상의 스펙트럼을 1장 환경과학 서론 부분에 소개하였다.

환경과학은 환경문제를 해결하려는 기초과학이지만 환경문제를 근본적으로 해결하기 위해서는 자연과 문명과의 관계에 대한 거시적인 통찰과 함께 자연에서 에너지와 물질이 움직이는 원리, 즉 생태계에 대한 통찰이 필요하다. 이 책은 생태학적 시각을 통해 환경문제에 접근하려고 한다.

이를 위해 대학과 연구기관에서 환경과학을 가르치거나 연구하는 생태학 전공자 6인이 분야를 나누어 우리나라 사례를 위주로 집필하였다. 특히 환경과학을 생태학적 및 진화적 시각을 통해 이해할 수 있도록 2장과 3장에 기초적인 생태학과 진화론 내용을 소개하였다. 이 책의 기본적인 내용은 일반적인 환경과학 교재가 다루는 것과 비슷하나, 생물다양성 부분을 더 자세하게 다루고 있고, 특히 9장의 전통생물다양성 지식 부분은 이 책만의 독특한 내용이라고 할 수 있다. 15장에서는 환경문제를 해결하기 위한 국가적이고 국제적인 노력을 국가 정책과 국제 협약을 통해 다루었다.

환경문제에 대한 사람들의 인식과 그 해결 방도에 대한 의견은 매우 다양하다. 여러 가지 환경 이슈에 대한 다양한 관점과 시각을 접하고 학생들이 스스로의 시각과 의견을 가질 수 있도록 각 장마다 조별활동 및 토론 내용을 넣었다. 이론 강의 1회와 조별활동 및 토론 1회가 1주 단위로 구성된 환경과학 수업에서 이 활동지 내용을 활용할 수 있을 것이다.

UN이 정한 생물다양성의 해였던 2010년 이후로 생물다양성의 이해라는 강의를 자연환경해설사 양성 교육에서 일반인들에게 자주 강의하곤 했다. 그 때마다 듣던 "환경 이슈에 대해 좀 더 자세하게 알고 싶은데 어떤 책을 보면 되나요?"라는 질문에 대한 우리 생태학자들의 대답을 이제 세상에 내보낸다. 이 책의 집필은 2015년부터 시작되었는데, 6년이 지나서야 빛을 보게 되었다. 마지막 교정 단계에서 감수를 맡아주신 강혜순 교수님께 감사드리며 전체적인 내용과 문장을 꼼꼼하게 검토해준 노환춘 선생님에게 감사드린다. 환경문제로 생물도 고통받고 있음을 알려준 1988년 한겨레 그림판 수록을 허락해주신 박재동 화백님과 광교산 사진을 제공해주신 노민규 기자님 그리고 생태 현장사진을 제공해주신 여러분께 감사드린다. 원고를 편집과 교정을 통해 다듬어 주신 지오북의 황영심 대표님과 직원 여러분에게 감사 드린다. 다음 세대에게 꼭 가르쳐주고 싶은 내용을 담은 책이 교과서라고 한다. 지구와 생태계를 지켜 다음 세대에게 물려주는 데 이 책이 작은 도움이 되길 기대한다.

대표저자 박상규

차례 요약

차 례

3부 생물다양성과 기후변화

- 1부 -

환경과학의
기초

1장
환경과학 서론

"시인과 의사는 사고에 있어서 밀접한 동맹관계이다. 진단과 치료(본질적으로 진실과 사랑)는 두 분야 모두에 속한다. 사실 나는 정신적인 면에서 음악가나 화가보다 의사들이 나와 가깝다는 것을 안다…"

―그레이브스(Robert Graves)

1.1 환경과 환경과학

사람-환경 이분법

환경(environment)이란 어떤 주체를 둘러싼 모든 것을 말한다. 사람을 중심으로 이야기하는 경우 사람을 둘러싼 모든 것이 환경이다. 이 우주에 존재하는 모든 것을 사람과 환경으로 나눌 수 있다는 세계에 대한 인식이 사람-환경 이분법(man-environment dichotomy)이다(그림 1.1). 이러한 사람-환경 이분법은 단순하지만 실은 많은 사람들의 사고를 지배하고 있다. 한 예로 유전자변형생물체(genetically modified organism, GMO)에 대한 위해성평가(risk assessment)는 GMO가 사람에게 미치는 위해성(인체위해성)과 환경에 미치는 위해성(환경위해성)으로 나누어 평가한다. 이러한 사람-환경 이분법에 따른 모순은 아래 '세계에 대한 인식과 환경문제' 단원에서 다시 다룬다.

사람을 둘러싼 모든 것을 환경이라고 할 때 이를 다시 사람이 만들어온 문명과 같은 인문환경과 자연환경으로 나눌 수 있다. 인문환경에는 도시, 다리, 도로와 같은 구조물, 사회 시스템이나 문화 등이 포함되며, 자연환경에는 동물, 식물 등과 같은 이웃생물 및 생태계, 무기물 등이 포함된다. 환경의 범위는 사람을 제외한 모든 대상을 포함하기에 우리 주변에서 일어나는 거의 대부분의 문제가 환경문제에 속하게 된다.

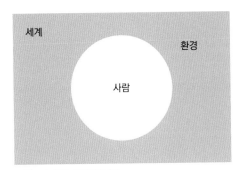

그림 1.1 사람-환경 이분법

세계에 대한 인식과 환경문제

사람-환경 이분법은 서구 문명 및 세계화가 진행된 개발도상국에 널리 퍼져있는 세계관이다. 이 세계관은 사람을 중심에 놓고 사람이 아닌 나머지 모든 것을 사람에 비해 부차적인 것으로 여긴다. 지금까지 인류 문명은 스스로의 생존을 위해 다른 생물들과 생태계, 자연을 파괴해 왔다. 하지만 역설적으로 이러한 환경 파괴는 거꾸로 사람과 인류 문명의 생존을 위협하고 있다. 인류가 스스로의 생존을 추구할수록 더욱더 생존이 어려워지는 이 딜레마는 인간 중심의 사람-환경 이분법적 세계관이 가지고 있는 모순을 잘 보여준다. 온생명[1] 사상을 주창한 장회익은 인류 문명을 온생명이라는 몸의 생존을 위협하는 암세포 덩어리로 비유한 바 있다. 암세포가 몸의 생존이 아니라 암세포만의 생존을 추구하여 다른 세포들을 죽이고 결국 몸 전체를 병들게 하여 죽게 만들 듯, 인류 문명의 이기적인 확장은 지구 전체에 심각한 환경문제를 일으키고 있다.

환경문제와 연관된 세계관의 문제로 또한 중요한 점은 현대인들이 자연과 단절됨으로써 스스로의 생존에 바탕이 되는 에너지와 물자 등 자연이 주는 생태계 서비스에 대한 인식이 부족해진 것이다. 산업혁명 이전의 서구인 및 서구화되기 전 세계 대부분의 지역에서는 생활에 필요한 의식주, 에너지를 직접 해결하여 왔지만 현대인은 더 이상 자급자족적인 인간이 아니라 극도로 분화된 산업에 의존하여 생활에 필요한 물자를 제공받고 있다. 물은 더 이상 하천이나 호수에서 길어 마시는 것이 아니라 수도꼭지에서 나오는 것이거나 편의점에서 사는 생수를 통해 얻는 상품으로만 존재한다. 먹을 것은 직접 잡거나 기르지 않고 시장 또는 대형 할인마트에서 구입하는 상품이며, 입을 것과 자는 집도 마찬가지로 시장에서 구입하는 제품으로만 존재한다. 대다수의 현대인은 자연과 떨어져 생활하

---

1 장회익은 생명의 기본 단위를 지구 생물계 전체와 태양을 포함하여 스스로 에너지를 조달할 수 있는 최소단위로 규정하고 이를 온생명이라 정의하였다. 사람과 생물종은 각각 '온생명'을 구성하는 '낱생명'이자 '보생명'인 관계이다.

기에 자신을 위해 인류 문명이 어떻게 자연을 이용하고 착취하는지 알지 못한다. 따라서 이 책에서는 사람의 삶과 인류 문명이 어떻게 자연과 연결되어 있는지를 인식하는 것을 중요한 학습 목표 중의 하나로 제시한다.

환경과학

환경과학(environmental science)은 환경문제와 관련된 과학이다. 구체적으로 말하면 환경문제에 대처하기 위해 환경문제의 본질과 원인을 이해하고, 이를 바탕으로 환경문제를 해결하려는 학문이다. 인문환경 및 자연환경을 이해하려는 노력은 지리학, 사회학, 천문학, 지질학, 물리학, 화학, 생물학, 생태학 등 많은 기초학문에서 이미 개별적으로 진행되고 있다. 환경과학은 환경을 이해하는 것이 목적인 기초과학으로 환경물리학, 환경화학, 환경생물학 등을 모두 아우르는 학문 분야이다. 환경공학(environmental engineering)은 환경과학과 달리 환경문제를 공학적으로 해결하기 위한 응용학문으로 대기오염 정화기술, 수질오염 정화기술, 폐기물 처리기술 등이 있다. 대상에 대한 이해를 추구하는 기초과학과 이를 바탕으로 문제를 해결하려는 응용과학의 구분은 매우 중요하다. 비슷한 예로 생명과학은 생명 현상에 대한 이해를 추구하는 기초과학이지만 생명공학은 생명과학을 바탕으로 구체적인 생산물을 만들어내는 응용과학이다. 영국 시인 그레이브스(Robert Graves)의 통찰처럼 시인이 세상의 진실을 알아내고 사랑을 설파하듯이, 의사는 환자의 병을 진단하고 치료하며, 기초과학은 자연을 이해하고 응용과학은 이를 바탕으로 문제를 해결한다.

환경문제의 연관성과 다학제적 해결

산업혁명 이후 산업화와 서구화가 진행되어온 사회뿐만 아니라 지구 전체에 걸쳐 수많은 환경문제가 인류와 생태계를 위협하고 있다(표 1.1). 이러한 환경문제는 서로 연관된 경우가 많다. 예를 들면 산성비로 인한

표 1.1 대표적인 환경문제

인구문제
독성물 및 환경호르몬 오염
유전자변형생물(GMO, LMO)
생물대발생(녹조, 적조, 메뚜기, 꽃매미 등)
농약
멸종 등 생물다양성 감소
산성비
기후변화
공해(대기오염, 수질오염, 토양오염...)
새집증후군
수자원 부족
에너지 고갈
폐기물 문제
난개발

숲의 쇠퇴는 대기오염과 밀접한 관계가 있고, 대기오염은 인류가 문명을 일으키고자 화석연료로 에너지를 소모시킨 것과 직접적으로 연관되어 있다. 수자원 부족 등을 이유로 건설되는 대형 댐에서는 주변 농업 활동에 의한 비료 및 생활 하수 유입으로 조류가 대발생하는 녹조현상이 일어난다. 이러한 환경문제의 상호연관성은 문제의 해결이 단순하지 않고 여러 학문분야가 모두 힘을 합치는 다학제적이어야 한다는 것을 시사한다. 우리나라에서 환경문제 연구를 담당하는 국가기관인 국립환경과학원의 조직도를 보면 얼마나 많은 분야의 부서가 조직되어 있는지 알 수 있다(그림 1.2). 이 조직도로부터 환경문제 해결을 위해 필요한 학문 분야를 유추해 보면, 수질, 대기질, 폐기물, 소음·진동과 관련한 환경공학, 기후변화와 관련한 대기과학, 자연환경을 연구하는 생태학, 환경보건학, 독성학 등이 필요함을 알 수 있다. 우리나라의 환경정책을 생산하는 한국환경정책평가연구원에서 필요한 학문은 위의 학문 외에도 경제학, 행정학, 법학, 통계학, 도시계획학, 정치학, 사회학 등이 있다.

환경과학과 생태학

환경과학은 환경문제를 해결하기 위해 사람을 둘러싼 인문환경 및 자연환경을 이해하는 것이 목적인 기초과학이다. **생태학**(ecology)은 자연환경 특히 생태계

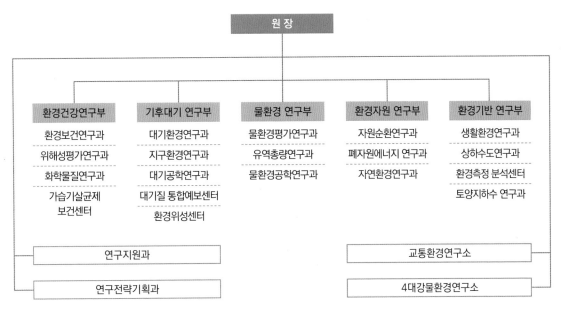

그림 1.2 국립환경과학원 조직도(2022년 1월 30일 기준)

에 대한 이해를 환경과학에 제공한다. 환경문제와 밀접한 연관이 있기에 생태학의 영어 단어 ecology의 첫글자인 eco는 환경을 뜻하는 말로 쓰이기도 한다. ecology는 자연의 집(eco)을 연구하는 학문(logos)이라는 뜻으로 사람을 둘러싸고 있다는 뜻의 environment와 비슷한 뜻을 내포하고 있다. 하지만 ecology라는 용어의 어원과는 달리 생태학은 개체군 이상의 수준에서 생물과 생물의 상호작용 및 생물과 환경의 상호작용을 연구하는 학문으로 인간 중심적인 환경과학과는 엄연히 다른 독립적인 자연과학의 한 분야이다. ecology라는 용어는 자연과학으로서의 생태학 이외에 생태담론의 뜻도 있다. 한편 네스(Arne Naess)가 주창한 deep ecology[2]를 심층생태학으로 번역하면 자연과학으로서의 가치중립적인 생태학과 혼동되므로 이를 심층생태론으로 이해하는 것이 바람직하다.

1.2 환경과학의 바탕인 생태학적 원리

생태계와 생물 군집에 대한 자연과학적인 이해를 추구하는 생태학의 오랜 전통은 사람 종이 속해있는 생태계, 즉 자연의 원리에 대한 통찰을 제공하고 있다. 생태학이 제공해 주는 자연의 원리는 환경문제를 생태적으로 해결하는 데 바탕이 된다. 환경문제 해결에 도움을 줄 수 있는 생태학적 원리는 커머너(Barry Commoner)의 『원은 닫혀야 한다(The Closing Circle)』(1971)에서 아래와 같이 제시된 바 있다.

1. 모든 것은 연결되어 있다(Everything is connected to everything else)
2. 모든 것은 어디론가로 가게 되어 있다(Everything must go somewhere)
3. 자연에 맡겨두는 것이 가장 낫다(Nature knows best)
4. 공짜 점심 따위는 없다(There is no such things as free lunch)

한편 커머너의 책에 일관된 주제는 자연생태계가 보여주는 순환의 완결성을 표현한 '원은 닫혀야 한다'이

---

2 네스는 인간 중심적으로 환경문제를 해결하려는 얕은 생태론(shallow ecology)에 대한 반발로 '모든 생명체는 보편적 권리를 가지며 어떤 한 종(인류)이 다른 종보다 더 많은 권리를 가지지 못한다'는 심층생태론(deep ecology)을 1972년에 주창하였다.

므로 이를 추가하면

5. 모든 것은 순환한다(Everything returns to the Nature's cycles)

로 5가지의 생태학적 원리를 환경문제 인식에 적용해 볼 수 있겠다.

모든 것은 연결되어 있다

가장 기본적인 생태학적 원리는 모든 것이 연결되어 있다는 것이다. 생태학은 생물과 생물 사이, 생물과 환경 사이의 **상호작용**(interaction)에 대한 학문이다. 자연생태계 속의 각 생물 개체군은 다른 생물들과 경쟁, 공생, 포식, 기생 등의 관계를 맺으며 연결되어 있고, 흙이나 물과 같은 무생물적인 요인들 또한 생물에게 영향을 주고 또 받으며 서로 관계를 맺고 있다. 그러므로 어떤 생물이나 무생물적인 요인의 변화는 연결된 다른 구성원에게 영향을 주게 된다. 사람 개체군도 생태계에 속한 한 종으로써 다른 생물들 및 비생물적인 자연과 관계를 맺으며 살고 있다. 생태계가 주는 혜택(생태계서비스)을 바탕으로 살아온 인류가 만든 문명은 거꾸로 생태계에 심각한 영향을 주고 있다. 이러한 사물의 연관성에 대한 이해는 환경문제의 이해와 해결에 매우 중요한 초석이다.

이러한 사물의 연관성을 과장되게 설명하는 고전적인 예는 영국 해군과 노처녀와의 관계이다. 영국 해군은 노처녀가 많을수록 강해진다는 논리로 다윈의 친구인 스펜서가 유포시킨 것으로 알려져 있다. 노처녀가 많아지면 고양이를 많이 키우게 되고 고양이는 들쥐 수를 줄이는데, 들쥐가 파헤치는 벌집이 보호되어 토끼풀이 많아지고 많아진 토끼풀은 소고기 생산을 늘린다. 결국 많은 소고기를 영국 해군에게 공급할 수 있어 영국 해군이 강하게 유지된다는 이야기다.

노처녀➡고양이➡들쥐➡벌➡토끼풀➡소고기➡영국 해군

앞의 예를 자세히 살펴보면 연결고리가 그렇게 강하지 않은 부분이 많음을 알 수 있다. 노처녀가 많다고 해서 고양이 숫자가 꼭 많아진다는 법은 없으며 토끼풀과 소고기 공급도 뚜렷한 연관이 없을 수 있다. 이 이야기의 근거가 되는 다윈의 『종의 기원』을 살펴보면 "호박벌은 마을 주변에 많다. 이는 마을 주변에 들쥐가 적어 벌집을 파헤치지 않아서이고 들쥐가 적은 이유는 마을에서 고양이를 많이 기르기 때문이다."라고 표현되어 있다.

따라서 모든 것은 연결되어 있지만 모든 것이 항상 밀접하게 연관되어 있지는 않다는 현대의 위계이론(hierarchy theory)의 견해가 좀 더 현실에 가까울 것으로 보인다. 환경문제를 이해하려면 여러 구성원들 사이의 연관성을 파악하여야 하고 특히 강한 연관성을 가진 연결고리를 규명하는 것이 중요하다. 사람을 포함한 동물들의 호흡으로 상당한 이산화탄소가 발생하지만 이 양은 화석연료의 연소에 의한 대기 중 이산화탄소 증가에 비하면 아주 미미하다. 이 경우 동물들의 호흡보다는 화석연료의 연소가 이산화탄소 증가의 중요한 요인이 될 것이다.

모든 것은 어디론가 가게 되어 있다

사실 '모든 것은 어디론가 가게 되어 있다'라는 두 번째 생태학적 원리는 물리학의 질량 보존의 법칙을 다른 식으로 표현한 말이라고 볼 수 있다. 질량 보존의 법칙은 한 시스템 내의 물질과 에너지가 가진 질량은 시간이 지나도 변하지 않는다는 것으로 질량은 새로이 생기거나 없어지지 않고 재배치되거나 형태가 바뀔 뿐이라는 것이다. 지구도 하나의 닫힌 시스템으로 볼 수 있으므로 지구 내의 물질은 형태가 바뀔 뿐 없어지지 않고 존재하므로 물질의 총합은 변하지 않는다. 총합은 일정하므로 어떤 곳에서 물질이 없어지면 다른 곳에서 같은 양 만큼 생겨나서 수지는 언제나 맞게 된다.

환경과학에서 이 원리가 적용되는 가장 좋은 예는

비온 뒤의 맑은 하늘과 공기이다. 비가 오기 전까지 도시를 채우고 있던 스모그와 미세먼지는 비가 온 뒤에 어디로 갔을까? 질량 보존의 법칙(물질 보존의 원칙)에 따라 물질은 그 양이 보존되어 어디론가 가게 되므로 각종 대기오염물질들은 빗물을 따라 하천과 저수지 등 수생태계로 이동하여 결국에는 바다에 모이게 된다. 화력발전소에서 대기로 배출되는 많은 양의 수은은 과연 어디로 가는 것일까? 수생태계로 이동한 수은은 세균에 의해 메틸수은으로 전환된 뒤 먹이그물을 거치면서 그 농도가 증가하는 생물증폭(biological magnification) 현상을 통해 먼 바다의 최상위 포식자인 참치에 상당한 양이 축적된다.

모든 것은 순환한다

식물은 이산화탄소를 이용해 탄수화물을 만들어내고 산소를 생산한다. 동물은 산소를 이용해 탄수화물을 분해하여 에너지를 얻고 이산화탄소를 생산한다. 분해미생물(세균과 곰팡이)은 식물과 동물의 사체를 분해하며 이산화탄소를 생산하고 유기물을 식물이 이용할 수 있는 질소와 인과 같은 무기영양소로 환원시킨다. 이러한 생산자 – 소비자 – 분해자가 어우러진 자연 생태계의 에너지 흐름과 물질 순환은 인류 문명과 달리 쓰레기를 만들어내지 않고 완전한 순환을 보여준다. 현재 자연생태계가 보여주는 완전한 순환은 처음부터 존재한 것이 아니라 40억 년에 가까운 지구상에서의 생물의 역사 동안 이루어진 것이다. 현대 생물학의 지식으로 생물들의 출현을 추측해 보면 40억 년 전 지구 최초의 생물은 산소가 없는 상태에서 유기물을 이용하는 혐기성 종속영양생물이었을 것이다. 그 뒤를 이어 광합성을 하는 남세균(독립영양생물)이 나타나면서 물 속 그리고 대기 중에 산소가 점차 축적되었고 이러한 산소를 이용하는 호기성 종속영양생물이 뒤이어 나타났을 것으로 생각된다.

『원은 닫혀야 한다』에서 커머너는 다음과 같이 역설한다.

"지구의 첫 생명체는, 현재의 인간과 마찬가지로, 자신이 성장함에 따라 자신의 존재 기반이 되는 영양분을 소모시키고 대신 유기 폐기물만 잔뜩 만들어내었다. … 이 생명체를 파멸로부터 구해준 것은 진화가 만들어낸 발명품이었다. 이 놀라운 능력을 가진 새로운 생명체는 원시 생물체가 만들어낸 노폐물을 다시 신선한 유기물질로 전환시키는 능력 … 광합성을 수행하는 능력을 지녔던 것이다. 이렇게 지구의 첫 생명체가 벌이던 탐욕스런 폭주가 위대한 생태적 순환 고리로 바뀌었다. 마침내 생명의 순환 고리, 즉 원이 닫히면서(완성되면서) 지구 생태계는 이전에 그 어떤 생명체도 혼자서는 이루지 못했던 '생존'을 이루어낸 것이다.

지금 인간은 이런 생태적 순환으로부터 떨어져 나왔다. … 그 결과 나타난 환경의 위기는 이제 생존의 위기로 발전했다. 다시 한번 말하지만, 살아남고자 한다면 우리는 원을 다시 닫아야 한다. 우리는 자연으로부터 끊임없이 자원을 빌리기만 하는 방법을 버리고, 그 자원을 자연으로 되돌려 보내는 방법을 다시 배워야만 한다."

자연에 맡겨두는 것이 가장 낫다

산업혁명 이후 서구 문명이 급속도로 발전하면서 대부분의 사람들이 인류가 자연을 '정복'하였고 인간의 지혜가 하지 못할 일은 없다고 생각하게 되었다. 환경문제에 대한 인식에서도 과학기술의 발전이 앞으로 환경문제도 기술적으로 해결할 것으로 믿는 사람들이 많다. 이런 인류 문명의 발전에 대한 낙관과 자연을 극복 대상으로 보는 인간 능력에 대한 과도한 믿음은 인류를 포함한 생물의 오랜 **진화**(evolution)에 대한 무지에 기초를 두고 있다.

사실 생물 진화의 역사에 비하면 인간이 지구에 존재한 시간은 비교가 불가능할 정도로 짧다. 일찍이 『코스모스』의 저자 세이건(Carl Sagan)은 『에덴의 용』(1978)이라는 책에서 우주의 역사 150억 년을 1년으로 비유하면 현생 인류는 12월 31일 오후 10시 30분에야 지구에 출현하였고 최근 2000년은 자정 전 4초에 불과하다고 하였다. 지구상의 생물의 역사를 40억 년이라고 한다면 지구 생물의 출현은 12월 31일에서 96일 전인 9월 25일에 해당한다. 최근 인류 역사 2000년의 200만 배[3] 이상 긴 시간 동안 지구의 생물과 생태계는 헤아릴 수 없이 많은 시도와 수많은 시행착오를 겪으며 새로운 형질을 만들어 냈다. 최초의 광합성 생물은 35억 년 전부터 발견되며, 산소를 이용하여 에너지를 얻는 호흡은 29억 년 전에 나타났다(Lee, 2012). 또 한번 커머너의 설명을 들어보자.

> "현재 생명체의 모습은 엄청난 양의 '연구와 개발'이 집적된 결과라는 사실이다. 사실 모든 생명체의 배경에는 20~30억년에 이르는 '연구와 개발'이 존재한다. 그 긴 시간 동안 상상할 수 없을 만큼 많은 종류의 생물종이 생겨났고, 각 생물종은 자신이 타고난 무작위적인 유전적 변화가 주변 환경에 적응하는 데 얼마나 적합한지를 시험한 셈이다. 만약 유전적 변화가 생물종이 환경에 적응하는 데 해로운 영향을 미치는 것이었다면, 그 생물종은 죽고 그 변화는 다음 세대로 전해지지 못했을 것이다. … 그러므로 현존하는 생물종이나 그들이 살고 있는 자연생태계는, 오랜 시간 동안 해로운 것들이 계속 제거되면서 만들어진, 어떤 의미에서 일종의 '최적' 상태에 근접한 것이라 볼 수 있다."

'자연에 맡겨두는 것이 가장 낫다'는 원리는 이러한 현재의 생물과 생태계, 즉 자연이 오랜 시간 동안 진화해온 최적 상태이며 인류 문명이 추가하고 변형하는 물질이나 방법이 더 좋은 결과를 내지 못할 가능성이 매우 높다는 견해를 표명한 것이라 할 수 있다. 이것의 예로 유기물질을 살펴보자. 이 지구상의 생물들이 만들어내는 유기물질은 모두 분해 가능하다. 가장 힘든 축에 속하는 셀룰로오스도 특정 세균이나 원생동물에 의해 분해가 가능하다. 이는 천연 유기물질의 원자간 결합을 끊어주는 효소가 모두 존재하기 때문이다. 이는 당연히 생물의 오랜 진화 역사에서 생물이 만들어내는 모든 유기물을 다시 무기물로 순환시키는 미생물들의 생화학적인 진화의 결과이다. 하지만 인간이 합성한 플라스틱은 분해효소가 없어 수백 년이 지나도 무기물로 환원되지 않는다.[4] 플라스틱뿐만 아니라 수많은 합성물질들이 분해할 효소가 없어 앞으로 지구에 계속 쌓여갈 것이다.

공짜 점심 따위는 없다

"공짜 점심 따위는 없다(There's no such thing as a free lunch)"라는 말은 신자유주의의 대표적인 경제학자인 프리드먼(Milton Friedman, 1912~2006)이 자주 인용하면서 유명해진 말로 알려져 있다. 하지만 이 이전에 하인라인(Robert Heinlein)의 SF 소설 『달은 무자비한 밤의 여왕(The Moon is a Harsh Mistress)』(1966)[5]에서도 등장하고 그 이전에도 많이 쓰이던 문구이다. 이 말은 19세기 골드러시 시절 금광산 주변 식당들이 경쟁이 치열해지면서 위스키 한 잔을 더 큰 잔에 조금 비싸게 팔면서 점심을 끼워판 것에서 유래한다.

경제학에서는 이 문구가 모든 재화와 용역은 공짜가 아니라 대가가 있고 어떤 것을 얻으려면 다른 것을 포기해야 한다는 의미로 쓰이며, 기회비용(opportunity cost) 및 **맞교환**(trade-off) 개념과 연관되어 있다. 이 문구를 커머너는 "지구 생태계는 모든 것이 연결되어 있는 하나의 거대한 전체이고, 그 안에서는 그 어떤 것도 새로이 형성되거나 사라질 수 없으며, … 생태계에서 무언가를 사용했다면 그에 대한 대가는 반드시 치러야만 한다"고 설명하였다. 누군가가 나에게 갑자기 점심을 사주겠다면 무엇인가 부탁할 것이 있는 것이 보통

---

3 96일은 4초의 2,073,600 배이다.

4 2021년에 페트병을 분해하는 미생물 효소가 발견되었다. 하지만 지구적 스케일에서 생산된 플라스틱의 분해는 아직도 불가능하다고 판단된다.

5 1992년에 번역된 책이다. 2075년 달세계의 상식 중의 하나를 'There Ain't No Such Thing As a Free Lunch(TANSTAFL)'로 표현하였다.

인 것처럼 대가를 치르지 않고 공짜로 얻을 수 있는 것은 아무 것도 없다. 우리가 자연생태계에서 숲을 베어 내고 소를 기르면서 경제적인 이익을 얻는 것 같지만 실제로는 숲이 사라지고 함께 살던 다양한 생물들을 잃게 됨으로써 숲과 생물다양성이 주던 생태계서비스를 받지 못하는 대가를 치른다. 최근 4대강 사업을 통해 강 주변이 개발되고 수상레저가 가능하게 되었지만 자연스레 끊임없이 흐르던 강이 주는 혜택(생태계서비스)의 상실이라는 비용을 지불해야 한다는 것도 이 원리와 관계가 있다.

1.3 환경 쟁점과 환경 사상의 세계사

인류의 활동이 생태계에 전 지구적인 영향을 주기 시작한 것은 제2차 세계대전 이후[6]지만 지구적 차원에서 환경문제에 대해서 인식하고 행동하기 시작한 것

---

6 인류 활동이 자연에 전 지구적인 영향을 주기 시작한 시기를 인류세(Anthropocene)라고 하고 보통 제2차 세계대전 이후 즉 1945년부터로 보나 일부에서는 1610년 또는 1964년부터로 보기도 한다.

표 1.2 환경분야에서 중요한 사건 연표

1945	제2차 세계대전 종료
1948	세계자연보전연맹(IUCN) 설립
1962	카슨(Rachael Carson)의 「침묵의 봄」 출간
1968	아폴로 8호의 지구돋이 촬영
1970	첫 번째 지구의 날(Earth Day)
1985	온산병 사태
1990	안면도 방사성폐기물 처분장 반대 운동
1990	Intergovenment Panels on Climate Change (IPCC)의 첫 번째 보고서 발간
1991	낙동강 페놀유출사건
1992	리우 UN 환경개발회의
1993	생물다양성협약(Convention on Biological Diversity) 발효
1995	굴업도 방사성폐기물 처분장 반대 운동
1997	교토협정서 발의
1998	동강댐 건설 반대 운동
2003	새만금 물막이 완료
2012	4대강 사업 완료
2015	파리협정 체결
2019	COVID-19 출현

은 1970년 첫번째 지구의 날(Earth day) 이후로 볼 수 있다(표 1.2). 이런 1970년대 환경 운동을 이끌어 낸 것이 1960년대 달 탐사라는 사실은 잘 알려지지 않았다. 달에 착륙하지는 않았지만 처음으로 달을 한 바퀴 돌아 달의 뒷면을 탐사하고 있던 아폴로 8호의 우주비행사들은 달을 돌아 지구쪽으로 나오게 되면서 뜻하지 않게 떠오르는 반달 모양의 푸른 지구, 즉 지구돋이

그림 1.3 아폴로 8호가 1968년 12월 24일에 촬영한 지구돋이(earthrise) 사진 ⓒ NASA (wikimedia)

그림 1.4 1988년 6월 21일자 한겨레 그림판. 환경문제로 사람이 아닌 생물들도 고통받고 있다는 인식의 전환을 보여준다. ⓒ 박재동

(earthrise)를 촬영하게 된다(그림 1.3). 1968년 크리스마스 이브에 온 세계 사람들에게 전송된 이 사진은 인류로 하여금 처음으로 자신이 사는 곳이 무한한 곳이 아니며 검은 우주에 외로이 떠있는 아름답고 연약한, 하나밖에 없는 행성임을 깨닫게 해 주었다. 1970년대 이후 전 세계적으로 환경 운동이 무르익었으며, 우리나라의 경우 1980년대 중반 온산병 사태 이후 환경문제가 전 사회적 쟁점으로 대두되었다(그림 1.4). 그런데, 이러한 개별적인 환경 쟁점의 역사보다 더 중요한 것은 환경과 지구를 바라보는 시각, 즉 환경 사상의 전개일 것이다. 이에 현재의 환경 사상에 크게 기여한 대표적인 환경 사상에 대해서 알아보자.

맬서스의 『인구론』 (1789)

맬서스(Thomas R. Malthus)는 『인구론(An Essay on the Principle of Population)』에서 인간의 생존에 식량이 필수적이고 성욕이 지속적이라는 가정하에 **인구**는 기하급수적으로 증가하고 식량은 산술급수적으로 증가하기에 인류는 빈곤의 악순환에 빠지게 된다고 주장하였다. 하지만 맬서스 이후의 인구 증가와 식량 증가를 보면 식량 생산도 인구 증가 속도에 뒤처지지 않아 맬서스

의 예측은 빗나간 셈이다. 맬서스는 인구 증가로 인한 파국을 막기위해 빈곤계층에 대한 복지혜택을 반대하고 인위적으로 사망률을 높여야 한다고 해서 많은 비판을 받았다.

하지만 맬서스의 『인구론』은 처음으로 인간사회가 무제한적으로 자원을 이용하여 무한히 성장할 수 없다는 것을 주장함[7]으로써 근대 환경 사상사에서 빼놓을 수 없는 기여를 하였다. 인구 증가와 그에 따른 자원 소비가 인류에게 비관적인 미래를 가져다줄 것이라는 맬서스의 통찰은 그 이후 인구의 폭발적인 성장에 대한 경고와 인구 통제를 주장하는 얼릭(Paul Ehrlich)의 책 『The Population Bomb』(1968)과 자원의 제한 때문에 지속적인 경제 성장은 파국을 초래한다는 로마클럽 보고서 『성장의 한계(The Limits to Growth)』 (1972)로 이어지게 된다. 인구가 환경문제의 주요 원인이라는 주장에 대해서는 4장 '인구 문제와 생태발자국'에서 더 세부적으로 다룬다.

소로의 『월든』 (1854)

소로(Henry David Thoreau)는 『산책(Walking)』 (1861)이라는 책에서 "세계의 보전은 야생에 있다(In wilderness, is the preservation of the world)"라는 유명한 말을 남겼는데 이는 훗날 가장 역사가 오래된 환경 보호 단체가 된 시에라클럽(Sierra Club)[8]의 슬로건이 되었다. 소로는 작가, 교사, 농부, 측량사, 연필 제조업자, 목수, 강연자 그리고 자연주의자(박물학자)이자 생태학자로 살았다. 그는 28살이 되던 1845년에 친구인 에머슨이 소유한 월든 호수 옆의 땅을 무상으로 빌려 작은 오두막집을 짓고 2년 3개월 동안 혼자 자급자족하면서 문명을 떠나서 자연에서 살 수 있음을 증

---

7 맬서스는 인류의 암울한 미래를 주장한 '암울한 경제학자'로 불린다.
8 시에라클럽은 1892년 존 뮤어(John Muir)의 주도 아래 개발로 인한 요세미티 국립공원의 파괴를 막기 위해 결성된 미국 환경보호 단체로 2020년 기준 회원수가 350만 명에 달한다. 그랜드캐년에 예정되어 있던 댐 건설을 취소시켰고 미국의 야생동물 보호법(Wilderness Act)(1964), 하천오염 방지법(Water Pollution Control Act)(1972) 등을 이끌어 냈다.

명하였다.

소로는 월든 호수에서의 실험적 삶과 이를 기록한 책『월든(Walden; or, Life in the Woods)』(1854)을 통하여 식물을 길러 스스로 빵을 만들어 먹으며 최소한의 필요를 충족시키는 소박한 생활이 가능함을 보였고, 이는 스콧 니어링(Scott Nearing)과 헬렌 니어링(Helen Nearing)의 60여 년 동안[9] 문명과 떨어진 삶으로 이어졌으며, 우리나라에서도 변산 공동체를 이끈 윤구병[10] 등에게 귀농 귀촌하는 삶에 대한 영감을 불어넣었다. 소로는 자신이 태어난 콩코드의 숲이 농경지나 땔감을 위해 잘려나가고 마을이 점점 팽창하는 것을 보고 "각 마을은 500에서 1,000 에이커 정도 넓이의 공원, 그보다는 보존된 숲을 지정해서 그곳에서는 어떤 벌목도 허용되지 않게 하고 교육이나 여가를 위한 공유지로 영원히 남겨놓아야 한다"[11]고 주장하여 자연보전 운동의 선구가 되었다. 소로의 자연보전 사상은 미국 국립공원의 아버지라고 불리는 뮤어(John Muir)와 자연주의 작가이자 대지윤리(land ethics)를 제안한 레오폴드(Aldo Leopold)에게로 이어졌다.

카슨의 『침묵의 봄』(1962)

『침묵의 봄(Silent Spring)』은 카슨(Rachel Carson)이 친구인 허킨스(Olga Owens Huckins)가 보낸 편지(모기 방제를 위해 공중에서 살포된 DDT 때문에 새들이 죽어간다는 내용)를 받고 화학 살충제 문제를 연구하여 55세 때 출판한 책이다. 책의 주된 주장은 DDT를 포함한 합성 살충제가 자연생태계 특히 새들에게 심각한 영향을 주고 있고 사람에게도 암 등 여러 질병을 유발할 수 있다는 것이다. 이를 종합하여 문학적으로 서술한 서두의 '내일을 위한 우화'는 DDT 등 화학 살충제를 마구 살포하면 생태계 먹이사슬을 통해 농축되고 전달되어 새들이 사라지고 꿀벌과 닭, 돼지들이 사라져 봄이 오

더라도 새가 지저귀지 않는 침묵의 봄이 될 것이라는 것 그리고 이 침묵의 봄은 누구의 탓도 아닌 사람들이 스스로 자초한 일이라는 것을 경고하고 있다.

『침묵의 봄』은 살충제를 제조, 판매하는 화학산업계의 즉각적인 방어와 반대를 불러일으켰지만, 이러한 논란과 이후의 검증을 통한 확인[12]을 거치면서 카슨은 현대 환경주의 시대를 연 선구자로 평가받고 있다(스타이거, 2006).

『침묵의 봄』은 제2차 세계대전 중 화학전에 사용할 목적으로 화학물질을 개발했던 것이 합성화학 살충제 산업으로 이어진 것이라고 설명한다.[13] 하지만 이러한 '제2차 세계대전의 잔재'[14]라는 설명보다 더 중요한 카슨의 기여는 제2차 세계대전 이후 서구사회에 널리 퍼져 있던 과학기술의 진보에 대한 순진한 기대를 깨고 과학기술의 발달이 환경 파괴와 환경 오염이라는 재앙을 불러올 수도 있다는 인식의 전환을 이끈 것이다(홍욱희, 2002). 또한 카슨은 "해충 박멸업자들이 야기한 위험"을 일반 시민들이 책임질 필요가 없다고 주장하여 사전예방의 원칙(precautionary principle)[15]의 단초를 제공하였다(15.1 환경정책의 개념과 발전 참조).『침묵의 봄』을 통해 카슨은 살충제가 생태계의 복잡한 먹이그물을 통해 전달되며, 살충제가 퇴치하려고 목적한 곤충이 내성을 얻어 오히려 더 창궐할 수 있다는 통찰을 통해 생물과 생태계 내의 연결성을 연구하는 생태학의 중요성을 대중들에게 전달하였다. 카슨의 합성화학물질에 대한 비판은 사람을 비롯한 생물의 내분비계 교란을 일으키는 '환경호

9　스콧 니어링은 51년, 헬렌 니어링은 64년 동안 문명과 떨어져 살았다.

10　윤구병은 충북대학교 철학교수직을 그만두고 1997년 변산 운산리로 귀농하여 변산 공동체를 만들었다.

11　소로의 1859년 10월 15일자 일기

12　미국 대통령 과학자문위원회는 1963년 '살충제의 사용'이라는 제목의 보고서를 통해 카슨이『침묵의 봄』을 통해 주장했던 내용에 대한 추가적인 연구와 정책 입안을 권고함으로써 카슨의 주장에 힘을 실어 주었다.

13　폴란(Michael Pollan)의『잡식동물의 딜레마(Omnivore's Dilemma)』에서도 제2차 세계대전 종전 후 엄청나게 남아도는 폭발물 성분인 질산암모늄을 식물 특히 옥수수의 비료로 사용하게 되었다는 내용이 나와 제2차 세계대전과 환경문제와의 연관성을 보여준다.

14　인도의 환경운동가인 쉬바(Vandana Shiva)가 연설에서 "우리는 여전히 제2차 세계대전의 잔재를 먹고 살고 있다(We're still eating the leftovers of World War II)"라고 한 것에서 연유한 표현이다.

15　사전예방의 원칙이 국제적으로 정의되고 받아들여진 것은 1992년 리우회의부터이다.

르몬'에 대한 고발인 콜본(Theo Colborn) 등의 『도둑맞은 미래(Our Stolen Future)』(1996)로 이어진다.

슈마허의 『작은 것이 아름답다』 (1973)

카슨이 과학 기술 진보의 장밋빛 환상을 깨부수었다면 슈마허(Ernst F. Schumacher)의 『작은 것이 아름답다(Small is beautiful)』는 물질주의가 추구하는 경제의 지속적인 성장은 장기적으로 지속될 수 없다는 것을 지적하였다. 슈마허는 자유시장적 자본주의 경제시스템의 대안으로 보다 작은 기업, **중간기술**(적정기술, intermediate technology) 그리고 사회주의 경제시스템을 제안하였다. 그는 1955년에 미얀마에서 일한 경험을 바탕으로 '불교경제학'을 제안했는데, '욕망의 증식'이 목적인 물질주의 경제와 달리 '인간성의 순화'를 추구하는 불교경제학에서는 재화보다 사람이, 소비보다 창조적인 활동이 중요시된다. 불교경제학의 핵심은 소박함과 비폭력인데, 기존 경제학이 소비를 극대화시키는 데 반해 불교경제학에서는 최소한의 소비로 최대한의 복지를 이끌어내는 적절한 소비패턴, 즉 소박함을 추구한다. 소박한 소비는 모든 사물에 대해 비폭력적인 태도로 이어진다. 불교의 관점에서 재생될 수 없는 화석연료를 함부로 사용하는 것은 일종의 폭력 행위로 간주된다. 불교경제학이 바탕이 된 사회의 모습은 노르베리-호지(Helena Norberg-Hodge)의 『오래된 미래(Ancient Futures: Learning from Ladakh)』(1992)에서 그려진 라다크 문명에서 볼 수 있다.

싱어의 『동물 해방』 (1975)

싱어(Peter Singer)는 공리주의 철학가로서 『동물 해방(Animal Liberation)』이라는 책을 통해 윤리의 대상이 인간뿐만 아니라 고통을 느낄 수 있는 동물에게까지 확장되어야 한다고 주장하였다. 그의 공리주의 철학에 따르면 쾌락은 증대시키고 고통은 줄여야 하는데 인간의 고통만 고려하고 고통을 느끼는 것이 분명한 동물의 고통을 무시하는 것은 '종차별주의(speciesism)'이다.

『동물 해방』에서 주요하게 다뤄지는 쟁점은 동물 실험과 식용 동물 사육이다. 싱어에 따르면 인간의 연구 목적이나 고기 섭취(채식으로도 충분히 생존 가능한데도 불구하고)를 위해서 다른 종의 고통을 외면하는 것은 윤리적으로 정당화될 수 없다.

싱어의 『동물 해방』은 특히 밀집 사육되는 가축들이 겪는 가혹한 고통을 고발하여 이후 리프킨(Jeremy Rifkin)의 『육식의 종말(Beyond Beef)』(1993)과 로빈스(John Robins)의 『육식: 건강을 망치고 세상을 망친다(A Diet for New America)』(1998) 등 육식에 대한 성찰과 채식주의 운동으로 이어졌다.

장일순의 생명사상과 한살림선언 (1989)

장일순은 원주를 기반으로 1970년대 민주화 운동을 이끌다가 1977년 이후 생명운동으로 방향을 바꾸어 1983년에 유기농업과 도농간 농산물 직거래 조직인 원주소비자협동조합 '한살림'을 창립하였다. 이후 유기농 운동과 소비자 운동의 연대를 넘어 "인간과 자연의 생명을 소외, 분열시키고 억압, 파괴시키는 '죽임의 질서'인 산업 문명 전반에 대항하여 생명을 총체적으로 살리는 전면적인 생명운동(김지하, 1989)"을 주창하는 한살림모임을 1989년에 결성하고 '한살림선언'을 발표하였다. '한살림선언'은 현대 산업문명이 맞닥뜨린 위기는 낡은 기계론적 세계관에 기인하며 구체적으로 핵, 자연환경 파괴, 자원고갈과 인구폭발, 문명병 및 정신분열적 사회현상, 경제의 구조적 모순과 악순환, 중앙집권화된 기술관료체제로 진단하고, 동학사상을 바탕으로 생명, 자연, 사회에 대한 각성을 통해 생활문화활동, 사회실천활동, 생활수양활동, 통일활동을 제안하였다(최혜성, 1989). 사실 장일순의 생명사상은 노장사상과 동학, 특히 동학 제2대 교주 해월 최시형의 영향이 크다.[16] 장일순의 강연에서 곧잘 등장하는 향아설위(向我設位), 경천

---

16 장일순은 최시형이 체포된 원주시 호저면 송곡에 1989년 해월 최시형 비문을 쓰고 기념비를 세우는 데 참여하였다.

(敬天), 경인(敬人), 경물(敬物)의 삼경(三敬), 이천식천(以天食天)의 내용은 모두 해월 최시형의 사상이다.[17] 장일순은 해월의 사상을 대중화하여 먹거리의 중요성을 영적인 차원까지 올렸고, 무자비한 경쟁을 요구하는 산업문명 시대에 생명이 없는 사물까지도 함께하는 공생의 정신을 강조하였다(장일순, 1997). 장일순의 생명사상은 우주적 공공성인 천지공심(김지하, 1999)을 이야기한 김지하에게 직접적인 영향을 주었다. 우리나라 유일의 환경 평론지인 『녹색평론』 편집인인 김종철도 장일순을 통해 해월 최시형의 사상의 영향을 받았다(김종철, 2001).

장회익의 『삶과 온생명』 (1998)

장회익이 주창한 **온생명**(global life)은 기존의 사람-환경 이분법적 세계 인식의 모순을 뛰어 넘어 우주에서의 사람과 생명의 관계를 독창적으로 설명한다. 생명의 기본 단위를 스스로 에너지를 조달할 수 있는 최소단위로 규정하고 이를 온생명이라 정의하였다. 이 정의에 따르면 태양계가 온생명의 최소단위이다. 장회익에 따르면 사람과 그 문명은 온생명의 생존을 위협하는 암세포인 동시에 온생명의 생존을 책임지는 온생명의 '자의식'이 되는 이중성을 지니고 있다. 이때 온생명의 자의식이 되는 것은 인류 전체의 집단지성(collective intelligence)이다(장회익, 1998).

🌱 1.4 자연과 인간에 대한 네 가지 관점

자연과 인간의 관계에 대한 인식은 크게 네 가지로 정리해 볼 수 있다(그림 1.5).

---

17 동학에 따르면 사람은 곧 한울님, 즉 하늘(天)이며, 따라서 내가 먹는 삼시세끼 제사는 곧 한울님에 대한 제사(향아설위)이며 모든 생명과 무생물까지 존귀하기에 먹을 것을 먹는 것은 바로 하늘이 하늘을 먹는 것(이천식천)이 되는 것이다. 모든 생명과 비생물까지 한울님이 깃들어 있기 때문에 하늘을 모시듯, 사람을 모시고, 사물까지도 받드는 것이다(경천, 경인, 경물).

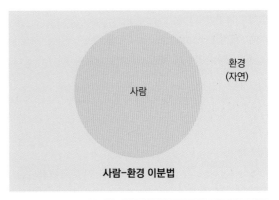

사람-환경 이분법

사회생태론

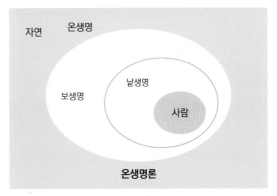

온생명론

근본생태론

그림 1.5 자연과 인간에 대한 4가지 관점. 사람이 세계 속에 차지하는 위상의 크기를 하늘색 영역으로 나타내었다.

사람 - 환경 이분법

이 관점에서 사람은 우주의 중심이며 이웃 생물을 포함한 나머지 모든 것은 사람을 둘러싼 환경이다. 사람-자연 이분법으로 인식되기도 한다. 우주에서 인간이 차지한 위상이 가장 크다.

사회생태론

북친(Murray Bookchin)이 주창한 **사회생태론**(social ecology)은 자연-사회의 이분법을 지양하고 자연을 끊임없이 진화해온 생물적 자연(제1자연)과 거기에서 한 단계 더 진화한 인간 사회(제2자연)로 구분하여 인식한다(북친, 1990). 북친에 따르면, 인간 사회는 그 바탕인 제1자연과 마찬가지로 사회적 진화 과정을 겪어왔다. 계급과 위계구조를 가진 인간 사회에서는 인간이 다른 인간을 지배하는데, 이런 사회구조 때문에 인간이 자연을 지배할 수 있다는 '자연 지배'의 관념이 가능하게 되었다는 것이다. 따라서 사회생태론에 따르면 인간의 자연 지배에 따른 환경위기는 계급과 위계구조가 없는 사회가 도래해야만 극복 가능하다(북친, 2007).

온생명론

온생명론에 따르면 에너지를 자급할 수 있는 단위인 온생명의 최소 단위는 태양계이며 이는 생물들(낱생명)과 이들의 생명이 이루어지는데 필수적인 비생물 요소(보생명)로 이루어진다. 인류는 낱생명 중 특별한 지위를 가지는 데 온생명의 생존을 위협하는 암세포같은 부정적인 영향을 주는 존재이자 인류의 집단 지성을 통해 온생명의 아픔을 자각하고 온생명의 생존을 책임지는 온생명의 자의식으로 기능할 수 있어 이중적이다.

심층생태론

네스(Arne Naess)가 1972년에 주창한 **심층생태론**(deep ecology)은 사람 - 환경 이분법을 거부하고 유기적인 전체 장(relational total field)으로 생명을 인식한다(표 1.3; Naess, 1972). 또한 모든 생물들은 먹이그물 속의 교

표 1.3 네스가 제안한 근본생태론의 성격

1) 사람이 환경에 둘러싸여 있다는 인식을 거부하고, 유기적인 전체 장(relational total field) 인식을 선호
2) 원칙적으로 생물권 평등주의(biospherical egalitarianism)
3) 다양성과 공생의 원칙
4) 계급에 반대하는 입장
5) 오염과 자원 고갈을 반대하는 투쟁
6) 번잡성(complication)이 아니라 복잡성(complexity) 지향
7) 지방자치와 분권화 지향

(자료: Naess, 1972)

차점에 위치하며 서로 유기적으로 연결되어 있고, 다른 생물종들이 사람과 동등한 가치와 권리를 가진다고 주장한다. 심층생태론에 따르면 환경문제 해결은 인구 감소를 통해 이루어질 수 있다.[18] 네 가지 인식 중 인간이 가진 우주에서의 위상이 가장 작다.

🌱 1.5 환경윤리

"생각할수록 나를 경이감에 싸이게 하는 것이 두 가지가 있다. 하나는 밤하늘의 반짝이는 별이고 또 하나는 내 마음 속에서 빛나는 도덕률이다" –칸트(Immanuel Kant)

환경문제 해결을 위해서는 우선 환경의 변화를 확인하는 사실 판단이 필요하고 이 상태 변화가 '악화되었다' 또는 '좋아졌다'라는 가치 판단이 개입되어야 한다. 나쁜 상태는 방치하지 않고 개선해야 할 의무와 책임을 요구하는데, 이는 '해야 한다'와 '해서는 안된다'라는 윤리적 판단에 이르게 한다. 과연 어떤 행위를 해야 하고 어떤 행위는 하지 말아야 하는가? 이런 윤리적 판단은 어떤 대상까지 포함하는가?

공리주의와 칸트주의 윤리

윤리적 판단 기준에 대한 대답은 크게 **공리주의**와

---

18 사회생태론 등에서 근본생태론은 반인간주의이며 인간 사회의 모순(선진국과 제3세계, 계급 등)에 의한 환경파괴를 무시한다는 비판을 받았다. 이에 대해 네스는 자기가 주창한 근본생태론은 서구사회에 대한 비판이라고 답한다(로텐버그, 2011).

칸트주의로 구별할 수 있다. 공리주의는 그리스의 개인적 쾌락주의를 사회적으로 확장한 것인데 최대 다수에게 최대의 행복을 결과적으로 가져다 주는 것을 도덕적으로 옳은 것이라고 생각한다. 즉 공리주의는 어떤 행위의 결과가 쾌락을 증진시키고 고통을 경감할 때 그 행위가 옳다고 생각한다. 싱어의 동물해방론은 이러한 공리주의 원칙이 고통을 느낄 수 있는 동물에게까지 확장된 것이다.

한편 칸트는 인간의 선의지(the good will)에 의한 행위는 결과와 상관없이 도덕적으로 옳으며 선의지를 가진 사람이 반드시 준수해야 할 도덕법칙이 있고 이는 보편타당한 것으로 보았다.

내재적 가치와 도구적 가치

칸트와 이후 윤리철학자[19]에 따르면 인간을 포함한 모든 사물은 **내재적 가치**(intrinsic value)와 **도구적 가치**(instrumental value)를 가진다. 내재적 가치는 어떤 사물이 본질적인 존재 가치를 가지는 것을 의미하고 도구적 가치는 인간에게 유익하기 때문에 가지는 가치를 말한다. 보통 대부분의 사람들은 사람이 내재적 존재 가치를 가진다는 칸트의 주장에 동의한다. 하지만 어떤 경우에는 사람이 내재적인 존재 가치를 가지지 못하고 도구로 이용되기도 하는데 이를 인간을 도구화한다고 표현하기도 한다. 칸트에 따르면 도구적 가치를 지닌 대상은 가격(price)을 가지지만 내재적 가치를 가진 대상은 존엄함(dignity)을 가진다. 또한 가격을 가진 것들은 동등한 가치를 가진 것과 교환될 수 있지만 가격을 초월한 것들은 대체할 수 없고 존엄하다.

도덕의 대상

상대적인 가치가 아니라 근원적이고 대체할 수 없는 내재적 가치, 즉 존엄을 가진 존재는 도구처럼 사람을 위해 버릴 수 없고 도덕적 행동의 대상이 된다. 도덕의 대상이란 옳고 그르다는 판단의 대상이 되는 것이다. 대부분의 사람들은 사람을 먹으면 안된다고 생각하고 이 경우 도덕의 대상은 사람이 된다. 애견가들은 개고기를 먹으면 안된다고 생각할 것이고 이 경우 도덕의 대상은 사람뿐만 아니라 개까지 확장된다. 싱어 등 동물의 권리를 옹호하는 사람들은 고통을 느낄 수 있는 소, 돼지, 닭, 새우 등을 먹으면 안된다고 생각하는데 이 경우는 도덕의 대상이 고통을 느낄 수 있는 동물까지 확장된다. 도덕과 윤리의 대상을 자연에게까지 확장시킨 예는 레오폴드(Aldo Leopold)의 '대지 윤리(land ethics)'[20]를 들 수 있다. 그의 대지 윤리에 따르면 인간도 생명 공동체(biotic community)에 속하는데 인간은 대지 공동체의 정복자가 아니라 일개 구성원에 불과하다. 레오폴드는 윤리적 공동체의 지평에 자연을 포함시켰다고 평가받는다(한면희, 2007). 그의 대지 윤리는 윤리적 인간에게 "생명 공동체의 순결과 안정성 그리고 아름다움의 보전에 이바지한다면, 그것은 옳다. 그렇지 않다면 그르다."라는 윤리적 규범을 제시한다(한면희, 2007).

시에라클럽과 디즈니 사례

디즈니(Disney)는 1966년에 미국 세쿼이아국립공원 남쪽 경계 지역에 있는 미네랄킹 계곡(Mineral King Valley)에 스키 리조트를 건설할 계획을 발표하였다. 미국의 환경보호 운동 단체인 시에라클럽은 계곡의 나무, 바위 야생동물들의 권익을 위해 스키 리조트 건설 취소 소송을 제기하였다. 디즈니와 같은 법인도 사람처럼 법적 권리를 가지듯 생물들이나 생태계도 법정에서 권리가 있다는 주장을 하였다. 1971년에 미국 대법원까지 소송이 진행되었으나 판결은 내려지지 않았다. 이는 일련의 소송 사태로 이 미네랄킹 계곡과 자이언트세쿼이아 군락이 여론의 주목을 받게 되고 미의회가 1978년에 이 지역을 세쿼이아국립공원으로 편입시키는 법 개정을 수행함으로써 일단락되었다.

---

19 로체(Rudolf Hermann Lotze)와 니체(Friedrich Wilhelm Nietzsche)

20 레오폴드의 『모래군의 열두달(A Sand County Almanac)』(1949)의 마지막에 실린 에세이

천성산 도롱뇽 소송 사례

위의 미국 디즈니 사례와 비슷하게 우리나라에서도 도롱뇽을 대신하여 도롱뇽이 살 권리를 위해 소송한 사례가 있는데 2003년 지율스님이 제기한 '고속철도 천성산 관통 구간 공사 착공 금지 가처분 소송'(이른바 도롱뇽 소송)이다. 고속철도 천성산 관통 구간인 원효터널(13.28 km) 공사로 산지 습지인 밀밭늪, 무제치늪, 화엄늪 등지에 서식하는 도롱뇽, 특히 1급수에만 사는 꼬리치레도롱뇽(*Onychodactylus koreanus*)이 사라지지 않도록 공사를 중지해달라는 소송이 꼬리치레도롱뇽(그림 1.6)이 주체가 되어 제기된 것이다. 결과적으로 "자연물인 도롱뇽 또는 그를 포함한 자연 그 자체에 대하여 당사자 능력을 인정하는 현행 법률이 없고 이를 인정하는 관습법도 없으므로 따라서 신청인 도롱뇽의 가처분신청은 부적법하다."고 결정하였으며 대법원에서도 이 결정을 인정하여 2006년 6월 재항고를 모두 기각하여 공사가 재개되었다. 미국 디즈니 사례와 달리 도롱뇽 사례에서는 꼬리치레도롱뇽이 당사자로 인정받지 못하여 패소하고 말았다. 아직 우리나라에서는 생물이나 자연이 법의 보호를 받는 주체로 인정받지 못하고 있는 것이다. 이 사건 이후 "천성산 습지에 도롱뇽 천지"라는 여러 차례 후속 보도로 인해 지율스님과 환경보호론자가 조롱받아 왔다. 하지만 이는 도롱뇽(*Hynobius leechii*)과 꼬리치레도롱뇽(*Onychodactylus koreanus*)을 구분하지 못한데 기인한 것으로 보인다. 2008년에 국립환경과학원 국립습지센터가 천성산 화엄늪에서 꼬리치레도롱뇽 유생 한 마리를 발견하였지만 2014년에는 관찰되지 않았다.

여러 가지 환경윤리

환경문제의 대두는 전통적으로 사회 속에서 사람 간의 윤리 규범을 다루던 윤리 사상이 가진 한계를 드러내 다양한 환경윤리 사상이 제시되도록 이끌었다. 도덕의 대상이 인간에 국한되는지, 자연까지 확장되는지에 따라 환경윤리는 전통적인 인간 중심적 환경윤리와 자연윤리(생태윤리)로 구분된다(그림 1.7). 자연윤리는 다시 인도적 생태주의 윤리와 자연 중심주의 윤리로 나눌 수 있는데, 인도적 생태주의는 사회생태론과 같이 인간 사회의 불평등에 환경문제가 기인하고 이것이 인간의 자연에 대한 지배로 이끌었다고 인식한다. 반면

그림 1.6 도롱뇽 소송의 소송 당사자인 꼬리치레도롱뇽의 모습 ⓒ 배윤혁

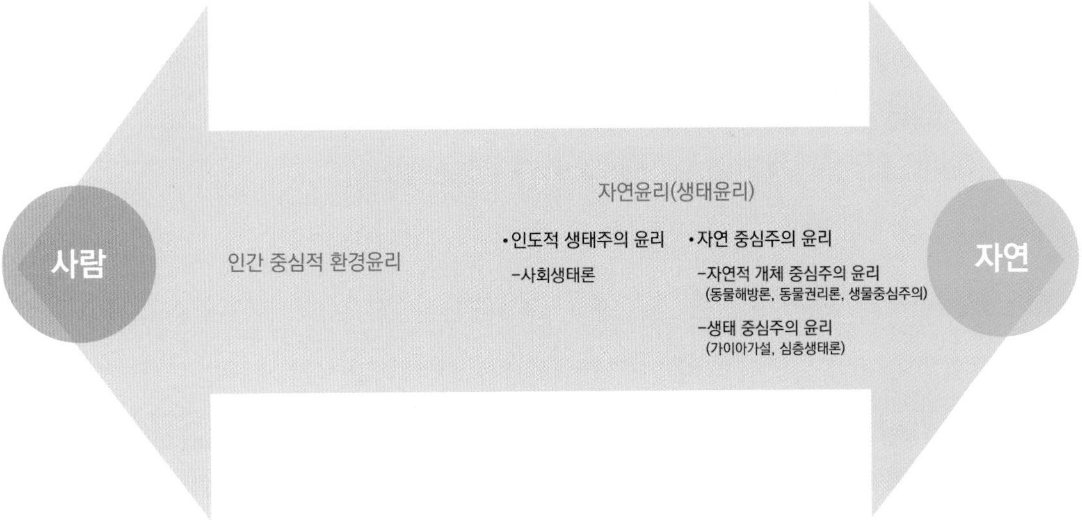

그림 1.7 여러가지 환경윤리 사상의 스펙트럼. 한면희(2007)의 도표를 사람-자연 축의 스펙트럼으로 다시 그림

자연 중심주의 윤리는 인간 중심적 가치관을 인간의 자연에 대한 지배의 원인으로 생각한다. 자연 중심주의 윤리는 다시 동물해방론, 동물권리론, 생물 중심주의 등과 같은 자연적 개체중심주의 윤리와 가이아 가설이나 심층생태론과 같은 생태 중심주의 윤리로 전개된다. 이런 여러 가지 환경윤리 사상은 크게 보면 도덕적 판단의 대상이 인간에 국한되는지(인간 중심주의), 비생물적인 자연 전체까지 확장되는지(자연 중심주의)와 환경문제(인간에 의한 자연 지배)가 인간 중심적 사고 때문인지(심층생태론), 인간사회 내부의 불평등 때문인지(사회생태론)에 따라 나뉘어진다. 자신은 이런 환경윤리 사상의 스펙트럼에서 어떤 입장을 가지는지 정리해 보고 동료들과 토론해보자.

참고문헌

김지하. 1989. 좌담 I. 문명의 위기에서 생명의 질서로. 한살림 무크지.

김지하. 1999. 율려란 무엇인가. 한문화.

김종철. 2001. 월간 원광 2001년 3월호 특별인터뷰.

노르베리-호지. 1992. 오래된 미래 (양희순 옮김, 중앙북스 2015) (원제: Ancient Futures)

레오폴드. 1949. 모래 군의 열두 달 (송명규 옮김, 따님 2000) (원제: A Sand County Alamanac)

로마클럽. 1972. 성장의 한계 (김병순 옮김, 갈라파고스 2012) (원제: Limits To Growth: T he 30-Year Update)

로빈스. 1998. 육식: 건강을 망치고 세상을 망친다 (이무열 옮김, 아름드리미디어 2000) (원제: A Deit for New America)

로텐버그. 2011. 생각하는 것이 왜 고통스러운가요? (박준식 옮김, 낮은 산 2011) (원제: Is It Painful to Think)

리프킨. 1993. 육식의 종말 (신현승 옮김, 시공사 2002) (원제: Beyond Beef)

맬서스. 1789. 인구론 (이서행 옮김, 동서문화사 2011) (원제: An Essay on the Principle of Population)

북친. 1990. 사회생태주의란 무엇인가 (박홍규 옮김, 민음사 1998) (원제: Remaking Society)

북친. 2007. 사회적 생태론과 코뮌주의 (서유석 옮김, 메이데이 2012) (원제: Social Ecology and Communism)

세이건. 1978. 에덴의 용 (임지원 옮김, 사이언스북스 2006) (원제: Dragons of Eden)

소로. 1854. 월든 (김성 옮김, 책만드는집 2004) (원제: Walden, or Life in the Woods)

소로. 1861. 산책 (박윤정 옮김, 양문 2005) (원제: Walking)

슈마허. 1973. 작은 것이 아름답다 (이상호 옮김, 문예출판사 2002) (원제: Small is beautiful)

스타이거. 2006. 현대 환경사상의 기원 (박길용 옮김, 성균관대학교출판부 2008) (원제: The Origins of Modern Environmental Thought)

싱어. 1975. 동물 해방 (김성한 옮김, 연암서가 2012) (원제: Animal Liberation)

장일순. 1997. 나락 한알 속의 우주. 녹색평론사.

장회익. 1998. 삶과 온생명. 솔.

최혜성 대표집필. 1989. 한살림선언. 한살림 무크지.

카슨. 1962. 침묵의 봄 (김은령 옮김, 홍욱희 감수, 에코리브르 2002) (원제: Silent Spring)

커머너. 1971. 원은 닫혀야 한다 (고동욱 옮김, 이음 2014) (원제: The Closing Circle)

콜본. 1996. 도둑 맞은 미래 (권복규 옮김, 사이언스북스 1997) (원제: Our Stolen Future)

하인라인. 1966. 달은 무자비한 밤의 여왕 (임창성 옮김, 잎새 1992) (원제: The Moon is a Harsh Mistress)

한면희. 2007. 미래세대와 생태윤리 12장 대지의 윤리.

Ehrlich, PR. 1968. The Population Bomb. Sierra Club/Ballentine Books.

Lee, J. 2012. The First Oxygen Users?. Science 2012. 1. 10 News. https://www.sciencemag.org/news/2012/01/firstoxygen-users

Naess, A. 1972. The shallow and the deep, long-range ecology movement. A summary. Inquiry 16: 95–100.

1. 생태발자국

1. 조별활동

1. https://www.footprintcalculator.org 사이트 (영문)에 접속한다.

2. 각자 자신의 활동을 입력하여 지구에 있는 모든 사람이 자신과 같이 활동할 때 필요한 지구의 개수(생태발자국)를 측정한다.

3. 대답이 불가능한 경우는 지나간다(한국인의 평균값이 입력됨).

4. 조별로 각 개인의 생태발자국 평균을 계산한다.

5. 녹색연합의 '나의 생태발자국 체크하기'를 계산한다.

6. 조별로 각 개인의 생태발자국 평균을 계산한다.

7. 아래 그림에서 지구의 평균 생태발자국은 얼마인가?

2. 조별 토론 주제

1. 생태발자국이 1인당 1.7 gha일 때 지구 인구당 지구 하나의 면적이 필요하다고 할 때 현재 지구평균 생태발자국 수준은 지속가능한가? 인구가 2배가 된다면 상황이 어떻게 되는가?

2. 지구가 지속가능하려면 소비(생태발자국)를 어느 수준으로 줄여야 하는가?

3. 생태발자국 측면에서 지속가능하려면 어떤 변화가 가장 필요한가?(https://www.footprintcalculator.org 사이트와 녹색연합 측정지 참조)

4. 아래 그림을 보면 지구에 대한 환경 영향을 결정하는 두 가지 요인은 무엇인가? 선진국과 저개발국가는 각각 어떤 측면에서 지구에 대한 영향을 줄이는 데 기여할 수 있는가?

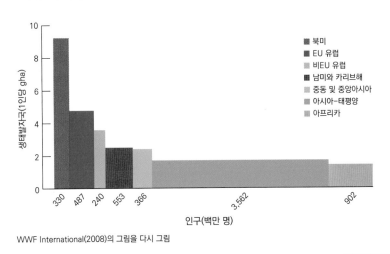

WWF International(2008)의 그림을 다시 그림

3. 전체 토론 주제

생태발자국을 줄이는 생활방식을 개인 그리고 사회 차원에서 실천할 수 있는가? 그 이유는?

나의 생태발자국 체크하기 〈녹색연합〉

주택

01 함께 살고 있는 식구가 몇 명입니까?
1 (30)　　2 (25)　　3 (20)　　4 (15)　　5명이상 (10)

02 집의 난방연료는 무엇입니까?
도시가스 (30)　　전기 (40)　　기름 (50)
재생에너지(태양, 풍력) (0)

03 집안의 수도꼭지와 화장실변기 수를 합하면 모두 몇 개입니까? (수도꼭지는 부엌, 화장실, 세탁실, 집 밖에 설치된 것을 다 포함)
3개 이하 (5)　　3~5 (10)　　6~8 (15)　　8~10 (20)
10개 이상 (25)

04 집의 형태는 무엇입니까?
아파트/콘도미니엄 (20)　　단독주택 (40)

음식

05 채식주의자입니까?
예 (0)　　중간 (자신이 점수 부여)　　아니오 (50)

06 일주일에 평균 몇 번이나 집에서 음식을 만들어 먹나요?
10번 이하 (25)　　10~14 (20)　　14~18 (15)
18번 이상 (10)

07 식품을 살 때 주로 우리 농산물을 구입하나요?
예 (25)　　아니오 (125)　　때때로 (50)
거의 구입하지 않음 (100)　　모름 (75)

교통

08 집에 자동차가 몇 대나 있습니까?
0 (5)　　1 (25)　　2 (50)　　3 (75)
3대 이상 (100)

09 출퇴근이나 등교를 할 때 무엇을 타고 가나요?
자가용 (50)　　대중교통 (25)　　학교버스 (20)
도보 (0)　　자전거 (0)

10 지난 휴가 때 어디를 다녀오셨나요?
휴가를 안감 (0)　　살고 있는 시·도 내 (10)
살고 있는 시·도 밖 (30)
국외 가까운 일본, 중국, 동남아 일대 (40)
그 외 다른 나라 (70)

11 여름철 몇 번이나 야외 나들이를 갔나요?
0 (0)　　1~3 (10)　　4~6 (20)　　7~9 (30)
9번 이상 (40)

구매

12 최근 1년 동안 대용량 가전제품을 몇 번이나 구입했나요? (예를 들면 오디오, TV, VCR, PC, 자가용, 가구, 냉장고, 스토브 등)
0 (0)　　1~3 (15)　　4~6 (30)　　6번 이상 (45)

폐기물

13 집에서 나오는 쓰레기 양을 줄이려고 노력한 적이 있나요?
예 (0)　　아니오 (30)

14 화장실이 재래식입니까?
예 (0)　　아니오 (20)

15 재활용을 위한 분리수거를 잘 합니까?
(신문, 박스, 종이, 알루미늄캔, 플라스틱 등)
예 (0)　　아니오 (20)

16 매주 몇 개의 쓰레기봉투가 나옵니까?
0 (0)　　반통 (5)　　1통 (10)　　2통 (20)
2통 이상 (30)

1. 나의 점수 합계 (　　　)

2. 나의 생태발자국: (　　　) ha / 지구 (　　　) 개

3. 나의 생태발자국 측정 후 느낀 점:

생태발자국 측정이 완료되었습니다!
당신의 생태발자국은?

- **70 이하** ➡ 생태발자국 2 ha
  세상 사람들이 모두 당신처럼 산다면 지구가 1개면 충분합니다.

- **71~150** ➡ 생태발자국 2 ha~4 ha 사이
  세상 사람들이 모두 당신처럼 산다면 지구가 2개가 필요합니다.

- **151~350** ➡ 생태발자국 4 ha~6 ha 사이
  세상 사람들이 모두 당신처럼 산다면 지구가 3개가 필요합니다.

- **351~550** ➡ 생태발자국 6 ha~7.7 ha 사이
  세상 사람들이 모두 당신처럼 산다면 지구가 4개가 필요합니다.

- **551~750** ➡ 생태발자국 7.7 ha~10 ha 사이
  세상 사람들이 모두 당신처럼 산다면 지구가 5개가 필요합니다.

이 활동은 녹색연합 사이트(http://www.greenkorea.org/)에 있는 '나의 생태 발자국 체크하기 활동'을 재인용한 것입니다.

2장
생태학의 기초

"수많은 종류의 식물이 푸르게 뒤덮고, 덤불 위에 앉아 지저귀는 새들과, 이리저리 날아다니는 수많은 곤충들 그리고 축축한 흙 위로 기어가는 벌레들이 모두 뒤엉킨 강둑을 조용히 바라보는 것은 매우 흥미로운 일이다. 매우 정교하게 만들어진 생물들이 서로 무척 다르면서도 복잡한 양상으로 의존하며 살아가는 것이 우리 모두를 관통하는 어떤 법칙들의 결과라는 것을 곰곰히 생각해 보면 더더욱 흥미롭다."

―다윈(Charles Darwin), 『종의 기원』

2.1 생태학과 생태스러운 것

생태공원, 생태조경, 생태복원, 생태관광 등 우리 주변에서 점점 더 흔하게 듣는 말이 '생태'라는 말이다. 하지만 생태란 무엇이고 생태스러운 것은 어떤 것이냐는 물음에 명쾌하게 대답할 수 있는 사람은 많지 않다. 많은 사람이 씀에도 불구하고 명확한 정의가 힘든 까닭은 생태라는 말이 흔히 쓰이는 뜻을 함께 갖고 있기 때문이다. 생태의 사전적 의미는 '생물의 생활 상태' 또는 '생활해 나가는 모양이나 상태'이다. 하지만 생태학(ecology)은 생물의 생활 상태를 연구하는 학문[1]이 아니다. 우리나라에서 현재 생태공원은 생태학의 원리가 적용된 공원이 아니라 생물이 살아가는 상태를 보여주는 공원으로 운영된다. 마찬가지로 현재 우리나라에서의 생태조경과 생태복원 또한 생태학의 원리가 적용된 조경과 복원인지 의심스럽다. 이런 사례를 보면 우리나라에서 '생태'라는 용어가 여러 가지 뜻으로 혼용되어 사용되고 있는 것으로 보인다. '생태스러운 것'은 '생태학의 원리가 적용된 것'으로 일단 정의해 두자.

우선 생태학이란 무엇인가? 생태학은 생물과 생물, 생물과 환경과의 상호작용에 대한 과학적인 연구를 하는 학문이다. 생태학의 핵심은 생물과 연관된 상호작용을 밝히는 것이다. 여기서 생물은 개체군과 군집 등 개체 이상의 단위를 의미한다(그림 2.1). **개체군**(population)은 특정 지역에서 유전자풀(gene pool)을 공유하는 한 종의 개체들의 집단을 의미한다. 특정 지역에서 발견되는 모든 종의 개체군들의 집단을 군집(community)이라고 한다. 생태학의 초창기에는 식물 군집(군락), 곤충 군집, 어류 군집 등 분류군별로 군집이 연구되어 왔다. 한편 생물 군집 내의 섭식관계를 나타낸 것을 **먹이그물** (**먹이망**, foodweb)이라고 한다. 생물 군집과 유기물, 무기물 등 비생물적 요소를 아우르는 역동적인 시스템을

생태계(ecosystem)라고 한다. **경관**(landscape) 안에는 여러 생태계가 포함되므로 경관은 생태계보다 공간적으로 더 포괄적인 단위라고 할 수 있다. 생명현상은 생물 개체뿐만 아니라 개체군, 군집, 생태계 및 경관 단위에서도 나타나며 생태학은 보통 개체군 이상의 생명 현상을 다룬다. 봄철의 기온 상승에 따라 벚꽃이 피는 시기가 식물 개체 내에서 어떻게 결정되는 지 연구하는 것은 생물과 환경과의 상호작용이지만 식물생리학에 속한다. 하지만 어느 특정 장소의 왕벚나무 개체군 전체의 평균 개화시기가 지구온난화에 따라 앞당겨지는 것은 생태학의 영역이다. 마찬가지로, 지구온난화에 따라 군집의 종조성이나, 생태계, 경관의 구조가 어떻게 달라지는 지 연구하는 것은 생태학의 영역이다. 생태학은 개체군, 군집, 생태계, 경관의 구조와 그 구성요소들 사이의 상호작용, 생태계 안팎의 에너지와 영양소의 흐름, 즉 생태계의 기능을 연구하는 것을 모두 포함한다.

'생태스러운 것'이란 구성요소의 상호작용을 인식하는 것이고 이는 커머너의 첫번째 원리인 "모든 것은 연결되어 있다"와 같은 의미이다. 삼라만상이 모두 연결되어 있으며 내가 하는 행동은 결국 나에게 되돌아 온다는 인식이 바로 생태스러운 인식이다. 생태스러운 공원은 자연생태계에서 생물 개체군들이 서로 상호작용하는 관계의 핵심을 보전하면서 사람이 생태계서비스의 일환으로 휴식과 여가를 즐길 수 있는 공원을 말한

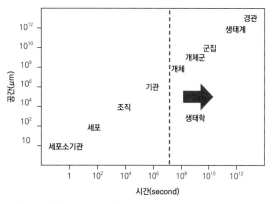

그림 2.1 생태학에서 다루는 현상의 시간 및 공간적 규모. 생태학의 대상은 주로 개체군 이상이다. Osmond et al.(1980)의 그림을 다시 그림

---

1 생물이 생활해 나가는 모양이나 상태를 기록하는 학문은 박물학 (natural history)이라고 부르고 그런 학자를 박물학자(naturalist)라고 부른다.

다. 마찬가지로 생태스러운 조경은 자연생태계의 상호작용이 이루어질 수 있도록 촉진시켜 주는 조경이 될 것이며 망가진 자연생태계의 상호작용을 되돌려주는 것이 생태 복원이라 할 수 있다.

2.2 생태계

생태계(ecosystem)라는 말은 자연생태계뿐만 아니라 앱 생태계, 기업 생태계 등 폭넓은 분야에서 쓰이고 있다. 이러한 폭넓은 쓰임은 원래 자연생태계의 정의를 확장한 것이다. 탠슬리(Arthur G. Tansley)는 1935년에 ecosystem 이라는 용어를 처음 제안하면서 생물적 요소뿐만 아니라 생물들의 환경을 이루는 물리적 요인들의 총체까지 모두 아우르는 전체 '시스템'으로 정의하였다. 그는 생물적 요소와 비생물적 요소의 상호작용을 강조하였다. 린데만(Raymond L. Lindeman)은 탠슬리의 ecosystem 개념을 발전시켜 1942년에 ecosystem 내의 살아있는 생명체와 유기물, 무기물을 에너지 개념으로 동등하게 다루며 에너지 흐름(energy flow)과 영양 단계(trophic levels) 개념을 제안하였다. 생태계생태학을 정립한 오덤(Eugine P. Odum)은 생태계를 '비생물적요소, 생산자, 소비자, 분해자로 이루어진 생명 부양 시스템(life-supporting system)'이라고 정의하였다. 하지만 이러한 정의만으로 공학적 시스템과 에코시스템, 즉 생태계를 구분 짓기는 쉽지 않다. 시스템(system)은 서로 상호작용하거나 독립적인 부품으로 이루어진 전체를 의미한다.[2] 우리 주변에서 쉽게 찾아 볼 수 있는 시스템은 가솔린이나 디젤 연료 등을 태워 바퀴를 돌리는 자동차 엔진이다. 자동차 엔진은 실린더, 피스톤, 크랭크축 등으로 이루어져 있고 외부 환경에 둘러싸여 있다(그림 2.2). 이러한 일반적인 시스템과 에코시스템(생태계)은 무엇이 다른

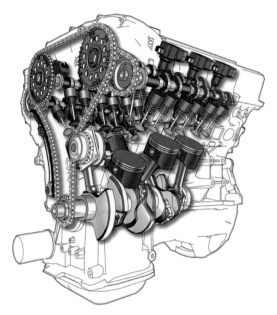

그림 2.2 V6 자동차 엔진의 시스템 구성 ⓒ Swaroopvarma (wikimedia)

가? 가장 눈에 띄는 것은 에코시스템은 생산자와 소비자, 분해자로 이루어진 생물 군집이 가장 중요한 구성요소라는 점이다. 생물이 없는 뜨거운 용암 속이나, 남극 빙하 얼음 속을 생태계라 부르지 않는다. 시스템은 정해진 부품들이 일사분란하게 맞물려 돌아가는 공학적인 개념인 반면에 생태계는 수많은 종들이 경쟁, 공생, 기생 등 종간 상호작용을 하며 군집을 이루고 먹이사슬을 통해 에너지와 물질이 흐르는 유연한 시스템이다. 생물 군집으로 이루어진 생태계는 증기 기관과 같은 시스템과는 달리 그 부품(부분)이 지속적으로 태어나고, 생장하고, 상호작용이 변화하고, 사라지는 역동적인 시스템이다. 또한 주어진 물리적 환경과 환경변화에 따라 오랜 시간 동안 진화해온 복잡한 적응 시스템(complex adaptive system)[3]이다. 생태계는 수많은 생물들의 역동적인 상호작용이 존재하므로 '복잡한' 시스템이고, 오랜 시간에 걸쳐 환경 변화에 따라 돌연변이와 자기조직화를 거쳐 진화해왔기

2 메리엄-웹스터 사전(http://www.merriam-webster.com/dictionary/system)

3 복잡계를 연구하는 산타페 연구소에서 제안한 용어이다.

때문에 '적응하는' 시스템이다. 따라서 생태계는 일반적인 시스템에 비해 역동적이며 복잡하고 진화하는 시스템이라 할 수 있다.

2.3 생태계 에너지론

지구의 생태계가 유지되기 위해서는 태양으로부터의 에너지 유입이 필수 불가결하다. 태양에너지는 지구의 생태계가 기능할 수 있게 하는 궁극적인 에너지 공급원(source)이라고 할 수 있다. 생태계와 환경문제에 가장 바탕이 되는 에너지 일반에 대해서 알아보자.

에너지의 정의와 종류

에너지(energy)는 물질을 움직이거나 온도가 다른 두 물질 사이의 열 전달 등 일(work)을 할 수 있는 능력을 말한다. 에너지는 열, 빛, 전기, 화학물질 등 여러 가지 형태로 전환된다. 물리적 측면에서 에너지는 크게 운동에너지(kinetic energy)와 퍼텐셜에너지(potential energy)로 나뉜다. 운동에너지는 움직이는 물체가 가진 에너지를 말하며, 움직이는 자동차, 풍력발전기를 돌리는 바람(공기의 움직임), 댐에서 방류되는 물을 보면 쉽게 운동에너지를 확인할 수 있다. 퍼텐셜에너지는 정지상태의 에너지로 일하는 힘으로는 나타나지 않는 잠재된 에너지를 말한다. 대표적인 퍼텐셜에너지로는 위치에너지가 있고 위치에너지는 운동에너지로 쉽게 변환된다. 화학에너지(chemical energy)도 퍼텐셜에너지의 일종으로 음식이나 가솔린에 들어있는 화학에너지는 일을 하는 데 필요한 에너지로 전환될 수 있다. 에너지는 종종 열(칼로리; calorie)이나 일(줄; joule)의 양으로 측정된다. 1 칼로리는 순수한 물 1 g을 1℃ 올리는 데 필요한 에너지양을 말하고 1 줄(J)은 1 뉴톤의 힘으로 물체를 1 m 옮기는 데 필요한 에너지를 말한다. 1 칼로리는 4.184 줄과 같은 에너지양이다. 열은 일이나 물질의 이동 외에 두 물체 사이에 전달되는 에너지[4]를 말한다. 열은 온도가 상대적으로 높은 물체에서 낮은 물체로 흐른다.

열역학 법칙

고립계(isolated system)[5]에서 에너지는 여러 에너지 형태로 전환 가능하지만 새로이 생기거나 없어지지는 않고 총량이 일정하다. 즉 에너지는 보존되는데 이를 열역학 제1법칙 또는 에너지 보존의 법칙이라고 한다. 우주 전체로 보면 에너지는 크게 물질들의 운동에너지, 위치에너지 그리고 정지에너지(rest energy)[6]로 이루어져 있다. 중력에 의한 위치에너지는 음수로, 나머지 물질의 운동에너지와 정지에너지의 합과 같으며, 따라서 에너지의 총량은 0이다. 에너지는 형태를 바꾸면서 어떤 물체에 일을 할 수 있다. 나무가 탈 때 잃어버리는 퍼텐셜에너지(화학에너지)는 열로 방출되는 에너지와 같다. 이는 계가 에너지를 잃으므로 발열(exothermic) 반응이다. 어떤 화학반응은 반응 과정에서 에너지를 흡수하는데 이를 흡열(endothermic) 반응이라고 한다. 이 두 과정에서 모두 에너지의 총량은 변하지 않고 형태가 변할 뿐이다. 연소 중인 나무의 퍼텐셜에너지는 더 이상 일을 할 수 없는 형태인 열로 주변 환경에 전달된다. 모든 에너지의 변환과정이나 전달과정에서 퍼텐셜에너지에서 열로의 변환이 일어나고 이를 **엔트로피**(entropy; 무질서도)의 증가로 부른다. 열역학 제2법칙 또는 엔트로피 증가의 법칙은 열적으로 고립된 계의 총 엔트로피가 계속 증가한다는 법칙이다. 에너지가 변환될 때 열을 통한 손실이 늘 존재하기에 영구기관이 불가능한 것도 이 열역학 제2법칙과 관련이 있다. 가솔린이 연소되어 자동차 엔진을 구동할 때 일부 에너지

---

4 종종 열은 '열에너지'와 혼동되어 사용되는데, 물체는 '에너지'를 가지지 '열'을 가지지는 않는다. 물리학에서는 '열에너지'라는 모호한 용어보다는 '내부에너지', '엔탈피' 등의 용어가 더 선호되고 있다.

5 고립계는 물질과 에너지가 모두 시스템 내부에만 머물고 외부와의 흐름이 없는 시스템을 말하고 **열린계**(open system)는 에너지와 물질이 모두 유입 유출이 가능한 시스템이다. **닫힌계**(closed system)에서는 에너지는 유입 유출이 가능하지만 물질은 내부순환만 가능하다.

6 아인슈타인(Albert Einstein)의 공식 $E = mc^2$ 으로 정의되는 물질 내부의 에너지를 말한다. 핵분열이나 핵융합 등에 의해 다른 형태의 에너지로 변환된다.

는 차를 움직이는 운동에너지를 만들고 일부는 열로서 주변 공기로 퍼져나간다. 자동차 엔진의 열효율은 약 40%[7]로 알려져 있는데, 이는 연료가 가진 퍼텐셜에너지의 절반 이상이 운동에너지 이외에 열로 사라진다는 것을 의미한다. 생태계 내의 먹이그물에서도 상위 영양 단계의 포식자가 먹이를 먹을 때 약 10%는 생장으로 가지만 나머지는 모두 열로 퍼뜨려진다.

열역학 제2법칙에 따르면 고립계 내의 엔트로피는 계속 증가하는데 지구상의 생물권이나 생물 개체들은 무질서도의 증가라는 열역학 제2법칙에 반하여 질서를 만들어내는 것처럼 보인다. 하지만 지구나 생물 개체들은 고립계가 아니라 계속적으로 외부에서 에너지를 공급받고 있는 열린계이다. 생물들이 받는 에너지의 궁극적인 원천은 태양의 복사에너지이며 태양과 지구 또는 생물체와의 온도 차이가 매우 크기에 평형에서 멀리 떨어진(far from equilibrium) 비평형 상태에 있다.

외부 에너지가 지속적으로 공급되는, 평형에서 멀리 떨어진 시스템은 주변에 무질서도를 흩트리면서 시스템 내의 질서를 일시적으로 증가시킬 수 있다. 이러한 시스템 또는 구조를 '흩트리는구조(dissipative structure)'[8]라고 한다. 평형에서 멀리 떨어진 조건에서는 여러 가지 형태의 자발적인 자기조직화(self-organization) 과정이 일어날 수 있다.[9] 이러한 예로는 온도 차가 큰 액체의 대류 과정에서 보이는 베나르 세포(Bénard cell)와 기하학적인 패턴을 보이는 벨루소프-자보틴스키(Belousov-Zhabotinskty) 반응-(그림 2.3)이 있다. 지구가 45억 년 전에 형성되어 운석의 충돌이 멈추고 안정된 환경이 된 것이 40억 년 전이라고 한다. 현존하는 가장 오래된 화석의 나이는 38억 년으로 알려져 있다. 지

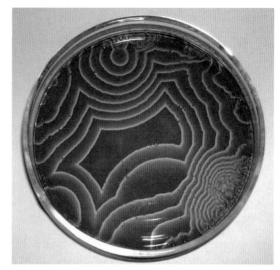

그림 2.3 배양 접시 위에서 보이는 벨루소프-자보틴스키 반응
© Stephen Morris (flickr)

구가 안정된 환경을 갖추자 마자 생물체가 출현했다는 것은 생물이 적절한 환경이 주어지면 자기조직화되어 자발적으로 출현하는 존재라는 것을 시사한다.

지구 표면에는 **생물권**(biosphere)이 존재하는 데 이 또한 태양의 복사에너지가 끊임없이 공급되고 다시 복사에너지로 방출하는 에너지의 흐름 속에 질서를 만들어내는 흩트리는구조로 볼 수 있다. 각 지역의 다양한 생태계도 외부에서 에너지를 받아들이고 주변에 엔트로피를 증가시키는 에너지의 흐름 속에 생태계 내의 에너지와 물질을 움직이며 다양한 생물 군집을 유지한다. 생태계도 또한 흩트리는구조이다. 결론적으로 태양에너지에 의해 이 지구상의 생명현상과 모든 생태계가 생겨나고 유지되고 진화되어 왔다고 할 수 있다. 태양은 온생명과 생명현상의 궁극적인 에너지 공급원이다.

태양 복사에너지

생물권과 생태계의 궁극적인 에너지원인 태양은 지구로 끊임없이 복사에너지를 공급한다. 사실 우리가 보는 태양의 빛은 전자기파(electromagnetic wave)의 특정 파장대이다. 파장대에 따라 전자기복사는 우주선, 감마

---

7 최은주. 2015. "토요타, 엔진 열효율·가속 성능 모두 충족 '1.2L 직분사 터보 엔진' 개발" (출처: OSEN)

8 산일구조(散逸構造) 또는 소산구조(消散構造)라고 하기도 한다. 벨기에 물리화학자 프리고진(Ilya Prigogine)이 평형에서 멀리 떨어진 비평형 열역학과 흩트리는구조 개념을 주창하였다.

9 평형에서 멀리 떨어진 상태에서의 자기조직화에 대해서는 프리고진(Ilya Prigogine)의 『혼돈으로부터의 질서(Order Out of Chaos)』 (1993)와 얀치(Erich Jantsch)의 『자기 조직하는 우주(The Self-Organizing Universe)』(1989)를 참조

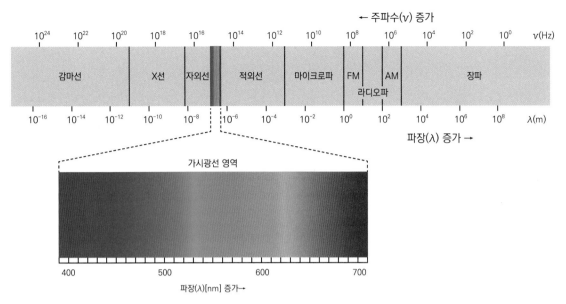

그림 2.4 전자기파 스펙트럼. 가시광선 부분이 확대되어 있다. © Philip Ronan (wikimedia)

선, X선, 자외선, 가시광선(빛), 적외선, 마이크로파, 라디오파로 나뉜다(그림 2.4).

이들이 갖는 에너지는 주파수(frequency)에 비례하고 주파수(ν)는 파장(λ)에 반비례하므로 에너지는 파장에 반비례한다. 이를 플랑크-아인슈타인 관계식(Planck-Einstein relation)이라고 한다.

$$E = h\nu = \frac{hc}{\lambda}$$

h: 플랑크상수
c: 광속

따라서 전자기파는 파장이 짧을수록 더 큰 에너지를 가진다. 파장이 상대적으로 짧은 감마선이나 자외선이 가시광선이나 적외선보다 더 큰 에너지를 가지고 생체분자를 파괴하거나 변형시킬 수 있다. 프레온가스의 오존층 파괴를 촉진시키는 것도 자외선이다. 한편 상대적으로 파장이 긴 적외선이나 라디오파는 에너지가 너무 작아 식물의 광합성 색소에 있는 분자들의 전자를 들뜨게 하지 못하여 광합성이 일어나지 못한다. 식물이 광합성에 이용하는 전자기파의 파장은 400~700 nm로 이 파장대의 전자기파를 **광합성 활성복사**(photosynthesis active radiation, PAR)라고 한다.

2.4 생태계의 구조

생태계를 연구한다는 것은 생태계의 구조와 기능을 연구하는 것이라고 해도 무방하다. 우선 생태계의 구조에 대해서 알아보자. 오덤에 따르면 육상생태계와 수생태계 모두 수직구조를 가지는데 위의 독립영양층(autotrophic stratum), 아래의 종속영양층(heterotrophic stratum)으로 구성된다(그림 2.5). 위로부터의 에너지 유입은 생태계의 위쪽에 엽록소를 함유하는 식물이나 식물플랑크톤으로 이루어진 독립영양층이 위치하도록 한다. 이 층에는 식물과 식물플랑크톤으로부터 이어지는 먹이사슬을 이용하는 초식동물(grazers), 잡식동물(omnivores)과 육식동물(carnivores)이 공존한다. 독립영양층의 아래에는 유기물과 무기물로 이루어진 **토양**(soil)과 **저토**(sediment) 및 모암층으로 이루어진 종속영양층이 나타난다. **유기물잔해**(detritus)나 **유기물**(organic matter)을 먹고 사는 분해자와 토양소동물이 이 층에 함께 나타난다.

이러한 생태계의 수직구조 외에 생태계의 구성요소 측면으로도 생태계의 구조를 이해할 수 있다. 생태계

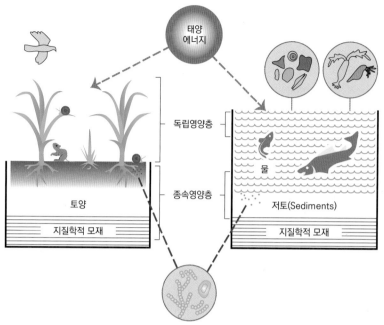

독립영양층

종속영양층

태양
에너지

물

토양

저토(Sediments)

지질학적 모재

지질학적 모재

그림 2.5 육상생태계와 수생태계의 수직 구조. 오덤(1984)의 그림을 다시 그림

는 생물적 요소와 비생물적 요소로 나눈다(표 2.1). 생물적 요소는 생태계의 핵심으로 생물적인 요소가 없이는 생태계라고 할 수 없다. 달이나 화성에 생태계가 상상이 되지 않는 것은 아직 어떤 생물도 확인되지 않았기 때문이다. 특정 생태계의 생물종들은 **생물 군집**(biotic community)을 이루고 있다. 어떤 생물들이 살고 있는지, 어떤 비율로 살고 있는지를 **종다양성**(species diversity)과 **종조성**(species composition)으로 나타낼 수 있다.

표 2.1 생태계의 구조적 요인

	다양성 (종 수 + 상대 풍부도)	
생물적 요소	영양 구조	생산자
		소비자
		분해자
	먹이그물 구조	
비생물적 요소	유기물	유기물잔해(detritus)
		POM
		DOM
	무기영양소	대량영양소
		미량영양소
	물리적 요인	기후
		토양
		물의 특성

또한 이들이 생태계에서 생산, 소비, 분해 중 어떤 기능을 하는지에 따라 **생산자**(producers), **소비자**(consumers), **분해자**(decomposers) 등 **기능집단**(functional group)으로 나눌 수 있다. 소비자는 섭식 전략에 따라 초식동물, 잡식동물, 육식동물로 나눈다. 한편, 생물 군집 내의 각 종은, 에너지를 얻기 위해 광합성이나 화학합성을 하는 독립영양생물(autotrophs)을 제외하면 다른 생물을 먹음으로써 생존에 필요한 에너지를 얻는 종속영양생물(heterotrophs)이다. 이러한 생물종들의 서로 먹고 먹히는 관계를 먹이그물 또는 먹이망(foodweb)이라고 한다. 비생물적 요소에는 유기물잔해, **입자성 유기물**(particulate organic matter, POM), **용존성 유기물**(dissolved organic matter, DOM) 등 유기물과 무기 원소가 있다.

생물 군집의 구조 – 공간 구조

생산자인 식물과 식물플랑크톤은 이미 언급한 대로 생태계의 상부를 차지하여 독립영양층을 구성한다. 독립영양층을 자세히 나누어 보면 육상생태계나 수

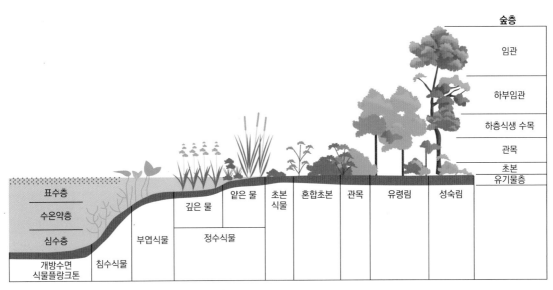

그림 2.6 군집의 수직 단면 구조. 스미스와 스미스(2015)의 그림을 다시 그림

생태계 모두 수직적인 공간구조가 나타난다. 숲이 가장 발달한 열대우림의 전형적인 숲은 가장 위의 임관(canopy), 하부임관(subcanopy), 하층식생(understory), 관목(shrub), 초본(herb), 임상(forest floor) 층 등 다수의 층으로 이루어진 단면을 보여준다. 우리나라 대부분의 숲은 **임관층, 관목층, 초본층**의 3층으로 이루어져 있다. 수생태계의 경우 빛의 수직적인 감소에 따라 투광대(photic zone)와 무광대(aphotic zone)로 나뉘고, 수온의 기울기에 따라 **표수층**(epilimnion), **수온약층**(metalimnion), **심수층**(hypolimnion)으로 나뉜다. 바닥의 저토 부분을 저서대(benthic zone)라고 한다.

군집은 또한 환경의 점진적인 변화에 따라 환경 기울기에 적응한 각 식물 종이 띠 모양으로 나타나는 **대상분포**(zonation)를 보인다. 그림 2.6에서 습지 식물은 침수에 대한 저항성에 따라 정수식물(emergent plants), 부엽식물(floating leaved plants), 침수식물(submerged plants), 부수식물(free-floating plants)이 깊이에 따라 띠를 이루며 나타난다. 이러한 대상분포는 환경기울기가 한 방향으로 나타나는 육상과 물의 모든 환경에서 볼 수 있다. 예를 들면, 밀물 때 물이 들어오는 상한고도와 썰물 때 물이 빠지는 하한고도 사이의 조간대에서는 바다와 육지를 축으로 하는 환경 기울기가 생긴다. 바다에 가까운 쪽은 물에 잠기는 빈도가 많은 반면, 육상 쪽은 잠기지 않고 드러나는 빈도가 많다. 따라서 조간대에서는 고도에 따라 분포하는 생물들이 띠 모양으로 나타나는 대상분포를 보인다(그림 2.7).

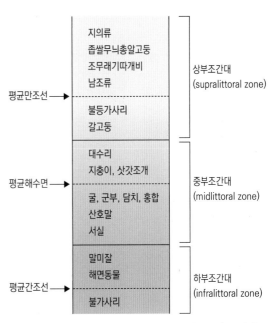

그림 2.7 암반 조간대에 나타나는 대상분포. 고철환 외(1997)의 그림을 다시 그림

생물 군집의 구조 – 종조성

　생물 군집은 공간 구조 외에도 종조성(species composition)이라는 구조적 특성을 보인다. 종조성은 특정 군집에 어떤 종들이 있는지, 종 수가 얼마인지, 이들의 상대적인 풍부도가 어떤지를 포함하는 말이다. 특정 군집의 종 목록(species list), 종풍부도(species richness), 상대풍부도(relative abundance)는 그 군집의 종조성 구조를 잘 반영한다. 군집의 종조성과 함께 종다양성(species diversity)도 군집의 구조적 특성을 나타낸다. 종다양성은 종 수준의 **생물다양성**(biodiversity)을 말하며 군집에 몇 종이 있는지를 나타내는 **종풍부도**와 구성 종들이 얼마나 고르게 있는지를 나타내는 **종균등도**(species evenness)를 동시에 고려한 개념이다. 어떤 군집에서 개체수나 생물량이 가장 많은 종을 **우점종**(dominant species)이라고 한다. 생물종이 많으면 당연히 종다양성도 높겠지만 종수가 같다면 생물들의 개체수가 고른 곳이 더 생물다양성이 높게 된다. 같은 종수라도 한 종이 압도적으로 많이 우점한다면 생물다양성은 떨어지게 된다. 그림 2.8에서 (A), (B), (C) 군집의 종풍부도는 각각 3종, 8종, 8종으로 (A) 군집에 비해 (B)와 (C) 군집의 종풍부도가 높다. (B)와 (C) 군집은 종풍부도는 8종으로 같지만, (C) 군집이 한 종의 버섯이 우점하기 때문에 종균등도가 떨어진다. 세 군집 중에서 전체적인 종다양성이 가장 높은 군집은 (B) 군집이 된다.

생물 군집의 구조 – 영양 구조

　생물들은 생태계 내에서 수행하는 기능에 따라 생산자, 소비자 (1차, 2차, …), 분해자로 나뉜다. 태양에너지는 생산자에서 처음 물질로 전환되어 1차소비자, 2차소비자 등으로 계속 전달된다. 모든 생물이 죽은 유기물은 분해자에 의해 영양소로 분해되어 생산자로 순환된다. 먹고 먹히는 **영양관계**(trophic relation)를 모두 나타낸 것을 **먹이그물**(foodweb) 구조라고 하고, 이 먹이그물 구조에서 에너지가 전달되는 단계에 따라 생물들을 묶은 것을 **영양단계**(trophic level)라고 한다. 생산자, 1차소비자, 2차소비자, 3차소비자 등 3단계 또는 4단계의 영양 단계를 보이는 것이 보통이다. 각 영양단계의 생산성이나 생물량, 생물 개체수를 면적으로 나타낸 것을 생산성 피라미드, 생물량 피라미

(A)　　　　　　　　(B)　　　　　　　　(C)

그림 2.8 가상적인 버섯 군집의 종다양성 비교 ⓒ NA Tonelli, Epop, B Peterson, Sardaka, NA Tonelli, T Friedel, US Fish and Wildlife Service, H Steve (Creative Commons License)

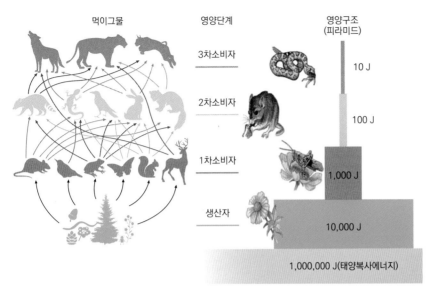

그림 2.9 먹이그물 구조, 영양단계, 영양구조(피라미드). Urry et al.(2014)의 그림을 다시 그림

드, 개체수 피라미드라고 하며 특정 생태계의 영양구조(trophic structure)를 나타낸다. 먹이그물 구조 및 더 단순화된 영양구조는 생태계 내 에너지 흐름의 양상을 보여 준다(그림 2.9).

각 영양단계는 위아래 영양단계의 영향을 받는다. 호수생태계의 영양구조를 예로 들면, 생산자인 식물플랑크톤(phytoplankton)은 영양소가 풍부할수록 1차생산성이 높아 생물량을 증가시킬 수 있지만 이와 동시에 동물플랑크톤(zooplankton)의 섭식으로 생물량이 감소할

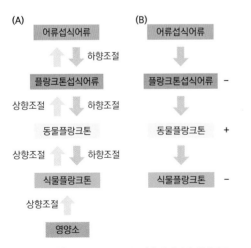

그림 2.10 (A) 상향 및 하향조절과 (B) 영양단계 연쇄반응

수 있다.

식물플랑크톤에 대한 영양소의 영향은 하위 단계에서 상위 단계의 생물량을 조절하는 **상향조절**(bottom-up regulation)이라고 하고, 동물플랑크톤이 식물플랑크톤에 미치는 영향은 상위 단계에서 하위 단계의 생물량을 조절하기에 **하향조절**(top-down regulation)이라고 한다(그림 2.10A). 최상위포식자(top predator)로부터의 하향조절이 연속적으로 일어나면 아래 영양단계의 생물량이 교대로 감소하고 증가하는 패턴을 보이는데 이를 **영양단계 연쇄반응**(trophic cascade)이라고 한다(그림 2.10B).

군집구조의 변화 – 천이

군집의 종조성은 시간에 따라 역동적인 변화를 보인다. 이런 군집 종조성의 시간에 따른 변화를 **천이**(succession)라고 한다. 1883년에 대규모 화산 폭발이 일어난 크라카타우(Krakatau) 섬은 화산재가 뒤덮어 섬의 2/3 면적에서 모든 생물이 사라졌으나 130여 년이 지난 현재 숲이 무성한 생태계로 바뀌었다. 그동안 식물이 정착하여 군집을 이룬 과정은 식물이 없던 곳에서 일어난 천이로 1차천이(primary succession)라고 한다. 1차천이는

화산지역 외에도 해안 사구, 돌서렁, 빙하 퇴각지역 등에서 나타난다. 빙하 퇴각지역은 빙하의 퇴각 시기가 기록된 경우 천이가 시간에 따라 어떻게 일어나는지 연구하기 좋은 곳이다. 한편 밭이나 논으로 농작물을 경작하다가 버려지는 경우 식물 천이가 일어나는데 이렇게 식물이 이미 있던 곳에서 천이가 진행되는 경우를 2차천이(secondary succession)라고 한다. 화전민이 경작하다 버려진 묵밭(old field)은 버려진 시기를 알 수 있는 경우 2차천이가 어떻게 진행되는지를 잘 보여 준다.

종간 상호작용

군집 내에는 각 종의 개체군 사이에 다양한 종간 상호작용이 존재한다(그림 2.11). 군집 내에서 공동 자원을 이용하는 종 사이는 서로 간접적으로 부정적인 영향을 주는 경쟁(competition)이 일어나고, 서로 먹고 먹히는 관계에서는 포식자(predator) 개체군은 이득을 얻고 먹이(prey) 개체군은 부정적인 영향을 받는다. 이런 관계를 소비자 – 자원(consumer – resource) 관계라고 하고 포식(predation), 초식(grazing), 기생(parasitism)이 포함된다. 서로 이득을 얻는 관계를 상리공생(mutualism)이라고 한다. 상리공생과 공생(symbiosis)과는 구별이 필요한데 공생은 세포 내부에 다른 생물이 사는 경우를 말하고 상리공생은 공간적으로 떨어져 있더라도 서로 이득을 얻는 관계를 말한다. 경쟁은 침입생물과 자생종과의 관계에서 매우 중요하며, 소비자–자원 관계 특히, 초식과 포식은 먹이그물을 통한 에너지 흐름과 영양소 순환에 바탕이 된다.

상호작용의 종류	종1에 미치는 영향	종2에 미치는 영향
경쟁	–	–
소비자–자원: 포식, 초식, 기생	+	–
상리공생	+	+
편리공생	+	0
편해공생	–	0

그림 2.11 종간 상호작용의 종류와 각 종에 미치는 영향

생태지위

가우스(Georgy F. Gause)는 비슷한 환경 조건에 살면서 공동 자원을 이용하는 두 종이 경쟁하면 한 종은 절멸(extinction)한다는 경쟁배타(competitive exclusion)의 원리를 짚신벌레속(Paramecium) 종들을 이용하여 설명하였다. 하지만 지구상에는 경쟁배타의 원리로 설명되지 않는 비슷한 종들이 너무 많다. 특히 물 속의 식물 플랑크톤(phytoplankton) 종들은 광합성에 필요한 빛, 온도, 영양분 조건이 비슷한데도 수백 종이 공존하여 경쟁배타가 일어나지 않는 듯 보인다. 이러한 모순[10]은 **생태지위**(ecological niche)의 분화로 설명된다. 생태지위는 생물종들이 요구하는 환경 조건과 자원의 범위를 종합한 개념으로 수학적으로는 "n차원에서 분포하는 점들의 집합"으로 표현할 수 있다(Huchinson, 1957). 다른 종과의 상호작용 없이 홀로 존재하는 종의 생태지위는 그 종이 선천적으로 가진 생리적 범위를 반영하며 이를 기본지위(fundamental niche)라고 한다. 하지만 다른 종과의 경쟁 등 상호작용으로 실제로 특정 종이 보이는 실현지위(realized niche)는 기본지위보다 좁아질 수 있다. 공동 자원에 대해 경쟁하던 종들이 서로 다른 범위의 자원을 이용함으로써 실현지위가 겹치지 않게 되면 경쟁을 피하게 되고 자원분배(resource partitioning)가 일어난다. 이렇게 자원분배를 통해 생태지위가 달라지는 것을 지위의 분화(niche differentiation)라고 한다.

2.5 생태계의 기능

어떤 생태계의 기능은 크게 그 생태계를 통과하는 **에너지 흐름**(energy flow)과 그 생태계 내외부의 **영양소 순환**(nutrient cycling)으로 나눌 수 있다.

---

10 이를 허친슨(George E. Hutchinson)은 플랑크톤의 역설(paradox of the plankton)이라고 하였다.

1차생산성

생태계의 에너지 흐름에서 중요한 첫 단계는 **1차생산성**(primary productivity)이다. 식물 등 광합성생물들인 생산자가 주어진 시간 안에 광합성을 통해 생산해내는 물질의 총량을 총1차생산성(gross primary production, GPP)이라 정의한다. 보통 식물이 호흡을 통해 스스로를 유지하는데 필요한 양은 물질 증가로 나타나지 않기 때문에 총1차생산성에서 호흡량을 뺀 순 물질의 증가량을 순1차생산성(net primary productivity, NPP)이라고 한다(그림 2.12). 이러한 생산성 개념은 우리 눈에 보이는 현재 물질의 양인 생물량(biomass) 또는 현존량(standing crop)과는 다른 개념으로, 주어진 시간(보통 1일 또는 1년) 동안 물질을 생산하는 속도로 볼 수 있다. 1차생산성은 일정기간 동안 특정 생태계 내에서 화학에너지로 고정되어 이용되는 태양에너지의 양이다. 따라서 생태계 내의 에너지 흐름과 이에 따른 물질 순환

그림 2.12 1차생산성의 예. 주목에서 올해 새로 나온 잎의 무게를 모두 모으면 특정 기간 동안 새로 생산한 물질의 양인 1차순생산성을 추정할 수 있다. ⓒ 박상규

등 생태계 기능의 상한(upper limit)을 결정하므로 매우 중요하다. 물이 부족한 사막 생태계는 1차생산성이 매우 낮은데 이런 낮은 1차생산성은 그 생태계의 먹이그물에 존재하는 생물들의 생산성이나 생물량이 매우 낮고 에너지 흐름이나 물질 순환이 빈약할 것임을 알려준다. 1차생산성이 높을 때에는 생태계 내의 먹이그물을 통한 에너지 흐름이 많을 수도 있고 적을 수도 있다. 이런 상위 영양단계로의 에너지 흐름은 에너지 전달 효율에 따라 달라진다.

1차생산성이 매우 중요한 변수이므로 그것이 어떤 요인에 따라 결정되는 지 많이 연구되어 왔다. 1차생산성은 결국 광합성을 통해 태양에너지를 화학에너지로 전환하는 것이므로 광합성에 영향을 주는 요인이 바로 1차생산성에 영향을 주는 요인이 된다. 식물의 광합성은 빛의 세기, 온도, 수분, 영양소에 따라 속도가 결정되는데 육상식물의 1차생산성에 중요한 요인은 태양에너지와 수분이다. 위도가 적도로 갈수록 식물이 이용할 수 있는 태양에너지는 많아지므로 비가 많이 오는 열대우림의 1차생산성은 지구에서 가장 높은 수준이다(표 2.2). 수분이 부족하지 않고 갈대군락과 같이 빛이 바닥까지 많이 도달하는 습지생태계 또한 1차생산성이 높다. 그러나 영양소가 부족한 먼바다는 수분이 부족한 사막과 함께 지구상에서 1차생산성이 가장 낮은 생태계이다.

표 2.2 각 생태계 종류에 따른 광합성생물의 현존량과 순1차생산성

	생태계	순1차생산성 $(g/m^2/yr)$	평균 현존량 (kg/m^2)
대 륙	열대우림	2000	44.00
	온대 낙엽수림	1200	30.00
	냉대림	800	20.00
	사바나	700	4.00
	농경지	644	1.10
	온대초지	500	1.60
	툰드라와 고산초원	144	0.67
	사막	71	0.67
	습지	2500	15.00
	호수와 하천	500	0.02
해 양	조류밭과 산호초	2000	2.00
	하구	1800	1.00
	대륙붕	360	0.01
	원양	127	0.03

2차생산성과 에너지전이효율

1차생산자가 생산한 물질은 먹이그물로 연결된 동물소비자가 이용하여 동물의 몸을 이루는 물질을 생산한다. 이러한 소비자 단계의 물질생산 속도를 **2차생산성**이라고 한다. 생산자의 1차생산성과 소비자의 2차생산성을 영양단계에 따라 표시하면 상위영양단계로 가면서 생산성이 줄어드는 **에너지 피라미드** 형태를 보인다(그림 2.9). 생산성이 줄어드는 비율은 매우 커서 평균적으로 약 10% 정도가 다음 단계의 생산성이 된다. 이러한 각 단계의 생산성 비율을 에너지전이효율이라고 한다. 에너지전이효율은 5~25% 정도로 생태계와 계절에 따라 달라진다. 특히 생산자와 1차소비자인 초식자 사이 단계의 에너지전이효율은 매우 변이가 심하여 생태계 내의 에너지 흐름을 좌우하는 경우가 많다.

두 에너지 경로

생산자에서 1차소비자인 초식자, 초식자에서 2차, 3차소비자인 육식자로 이어지는 먹이사슬은 널리 알려져있다. 이 먹이사슬을 **초식 먹이사슬**(grazing food chain)이라고 한다. 생태계에는 이 초식 먹이사슬 이외에 또 다른 에너지 경로가 존재하는데 이를 **유기물잔해 먹이사슬**(detritus food chain)이라고 한다. 숲 생태계에서 생산된 유기물 중 아주 작은 부분만 1차소비자인 초식동물에게 이용되고 나머지는 모두 유기물잔해

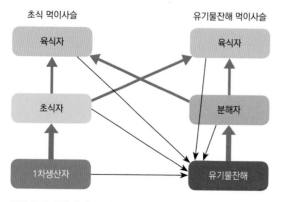

그림 2.13 생태계 내 두 에너지 경로인 초식 먹이사슬과 유기물잔해 먹이사슬

(detritus)가 된다. 이 유기물잔해를 이용하는 토양미생물 및 토양소동물들이 유기물을 분해하고 이들 생물로부터 시작하는 먹이사슬이 형성되는데 이를 유기물잔해 먹이사슬이라고 한다. 사실 초식 먹이사슬과 유기물잔해 먹이사슬은 밀접하게 연관되어 있으며 초식 먹이사슬로 에너지가 많이 흐르지 못하면 대부분의 1차생산성은 유기물잔해 먹이사슬로 흐르게 된다(그림 2.13). 반대로 초식 먹이사슬로 에너지가 많이 전달되면 유기물잔해 먹이사슬로는 상대적으로 에너지가 적게 흐르게 된다.

물질 순환

생태계에서 생물과 비생물요인은 동등하게 다루어진다. 생물은 죽으면 **유기물**(organic matter)이 되며 유기물이 분해되면 **무기물**(inorganic matter)이 되고 이를 생산자가 다시 이용함으로써 자연생태계 내의 대부분의 물질은 그 내부에서 순환하게 된다. 유기물에 가장 큰 비중을 차지하고 있는 원소는 탄소로 생물 건조중량의 약 40~50%를 차지한다. 태양에너지를 이용해 무기물인 이산화탄소를 탄수화물로 전환하는 것이 광합성이라면 태양에너지는 유기물로 전환되고 이 중 가장 많은 부분을 차지하는 탄소의 양은 에너지의 양을 표시하는 변수로 많이 쓰인다. 생물의 몸체 안에는 탄소와, 물을 이루는 수소와 산소뿐만 아니라 질소나 인과 같은 식물의 영양소도 존재한다. 질소와 인의 순환은 영양소 순환으로도 불린다. 생산자의 광합성을 위한 영양소인 질소와 인 등은 생태계 내부에서 분해 과정을 통해 식물에 다시 이용되어 재순환된다. 이를 **영양소 순환**(nutrient cycling)이라고 한다.

자연적인 숲과 경작지의 영양소 순환은 크게 다른 양상을 보인다(그림 2.14). 자연적인 숲에서는 지상부 먹이그물과 지하부 분해자로 이어지는 생태계 **내부순환**이 우세하다. 경작지에서는 인위적으로 공급되는 비료투입으로 들어오는 영양소의 양이 급격히 증가하고, 수확, 침식 및 용탈(leaching) 등에 의해 빠져나가는 영양소

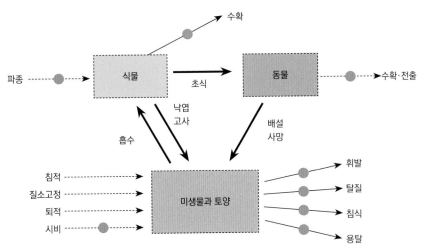

그림 2.14 자연식생지역과 농경지의 영양소 흐름. 그림에서 ●표가 있는 화살표는 인위적인 작용에 의해 크게 증가하는 경향이 있다. 이도원(2001)의 그림을 다시 그림

의 양도 급격히 많아져 특정 생태계를 벗어난 공간적인 규모의 순환, 즉 **외부순환**이 우세하게 된다(이도원, 2001).

식물이 정상적인 생장에 필요한 비율로 영양소를 흡수하지 못하고 어느 하나가 부족한 경우 그 영양소를 '식물의 생장을 제한하는 영양소'라는 의미로 **제한 영양소**(limiting nutrient)라고 한다. 보통의 경우 육상생태계에서는 질소가, 담수생태계에서는 인이 제한 영양소가 된다. 농경지에서는 부족한 질소를 비료를 통해서 인위적으로 공급하여 수확량을 높인다. 이러한 과잉의 비료는 하천을 통해 저수지로 들어가 인을 상대적으로 부족하게 만드는데, 홍수 때 흙탕물이나 도시에서 세제로 흘러 들어오는 인은 **남세균 녹조 대발생**(cyanobacterial blooming)을 일으킨다.

2.6. 생지화학적 순환

원소의 이동과 순환은 전통적으로 융기, 침식 등 지질학적 과정과 용해, 침전 등 화학적 과정을 통해 일어난다고 생각되어 지화학적 순환(geochemical cycle)이라고 하였다. 하지만 원소 순환에 대한 연구가 진행되면서 생물적인 과정 없이는 원소의 순환 과정이 불완전하다고 파악되어 현재는 원소들이 **생지화학적 순환**(biogeochemical cycle)을 거친다고 본다. 원소들은 생물체 내의 화학에너지를 대표하는 탄소와 생물이 이용하는 영양소인 질소, 인, 황 등으로 나뉜다.

영양소 순환과 생지화학적 순환

전통적인 생태계 연구에서 영양소 순환은 특정 생태계 내부의 순환에 초점을 맞춘다. 탄소는 생물체의 몸을 대표하는 원소로 일반적으로 영양소에는 포함되지 않는다. 따라서 영양소 순환은 특정 생태계 내부에서 일어나는 질소, 인 등의 순환을 일컫는다. 하지만 전 지구적인 기후변화가 인류가 해결해야 할 중요한 문제로 인식되면서 이산화탄소(CO_2)를 포함한 탄소의 전 지구적인 순환이 매우 중요한 연구 대상으로 여겨지게 되었다. 즉 하나의 생태계에서 전 지구적인 규모에 이르기까지 탄소를 포함한 원소의 순환 과정을 연구하는 것이 생지화학적 순환 연구의 범주이다. 생지화학적 순환 연구의 한 사례로, 비투섹(Peter Vitousek)은 하와이제도 여러 섬의 생성 연도가 300년에서 410만 년까지 다양함에 착안하여 400만여 년 동안의 **풍화**(erosion), 즉 지질학적인 과정과 숲이라는 생물권이 어떻게 상호작

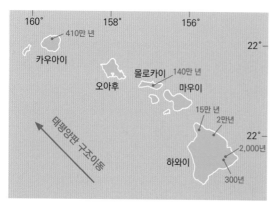

그림 2.15 비투섹과 채드윅의 생지화학적 연구 장소인 하와이 제도. 대륙판의 이동에 따른 여러 섬의 생성연도가 순차적으로 배열되어 있다.

용하는지 연구하였다(Vitousek, 2004; 그림 2.15). 또 채드윅(Oliver A. Chadwick)은 풍화가 많이 일어난 토양에서는 6,000 km 이상 떨어진 곳에서 날아드는 먼지를 통한 영양소 공급이 숲의 생산성에 큰 기여를 한다는 것을 보여주는 전 지구적인 규모의 생지화학적 순환을 연구하였다(Chadwick et al., 1999).

원소의 순환

식물의 영양소가 되는 대부분의 중요한 원소는 기체상이 존재한다. 탄소, 수소, 산소, 질소의 기체상은 각각 CO_2, H_2, O_2, N_2이다. 하지만 인의 경우는 기체상이 존재하지 않는다. 기체상의 존재 여부에 따라 원소의 순환 양상은 매우 다르다. 기체상이 존재하는 원소의 경우 암권, 수권과 함께 대기권이 주요 **저장고**(pool)가 되고 증발과 강수 등 물 순환에 따라 생태계에 들어오고 생태계에서 매우 빠르게 빠져나간다. 이러한 저장고 사이의 이동을 **흐름**(flux)이라고 한다. 기체상이 존재하지 않는 인의 경우 대기를 통한 원소 순환은 황사 등 에어로졸에 의한 이동을 제외하고는 극히 제한적이게 된다. 기체상의 존재 여부와 상관없이 원소 순환은 물 순환과 맞물려 이루어진다. 사실 물 순환은 원소의 이동과 순환이 일어나게 하는 중요한 원동력이라고 할 수 있다. 물 순환 과정 중 증발과 강수는 대기권과 생태계 사이의 원소 이동에 매우 중요한 과정이다. 지구로 유입되는 태양에너지의 약 절반 정도는 대기권으로의 물 증발에 쓰인다. 따라서 지구상에서 원소의 생지화학적 순환의 궁극적인 에너지원은 태양에너지이다.

저장고와 흐름

원소들이 저장되어 있는 곳을 저장고, 이들 사이로 원소들의 이동을 흐름이라고 한다. 이런 원소의 흐름 속도는 **전이시간**(turn-over time)으로 표현된다(그림 2.16).

전이시간은 흐름의 정도를 시간으로 나타낸 것으로 예를 들어 저장고의 크기가 100이고 특정 원소의 연간 유입량이 10이라면 새로운 원소의 유입으로 저장고가 채워지는데 걸리는 전이시간은 10년이 된다. 전이시간은 저장고의 크기를 흐름속도로 나눈 것이다(그림 2.17).

전이시간의 역수는 **전이속도**(turn-over rate)이며, 흐

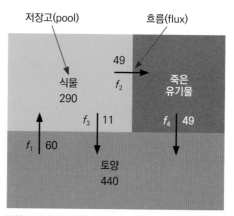

그림 2.16 숲생태계에서 일어나는 칼슘 순환을 단순화한 그림. 각 저장고의 숫자는 칼슘이 존재하는 양을 kg/ha 단위로 나타낸 것이고, 흐름의 속도는 kg/ha/yr 단위로 나타내었다. Smith & Smith(2006)의 그림을 다시 그림

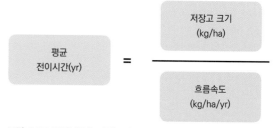

그림 2.17 전이시간은 저장고의 크기를 흐름속도로 나눈 값으로 정의된다.

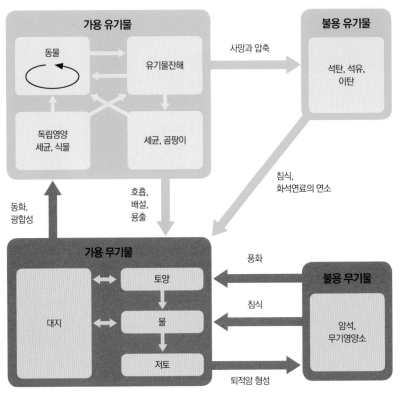

그림 2.18 생지화학적 순환의 4가지 저장고 형태와 저장고 사이의 흐름에 관여하는 과정

름속도를 저장고의 크기로 나눈 것이다. 위의 예에서 전이속도는 연간 0.1이 된다. 이는 매년 저장고 내 존재하는 원소량의 10%가 새로운 유입으로 대체된다는 의미이다. 물 순환을 다루는 수문학(hydrology)에서 전이시간은 **체류시간**(residence time)으로 불린다.

저장고는 유기물인지 여부와 생물이 이용 가능한지 가용성 여부에 따라서 크게 가용 유기물(available organic), 불용 유기물(unavailable organic), 가용 무기물(available inorganic), 불용 무기물(unavailable inorganic)의 4가지 저장고로 구분할 수 있다(그림 2.18).

탄소 순환의 경우 가용유기물 저장고는 생물체, 불용유기물 저장고는 석탄, 석유와 같은 화석연료, 가용무기물 저장고는 대기중의 CO_2, 불용무기물 저장고는 탄산칼슘으로 이루어진 석회암 등이 있다. 생물이 이용 가능한 가용 저장고 내부나 가용 저장고 사이에서는 흐름속도가 매우 빠르나 불용 저장고 내부나 불용 저장고와 가용 저장고 사이의 흐름은 풍화나 침식, 퇴적, 암석 형성 등 지질학적인 과정으로 매우 느리게 일어난다.

각 원소의 생지화학적 순환을 파악하는데 특정 저장고로 원소를 공급하는 **공급원**(source)과 특정 저장고로부터 원소를 흡수하는 **흡수원**(sink)의 규명이 매우 중요하다. 대기 중 CO_2 증가는 전 지구적인 기후변화와 연관되기에 탄소 순환에 있어서 CO_2 공급원과 흡수원 파악은 기후변화 문제 해결에 핵심이 된다.

참고문헌

고철환, 박철, 유신재, 이원재, 이태원, 장창익, 최중기, 홍재상, 허형택. 1997. 해양생물학. 서울대학교출판부.

스미스와 스미스. 2015. 생태학, 제9판 (강혜순 외 옮김, 라이프사이언스 2016) (원제: Elements of Ecology)

얀치. 1979. 자기 조직하는 우주 (홍동선 옮김, 범양사 1989) (원제: The Self-Organizing Universe)

오덤. 1984. 기초 생태학 (정채춘 옮김, 자유아카데미 1992) (원제: Basic Ecology)

이도원. 2001. 경관생태학: 환경계획과 설계, 관리를 위한 공간생리. 서울대학교출판부.

프리고진. 1984. 혼돈으로부터의 질서 (신구조 옮김, 자유아카데미 1993) (원제: Order Out of Chaos)

Chadwick, OA et al. 1999. Changing sources of nutrients during four million years of ecosystem development. Nature 397: 491–497.

Darwin, C. 1859. On the Origin of Species. John Murray.

Hutchinson, GE. 1957. Concluding Remarks. Population Studies: Animal Ecology and Demography. Cold Spring Harbor Symposia on Quantitative Biology 22: 415–27.

Lindeman, RL. 1942. The trophic-dynamic aspect of ecology. Ecology 23: 399–418.

Odum, EP. 1953. Fundamentals of Ecology. Saunders.

Osmond, CB et al. 1980. Physiological processes in plant ecology. Springer-Verlag, Berlin, FRG.

Smith, TM Smith, RL. 2006. Elements of Ecology. Pearson.

Tansley, AG. 1935. The use and abuse of vegetational concepts and terms. Ecology 15: 284–307.

Urry, LA et al. 2014. Campbell Biology in Focus. Pearson.

Vitousek, PM. 2004. Nutrient Cycling and Limitation: Hawai'i as a Model System. Princeton University Press.

2. 생태학의 기초

1. 조별활동

1. 평형상태에서 멀리 떨어진 조건에서 나타나는 흩트리는 구조의 예를 들고 이 구조들이 어떻게 일시적인 구조(질서)를 만들어 낼 수 있는지 설명해 보시오.

2. 생물, 유기물, 유기물잔해, POM, DOM, 무기물을 구분해 보시오.

3. 생물 군집의 구조는 결국 종목록, 종수, 상대풍부도로 나타낼 수 있다. 이를 서열-풍부도 도표(rank-abundance diagram)에서 어떻게 나타나는지 설명해 보시오. 이 서열-풍부도 도표에서 나타낼 수 없는 것은 이 세 가지 변수 중 무엇인가?

4. 생산성피라미드, 생물량피라미드, 개체수피라미드는 각각 어떻게 정의되는가? 이 중 역피라미드가 가능한 피라미드는 무엇인가? 역피라미드 형태는 어떤 경우에 나타나는가?

5. 상향조절과 하향조절은 무엇인가? 영양단계 연쇄반응은 무엇인가? 이 개념을 녹조 제어에 어떤 식으로 적용할 수 있는지 설명해 보시오.

6. 1차생산(production)과 1차생산성의 차이는 무엇인가? 또 생산성과 현존량은 어떻게 다른가?

7. 생태계에서 1차생산성이 중요한 이유는?

8. 생태계 내의 에너지 흐름이 초식먹이사슬로 흐를지 부니먹이사슬로 흐를지 상대적인 흐름의 양을 결정하는 단계는 어느 단계인가? 왜 그런가?

9. '모든 것은 연결되어 있다'와 '모든 것은 순환한다', '물질은 어디론가 흘러가게 되어 있다'를 수생태계 먹이그물을 통한 수은(메틸수은)의 이동을 예로 들어 설명해 보시오.

2. 조별 토론 주제

1. 2000년대 이후 우리사회에서 개발과 보전의 대립이슈를 찾아 보고 생태학적 조사연구의 결과가 보전에 긍정적인 영향을 미친 사례를 찾아 토론하시오.

2. 시민과학에 대해 알아보고, 특히 시민생태과학이 우리사회의 생태계 보전에 끼치는 영향에 대해 토의하시오.

3장

진화론의 기초

"생물학의 어떤 것도 진화를 빼놓고는 설명되지 않는다"

−도브잔스키(Theodosius Dobzhansky)

1859년에 발표된 다윈(Charles Darwin)의 『종의 기원 (On the Origin of Species)』은 현대 생물학에서 가장 중요한 이론적인 토대인 동시에 환경문제 인식에 필수적인 자연선택 개념을 제시하였다. 진화 이론은 20세기에 자연선택 개념과 멘델 유전학이 결합하여 현대적인 종합 진화론(modern synthesis)으로 발전하였다. 이러한 생물 진화에 대한 이해는 지금 시대에 일어나고 있는 항생제 내성, 오염, 서식지 단편화 및 기후변화에 따른 생물다양성 감소 문제를 깊이 이해하는데 필수적이다. 이 장에서는 환경문제와 관련된 기초적인 진화 이론을 살펴본다.

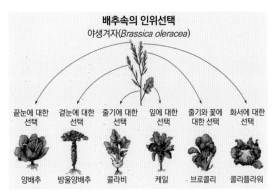

그림 3.1 배추(*Brassica*)속 야생겨자에 대한 인위선택 결과. 야생겨자의 인위선택은 극도로 다양한 형태를 보인다. Stromberg(2015)의 그림을 다시 그림

3.1 다윈의 자연선택 이론

다윈이 제시한 진화의 메커니즘은 '**자연선택**(natural selection)'이다. 동식물의 형질 중 인간에게 필요한 형질을 가진 개체를 인위적인 교배를 통해 선택함으로써 다양한 품종을 만들어내는 것을 육종(breeding)이라고 한다(그림 3.1). 다윈은 이런 사람에 의한 인위선택(artificial selection)과 비슷한 방식으로 동식물의 서식 및 생육 환경 또는 다른 생물들과의 상호작용에 의해 다양한 개체들 중 그 환경에 가장 잘 생존하고 번식하는 개체가 살아남는다고 설명하였다. 스펜서(H. Spencer)

는 이를 적자 생존(the survival of the fittest)이라고 불렀다. 어떤 개체나 유전형이 자신을 둘러싼 환경에 얼마나 적합한지를 나타내는 척도를 적응도(fitness)라고 한다.

자연선택설에 의하면 생물의 여러 변이가 미리 존재하여야 하고 주어진 환경에서 특정 변이가 살아남는 것이다. 자연선택설과 달리 라마르크(Jean-Baptiste Lamark)는 획득형질의 유전을 주장하였다. 라마르크설을 따르면 기린은 더 높은 곳의 잎을 먹기 위해 노력한 결과 조금씩 더 키가 커졌고 키의 증가라는 후천적으로 획득한 형질이 유전됨으로써 오랜 시간 동안 기린의 키가 점진적으로 커졌다는 식으로 설명한다. 자연선택설에 따르자면 기린 개체군에는 키의 편차가 존재하고 기

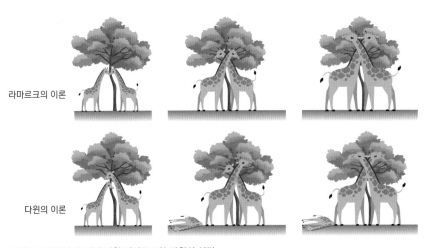

그림 3.2 기린의 큰 키에 대한 라마르크와 다윈의 설명

그림 3.3 같은 후추나방에 속하는 흰 나방(*Biston betularia f. typica*)과 검은 나방(*Biston betularia f. carbonaria*). 흰 나방은 나무 껍질 배경에 파묻혀 잘 보이지 않는다. ⓒ Martinowksy (wikimedia)

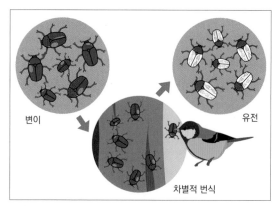

그림 3.4 가상의 자연선택의 과정. 딱정벌레의 색이 녹색과 갈색으로 변이를 보이며 비슷한 비율로 존재하다가 나무껍질이 갈색인 환경에서는 조류의 포식이라는 선택압에 의해 갈색 딱정벌레가 더 많이 생존하고 생식하여 차별적 생식이 일어난다. 갈색 개체의 유전형이 다음 세대로 우세하게 유전된다. University of California Museum of Paleontology(2021)의 그림을 다시 그림

린 개체군이 처한 서식지 환경에서 큰 키의 기린이 상대적으로 높은 적응도를 보여 서서히 기린 기체군의 키 분포가 큰 쪽으로 이동하였다고 설명한다(그림 3.2).

자연선택설에 따르면 생물 개체군의 형질에는 이미 다양한 변이가 존재해야 한다. 유성생식에 의한 유전자 재조합은 이미 존재하는 유전자의 조합을 통해 형질의 **변이**를 만들어낸다. DNA 수준에서의 염기의 삽입이나 결실, 염색체 수준에서의 유전자 복제, 염색체 삽입이나 결실 등 돌연변이는 새로운 유전형을 만들어내고 형질의 변이 및 유전자 수준에서의 변이를 만들어내는 원동력이다. 다양한 형질이나 유전형을 가진 개체 중 주어진 환경에서 생존하여 번식에 성공하는 개체는 일부에 불과하다. 나방들의 색이 검어지는 공업 흑화(industrial melanism)는 이러한 자연선택 과정을 잘 설명해 주는 대표적인 예이다(그림 3.3). 두 가지 나방 색의 빈도는 산업혁명의 진전에 따라 바뀌어 1864년에 검은 나방의 비율이 0.01%였다가 1895년경에는 공장지대에서 검은 나방의 비율이 98%에 이르렀다. 공장에서 나오는 검댕으로 나무 색이 검게 되자 흰 나방이 포식자에게 상대적으로 잘 드러나 결과적으로 검은 나방이 더 잘 살아남아 번식하는 **차별적 번식**(differential reproduction)이 일어나는 것으로 설명된다.

이러한 차별적인 번식에 의한 선택을 일으키는 요인을 **선택압**(selection pressure)이라고 하는데 공업 흑화의 경우 주요 선택압은 포식자인 조류이다. 혹독한 추위나 더위, 가뭄이나 홍수 등 물리적인 요인이나 경쟁, 기생, 포식과 같은 생물적인 요인 등이 선택압으로 작용할 수 있다. 자연선택의 과정에서 번식에 성공한 개체의 형질과 유전형은 다음 세대에 **유전**(heredity)되어 계속되는 진화 과정에 참여하게 된다. 다윈의 자연선택 과정을 요약하면 개체군 내 변이, 선택압에 의한 차별적인 번식, 유전이라 할 수 있다(그림 3.4).

3.2 적응과 적응도

적응이라는 용어는 일상생활에서 흔히 쓰인다. 국어사전에서 적응의 정의는 "사람이 환경에 맞추어 잘 어울린다"인데 사람의 일생 중에 새로운 직장이나 거주 지역 등 자신의 환경에 맞추어 살게 된다는 뜻으로 통용되고 있다. 하지만 개체의 일생 중에 주변 환경에 맞추는 것을 순응(acclimation)이라 하고 이를 적응(adaptation)과 구분하고 있다. 사실 생물학에서 적응은 수많은 세대를 거친 진화의 결과이기에 일상생활에서 쓰이는 적응과 구분하여 **진화적 적응**(evolutionary adaptation)이라고 부르기도 한다.

적응도(fitness)는 생존과 번식을 모두 고려하며, 어떤 개체가 번식 시기까지 살아남아 자손을 얼마나 생산할 수 있는지를 나타낸다. 적응도가 높은 개체는 생존과 번식을 통해 결국 다음 세대에 자신의 유전자를 보다 많이 남기게 된다. 자연선택은 주어진 환경에서 적응도가 상대적으로 높은 개체나 유전형을 선택한다. 결과적으로 선택된 각 생물종은 주어진 환경에 적응된다. 즉, 자연선택의 결과가 생물들의 진화적 적응이다. 이러한 진화적 적응은 생물의 일생과 같은 짧은 시간이 아니라 수십 또는 수백만 년과 같은 오랜 시간 동안 느리게 일어나는 과정이다. 생물 진화에 대한 뿌리 깊은 오해 중 대표적인 것이 생물의 자발적인 노력이나 시도 등에 의해 진화가 일어난 것이라고 생각하는 것이다. 그리고 진화적 적응은 주어진 특정 환경에 대한 적응이다. 그러므로 특정 종의 진화적 적응은 그 종의 서식 환경을 떼어 놓고 생각할 수 없다. 장소나 환경이 달라지게 되면 자연선택은 또 다른 방향으로 생물종을 변화시킬 수 있다. 이러한 장소나 환경의 변화는 방향성이 없으므로 진화적 적응 양상도 특정한 방향성이 없다고 일반적으로 여겨진다.

3.3 개체군 수준에서의 유전자다양성과 하디–바인베르크 평형

20세기 초반에 나타난 신종합(new synthesis) 진화론은 개체군유전학 개념과 자연선택 이론의 결합이다. 도브잔스키(Theodosius Dobzhansky)는 축적된 돌연변이로 두 개체군이 교배하지 못할 정도로 유전자 조성이 달라지게 되면 종분화가 일어난다고 제안하여 개체군유전학과 진화를 연결시켰다(Dobzhansky, 1937). 신종합론에 따르면 진화는 한 개체군이 공유하는 **유전자풀**(gene pool) 내의 각 대립유전자(allele)의 빈도 변화를 통해 일어난다. 즉 진화는 개체가 아니라 개체군 수준에서 일

어나는 유전체 조성의 변화라고 할 수 있다. 이러한 개체군 수준의 유전체 변화 메커니즘을 **하디–바인베르크 평형**을 통해 살펴볼 수 있다.

하디–바인베르크 평형

개체군은 특정 지역에 살고 있는 실질적으로 교배 가능한 한 종의 개체들로 이루어진 무리로 정의된다. 개체군은 **유전자 흐름**(gene flow)이 일어나기에 모든 유전자에 대해 유전자풀을 공유한다. 특정 유전자 위(locus)에 대한 유전자풀은 개체군의 모든 개체가 가진 대립형질을 모아놓은 것이다. 유전자풀은 모든 유전자를 모아 놓은 것이 아니라 특정 유전자의 모든 대립형질을 모아 놓은 것이다. 특정 유전자풀에서 각 대립유전자의 비율의 총합은 1이 된다. 영국 수학자 하디(Godfrey H. Hardy)와 독일 내과의사 바인베르크(Wilhelm Weinberg)는 1908년에 각각 따로 특정 조건 하에서 유전자풀 내의 대립유전자 빈도가 세대가 지나도 항상 일정하게 유지되는 하디–바인베르크 평형(Hardy-Weinberg equilibrium)이 가능하다고 제안하였다. 이러한 하디–바인베르크 평형이 일어날 수 있는 조건은 아래 다섯 가지로 제시되었다.

1. 무한히 큰 개체군
2. 무작위 교배
3. 유전자 흐름(이주) 없음
4. 자연선택 없음
5. 돌연변이 없음

위 조건이 충족되면 유전자풀에서 대립유전자의 빈도는 세대가 지나더라도 일정하게 유지된다. 하지만 자연에서는 이러한 조건이 거의 충족되지 않으며 따라서 대립유전자의 빈도는 세대가 지나면서 변동하게 된다. 유전자풀에서 대립유전자 빈도의 변화는 바로 진화를 의미하기에 하디–바인베르크 평형 조건의 반대 상황은 역설적으로 진화의 조건이 된다. 유전자풀 내 대립

유전자 빈도의 변화는 크게 3가지 원인에 의해 일어난다. 앞의 다섯 조건 중에 돌연변이의 경우, 대립유전자 빈도의 변화가 일어날 수 있지만, 성공적인 돌연변이가 드물기에 짧은 시간 동안에는 유전자풀 내 대립유전자 빈도의 변화를 일으키는 주요한 요인이 되지 못한다. 크기가 작은 개체군에서는 무작위 교배가 일어나지 못하여 유전자 부동(genetic drift)이 일어난다. 또한 다른 개체군에 속한 개체의 이주는 유전자 흐름을 제공하여 대립유전자 빈도의 변화를 일으킨다. 마지막으로 자연 선택에 의해 개체군 내 대립유전자 빈도의 변화가 나타난다.

돌연변이

결국 개체군의 유전적 진화는 개체군 내의 유전적 변화가 얼마나 일어나느냐에 따른다. 유전적 변화를 일으키는 하디−바인베르크 평형의 여러 조건의 위반 중에서 돌연변이만이 새로운 대립유전자를 개체군의 유전자풀에 기여할 수 있다. **돌연변이**(mutation)는 DNA 염기서열의 영구적인 변화를 뜻하는데, 복제과정에서의 오류가 수선되지 않거나 이동성 유전요소가 움직이면서 작은 DNA 부분이 삽입되거나 결실되는 과정에서 생긴다. DNA 복제 중에 일어나는 돌연변이율은 대부분의 생물에서 비슷한데 약 10^{10} 뉴클레오타이드 중 한 개 꼴로 일어나 다음 세대로 전달된다. 이러한 자연 발생 돌연변이 외에도 여러가지 물리적, 화학적 원인들에 의해 돌연변이가 일어나며 이러한 원인들을 돌연변이 유발원(mutagen)이라고 부른다. 돌연변이 유발원에는 X선, 자외선(ultraviolet radiation, UV)과 같은 방사선이 포함된다. 방사선 외에도 여러가지 화학물질에 의해서도 돌연변이가 발생한다. 대부분의 암 유발원은 돌연변이 유발원이며, 반대로 대부분의 돌연변이 유발원은 암 유발원으로 알려져 있다. 대부분의 돌연변이는 단백질의 변화로 이어지지 않아 표현형에 영향을 주지 않고 계속 축적된다. 염기쌍의 변화가 다른 아미노산의 합성으로 이어지는 경우 대부분 세포의 기능에 해를

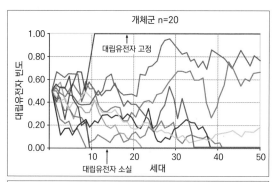

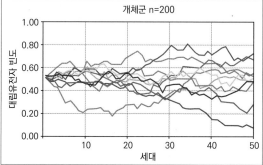

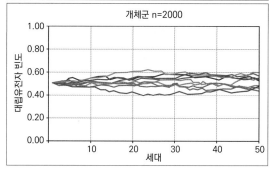

그림 3.5 개체군 크기에 따른 유전자 부동 양상의 변화. 제일 상단의 그림에서 대립유전자가 고정 또는 소실되는 것을 볼 수 있다.

입히는 단백질을 만들어 내 개체의 적응도를 떨어뜨리므로 유전자풀의 변화에 기여하지 못하는 경우가 많다. 하지만 아주 극소수의 돌연변이는 개체의 적응도를 높이고 유전자풀의 변화를 이끌기도 한다. 이러한 돌연변이는 오랜 진화적 시간 규모에서는 새로운 유전자의 궁극적인 원천이 된다.

유전자 부동

개체군 유전자풀에서 대립유전자 빈도가 무작위적인 과정에 의해 변화하는 것을 **유전자 부동**(그림 3.5)이

라고 한다. 유전적 부동이라고도 하나 유전과 관련 있다는 포괄적 의미를 배제하기 위해 최근에는 유전자 부동이라는 용어가 많이 쓰인다. 개체군 크기가 한정되는 경우, 무작위적인 교배가 불가능하여 대립유전자 빈도가 일정하게 유지되지 못하고 무작위적으로 움직이는데 이를 떠다닌다는 표현으로 '부동(浮動)'이라고 쓴다. 유전자 부동이 일어나는 경우 여러 세대가 지나면 어떤 대립유전자는 사라지거나(빈도 0) 유전자위 전체를 차지(빈도 1)하게 된다. 전자를 대립유전자가 '소실'되었다고 하고, 후자를 대립유전자가 '고정'되었다고 한다. 따라서 유전자 부동은 과정이 무작위적이고 방향이 없지만 결국에는 대립유전자의 다양성을 줄이는 방향으로 작용한다. 유전자 부동은 크기가 작은 개체군에서 그 효과가 크게 나타나는데, 이러한 유전자 부동의 널리 알려진 예로 **병목효과**(bottleneck effect)와 **창시자효과**(founder effect)가 있다. 병목효과는 개체군 크기가 매우 작아진 뒤 다시 늘어나더라도 작아진 개체군이 가졌던 유전자 부동에 의한 유전자 조성을 그대로 가지는 것을 의미한다. 병목효과의 대표적인 예로 치타가 있다. 치타는 현재 다른 종들에 비해 현저히 낮은 유전자 변이를 보이는데 마지막 빙기 동안 일어난 숫자 감소에 의한 병목효과로 여겨지고 있다. 유전자 부동에 의한 병목효과는 멸종위기종 보전에 있어서 개체군 크기뿐만 아니라 유전자 다양성 또한 중요한 목표가 되어야 한다는 것을 보여준다.

유전자 흐름

한 개체군에서 다른 개체군으로 대립유전자나 유전자의 이동을 유전자 흐름이라고 한다. 이러한 유전자 흐름의 속도에 가장 큰 영향을 주는 요인 중의 하나는 이동성이다. 이동성이 클수록 유전자 흐름의 속도 또한 높아진다. 일반적으로 식물에 비해 동물의 이동성이 높아 유전자 흐름의 속도 또한 높을 수 있다. 두 개체군 사이에 유전자 흐름이 지속되면 두 유전자풀이 섞이게 되어 두 집단 간의 유전적 차이를 줄이게 된다. 이

그림 3.6 대초원닭(*Tympanuchus cupido*) ⓒ GregTheBusker (wikimedia)

때문에 유전자 흐름이 강할수록 종분화를 억제하게 된다. 한편, 어떤 고립된 개체군이 적은 개체수로 인해 동계교배(근친교배, inbreeding) 등을 통해 유전적 변이를 잃어버리게 되면 절멸에 취약하게 된다. 이때 다른 개체군에서의 개체 이동과 교배(이계교배, outbreeding)를 통해 개체군의 유전적 다양성을 높일 수 있다.

이러한 유전자 흐름에 의한 종 보전의 예로 미국 일리노이주의 대초원닭(*Tympanuchus cupido*)을 들 수 있다(그림 3.6). 한때 이 조류종은 일리노이주 초원에 수백만 마리가 살았으나, 초원이 사라지면서 그 수가 급격하게 줄어 1993년에는 50마리 미만이 살아남았다. 유전적 변이도 매우 낮았고 알의 부화율도 50%가 되지 않았다. 이들을 보전하기 위해 1993년 이후 이웃 주로부터 300여 마리의 대초원닭을 도입하였더니, 새로운 대립유전자가 들어왔고, 부화율도 90% 이상으로 회복되었다.

자연선택

유전자 부동이나 유전자 흐름은 유전자풀의 대립유전자 빈도를 변화시키기는 하지만 일관된 변화 양상을 보이지는 못한다. 개체군 내 유전자풀의 일관된 변화 양상을 보이는 메커니즘은 자연선택뿐이다. 실제 선택이 일어나는 단위는 개체이지만 그 선택으로 인한 유전자풀의 대립유전자 빈도 변화는 개체군 수준

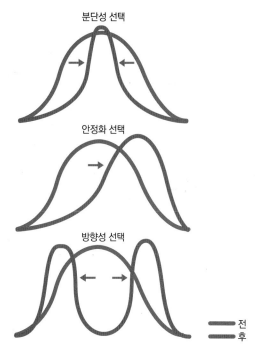

분단성 선택

안정화 선택

방향성 선택

━━━ 전
━━━ 후

그림 3.7 자연선택에 의한 세 가지 변화 유형. 스미스와 스미스 (2015)의 그림을 다시 그림

에서 일어난다. 특정 환경에서 개체군 내 각 개체의 적응도(생존과 번식) 차이에 따라 차별적인 생식, 즉 선택이 개체 수준에서 이루어진다. 다음 세대에 유전자를 기여하는 개체 수준에서의 자연선택에 따라 세대

를 거치면서 개체군 수준에서의 유전자풀의 변화를 이끌어 내고, 이러한 유전자 수준의 변화는 개체군 수준에서의 표현형질의 변화로 나타난다.

자연선택에 의한 개체군 내 표현형 변화는 크게 세 가지 유형으로 나타난다(그림 3.7). 대부분의 표현형질은 정규분포(normal distribution)를 나타낸다. 키를 예로 들면, 사람의 키는 여러 유전자에 의해 결정되는 정량적인 형질로 평균값이 가장 빈도가 높고 양 극단이 빈도가 낮은 정규분포를 보인다. 이러한 표현형질 분포는 자연선택의 압력이 작용하면서 한 쪽 방향으로 평균이 이동할 수 있는 데 이를 **방향성 선택**(directional selection)이라고 한다. 기린의 키가 점점 커져왔다면 키가 작은 기린이 살아남지 못하고 상대적으로 키가 큰 기린이 계속 선택되어 개체군의 키 분포가 전체적으로 오른쪽(큰 키 방향)으로 이동한 방향성 선택의 결과일 것이다. 이 경우 선택압(selection pressure)은 작은 키 쪽(왼쪽)에 집중된다. 한편 많은 경우 극단적인 표현형보다 평균적인 표현형이 더 잘 살아남게 되는데 이러한 경우 평균 주변으로 분포가 더 밀집하는 **안정화 선택**(stabilizing selection)이 일어난다. 대표적인 예로는 사람 태아의 출생 시 무게이다. 태아가 너무 작으면

(A)

(B)

그림 3.8 검은배띠밀납부리(*Pyrenestes ostrinus*) 성체(A)의 아랫부리 크기의 분포(B). 작은 부리를 가진 개체들은 껍질이 연하고 작은 종자를 잘 먹는 반면, 큰 부리를 가진 개체는 껍질이 단단하고 큰 종자를 더 잘 먹는다. ⓒ Veronesi (wikimedia)

질병에 잘 걸려 생존율이 높지 못하고 또 너무 큰 경우에도 출산에 문제가 된다. 이 경우 선택압은 양 극단에 집중된다. 세 번째는 **분단성 선택**(disruptive selection)으로 양쪽 극단의 형질이 동시에 선호되는 경우 양봉분포로 변화되는 유형이다. 이러한 선택은 개체군 내 개체들이 양 극단 방향의 선택을 동시에 받는 경우에 나타난다. 새의 경우 부리 크기는 먹이로 먹는 종자 크기와 연관이 있는데, 서식지에 존재하는 종자의 크기가 크게 두 가지 종류가 있는 경우 부리 크기는 양봉형 분포를 보이는 분단성 선택의 결과를 보여준다(그림 3.8). 분단성 선택이 지속적으로 일어나면 두 집단이 생식적 격리를 보여 한 종이 두 종으로 나눠지는 종분화(speciation)가 일어날 수 있다.

3.4 종분화

이 지구상에는 약 1,500만이 넘는 종이 있는 것으로 추정된다. 이러한 현재의 종다양성은 생물 역사 초기의 공통조상[1]으로부터 오랜 진화적 시간 동안 **종분화**와 **멸종**을 거쳐 형성된 것이다. 종분화가 일어나는 시간은 매우 변이가 커서 한 종이 분화되는 데 짧게는 4,000년에서 길게는 4,000만 년이 걸린다고 알려져있다. 알려진 종분화의 평균시간은 약 350만 년[2]이며, 50만 년 이하는 매우 드물다. 명심해야 하는 것은 한 종이 분화하여 새로운 종을 만드는 데 아주 오랜 시간이 걸린다는 것이다. 추정된 현재의 멸종 속도는 1년에 100만 종당 100종으로 1,500만 종으로 환산하면 1년에 약 1,500종, 하루에 약 5종 내외가 멸종하는 것으로 추정된다(De Vos et al., 2015). 새로운 종이 생기는데 걸리는 평균 시간인 350만 년은 이러한 현재의 멸종 속도에 비하면 엄청난 시간이다. 종분화 과정은 생명이 보

이는 통일성의 근거를 보여주며, 한 개체군 내 대립유전자 빈도의 시간에 따른 변화인 **소진화**(microevolution)와 종 수준 이상의 큰 규모의 진화 양상인 **대진화**(macroevolution) 과정을 연결시켜 주는 고리가 된다.

생물학적 종 개념

가장 보편적으로 사용되는 **생물학적 종 개념**에 따르면 종은 "자연에서 서로 교배할 가능성이 있고 생존능력과 생식능력이 있는 자손을 낳을 수 있지만 다른 무리의 구성원과는 생식적으로 격리되는 개체군들의 무리"로 정의 된다. 생물학적 종은 자연에 존재하는 모든 개체군을 모두 통틀어 일컫는 용어이다. 개체군[3]은 특정 지역에서 실질적으로 교배가 일어나는 개체들의 집단이고 종은 잠재적으로 교배가 가능하고 그 결과 생식가능한 자손을 생산할 수 있는 개체들의 집합이다(그림 3.9).

생물학적 종 개념에서는 다른 종 사이에 **생식적 격리**(reproductive isolation)가 일어나 교배를 통해 생식 가능한 자손을 생산하는 것을 방해하는 생물학적 장벽이 존재한다.

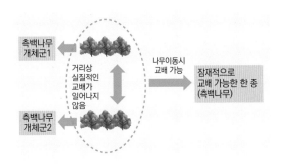

그림 3.9 종과 개체군의 관계. 잠재적으로 교배 가능한 지구상의 모든 측백나무 개체군의 개체들을 통틀어 측백나무 종이라고 부른다. 이 개념에 따르면 개체군 내에는 실질적으로 교배가 일어나며 교배가 거의 일어나지 않는 집단끼리는 서로 다른 개체군으로 간주된다.

---

1 LUCA(last universal common ancestor)라고도 한다.

2 생물의 역사 35억 년은 종분화가 1,000번 일어날 수 있는 시간이므로 한 번에 2배씩 종이 늘어나면 $2^{1000} = 1.07 \times 10^{301}$ 으로 매우 큰 수가 된다.

3 일부 교과서에서는 population을 집단이라고 번역하고 있다. 특히 유전학 쪽에서 population genetics를 집단유전학이라고 번역하여 많이 쓰이고 있다. 이 집단은 생태학에서 말하는 개체군과 완전히 동일한 내용으로 정의된다. 이 책에서는 일상적인 용어로도 쓰이는 '집단'이 혼동을 줄 수 있으므로 '개체군'으로 통일하여 쓴다. 즉 population genetics는 개체군유전학으로 번역된다.

종분화 과정: 이소 종분화와 동소 종분화

새로운 종이 기존의 종에서 갈라지는 과정은 생식적 격리가 일어나는 방식에 따라 **이소 종분화**(allopatric speciation)와 **동소 종분화**(sympatric speciation)로 나뉘어진다. 이소 종분화는 한 개체군이 지역적으로 격리된 작은 아개체군으로 나뉘어져 유전자 흐름이 중단되고 각 아개체군은 각기 다른 돌연변이와 자연선택, 유전적 부동으로 유전적 조성이 달라지고 결국 생식적 격리가 일어나는 과정이다. 반면 동소 종분화는 지리적 격리 없이 같은 지역에서 생식적 격리가 일어나는 것으로 보통 다배수성, 서식지 분화 및 성선택 등에 의해 생식적 격리가 일어난다.

이소 종분화는 처음에는 하나의 서식지였던 곳이 생물이 이동하거나 분산하지 못할 정도로 멀어지는 경우에 일어난다. 생물의 이동이나 분산 거리는 매우 상대적이다. 평평하던 평원에 하천으로 인해 협곡이 형성될 때 다람쥐는 쉽게 이동이 끊어지지만 새나 식물은 여전히 이동과 분산이 가능할 수 있다. 해리스영양다람쥐(*Ammospermophilus harrisii*)는 미국 그랜드캐니언 남쪽에 살고 흰꼬리영양다람쥐(*A. leucurus*)는 그랜드캐니언 북쪽에 사는데 이소 종분화에 의해 종이 분기된 예이다.

우리나라 영서지역 하천과 강에 서해를 중심으로 중국과 다른 고유종 민물고기가 나타나는 것도 지리적 격리에 의한 이소 종분화로 볼 수 있다. 우리나라에 서식하는 민물고기는 크게 고황허강과 고아무르강[4]으로부터 유래한다. 신생대 제3기 선신세(Pliocene Epoch, 약 1,200만 년~200만 년 전) 이후 해수면이 낮아지고 한반도가 중국, 일본과 연결되면서 현재 우리나라 서쪽으로 흐르는 하천들이 고황허강과 연결되었고, 현재 동해로 유입되는 하천들은 고아무르강으로 연결되었다(그림 3.10). 이후 신생대 제4기 홍적세(Pleistocene Epoch, 약 160만 년~1만 년 전) 간빙기에 해수면이 다시 상승하면서 서해가 형성되고 이로 인해 중국 황허와 우리나라 영서

지역 하천은 지리적으로 격리되어 종분화가 일어난 것으로 여겨진다.

동소 종분화는 지리적 격리 없이 새로운 종이 같은 지역에서 형성되는 과정이다. 동소 종분화는 크게 **다배수성**(polyploidy), **서식지 분화** 및 **성선택**에 의해 일어난다. 이 중 동소 종분화의 가장 대표적인 기작은 다배수성이다. 다배수성은 동물에서보다 식물에서 훨씬 더 흔한데, 현존 식물종의 80% 이상이 다배수성에 의해 형성되었을 것으로 추정될 정도이다. 2배체에서 감수분열 이상으로 4배체가 되어 생식 가능한 자손을 낳으면서 부모종과는 생식적 격리가 일어나 새로운 종이 되는 자가다배체(autopolyploidy)와 다른 종과의 잡종에서 유래한 타가다배체(allopolyploidy)가 있다. 식물에서 다배수성이 흔한 이유는 잡종 생성 후 무성생식으로 오랜 시간 동안 생존이 가능하여 유성생식 시 감수분열 이상 등에 의한 다배수체를 생성할 가능성이 더 높다. 밀의 경우 타가육배체로 세 가지 다른 종에서 다배수성에 의해 새로운 종이 되었다. 자가다배체와 타가다배

그림 3.10 300만 년 전 한반도 주변 지도 Nishimura(1974)의 그림을 다시 그림

---

4 아무르강은 우리나라에서 헤이룽강 또는 흑룡강으로 불린다.

체 모두 생식가능한 자손을 생산하고 부모종과는 생식적 격리가 생겨 같은 지역에서 지리적 격리 없이도 종분화가 가능하다. 서식지 분화는 주변 환경의 변화로 생태지위(ecological niche)가 분화되어 같은 지역에서도 교배가 차단되는 기작이다. 이러한 서식지 분화에 의한 동소 종분화의 예로 북미의 사과과실파리(*Rhagoletis pomonella*)가 있다. 이 파리는 원래 이 지역의 고유종인 산사나무 열매를 먹고 살았지만, 약 200년 전에 유럽에서 이주한 사람들이 사과나무를 도입하면서 사과를 먹는 개체군과 산사나무 열매를 먹는 개체군이 분리되었다. 이 두 개체군은 아직 아종으로 분류되지만 동소 종분화가 진행되고 있다. 지리적 격리 없이 성선택(sexual selection)에 의해서도 같은 지역 내에서 종분화가 일어날 수 있다. 아프리카 빅토리아 호수에는 한때 600여 종의 시클리드(Cichlid) 물고기가 발견되었는데, 이처럼 다양한 시클리드 종의 유래는 특정 교배색을 가진 수컷에 대한 암컷의 성선택으로 알려졌다. 현재는 호수의 부영양화로 인한 수질 혼탁으로 성선택이 약화되어 종의 생식적 격리를 저해하고 있다.

생식적 격리 기작

분화는 유전자 흐름의 차단, 즉 생식적 격리가 일어나면서 진행된다. 유전자 흐름이 유지되는 개체군들끼리는 지역적인 차이에도 불구하고 유전자풀을 공유하면서 종의 정체성을 유지할 수 있는 반면, 유전자 흐름의 차단, 즉 생식적 격리가 일어나는 개체군은 유전자풀을 공유하지 못하고 각기 다른 선택압과 유전자부동, 돌연변이 등을 통해 유전적 차이가 점점 벌어지게 되고 결국 종분화에 이르게 된다. 생식적 격리 기작은 크게 수정 전 격리 기작인 '교배 전 장벽(prezygotic barrier)'과 수정 후 격리 기작인 '교배 후 장벽(postzygotic barrier)'으로 구분된다. 접합 전 장벽에는 서식지 격리, 시간적 격리, 행동적 격리, 기계적 격리 및 생식세포 격리가 있다. 서식지 격리는 같은 지역 내에서도 서식지가 달라 서로 만날 기회가 없는 것을 말한다. 최근까지

도 인도에서는 호랑이와 사자가 한 지역에 존재했지만 숲에 사는 호랑이와 초원에 사는 사자는 인위적으로 교배가 가능함에도 자연에서 교배하지 않는데 이는 서식지 격리에 해당된다. 서식지가 다르지 않고 한 서식지를 공유하면서도 생식 시기가 다르면 교배가 이루어지지 않는데 이를 시간적 격리라고 하고 동일한 계절에 생식을 하더라도 구애의식이나 종 특이 행동에 의한 짝 인지(mate recognition)에 따라 교배가 이루어지지 않는 것을 행동적 격리라고 한다. 짝짓기가 시도되지만 생식기의 구조 때문에 교배가 성공적으로 이루어지지 못하는 경우를 기계적 격리라고 한다. 식물의 경우 꽃의 구조가 달라 수분자가 다르고 따라서 교배가 이루어지지 못하는 경우도 기계적 격리에 속한다. 마지막으로 교배가 성공적으로 이루어지지만 생식세포의 수정이 일어나지 못하게 장벽이 있는 경우가 생식세포 격리이다. 수정이 일어나고 나서도 발생이 제대로 이루어지지 못하거나 잡종이 태어나더라도 생존하지 못하는 경우(잡종 생존력 약화), 말과 당나귀의 잡종인 노새처럼 잡종 자손이 생존하더라도 생식을 못하는 경우(잡종 생식력 약화), 잡종 자손이 생식 가능하더라도 세대를 거치면서 생존율이 떨어지거나 불임이 되는 경우(잡종 와해) 모두 접합 후 장벽 기작이다. 요약하면, 종과 종 사이에는 아주 많은 단계에 걸쳐 지속적인 유전자 흐름을 방해하는 생식적 격리 기작이 존재한다.

잡종지대

종분화가 끝나 생식적 격리가 돌이킬 수 없게 되기 전까지 종분화가 진행되는 동안은 해당 종끼리 교배를 통해 **잡종**(hybrid)을 생산한다. 생식적 격리가 지리적 격리에 의해 유지되고 있는 두 종이나 종분화가 진행되고 있는 한 종의 두 개체군이 만나는 지역에서는 두 종이 교배하여 최소한의 잡종 자손을 생산하는 잡종지대(hybrid zone)가 형성된다. 이러한 잡종 자손은 잡종 생식력 약화나 잡종 와해 등 접합 후 장벽 기작에 의한 생식적 격리가 일어나는 경우에도 생산될 수 있다. 무

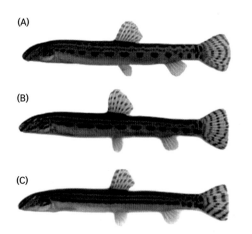

(A)

(B)

(C)

그림 3.11 (A) 점줄종개, (B) 점줄종개와 줄종개의 잡종, (C) 줄종개(자료: Kwan et al., 2014)

3.5 지구 생물의 진화사

1,500만여 종으로 추정되는 현재의 생물다양성은 약 40억 년으로 추정되는 지구상의 생물 진화 역사 동안 종분화와 멸종 두 상반된 과정을 통해 형성되었다. 지구에 현존하는 모든 생물종은 최초의 생물로부터 이어진 약 40억 년의 역사를 가지고 있는 매우 오래된 존재들이다. 이러한 약 40억 년 동안의 생물 진화사를 지질시대, 대륙이동과 함께 이해하는 것은 현재의 생물종 분포와 생물다양성을 이해하는 기초가 된다.

지질시대

지구의 생물종 수는 시간이 지남에 따라 전반적으로 증가해왔지만 실제로는 새로운 종이 만들어지고, 기존의 종이 멸종하면서 역동적으로 변화해왔다(그림 3.12). 특히 5억 년 전 무척추동물에 속하는 대부분의 문(Phylum)이 출현한 캄브리아기 대폭발과 함께 5번의 대멸종사건이 있었다. 이 중 대표적인 멸종사건은 2억 5,000만 년 전 페름기-삼첩기 사이에 일어났는데 전체 생물종의 90% 이상이 멸종되었다. 또 다른 멸종사

당개구리속(Bombina)의 노랑배무당개구리(Bombina variegate)와 유럽무당개구리(B. bomnia) 두 종은 전 유럽에 걸친 잡종지대를 형성하는 데, 부모종이 각각의 서식지로부터 지속적으로 잡종지대로 들어와 계속 잡종을 생산한다. 우리나라 전역에 널리 분포하는 신갈나무와 졸참나무는 잡종을 형성할 수 있다. 물참나무로 알려진 참나무 종류는 바로 신갈나무와 졸참나무의 교잡으로 태어난 잡종으로 밝혀졌다(Park, 2014).

이러한 잡종지대에서 두 부모종의 생식적 장벽은 강화되거나 약화될 수 있고 어떤 경우에는 지속적으로 잡종을 형성할 수도 있다. 생식적 장벽이 약화되어 두 종이 다시 융합하기도 한다. 빅토리아호수의 시클리드 물고기들은 부영양화로 호수물이 탁해지자 비슷한 외부색을 선호하던 성선택이 힘들어져 한때 500여 종에 이르던 종 수가 줄어드는 현상을 보였다. 또한 잡종이 부모종보다 경쟁력이 있는 경우 부모종을 몰아냄으로써 생물다양성이 감소할 수 있다. 섬진강과 동진강을 잇는 도수터널이 건설된 지 80여 년이 지난 뒤, 우리나라 섬진강에만 사는 줄종개가 동진강에 살던 점줄종개와 잡종을 형성하는 것이 보고되었다(그림 3.11). 이 잡종이 동진강 본류에서 번성하면서 본래 동진강에 살던 점줄종개는 사라지고 있다(Kwan et al., 2014).

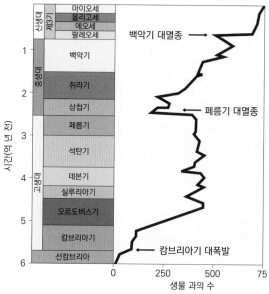

그림 3.12 지질시대와 생물 진화사 중 중요 사건. 스미스와 스미스 (2015)의 그림을 다시 그림

그림 3.13 도버해협의 백악 절벽 ⓒ Immanuel Giel (wikimedia)

건은 6,500만 년 전인 백악기와 제3기 사이에 일어났으며 이때 공룡뿐만 아니라 모든 종의 75% 이상이 지구상에서 사라졌다. 사실 고생대, 중생대, 신생대의 구별은 5억 년 전의 캄브리아기 대폭발, 2억 5,000만 년 전의 페름기 절멸, 6,500만 년 전의 백악기 절멸로 생물의 구성이 급격하게 변화하고 화석으로 나타나 나뉘게 된 것이다. **고생대**(Paleozoic era), **중생대**(Mesozoic era), **신생대**(Cenozoic era)는 더 큰 시대 구분인 누대(累代, eon)로 나눌 때 현재와 가장 가까운 **현생누대**(Phanerozoic eon)에 속한다. 누대는 이외에도 생명 출현 이전인 **명왕누대**(Hadean eon, 46억 년~39억 년 전), 생명 출현 후 원핵생물 시대인 **시생누대**(Archaean eon, 39억 년~25억 년 전), 단세포 진핵생물 시대인 **원생누대**(Proterozoic eon, 25억 년~5억 4,000만 년 전)로 나뉜다. 즉 생명 역사 중 대부분인 약 34억여 년 동안은 단세포 원핵생물과 단세포 진핵생물의 시대였고, 대부분의 동물종과 식물종은 캄브리아기 대폭발 이후인 5억 4,000만 년 동안

폭발적으로 나타나고 사라졌다. 고생대 각 기(Period) 이름은 석탄기를 제외하면 대표적인 화석이 연구된 지명이나 그 지역과 연관된 이름을 따라 명명되었다.[5] 석탄기(Carboniferous Period)는 석탄이 발견되는 지층이라는 뜻이다. 중생대 삼첩기(Triassic Period)는 특징적인 3층의 지층이 나타나는 시기를 뜻하며 쥐라기(Jurassic Period)는 프랑스와 독일 사이의 쥐라산맥을 따라 명명되었다. 백악기(Cretaceous Period)는 미세한 해양생물의 잔해와 다량의 탄산칼슘으로 구성된 퇴적암인 백악(chalk)을 의미한다. 이 시기에 형성된 백악 절벽이 영국과 프랑스 해안에서 흔히 나타난다(그림 3.13). 신생대는 제3기와 제4기로 나뉘는데, 과거 고생대와 중생대를 각각 제1기와 제2기로 불렀던 것에서 유래한다.

---

5 캄브리아기는 영국 웨일즈 지방을 웨일즈어로 지칭하는 이름인 Cymru를 라틴어화하여 붙인 이름이고, 오르도비스기는 로마시대에 웨일즈 지역에 살던 오르도비스족을 따서 명명하였다. 실루리아기도 웨일즈 지방에 오래 전에 살던 실루레스족을 따서 명명되었고 데본기는 지층이 연구된 영국 데본 지방의 이름을 따랐다. 페름기는 러시아 일대의 고대 왕국이었던 페르미아의 이름을 따라 지었다.

생물 진화사의 중요 사건들

캄브리아기에 무척추동물이 대량으로 출현한 이후, 약 4억 년 전에 육상식물이 나타났고 이를 먹이로 하는 동물들도 육상으로 진출하였다. 어류와 양서류가 고생대에 번창하였고 식물의 경우 관다발이 생긴 양치류가 번성하였다. 양치류를 섭식하는 동물이 거의 존재하지 않아 양치류가 축적한 생물량은 고스란히 땅 속에 묻혀 높은 열과 압력을 받아 석탄을 형성하였다. 석탄기 지층에서 발견되는 석탄은 양치식물이 땅속에 축적된 거대한 탄소 저장고이다. 원유의 기원은 아직 완전히 밝혀지지 않았지만 해양의 식물플랑크톤과 동물플랑크톤에서 유래한 막대한 양의 유기물이 축적되어 묻히면서 역시 높은 열과 압력을 받아 형성된 것으로 여겨진다. 원유는 고생대 캄브리아기에서 중생대 백악기 사이에 형성된 것으로 추정된다. 석탄과 원유는 옛날 생물들의 잔해에서 만들어진 연료라는 뜻으로 **화석연료**(fossil fuel)라고 불리며 현재 인류 문명이 소비하는 에너지의 대부분을 담당한다. 화석연료 속 유기물, 즉 탄소는 연소되면서 산화되어 이산화탄소를 발생시키므로 화석연료의 연소는 땅속에 오랜 세월 저장되어 있던 탄소를 이산화탄소의 형태로 대기 중으로 퍼내는 것이다. 중생대에는 파충류와 겉씨식물이 번성하였다(그림 7.9 참고). 중생대말 백악기 대멸종 시 공룡이 모두 멸종하면서 신생대에는 설치류 형태의 포유류가 우점하기 시작하였다. 식물은 속씨식물인 꽃식물이 번성하기 시작하였는데, 꽃 수분자로서 다양한 곤충류가 공진화하고, 열매 산포자로서 포유류가 번창한 것으로 여겨진다.

판구조론과 대륙이동

현대 지질학이 제시하는 **판구조론**(plate tectonics)에 따르면, 지구 표면의 지각은 더 무거운 밀도의 중간층(mantle) 위에 떠 있는 여러 구조판으로 나누어져 있으며 대륙은 이러한 거대한 판의 일부이다(그림 3.14). 뜨거운 중간층의 대류에 의해 구조판은 서로 멀어지거나 충돌한다. 하와이 군도는 태평양판과 나스카판 사이에 새로운 땅이 융기하면서 서로 멀어지는 곳 부근에 위치하며 생성된 연도가 40만 년~500만 년인 섬들이 생성 순서대로 배열되어 있다. 오랜 세월 동안 판들의 이동에 따라 각 대륙들은 이합집산을 계속하였는데, 15억 년 전에 다세포 진핵생물이 출현한 이후로 지구의 대륙들은

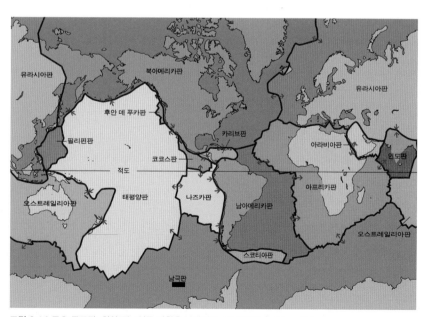

그림 3.14 주요 구조판. 화살표는 이동 방향을 나타낸다. ⓒ USGS (wikimedia)

모두 모여 초대륙이 되었다가 다시 떨어져 나가는 과정을 3번[6]이나 반복하였다. 가장 최근에 형성된 초대륙 판게아(Pangea)는 약 2.5억 년 전에 형성되었다(그림 3.15).

현재 남극 대륙은 평균 두께 2 km 이상의 빙하로 덮여 있고 생물들이 거의 살 수 없는 매우 추운 곳이지만, 판게아-곤드와나 시기에 남미와 아프리카, 인도 및 호주와 연결되어 있어 현재에도 위 5대륙에 걸쳐 공룡 등 파충류와 양치식물 화석들이 연속적으로 발견된다(그림 3.16). 남극 대륙은 중생대에 훨씬 적도에 가까웠으며 울창한 침엽수숲으로 덮여 있었고 공룡이 번창하였다. 판게아 초대륙은 1억 8,000만 년 전에 분리되기 시작하여 로라시아와 곤드와나 두 초대륙으로 나누어졌다. 곤드와나 대륙에는 남미, 아프리카, 마다가스카르, 남극 및 호주뿐만 아니라 아라비아 반도와 인도까지 모여 있었다. 이들 대륙은 점점 나뉘어 1억 2,000만 년 전에는 인도가 떨어져 나와 북상하기 시작하였고 약 4,500만 년 전에 인도판이 유라시아판과 충돌하여 히말라야를 형성하였다.

그림 3.15 판게아 초대륙 내 현재의 7대륙의 위치
© Kieff (wikimedia)

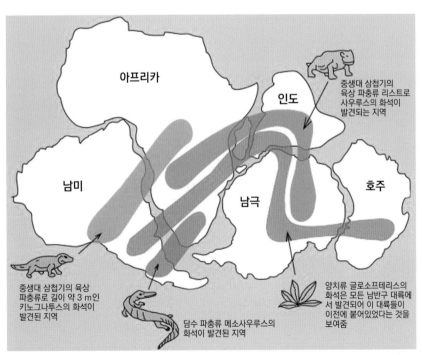

그림 3.16 현재의 생물화석이 발견되는 지역에 근거하여 분포도를 그려보면 초대륙 상에서 연속적으로 분포한다. © Osvaldocangaspadilla (wikimedia)

---

6 초대륙 형성은 11억 년 전, 6억 년 전 및 2억 5,000만 년 전에 있었다.

참고문헌

스미스와 스미스. 2015. 생태학, 제9판 (강혜순 외 옮김, 라이프사이언스 2016) (원제: Elements of Ecology)

Darwin, C. 1859. On the Origin of Species. John Murray.

De Vos, JM et al. 2015. Estimating the normal background rate of species extinction. Conservation Biology 29: 452–462.

Dobzhansky, T. 1937. Genetics and the Origin of Species. Columbia University Press.

Kwan, YS Ko, MH Won, YJ. 2014. Genomic replacement of native *Cobitis lutheri* with introduced *C. tetralineata* through a hybrid swarm following the artificial connection of river systems. Ecology and Evolution 4: 1451–1465.

Nishmara, S. 1974. Formation of the Sea of Japan: approach from biogeography. Tsukiji-Shokan. 274pp. (in Japanese)

Park, JH. 2014. Phytochemical variation of *Quercus mongolica* Fisch. ex Ledeb. and *Quercus serrata* Murray (Fagaceae) in Mt. Jiri, Korea. Korean Journal of Environment and ecology 28: 574–587.

Stromberg, J. 2015. Kale, Brussels sprouts, cauliflower, and cabbage are all varieties of a single magical plant species. Vox article 2015.2.10. https://www.vox.com/xpress/2014/8/6/5974989/kale-cauliflower-cabbagebroccoli-same-plant

University of California Museum of Paleontology. 2021. Understanding Evolution. https://evolution.berkeley.edu/evolibrary/home.php

3. 진화론의 기초

1. 조별활동

1. 에볼라 바이러스의 치명율은 처음에는 88%였다가 38년 뒤 두번째 유행에서는 54.6%로 대폭 감소하였다. 이러한 에볼라 바이러스의 치명율 변화를 자연선택설로 설명해 보시오. 이러한 진화적 관점에서 '감기에는 약이 없다'라는 말을 검증해 보시오.

2. 플랑크톤의 경우 '세계종(cosmopolitan species)'이 흔하지만 담수 어류의 경우는 각 지역의 고유종이 대부분이다. 이 두 생물 그룹의 어떤 특성이 이런 차이를 만드는가?

3. 한강과 동해로 흐르는 강에 사는 물고기 종류가 다른 것을 진화의 역사 측면으로 설명해 보시오. 두만강과 압록강의 물고기 종류가 비슷한 것 또한 설명해 보시오.

4. 섬의 생물들이 외부 침입종에 취약한 이유는?

5. 신갈나무나 졸참나무, 상수리나무 등 우리나라 참나무류는 잡종(hybrid)이 매우 흔히 나타난다. 생물학적 종 개념으로 보면 이들은 한 종으로 여겨질 수 있는가? 형태학적 종 개념으로는 어떠한가?

6. 생물 진화의 기간은 약 40억 년이며 현재 지구 전체의 종다양성은 약 1,500만여 종으로 추정된다. 종분화에 걸리는 시간이 평균 350만 년이라고 한다면

   1) 40억 년 동안 형성될 수 있는 최대 종다양성은 얼마인가?
   2) 최대 종다양성에 비해 현재 1,500만여 종밖에 존재하지 않는 이유는?

7. 석유와 석탄 등은 화석연료로 불리는 비재생 자원이다.

   1) 석유와 석탄 등이 비재생 자원인 이유는?
   2) 화석연료의 성분은 무엇으로 이루어져 있는가?
   3) 화석연료를 연소시키면 탄소 순환에 어떤 기여를 하게 되는가?

2. 조별 토론 주제

〈진화론과 종교의 공존〉(https://www.hani.co.kr/arti/opinion/column/539660.html#csidx70f77f4d96592f9b67a17f3d13fffa0) 기사를 읽고 진화론과 종교적 신념은 공존 가능한지 토론해 보시오.

- 2부 -

사람과
환경

4장
인구문제와 생태발자국

"자연은 생명의 종자를 아낌없이 뿌려댔지만, 그들을 양육하는데 필요한 장소와 영양분을 공급해 주는 일에는 인색했다. 지구가 품고 있는 생명의 싹이 자유로이 자라날 수만 있다면 몇천 년도 지나지 않아 수백만 개의 지구를 채울 수 있을 만큼 증가할 것이다. 그러나 만물을 지배하는 자연법칙이 그들의 성장을 일정 범위 내로 제한한다. 모든 동식물은 이 위대한 자연의 법칙을 따를 수밖에 없다. 인류 역시 어떠한 이성적 노력으로도 이러한 한계를 벗어날 수 없다."

"아무런 통제가 없다면 인구는 기하급수적으로 증가하고, 생존자원은 산술급수적으로 증가한다"

－맬서스(Thomas R. Malthus), 『인구론』 중에서

18세기 후반 경제학자이자 인구통계학자인 맬서스는『인구론』을 통하여 향후 인구 증가, 전쟁, 기근 등이 끊임없이 발생할 것이라고 예상하였다. 그의 주장은 사회가 공급할 수 있는 식량과 자원의 한계수용능력을 기초로 이루어진 것이다. 지난 1만 년 동안 인구는 1,000배 이상 증가하였다. 동시에 인간은 1인당 쓸 수 있는 가용자원도 증가시켰다. 지구에서 자원의 한계는 분명하다. 그러나 인류의 혁신과 발전은 자원을 보다 생산적으로 사용하도록 효율을 증가시켜 왔다. 즉, 인구 증가와 더불어 과학과 기술 발달에 힘입은 식량과 자원의 확대와 효율을 증대시킨 혁신이 맬서스의 예상을 빗나가게 하였다. 그렇다면 앞으로도 지속적인 혁신으로 증가하는 인구를 부양할 수 있는 식량과 자원을 확보할 수 있을까?

인구통계학자들이 던지는 질문들은 기후학, 통계학, 진화학, 생태학, 환경과학, 사회학, 심리학, 경제학 및 정치학과 매우 밀접한 관련이 있다(Box 4.1). 따라서 인구문제는 학제간 공동연구를 통해서 풀어야 할 문제이다. 인구문제는 경제, 사회 및 환경문제의 중심에 위치한다. 환경문제와 경제문제는 서로 밀접하게 연관되어 있기 때문에 통합적 시각으로 다루어져야 한다. 인구문제는 최근에 인류가 직면한 모든 문제들과 연관된 문제들의 핵심이다. 인구문제는 자체적으로도 매우 중요한 환경문제이다. 또한 최근에 인류가 당면한 도전적인 과제들인 자원의 이용과 낭비, 빈곤과 상실감, 생물다양성 감소 및 기후변화와 밀접한 연결고리를 갖고 있다(김준호 외, 2006).

지구에서 사람이 어떻게 확산되었는가? 세계와 한국에서 인구는 어떻게 변화해 왔는가? 그리고 앞으로의 전망은 어떠한가? 선진국과 개발도상국의 인구통계학적 지수들은 어떻게 다른가? 더불어 사는 지구에서 부유함과 가난함에 따른 인구통계학적 차이가 가지는 의미는 무엇인가? 사람이 지구에 남긴 생태발자국과 지구가 가진 수용능력은 어떻게 전망되는가? 이러한 질문들에 대한 답을 해보자. 그리고 지구의 지속가능성에 대하여 생각해 보자.

4.1 지구에서 사람의 확산과정

지구 환경에 큰 충격을 준 사람(*Homo sapiens*)은 언제 지구상에 처음으로 출현했을까? 사람은 지금으로부터 대략 20만 년 전에 아프리카에서 출현하여 1만 년 전에 지구상의 모든 대륙을 점령하였다(그림 4.1, 4.2, 4.3). 지구에서 사람의 확산에는 기후변화로 인한 해수면의 변화와 식생의 변화가 매우 큰 영향을 미쳤다. 수렵채집 시기에 사람의 밀도는 각 지역에서 구할 수 있는 식량자원의 양, 수자원 그리고 온도에 의하여 결정되었다. 따라서 지구에서 사람의 이동과 밀도 변화는 기후변화, 해수면 변동 그리고 식생 변화로 설명하는 경우가 많다. 그림 4.2는 기후학 모델을 이용한 팀머만(Axel Timmermann)과 프리드리히(Tobias Friedrich)의 연구결과를 이용하여 지구에서 사람의 이동경로를 간략히 정리한 것이다. 1차 이동은 12만 5,000년 전에 아프리카에서 이루어졌다. 2차 이동은 10만 년 전후로 시나이반도와 아라비아반도로 진출한 것이다. 3차 이동은 9만 년 전의 남부유럽, 인도 그리고 남중국으로의 진출과 8만 년 전의 서유럽과 동남아시아로의 진출이다. 4차 이동은 6만 년 전에 호주와 극동아시아로 진출

Box 4.1 인구통계학자들이 던지는 질문의 유형

- 사람(*Homo sapiens*)은 어디에서 기원했는가?
- 시대에 따라 사람의 분포와 밀도를 결정한 요인은 무엇이었는가?
- 사람이 없던 대륙에 사람이 진출하고 밀도가 높아지면서 어떤 일이 있었는가?
- 지구에서 현재의 사람의 분포와 밀도는 어떻게 해서 만들어졌는가?
- 당신은 얼마나 오래 살 것인가? 어떻게 죽을 것인가?
- 당신은 결혼을 할 것인가? 얼마나 많은 자손을 남길 것인가?
- 당신은 언제 은퇴할 것인가? 당신의 노후보장이 가능한가?
- 당신 국가 혹은 지역은 지속가능한가?
- 세계화는 인구문제에서 어떤 의미를 가지는가?
- 미래에 지구에서 사람의 분포와 밀도는 어떻게 달라질 것인가?
- 지구에서 수용 가능한 최적('최정' 개념보다는 '적정' or '최대') 인구는 얼마인가?
- 지속적인 과학과 기술 혁신으로 식량과 자원의 확보가 가능할까?
- 생태발자국은 무엇인가? 지구는 지속가능한가?

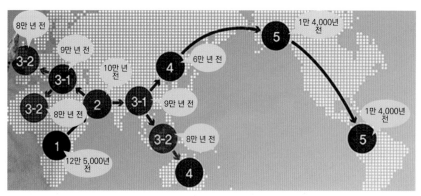

그림 4.1 인류의 다섯 차례 대이동. 하와이대 국제태평양연구센터 통합기후-인류이동 컴퓨터 시뮬레이션 예측 결과(하와이대 국제태평양연구센터의 자료를 참조하여 중앙일보가 그린 것을 인용)

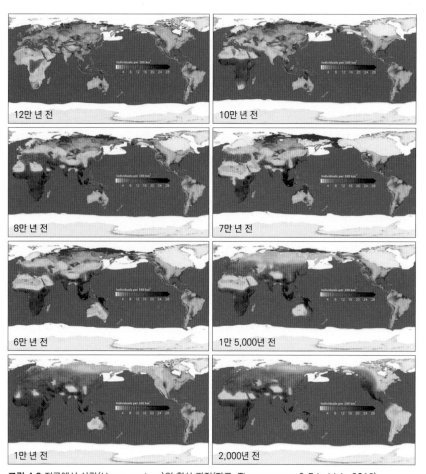

그림 4.2 지구에서 사람(*Homo sapiens*)의 확산 과정(자료: Timmermann & Friedrich, 2016)

한 것이다. 5차 이동은 빙하기가 끝난 1만 4,000년 전에 아메리카로 진출한 것이다. 지구에서 사람의 주요한 이동 시기에는 빙하의 확장으로 인한 해수면의 하강이 도움을 주었다(그림 4.2). 빙하기가 끝난 1만 년 전까지 사람이 확산하지 못한 곳은 바다라는 장벽에 가로막힌 태평양 지역 여러 섬들과 아이슬란드나 그린란

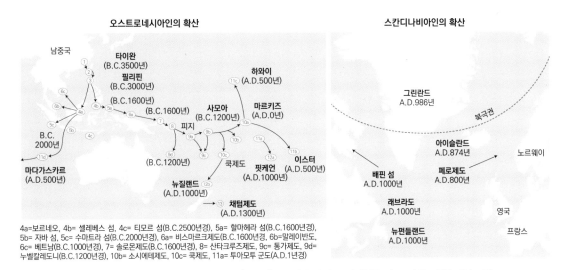

오스트로네시아인의 확산

남중국

타이완
(B.C.3500년)

필리핀
(B.C.3000년)

(B.C.1600년)

사모아
(B.C.1200년)

하와이
(A.D.500년)

마르키즈
(A.D.0년)

(B.C.1600년)

피지

B.C.
2000년

마다가스카르
(A.D.500년)

(B.C.1200년)

뉴질랜드
(A.D.1000년)

쿡제도

핏케언
(A.D.1000년)

이스터
(A.D.500년)

채텀제도
(A.D.1300년)

스칸디나비아인의 확산

그린란드
A.D.986년

북극권

아이슬란드
A.D.874년

노르웨이

배핀 섬
A.D.1000년

페로제도
A.D.800년

래브라도
A.D.1000년

영국

뉴펀들랜드
A.D.1000년

프랑스

4a=보르네오, 4b= 셀레베스 섬, 4c= 티모르 섬(B.C.2500년경), 5a= 할마헤라 섬(B.C.1600년경),
5b= 자바 섬, 5c= 수마트라 섬(B.C.2000년경), 6a= 비스마르크제도(B.C.1600년경, 6b=말레이반도,
6c= 베트남(B.C.1000년경), 7= 솔로몬제도(B.C.1600년경), 8= 산타크루즈제도, 9c= 통가제도, 9d=
누벨칼레도니(B.C.1200년경), 10b= 소시에테제도, 10c= 쿡제도, 11a= 투아모투 군도(A.D.1년경)

그림 4.3 태평양과 마다가스카르(왼쪽) 그리고 북극권에서(오른쪽) 인류의 확산 경로. 다이아몬드(1997)의 그림을 다시 그림

드와 같이 바다로 격리되고 날씨가 매우 추운 북극권 뿐이었다. 태평양의 여러 섬들과 마다가스카르에 살고 있는 사람들의 조상은 B.C. 3000~4000년에 타이완에서 살았던 사람들이다. 당연히 이 시기의 타이완인들은 고대 중국대륙으로부터 기원하였다. 폴리네시아인이라 불리는 이들은 유사한 오스트로네시아 언어를 사용하고 유사한 문화를 공유하고 있다. 폴리네시아인들은 필리핀에 B.C. 3000년에 도착하였다. 보르네오 섬과 티모르 섬에는 B.C. 2500년에, 자바 섬과 수마트라 섬에는 B.C. 2000년에, 말레이반도와 베트남에는 B.C. 1000년에, 솔로몬제도에는 B.C. 1600년에, 피지와 사모아 군도에는 B.C. 1200년에, 쿡제도와 투아모투 군도에는 A.D. 1년 경에, 이스터섬, 하와이 그리고 마다가스카르에는 A.D. 500년에, 뉴질랜드에는 A.D. 1000년에 그리고 채텀제도에는 A.D. 1300년에 도착하였다 (그림 4.3; 다이아몬드, 1997). 북극권의 여러 섬들에는 A.D 800~1000년 사이에 스칸디나비아인들이 이주하였다(그림 4.3). 이로써 A.D. 1300년 이후에는 사람이 살 수 있는 지구의 모든 곳을 사람이 점령하였다. 이후에는 기존에 사람들이 살고 있던 곳으로 다른 문명을 가진 사람들이 이동하여 충돌하는 것뿐이었다. 잘 알려진 사례는 서유럽인들의 아메리카 침략과 노예무역으로

인한 아메리카의 인구 구성 변화이다. 콜럼버스가 아메리카 대륙에 발을 디딘 1492년 이후에는 과학 혁명, 식민지 건설, 산업 혁명, 전쟁, 종교, 빈부 등에 의해 지구의 지역마다 서로 다른 인구 밀도를 유지하게 되었다. 현재 지구에서 사람의 이동은 주로 문화와 경제발달의 지역 간 차이에 의해 일어난다. 2013년 살로펙(Paul Salopek)이라는 저널리스트는 아프리카에서 시작하여 아시아를 거쳐 북미와 남미로 퍼져나간 인류의 이주 경로 38,000 km를 따라 걷는 프로젝트를 시작하였다.[1] 2013년 1월 에티오피아를 출발한 그는 중동, 인도를 거쳐 2021년 7월 현재 미얀마를 지나고 있다.

4.2 인구통계학

인구통계학에서 사용하는 주요 용어

생태학자들은 지구상에 사는 생물의 분포와 풍부도에 관심을 가지고 있다. 생태학자들은 '어떤 생물이, 어떤 곳에, 얼마나 많이 그리고 왜 그곳에 분포하는 지'를 밝히고자 한다. 또한 특정한 장소에서 관심을 가진 생

---

1 내셔널지오그래픽(https://www.nationalgeographic.org/projects/out-of-eden-walk/)

물이 늘어나는 지, 혹은 줄어드는 지 그리고 그 이유는 무엇인지 알고 싶어 한다. 사람에 대하여 Box 4.1과 같은 질문을 던지고 답을 찾는 사람들을 인구통계학자라고 한다. **인구통계학**은 인구의 크기, 밀도 및 연령 분포가 어떤 요인에 의하여 어떤 양상의 변화를 나타내며 그것이 가지는 의미가 무엇인지를 연구한다(Box 4.2). 인구통계학자들은 자신들이 궁금한 항목에 대한 답을 찾기 위해 시대에 따른 인구 조사자료, 인구동태 통계(출생과 사망), 국가간 인구이동 통계 등을 기초로 연구한다. 인구통계학자들이 주로 사용하는 인구통계학적 용어들을 아래에 정리하였다.

- 생명표(life table): 연령에 따른 생존 개체수, 사망 개체수 및 출생 개체수를 정리한 표. 생명표의 항목을 기초로 다양한 인구통계학적 지수들을 계산할 수 있다. 특정 시점에 다양한 연령의 기초 항목을 조사한 것을

정적 생명표라 하고 동시에 출생한 집단을 추적하여 작성한 것을 동적 생명표라 한다.

- 동시출생집단(cohort): 같은 해에 태어난 동년배 집단

- 인구 변화(population change) = (출생 + 이입) – (사망 + 이출)

- 출생률 또는 조출생률: 주어진 연도에 인구 1,000명당 태어나는 사람 수

- 사망률 또는 조사망률: 주어진 연도에 인구 1,000명당 죽는 사람 수

- 합계출산율 또는 총출산율(total fertility rate, TFR): 한 여자가 가임 기간 동안 낳을 것으로 예상되는 평균 출생아 수

Box 4.2 개체군 성장 모형: 지수적 성장과 로지스틱 성장

생물종 개체군은 자원이 무제한으로 공급되는 경우 아무런 제한 없이 개체군 크기가 늘어난다. 이러한 환경을 가정하는 지수적 성장 모형에서는 개체군 크기가 일정한 비율로 지속적으로 증가한다. 세균 개체군이 가장 좋은 예가 되지만, 다세포 생물들도 때때로 지수적 개체군 성장을 보인다.

많은 생물들은 여러 세대의 생활사가 겹치는데 이러한 개체군(overlapping population)에서는 개체군 크기가 출생에 의해 커지고 사망에 의해 작아지게 된다. 개체군 크기를 N으로, 출생한 개체수와 사망한 개체수를 각각 B와 D로 정의하면 $\Delta N/\Delta t$는 단위 시간당 개체군 크기 변화를 나타낸다.

$$\Delta N/\Delta t = B-D$$

개체당 출생률(b)은 단순히 주어진 시간 동안 개체군 내에서 출생한 개체수를 개체군 크기로 나눈 것이고, 개체당 사망률(d)은 사망한 개체수를 개체군 크기로 나눈 것이다. 따라서 실제 출생 개체수와 사망 개체수 대신 개체당 출생률과 개체당 사망률을 이용하여 개체군 성장 모형식을 나타낼 수 있다.

$$\Delta N/\Delta t = B-D = bN-dN = (b-d)N$$

이는 다음과 같은 미적분식으로 표현할 수 있다.

$$dN/dt = (b-d)N$$

개체당 출생률과 개체당 사망률의 차이, 즉 $b-d$를 개체군의 개체당 성장률(per capita growth rate)이라 하고 r로 나타낸다. 개체당 성장률 r로 ($b-d$)를 바꾸어 표현하면 지수적 성장식은 다음과 같이 표시된다.

$$dN/dt = rN$$

만일 출생률이 사망률보다 크면 r은 양수값($r > 0$)을 갖게 되고, 개체군은 성장한다(그림 4.4). 만약 r이 음수값($r < 0$)이면 개체군은 점점 크기가 작아지게 된다.

지수적 성장 모형에 따르면 개체군이 무제한으로 성장하지만, 대부분의

생물 개체군은 무한정 성장하지 않고 성장이 제한된다. 로지스틱 성장 모형에서는 모든 개체군에 대해 한정된 크기를 유지할 수 있을 만큼만 자원이 공급된다고 가정한다. 어떤 환경에서 특정한 종이 유지할 수 있는 최대 개체수를 **수용능력**(carrying capacity)이라고 하고 K로 나타낸다. 수용능력은 각 개체군마다 따로 정의되고, 환경에 따라 결정되는데, 서식지마다 달라지며 한 서식지 안에서도 시간에 따라 달라진다.

로지스틱 성장 모형은 개체군 크기가 커질수록 개체군의 개체당 성장률 r이 줄어든다고 가정한다. 즉, 개체군 성장은 개체군 크기가 수용능력에 가까워질수록 느려진다.

$$dN/dt = rN-(K-N)/K$$

이 성장 모형에 따르면 개체군 크기가 시간이 지남에 따라 점진적으로 수용능력에 가까워져서 수용능력 부근에서 유지되는 S자 성장을 할 것으로 예측된다(그림 4.4).

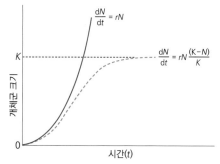

그림 4.4 지수적 성장과 로지스틱 성장

- 대체출산율(replacement-level fertility): 부부가 그들 자신을 대체하기 위하여 가져야 할 자녀 수. 유아시기의 사망으로 2.0보다는 높다. 유아 사망률이 높은 나라일수록 커진다.

- 인구성장률(population growth rate): 두 시점 간 연평균 인구증가율

- 자연적 인구 변화의 연간 속도(%) = (출생률-사망률)/10

- 인구의 배가시간: 현재의 인구가 두 배가 되는 데 걸리는 시간으로 70의 법칙을 따른다. 배가시간 = 70/(증가율의 백분율). 예를 들어 어떤 나라의 인구증가율이 2.8%라면 배가시간은 70/2.8 = 25년이다.

- 성비(sex ratio): 여자 100명 당 남자 수

- 중위연령(median age): 전체 인구를 연령 순서로 나열할 때, 한 가운데 있게 되는 사람의 연령

- 기대수명(life expectancy at birth): 0세 출생아가 향후 생존할 것으로 기대되는 평균 생존 연수

- 국제이동(international migration): 상주 개념에 따라 국내 또는 국외에서의 체류기간이 90일을 초과한 국제이동자. 국제 순이동(international net migration)은 입국자수와 출국자수의 차이를 의미

- 부양비(dependency ratio): 유소년부양비와 노년부양비의 합
  유소년부양비는 생산가능인구(15~64세)에 대한 유소년인구(0~14세)의 비
  노년부양비는 생산가능인구(15~64세)에 대한 노령인구(65세 이상)의 비

- 노령화지수(aging index): 유소년인구에 대한 고령인구의 비
  노령화지수 =고령인구(65세 이상)/유소년인구(0~14세)×100

- **인구피라미드** 혹은 연령구조도: 일정 연령 구간별로 전체 남성과 여성의 구성 수(비율)를 그래프로 그린 것. 인구통계학자들은 연령을 크게 생식전기(0~14세), 생식기(15~44세), 생식후기(45세 이상) 세 가지 연령대로 구분하고, 각 연령대를 구성하는 남성과 여성의 백분율이나 인구수로 그래프를 그린다.

🌱 4.3 인구에 영향을 미치는 요인

세계 인구의 변화는 출생(birth)과 사망(death)의 두 가지 요인에 의하여 결정된다. 그러나 지구의 특정 지역이나 나라에서 인구 변화는 출생, 사망 및 이주(migration)에 의하여 결정된다. 특정 지역에서 **인구 변화**(population change)는 특정 시간(주로 1년) 동안에 증가하는 사람 수(출생과 이입)로부터 감소하는 사람 수(사망과 이출)를 빼서 계산한다. 지구에서 출생하는 사람이 사망하는 사람보다 많다면 세계 인구는 증가할 것이다. 그러나 특정한 나라에서 출생하는 사람 수가 사망하는 사람 수보다 적어지더라도 외부로부터 들어오는 이민자가 출생자와 사망자의 차이로 적어지는 인구보다 많다면 그 나라의 인구는 증가할 것이다. 대표적인 경우가 이민자에 의해 인구가 증가해온 미국과 최근 난민 정착을 과감하게 허용하여 인구감소가 정체된 독일이다. 그러나 이민 허용은 일자리 분배나 극단적인 민족주의와 연결될 수 있기 때문에 각 나라에서 정치적으로 매우 민감한 문제이다.

인구 변화 = (출생 + 이입) − (사망 + 이출)

인구통계학자는 출생하고 사망하는 총수를 다루기

보다 표준화한 **출생률**(birth rate) 혹은 조출생률(crude birth rate)과 **사망률**(death rate) 혹은 조사망률(crude death rate)을 사용한다. 조출생률과 조사망률은 주어진 연도에 인구 1,000명당 출생 혹은 사망하는 수이다. 세계 인구의 연간 변화율은 조출생률과 조사망률을 이용하여 계산하며 백분율로 표시한다.

인구의 연간 변화율(%) = (조출생률 − 조사망률)/10

2019년 기준 세계의 조출생률은 18.2이고 조사망률은 7.2이다. 따라서 2019년 기준 세계 인구의 연간 변화율은 (18.2−7.2)/10 = 1.1%이다. 전 세계적으로 출생률과 사망률이 모두 감소하고 있지만 사망률이 더욱 빠르게 감소하고 있다. 결과적으로 인구증가율은 지속적으로 감소 추세이다. 인구증가율 감소로 세계 인구증가 속도는 둔화되고 있지만 아직도 세계 인구는 증가하고 있다. 서기 1년부터 1750년까지의 세계 연평균 인구증가율은 0.06%, 1750년부터 1950년까지의 그것은 0.59%로 추정된다. 1950년부터 2000년까지의 연평균 인구증가율은 1.75%였다. 돌링(Danny Dorling)은 『100억 명(Population 100 Billion)』에서 1820년부터 2000년까지의 인구증가율을 제시하였다. 세계의 인구증가율은 독감과 같은 전염병, 세계대전과 같은 전쟁, 대공황과 같은 경제적인 문제, 문화대혁명과 같은 정치나 정책적인 결정 등에 의해 영향을 받았다. 또한 그는 세계적인 인구증가율 가속이 1851년에 시작되었고, 그 이후 1971년까지 가파른 상승곡선을 보이다가 1971년부터 감속단계로 접어들었음을 보여준다(그림 4.5). 2000년 이후에는 출생률 감소로 인해 인구증가율이 지속적으로 감소하고 있다. 세계적으로 인구증가율이 감소하는 경향은 뚜렷하지만 대륙마다 인구증가율 차이가 매우 크다. 아프리카와 오세아니아의 인구증가율은 세계 평균보다 높았고, 그 추세가 이어질 것이다. 유럽은 인구증가율이 이미 마이너스대로 들어섰고, 아시아와 라틴아메리카는 나라마다 다소 차이는 있겠지만 2050년경 마이너스

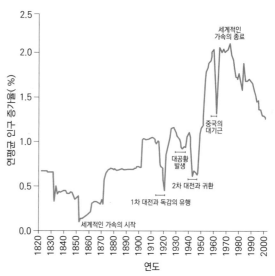

그림 4.5 1820년부터 2000년까지의 세계 인구증가율(자료: 돌링, 2013)

대로 진입할 것으로 예상되고 있다(그림 4.6). 대륙별 인구증가율의 차이와 감소경향의 차이로 인하여 미래의 대륙별 인구비율은 크게 달라질 것이다. 인구 문제를 다룰 때 지구 전체적인 측면뿐만 아니라 각 지역별 인구변동을 구분해서 검토할 필요가 있다. 지구 전체적인 인구 변동을 지역별로 나누어 보면 일반적으로 가난한 개발도상국은 인구 구성이 상대적으로 젊고 인구증가율이 높은 반면, 부유한 선진국은 상대적으로 노인의 비중이 높고 인구증가율은 정체되어 있거나 천천히 감소하는 현상을 볼 수 있다(그림 4.7). 이러한 현상의 예외적인 경우로 러시아와 아프리카 일부 국가가 있다. 러시아는 부유한 나라에 포함되지는 않지만 경제 상황이 어렵고 범죄와 부패 등에 대한 절망으로 합계출산율이 1.4명 수준이며, 아프리카 일부 국가의 경우 AIDS 감염 등 질병에 의해 인구가 감소하고 있다.

인구통계학자들은 인구가 2배로 증가하는 데 걸리는 시간(**배가시간**, doubling time)을 계산한다. 배가시간을 빠르게 계산할 수 있는 방법은 '70의 법칙'으로 70을 인구증가율로 나누어주는 것이다. 예를 들어 1963년도의 인구증가율 2.2%를 적용하여 배가시간을 구하면 70/2.2 = 31.8년, 약 32년 후에 인구가 2배로 증

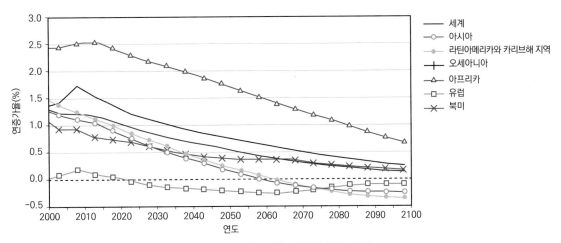

그림 4.6 세계 여러 지역에서 2000년~2100년까지의 인구증가율 변화 전망(자료: UN, 2015)

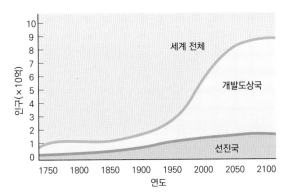

그림 4.7 1750년 이후 세계 인구 성장 및 2100년까지의 예측치. 2100년까지의 인구 성장은 대부분 개발도상국에서 기여할 것으로 예상된다(자료: UN, 2005).

가하게 된다. 실제로 1960년의 인구 30억은 2000년에 60억을 넘어 약 2배가 되었다. 서기 1년의 배가시간은 약 1800년이고, 1750년의 배가시간은 약 1000년이다. 1950년, 2000년 및 2015년의 배가시간은 각각 118년, 40년 그리고 58년이다. 배가시간의 의미는 정확하게 그 지역에서 그 시간이 흐르면 2배가 된다는 것이 아니다. 인구 증가의 체감속도를 일반인들에게 알려줌으로써 인구 증가에 대한 경각심을 주고 적절한 정책을 세우는 데 도움을 주는 것에 그 의미가 있다. 인구 배가시간은 20세기 후반에 가장 짧았다가 지속적으로 늘어나고 있다. 그러나 배가시간 역시 지구 여러 지역에서 매우 큰 편차를 나타내고 있다.

출산율(fertility)은 여성 1인당 출산한 신생아 수를 말한다. 인구와 인구증가율에 영향을 미치는 출산율에는 **대체출산율**(replacement-level fertility)과 **총출산율**(total fertility rate, TFR) 2가지가 있다.

대체출산율은 부부가 그들 자신을 대체하기 위하여 가져야 할 자녀의 수이다. 모든 아이들이 생식이 가능한 나이까지 살 수 없기 때문에 대체출산율은 2명보다 약간 높다. 일반적으로 유아사망률이 큰 나라일수록 대체출산율이 높고, 유아사망률이 낮은 나라일수록 대체출산율이 2.0에 근접한다. 유아사망률이 낮은 선진국의 그것이 2.1이라면 유아사망률이 높은 개발도상국은 2.5보다 높을 수 있다. 대체출산율에 근접했다고 해도 인구 증가는 멈추지 않는다. 왜냐하면 현 세대의 부부들이 오래 살기 때문이다. 만일 대체출산율이 2.1인 나라에서 현재 부부가 평균 2.1명의 자녀를 갖고, 다시 그들 자녀가 2.1명의 자녀를 갖는다고 하면 대체 수준은 만족한다. 그러나 수명이 늘어나 사망률이 감소한다면 인구는 50년 혹은 그 이상 기간까지 계속 증가한다. 총출산율은 가임기 동안 여성 1인당 낳는 평균 자녀수로 지속적으로 감소하고 있다(그림 4.8). 총출산율을 기반으로 미래의 세계 인구와 지역별 인구분포 변화를 예측해 볼 수 있다(그림 4.9).

인구를 증가시키는 주요한 매개변수인 출생률과 총

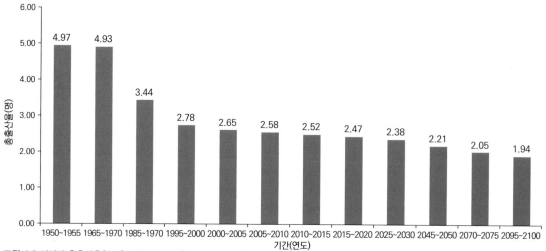

그림 4.8 시기별 총출산율(TFR)의 변화와 전망(자료: UN, 2019)

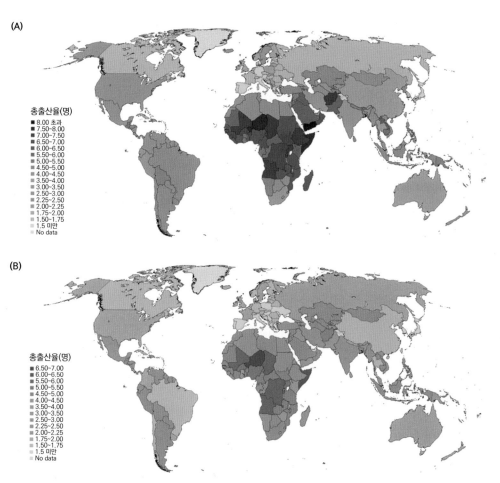

그림 4.9 1990~1995년(A)과 2010~2015년(B)의 총출산율 분포도 비교(자료: UN, 2019)

출산율에 많은 요인이 영향을 미친다. 사회에서 아동 노동력을 필요로 하는 요구가 클수록 총출산율은 커진다. 예를 들어 농경사회에서 아동들이 농사일을 돕는 경우에 총출산율이 높다. 자녀를 양육하고 교육시키는데 비용이 큰 사회일수록 총출산율은 떨어진다. 사적 혹은 공적 연금제도가 잘 발달한 사회일수록 자녀에 대한 의존도가 낮아지므로 총출산율이 낮아진다. 도시화가 많이 이루어진 사회일수록 총출산율이 떨어진다. 가족계획사업이 확실하게 이루어진 사회일수록 총출산율이 낮아진다. 여성이 고등교육을 받고 취업 기회가 커질수록 총출산율이 떨어진다. 의료체계가 발달하

여 유아사망률이 낮은 사회일수록 총출산율이 떨어진다. 여성의 혼인율은 총출산율과 밀접한 관련을 가지고 있다. 또한 결혼 평균 연령이 낮을수록 총출산율이 증가한다. 불법낙태는 위험이 크기 때문에 합법적인 낙태의 용이성은 총출산율에 영향을 미친다. 믿을만한 피임법을 쉽게 이용하는 사회일수록 출산율은 낮다. 낙태의 용이성과 피임법의 활용 등은 종교적인 믿음 혹은 문화와 전통에 많이 의존한다.

사망률이 감소하고 기대수명이 증가하면 인구가 늘어난다. 최근의 인구증가는 출생률이나 출산율이 높아서가 아니라 유아사망률이 감소하고 **기대수명**(life expectancy)이 늘어났기 때문이다(그림 4.10, 4.11). 기대수명은 새로 태어난 영아에게 기대되는 평균 생존 연수이다. **유아사망률**(infant mortality rate)은 신생아 1,000명당 첫돌 이전에 죽는 유아의 수이다. 식량 공급과 분배, 영양상태 개선, 백신과 항생제 보급, 위생 개선 그리고 안전한 물 공급 등은 유아사망률을 낮추고 기대수명을 높인 주요한 요인들이다.

출생률, 출산율 그리고 사망률 이외에 특정 지역의 인구 증가, 감소에 영향을 주는 요인은 국제 이민(이입과 이출)이다(그림 4.12). 유럽, 북미 및 오세아니아는 이입이 크고, 아프리카, 아시아 및 라틴아메리카는 이출이 크다. 2000년부터 2015년까지 다른 지역으로부터

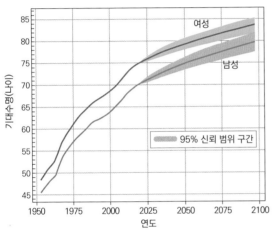

그림 4.10 시기에 따른 성별 기대수명의 변화와 전망(자료: UN, 2019)

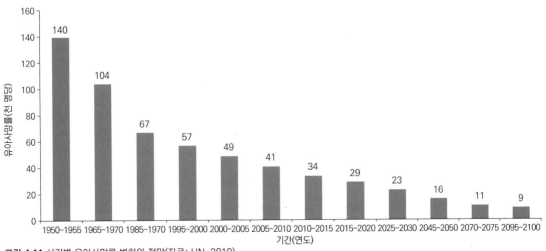

그림 4.11 시기별 유아사망률 변화와 전망(자료: UN, 2019)

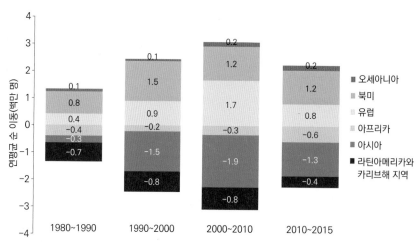

그림 4.12 시기별 국제 이민자의 변화. 유럽, 북미 및 오세아니아는 국제 이민의 수용지역이고, 아프리카, 아시아 및 라틴아메리카와 카리브해 지역은 공급지역이다(자료: UN, 2015).

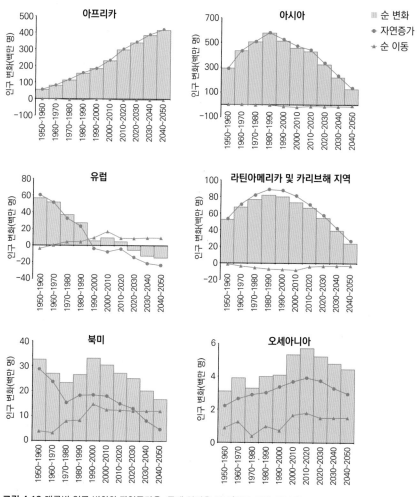

그림 4.13 대륙별 인구 변화와 자연증가율, 국제 이민율 비교(자료: UN, 2015)

유럽, 북미, 오세아니아로의 순 이동은 연평균 280만 명이었다. 국가간 이동은 경제적인 이유가 많아서 지리적인 것보다 부유한 정도가 더 큰 영향을 미쳤다. 2000년부터 2015년까지 가난한 나라에서 부유한 나라로의 순 이동은 410만 명이었다(그림 4.13). 이처럼 나라간 부와 개발의 차이는 이민을 유발하는 강력한 동인이다. 최근에 벌어지고 있는 시리아 등의 내전, 테러와의 전쟁, 물과 자원 분쟁 등으로 인한 대규모 난민 발생도 국제적인 인구 이동에 큰 영향을 주고 있다. 이는 난민발생지 뿐만 아니라 난민을 수용하는 나라에서도 일자리 문제나 민족주의 강화 등과 같은 정치, 경제적 갈등을 야기할 가능성이 크다.

4.4 인구 연령구조

미래의 인구가 증가 혹은 감소할 것인지를 어떻게 예측할 수 있을까? 가장 쉬운 방법은 유소년, 청년, 중년 그리고 노인의 연령에 따른 인구 구성비율을 살펴보는 것이다. 인구통계학자들은 사람의 연령을 생식전기(0~14세), 생식기(15~44세) 그리고 생식후기(45세 이상)의 3가지 연령대로 구분하고, 각 연령대에서 총인구 중 남성과 여성의 백분율을 구하여 그래프로 그린다. 이

것이 인구 **연령구조도**(age structure)이고, 미래의 인구 변화를 쉽게 가늠할 수 있는 좋은 지표이다. 그림 4.14는 인구 증가가 빠른 지역, 느린 지역, 현상 유지 지역 그리고 감소 지역의 전형적인 인구 연령구조도를 나타낸 것이다. 인구 연령구조도에서 유심히 살펴보아야 할 것은 생식전기의 유소년 인구 비율, 여성과 남성의 상대적인 비율, 생식후기에 도달한 인구의 구성비율 그리고 기대수명이 반영되는 인구 연령구조도의 높이이다.

2015년 당시 남성과 여성의 비는 50.4:49.6으로 남성이 약간 많다. 세계 인구의 중위 나이는 29.6세이다. 생식전기, 생식기 그리고 생식후기의 인구비율은 각각 26.0%, 62.0%, 12.0%이다. 인구 연령구조도는 지구 각 지역마다 큰 차이가 있다. 그림 4.15는 6개 지역별 2015년의 인구 연령구조도와 2050년에 예상되는 인구 연령구조도를 나타낸 것이다. 2015년 당시 아프리카는 빠른 인구 성장형을, 라틴아메리카, 아시아 및 오세아니아는 느린 성장형을, 북아메리카는 현상 유지 성장형을 그리고 유럽은 감소 성장형을 나타내고 있다. 2050년에 아프리카는 느린 성장형으로 전환될 것이다. 북아메리카와 오세아니아는 현상 유지 성장형으로 그리고 아시아, 유럽 및 라틴아메리카 지역은 감소 성장형으로 전환될 것이다. 지구 모든 지역에서 총출산율 저하와 기대수명 증가로 인해 고령화가 진행될 것으로 예상된

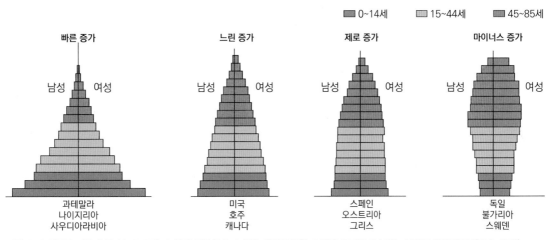

그림 4.14 인구가 빠르게 증가(1.5~3%), 느리게 증가(0.3~1.4%), 현상유지(0~0.2%) 그리고 감소하는 지역의 연령구조도(자료: PRB)

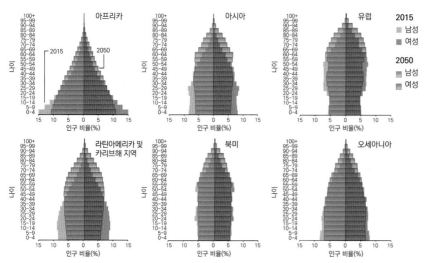

그림 4.15 2015년과 2050년 세계 여러 대륙의 인구 연령구조도 비교(자료: UN, 2015)

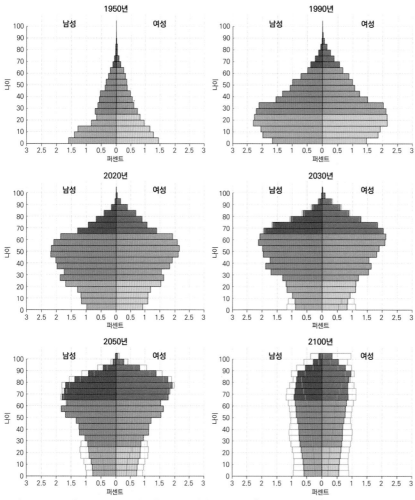

그림 4.16 1950년부터 2100년까지의 한국 인구 연령구조도 변화(자료: UN, 2019)

다. 2015년 당시 60세 이상 노인 인구는 9억 명으로, 연간 증가율은 3.3%이다. 2050년에는 전체 세계 인구의 22%인 21억 명이 60세 이상인 노인으로 예상된다. 아프리카를 제외한 다른 지역에서 2050년까지 60세 이상 노인 인구 비율은 25% 이상이 될 것으로 예상된다. 따라서 인구 고령화 문제는 전 세계적으로 가장 시급하고 중요한 사회경제적 문제로 다가오고 있다. 고령화가 진행되고 있는 나라들은 고령화 진행 속도에 맞추어 노인들의 인권보호, 경제적 안정, 보건의료 서비스 그리고 사회적 지원 체계와 같은 복지 정책을 준비해야 한다.

특정한 국가에서 출생률은 다양한 요인에 의하여 변동한다. 때로 경제, 정치 및 사회적 혼란은 출생률을 급격히 증감시키기도 한다. 특히 전쟁으로 인한 급격한 인구감소가 일어난 후에는 출생률이 급증할 수 있다. 제2차 세계대전 후 미국에서 출현한 **베이비 붐 세대**(1946~1964년생)와 한국전쟁 후 한국에서 출현한 베이비 붐 세대(1955~1963년생)는 대표적인 사례이다. 일반적으로 출생률이 급격하게 증가한 후에는 조정기를 거쳐 출생률이 감소하는 경향이 있다. 또한 문화적 요인에 의하여 특정한 해에 출생률이 증가할 수

도 있다. 베이비 붐 세대 출현 등 출생률 변동에 따른 인구 연령대 분포 변화는 장기적으로 정치, 사회 및 경제에 영향을 미친다. 그림 4.16은 1950년부터 2100년까지 한국 인구 연령구조도의 변화와 전망을 나타낸 것이다. 한국전쟁 이후 1955년생부터 1963년생까지를 베이비 붐 세대라 부른다. 1990년도 연령구조도에서는 37~45세의 장년층이, 2020년도에는 57~65세까지의 장년층과 노인층이 그리고 2050년도 연령구조도에서는 87~95세의 노인층이 한국의 베이비 붐 세대이다(그림 4.16). 베이비 붐 세대 인구는 파도를 타듯이 그들이 모두 사망할 때까지 연령구조도에 그대로 반영되어 나타난다. 이들이 생산인구인 15~65세까지의 범위에 있는 시기에는 국가적으로 매우 활력을 주는 세대이다. 2015년 당시 베이비 붐 세대는 전체 한국인의 14.2%인 725만 명이다. 전체 생산인구에서 이들이 차지하는 비율은 19.4%에 이른다. 이들이 은퇴한 이후에는 이들을 부양하기 위한 경제적 부담이 커질 것이다. 베이비 붐 세대가 모두 은퇴한 시기인 2035년 이들은 전체 한국인의 11.8%를 차지하고, 전체 노인 인구의 41.2%를 차지할 것으로 예상되고 있다(그림 4.17). 베이비 붐 세대는 누구를 선출할 것인지 어

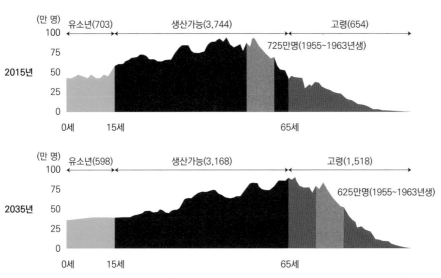

그림 4.17 2015년과 2035년 한국의 연령별 인구분포와 베이비 붐 세대(1955~1963년생)의 세대 이동(자료: 통계청, 2016)

떤 법률을 통과시킬 것인지 어떤 상품과 서비스를 요구할 것인지를 결정하는데 큰 역할을 수행하고 있다. 이러한 정치, 사회 및 경제적인 영향력은 앞으로도 지속될 것이다. 이들이 고령인구로 이동하는 2020년부터 고령인구는 급증할 것이고, 이들은 고령세대의 새로운 시장을 주도할 것이다. 베이비 붐 세대의 은퇴는 생산인구 비율을 낮추고 부양비를 증가시키는 사회적 부담으로 돌아올 것이다. 은퇴한 베이비 붐 세대는 그들의 정치적인 영향력을 이용하여 다음 세대에게 연금 기여금, 보건의료 및 사회보장세를 더 많이 지출하게 할 수 있다. 베이비 붐 세대를 부양하기 위한 경제적 부담이 커지기 시작하면 총출산률과 출생률은 더욱 감소할 것이다. 출생률이 급감한 세대라면 경쟁이 심했던 베이비 붐 세대보다는 교육, 고용, 서비스에 대한 경쟁자가 줄어들어 일자리를 잡기 쉬울 것이고 적절한 임금을 받을 수도 있다. 그러나 나라마다 인구 연령구조도 다르고, 정치, 사회 및 경제적 여건이 다르기 때문에 인구 구성의 중요한 변수인 국제적인 인구 이동, 즉 이민율 변동이 상황을 바꿀 수 있다. 또한 최근 세계화와 국제화로 인해 시장이 다른 나라로 이동할 수 있으므로 출생률 급감 세대의 미래를 섣불리 진단할 수 없다. 출생률 급증이나 급감과 같은 인구 연령구조도 변화 요인은 장기적으로 지속되는 정치적, 사회적 및 경제적인 변화를 유발한다.

4.5 인구통계학적 전환

산업혁명으로 경제가 발전하게 된 19세기 서유럽국가들의 인구조사를 통하여 제시한 인구 변화 가설을 **인구통계학적 전환**(demographic transition)이라고 한다. 이 가설은 경제개발과 인구 변화를 연계시킨 가설로서 현재까지 경제적으로 부유해진 나라들의 인구 변화를 잘 설명해 주고 있다. 이 가설에 따른 인구 변화과정을 4단계로 구분할 수 있다(그림 4.18). 1단계는 산업화 전단계로서 열악한 생활조건으로 높은 출생률과 높은 사망률로 인해 인구 증가가 거의 없다. 2단계는 전환 단계로서 산업화가 시작되면서 식량 생산이 증가하고 보건상태가 양호해진다. 이로 인해 사망률은 급속히 낮아지지만 출생률은 높게 유지되어 인구가 급속히 증가한다. 3단계는 산업화 단계로서 의료 개선과 현대화의 진행으로 출생률이 감소하여 사망률에 근접하게 된다. 인구증가는 계속되지만 증가율이 보다 낮아지고 변동을 한다. 4단계는 산업화 후단계로 출생률이 더욱 감소하여 사망률과 같아지고 결국 인구는 현상 유지 상태에 도달한다. 출생률이 사망률보다 낮아지면 인구가 감소한다.

대부분 선진국은 19세기와 20세기를 거치면서 인구통계학적 전환의 모든 단계를 거쳤다. 인구통계학적 전환 과정을 거치면서 선진국 인구는 3~4배 증가하였고, 기대수명은 25~35세 수준에서 75~80세 수준으로 증

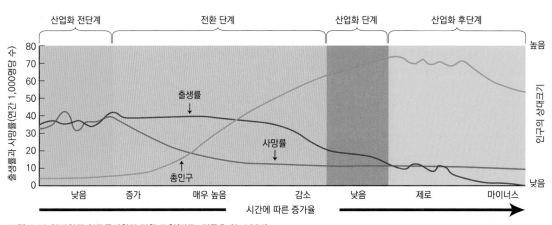

그림 4.18 일반화된 인구통계학적 전환 모형(자료: 김준호 외, 2006)

표 4.1 주요 국가별 인구통계학적 전환의 시기, 기간 그리고 승수

국가	변천의 시작과 종료	기간(연수)	승수
스웨덴	1810~1960	150	3.83
독일	1876~1965	90	2.11
이탈리아	1876~1965	90	2.26
소련	1896~1965	70	2.05
프랑스	1785~1970	185	1.62
중국	1930~2000	70	2.46
대만	1920~1990	70	4.35
멕시코	1920~2000	80	7.02

(자료: 리비-바치, 2007)

표 4.2 인구통계학적 전환 전후 이탈리아의 주요 인구통계학적 지수 변화

인구지수	1881년경	1981년경
출생(인구 1,000명당)	36.5	11.0
사망(1,000명당)	28.7	9.6
자연증가(1,000명당)	7.8	0.4
기대수명(출생시, 남성과 여성)	35.4	74.4
15세 때 생존(1,000명당)	584.0	982.0
50세 때 생존(1,000명당)	414.0	936.0
80세 때 생존(1,000명당)	65.0	422.0
초혼연령(여성)	24.1	24.0
출산시 평균나이	(30.0)	27.6
마지막 출산시 평균연령	(39.0)	30.0
50세 때 미혼(여성)(%)	12.1	10.2
여성의 평균자녀수	4.98	1.58
순출산율	1.26	0.76
내재적 자연증가율(%)	0.77	0.99
0~14세 인구(%)	32.2	21.4
15~64세 인구(%)	62.7	65.3
65세 이상 인구(%)	5.1	12.3
기혼여성 1인당 자녀수	5.6	1.7
평균가족규모	4.5	3.0

(자료: 리비-바치, 2007)

가하였다. 한 여성이 출산하는 아이의 평균수는 2 이하로 줄었고, 출산율과 사망률이 모두 현저하게 줄었다. 표 4.1은 인구통계학적 전환이 완료된 세계 여러 나라에서 인구통계학적 전환에 걸린 시간과 승수를 비교한 것이다. 표 4.1에서 승수는 전환이 시작될 때의 인구와 종료된 시점의 인구 비이다. 일반적으로 산업화가 먼저 시작된 선진국에서는 인구통계학적 전환에 걸린 시간은 더 많이 걸리고, 승수는 낮은 경향이 뚜렷하다. 반면에 인구통계학적 전환이 완료된 후발 선진국이나 개발도상국들은 인구통계학적 전환에 걸리는 시간이 더욱 짧고 승수는 더 큰 경향이 있다. 우리나라의 경우도 대

만이나 중국과 유사한 시기에 인구통계학적 전환이 완성되었다고 할 수 있다. 남북한을 합한 한반도의 경우 1920년대 총인구가 1,692만 명이었고, 1990년에 6,306만 명이었다. 이를 토대로 승수를 계산하면 3.72로 중국보다 다소 높고 대만보다는 다소 낮음을 알 수 있다. 그러나 오늘날 많은 개발도상국들은 사망률이 출생률보다 훨씬 빨리 낮아져 인구증가율이 아직도 높은 전환 단계에 있어서 인구통계학적 전환이 진행 중이다.

인구통계학적 전환이 완료되면 어떤 것들이 달라질까? 표 4.2는 인구통계학적 전환이 완료된 이탈리아에서 여러 인구통계학적 지수들의 변화 사례를 나타낸 것이다(리비-바치, 2007). 출생률과 사망률은 크게 감소하였고, 기대수명은 크게 늘어났다. 여성의 평균자녀수가 크게 감소하여 대체수준으로 떨어졌다. 유소년인구가 줄어들고 65세 이상 노년인구 비율이 크게 늘어났다. 평균 가족규모도 뚜렷하게 축소된 것을 확인할 수 있다.

4.6 인구 변화와 인구 전망

세계

지구에서 총인구는 어떻게 변화해 왔을까? 앞으로도 지속적으로 인구가 증가할 수 있을까? 지구에서 인구 수용능력은 얼마일까? 지금까지 지구에서 인구에 영향을 준 가장 큰 사건은 농업혁명과 산업혁명이다. 수렵채집 시기 인구는 주변 자연환경의 수용능력 한도 내에서 변동이 매우 컸을 것으로 예상된다. 예수가 태어나던 A.D. 1년의 세계 인구는 2.5억 명으로, 중세가 끝나고 과학혁명이 시작된 1500년에는 4.6억 명으로 추정된다. 세계 인구가 10억 명을 돌파한 해는 1820년이었다(돌링, 2013). 산업혁명이 끝난 1900년에 세계 인구는 16.3억 명이었다. 1950년에 25억 명이었던 세계 인구는 1960년에 30억, 1988년에 50억, 2000년에 60억 명을 돌파했다. 세계 인구는 2021년 12월 기준 79.12억 명으로 증가하였다. 2003년 이래로 세계 인

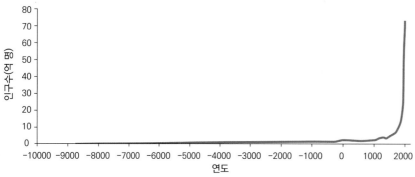

그림 4.19 지구에서 인구의 변화

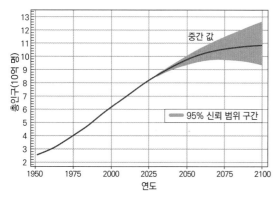

그림 4.20 1950년부터 2100년까지 세계 인구 전망(자료: UN, 2019)

구 10억 명이 증가했고, 1990년 이후에 20억 명이 늘어났다(그림 4.19). 2019년에 77억 명으로 증가한 세계 인구는 2030년에는 85억 명, 2050년에는 97억 명 그리고 2100년에는 108억 명에 이를 것으로 예상된다(UN, 2019). 미래를 예측하기는 힘들지만 출산율 저하가 가속됨에도 불구하고 2050년까지 지속적인 세계 인구 증가는 피할 수 없다. 80%의 확률로 세계 인구는 2050년에 84~100억 명 그리고 2100년에 100~125억 명 사이로 추정된다(그림 4.20).

지구 특정 지역에서의 인구밀도 증가는 사람의 도착 여부, 기후 그리고 식생 발달과 관련이 있다. 특히 수렵채집 시기의 인구밀도는 자연자원 분포에 큰 영향을 받았다. 호주에서 수렵채집을 하는 원주민의 인구밀도는 강수량에 따라 달랐다. 또한 강수량과 온도 조건이 다른 생물군계에서는 생물량이 달라지고 그에 따라 수렵채집하는 인구밀도가 달랐다. 사람이 살 수 있는 북극, 준사막, 온대초원과 아열대 사바나 지역에서 유역면적 100 km² 내 수렵채집 인구밀도 추정치는 각각 0.95, 3.50, 17.19, 43.30명이라는 연구결과도 있다(『세계인구의 역사』에서 간접 인용 변형). 수렵채집 시기 이후의 인구밀도는 농업혁명(작물화와 가축화)의 시작 또는 전파와 밀접한 관련을 갖는다. 표 4.3은 서기 1년

표 4.3 연도별 세계 인구 변화(억 명)

연도	1	1500	1900	1960	2015	2030	2050	2100
세계	2.30	4.38	15.66	30.39	73.49	85.01	97.25	112.13
아프리카	0.16	0.47	1.12	2.83	11.86	16.79	24.78	43.87
아시아[2]	1.67	2.85	9.47	18.25	43.93	49.23	52.67	48.89
유럽	0.41	0.87	3.60	5.15	7.38	7.34	7.07	6.46
라틴아메리카	0.03	0.10	0.51	1.79	6.34	7.21	7.84	7.21
북아메리카	0.03	0.10	0.95	2.38	3.58	3.96	4.33	5.00
오세아니아					0.39	0.47	0.57	0.71

(자료: UN, 2015)

---

2 1~1960년까지 아시아 인구는 오세아니아 인구가 포함된 자료이다.

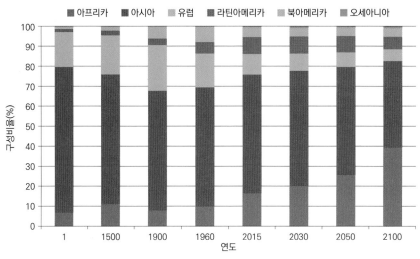

그림 4.21 시기별 각 대륙 인구 구성비율의 변화(자료: UN, 2015)

부터 2100년까지 지역별 인구수 변화를 나타낸 것이다. 또한 그림 4.21은 지역별 인구 구성비율 변화를 나타낸 것이다. 서기 1년부터 1900년까지 세계 인구 대부분은 아시아와 유럽에 분포하였다. 1900년부터 2050년까지 세계 인구의 중심은 아시아로 아시아의 인구비율이 가장 크다. 2000년대부터 2100년까지 다른 지역보다 아프리카와 라틴아메리카 인구비율이 크게 증가할 것으로 전망된다(그림 4.21).

한반도

한국인은 어디에서 왔을까? 한국의 인구는 어떻게 변화해 왔을까? 한국인의 정의와 고대 한국인이 점유했던 지역의 범위를 역사적으로 고증해내야 한국인의 인구 변화를 파악할 수 있을 것이다. 과거 한국인의 조상들이 점유했던 지역은 산둥성 일대와 만주와 연해주까지 확장할 수 있지만 여기서는 현재 한국인이 세운 나라인 남한(대한민국)과 북한(조선민주주의인민공화국)이 있는 한반도에 국한하여 인구 변화를 살펴본다.

한반도에서 근대적인 인구조사에 근거하여 인구를 추정할 수 있는 것은 일제 강점이 시작된 1911년부터이다. 인구에 대한 통계자료는 인구총조사(population census)와 연말 기준 추정자료가 다르므로 같은 연도의

인구라도 통계 출처마다 다소 다른 것이 일반적이다. 즉 현대에 작성된 통계자료라도 자료마다 다소 차이가 존재한다. 확보가 어려운 북한 인구 자료는 UN에 공개된 자료를 이용해야 하므로 실제 인구와 차이가 클 수도 있다. 그럼에도 불구하고 한반도 인구 변화 경향을 살펴보는 것에는 별 문제가 없다. 한반도 인구 변화를 파악하기 위한 자료로 서기 1년, 1500년 그리고 1900년 자료는 Worldmapper 자료를 이용하였다. 1911년부터 1944년까지의 자료는 일제 강점기에 조사된 자료를 이용하였다. 1945년부터 2060년까지의 조사 자료와 추정 자료는 남한의 경우 통계청 자료를, 북한의 경우 UN에 제시된 자료를 이용하였다. 2100년 자료는 UN에서 추정한 자료를 이용하였다(그림 4.22, 4.23).

서기 1년 한반도에 살았던 추정 인구는 215만 명이었다. 조선시대 연산군 집권시기인 1500년 한반도 인구는 371만 명으로 추정된다. 20세기가 시작된 1900년 한반도 인구는 1,453만 명으로 추정된다. 한반도 인구는 1930년에 2,000만 명으로, 1950년에 3,000만 명으로, 1960년대 중반에 4,000만 명으로, 1970년대 중반에 5,000만 명으로, 1980년대 중반에 6,000만 명으로 그리고 2000년에 7,000만 명으로 매우 빠르게 증가하였다. 2019년 기준 한반도 인구는 7,800만 명으로 추

산된다. 한반도 인구 변화에서 뚜렷하게 확인할 수 있는 인구학적 변화는 인구증가의 가속이 1940년부터 이루어졌다는 것이다. 인구증가의 가속이 시작된 이후 1944년과 1950년대 초반에 2회의 인구감소 시기가 확인되었다. 1944년은 일제 강점기 마지막 해로 일본에 의해 제2차 세계대전이 한창인 시기였고, 1950년대 초반은 한국전쟁이 벌어졌던 시기로 많은 인적 손실이 있었다. 한국전쟁 기간과 직후에 남한과 북한 모두 인구감소와 정체를 겪었지만 남한보다는 북한이 더 큰 인구학적 손실을 입었음을 확인할 수 있다. 그러나 한국전쟁이 끝난 후인 1950년대 후반부터 남한과 북

한 모두 출생률이 폭발적으로 증가해 인구가 크게 증가하였다. 1955년부터 1963년 사이에 태어난 사람들을 한국에서는 베이비 붐 세대라고 부른다. 북한도 유사한 시기에 베이비 붐 세대가 출현하였다. 2000년 이후 증가세가 현저하게 둔화되었지만 기대수명 증가와 고령화 촉진으로 2030년까지는 인구가 계속 증가할 것으로 예상된다. 2030년 한반도 인구는 8,000만 명으로 정점을 찍은 후 점차 감소하여 2100년 6,300만 명으로 예상된다. 통일을 전제하지 않는다면 2100년 남한에는 3,500만 명 그리고 북한 지역에는 2,500만 명이 분포할 것으로 예상된다(그림 4.22, 4.23).

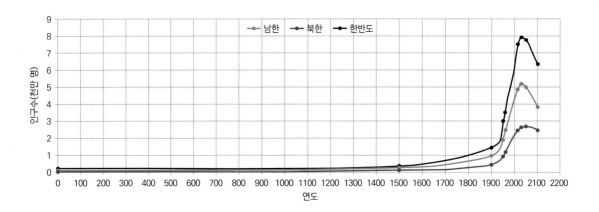

그림 4.22 한반도에서 서기 1년 이후의 인구 변화(자료: UN, 2015)

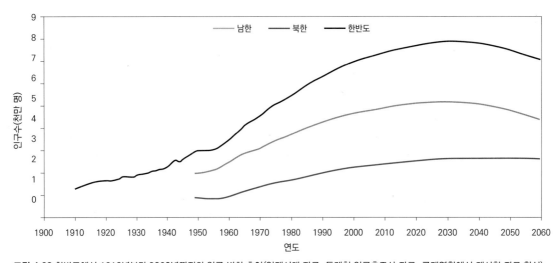

그림 4.23 한반도에서 1910년부터 2060년까지의 인구 변화 추이(일제시대 자료, 통계청 인구총조사 자료, 국제연합에서 제시한 자료 합성)

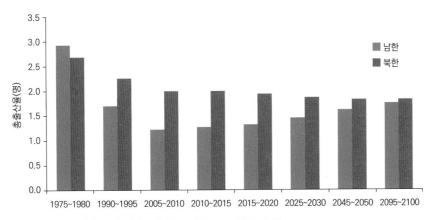

그림 4.24 한반도에서 시기별 총출산율 변화와 전망(자료: UN, 2015)

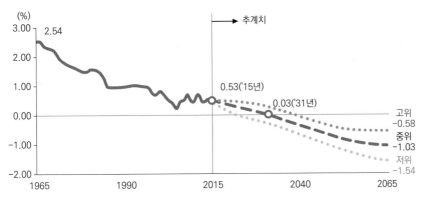

그림 4.25 1965년부터 2065년까지의 남한 인구성장률 변화(자료: 통계청, 2016)

그림 4.24는 주요 시기별로 남한과 북한의 총출산율을 비교한 것이다. 1970년대에는 남한과 북한 모두 폭발적인 인구성장이 일어나던 시기로 총출산율은 2.5 이상이었고, 남한이 북한보다 총출산율이 높았다. 1990년대 이후에는 남한의 총출산율이 북한보다 낮았고, 또한 앞으로도 낮을 것으로 예상되고 있다. 2000년 이후에는 남한과 북한 모두 대체출산율 이하를 유지하고 있음을 알 수 있다. 남한의 경우 2000년 이후 총출산율이 1.5 미만이고 계속 감소하여 2020년에는 0.84로 세계적으로도 낮은 상태를 나타내고 있다.

그림 4.25는 1965년부터 2065년까지 남한의 인구성장률 변화를 나타낸 것이다. 1965년 2.54%였던 인구성장률은 2015년 0.53%으로 줄어들었고, 2032년부터 마이너스로 접어들어 2065년 −1.03%가 될 것으로 전망된다.

4.7 지구의 생태용량과 생태발자국

지구의 인구는 기하급수적으로 증가해서 2021년 12월 기준 79.12억 명에 이르렀다. 앞으로도 지구에서 인구가 지금과 같은 속도로 증가할 수 있을까? 지구에서 살 수 있는 인구는 얼마인가? 2100년에 지구에서 살고 있을 것으로 예상되는 112억 명에게 지구가 충분한 삶의 질을 보장해 줄 수 있을까? **수용능력**(carrying capacity)이란 생태학자들이 특정 지역에서 지탱할 수 있는 생물 개체군 크기를 측정하기 위해 고안한 개념이다. 생물 개체군 크기를 제한하는 주요한 요인은 공간과 그들이 이용할 수 있는 자원의 양이다. 우리에게 지구는 하나뿐이고 지구의 자연자본은 분명히 제한되어 있다. **자연자본**(natural capital)은 우리가 사용할 수 있는 재생 가능한 혹은 재생 불가능한 모든 자연자원(식물, 동물, 물, 토양, 공기, 광물과 에너지 자원)의 비축량이다. 사람들은 지역적 그리고 지구적 차원에서 자연자본이 제공하는 여러 혜택을 받는다. 자연자본이 제공하는 이러한 혜택을 **생태계서비스**(ecosystem service)라고 한다.

맬서스가 주장한 바와 같이 지구가 수용할 수 있는 적절한 인구는 분명하게 존재한다(Box 4.2). 그러면 지구에서 인구의 수용능력은 얼마인가? 지구에서 인구의 수용능력을 추정하는 시도는 3세기 전부터 진행되었다. 1995년 조엘 코헨은 기존에 여러 연구자들이 추정한 수용능력을 검토하였다(리비-바치, 2007). 코헨이 93개의 추정치를 검토한 결과 17개에서는 50억 명 이하, 28개는 50억~100억 명 사이, 16개는 100억~150억 명 사이, 8개는 150억~250억 명 사이, 13개는 250억~500억 명 사이, 11개는 500억 명 이상으로 매우 다양하였다. 93개 추정치의 중앙값은 100억 명으로 2050~2100년경 도달할 것으로 예상되는 인구이다(리비-바치, 2007). 수용능력 추정의 가장 기본적인 부분은 예상되는 기후조건에서 제공될 수 있는 자연자본의 양과 소비수준이다. 또한 수용능력을 증가시킬 수 있는 과학기술의 수준이다. 따라서 제공 가능한 최소한의 1인당 자연자본의 양과 1인당 소비 수준을 어느 수준으로 가정하느냐에 따라 수용능력은 크게 달라질 수 있다. 또한 국가 간 그리고 개인 간 자연자본 분배 문제도 수용능력과 밀접한 관련을 가진다.

인구가 지구의 수용능력까지 도달하는데 있어서 인구와 자연자본의 충돌은 없을까? 그림 4.26은 자연자본의 수용능력과 인구 간 상호작용의 몇 가지 가능성을 잘 보여준다(리비-바치, 2007). 첫 번째 경우는 인구가 증가하면 과학과 기술의 진보로 수용능력 역시 증가하여 두 곡선이 교차하지 않는 경우이다(그림 4.26A). 두 번째 경우는 수용능력이 일정하고 이러한 한계에 인구가 접근하면 인구 증가가 감속되어 두 곡선이 교차하지 않는 경우이다(그림 4.26B). 세 번째와

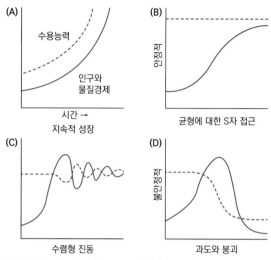

그림 4.26 수용능력과 인구 간 상호작용(자료: 리비-바치, 2007)

네 번째 경우는 두 곡선이 충돌할 수 있는 가능성을 나타낸다. 세 번째 수렴형 진동에서는 인구와 수용능력의 되먹임작용에 의해 지속적인 조정이 일어나는 경우이다(그림 4.26C). 네 번째 경우는 수용능력은 고정되어 있지만 수용능력 이상으로 과도한 인구 증가가 일어나 환경이 붕괴되고 자연자본의 급격한 감소에 의하여 인구학적 대재앙 혹은 인류 멸종이 일어나는 경우이다(그림 4.26D). 인류 역사에서 수렵채집시기 이후 수용능력은 농업혁명(작물화와 가축화)의 시작 또는 전파에 의해 크게 증가하였다. 맬서스는 인구론에서 "아무런 통제가 없다면 인구는 기하급수적으로 증가하고, 생존자원(식량)은 산술급수적으로 증가한다"고 주장하였다. 그러나 맬서스 이후에 과학기술은 눈부시게 발전하여 지구의 수용능력을 크게 증가시켰다. 이러한 결과는 현재의 인구폭발로 이어졌다. 과학기술은 앞으로도 지구의 수용능력을 증가시킬 것이다. 그러나 향후 예상되는 인구를 수용할 만큼 수용능력이 확장될 수 있을 지는 아무도 장담할 수 없다. 우리 미래는 어떻게 흘러갈 것인가? 우리가 원하는 미래는 어떤 것인가? 우리 미래를 위해 필요한 두 가지 개념은 수용능력과 사람에 의한 자연자본의 잠식 속도이다. 이러한 두 가지 개념을 잘 설명하는 것이 글로벌 생태발자

국 네트워크(Global Footprint Network)에서 모니터링하고 있는 생태용량과 생태발자국 개념이다. 생태용량과 생태발자국을 각 지역, 국가 그리고 지구 전체의 인구 전망에 비추어 모니터링하면 우리 미래가 앞에서 말한 인구와 수용능력의 네 가지 상호작용 시나리오 중 어느 모델을 따를 지 추정할 수 있다. 그러한 추정을 근거로 하여 우리의 정치, 사회 및 개인의 생활양식 변화를 이끌어 낼 수 있다.

생태용량(bioligical capacity, biocapacity)은 사람들이 지구의 자연자본에서 요구하는 것을 재생하기 위한 생태계의 능력으로 정의할 수 있다. 즉 현재의 관리체제와 기술수준에서 사람들이 필요로 하는 자연자본을 생산하는 그리고 인간에 의해 발생한 폐기물을 흡수할 수 있는 생태계의 능력이다. 이는 기후, 관리기법 그리고 경제 분야에 이용 가능한 투입량의 비율에 따라 해마다 달라질 수 있다. 생태용량은 지구상에 분포하는 실제 면적에 생산요인 및 적절한 등가요인을 고려하여 산출되는 면적 개념으로 글로벌헥타르(gha)로 나타낸다.

생태발자국(ecological footprint)은 자연자본을 재생산하거나 이산화탄소와 같은 인류의 배출물을 흡수하기 위해 필요한, 생산성이 있는 면적을 측정하는 개념이다. 즉, 생태발자국은 자연자본에 대한 사람들의 수요에 대한 개념이다. 수요 측면에서, 생태발자국은 식물을 원재료로 하는 섬유제품, 축산물과 수산물, 임산물, 도시 기반시설을 위한 공간, 화석연료 연소 시 배출된 이산화탄소를 흡수하기 위한 산림 등에 대한 인류의 수요를 측정한다. 따라서 생태발자국은 농경지, 목초지, 산림, 어장, 도시 및 탄소 부문의 6가지 요소로 구분하여 측정한다(그림 4.27). 한 국가의 생태발자국은 해당 재화 혹은 서비스가 국내에서 만들어졌는지 혹은 수입되었는지 그 생산지와 상관없이 국내의 모든 수요를 고려하여 추산한다.

생태용량과 생태발자국 수치는 모두 글로벌헥타르(gha)로 표시한다. 이것은 해당 연도 생물학적 생산성의 세계 평균을 구해 이에 해당하는 면적을 헥타르 단위로 나타낸 것이다. 이러한 표현 방식은 각 지역의 헥타르를 표준화하기 때문에 전 지구적인 비교를 가능하게 한다. 토지의 실질 면적(헥타르 단위)은 생산성 요소(yield factor)와 등가 요소(equivalence factor)를 활용하여 토지 유형별 특성에 따라 이에 해당하는 글로벌헥타르 값으로 변환된다. 따라서 글로벌헥타르는 토지의 생산성이 반영되도록 물리적 헥타르 수치를 재조정한 것이다. 예를 들어 같은 1 헥타르의 면적이라도, 비옥한 농경지의 글로벌헥타르 값이 일반 목초지의 글로벌헥타르 값보다 크다. 이는 농경지가 일반적인 목초지에 비해 더 많은 생물학적 활동을 지원하고 재생시키는 점을 반영한 것이다. 다른 각도에서 보면 목초지의 경우, 농경지와 동일한 양의 생태용량을 위해서는 더 많은 면적이 필요하다(그림 4.28). 글로벌헥타르를 사용함으로써, 우리는 소비를 전 지구적 관점에서 비교할 수 있다. 이는 미국에서 소비된 1 gha와 한국에서 소비된 1 gha가 동일한 생태발자국을 가진다는 것을 의미한다. 글로벌헥타르 값은 고정된 것이 아니며, 전 세계 지표면 생산량의 변화에 따라 해마다 달라질 수 있다(한국 생태발자국 보고서, 2016).

자연자본과 인구의 관계를 통하여 지구의 미래를 볼 수 있는 가장 좋은 방법 중 하나는 지구의 생태용량과 생태발자국 추세를 살펴보는 것이다. 생태발자국 네트워크 자료에 따르면 1970년대 이전까지 지구는 한 해 동안 소비하는 양보다 더 많은 양의 자연자원과 서비스를 생산하였다. 농업생산성 향상은 지구의 생태용량을 소폭 증가시켰으나 인구 증가로 인하여 1인당 생태용량은 지속적으로 감소하고 있다. 지난 반세기 동안 인류는 지구의 생태용량보다 더욱 많은 자연자본을 소비해서 생태발자국을 지속적으로 증가시켜 왔다. 지난 40년 간의 생태발자국 변화를 살펴보면, 전세계 생태발자국 총량이 감소한 시기가 몇 번 있었다. 이들은 주요 경제 위기로 인한 결과로서 1973년 오일 파동, 1980년부터 1982년까지 이어진 미국 및 대다수

생태발자국 구성요소 들여다보기

생태발자국이란 자연에 대한 인간의 수요를 일컫는다. 자원을 재생산하거나 폐기물 처리(현재 화석연료 연소로 발생하는 이산화탄소, 토지 이용의 변화, 시멘트만 산정)하는 데 필요한, 생물학적으로 생산적인 면적을 계산한 것이다. 생태발자국은 다음 여섯 가지 요소로 구성된다.

농경지 발자국
농경지 발자국은 인간이 소비하는 식량 및 섬유, 가축 사료, 유료작물(油料作物), 고무 생산용 토지에 대한 수요를 말한다.

목초지 발자국
목초지 발자국은 육류제품, 유제품, 가죽 및 양모제품을 생산하는 가축 사육용 방목지에 대한 수요를 뜻한다.

어장 발자국
어장 발자국은 해산물 어획과 양식업에 필요한 연간 일차 생산원(예: 식물플랑크톤)을 생산하기 위한 해양 및 내륙 수역 생태계에 대한 수요를 일컫는다.

산림 발자국
산림 발자국은 땔나무와 펄프, 목재제품 생산용 산림에 대한 수요를 말한다.

시가지 발자국
시가지 발자국은 교통수단, 주거지, 산업용 건축물 등 사회기반시설 구축에 필요한 생물학적 생산성을 가진 지역에 대한 수요를 말한다.

탄소 발자국
탄소 발자국은 해양이 흡수하는 양 외에 장기적 탄소 흡수가 가능한 주요 생태계인 산림에 대한 수요를 일컫는다. 인류의 산림 관리 방식과 산림의 유형 및 연령에 따라 탄소흡수율은 달라지며, 또 여기에는 산불과 토양, 목재 채취로 인해 발생되는 이산화탄소 배출량도 포함하여 고려된다.

그림 4.27 생태발자국을 구성하는 6가지 요소(자료: 세계자연기금 한국본부, 2016b)

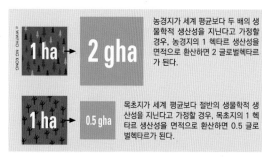

농경지가 세계 평균보다 두 배의 생물학적 생산성을 지닌다고 가정할 경우, 농경지의 1 헥타르 생산성을 면적으로 환산하면 2 글로벌헥타르가 된다.

목초지가 세계 평균보다 절반의 생물학적 생산성을 지닌다고 가정할 경우, 목초지의 1 헥타르 생산성을 면적으로 환산하면 0.5 글로벌헥타르가 된다.

그림 4.28 생태용량과 생태발자국의 기본 단위 글로벌헥타르(gha)의 계산 예(자료: 세계자연기금 한국본부, 2016b). 지구에서 볼 수 있는 다양한 생태계 유형의 생물학적 생산성을 구한 후 그것들의 평균값을 기초로 하여 생태계유형마다 변환값을 산출한다. 따라서 글로벌헥타르 개념은 지구의 절대면적과는 다른 개념이고 해마다 달라질 수 있다.

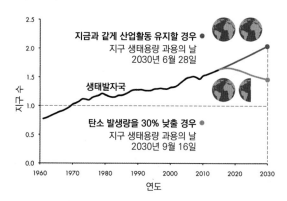

그림 4.29 지구의 인구를 유지하려면 몇 개의 지구가 필요한가? (자료: 세계자연기금 한국본부, 2014)

OECD 국가의 경기 침체, 2008년부터 2009년 사이의 세계적인 경기 침체 시기였다(그림 4.29). 이러한 생태발자국 감소는 일시적이었을 뿐만 아니라 그 후 가파른 생태발자국 증가로 이어졌다. 생태발자국 구성요소 중에서도 탄소가 가장 빠르게 증가하고 있어서 **탄소발자국**은 1961년 대비 약 3배 이상 증가하였다. 즉, 인류의 생태발자국은 지구의 생태수용능력을 초과하는 생태적자 상태가 지속되고 있다(그림 4.29). 전 세계적인 생태과용은 자연자본 소멸과 자원 제약을 심화시켜 경제 위기와 지역 간 분쟁을 야기할 수 있다. 생태과용은 수산자원 고갈, 산림 훼손, 생물다양성 감소 및 기후변화를 일으키고 있다. 지구가 한 해 동안 생산할 수 있는 자연자본의 생태용량을 초과한 수요가 발생하는 날을 '**지구 생태용량 과용의 날**(Earth Overshoot Day)'이라 한다. 이러한 생태적자는 비축된 자연자본을 소비하고 폐기물(주로 이산화탄소)을 축적하여 발생한다. 지구 생태용량 과용의 날은 2000년에는 10월 초였으나 2016년에는 8월 8일로 앞당겨졌다(한국 생태발자국 보고서, 2016). 현재의 추세를 그대로 유지한다면 2030년 지구 생태용량 과용의 날은 6월 28일이 될 것으로 추정된다. 그러나 이산화탄소 감축을 위해 노력한다면 2030년 지구 생태용량 과용의 날은 9월 16일로 늦춰질 수 있다(그림 4.29). 2015년 파리 UN 기후변화협약 당사국총회에서, 세계 195개 당사국은 지구 온도 상승폭을 최대 2℃로 제한하기로 합의하고, 동시에 상승폭을 더 낮추어 1.5℃로 내리기 위해 노력하기로 했다. 이 협정을 통해, 세계는 화석연료 없는 미래로 향하는 새 이정표를 얻게 되었다. 그러나 이러한 목표를 달성하기 위해서는 각 나라들의 피를 깎는 노력과 실천이 필요하다.

지구에서 인구가 계속 증가하고 있고, 쾌적한 삶을 위한 1인당 자연자본에 대한 수요는 날로 증가하고 있다. 1961년에서 2012년 사이에 전 세계 인구는 30억 명에서 70억 명으로 2배 증가하였다. 2012년 자연자본에 대한 세계 총 수요는 1961년보다 186%나 증가하였다. 같은 기간 전 세계 자연자본에 대한 수요량 증가율은 생태용량 증가율보다 6.8배나 컸다. 과학기술 발전으로(특히 농업생산성 향상으로) 1961년부터 생태용량도 소폭 증가하여 2012년 기준 전 세계 생태용량은 112억 gha이다. 1961년에서 2012년 사이 세계 1인당 생태발자국은 2.4 gha 에서 2.8 gha로 증가했고, 1인당 생태용량은 3.2 gha 에서 1.7 gha로 감소하였다(그림 4.30). 이것은 1961년에는 지구의 모든 인구가 필요한 자연자본의 수요량을 충분하게 공급할 수 있었으나, 2012년에는 지구의 모든 인구를 부양하기 위해서 1.6 개의 지구가 필요해졌다는 것을 의미한다. 또한 1961년보다 2012년에 더 많은 수의 사람들이 더 적은 양의 자원을 두고 경쟁하고 있음을 의미한다.

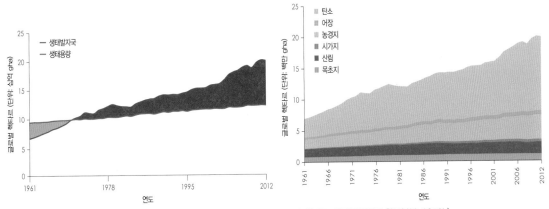

그림 4.30 전 세계 생태용량과 생태발자국의 변화와 토지 유형별 생태발자국의 변화(자료: 세계자연기금 한국본부, 2016b).

그림 4.31 1961년과 2012년 생태채권국과 채무국 분포도(자료: 세계자연기금 한국본부, 2016b)

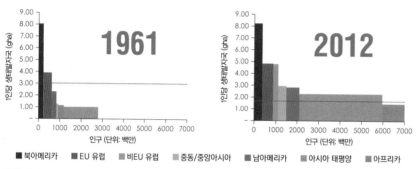

그림 4.32 1961년과 2012년 지역별 인구와 생태발자국의 변화 비교(자료: 세계자연기금 한국본부, 2016b). 그림에서 막대그래프 내부 면적은 총 생태발자국을 나타내고 녹색 실선은 세계 1인당 생태용량이다. 1961년에는 1인당 생태용량이 3 gha였으나 2012년에는 1.7 gha로 줄었다.

그림 4.31은 1961년과 2012년 당시 생태용량이 생태발자국보다 큰 생태채권국과 생태발자국이 생태용량을 넘어선 채무국의 분포를 나타낸 것이다. 현재 추세는 생태채무국이 빠르게 증가한다는 것이다. 1961년에는 생태채권국에 사는 인구비율이 31억 명 중 13억 명으로 43%였다. 그러나 2012년에는 71억 명 중 61억 명으로 86%의 인구가 생태채무국에 살고 있다. 한국의 경우 1961년에는 생태용량 내에서 자연자본 수요를 공급하는 생태채권국이었으나 1960년대 후반부터 생태용량을 초과하는 수요가 발생하여 생태채무국으로 전환하였다. 세계화는 생태적자를 나타내는 국가들이 외부로부터 필요한 자연자본을 들여와 국가를 유지할 수 있게 해주었다. 그러나 자연자본 순수입국이 있다면 수

출국도 있어야 하므로 모든 국가들이 외부로부터 자연자본을 충당할 수 없다. 그러한 이유로 생태과용시대인 오늘날 필요한 자연자본 확보를 위한 국가 간 경쟁이 심화되고 있다.

그림 4.32에서 볼 수 있듯이 전 세계적으로 생태발자국이 증가하고 있지만 특히 아시아태평양 지역, 아프리카 지역 그리고 남미지역에서 그 증가세가 두드러지고 있음을 알 수 있다. 그 이유는 이들 지역에서 인구와 1인당 생태발자국이 빠르게 증가했기 때문이다. 아시아 태평양 지역에서는 1인당 생태발자국이 2배 이상 증가하였다. 아시아 태평양지역에서 중국과 인도의 경우 모두 인구수가 크게 증가하였지만 중국의 1인당 생태발자국은 인도에 비해 5배나 크다. 이것은 지역 간 그리

고 국가 간 생태발자국 규모가 매우 이질적이라는 것을 의미한다.

한국의 생태용량과 생태발자국

한국의 생태용량은 어장, 농경지, 시가지 및 산림분야로 구성된다. 이중에서 가장 큰 생태용량을 가진 분야는 어장이고 두 번째로 큰 분야는 농경지이다. 1970년대 후반까지 농경지 생산성 향상으로 총 생태용량은 소폭 증가하였으나 1980년에는 기상 악화로 인하여 쌀 생산량이 예년에 비해 크게 감소하여 농경지 생태용량이 크게 감소하였다. 이후 소폭의 변동들이 있지만 대체적인 추세는 총 생태용량이 감소하는 경향이 뚜렷한데 가장 큰 이유는 농경지 감소이다. 최근에는 기후변화와 중국어선의 남획으로 어장 생태용량도 영향을

받고 있다. 1970년대 후반까지 총 생태용량이 증가하였음에도 불구하고 1인당 생태용량은 1961년부터 지속적인 감소추세를 나타내고 있다. 1인당 생태용량은 1961년 1.3 gha에서 2012년에는 0.7 gha로 감소했다(그림 4.33). 1인당 생태용량 감소에 가장 큰 영향을 미친 요인은 인구증가이다. 같은 기간 1인당 생태발자국은 1961년 0.8 gha에서 2012년 5.7 gha로 무려 7배 이상 증가하였다(그림 4.34). 1인당 생태발자국 중에서 가장 큰 비율을 차지하는 것은 바로 탄소발자국이다. 농경지발자국과 어장발자국이 그 뒤를 이어 2위와 3위를 차지하고 있다. 1인당 생태발자국 변화에서 눈에 띄는 현상은 1997에 발생한 금융위기(IMF 사태)로 생태발자국이 큰 폭으로 감소한 것이다. 2012년 기준 한국의 생태발자국은 생태용량보다 5배를 넘어선 −5.0

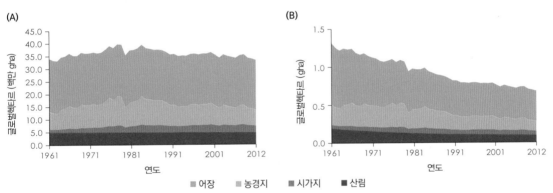

그림 4.33 1961년부터 2012년까지 한국의 총 생태용량(A)과 1인당 생태용량(B) 변화(자료: 세계자연기금 한국본부, 2016b)

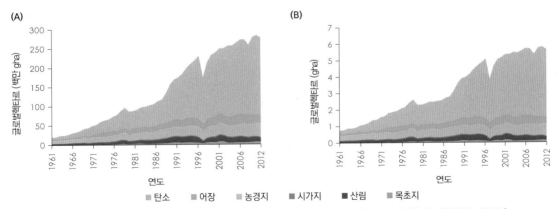

그림 4.34 1961년부터 2012년까지 한국의 총 생태발자국(A)과 1인당 생태발자국(B) 변화(자료: 세계자연기금 한국본부, 2016b).

gha의 생태적자 규모를 나타낸다. 지구상의 인류가 모두 한국인과 같은 방식의 생활을 한다면 3.3개의 지구가 필요하다.

2017년 기준 북한의 1인당 생태용량은 0.6 gha로 한국과 큰 차이가 없으나 1인당 생태발자국은 0.8 gha이다(그림 4.35). 북한의 생태적자 규모는 −0.2 gha이다. 2017년 기준 한국(남한)의 생태발자국은 6.2 gha로 북한보다 7.8배나 크다. 한국의 생태용량은 북한과 같으므로 생태적자 규모는 −5.6 gha로 북한에 비해 매우 크다는 것을 알 수 있다. 북한의 생태용량도 한국과 마찬

가지로 지속적으로 감소하였는데, 특히 1990년대 초반에 대홍수 피해로 큰 폭의 감소가 있었다. 북한의 1인당 생태발자국은 1961년부터 1980년대 후반까지 지속적으로 커져서 1980년대 후반에는 3.0 gha를 넘어섰으나 이후 지속적으로 감소하여 2017년 0.8 gha로 감소하였다(그림 4.35). 이는 1990년대 초반의 지속적인 홍수 피해와 북핵문제로 인한 국제적인 고립에 따른 경제의 피폐화 때문이다. 즉, 기후변화, 정치, 외교, 국제교역 등이 종합적으로 작용하여 북한의 1인당 생태발자국이 감소하였다고 할 수 있다.

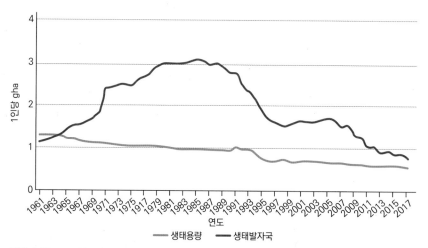

그림 4.35 1961년부터 2017년까지 북한의 1인당 생태용량과 생태발자국 변화(자료: https://data.footprintnetwork.org/#/)

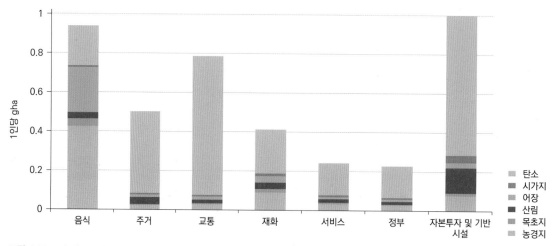

그림 4.36 소비 범주로 나누어 본 한국의 생태발자국(자료: 세계자연기금 한국본부, 2016b)

전 세계가 파리협정 체결(2015년 파리 UN기후변화협약 당사국 총회)을 통하여 지구의 평균 온도 상승을 1.5℃ 내지 2℃ 이내로 제한하기로 합의하였다. 그 의미는 탄소발자국을 0에 가깝게 줄여 탄소로 인한 자연에 대한 인류의 부담을 줄이기로 하였다는 것이다. 한국의 탄소발자국은 전체 생태발자국의 73%에 이른다. 한국의 인구 규모는 세계의 0.7%에 미치지 못한다. 그러나 탄소발자국 크기는 세계 8위로 세계 배출 총량의 1.7%를 차지한다. 파리협정에서 한국은 온실가스 배출량을 모든 경제 부문(에너지, 산업 프로세스, 제품 사용, 농업, 폐기물 처리 등)에서 2030년까지 배출전망치(business as usual, BAU) 대비 37%가량 줄이기로 하였다. 한국 정부는 장기적으로 화석에너지를 재생에너지로 전환하여 온실가스 감축 목표를 달성하고 생태발자국을 줄이려 노력을 기울이고 있다. 한국 정부는 2050년 온실가스 배출량과 제거량이 상쇄되어 순배출량이 '0'이 되는 탄소중립을 목표로 노력하겠다고 선언하였다.

생태발자국을 소비 범주별로 분석해보면 지역 및 국가 수준에서 지속가능성을 달성하기 위한 더욱 효율적인 접근 방식을 파악할 수 있다. 그림 4.36은 한국의 1인당 생태발자국 중 소비 범주별로 생태발자국 구성요소 비율을 분석한 것이다. 모든 범주에서 탄소가 차지하는 비중이 크다는 것을 알 수 있다. 한국의 1인당 탄소발자국을 구성하는 상위 세 가지 항목은 자본투자 및 기반시설(24%), 음식(23%), 교통(19%) 순이다. 음식, 주거, 교통, 재화 및 서비스를 묶으면 한국 생태발자국의 70%를 차지한다. 이는 일상생활에서 가계, 즉 개인이 일상생활에서 매일 내리는 소비 결정이 한국의 생태발자국 추세에 큰 영향을 미치며, 생활방식의 변화를 통해 직접적으로 생태발자국을 감소시킬 수 있음을 의미한다.

참고문헌

다이아몬드. 1997. 총, 균, 쇠 (김진준 옮김, 문학사상 2013) (원제: Guns, Germs and Steel)

돌링. 2013. 100억 명 (안세민 옮김, 시공사 2014) (원제: Population 10 Billion)

리비-바치. 2007. 세계 인구의 역사 (송병건과 허은경 옮김, 해남 2009) (원제: A Concise History of World Population)

맬서스. 1789. 인구론 (이서행 옮김, 동서문화사 2011) (원제: An Essay on the Principle of Population)

밀러. 2005. 생태와 환경 (김준호 외 옮김, 라이프사이언스 2006) (원제: Essentials of Ecology)

세계자연기금 한국본부(WWF-Korea). 2014. 지구생명보고서 (원제: Living Planet Report 2014: Summary)

세계자연기금 한국본부(WWF-Korea). 2016a. 지구생명보고서 (원제: Living Planet Report 2016: Summary)

세계자연기금 한국본부(WWF-Korea). 2016b. 한국 생태발자국보고서, 지구적 차원에서 바라본 한국의 현주소.

통계청 사회통계국. 2016. 장래인구추계: 2015-2065년. 보도자료.

Timmermann, A Friedrich, T. 2016. Late pleistocene climate drivers early human migration. Nature 538: 92-95.

United Nations, Department of Economic and Social Affairs, Population Division. 2015. World Population Prospects: The 2015 Revision, Key Findings and Tables. Working Paper No. ESA/P/Wp. 241.

United Nations, Department of Economic and Social Affairs, Population Division. 2015. World Population Prospects: The 2015 Revision, Data Booklet(ST/ESA/SER. A/377).

United Nations, Department of Economic and Social Affairs, Population Division. 2019. World Population Prospects 2019, volume II: Demographic Profiles.

4. 인구

1. 조별활동

1. 다음 자료를 보고 아래 그래프 안에 1800년에서 2008년까지 지구 전체 및 각 지역별 인구증가를 실선으로 연결하여 그리고, 2050년과 2150년은 점선으로 연결하여 그려 보시오.

2. 1500년에서 2008년까지 각 기간 사이의 각 지역 인구증가율을 각각 구하시오.
[인구증가율 = {ln(나중인구) − ln(처음인구)}/ 기간 × 100 (%)]

3. 선진국(유럽과 북미)과 그 외 지역의 인구증가 양상에 어떤 차이가 있는가?

4. 1999~2008년 사이의 인구증가율을 이용해서 2050년과 2150년의 인구를 예측해보면 주어진 표의 예측값과 차이가 있는가?

5. 위 자료의 예측값을 이용하면 사람에 대한 지구의 수용능력(K)은 얼마나 되는가?

6. 2012년 기준 일인당 평균 생태발자국인 1.7 gha가 계속 유지된다고 가정하면 2050년과 2150년에는 지구의 지속가능 정도(필요한 지구의 수)가 어떻게 달라지는가? (아래 표의 인구 예측값 사용)

지역	1500	1600	1700	1750	1800	1850	1900	1950	1999	2008	2050	2150
세계	458	580	682	791	978	1,262	1,650	2.521	5,978	6,707	8,909	9,746
아프리카	86	114	106	106	107	111	133	221	767	973	1,766	2,308
아시아	243	339	436	502	635	809	947	1,402	3,634	4,054	5,268	5,561
유럽	84	111	125	163	203	276	408	547	729	732	628	517
남미	39	10	10	16	24	38	74	167	511	577	809	912
북미	3	3	2	2	7	26	82	172	307	337	392	398
오세아니아	3	3	3	2	2	2	6	13	30	34	46	51

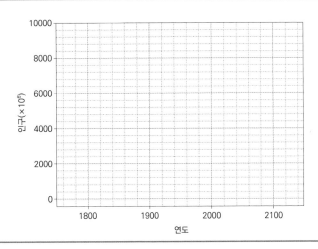

2. 조별 토론 주제

1. 고라니나 멧돼지 또는 비둘기의 수가 많아지는 생태학적 이유는 무엇일까? 이들의 적정한 수는 어떻게 결정할 수 있나? 이들을 제어하려면 어떻게 해야 하나(사냥, 천적 살포, 출생 제한 등)?

2. 인구와 개체군의 차이는?

3. 사람 개체군과 다른 생물종 개체군의 개체군 동태가 다른 양상을 보이는 이유는?

4. 가난한 집이나 나라에서 아이를 많이 낳는 생물학적, 비생물학적인 이유는?

5. 전 지구가 아니라 특정 지역이 지속가능한 지 여부를 생태발자국 만으로 알 수 있는가? 지속 가능 여부를 결정할 다른 요인이 있는가?

3. 전체 토론 주제

아래 대화에서 인구 조절과 자원 조절에 대한 여러분의 견해는?

당신에게는 무엇이 문제입니까?

자본가: 당신을 귀찮게 하고 싶지 않지만, 세계 인구가 앞으로 20년 동안 거의 50%나 증가할 것이라는 사실을 알고 계신지요? 당신은 이 문제에 대해 어떻게 하실 건가요?

농부: 사람이 문제인가요? 난 사람이 좋아요.

자본가: 저도 물론 사람이 좋습니다. 그렇지만 세계의 자원이 계속 증가하는 인구를 부양할 수 없다는 것을 당신도 아실 것입니다.

농부: 그렇네요. 그래서 사람뿐만 아니라 자원의 문제인 것이지요.

자본가: 그렇죠.

농부: 그렇다면 이 문제의 해결에는 인구 조절 뿐만 아니라 자원 조절이 필요하지요?

자본가: 그...렇...죠.

농부: 좋아요, 당신을 귀찮게 하고 싶지 않지만, 전 세계 상위 20%의 부자들이 전 세계 자원의 80%를 소비하는 것을 당신은 알고 있나요? 당신은 이 문제에 대해 어떻게 생각하시나요?

5장
환경보건과 독성학

"잔류 허용량 기준치 제정은 결국 농부와 가공업자들에게 생산비용 절감이라는 혜택을 주기 위해 많은 사람들이 먹는 음식에 독성 화학물질 사용을 허락하는 일에 다름 아니다."

－카슨(Rachel Carson),『침묵의 봄』중에서

아프리카에서 악명 높은 인체에 기생하는 메디나충(guinea worm, *Dracunculus mediensis*)은 사람의 건강이 환경과 매우 밀접한 연관이 있다는 것을 보여준다(그림 5.1). 메디나충은 감염된 사람의 발을 타는 듯이 아프게 하다가 이들이 통증을 식히기 위해 물가를 찾아 발을 물에 담그면, 발에서 기어나와 물속으로 들어가는 기생충이다. 발을 물에 집어넣는 순간 수많은 메디나충이 물로 탈출하여 물속에 떠다니는 동물플랑크톤인 요각류를 중간 숙주 삼아 살아간다. 이 요각류가 있는 물을 마신 사람은 다시 메디나충에 감염되어 생활사가 완성된다. 메디나충 감염을 막는 방법은 아주 간단하다. 천 등으로 요각류를 걸러낸 물을 마시면 된다. 이 메디나충은 이집트 미라에서도 발견되고, 구약성경에도 등장한다. 구약성경에 나오는 이스라엘 민족들을 괴롭힌 불뱀(fiery serpent)이 실상은 메디나충을 묘사한 것으로 여겨진다(Cunningham & Cunningham, 2007). 이 메디나충 이야기는 사람이 살아가는 환경을 무시하고는 질병의 근원적인 원인 규명과 해결이 불가

능하다는 환경보건(environmental health)의 중요성을 여실이 보여주고 있다. 또한 1962년 출간된 카슨의 『침묵의 봄』 이후, 환경에 존재하는 DDT와 같은 합성화학물질의 배출과 이동 및 그 운명에 대한 관심이 높아졌다. 이 장 후반부에서는 이러한 독성물질을 연구하는 분야인 독성학(toxcology)에 대해서 다룬다.

5.1 환경보건의 개념

질병은 수많은 요인에 의해 발생하지만, 그 중 환경이라는 요소는 무시할 수 없을 정도로 크다. 우리가 매일 접하는 물, 공기, 흙과 같은 자연환경이 우리 건강과 직결되어 있음은 명백하다. 사회 전체의 건강을 지키는 것을 공중보건(公衆保健, public health)이라고 한다면 건강을 지키는데 자연환경 및 사회환경 등 환경적인 측면을 고려하는 것을 바로 **환경보건**(environmental health)이라고 할 수 있다(그림 5.2). 환경보건에서 매일 접하

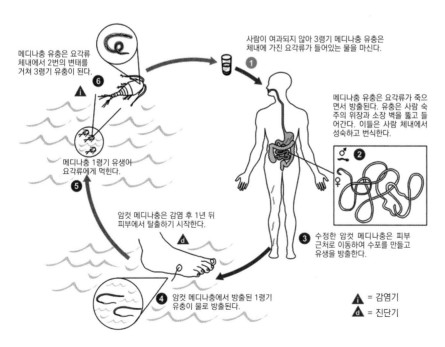

사람이 여과되지 않아 3령기 메디나충 유충은 체내에 가진 요각류가 들어있는 물을 마신다.

메디나충 유충은 요각류가 죽으면서 방출된다. 유충은 사람 숙주의 위장과 소장 벽을 뚫고 들어간다. 이들은 사람 체내에서 성숙하고 번식한다.

메디나충 유충은 요각류 체내에서 2번의 변태를 거쳐 3령기 유충이 된다.

메디나충 1령기 유생아 요각류에게 먹힌다.

암컷 메디나충은 감염 후 1년 뒤 피부에서 탈출하기 시작한다.

수정한 암컷 메디나충은 피부 근처로 이동하여 수포를 만들고 유생을 방출한다.

암컷 메디나충에서 방출된 1령기 유충이 물로 방출된다.

= 감염기

= 진단기

그림 5.1 메디나충(*Dracunculus medinensis*)의 생활사 © Alexander J. da Silva, Melanie Moser (Public domain file)

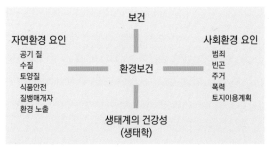

그림 5.2 환경보건 개념

는 공기, 물, 흙 등 자연환경이 얼마나 오염되었는지의 여부 및 식품, 질병매개자 등 생활환경에서의 물리, 화학 및 생물학적 요인 등도 모두 환경보건에 영향을 주는 주요 요인이 된다. 환경보건에서 빈곤, 주거환경 등 사회환경 요인도 매우 중요하게 인식되어야 할 요인이다. 예를 들면 6장에서 다룰 비만은 당뇨병, 심혈관계 질병, 지방간, 관절염 등 많은 질병과 연관되어 있는데, 비만은 사회적 요인인 빈곤과 연관이 있다. 2008년 보건복지부 조사에 의하면 우리나라에서 비만은 교육수준과 소득이 낮을수록 많다. 가난할수록 라면, 햄버거 등 값이 싸고 열량이 높은 정크푸드를 선택할 확률이 높아서이다. 비만뿐만 아니라 많은 질병의 원인으로 여겨지는 스트레스도 주거형태, 도시계획, 가난과 같은 사회적 요인에 의해 가중된다. 최근에는 환경보건에 건강한 생태계가 바탕이 된다는 인식이 점점 주목받고 있다(Oosterbroek et al., 2016).

5.2 건강위해 환경요인과 질병부담

건강을 위협하는 환경요인은 매우 다양하다. 가장 대표적인 건강위해 요인으로는 세균, 원생생물, 바이러스 등과 같은 생물 감염원이나 화학물질, 담배연기와 같은 독성물질이 있다. 이 외에도 교통사고 및 이로 인한 정신적 외상도 최근 점점 중요성이 커지고 있고, 물과 대기오염도 중요한 건강위해 요인이다. 자외선이나 방사성물질도 건강을 위협할 수 있다. 이러한 다양한 건강

위해 요인의 중요도를 비교해 보는 방법의 하나는 각 질병이 사회에 주는 총체적인 비용을 추정하는 개념인 질병부담(disease burden)을 비교하는 것이다. 각 질병의 질병부담은 **장애보정수명**(disability-adjusted life years, DALYs)을 이용하여 추정된다. 세계보건기구(WHO) 정의에 따르면 장애보정수명은 장애를 지니고 사는 햇수와 조기사망에 의해 일찍 죽는 햇수를 더한 손실수명이다. 즉 장애보정수명은 평균 기대수명까지 살지 못해 줄어든 햇수에 질병이 있어 정상적인 생활을 하지 못한 햇수를 더한 것이다.

장애보정수명(DALY) = 조기사망으로 인한 손실수명(years of life lost, YLL) + 장애손실수명(years lived with disability, YLD)

예를 들면 우리나라에서 평균 기대수명이 80세인데 50세에 장애나 질병을 얻어 고통받다가 60세에 죽었다면 YLL은 20년, YLD는 10년 해서 장애보정수명(DALY)은 10 + 20 = 30년이 된다. 장애보정수명을 이용하여 1990년과 2017년 각 질병의 상대적인 기여도를 조사한 결과를 그림 5.3에 나타내었다. 전 세계적으로 조사된 질병부담 상위 질병의 순위 변화를 보면, 사회 변화에 따라 인류를 괴롭히는 질병 순위가 달라지고 있는 것을 볼 수 있다. 1990년에는 폐질환, 결핵, 설사, 출산에 관계된 질병이 주요 질병이었다면 2010년에는 심장병, 뇌졸중, 당뇨병과 같은 비만과 관련된 질병, 교통상해, 우울증, 후천성면역결핍증의 순위가 상승하는 경향을 확인할 수 있다.

또한 설사, 급성호흡기질환, 말라리아 등의 순위도 여전히 높은 데, 이 질병들은 개발도상국 아동의 주 사망 원인이며, 부족한 영양, 불결한 위생 및 수질 악화 등 열악한 생활 환경에 기인한다. 상하수도 시설 부족 등으로 오염된 식수를 이용하는 데서 오는 수인성 질병이 많으며 이러한 질병부담은 경제적 지원만 가능하다면 상하수도 시설 보급 등으로 상대적으로 수월하게

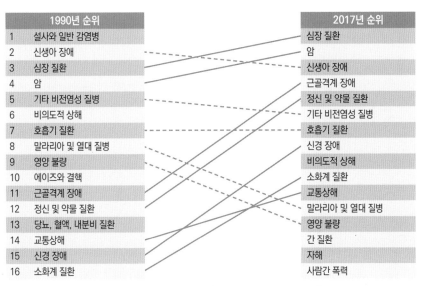

1990년 순위		2017년 순위
1	설사와 일반 감염병	심장 질환
2	신생아 장애	암
3	심장 질환	신생아 장애
4	암	근골격계 장애
5	기타 비전염성 질병	정신 및 약물 질환
6	비의도적 상해	기타 비전염성 질병
7	호흡기 질환	호흡기 질환
8	말라리아 및 열대 질병	신경 장애
9	영양 불량	비의도적 상해
10	에이즈와 결핵	소화계 질환
11	근골격계 장애	교통상해
12	정신 및 약물 질환	말라리아 및 열대 질병
13	당뇨, 혈액, 내분비 질환	영양 불량
14	교통상해	간 질환
15	신경 장애	자해
16	소화계 질환	사람간 폭력

그림 5.3 1990년과 2017년의 전 세계 질병부담 순위(자료: ourworldindata.org)

그림 5.4 방글라데시의 강가에서 식재료를 씻고 있는 여인
ⓒ Thyme28 (wikimedia)

줄일 수 있다(그림 5.4). 이는 환경보건의 중요성을 극명하게 보여준다. 수질과 건강의 연관성에 대해서는 14장 도시화와 교통, 폐기물 문제 부분을 참고할 수 있다.

5.3 감염성 질병과 신종 질병

전 세계적으로 육식, 자동차 등 선진국형 질병부담의 비중이 커져가고 있긴 하지만, 여전히 감염성 질병

은 거의 모든 지역에서 매년 수백만 명의 사람들, 특히 어린이들을 죽음으로 몰고 있다. 사람에 감염하는 병원체에는 바이러스, 세균, 원생생물, 기생충 등이 있다. 전염병의 세계적인 대유행인 팬데믹(pandemic)은 인류의 역사를 바꾸기도 하였다. 14세기 중반에 발생한 흑사병은 유라시아 대륙에 번져 유럽인구의 절반이 죽어 나갔다. 15세기 말과 16세기 초에 유럽인들이 아메리카 대륙에 도달했을 때 이들은 천연두, 홍역, 콜레라, 황열(yellow fever) 등을 퍼뜨렸고, 이로 인해 원주민들의 90%가 죽었다. 20세기 들어서는 1918년부터 1919년까지 대유행한 스페인독감으로 전 세계 인류의 최소 1/3 이상이 감염되었고, 5,000만 명에서 1억 명이 죽었다. 이 질병은 제1차 세계대전으로 유럽 서부전선에서 장기간 참호에 함께 있던 병사들이 1918년 종전에 따라 고향인 미국, 호주, 캐나다, 뉴질랜드 등으로 돌아가면서 전 세계에 급속도로 대유행했다고 한다.[1] 최근에는 스페인독감 사망자 중 많은 경우가 면역력 저하에 따른 폐렴, 즉 세균 감염에 의한 것으로 보고 있다(Brundage & Shanks, 2008). 스페인독감 이후 대규

---

1 네로왕. 전쟁보다 많은 사람을 죽인 "스페인 독감"은 왜 독했나. (https://nerowang.tistory.com/828)

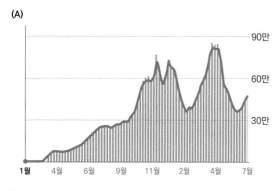

(A)

(B)

그림 5.5 2020년 1월부터 2021년 7월까지 전 세계(A) 및 한국(B)의 주간 평균 일일 코로나-19 확진자 수

모의 전염성 질병이 계속 발생하고 있다. 그 중 대표적인 것이 2003년 전 세계를 휩쓴 **중증급성호흡기증후군**(severe acute respiratory syndrome, SARS)이다. 중국의 가금류 시장에서 감염된 의사가 홍콩으로 이동하여 국제적으로 전파된 이 전염병은 6개월만에 31개국으로 퍼져나가 현대 세계가 얼마나 서로 연결되어 있는지 여실히 증명하였다(Cunningham & Cunningham, 2015).

2020년에는 호흡기 질환을 일으키는 **코로나바이러스감염증-19**(코로나-19)가 전 세계적으로 대유행하여 사람들에게 팬데믹(pandemic)을 일상적인 용어로 각인시켰다. 코로나-19는 영어로 COVID-19으로 일컬어지는데, 2019년에(19) 중국 후베이성 우한시에서 유행하기 시작한 코로나(CO) 바이러스(VI) 질병(D)을 뜻한다. 세계보건기구(World Health Organization, WHO)에서는 1968년의 홍콩독감, 2009년의 신종플루에 이어 세 번째로 코로나-19를 팬데믹으로 선언하였는데,

앞에서 언급한 흑사병, 스페인독감 등도 팬데믹에 당연히 해당된다. 코로나-19는 초기에 감염율과 치명율(case fatality rate)이 모두 높고 바이러스 특성이 잘 알려지지 않아 대중의 공포와 각 나라 정부의 국가적 대응을 이끌었다. 백신 접종 전 한국에서 코로나-19에 의한 치명률은 80대 이상이 20%, 70대는 6.25%, 60대는 1.2%, 50대는 0.3%, 40대는 0.09%, 30대는 0.05%, 20대는 0.02%로 연령이 높을수록 그리고 기저질병이 있을수록 높은 경향을 보였다(정재훈, 2021).

이러한 전 세계적인 코로나-19 유행에 대응하는 각국의 초기 전략은 매우 다양하게 나타났다. 예를 들면, 프랑스와 영국은 코로나-19 대유행에 대해 전면전을 선포하고 경제봉쇄(lockdown)에 들어갔으며, 스웨덴은 집단면역을 목표로 경제봉쇄 정책을 실시하지 않았으며, 한국은 대량 검사와 동선 추적을 통한 감염 차단 정책을 실시하였다(Festing et al., 2021). 경제봉쇄 정책은 재택근무, 통행금지, 검역과 격리(quarantine), 방역격리(cordon sanitaire) 등을 강제하는 것이다. 코로나-19 유행 초기인 2020년 4월에 전 세계 인구의 절반 가량인 90개국의 39억 명이 경제봉쇄에 해당하는 조치의 영향을 받았다(Sandford, 2020). 대량 검사를 통한 한국식 팬데믹 대응은 백신 접종을 통한 집단 면역이 달성되기 전에 확진자 수와 사망자 수의 증가를 늦추는데 성공하였다. 이 방식은 특히 고령층의 사망율을 낮추는 성과를 보여 'K-방역'으로 불리기도 하였다.

코로나-19는 계속 새로운 변이가 생기는 진화를 통해 개발된 백신에 의한 완전 종식을 계속 피해왔다. 최근 연구에 따르면 코로나-19 바이러스는 박쥐 바이러스에서 기원한 A형에서 B, C형이 파생되어 세 가지 형태로 전 세계에 전파되었다(Forster et al., 2020). B형 코로나-19 바이러스는 원형이 대부분 동아시아에서 발견되었으나 동아시아 이외의 지역에서는 매우 많은 B형 변이 바이러스가 출현하였는데, 알파 변이는 영국, 베타 변이는 남아프리카공화국, 델타 변이는 인도에서 처음 보고되었다. 페루 등 남미에서는 람다 변이(C.37)

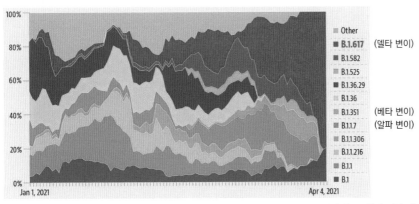

그림 5.6 2021년 1월1일부터 2021년 4월 4일 까지 인도 확진자에서 코로나-19 바이러스 B형내 변이 비율의 변화. 전 세계 공개 데이터베이스 자료를 바탕으로 그렸다(자료: Hindustan Times, 2021).

사회적 거리 두기 개편안 주요 방역수칙

보건복지부

구분	1단계	2단계	3단계	4단계
단계 명칭	지속적 억제상태 유지	지역 유행/인원 제한	권역 유행/모임 금지	대유행/외출 금지
결정·조정 권한	시·군·구, 시·도, 중대본	시·군·구, 시·도, 중대본	시·군·구, 시도, 중대본	중대본
기준	인구 10만 명당 1명 미만 (주간 평균) ▶ 전국 : 500명 미만 ▶ 수도권 : 250명 미만	인구 10만 명당 1명 이상 (주간 평균이 3일 이상 기준 초과) ▶ 전국 : 500명 이상 ▶ 수도권 : 250명 이상	인구 10만 명당 2명 이상 (주간 평균이 3일 이상 기준 초과) ▶ 전국 : 1,000명 이상 ▶ 수도권 : 500명 이상	인구 10만 명당 4명 이상 (주간 평균이 3일 이상 기준 초과) ▶ 전국 : 2,000명 이상 ▶ 수도권 : 1,000명 이상
모임	방역수칙 준수	8명까지 모임 가능 (9인 이상 사적모임 금지)	4명까지 모임 가능 (5인 이상 사적모임 금지)	18시 이후 2명까지 모임 가능 (3인 이상 사적모임 금지) ※ 18시 이전에는 4인까지 모임 가능
	- 1차 이상 접종자는 직계가족 모임 제한 인원에 미포함 - 예방접종 완료자는 사적모임 제한 인원에 미포함 (4단계 제외)			
행사	500인 이상 행사 시 지자체 사전 신고	100인 이상 행사 금지	50인 이상 행사 금지	행사 금지
	예방접종 완료자는 행사 제한 인원에 미포함			
집회	500인 이상 집회 금지	100인 이상 집회 금지	50인 이상 집회 금지	1인 시위 외 집회 금지
	예방접종 완료자는 집회 제한 인원에 미포함			

그림 5.7 2021년 7월 1일부터 시행된 사회적 거리두기 단계별 방역 수칙(자료: 보건복지부)

가 발견되어 확산되었다(그림 5.6). 세계보건기구는 지역 이름을 붙이는 바이러스 명명이 인종 차별을 불러 일으키는 점을 고려하여 그리스 알파벳으로 명명하는 것을 권고하고 있다.

코로나-19의 감염 확산을 막아내기 위해 전 세계 국가들은 확진자 검사나 격리 조치 이외에도 다양한 예방 조치를 시행하였다. 그 중 대표적인 것은 백신 접종, 마스크 쓰기, 사회적 거리두기(social distancing, 그림 5.7), 30초 이상 손 씻기, 비대면 재택근무와 학습 등이다. 전통적인 바이러스 벡터 방식 이외에도 mRNA 기반 백신도 개발되었고, 각 나라는 백신을 확보하기 위해 전 국가적인 노력을 기울였다. 이러한 백신 확보 경쟁은

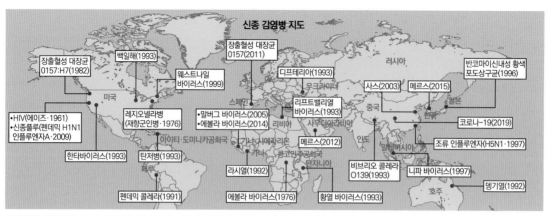

신종 감염병 지도

장출혈성 대장균 0157:H7(1982)
백일해(1993)
웨스트나일 바이러스(1999)
장출혈성 대장균 0157(2011)
디프테리아(1993)
러시아
반코마이신내성 황색 포도상구균(1996)
미국
레지오넬라병 (재향군인병·1976)
스페인
우크라이나
사스(2003)
메르스(2015)
일본
한국
•HIV(에이즈·1961) •신종플루(펜데믹 H1N1 인플루엔자A·2009)
•말버그 바이러스(2005) •에볼라 바이러스(2014)
리비아
리프트밸리열 바이러스(1993)
사우디아라비아
코로나-19(2019)
한타바이러스(1993)
탄저병(1993)
아이티·도미니카공화국
기니·시에라리온
라이베리아
메르스(2012)
인도
말레이시아
조류 인플루엔자(H5N1·1997)
페루
라사열(1992)
콩고민주공화국
탄자니아
비브리오 콜레라 O139(1993)
니파 바이러스(1997)
펜데믹 콜레라(1991)
에볼라 바이러스(1976)
황열 바이러스(1993)
호주
뎅기열(1992)

그림 5.8 최근 유행한 신종 감염병 지도(자료: KAIST 의과학대학원 면역 및 감염질환 연구실)

전 세계적인 백신 부족 현상을 일으켜 선진국과 가난한 나라 간의 백신 접종 격차를 더 심화시켰다. 이러한 격차를 해소하기 위해 세계백신면역연합(Global Alliance for Vaccines and Immunization, GAVI), 유니세프, 세계보건기구들이 코백스(Covax Facility)라는 세계 백신 공동 분배 프로젝트를 시작하였다. 한국도 자체자금 조달로 코백스를 통해 백신 공급을 받았으며, 가난한 나라들을 위해 코백스에 1,000만 달러를 기부하였다.

사회적 거리두기 개인방역수칙 중 가장 지키기 힘든 것이 사람 사이 두팔 간격 두기인데 이를 보완하는 것이 마스크 쓰기이다(최경호, 2020). 마스크는 코로나-19의 전염방식인 비말(침방울)을 효과적으로 차단하여 타인에게 전염시키지 않으며, 타인의 비말로부터 자신을 대부분 보호한다. 코로나-19의 진원지로 알려진 중국 후베이성에서 수행된 연구에 따르면 마스크를 사용한 1,286명 중에 단 1명에서만 코로나-19 감염이 보고되었고 마스크를 미착용한 4,036명에서는 119명의 감염자가 발생하였다(최경호, 2020).

마스크 등 일회용 위생용품의 광범위한 사용은 일회용품 사용 선호라는 현상을 낳아 공중보건 문제가 폐기물 등 다른 환경문제와 밀접한 연관성이 있음을 보여주었다. 30초 이상 손 씻기도 매우 효과적으로 코로나-19 감염을 예방하는 행동 수칙이지만 2019년 기준 손 씻기 시설이 제대로 갖춰지지 않은 환경에 20억 명으로 추정되는 사람들이 살고 있다. 한 예로 아프리카의 아디스아바바, 나이로비 주민 50% 이상이 손 씻기 시설이 부족한 환경이라고 한다(최경호, 2020). 또한 코로나-19 회복을 취약하게 하는 기저질환으로 알려진 비만, 당뇨병, 심장질환, 만성신장질환, 만성폐쇄성 폐질환 등이 모두 환경성 질환(CDC, 2021)인 점은 코로나-19 사태에서 환경보건의 중요성을 알려주는 지점이다. 전 지구적인 기후변화는 지구온난화로 온대 지역에 살던 사람들이 열대 기후대가 되면서 이들에게 면역이 형성되어 있지 않은 신종 병원체에 접촉할 가능성을 높이고 있다(최경호, 2020). 코로나-19는 기후변화 등 수많은 환경문제와 얽혀있다. 하지만 다른 환경문제와 달리 건강과 관련된 전염병은 전 세계 사람들의 행동 변화를 순식간에 이끌어 냈다. 코로나-19 팬데믹은 인류의 건강을 위협함으로써 역설적으로 복잡한 환경문제에 대한 인식의 변화를 이끌어낼 수 있는 기회로 작용하고 있다.

신종 전염병(emerging infectious diseases)이란 이전에는 알려지지 않았던 새로운 전염병 또는 지난 20년간 발생하지 않았던 전염병을 말한다(그림 5.8). 2015년에 우리나라에서 유행한 중동호흡기증후군(Middle East respiratory syndrome, MERS)과 2020년의 코로나-19가 좋은 예이다. 최근 20년 동안 전 세계에서 많은 신종 전염병이 발생하였는데, 그 중 에볼라 바이러스는 흥미로운 예이다. 이 전염병은 1976년에 아프리카 콩고에서 처음 발생하였는데, 이 최초 유행에서 치사율은 88%로 치명적으로 높았다. 에볼라 바이러스는 2014년 기니, 라이베리아, 시에라리온 등에서 다시 발생하였는데 두 번째 유행에서 치사율은 54.6%로 첫 유행 때보다 대폭 감소하였다. 약 40년 동안 에볼라 바이러스는 치사율을 낮춤으로써 전염력을 증가시키는 진화 양상을 보이고 있다. 코로나-19 델타 변이 역시 치사율을 낮추면서 전염력을 높이는 진화 양상을 보이고 있다.

점점 증가하는 인구와 함께 국제화로 인해 더 빈번해진 왕래 등으로 인류는 병원성 바이러스와 세균에게 더 매력적인 숙주가 되어 가고 있다. 세균과 바이러스는 전 세계적인 네트워크를 통해 유전자를 주고받고 있고 사람도 인터넷을 통해 정보를 전 세계적으로 주고받아, 두 현존하는 전 지구적 네트워크가 맞서고 있다고 볼 수 있다(블룸, 2001). 과연 인류는 바이러스와 세균의 전 세계적인 네트워크를 극복하고 신종 전염병들을 퇴치할 수 있을 것인가? 이 질문에 대한 한 가지 대답은 바이러스와 세균의 세대기간이 사람에 비해 매우 짧아 이들의 진화 속도를 인류가 따라잡기는 매우 힘들 것이라는 것이다. 인류가 인터넷을 통해 전 세계적으로 정보를 주고받는 속도가 빨라지긴 했지만, 이들 병원성 바이러스 및 세균과의 군비경쟁은 끊임없이 지속될 것으로 보인다.

5.4 생태질병, 인수공통감염병 및 보전의학

사람뿐만 아니라 가축과 야생동물도 질병으로 고통받는다. 이러한 야생동물의 질병을 **생태질병**(ecological disease)이라고 부른다. 또한 야생동물의 질병은 인간에게 전달되어 병을 일으킬 수 있다. 인수공통감염병이란 동물과 사람 간 전파 가능한 질병을 말한다.[2] 코로나-19

---

2 질병관리청(http://www.kdca.go.kr/contents.es?mid=a20301050600)

는 박쥐의 바이러스가 변이되어 사람에게도 전염되어 시작한 것으로 추정되는데 인수공통감염병의 대표적인 사례라고 할 수 있다. 이런 야생동물의 생태질병을 고침으로써 생물다양성 감소를 막아 결과적으로 보전하는 의학을 **보전의학**(conservation medicine)이라고 한다.

5.5 환경보건과 독성학

5.1절에서 건강을 지키는 데 환경적인 요인을 고려하는 것을 환경보건(environmental health)이라 정의하였다. 환경에 존재하는 독성물질과 독성의 원인, 예방, 치료 등을 연구하는 학문이 **독성학**(toxicology)이므로 독성학은 환경보건 분야의 핵심적인 요소가 된다. 우리나라 환경보건법은 환경보건을 "환경오염과 유해화학물질[3]등이 사람의 건강과 생태계에 미치는 영향을 조사·평가하고 이를 예방·관리하는 것"으로 정의한다.[4]

2011년 이래로 '가습기 살균제 사건'[5]이 발생하였고 이 특정 독성물질로 인해 많은 사람들이 피해를 입었다(이동수 외, 2019). 이처럼 인간이 의식주 생활을 할 때 수많은 화학물질과 접촉하고 흡입 또는 흡수하게 되지만 그 화학물질이 얼마나 유해한가에 대한 정보가 거의 없다. 과학과 산업이 발달함에 따라서 인간은 필요를 채우기위해 천연산물이 아닌 수많은 인공산물을 만들게 되었고 인공산물이 생태계에 미치는 영향은 아직까지 밝혀지지 않은 것들이 많다. 전 세계

---

3 유독물질, 허가물질, 제한물질 또는 금지물질, 사고대비물질, 그 밖에 유해성 또는 위해성이 있거나 그러할 우려가 있는 화학물질을 말한다(화학물질관리법).

4 환경부. 2020. 환경보건법 제2조제1호.

5 가습기의 분무액에 포함된 가습기 살균제에 의해서 사람들이 사망하거나 폐질환에 걸린 사건. 가습기 살균제 성분은 주로 폴리헥사메틸렌 구아니딘(polyhexamethylene guanidine; PHMG)과 염화 올리고-(혹은 2-)에톡시에틸 구아니딘(Oligo(2-)ethoxyethyl guanidine chloride; PGH)이고, 메틸클로로이소치아졸리논(Methylchloroisothiazolinone; MCI; MCIT)을 이용하는 경우도 있다. 이들 물질은 피부독성이 다른 살균제에 비해 1/10~1/5 정도에 불과해서 가습기 살균제 뿐 아니라, 샴푸, 물티슈 등 여러 가지 제품에 이용된다. 하지만 이들 성분이 호흡기로 흡입될 때 발생하는 독성에 대해서는 연구가 되지 않았기 때문에, 피해자가 발생할 때까지 아무런 제재가 이루어지지 않았다(출처: 위키백과, 2016).

적으로 8,800만 종의 화학물질이 개발되어 12만 종이 상업적으로 유통되는 것으로 추정되고, 우리나라에서는 약 4만여 종의 화학물질이 유통되고 있다(환경부, 2015). 따라서 우리는 특히 독성물질을 중심으로 그것이 어떤 피해를 주고, 어떻게 예방을 하고, 관련된 해결책은 무엇이 있는지 독성학 전반을 탐구할 필요가 있다.

독성물질은 인간을 포함하여 생물에게 해로운 화학물질이다. 독성학이란 독성물질에 관한 학문으로 독성물질 혹은 잠재적 독성물질이 인간과 생물에 미치는 작용, 검출 그리고 그것에 의해 생긴 병해치료를 포함한 독성물질의 과학적 연구를 다루는 학문이다. 또한 생체, 생물에 대한 화학물질의 바람직하지 않는 작용, 즉 역작용의 정도를 정량적으로 분석하고 발생빈도와 작용특성, 작용에 영향을 주는 인자 등을 연구하는 것을 의미한다. **독성**(toxicity)이란 물질의 해로움에 대한 정도, 즉 생물체에게 피해, 병, 사망을 일으키는 정도이다. 이러한 독성을 연구하는 학문을 독성학이라고 하며 독성학의 기본개념 중 하나는 많은 양을 섭취하면 어떤 합성 또는 자연 물질도 해로울 수 있다는 것이다. 즉 합성 화학물질만 항상 해로운 것은 아니라는 점이다.

독성학은 환경보건에 포함된다고 할 수 있고 환경보건의 주요한 원인이 되고 있는 독성물질을 다룬다. 독성물질은 **독소**(toxin)와 **독물**(toxicant)로 나누어지는데, 독소는 식물, 박테리아 등 생물이 만들어 내는 독성물질을 말한다. 독물은 인간에 의해서 만들어진 독성을 가진 물질이다.

생태계에서 너무 많은 양의 물질은 생물체의 생존을 제한할 수 있다. 이것은 셸퍼드(Victor Ernest Shelford)의 내성의 범위[6]에서 생물이 견딜 수 있는 최대 범위를 말하는 것인데 자연물질이나 합성물질 모두 생태계에 최대 범위를 넘어서는 양이 있을 때 생물에게 독성을 일으킬 수 있다.

---

6 셸퍼드의 내성의 법칙: 너무 적거나 너무 많은 어떤 요인이 생물체를 제한할 수 있다.

5.6 독성물질 유입경로 및 작용에 영향을 미치는 요인

독성물질은 피부, 소화기관, 호흡기를 통해서 체내로 유입된다. 피부는 화학물질이 체내로 들어오는 것을 막는 역할을 하기 때문에 이를 통한 이입 가능성이 가장 적고 피해도 적다. 그러나 각종 주사나 상처를 통하여 의도적으로 또는 비의도적으로 독성물질이 들어가는 경우도 있다. 음식이나 음료 형태로 소화기관을 통하여 섭취된 독성물질은 소장을 통하여 혈액으로 모이게 된다. 혈액으로 모인 독성물질은 간을 통과하기 때문에 간의 기능에 의해서 어느 정도 독성이 감소한다. 기관(trachea)을 통과하여 허파에서 흡입되는 독성물질은 혈액에 바로 유입되어 단시간 내에 신체로 퍼질 수 있다.

독성물질이 생물에 미치는 영향이 모두 동일하지는 않다. 여러가지 요인이 작용하기 때문에 생물에 미치는 영향을 평가하는 것은 어려운 문제이다. 독성물질의 효과에 영향을 미치는 요인은 노출량, 노출시간, 독성물질에 대한 생물학적 활성, 생물체의 나이, 생물체의 유전적 구성, 건강 상태 등이다. **노출량**(dose)은 인간 또는 생물이 섭취, 흡입하거나 피부에 접촉한 해로운 화학물질의 양을 말한다. 또한 노출량에 따른 생물의 영향을 **반응**(response)이라고 한다. 반응에는 급성 영향과 만성 영향이 있다. **급성 영향**(acute effect)은 독성물질에 대한 즉각적인 반응을 말한다. 급성 영향은 상당히 높은 농도의 화학물질에 짧은 시간 동안 노출되었을 때 일어나기 때문에 독성물질이 제거되면 증상이 없어지기도 한다. **만성 영향**(chronic effect)은 반복적인 낮은 용량 또는 일회성 용량의 독성물질에 노출되어 영구적 또는 지속적인 반응이 일어나는 것이다.

노출량과 노출시간에 의한 효과

노출량이 많을수록 생물에 미치는 영향은 클 것이다. 또한 노출시간이 길수록 독성의 효과는 크게 된다. 그

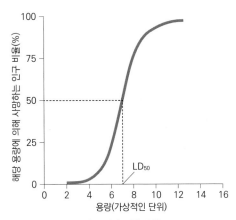

그림 5.9 독성물질의 투여량-반응곡선

런데 개체마다 화학물질에 대한 반응 정도가 다르므로 특정 개체에서 반응을 일으키는 투여량을 예측하기는 어렵다. 따라서 집단에서 어느 정도 비율의 개체들이 독성물질의 특정 투여량에 반응하는지를 측정하는 방법이 실질적일 것이다. 화학물질 독성을 평가하기 위해서 많이 사용되는 방법은 실험용 동물에게 노출시키는 것이다. 독성학자들은 실험용 동물에 독성물질을 여러 양으로 투여하여 **투여량-반응곡선**(dose response curve) 자료를 얻는다(Chiras, 1998, 그림 5.9).

독성물질에 의해서 18일 이내에 실험용 동물 절반이 죽게 된다면 이때의 독성물질 양을 **50% 치사량**(lethal dose 50, LD_{50})이라고 한다. 보통 체중 1 kg당 양으로 표시한다. LD_{50}은 여러가지 독성물질의 독성 효과를 상대적으로 비교할 수 있는 수치이다. LD_{50}의 값이 작을수록 독성물질의 독성은 강하다. 예를 들면 청산가리보

다 강한 독성을 나타내는 보툴리누스 독소[7]는 LD_{50}이 0.0003 μg/kg으로서 초강독성의 독성을 나타내며, 세균이 만드는 독성이 더 강할 수도 있다는 것을 보여준다(표 5.1). 이밖에 50% 유효량(effective dose 50%, ED_{50})은 독성물질에 의해서 집단의 50%에 효과를 주는 양이고, **50% 독성량**(toxic dose 50%, TD_{50})은 집단의 50%에 독성을 유발시키는 양이다. 한편 실험용 동물을 독성실험에 사용하는 경우 동물권과 동물복지 문제가 발생할 수 있다. 독성실험에서 실험용 동물을 대체하기 위해서 컴퓨터 시뮬레이션, 배양한 세포 조직, 동물 세포 등이 사용될 수 있다.

화학물질 독성과 유해성을 평가하는 다른 방법으로는 사례보고가 있다. 사례보고는 유해성 영향을 이미 받고 있는 사람에 대한 정보를 수집하는 것이다. 그러나 정확한 노출량과 노출된 사람의 건강상태를 알 수 없어 부정확한 정보를 제공할 가능성이 있다. 또 다른 방법으로는 역학연구가 있다. 역학연구는 특정 화학물질에 노출된 실험군과 노출되지 않은 대조군으로 나누어 화학물질에 의한 영향을 비교하는 것이다.

생물학적 활성

독성은 독성물질의 생물학적 활성에 의해서 결정된다. 독성물질이 생물체 내의 효소나 세포 내 구성물질과 얼마나 반응하느냐에 따라서 독성의 정도는 달라질 것

---

7 미생물 보툴리누스균에서 유래한 독소

표 5.1 독성등급 및 인간에 대한 LD_{50}

독성등급	LD_{50} (mg/kg-체중)	평균치사용량	사례
초강독성	5 이하	7방울 이하	신경 가스, 보툴리누스 독성물, 독버섯, 다이옥신(TCDD)
극단적 독성	5~50	7방울~1 스푼	시안화칼륨, 헤로인, 아트로핀, 파라티온, 니코틴
큰 독성	50~500	1 스푼~1 온스	수은염, 모르핀, 코데인
중간정도 독성	500~5,000	1 온스~1 핀트	압염, DDT, 수산화칼륨, 플루오린화나트륨, 황산, 카페인, 사염화탄소
약한 독성	5,000~15,000	1 핀트~1 쿼터	에틸알코올, 라이졸, 비누
비독성	15,000 이상	1 쿼터 이상	물, 글리세린, 설탕

(자료: Miller & Spoolman, 2010)

이다. 생물체 내에서 독성물질의 반응성이 크면 독성의 영향력도 커지게 된다.

생물체의 나이

특정 화학물질의 효과는 화학물질에 노출된 생물체의 나이에 따라 다르다. 인간의 경우, 독성물질의 효과는 성인보다 태아, 유아, 어린이에게 더 크다.

생물체의 유전적 구성

생물체는 유전적 다양성을 가진다. 이런 유전적 구성이 달라서 개체마다 특정 독성물질에 대해서 민감도가 달라진다. 어떤 개체들은 많은 독성물질에 대해서 민감한데 이를 복합화학물질과민증(multiple chemical sensitivity)이라고 부른다.

생물체의 건강상태

사람을 포함해서 생물마다 건강상태는 항상 다르다. 스트레스를 받고 있거나 영양상태가 좋지 않은 경우, 독성물질에 노출된다면 독성의 효과는 커지게 된다.

상승작용 및 기타 요인

독성물질이 독립적으로 작용할 때보다 여러가지 독성물질이 같이 작용할 때 독성효과는 더 클 수 있는데 이를 **상승작용**(synergism)이라고 한다. 예를 들어 이산화황과 석탄 분진은 따로 흡입되었을 때보다 이산화황이 석탄 분진에 결합하여 흡입될 때 더 많이 흡수된다. 그 결과 허파에 큰 손상을 줄 수 있다. 사람의 신체도 2개의 독성물질에 동시에 노출되었을 때 독성의 효과가 더 커질 수 있다. 반면 한 화학물질의 독성이 다른 화학물질에 의해서 감소될 수 있는데 이것을 **길항 효과**(antagonistic effect)라고 한다(Molles & Borrell, 2016).

이밖에 독성물질의 해로운 수준에 영향을 주는 다른 변수로서 **용해도**(solubility)와 **지속성**(persistence)이 있다. 용해도의 경우, 수용성 독성물질은 환경에서 자유롭게 이동할 수 있어서 생물세포 주변의 수용액이 될 수 있

다. 지용성 독성물질은 세포막을 통과하여 체내 조직과 세포에 축적이 가능하다. 지속성은 분해에 대한 저항의 정도를 말한다. 지속성이 큰 DDT나 PCB는 체내에 오래 남아서 장기간 해로운 효과를 줄 수 있다. 특정한 합성 화학물질들의 지속성이 큰 이유는 화학구조가 새롭기 때문에 박테리아 같은 분해자들이 아직 분해 능력을 발달시키지 못했기 때문이다.

5.7 독성물질의 영향

독성물질은 인간을 포함한 생물에게 일시적이거나 항상적인 병해와 죽음을 야기한다. 대표적 독성물질은 농약, 중금속, 기타 인공합성 독성물질이 있다. 이런 독성물질들은 생태계에서 물질순환이 일어나는 것처럼 생물과 주변 무생물 환경을 통해서 이동한다(그림 5.10).

영향 측면에서 독성물질은 **발암물질**(carcinogen), **돌연변이유도물질**(mutagen), **기형유발물질**(teratogen) 3가지 유형으로 나뉜다.

발암물질

발암물질은 암을 일으키거나 증대시키는 물질로서 악성세포가 분열 조절을 막아 종양을 만들어 내고 체내에 해를 입히거나 죽음에 이르게 한다. 세계보

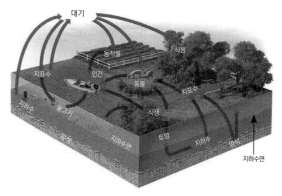

그림 5.10 독성 화학물질이 생물과 무생물 환경을 통해 이동하는 경로(자료: Miller & Spoolman, 2010)

표 5.2 대표적인 발암물질의 종류[8]

발암물질	등급	지정년도	비고
formaldehyde	1	2012	화학식은 H-CHO
Benzo[a]pyrene	1	2012	역학과 관련 자료를 토대로 등급 1로 평가가 갱신됨
알코올 음료의 에탄올	1	2012	
benzene	1	미확실	담배 연기에 존재
vinyl chloride	1	2012	polymer polyvinyl chloride(PVC)를 생산하는데 사용
알코올 음료와 관련된 acetaldehyde	1	2012	
석면(actinolite, amosite, anthophyllite, chrysotile, crocidolite, tremolite을 포함한 모든 형태)	1	2012	석면을 포함한 활석이나 버미큘라이트 같은 광물도 암 유발
polychlorinated biphenyls	1	2016	화학식은 $C_{12}H_{10-x}Cl_x$
arsenic, inorganic arsenic compounds	1	2012	
cadmium, cadmium compounds	1	2012	중금속 계열
coal-tar 유출물, 찌꺼기	1	2012	
radon-222, 라돈 방사성 분해 산물들	1	2012	암석에서 나옴
phosphorus-32(phosphate 형태)	1	2012	
silica dust, crystalline(석영이나 홍연석[cristobalite] 형태)	1	2012	
chromium (VI) compounds	1	2012	중금속 계열
acid mists(강한 무기성의)	1	2012	
알코올 음료	1	2012	
aluminium production	1	2012	
human T-cell lymphotropic virus type I	1	2012	바이러스의 일종으로 척수 장애 등을 일으킴
이온화 방사선(모든 형태)	1	2012	
nickel compounds	1	2012	중금속 계열

건기구(WHO) 산하기관인 국제암연구소(International Agency for Research on Cancer)는 약 1,000여 개의 발암물질을 분류하고 있다(표 5.2). 국제암연구소는 1,000여 개의 발암물질을 인간에게 암을 유발하는 정도에 따라서 5개 등급으로 나누었다. 이에 따르면 암 유발물질 120개(Group 1), 암 유발 가능성이 높은 물질 82개(Group 2A), 암유발 가능성이 있는 물질 302개(Group 2B), 암 유발 정도가 분류되지 않은 물질 501개(Group 3), 암 유발이 밝혀지지 않은 물질 1개(Group 4)이다.[9]

발암물질에는 비소(As), 벤젠(benzene), 클로로포름(chloroform), 포름알데히드(formaldehyde), 니켈(Ni), PCBs, vinyl chloride 등이 있다(표 5.2). 일반적으로 발

암물질에 노출되어 암 발생이 감지될 때까지 10년에서 40년이 소요된다고 한다. 이러한 암 발생까지의 시간차는 미성년자나 청년층으로 하여금 각종 발암물질에 주의를 기울이지 않게 한다. 현재 전 세계적으로 암 발생은 계속 늘어나고 있는 추세이다. 암발생 원인은 아직까지 밝혀지지 않았지만 DNA 변화가 관여한다고 여겨진다. 발암물질 대부분이 박테리아에서 DNA 돌연변이를 일으킨다.

돌연변이유도물질

돌연변이유도물질은 세포내 DNA 분자에 돌연변이나 변화를 일으키거나 이런 변화의 빈도를 높이는 작용을 한다. 대부분의 돌연변이는 해가 없지만 일부 돌연변이는 암을 발생시킨다. 생식세포에서 일어나는 해로운 돌연변이는 자손에게 전달될 수 있다. 그래서 태아를 사

8, 9 국제암연구소(https://monographs.iarc.fr/agents-classified-by-the-iarc/)

망하게 하거나 물질대사 장애를 일으킬 수 있다.

기형유발물질

기형유발물질(teratogen)은 배아(embryo)와 태아에 해롭거나 출생 장애를 일으키는 화학물질이다. 사람의 발생은 수정 후 8주까지의 배아기와 그 이후의 태아기로 구분되는데, 기형유발물질은 기관 발달과 외형 형성 시기인 배아기와 기관 성장이 완성되는 3개월 이내에 가장 큰 영향을 준다.

메틸수은은 배아기의 뇌형성 시기에 뇌 손상을 줄 수 있다. 산모가 임신기에 술, 즉 에틸알코올(ethyl alcohol)을 마시게 되면 저체중과 신체적, 발달적, 행동적, 정신적 문제를 가진 태아를 낳을 수 있게 된다. 이밖에 기형유발물질로는 펜시클로딘(phencyclidine)[10], 벤젠, 카드뮴, 포름알데히드, 납, 수은, 메스칼린(mescaline), PCBs, 프탈레이트(phthalates), 탈리도마이드(thalidomide), 비닐클로라이드(vinyl chloride) 등이 있다.

독성물질이 생물에 영향을 미치는 과정

독성물질에 장기간 노출되면 인간은 면역계, 신경계, 내분비계에 영향을 받게 된다. 비소, 메틸납, 다이옥신 등은 인간의 면역체계를 약화시킬 수 있다. 알레르기유발물질(allergen)은 인간의 면역체계를 자극하여 과민반응을 일으킨다. 알레르기유발물질에 의한 과민반응은 콧물부터 치명적인 쇼크까지 다양한 형태로 나타난다.

어떤 독성물질은 인간 신경계에 해를 입힐 수 있다. 사람이 신경계에 영향을 받으면 행동 변화, 학습능력 저하, 주의력결핍 장애, 발달 지연, 마비와 사망에 이르기도 한다. 신경계에 영향을 주는 독성물질로는 PCBs, 비소, 납, DDT, 메틸수은 등이 있다. 비소와 납 같은 중금속은 신경세포를 죽이고, 파라티온 같은 유기인산화합물과 카바메이트(carbamate)[11]는 신경세포 사이의 신호전달을 억제한다.

또한 독성물질은 내분비계에 영향을 미칠 수 있다. 내분비계는 호르몬을 방출하여 유성생식, 성장, 발달, 행동을 제어하는 신체의 체계를 조절한다. 호르몬은 수용체와 결합하여 마치 자물쇠와 열쇠처럼 특정한 작용을 한다. 독성물질 중에서 내분비계에 영향을 주는 물질을 **내분비 교란 물질(내분비계 장애 물질**, endocrine disruptor)이라고 한다. 내분비 교란 물질은 남성호르몬인 테스토스테론, 여성호르몬인 에스트로겐, 프로게스테론 등과 유사하게 작용한다. 일부 농약과 비스페놀 A(bisphenol A, BPA)[12]는 생물 호르몬과 구조가 유사하여 마치 호르몬처럼 수용체와 결합하여 내분비계를 교란시킨다. 이런 독성물질은 호르몬 활성물질(hormonally active agents, HAA)이라고도 한다. 비스페놀A는 여성호르몬인 에스트로겐과 유사하여 에스트로겐 수용체와 결합하여 여성 내분비계를 교란한다. 이처럼 성과 관련된 호르몬 활성물질은 인간을 비롯한 동물의 성기능 발달과 생식에 영향을 미쳐 개체군 크기를 변화시킬 수 있다. 비스페놀 A는 폴리카보네이트 플라스틱 용기에도 있는데 인체 위해성 유무에 대해서 논란이 있다.

5.8 생물농축

생물농축 개념

우선 생물농축을 의미하는 단어들에 대해 알아보면, **생물농축**(bioconcentration)은 환경에 존재하는 오염물질에 직접 노출되어 생물체 내에 오염물질이 쌓인다

---

10 합성헤로인으로서 angel dust라고 불린다.
11 카바메이트(carbamate)는 화학구조상 −O−CO−NH₂를 골격으로 하여 합성된 약제의 총칭이다. (출처: 네이버 농업용어사전)

12 비스페놀 A는 1891년 합성된 분자로 페놀계열 고리분자 두 개가 프로판 골격에 좌우대칭으로 붙어있는 구조이다. 1950년대 들어 비스페놀 A로 고분자, 즉 플라스틱 폴리카보네이트를 만들 수 있다는 사실이 발견되면서 비스페놀 A는 화려하게 재조명됐다. 폴리카보네이트는 물성이 워낙 뛰어나 안경, CD 등 수많은 제품에 쓰였고 비스페놀 A의 연간 생산량은 340만 톤에 이르렀다. 그뿐 아니라 비스페놀 A는 통조림 내부 코팅재인 에폭시수지 등 다양한 재료에 첨가물로 쓰이고 있다. 최근에 비스페놀 A가 호르몬 활성물질로 알려지면서 비스페놀 A를 비스페놀 S나 비스페놀 F로 대체한 비스페놀 프리 제품이 사용되고 있지만 대체 화합물도 위해성이 유사한 것으로 알려져 있다(강석기. 2015. "비스페놀 A 프리'의 진실". 동아사이언스).

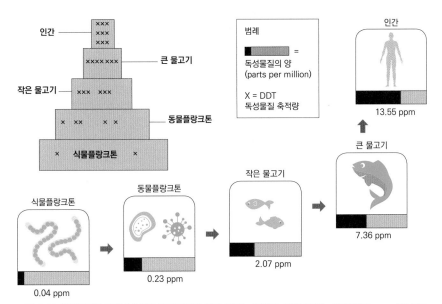

그림 5.11 생물증폭은 먹이사슬에서 독성물질을 쌓아 올리는 것이다. 위의 사례는 DDT(단위: ppm)의 생물 증폭을 보여준다. 영양단계가 올라갈수록 독성물질 축적량이 증가한다. 그림에서 X는 영양단계가 올라가면서 축적되는 독성물질의 양을 나타낸다. 이 예에서 독성물질은 생물의 조직과 지방에 쌓이고 포식자가 피식자보다 독성물질을 더 많이 축적한다.[13] Øystein Paulsen의 그림을 다시 그림(자료: wikimedia)

는 것을 의미하고, **생물증폭**(biomagnification, biological magnification)은 먹이사슬(food chain)을 통한 축적을 의미한다. 먹이사슬뿐만 아니라 오염물질의 축적이 확장되어 먹이그물(foodweb)을 통하여 일어나므로 먹이그물 생물증폭(foodweb biomagnification)이 될 수도 있다(Drouillard, 2019). 생물증폭에 대해 간단히 설명하면, 식물플랑크톤 한 개체가 1이라는 오염물을 가진다고 가정했을 때, 동물플랑크톤은 식물플랑크톤 10개체를 먹어 10의 오염을 가지게 되고, 작은 물고기가 또한 동물플랑크톤 10마리를 먹어 100의 오염을 가지며, 큰 물고기는 작은 물고기 10마리를 먹어 1,000의 오염을 체내에 농축시키게 된다(그림 5.11). 이를 먹이사슬을 통한 축적, 즉 생물증폭이라고 한다. 한 생물체 또는 한 영양단계 내에서 오염물질이 시간이 지날수록 점점 농도가 높아지는 것은 **생물축적**(bioaccumulation)이라고 구분한다. 생물증폭은 먹이사슬을 따라 높은 차수의 소비자로 갈수록 체내 오염물질이 많이 쌓이게 되는 특성을 가

지고 있다.

생물농축은 화학물질의 지용성, 생물의 농축 능력, 화학물질의 잔류성에 따라 달라진다. 지용성 독성물질은 동물의 지방조직에 축적되는데 생물증폭이 일어나면 먹이사슬의 영양단계에 따라서 축적되는 양은 늘어나게 된다. DDT를 비롯한 유기염소계 농약은 지용성으로 생물의 지방조직에 축적된다. 생물농축을 일으키는 화학물질로는 농약, PCB, 중금속(Cd, Hg 등), 방사성 동위원소 등이 있다.

PCB

PCB는 방향족의 특성을 가져 화장품 원료로도 사용되는 벤젠이라는 물질이 두 개가 연결되어 만들어진 물질로써(그림 5.12), 불에 타지 않고 전기절연성을 가지며 산과 알칼리에도 강해, 절연체, 냉각제, 접착제, 광택제 등 여러 분야에서 사용된다. 안정적이라는 특성 덕분에 유용하게 사용되지만, 대신 생물체 내에

---

13 출처: 위키백과(https://en.wikipedia.org/wiki/Biomagnification)

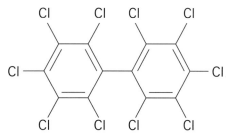

그림 5.12 PCB의 화학적 구조

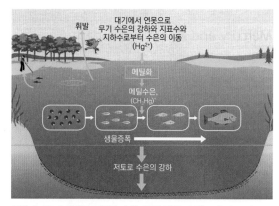

그림 5.13 수생태계에서의 수은 이동 경로. Miller & Spoolman (2010)의 그림을 다시 그림

섭취 시 분해나 배설이 되지 않는데, 사람에게 많은 양이 축적될 경우 체중감소, 황달과 간 장애 등을 일으킬 수 있다. 대표적인 사건이 카네미유증 사건이다. 1997년 미국에서는 발암물질로 지정하고 제조를 금지시켰다.

PCB는 환경에 배출할 의도로 만들어진 것은 아니지만 생태계로 방출되어 북극의 북극곰과 남극의 펭귄에 이르기까지 지구의 가장 오염되지 않은 지역에도 퍼져서 축적되어 있다. 특히 육상생태계와 가까운 연안에 서식하는 큰돌고래(bottlenose dolphin, *Tursiops truncates*) 피하지방에서 검출된 잔류성 유기오염물질(persistent organic pollutans, POPs)[14] 중에서 가장 많은 양을 차지하기도 하였다(Zanuttini et al., 2019).

수은

수은은 중금속의 하나로서 자연상태의 수은은 산화된 상태로 존재하여 생물이 이용할 수 없다. 상온에서 유일한 액체금속으로 먼 옛날부터 신비하게 여겨졌으며, 진시황은 불로장생을 위해 가까이 두기도 하였다. 이처럼 인류 역사와 함께해 온 수은은 체온계, 온도계, 건전지, 의약품[15], 형광등 등 여러 분야에서 사용되고 있다. 그러나 수은으로 인한 피해도 있었다. 1955년 일본 구마모토현 미나마타시에서 고양이가 이유 없이 죽기

시작했고, 1년 뒤 사람들이 통증을 호소하기 시작했다. 유명한 미나마타병에 걸린 것인데, 화학기업인 '치소(Chisso)'사의 폐수처리장에서 30년이 넘도록 수은이 유출되었고, 이는 사람들의 주 식재료인 어패류에 점차 쌓이게 되었다. 조개의 경우 건중량 기준 수은 함량이 평균 50 ppm에 달하였다. 그리고 어패류를 먹은 사람의 체내에 쌓여 근육장애와 발음장애를 일으켜, 심한 경우 사지마비로 사망을 일으키게 되었다.

수은은 이처럼 수생태계에서 심각한 오염원이 되고 생물증폭이 일어난다. 인간은 석탄 연소, 폐기물 소각, 금(gold) 가공 같은 과정에서 수은을 생태계로 배출시킨다. 수생태계에 존재하는 수은의 주요한 기원은 강수를 통한 대기로부터의 침착이다(그림 5.13). 수은 침착은 무기 수은(이온화된 수은, Hg^{2+})의 형태로 일어나고, 박테리아의 작용에 의해서 메틸화 과정을 거쳐 무기 수은보다 독성이 강한 메틸수은($[CH_3Hg]^+$)으로 변형된다(Botkin & Keller, 2010). 수생태계 먹이사슬을 따라서 상위 영양단계의 동물들에게 메틸수은 생물증폭이 일어난다. 즉 작은 물고기를 먹는 큰 물고기는 작은 물고기와 작은 물고기의 먹이인 수서곤충보다 더 많은 수은을 가지게 된다. 큰 물고기를 먹은 인간은 수은을 더 축적한다. 한편 수생태계의 밑바닥인 저토에 쌓인 수은은 다시 물로 가거나 휘발에 의해서 대기로 배출되기도 한다(그림 5.13).

---

14 환경에 배출되면 거의 분해가 되지 않는 일종의 난분해성 물질로서 환경에 잔류하여 생물에 농축되는 특성으로 인해 인체 및 환경에 위해를 끼치는 유기성 오염물질 (출처: 네이버 물백과사전)

15 염화제1수은은 통변, 이뇨제, 원예용 살균제로 사용되고, 상처 소독에 쓰이는 머큐로크롬도 수은을 함유하고 있다.

일본 미나마타병의 예처럼 해양에서도 수은의 생물 증폭은 일어난다. 심지어 북극의 이누이트(Innuit)[16]족 사람들 혈액에서도 수은이 발견되었다. 이누이트족 사람들이 먹는 고래, 바다표범, 물고기에 수은이 포함되어 있기에 생물증폭이 일어나는 것이다. 미나마타시처럼 지역적인 수준에서부터 북극의 지구적인 수준까지 수은 독성이 작용하고 있는 예이다.

환경보건적 접근

산업계에서 수은 배출을 줄이고 수은 대체제를 이용하는 것과 함께 국제적인 협력이 필요하다. 수은에 의한 오염을 방지하기 위한 대표적인 국제 협력의 예로 국제수은협약이 있다. 국제수은협약[17]은 국제적으로 수은의 사용사례를 조사하고, 규제할 방법을 찾으며, 다양한 보고서도 만들고, 수은의 위험성을 널리 알리는 역할을 한다. 산업이 급성장하면서 수은을 많이 사용하고 있는 나라에게는 국제적인 협력과 기술이전이 필요하다.

미나마타병 사건 당시 몸에 수은이 축적된 물고기를 상징화한 물고기 조각상을 만들었는데, 미나마타병 사건을 잊지 말고 앞으로 이런 일이 일어나지 않도록 하자는 의미를 가지고 있다고 한다.

5.9 독성물질의 사례

농약

농업활동에 방해가 되는 잡초, 곤충, 설치류, 세균, 진균류, 선충류 등을 **유해생물**이라고 한다. **농약**(pesticide)은 농업에서 유해생물을 방제하는 유해성 화학물질이다(레이븐 외, 1997). 농약의 종류로 살충제(insecticide), 제초제(herbicide), 살균제(fungicide) 등이 있다. 살충제란 사람이나 농작물에 해가 되는 곤충을 죽이는 효과를 지닌 모든 약제를 말한다. 예를 들어, 일상생활에서 많이 들어보았을 농약이나 에프킬라 등이 있다. 그리고 제초제란 잡초를 제거하는 데 사용되는 모든 화학약제를 말한다. 살균제는 균을 박멸하는데 사용되는 화약약제이다.

농약은 어떤 생물에만 특이적으로 작용하는 선택성 농약과 유해생물뿐만 아니라 다른 생물도 죽이는 광범위 농약으로 나뉘어진다. 농약의 종류, 인체 및 환경에 대한 영향 등은 6장 '먹거리와 농업'에서 자세하게 다룬다.

환경보건적 접근

농약으로 인한 환경보건 문제를 해결하기 위해 전 세계 국가들은 살충제와 제초제 사용에 대한 규제 법안을 마련하였다. 22개 살충제 성분을 시장에서 퇴출시키고 그외 다수의 제품에 대해 유해성 검토에 착수하였다. 이 법안에 따라 농작물뿐 아니라, 도심 가로수와 공원 식물 등에도 이러한 살충제 사용이 금지되고 대량 항공살포도 금지된다.

다음으로는 지역적으로 실시한 환경보건적 접근이다. 우리나라는 2014년 1만 9,800톤의 농약을 사용하였으며,[18] 농약 사용량은 전반적으로 감소하는 추세이다. 전남 영광시에서는 농약을 사용하지 않아 유기인증을 받은 농업인에게 농업재해보험 우대 혜택을 주고 있다. 친환경 유기인증을 받은 농업인이 일정한 절차를 거치면 농가 부담금을 100% 지원하는 정책이다.

마지막으로 안전점검을 강화하는 노력이 있다. 최근 가습기살균제 사건이 발생하면서 국가적으로 환경보건에 대한 인식이 높아졌는데, 농약, 살충제, 방역약품, 모기향처럼 건강과 밀접한 물질에 대한 안전 점검을 강화하는 등 화학물질에 대한 대책을 추진하고 있다.

내분비 교란 물질(내분비계 장애 물질)

생체 외부에서 들어와 사람을 비롯한 동물의 내분비

---

16 그린란드, 캐나다, 알래스카, 시베리아 등 북극해 연안에 주로 사는 어로·수렵인종 (출처: 네이버 두산백과)

17 정식 명칭이 '수은에 관한 미나마타협약'으로서 우리나라는 2014년에 서명하였다.

18 통계청. 2017. 농약 및 화학비료 사용량(http://www.index.go.kr/potal/main/EachDtlPageDetail.do?idx_cd=2422)

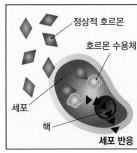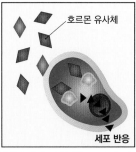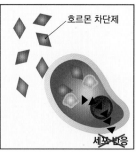

그림 5.14 내분비 교란 물질이 체내에 흡수되면, 정상적인 호르몬을 감소시키거나 증가시킬 수 있다(왼쪽 그림). 혹은 체내의 호르몬을 흉내내거나(중간 그림) 호르몬의 자연적인 생산량을 변화시킨다(오른쪽 그림).[19]

기관에서 호르몬의 생리 작용을 교란시키는 화합물로, 화학적 구조가 생체 호르몬과 비슷해 몸 속에서 마치 천연 호르몬인 것처럼 작용하는 문제점을 가지고 있다(그림 5.14). 또한 천연호르몬 분비 시점을 교란시켜 유방암 증가, 고환암 증가, 수컷 기형 출산, 정자수 감소 등의 생식이상, 생장이상 등의 문제를 일으킨다.

다이옥신

다이옥신은 인간이 만들어낸 화학물질 중 독성이 가장 강한 것 중 하나로, 한번 환경에 배출된 다이옥신은 그 화학 구조 때문에 박테리아 등에 의해 거의 분해되지 않는다. 호흡 및 접촉에 의하여 체내로 유입되기도 하지만 먹이사슬을 통해 농축되면서 그 정점에 있는 인간으로 이동하게 된다. 이러한 다이옥신은 연소과정에서 생성되거나 화학물질에서 유래, 또는 제조공정에서 생성된다. 가장 큰 비율을 차지하는 것이 폐기물 연소과정에서 생성되는 것으로 특히 PVC가 포함된 사업장폐기물과 생활폐기물을 연소하는 소각로에서 발생한다. 다이옥신의 영향으로는 호르몬의 작용, 발육과 생식, 면역기능 등에 손상을 입히고, 강력한 발암물질로써 암을 유발시키며, 피부질환 등도 일으킨다.

DDT

DDT(dichloro diphenyl trichloroethane)는 강력한 살충

효과와 제초효과를 가지고 있다. 곤충의 신경세포에 작용하여 뉴런의 나트륨 이온 채널을 열어서 살충효과를 지니며 상온에서 색이 없는 결정 상태의 고체로 존재하며 극성이 없어서 물에 녹지 않는다. DDT로 인해 환경이 입는 피해는 조류 배아에 악영향을 끼치고 알껍질에 영향을 끼친다. 또한 물고기나 양서류 피부에도 독성을 나타내는 것으로 알려져 있다. 생물증폭을 통해 인간에게까지 영향을 미치기도 하고, 에스트로겐과 비슷하게 작용하는 내분비 교란 물질이다.

비스페놀

비스페놀 A(bisphenol A)는 분자식 $C_{15}H_{16}O_2$인 합성 유기물질이다. 음료수 캔, 치아 충진재, 폴리카보네이트 플라스틱 용기, 유아 젖병, 장난감 등에서 유출된다(그림 5.15). 인간 체내로 흡수되어 소변에서 검출되기도 한다. 적은 농도에서도 여성 호르몬인 에스트로겐을 모방하여 수용체에 결합하고 내분비계를 교란한다.

프탈레이트

프탈레이트(phthalates)는 PVC(polyvinyl chloride) 플라스틱을 연하게 하기 위해서 사용되는데 이 과정을 거친 제품에서 발견된다. 프탈레이트가 포함된 용기를 이용하는 향수, 화장품, 헤어 스프레이, 비누, 샴푸 등에서 주로 발견되며 내분비계를 교란한다.

---

19 미국 국립환경보건과학연구원(https://www.niehs.nih.gov/health/topics/agents/endocrine/index.cfm)

그림 5.15 우리는 비스페놀 A를 플라스틱 포장재, 음료수 캔, 플라스틱 병 등에서 입으로 흡수한다. ⓒ Tomomarusan (wikimedia)

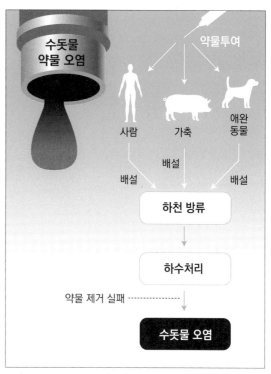

그림 5.16 수돗물에 약물이 방출되는 경로

환경보건적 접근

우리나라는 다이옥신 허용섭취량을 체중 1 kg 당 4 pg으로 제한하고, '다이옥신 국가 배출목록'을 발표하는 등 내분비 교란 물질로 인한 피해가 더 이상 발생하지 않도록 환경보건적 관점에서 처리하려고 노력 중이다.

약물

2008년 AP통신 탐사취재팀 취재에 의하면 최소 4,100만 명이 식수로 사용하는 미국 전역 50개 대도시 수돗물에서 항생제, 항경련제, 신경안정제, 진통제, 성호르몬 등 시판 중인 수십 가지 약물이 검출되었다.[20] 검출된 약물 농도는 1 ppt~1 ppb 정도 수준으로 매우 낮지만 수십 년 동안 노출된다면 인체에 어떤 결과를 일으킬 지 우려되고 있다. 우리나라에서도 2004년에서 2007년까지 4대강 유역 하수 및 정수 처리장을 조사한 결과 항생제 등 19종의 의약물질이 검출되었다.[21]

수돗물에 약물이 방출되는 경로는 사람이나 가축, 애완동물에게 투여된 약물이 배설물로 배출되어 화장실을 통해 하수로 흘러가 하수처리장으로 이동하고 이곳에서 제거되지 못한 약물이 강물로 유입되고 상수원으로 취수되는 경로이다(그림 5.16). 이외에도 사람이나 동물에게 투여되었지만 흡수되지 않은 약물과 버려진 약물들이 하천으로 유입될 수 있다. 축산농가에서 사용되는 항생제나 생장촉진제 등이 역시 하천으로 들어올 수 있다.

이처럼 수돗물에서 검출되는 약물은 "모든 것은 어디론가 가게 되어 있다"는 원리와 함께 인간 활동의 결과가 다시 인간으로 돌아와 영향을 주기에 "모든 것은 연관되어 있다"는 원리를 보여주는 대표적인 사례이다.

20 Catharine. 2008. Drugs in US Drinking Water (출처: Medical News Today)

21 박소란. 2012. "우리가 먹는 수돗물서도 약물성분 검출"(출처: 주간 한국)

5.10 위해성 평가

위해성 평가

위해성(risk)이라는 용어는 사회/문화적인 배경과 그 사회가 추구하는 가치체계 등에 의해 규정되고 여러 가지 의미로 광범위하게 쓰이지만 정량적인 위해성 평가에서는 보통 다음과 같은 공식으로 표현할 수 있다.

위해성 = 확률(probability) × 결과(consequence)
= 어떤 위험이 일어날 확률 ×
그 위험이 일어난 경우 그 영향의 정도

즉 어떤 이벤트의 위해성은 그 이벤트가 가져올 수 있는 여러 가지 위험에 대해 각각의 위험이 일어날 확률과 그 위험이 일어났을 때 생기는 영향의 정도를 곱하여 모두 더한 개념이다. 어떤 위험이 일어날 확률이 작지만 일어났을 때 그 영향이 매우 큰 경우 또는 어떤 위험이 영향은 작지만 일어날 가능성이 높은 경우 위해성은 높아지게 된다. 이처럼 어떤 이벤트에 의해 일어날 수 있는 각 위험에 대한 위해성의 총체를 정량적으로 분석하는 것을 위해성 평가라 할 수 있다. 위해성 평가에 대해서 자주 제기되는 의문 중 하나는 어떤 이벤트에 대한 위해성을 평가하여 허용 여부를 판단할 때 어느 수준까지 위해성을 감수하면서 상업화 및 환경 방출을 허용할 것인지 판단 기준에 대한 것이다. 이러한 판단은 위해성 평가 결과에 따라 결정되는 것이 아니라 정치, 사회, 문화 그리고 경제적인 측면에 대한 고려를 바탕으로 이루어진다. 즉 위해성 평가에서 측정된 확률 계산보다는 위해성 평가 결과가 그 사회에서 어떻게 받아들여지는가의 사회적 합의 수준에 의해 상업화 및 환경 방출에 대한 허용여부가 결정된다.

위해성은 부상, 질병, 경제적 손실, 피해의 원인이 되는 위험으로부터 인간과 환경에 유해한 일이 발생할 수 있는 가능성을 말한다. 독성물질은 이러한 위험성을 유발시키는 원인이 되고 인간을 포함한 생물에게 위해성의 다양함을 보여준다. 위해성은 가능성이므로 백분율로 표시된다.

위해성 평가(risk assessment)는 특정한 위험성이 인간의 건강이나 환경에 얼마나 유해한가를 통계적인 방법을 이용하여 평가하는 과학적인 과정이다(그림 5.17; Suter, 1993). 위해성 평가 단계는 유해성 확인(hazard identification), 투여량-반응 평가(dose-response assessment), 노출 평가(exposure assessment), 위해도 결정(risk characterization)이다. 유해성 확인은 위해성 평가의 첫 번째 단계로서 우선 독성물질을 식별한다. 그리고 이 독성물질이 환경보건 문제를 야기시키는지를 결정하기 위해서 시험을 하는 과정을 포함한다. 일단 처음으로 노출된 사람들을 대상으로 조사할 수 있다. 실험용 동물을 대상으로 독성 효과를 실험할 수도 있다. 투여량-반응 평가에서는 화학물질 투여량과

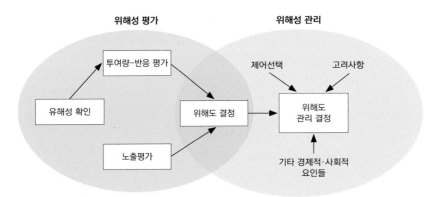

그림 5.17 위해성 평가와 위해성 관리. EPA Office of Research and Development의 그림을 다시 그림

인간에 대한 효과와의 관계를 확인한다. 인간을 대상으로 하는 실험의 제약 때문에 동물을 대상으로 다양한 투여량에 대한 효과를 알아내기도 한다. 예를 들어 50% 치사량(lethal dose 50, LD$_{50}$) 실험을 통하여 화학물질의 독성 정도를 평가한다. 노출평가는 특정 화학물질에 대한 인간 노출의 강도, 기간, 빈도를 평가한다. 위해도 결정 과정에서는 독성물질에 대한 노출의 결과 환경보건 문제의 중요성 측면에서 위해도를 파악한다. 위해성 평가는 위험성이 발생할 가능성을 추정하고 우선 순위를 결정할 수 있어서 위해성 관리에 필수적이다. **위해성 관리**(risk management)는 특정한 위해성(risk)을 어떤 수준으로, 얼마의 비용을 들여서, 어떻게 감소시킬 것인가 결정하는 것이다(그림 5.17). 위해성 관리는 위해성을 규제하기 위한 법률을 마련하고 집행하는 실질적인 과정이다. 예를 들면 어떤 독성물질에 대한 위해성 관리는 다른 독성물질의 위해성과 비교했을 때 어떠한가, 독성물질을 얼마나 감소시켜야 하는가, 위해성을 감소시킬 수 있는 방법이나 전략은 무엇인가, 얼마나 많은 돈을 소요하여 독성물질을 관리할 것인가와 같은 사항이 포함된다.

위해성 평가는 어려운 과정이고 고비용 문제와 분쟁의 소지를 남긴다. 화학물질은 모두 다르고 투여량에 따른 인간의 반응을 결정하는 방법 또한 다양하다.

위해성 평가 사례: GMO 위해성 평가

GMO의 인체위해성

유전자변형생물(genetically modified organism, GMO)의 인체위해성에 대한 우려는 대부분 GMO의 독성과 알레르기 유발성에 집중되어 있다. GMO의 용도가 식품용인지 아니면 화훼용, 관상용, 사료용 등 비식품용인지에 따라 GMO에 대한 노출 경로가 달라진다. 식품의 경우 소화관 경로를 통하여 인체에 해를 끼칠 수 있지만 비식품용의 경우에는 공기 중의 화분, 분진 등에 따른 피부와 눈에서의 접촉, 그리고 코 등 호흡기를 통해 GMO에 노출된다. GMO 식품의 독성은 도입단백질의 소화도, 열안정성, 식이노출 등을 평가하고 알레르기 유발성은 도입단백질의 아미노산 상동성, 알레르겐 유무 등을 평가한다. 비GM식물과 영양성분 및 대사산물을 비교하여 실질적 동등성(substantial equivalence)을 평가하나 이에 대한 비판도 존재한다(Box 5.1).

Box 5.1 GMO 위해성 평가와 관련된 기본 개념

바이오안전성의정서 부속서 II의 위해성 평가 항목에 따르면 위해성 평가의 일반 원칙은 과학적 평가(science-based), 사전예방(precautionary), 실질적 동등성(substantial equivalence) 및 사례별 평가(case by case)이다.

친숙도(familiarity)는 어떤 생물, 환경, 도입형질(traits) 그리고 이들의 조합(interactions)에 대해 얼마만큼 지식과 경험이 있는지에 대한 개념이다. 하지만 형질전환된 콩이 북미지역에서 큰 위해성이 발견되지 않았다는 경험과 지식을 바탕으로 동북아시아 환경에서 이 작물이 위해성이 낮을 것이라고 가정하여서는 안 된다. 왜냐하면 콩의 기원 지역이 동북아시아이기 때문에 북미지역에는 없는 야생근연종이 엄연히 자생하고 있고 이들의 유전자다양성이 위협받을 가능성이 있기 때문이다. 친숙도 개념은 위해성평가 시작 단계에서 평가대상에 대한 정보가 어떤 분야에서 부족한지를 알려주는 기능을 할 수 있다. 하지만 모든 형질전환 작물은 기본적으로 작물과 유전형질의 새로운 조합이라고 볼 수 있으며 새로운 조합인 형질전환 작물은 반드시 정량적인 실험과 조사를 통해 그 위해성이 평가되어야 한다. 최근에는 친숙도 개념에 의한 전문가의 직관적인 위해성 판단이 비판을 받으면서 바이오안전성의정서에서도 위해성 평가는 "과학적으로 건전하고 투명한 방식에 의해서 수행되어야" 한다고 규정함으로써 실제 실험과 야외 조사 등 정량적으로 측정된 위해성 평가가 강조되고 있다.

실질적 동등성(substantial equivalence) 개념은 간단하게 말하면 어떤 새로운 제품을 현재 이미 친숙한 제품과 함께 비교하면서 평가하게 하는 것이다. GM작물의 위해성 평가에서는 형질전환 작물의 영양학적 조성 등을 실질적 동등성 개념에 의해 GM작물을 만든 모식물(parent line)과 함께 비교하는 것이 일반적이다. 예를 들면 제초제 저항성 콩의 경우 단백질, 탄수화물, 비타민, 무기염류, 아미노산, 지방산, 섬유질 등 제한된 종류의 영양학적 성분 비교에 초점을 맞추어 비GM 콩과 '실질적으로 동등'하다고 주장되었다. 실제 위해성 평가에서는 이러한 영양학적 조성에 국한된 실질적 동등성 개념의 적용에 대해 많은 비판이 제기되었다. 이런 비판에 따르면 조성분 조성 비교로는 새로운 유전적, 생화학적, 면역학적 또는 독성학적 위험을 검출하기 매우 어려우며 더 자세한 해상력을 가진 도구, 예를 들면 DNA 분석, 단백질 지문(fingerprinting), 이차대사산물 프로파일링(profiling) 및 생체 외(in vitro) 독성시험 등이 필요하다.

사전예방(precautionary) 원칙은 과학적 지식 또는 과학적 합의가 부족하다고 해서 위해성이 없다고 생각해서는 안된다는 것이다. 사전예방에 대한 가장 강한 해석은 새로운 기술이 채택되기 전에 안전에 대한 완벽한 증거를 요구하는 것이다. 쉽게 풀이하면 잠재적인 위해성에 대해 안전하다는 증거가 없이는 그 정책이 결정되고 진행되어서는 안 된다는 것이다. 사전예방 원칙은 해석의 모호성 때문에 보호무역주의가 위장된 형태라는 비판을 받기도 했다고 한다(Foster et al., 2000). 또한 충분한 과학적 자료를 얻을 수 있는데도 과학적 증거를 기다리지 않고 정책을 결정하는 것은 과학에 기반을 둔(science-based) 평가 및 결정이라는 원칙에서 벗어나는 것이라는 비판이 있다.

사례별 평가는 위해성 평가가 각 사례별(case by case)로 독립적으로 수행되어야 한다는 원칙을 말한다. 이러한 사례별 평가 원칙은 큰 이견 없이 받아들여지고 있다. GM작물의 생물학적, 생태학적 특성은 작물마다 다르고 도입유전자의 특성 또한 매우 다양하므로, 작물의 종류, 도입유전자, 재배지역의 농업 및 자연생태계 각 조합에 대해 각기 다른 위해성 평가가 이루어질 수밖에 없다.

GMO의 환경위해성

GMO의 환경위해성에 대한 우려는 크게 유전자 이동, 잡초화/침입 가능성, 비표적 생물체 및 생태계에 미치는 영향에 대한 것이다.

유전자 이동

유전자 이동[22]은 동일종의 비GM작물 또는 근연종과의 교잡 가능성(수직 유전자 이동) 뿐만 아니라 세균이나 바이러스 등 분류학적 유연관계가 아주 먼 생물로의 수평 유전자 이동(horizontal gene transfer)까지 포함하고 있다. 따라서 유전자 이동 가능성은 1) 같은 품종이지만 비형질전환 작물로의 유전자 이동, 2) 야생 근연종으로의 유전자 이동, 3) 세균이나 바이러스 등으로의 수평 유전자 이동으로 나눌 수 있다. 이 중에서 일어날 확률이 가장 높은 것은 같은 품종인 비GM작물로의 유전자 이동이다. 이러한 유전자 이동 가능성은 특히 유기농법 농가 등에서 우려가 높고 또한 농작물 국제무역에 있어서 비의도적 혼입 문제를 일으킨다. 따라서 비GM작물로의 유전자 이동은 일어날 확률에 대한 평가보다는 어느 정도의 공간적 범위까지 일어나는지에 대한 조사를 통해 위해성 관리에 참고한다. 유전자 이동이 일어날 수 있는 공간적 범위는 자가수정/타가수정, 충매/풍매 여부 등 작물의 생식 특성에 따라 크게 달라진다. 타가수정 풍매화인 옥수수는 꽃가루가 수백 미터를 날아가 수분이 일어나는 경우도 있다. 한편 야생 근연종으로의 유전자 이동 가능성은 같은 속(genus) 내의 야생 근연종이 우리나라에 없는 작물인 경우 심각하게 고려하지 않아도 되지만 벼와 콩의 경우는 유전자 이동이 우려된다. 벼의 경우 재배종에서 탈출하여 잡초화된 벼인 잡초성 벼(*Oryza sativa*)가 스스로 번식하면서 개체군을 유지하고 있고, 콩(*Glycine*

max)의 경우 원산지가 동북아시아로 우리나라에서도 돌콩(*Glycine soja*)이 자생하고 있다. 일반적으로 수평 유전자 이동은 불가능하지는 않지만 일어날 확률이 극히 낮다고 생각되고 있다. 자연상태에서는 아직 식물로부터 세균 또는 바이러스로의 수평 유전자 이동이 밝혀진 적이 없다. 보통 도입유전자가 세균에서 기원한 것이 대부분이기 때문에 도입유전자 자체보다는 항생제 내성 선발표지(selection marker)가 수평 유전자 이동 문제의 초점이 되고 있다. 왜냐하면 세균의 항생제 내성이 공중 보건에 심각한 위협 가운데 하나이기 때문이다.

잡초화/침입 가능성

잡초성 벼의 경우와 같이 재배작물이 스스로 번식하여 개체군을 유지하는 경우 작물이 농업생산을 저해하는 '잡초'가 되는 '잡초화'가 되었다고 부른다. 겨울 기온이 대부분 영하로 떨어지는 우리나라에서는 개발된 작물의 월동 여부가 잡초화/침입 가능성을 판단하는 중요한 기준의 하나이다. 형질전환 작물에 도입하는 유전자 가운데 제초제저항성 유전자나 해충저항성 유전자는 식물의 적응도(fitness)를 증가시킬 수 있기에 유전자 이동을 통한 '수퍼잡초'에 대한 우려도 있다. GM작물 또는 GM작물에서 유전자 이동을 통해 유전자를 획득한 근연종이 농경생태계에 침범할 가능성에 대해 '잡초화 가능성(weediness potential)'이라 말하고 자연생태계에 침범할 경우 '침입 가능성(invasiveness potential)'이라 구분한다. 바이오안전성의정서의 근본 취지 중 하나인 생물다양성 보존이라는 목적을 고려하면 농경생태계에 대한 잡초화 문제뿐만 아니라 자연생태계에 대한 침입 가능성도 중요하게 고려되어야 한다.

비표적 생물체 및 생태계에 대한 영향

비표적(non-target)이라는 말은 **표적**(target) 생물의 반대 개념이다. 예를 들면 *cry* 유전자를 도입한 해충저항성 Bt 옥수수나 면화는 나비류나 나방류와 같은 나비

---

22 유전자 이동은 주로 GMO나 LMO와 같이 인위적으로 도입된 유전자가 다음 세대(수평유전자이동)나 다른 분류군(수평유전자이동)으로 이동하는 것을 지칭한다. 이와는 대조적으로 유전자 흐름은 한 종내 개체군 사이나 개체군 내에서 교배에 의해 유전정보가 이동하는 것을 지칭한다.

목(Lepidoptera) 유충들이 작물에 해를 입히는 것을 막기 위해 개발되었다. 나비목 생물들이 표적 생물이 되고 이들은 소화계에 *cry* 유전자 산물의 수용체를 갖고 있어서 방제 효과를 보게 된다. 이러한 표적 생물 이외의 모든 생물은 비표적 생물이 된다. 그러나 표적/비표적 개념은 인간 중심의 실용적인 개념으로 먹이그물로 얽힌 각 생물들의 상호관계를 생각하면 적절하지 않으며 위해성의 범위를 연관된 먹이그물과 생태계에 대한 영향으로 확장하여야 할 것이다. 예를 들어 나비목 생물 유충의 경우 인간의 관점에서 '해충'으로 인식되어 표적 생물로 제어하게 되지만 이들 표적 생물들과 먹이그물로 연결되어 있는 수많은 비표적 생물도 먹이의 양과 질이 간접적으로 영향을 받을 가능성이 있다. 비슷하게 진딧물과 같은 '해충'이 부정적인 영향을 받는다면 오히려 형질전환 작물의 긍정적인 영향이라고 생각할 수 있으나 진딧물을 먹이로 하는 '익충'인 무당벌레가 간접적으로 부정적인 영향을 받을 수 있으며, 또한 진딧물의 감로(honey dew)를 통해 에너지를 획득하는 토양미생물에게도 부정적인 영향을 줄 수 있다.

5.11 전망

일상생활과 밀접한 관련이 있는 독성물질을 비롯한 화학물질이 많이 있다. 즉 우리는 유해한 화학물질에 자주 노출되어 있는 셈이다. 따라서 독성학 분야의 연구가 더 활발히 이루어져야 하며, 또 환경보건적으로 국가뿐만 아니라 전 세계적으로 노력해야 하고 개인도 감시 등 모니터링에 참여해야만 한다. 인간이 만들어 낸 독성물질, 합성화학물질 등은 자연산물이 아니라 분해가 잘 되지 않을 수 있다. 이런 문제가 환경문제로서 커지는 것을 막으려면 인공 화학물질의 위해성에 대한 더 정확한 사전 검증과 예방이 필요하다는 것을 알 수 있다.

참고문헌

레이븐 외. 1997. 환경학 (안동만 옮김, 보문당 2001) (원제: Environment, 2nd edition)

블룸, 하워드. 2001. 집단정신의 진화 (양은주 옮김, 파스칼북스 2003) (원제: Global Mind: The Evolution of mass Mind from the Big Bang to the 21st Century)

이동수, 이수경, 김찬국, 장영기. 2019. 매일매일 유해화학물질. 휴(休).

정재훈. 2021. 코로나19는 사라지지 않는다. 집단면역 지속도 불가능하다. 한겨레21 2021.7.16. https://www.hani.co.kr/arti/society/health/1003841.html

최경호. 2020. 코로나 19와 환경보건-당면한 과제와 전망. The Korean Journal of Public Health 57: 1-8.

카슨. 1962. 침묵의 봄 (김은령 옮김, 에코리브르 2002) (원제: Silent Spring)

환경부. 2015. 국민이 안전하고, 국민에게 이로운 화학물질 관리제도, 환경정책 Briefs, 5(1).

Botkin, DB Keller, EA. 2010. Environmental Science, 7th ed. John Wiley & Sons, INC.

Brundage, JF Shanks, GD. 2008. Deaths from bacterial pneumonia during 1918-19 influenza pandemic. Emerging Infectious Diseases 14: 1193-1199.

CDC. 2021. People with Certain Medical Conditions. https://www.cdc.gov/coronavirus/2019-ncov/need-extraprecautions/people-with-medical-conditions.html

Chiras, DD. 1998. Environmental Science, 5th ed. Wadsworth Publishing Company.

Cunningham, WP Cunningham, MA. 2007. Environmental Science, 10th ed. McGraw Hill Education.

Cunningham, WP Cunningham, MA. 2015. Environmental Science, 13th ed. McGraw-Hill.

Drouillard, KG. 2019. Biomagnification, In, Fath, BD (eds.), Encyclopedia of Ecology, volume 1, 353-358pp. Elsevier.

Festing, M et al. 2021. How cultural norms and values shaped national responses to the COVID-19 pandemic. LSE Business Review 2021.4.15. https://blogs.lse.ac.uk/businessreview/2021/04/15/howcultural-norms-and-values-shaped-national-responses-to-the-covid-19-pandemic/

Forster, P et al. 2020. Phylogenetic network analysis of SARS-CoV-2 genomes. PNAS 117: 9241-9243. Hindustan Times, 2021.4.17. https://www.hindustantimes.com/india-news/double-mutant-now-most-commonof-variantsdata-101618512310963.html

Foster, KR et al. 2000. Science and the precautionary principle. Science 288: 979-981.

Miller, GT Jr Spoolman, SE. 2010. Environmental Science, 13th ed. Brooks/Cole.

Molles, M Borell, B. 2016. Environment: Science, Issues, Solutions, 1st ed. W. H. Freeman and Company.

Oosterbroek, B et al. 2016. Assessing ecosystem impacts on health: A tool review. Ecosystem Services 17: 237-254.

Sandford, A(2 April 2020). "Coronavirus: Half of humanity on lockdown in 90 countries". euronews. Archived from the original on 19 May 2020. Retrieved 15 June 2021.

Suter II, GW. 1993. Ecological Risk Assessment. Lewis Publishers.

Zanuttini, C et al. 2019. High pollutant exposure level of the largest European community of bottlenose dolphins in the English Channel. Scientific Reports, 9: 12521.

5. 환경보건과 독성학

1. 조별활동

아래 그래프의 x, y축의 이름을 쓰고 두 물질의 LD$_{50}$를 구하시오. 이 자료는 쥐를 이용한 가상 자료이다.

사이안화 나트륨(sodium cyanide) (실험 쥐 개체수: 190) LD$_{50}$ =

투여량 (mg/kg)	사망개체수	사망률(%)
1	8	
2	16	
3	30	
4	48	
5	68	
6	89	
7	119	
8	140	
9	173	
10	190	

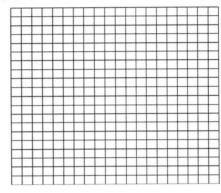

비소(arsenic) (실험 쥐 개체수: 210) LD$_{50}$ =

투여량 (mg/kg)	사망개체수	사망률(%)
2	2	
4	6	
6	11	
8	22	
10	41	
12	72	
14	131	
16	198	
18	210	

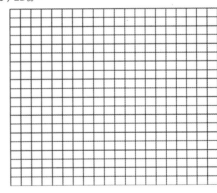

1. 쥐와 사람의 LD$_{50}$ 값의 관계는?

2. LD$_{50}$를 구할 수 없는 만성 독성은 어떻게 측정할까?

2. 조별 토론 주제

1. 생물농축 vs. 생물축적 vs. 생물증폭을 비교하시오.

2. LD_{50}이 높은 물질이 안전하다고 생각하는 것의 오류는 무엇인가?

3. 자연에 존재하지 않던 합성물질이 환경호르몬으로써 사람에게 어떻게 영향을 줄 수 있는가?

4. 물속 미지의 물질이 (급성 또는 만성)독성 영향이 있는지 검출할 수 있는 방법은?

3. 전체 토론 주제

환경호르몬 등 만성 독성물질의 규제 농도를 정하는 것이 가능한가?

6장
먹거리와 농업

"당신이 먹는 것이 당신을 만든다(You are what you eat)"

－린들러(Victor Lindlahr)[1]

---

1 린들러(Victor Lindlahr)가 1942년에 출간한 『You are What You Eat: how to win and keep health with diet』 책을 통해 대중화된 문구이다. 그는 "사람에게 알려진 질병의 90%는 싸구려 먹거리 때문에 생긴다. 당신이 먹는 것이 당신을 만든다"라고 주장하였다.

6.1 사람은 잡식동물이다

사람 종은 잡식동물(omnivore)로 규정된다. 생물학적으로 사람은 초식동물과 육식동물의 중간 형태인 이빨과 창자 길이를 가지기에 식물을 먹는 초식과 다른 동물을 먹는 육식 둘다 수행하는 잡식동물로 분류된다. 인류 문명은 마지막 간빙기 이후 약 1만여 년 전[2]부터 식량을 기르는 농업과 가축을 기르는 축산을 시작하였다. 농업은 초식을 뒷받침하며 축산은 육식을 가능하게 한다.

사람의 경우 집단마다 초식과 육식의 비율이 다르다. 각 지역에 사는 사람들의 머리카락에서 탄소와 질소의 안정동위원소 비율을 분석해 보면 식단이 지역에 따라 어떻게 다른지 알 수 있다(그림 6.1).

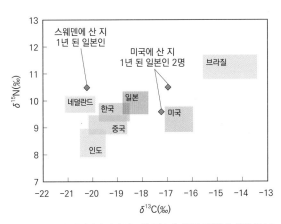

그림 6.1 사람 머리카락에서 탄소와 질소의 안정동위원소 비율을 나라별로 비교한 그림. 일본인이 미국과 스웨덴에 1년 거주한 뒤에는 그곳 사람들의 비율과 비슷해진다. 브라질과 인도가 왜 극단적으로 다른 비율을 보이는지 생각해 보라.

안정동위원소와 먹이관계

"당신이 먹는 것이 당신을 만든다(You are what you eat)"라는 말이 있듯이 다른 생물과 마찬가지로 사람도 자신이 먹는 식단에 따라 몸이 달라진다. 생물에서 먹

표 6.1 주요 안정동위원소와 방사성동위원소(붉은색)

원소	안정동위원소	방사성동위원소
수소	^1H, ^2H(중수소)	^3H(삼중수소)
탄소	^{12}C, ^{13}C	^{14}C
질소	^{14}N, ^{15}N	
산소	^{16}O, ^{17}O, ^{18}O	
황	^{32}S, ^{33}S, ^{34}S	^{35}S
인	^{31}P	^{32}P

고 먹히는 영양관계(trophic relations)를 파악하는 방법 중 최근에 가장 널리 쓰이는 것이 바로 탄소와 질소의 안정동위원소를 분석하는 것이다. 먹이관계를 추측할 수 있는 손쉬운 방법인 안정동위원소에 대해서 알아보자.

동위원소는 양성자 수는 같아 원자번호는 같지만 중성자의 수가 달라 질량값이 다른 원소를 말한다.[3] 수소의 경우 수소(^1H), 중수소(^2H)와 삼중수소(^3H)가 동위원소이다(표 6.1 참조). 중수소는 양성자가 1개로 수소와 동일하지만 중성자가 1개 있어 질량수는 2가 되고, 삼중수소는 양성자 1개에 중성자 2개로 질량수는 3이 된다. 동위원소는 다시 자연에서 안정하게 존재하는 **안정동위원소**(stable isotope)와 붕괴하면서 방사선을 내는 방사성동위원소(radioactive isotope)로 구분된다. 삼중수소나 질량수 14짜리 탄소(^{14}C)는 방사선을 내는 방사성동위원소이다. 이런 방사성동위원소가 아닌 무거운 질량을 가진 안정동위원소는 자연에 안정하게 존재하지만 매우 작은 양으로 존재한다. 우리 몸에 안정동위원소가 얼마나 있는지 알아보자. 몸무게가 50 kg인 사람이라면 몸무게의 대부분은 가벼운 안정동위원소로 이루어져 있다(그림 6.2). 몸무게의 대부분은 물이 차지하므로 수소와 산소가 35 kg 이상이다. 그 다음이 탄소로 11 kg 정도이고, 질소가 나머지 대부분을 차지한다. ^{12}C는 11.4 kg인데 반해 ^{13}C는 겨우 137 g에 불과하다. 질소의 경우도 ^{14}N은 1.3 kg인데 비해 ^{15}N은 5.1 g에 불과하

---

2 다이아몬드(Jared Diamond)는 "비옥한 초승달 지대라고 불리는 메소포타미아(유프라테스강과 티그리스강이 흐르는 현재의 이라크 지역) 지역에서 인류 역사상 최초로, 기원전 8500년 이전(10,500년 전)에 농업과 축산이 시작되었다"라고 『총, 균, 쇠』에서 서술하였다.

3 원소의 성질은 주로 전자의 수(정확하게는 최외각 껍질의 전자 수)에 의해 결정되는데, 양성자 수와 전자의 수가 같으므로 양성자 수가 같으면 같은 원소로 본다.

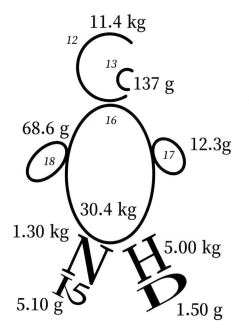

11.4 kg

^{12}C

^{13}C 137 g

68.6 g

^{16}O

^{18}O

^{17}O 12.3g

30.4 kg

1.30 kg

^{15}N

^{2}H 5.00 kg

5.10 g

^{3}H 1.50 g

그림 6.2 동위원소 사람. 몸무게 50 kg인 사람 속에 존재하는 동위원소의 양을 나타내면서 원소 기호로 사람을 그려놓았다(자료: Wada & Hattori, 1990)

다(그림 6.2). 가장 가벼운 안정동위원소에 비해 무거운 안정동위원소는 약 0.5~1% 정도 밖에 없는 셈이다.

이런 작은 비율을 나타내는 방법은 기준이 되는 표준물질에서의 가벼운 안정동위원소에 대한 무거운 안정동위원소의 비에 대한 대상 물질에서의 비를 천분율(‰)로 나타내는 것이다. 탄소를 예로 들어 보자. 탄소 안정동위원소의 비율을 나타내는 기준물질은 PDB(Pee Dee Belemnite) 석회암으로 무거운 탄소 동위원소의 비율이 비정상적으로 높다. 대상 물질, 즉 시료의 무거운 안정동위원소 비율은 δ(델타) 기호를 써서 나타내는데 ^{13}C의 비율, δ^{13}C은

$$\delta^{13}\text{C 시료} = \left\{ \frac{\left(\frac{^{13}\text{C}}{^{12}\text{C}}\right)_{\text{시료}}}{\left(\frac{^{13}\text{C}}{^{12}\text{C}}\right)_{\text{기준물질}}} - 1 \right\} \times 1000$$

의 식으로 나타낸다. 대부분의 시료에서 무거운 탄소 동위원소의 비율은 기준물질에서 보다 낮으므로, δ^{13}C 값은 대부분 음수로 나타난다. 질소 안정동위원

소의 기준물질은 대기 질소로 무거운 질소 동위원소의 비율이 매우 낮아 δ^{14}N 값은 대부분 양수로 나타난다.

탄소와 질소 안정동위원소는 양도 상대적으로 풍부해 측정이 쉽고 영양 단계를 거치면서 일정한 양상[4]을 보이기 때문에 자연계의 먹이 관계를 나타내는 데 많이 이용된다.

자생 또는 재배/사육하는 생물은 모두 특정한 탄소와 질소 안정동위원소 비율을 가지며, 식물의 경우 광합성의 종류와 영양소에 따라, 동물의 경우 먹이원과 영양 단계에 따라 이 비율이 결정된다(그림 6.3). δ^{13}C 값은 벼과나 사초과와 같은 C₄식물에서 −12~−16으로 상대적으로 무거운 동위원소의 비율이 높으며, 대부분의 식물인 C₃식물에서 −24~−28로 무거운 동위원소의 비율이 상대적으로 낮다. 참치와 같은 바다의 최상위 포식자는 질소 안정동위원소의 δ^{14}N값이 12~17‰로 매우 높고 δ^{13}C 값은 −20‰ 정도이다(그림 6.3).

그림 6.1을 다시 보면 브라질 사람들은 C₄식물인 옥수수를 먹인 소고기를 많이 먹는 것으로 보이고 인도 사람들은 과일, 야채, 곡물 등 채식을 많이 하는 것으로 보인다. 해양 어류를 많이 먹는 일본 사람들은 δ^{14}N값이 매우 높은 것을 볼 수 있다.

안정동위원소는 여러 분야에 활용될 수 있는 데 그 중 하나는 원산지 확인이다. 야외에서 방목하여 목초를 주로 먹은 뉴질랜드산 소는 δ^{13}C값이 −24~−28 범위이나 옥수수 사료를 주로 먹는 미국산 소는 δ^{13}C값이 −9~−14의 범위를 보여 확연히 구분된다. 한우는 목초와 옥수수 사료를 함께 먹여 뉴질랜드산과 미국산 소의 중간값을 보인다(그림 6.4). 최근 연구에 따르면 이러한 안정동위원소의 몸속에서의 반감기는 몸무게 50 kg

---

4 영양 단계를 거치면서 탄소 안정동위원소 값은 거의 변하지 않는데 비해 질소 안정동위원소의 값은 평균적으로 3.4‰ 증가한다. 두 가지 다른 먹이를 먹는 포식자의 δ^{13}C값은 두 먹이의 δ^{13}C값 사이에서 먹는 비율에 따라 많이 먹는 쪽으로 치우친다. 따라서 δ^{13}C값은 포식자의 먹이원을 나타내고, δ^{14}N값은 포식자의 영양 단계를 나타낸다.

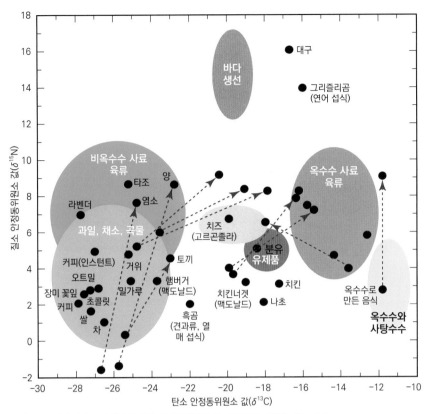

그림 6.3 주요 농수산물의 탄소와 질소 안정동위원소 값. USGS의 그림을 다시 그림

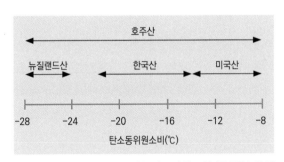

그림 6.4 뉴질랜드산, 미국산 및 한국산 소의 탄소 안정동위원소 값 비교(동아일보 "안정동위원소 활용 …머리카락은 알고 있다" 다시 그림)

인 사람의 경우 약 20일 정도이다. 따라서 약 3주 정도면 안정동위원소의 비율이 상당히 변할 수 있다. 매일 먹은 것을 바로 반영하지는 못하지만 몇 주에 걸쳐 먹은 식단에 따라 사람의 탄소와 질소 안정동위원소 비율은 크게 달라질 수 있다. 약 3주 정도의 시간 규모에서 "당신이 먹는 것이 당신을 만든다".

🌱 6.2 먹거리를 통한 사람과 환경과의 관계

먹는 행위를 통해 사람은 다른 생물들을 소비하고 배설하면서 주변 환경과 연결된다. 1장에서 환경문제와 연관된 생태학적 원리를 다룰 때 첫 번째 원리였던 "모든 것은 연결되어 있다"는 사람에게도 당연히 적용되며 사람은 다른 생물 및 생태계와 연결되어 있다. 인류 문명을 부양하기 위해 많은 습지와 숲생태계는 농지와 초지로 바뀌었고, 농업과 축산은 원소의 생지화학적 순환에 영향을 주며 지구 환경을 바꾸고 있다. 사람이 먹는 행위를 통해 환경에 미치는 영향의 일부를 연관성 그림을 통해 나타내면 그림 6.5와 같다.

그림 6.5를 보면 사람의 먹는 행위는 사실상 거의 모든 환경문제와 관련이 있음을 알 수 있다. 환경 교육은 사실 사람의 행위가 주위 환경과 어떤 식으로 연

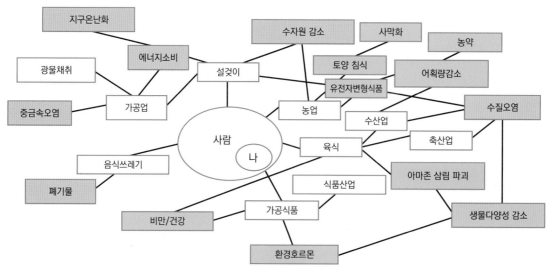

그림 6.5 사람의 먹는 행위가 환경에 주는 영향과 환경 쟁점들을 연결한 연관성 그림

표 6.2 먹는 행위와 관련된 환경 서적

『육식: 건강을 망치고 세상을 망친다』(존 로빈스, 아름드리미디어, 2000)
『육식의 종말』(제레미 리프킨, 시공사, 2002)
『죽음의 밥상』(피터 싱어와 짐 메이슨, 산책자, 2006)
『희망의 밥상』(제인 구달 외 2명, 사이언스북스, 2006)
『잡식동물의 딜레마』(마이클 폴란, 다른세상, 2008)

관되는지 그 여파를 인식하게 하는 것이 중요하다. 먹는 것이 어떤 식으로 환경에 영향을 주고 다시 사람에게 되돌아오는지 이해하는 것은 생물다양성 감소, 기후변화 등 환경문제 대부분을 관통하기 때문에 이를 잘 이해한다면 환경문제에 대한 인식을 한 차원 높일 수 있다. 먹는 것과 관련된 환경 관련 책 목록은 표 6.2와 같다.

6.3 먹거리의 소비

기아문제

현황

기아(hunger)는 먹을 것이 부족한 고통 상태를 말하며 UN식량농업기구(Food and Agriculture Organization,

FAO)에 따르면 하루 1,800 kcal[5] 이하의 열량을 섭취하는 영양부족(undernourishment) 상태를 말한다. 영양결핍(undernutrition)은 열량(에너지)뿐만 아니라 단백질, 필수 비타민, 필수 무기질 등의 결핍 상태를 모두 포함한다. 영양불량(malnutrition)은 영양결핍과 영양과잉(overnutrition)을 모두 포함하여 일컫는 말이다.

FAO의 통계에 따르면, 2020년 기준 전 세계적으로 약 7억 6,800만 명이 기아 상태에 있다(그림 6.6). 기아 인구 비율이 높은 나라는 아프리카와 아시아 개발도상국에 집중되어 있다. 이 통계에 따르면 불행히도 북한은 기아 인구 비율이 35%가 넘어 기아로 고통받는 나라들 중 하나이다.

기아를 겪는 사람의 숫자는 1991년에 비해 약 2억 1,600만 명이 줄었다. 세계 인구는 계속 증가해 왔기 때문에 기아 인구 비율은 1991년 23.3%에서 2015년 기준 8.3%로 줄어드는 추세이다. 하지만 2019년 말에 시작된 코로나-19 팬데믹의 영향으로 2020년의 기아 인구와 기아 인구 비율은 큰 폭으로 증가하였다(그림 6.7A).

---

5 FAO 기준은 나라마다 다른데 연령과 성별을 고려한 기본대사량(에너지요구량)에 근거한다. 개발도상국의 경우 한 사람당 하루 1,650 kcal에서 1,900 kcal 범위이며 각 나라별로 다른 최저 에너지요구량 기준이 적용된다.

그림 6.6 2020년 기준 세계 기아 현황. 기아 인구 비율에 따라 각 나라의 기아 현황을 나타내었다(자료: World Food Programme, 2020).

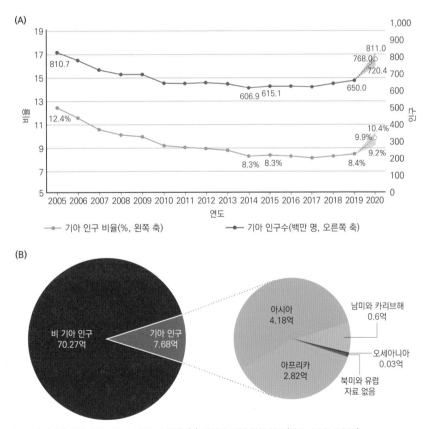

그림 6.7 (A) 기아 상태에 있는 인구와 비율 (B) 지역별 기아 인구 분포(자료: FAO, 2021)

전 세계 기아 인구 대부분은 개발도상국에 살고 있는데, 대부분 지역에서 기아 상태인 인구가 줄고 있지만, 남아시아(주로 인도)와 사하라 이남의 아프리카에서는 기아 인구가 늘고 있다. 하지만 기아 인구 비율은 세계 대부분의 지역에서 줄고 있는데, 이는 인구 증가에 기인한 것으로 보인다(그림 6.7).

기아는 어떻게 사람들을 그리고 어린이들을 망가뜨리는가? 기아 전문가인 지글러(Jean Ziegler)는 기아에 의한 죽음에 대해 이렇게 서술하고 있다.

"세계보건기구는 성인에게 필요한 하루 최소 열량을 2,200 킬로칼로리로 규정하고 있다. 섭취 열량이 그 이하로 떨어질 경우 성인은 만족할 만한 수준으로 자신의 생명을 유지하기 어렵다. … 심각하고 지속적인 영양실조는 몸 전체에 급성통증을 야기한다. 영양실조로 말미암아 인간은 무기력해지며 정신과 신체의 기능이 서서히 약화된다. 이는 곧 사회의 주변으로 밀려나거나 경제적 독립성을 상실하는 것이며, 정규적인 일을 수행할 수 있는 역량이 부족해 상시적인 실업 상태로 이어진다. 이와 같은 상황은 당연한 결말이지만 결국 죽음으로 귀착된다. … 인간은 3분 정도 숨을 쉬지 않아도 살 수 있고 3주 동안 아무것도 먹지 않아도 목숨을 부지할 수 있다. … 그러나 그 이상이 되면 각종 기능이 쇠퇴하게 된다.

영양실조에 걸린 아이들에게 죽음은 그렇지 않은 아이들에 비해 훨씬 신속하게 진행된다. 육체는 우선 비축해 둔 당분을 꺼내 쓰고 이어서 비축된 지방을 사용한다. 이 과정에서 아이들은 무기력해진다. 삽시간에 체중이 감소하여 면역체계가 붕괴된다. 설사는 임종 단계의 진행 속도를 가속화한다. 입 속에 사는 기생충들과 호흡기 감염으로 인한 끔찍한 고통이 시작된다. 이 단계에 이르면 근육이 해체되기 시작한다. 아이들은 이제 서 있지도 못하는 상태가 된다. 작은 짐승들처럼 먼지 속에서 몸을 웅크릴 뿐이다. 팔이 축 늘어지고 얼굴은 노인처럼 변한다. 그러면 곧 죽음이 찾아온다."

—지글러『굶주리는 세계, 어떻게 구할 것인가?』(2011)

그림 6.8 1972년에 촬영된 마라스무스로 고통받고 있는 인도 어린이 ⓒ Don Eddins, Centers for Disease Control and Prevention, USA

기아에서 살아남더라도 5살 이하의 어린이들은 기아에 의해 손상된 뇌로 평생 살아야 한다. 지글러는 기아를 겪고 살아남은 아이들에 대한 기아의 영향을 이렇게 서술한다.

"우리 인간은 출생 직후부터 다섯 살이 될 때까지 뇌 신경이 형성된다고 한다. 그런데 이 시기에 규칙적으로 적절하고 충분한 영양을 공급받지 못한 아이는 평생 불구로 살게 된다. 반면 성인은 … 일정 기간 동안 아무 것도 먹지 못했더라도 … 영양을 재공급 받으면 이전의 신체적, 정신적 기능을 온전하게 되찾을 수 있다."

—지글러『굶주리는 세계, 어떻게 구할 것인가?』(2011)

열량 섭취가 부족해서 나타나는 대표적인 증상은 마라스무스(marasmus)이다(그림 6.8). 마라스무스에 걸린 아이는 수척하게 보이고 체중은 해당 연령 평균의

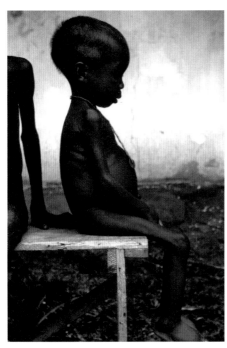

그림 6.9 1960년대 말 나이지리아 난민수용소에서 촬영된 여아. 다리와 발의 부종, 쉬고 가늘어진 머리카락, 빈혈, 볼록하게 나온 배, 광택이 나는 피부 등 콰시오커 증상을 보이고 있다. © Dr. Lyle Conrad, Centers for Disease Control and Prevention, USA

바라보아야 한다.

밤이면 밤마다 낮이면 낮마다 기아는 성인들의 저항력마저도 차츰 떨어뜨린다. 배가 고픈 성인은 이제 더 이상 먹을 것을 찾아 거리를 헤매지도 못하고, 쓰레기통을 뒤지지도 못하게 될 날이 오리라는 것을 잘 알고 있다. … 불안이 그를 속속들이 갉아먹는다. 그는 누더기를 걸치고 밑창이 다 닳아버린 샌들을 신고 시선은 허공을 향한 채 하염없이 걷는다. 그는 자신을 내치는 다른 사람의 눈길을 느낀다. 그와 그의 가족들은 식당이나 부잣집의 쓰레기통을 뒤져서 찾아낸 먹다 남은 음식으로 배를 채운다."

―지글러『탐욕의 시대: 누가 세계를 더 가난하게 만드는가?』(2005)

쓰레기 더미에서 찾아낸 음식찌꺼기로 가끔씩 충분한 열량을 섭취할 수도 있지만 영양 면에서 이들은 영양소 불균형이 매우 심한 영양결핍 상태이다. UN은 2014년 당시 영양결핍으로 전 세계 인구의 30%인 약 20억 명이 '보이지 않는 기아(hidden hunger)'로 고통받고 있다고 보고하였다. 만성적인 영양결핍은 면역력을 떨어뜨려 콰시오커, 빈혈, 구루병, 실명, 노마[6] 등의 질병이 사하라사막 이남 아프리카에서 흔히 나타난다.

기아는 식량 생산이 부족해서 생기는가? 국지적으로는 식량 생산이 모자랄 수 있지만 전 세계적으로는 인류 전체가 먹을 수 있는 양 보다 훨씬 더 많은 양의 식량이 생산된다. 전 세계에서 생산되는 식량의 총 열량을 인구수로 나누어 계산한 식량의 양은 1960년대 초에 이미 2,200 kcal/person/day였고, 2011년에 와서는 2,870 kcal/person/day로 증가하였다.[7] 인구는 계속 성장해 왔지만, 식량 생산은 그 보다 훨씬 더 빠른 속도로 증가해 온 것이다. 전 세계 기아문제의 근원은 식량 생산의 부족이나 인구 증가가 아니라 가난과 부패 때문으로 보인다.

60% 이하에 불과하다. 생후 1년이 되기 전부터 증상이 나타난다. 콰시오커(kwashiorkor, 그림 6.9)가 열량이 부족하지 않지만 단백질이 결핍된 경우인 데 반해 마라스무스는 단백질을 포함한 모든 형태의 에너지(열량)가 부족하여 생긴다. 마라스무스의 증상은 보통 쪼그라든 외형, 근육과 피하지방 상실로 나타난다.

어른들은 기아로 인한 육체적 고통뿐만 아니라 정신적인 고통을 당한다. 지글러는 성인들이 겪는 기아 상태로 인한 불안과 굴욕감을 아래와 같이 묘사한다.

"… 하지만 영양실조로 인한 가장 큰 고통은 뭐니 뭐니 해도 불안과 굴욕감이다. 허기진 사람은 자신의 존엄성을 지키기 위해 항상 승산이라고는 없는 절망적인 투쟁을 벌여야 한다. 그렇다. 기아는 수치심을 유발한다. 한 가정의 아버지가 가족들을 먹이지 못하고, 어머니는 배가 고프다고 우는 아이 앞에서 빈손만

---

6 노마(noma)는 세균들이 구강에서 시작하여 얼굴 조직까지 파먹어가는 괴저병의 한 형태이다. 이 병의 주된 원인은 영양불량이며 특히 한 살에서 여섯 살 사이의 아이들이 주로 걸린다.

7 FAO(http://faostat3.fao.org/browse/FB/FBS/E)

식량권과 식량 안보

식량권(right to food)은 인권(human rights)의 하나로 사람들이 존엄하게 먹을 수 있는 권리를 말하며, 이는 충분한 식량이 공급되고 사람들이 이를 먹을 수 있으며 이 식량이 사람의 영양 요구에 적절함을 의미한다. 식량권은 어찌 보면 당연한 것 같지만 현재에도 세계 각지에 식량권을 보장받지 못하는 사람들이 많으며 20세기 이전이나 전쟁 중에는 훨씬 더 많은 사람이 기아 상태로 식량권을 보장받지 못하였다. 100여 년 전만 해도 굶는 사람이 있는 것은 당연하며 기아는 자연의 법칙이고 인류의 생존을 위해서는 필요악이라고 생각하는 맬서스(T. R. Malthus)의 인구론(1장 참조)의 견해가 널리 퍼져 있었다. 인구를 억제하기 위해 기아와 전염병이 필요하다는 맬서스 사상에 따르면 기아는 피할 수 없는, 구제해서는 안되는 숙명이었다. 하지만 제2차 세계대전과 나치즘, 대량 학살을 겪으면서 인류는 기아가 자연적인 것이 아니라 정치적인 것이며 숙명이 아니라 끝장내야 할 사회 문제라는 인식을 갖게 되었다. 1941년 영국 수상 처칠(Winston Churchill)과 미국 대통령 루스벨트(Franklin D. Roosebelt)는 대서양 헌장(Atlantic Charter)을 선언하였다. 대서양 헌장 6조는

> "… 모든 나라에서 국민들이 공포와 결핍으로부터 자유롭게 살 수 있도록 해주는 평화가 정착되기를 희망한다."

고 하였다. 여기서 결핍은 기아와 실직을 의미하였다.[8] 대서양 헌장은 전후 세계질서에 대한 두 나라 정상의 구상을 밝힌 것으로, 소련을 위시한 33개국이 승인하였다. 이 내용은 향후 국제연합(United Nations, UN)의 원칙으로 계승되었다. 1948년에 선포된 세계인권선언(Universal Declaration of Human Rights) 25조는

> "모든 사람은 자신과 가족의 건강과 행복을 위한 적절한 생활 수준을 가질 권리가 있다. 이 권리는 식량, 의복, 주거, 의료 및 필요한 사회 서비스를 받을 권리와 실직이나 질병, 장애, 배우자의 사망, 노령 등 자신이 제어할 수 없는 생존의 위협을 당하더라도 안전할 수 있는 권리이다."

라고 규정하여 식량권을 분명하게 선언하고 있다.

식량 안보(food security)는 매일 충분하고 건강한 음식을 얻을 수 있는 능력을 말하며, 이러한 식량 안보는 경제, 환경 및 사회 조건이 복잡하게 얽혀있는 문제이다. 식량을 확보하는 것이 왜 안보인지는 제2차 세계대전 중 나치와 소련의 스탈린이 보인 기아 전략을 살펴보면 잘 알 수 있다. 나치는 식량 정책에서도 매우 차별적인 정책을 실시하였는데, 식량을 이용하여 독일과 점령지의 사람들을 지배하려 하였다. 나치는 주민을 네 집단으로 나누었다. 그것은 '잘 먹여야 할' 주민 집단, 성인 한 사람당 하루 최대 1,000 kcal를 넘지 않는 정도의 배급을 주는 '불충분하게 먹여도 되는' 주민 집단, 생존에 필요한 최소의 열량을 밑도는 식량만 제공함으로써 수를 줄이기로 결정한 '굶주리게 해야 할' 주민 집단, 마지막으로 대량 살상의 대상이 된 '기아를 통해 말살시켜야 할' 주민 집단이었다. 히틀러와 나치는 수용소의 독가스 이외에도 기아를 통하여 무수한 인명을 살상하였다. 이들은 전쟁 전에는 무력으로 식량을 탈취하였고, 전쟁을 선포한 후에는 점령국에서 식량을 탈취하여 전쟁을 지속하였다. 식량 약탈은 전 유럽에서 이루어졌고 이 때의 "유럽 전역은 거대하고 암울한 강제수용소와 다를 바 없었다."[9] 이러한 식량 정책의 절정은 나치가 러시아를 침공할 때 세운 기아계획(Hunger Plan)이다. 나치는 독일이 식량 공급이 충분하지 않기에 전

---

8 루즈벨트 대통령은 죽기 몇 달 전 "우리는 진정한 개인적 자유란 경제적 안전과 독립 없이는 존재할 수 없음을 확실하게 깨달았다. 결핍에 시달리는 인간은 자유로울 수 없다. 배가 고프고 일거리가 없는 자들은 독재를 키우는 자양분이 된다."고 하여 결핍의 구체적인 의미가 기아와 실직임을 분명히 하였다(지글러, 2012).

9 Josue de Castro. 1952. 『The Geopolitics of Hunger』. 지글러(2012)에서 재인용

쟁을 지속하고 국내 지지를 유지하기 위해 점령지에서 무슨 수를 쓰더라도 식량을 확보하는 것이 필요하였다. 나치는 전쟁 승리를 위해 러시아로부터 식량을 수탈하여 독일 군인을 먹이고 그 결과 수천만 명의 러시아인들을 굶겨 죽이는 기아계획을 수립하고 실행하였다. 역사학자의 추정에 따르면 약 420만 명의 구소련 지역 시민들이 독일 점령기간(1941~1944) 동안 굶어 죽었다. 이들 중 많은 이들이 통제하기가 쉬운 강제격리지역(ghetto)과 포로수용소의 유대인들과 소련 전쟁포로들이었다.

전술한 바대로 인류 전체를 먹여 살리기 충분한 식량이 생산되고 있지만 매우 많은 인구가 기아와 영양결핍에 시달리고 있고 이들의 식량 안보는 충족되지 못하고 있다. 기아와 위태로운 식량 안보는 과연 무엇 때문일까?

기아의 분류

기아는 만성적(chronic) 기아와 일시적(transitory) 기아로 나뉘어진다.[10] 만성적 기아는 오래 지속되며 사람들이 오랜 기간 동안 최소 요구 칼로리를 공급받지 못하는 경우를 말한다. 주로 장기화된 빈곤에 의해 일어난다. 일시적 기아는 식량 생산 능력의 급작스런 저하가 있을 때 일어나며 가뭄이나 홍수 또는 전쟁 등에 의해 일어난다. 따라서 만성적 기아는 사회 구조로 인한 구조적인 기아이며, 일시적 기아는 외부 재해로 발생한다고 볼 수 있다.

19세기에 아일랜드는 대부분의 식량을 감자에 의존하고 있었는데, 미국에서 발생하여 1845년 유럽을 거쳐 아일랜드로 퍼진 감자마름병은 대규모 기아를 발생시켜 1851년까지 240만 명이 죽거나 행방불명되었다. 이 아일랜드 감자 기근은 일시적 기아의 대표적인 예이다.

기아의 환경적 요인

기아 지역의 부패나 가난, 전쟁 등 사회 경제적인 요인

외에도 기아를 더 악화시키는 것은 식량 생산과 결부된 여러 환경적 요인이다. 이런 환경적 요인에는 인구 성장, 기후변화에 따른 곡물 수확량 감소와 강수량 변화, 바이오연료 재배에 따른 농지 축소, 육식 증가로 농경지가 초지로 바뀌는 토지 이용의 변화 등이 있다. 이는 많은 환경 쟁점과 기아문제가 연관되어 있다는 것을 보여 준다. 이 장 후반부와 이 책의 다른 장에서 기아를 일으키고 악화시키는 환경 요인에 대해 관심을 가지고 살펴보자.

영양 과잉과 비만

현재 세계 인구의 13%인 약 8억 명이 기아 상태에 있지만 부유한 나라의 많은 사람들은 영양과잉으로 과체중(overweight)과 **비만**(obesity) 상태에 있다.

세계보건기구(World Health Organization, WHO)에 따르면 1980년에 비해 2014년 비만 인구는 두 배로 늘었는데, 18세 이상 성인의 약 40%인 19억 명이 과체중 상태이고, 13%인 6억 명 이상이 비만 상태이었다. 대부분의 나라에서 비만이 체중미달보다 더 많은 사망원인이 되고 있다. 2014년에 5세 이하 어린이 중 약 4,000만 명이 과체중 또는 비만인 것으로 파악되었다.

신체질량지수: 과체중과 비만의 기준

신체질량지수(body mass index, BMI)는 성인에서 과체중과 비만을 판정하는 데 흔히 쓰이는 키에 대한 몸무게 비를 나타내는 지수로

$$BMI = 체중(kg) / 키^2(m^2)$$

로 정의되며 신장이 172 cm인 사람이 75 kg이라면 이 사람의 BMI는 $75/1.72^2 = 25.4$ 가 된다. WHO 기준으로 BMI 지수가 25 이상 30 미만이면 과체중, 30 이상이면 비만으로 정의된다. BMI 지수는 성별과 나이에 상관없이 성인 모두에게 적용할 수 있는 매우 유용한 지수이다. 하지만 이 지수도 개인마다 살찌는 정도에 차이가 있기에 하나의 가이드라인으로 보아야 할 것이다.

---

10 지글러는 『왜 세계의 절반은 굶주리는가?』(2007)에서 기아를 구조적 기아와 경제적 기아로 구분하였다.

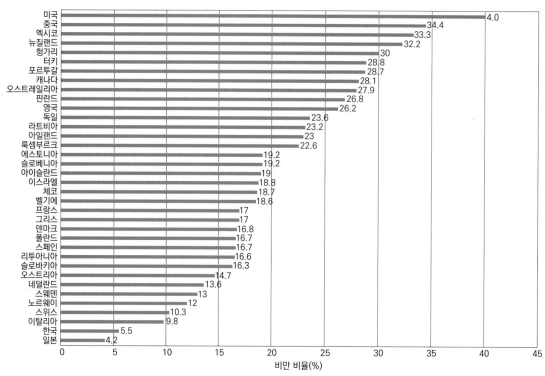

미국 4.0
중국 34.4
멕시코 33.3
뉴질랜드 32.2
헝가리 30
터키 28.8
포르투갈 28.7
캐나다 28.1
오스트레일리아 27.9
핀란드 26.8
영국 26.2
독일 23.6
라트비아 23.2
아일랜드 23
룩셈부르크 22.6
에스토니아 19.2
슬로베니아 19.2
아이슬란드 19
이스라엘 18.8
체코 18.7
벨기에 18.6
프랑스 17
그리스 17
덴마크 16.8
폴란드 16.7
스페인 16.7
리투아니아 16.6
슬로바키아 16.3
오스트리아 14.7
네덜란드 13.6
스웨덴 13
노르웨이 12
스위스 10.3
이탈리아 9.8
한국 5.5
일본 4.2

비만 비율(%)

그림 6.10 2016년 세계경제개발기구(OECD) 33개 회원국의 비만 인구 비율(자료: OECD Health Statistics, 2018)

비만 비율

2016년 기준 동아시아의 한국, 일본, 중국 및 인도네시아 등을 제외하면 대부분의 OECD 회원국에서 비만 비율은 10% 이상이고 소고기 소비가 많은 호주, 뉴질랜드, 미국에서는 25% 이상의 높은 비만 비율을 보인다(그림 6.10). 특히 미국은 비만인 사람의 비율이 전 인구의 약 38%로 매우 높은 비율을 보이고 있다. 대부분 선진국으로 구성된 OECD 회원국의 비만 비율이 높고 개발도상국의 기아 비율이 높아 가난한 나라에서는 기아가, 부유한 나라에서는 비만이 주요 문제로 인식되어 왔다. 하지만 최근 경제 수준이 낮거나 중간 정도인 나라들에서는 기아와 비만 문제를 함께 해결해야 하는 상황이다. 특히 이들 나라의 어린이들은 칼로리와 영양이 부족한 상태에 놓여있는 동시에 고지방, 고당, 고염, 고칼로리이면서 미량영양소가 결핍된 저가의 패스트푸드 음식에 노출되어 있다. 사실 부유한 나라에서도 가난한 이들은 같은 상황에 놓여 있다.

비만과 질병

과체중과 비만인 사람의 경우 고혈압, 당뇨, 심장마비, 뇌졸중, 골관절염(퇴행성관절염), 일부 암질환 등에 걸릴 확률이 매우 증가한다. 이에 대한 극적인 사례는 영화 「슈퍼사이즈 미(Super Size Me)」(2004)에서 볼 수 있다(그림 6.11). 이 영화의 감독인 스퍼록(Morgan Spurlock)은 한 달 동안 패스트푸드점인 맥도날드의 음식으로만 식사를 하는 실험의 결과 몸무게는 11.1 kg이 증가하고, 신체 나이는 23.2세에서 27세로 올라갔으며 우울증, 성기능 장애, 간 질환 및 콜레스테롤 수치 증가(230 mg/dl, 총콜레스테롤 200 mg/dl가 정상기준) 등의 결과를 보였다. 이 영화는 짧은 기간 동안의 극단적인 패스트푸드 식단이 건강을 급속도로 악화시킬 수 있음을 보여주었다. 비만은 다른 관련 질병들과 함께 잘못된 식습관의 결과이자 가장 쉽게 건강 상태를 파악할 수 있는 지표가 된다. 비만은 사회적 요인인 빈곤과도 연관이 있다(5.1절 참고)

그림 6.11 영화 슈퍼사이즈 미(2004)의 영화 포스터

GMO

GM작물 재배 현황

최근 형질전환기술이 급속도로 발전하면서 국내외에서 **유전자변형생물**(genetically modified organisms, **GMO**)[11], 특히 유전자변형작물이 많이 개발되어 재배

되고 있다. 유전자변형작물 재배 면적은 1996년 170만 헥타르에서 2012년 이후 증가 추세가 조금 완화되긴 했지만 2015년 1억 8,000만 헥타르로 계속 확장되어 왔다(그림 6.12). 가장 많이 재배되고 있는 작물은 콩과 옥수수로 각각 2015년 말 기준 전체 GM작물 재배 면적의 51.2%와 29.8%로 두 작물을 합하면 81%를 차지한다(그림 6.13). 국가별로 보면 미국이 전체 GM작물 재배 면적의 43%인 7,100만 헥타르에서 가장 많은 GM작물을 재배하는 나라이다. 브라질과 아르헨티나가 각각 27%와 15%를 차지하고 있고 중국도 전체의 2%에 달하는 370만 헥타르의 면적에서 GM작물을 재배하고 있다(그림 6.13).

대표적인 GM작물: 해충저항성 옥수수와 제초제내성 콩

현재 가장 넓은 면적에서 재배되고 있는 GM작물은 제초제내성 콩이다. 1996년 최초의 제초제내성 콩이 미국 몬산토사에 의해 개발되어 "Roundup Ready® Soybean(RRS)"이라는 이름으로 판매되었다. 이후 RR 면화, RR 옥수수, RR 유채 등이 차례로 개발되었다. "Roundup Ready®"라는 것은 이 GM작물들이 Roundup® 이라는 제초제와 함께 판매되기 때문이다. 이 제초제의 주성분은 글리포세이트(glyphosate)로 방향성아미노산을 합성하는 중간산물인 5-enopyruvylshikimate-3-phosphate(EPSP)를 만드는 EPSP 합성효소(EPSPS)를 억

---

11 카르타헤나 바이오안전성의정서(the Cartagena Protocol on Biosafety)에서 채택된 공식 용어인 living modified organisms(LMO)가 최근에 많이 쓰이고 있으나 그 의미는 GMO와 큰 차이가 없다고 볼 수 있다.

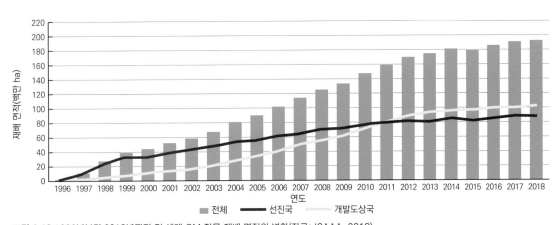

그림 6.12 1996년부터 2018년까지 전 세계 GM 작물 재배 면적의 변화(자료: ISAAA, 2018)

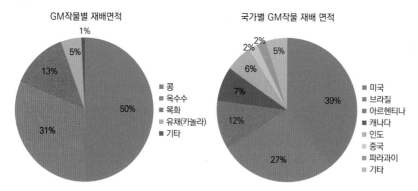

그림 6.13 2015년 말 기준 품종별 및 국가별 GM작물 재배 면적 비율(자료: ISAAA, 2015)

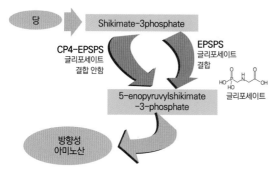

그림 6.14 미국 몬산토에서 개발한 제초제내성 콩의 원리

제함으로써 식물을 죽인다(그림 6.14).

하지만 제초제내성(Roundup 내성) GM작물들은 글리포세이트에 억제되지 않는 세균 유래의 CP-EPSPS 효소를 만드는 유전자를 도입하여 제초제가 살포되는 상황에서도 생존할 수 있다.

또다른 대표적인 GM작물은 해충저항성 Bt옥수수이다. *Bacillus thurengiens*(Bt) 라는 세균이 만드는 단백질은 옥수수 해충인 유럽옥수수명나방(European corn borer, *Ostrinia nubilalis*) 유충에 유독하여 이 Bt세균이 수십 년 간 미생물농약으로 살포되어 왔다. 이 단백질을 만드는 *cry* 유전자를 옥수수에 도입한 것이 해충저항성 Bt옥수수이다. 이 단백질은 나비와 나방이 속한 나비목(Lepidotera) 유충의 위장에만 수용체가 있다고 알려져 있다. Bt옥수수 등장 이후에 해충저항성 유전자 도입은 다른 작물에도 적용되어 Bt토마토, Bt담배, Bt면화, Bt감자 등이 계속 개발되어 왔다.

이러한 제초제내성 또는 살충제저항성 외에도 다양한 GM작물이 개발되어 왔다. 바이러스 병해를 막기 위한 바이러스저항성 작물, 가뭄, 염해 및 냉해와 같은 환경스트레스에 잘 견디는 환경스트레스저항성 작물 및 필수지방산이나 비타민E 등 사람에게 유용한 영양소나 의료용 단백질 등 고부가가치 성분을 증가시킨 기능성 작물 등이 그 예이다.

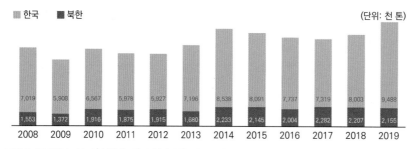

그림 6.15 2008~2019년 한반도에 수입된 식용 및 농업용 GM작물량 현황(자료: 한국바이오안전성정보센터, 2019)

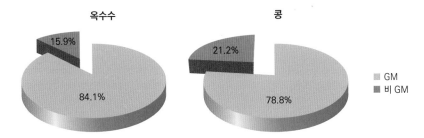

그림 6.16 2019년 우리나라에 수입된 옥수수와 콩의 GMO 비율(자료: 농림축산식품부 등, 2019; 한국바이오안전성정보센터, 2019)

유전자변형 작물 사용 가능성 높은 가공 식품

유전자변형 콩

가공 후 표시
기름, 간장, 콩 레시틴(유화제), 탈지대두

포함되어 있는 식품
콩기름, 간장, 고추장, 된장

유전자변형 유채

가공 후 표시
카놀라유(유채유)

포함되어 있는 식품
카놀라유(유채유)

유전자변형 옥수수

가공 후 표시
액상과당, 올리고당, 물엿, 과당, 포도당

포함되어 있는 식품
고추장, 된장, 과자, 빵, 음료, 조미식품, 인스턴트식품, 패스트푸드, 주류 등 거의 모든 가공식품

유전자변형 면화

가공 후 표시
면실유

포함되어 있는 식품
참치캔, 마가린, 샐러드용 기름

그림 6.17 GM작물을 사용할 가능성이 높은 가공식품(자료: 보니따, icoop 생협)

GM작물 수입 현황

2008년 1월 1일부터 국내 LMO법이 시행됨에 따라 식품의약품안전처와 농림축산식품부를 통해 식용 및 농업용(사료용) GMO에 대한 수입신고가 이루어져 왔다. 2008년부터 2019년까지 수입된 식용 및 농업용 GM작물 현황을 보면 주로 사료로 쓰이는 농업용이 약 80%를 차지하고 나머지 20%가 식용으로 수입되었다(그림 6.15). 식용으로 수입된 GM작물은 옥수수와 콩(대두)이 각각 절반 정도를 차지하였고, 농업용으로 수입된 것은 거의 대부분 사료용 옥수수였다.

2019년 우리나라에 수입된 옥수수의 약 84%, 콩의 약 79%가 GM옥수수와 GM콩이었다(그림 6.16). 우리나라 곡물 자급율[12]이 2019년 당시 옥수수는 3.5%, 콩은 26.7%인 것을 감안하면 우리나라에서 소비되는 옥수수와 콩 절반 이상[13]이 GMO임을 알 수 있다. 사료용으로 쓰이는 옥수수 이외에도 수입 GMO를 가공하여 우리 생활에서 다양하게 쓰이는 여러가지 식품들이 생산되어 유통되고 있다(그림 6.17).

---

12 곡물 자급율은 사료를 포함한 자급율이고 식량 자급율은 사료를 제외한 자급율을 말한다. 곡물 자급율이 식량 자급율보다 낮다.

13 본문의 통계에 의하면 2019년 기준 우리나라에서 소비되는 옥수수의 81.1%, 콩의 57.9%를 GMO로 볼 수 있다.

GMO에 대한 우려

최근의 형질전환기술은 현대 생명공학을 이용한 육종기술로서 전통적인 육종기술의 한계를 뛰어넘어 같은 종의 식물이 가진 유전자, 유연관계가 먼 식물의 유전자, 세균의 유전자와 같이 다른 생물계의 유전자를 도입할 수 있을 뿐만 아니라, 인위적으로 디자인한 새로운 유전자를 작물에 도입할 수 있다. 이러한 급격한 수직 및 수평 유전자 이동(vertical and horizontal gene transfer)은 생물 진화 역사상 그 이동속도가 유례 없는 것으로 자연생태계와 사람에 미치는 영향의 불확실성 때문에 많은 우려를 낳고 있다.

이러한 우려는 국제법적인 규제로 이어져 유전자변형생물의 국가간 이동(무역)을 통한 환경과 건강에 대한 위해성에 대처하기 위한 바이오안전성의정서가 채택되어 2003년 9월 11일 발효되기에 이르렀다. 이 바이오안전성에 대한 카르타헤나의정서는 생물다양성협약(Convention on Biological Diversity)의 부속의정서로서 현대 생명공학기술이 만든 유전자변형생물체가 생물다양성에 미칠 부정적 영향에 대한 우려에 바탕을 두고 인체 및 환경 위해성[14]에 대한 사전평가를 요구하고 있다(5.8절 참고).

🌱 6.4 먹거리 생산과 환경

농업과 토양 침식

사람의 먹거리를 생산하는 농업활동은 오랜 기간 동안 형성된 토양, 특히 **표토**(top soil)를 **침식**(erosion) 시켜 비료를 점점 더 많이 주게 하거나 식물이 자랄 수 없는 땅이 되는 사막화를 진행시킨다. 즉 농업은 토양 침식을 일으키는 주요 원인이다. 농업과 토양 침식 문제를 이해하기 위해 우선 토양에 대해 살펴보자.

---

14 이분법적 세계관에 따르면 우주는 사람과 환경으로 나뉘어지므로 GMO의 위해성을 인체와 환경으로 나누어 평가하면 모든 위해성이 평가되는 것이다.

토양(soil)은 "모암(bedrock) 위에 형성되는 무기질과 유기물의 느슨한 혼합물"(Holtz & Kovacs, 1981)로 정의된다. 토양을 무기물로 인식하기 쉽지만 식생으로부터 공급되는 유기물이 존재하지 않는다면 토양으로 보기 힘들다. 사하라사막에 있는 거대한 모래 언덕이나 화성에 있는 돌덩어리가 가득한 것은 보통 토양이라 여겨지지 않는다. 또한 모암에서 풍화된 무기질이 없이 식생의 유기물잔해(detritus)만 있는 것도 토양으로 부르지 않는다. 암석에서 무기질이 풍화되는 과정과 유기물이 땅에 축적되는 과정은 둘다 시간이 매우 오래 걸리기에 토양 표토층이 형성되는 속도는 100년에 1 cm 정도에 불과하다. 모암에서 풍화되는 무기질은 아래에서 위로, 식생에서 생산되는 유기물은 위에서 아래로 공급되기에 토양 단면을 보면 수직적인 층 구조를 보인다(그림 11.17). 토양은 가장 위쪽에 유기물이 쌓여있는 곳인 유기물층(O층)과 모암층 사이에 유기물의 정도에 따라 표토층(A층), 하층토층(B층) 및 모재층(C층)으로 구분된다. 이 중 윗부분 표토층은 대부분의 미생물이 존재해 분해 과정이 일어나고 영양소 순환으로 식물 생장을 부양하는 데 매우 중요한 기여를 한다. 토양 침식은 가장 윗부분의 표토층 침식을 뜻하며 토양 침식으로 표토층을 잃어버리게 되면 식물이 거의 생장할 수 없는 땅이 된다. 표토층 형성에 매우 오랜 시간이 걸리기에 이는 사실상 비가역적인 과정이고 표토층을 잃어버린 토양은 거의 재생불가능한 자원으로 여겨진다.

표토층이 잘 발달되면 깊어지는데 표토층이 깊을수록 식물의 생산, 즉 1차생산성은 증가한다. 미국 중부 옥수수밭의 표토층 깊이는 2 m에 달하는데 이는 북미 대초원지대에서 오랫동안 축적된 유기물 양이 막대하였던 것에 기인한다. 사막의 경우 표토층이 없다. 표토층이 깎여나가 사라지면 결국 식물이 자라지 못하는 황무지가 되는데 이를 **사막화**(desertification)라고 한다. 토양(표토층) 침식이 심해지면 사막화 과정을 겪게 된다고 할 수 있다.

그림 6.19 1935년 4월 18일 미국 텍사스 스트래트포드로 다가오는 모래폭풍 사진 ⓒ NOAA George E. Marsh Album

토양 침식으로 농경지가 작물이 자랄 수 없는 황무지가 되는 사막화의 가장 극적인 예는 미국이 1930년대에 겪은 황진(黃塵, dust bowl)[15]이다(그림 6.19). 이 시기 미국 남서부 농부들은 대초원에 자생하는 뿌리가 깊은 초본들을 없애고, 작물을 키우는 경작지를 일구었다. 이 깊은 뿌리의 초본들은 건조한 시기에 심한 바람이 불어도 토양과 수분을 유지하는 주된 요소였지만 이들이 제거되고 트랙터 등을 이용해 깊은 밭갈기(경간)를 함으로써 표토층을 드러나게 하였고 심한 가뭄과 폭풍에 의해 표토층이 유실되자 식물을 키울 수 없는 황무지가 되어 버렸다. 황진은 수만 명의 농부들이 이 지역을 버리고 캘리포니아나 다른 지역으로 이주하게 하였다. 유명한 고전인 스타인벡(John Steinbeck)의 『분노의 포도(The Grapes of the Wrath)』는 황진에 의해 캘리포니아로 이주하는 한 가족의 이야기를 담고 있다(그림 6.20).

전 세계적으로 토양 침식은 물, 바람 및 물리화학적

---

15 dust bowl은 황진지대로 번역되기도 하는데 이는 미국 중서부에서 1930년대 모래폭풍과 토양 침식이 일어난 콜로라도, 캔자스, 뉴멕시코, 텍사스 등 남서부 지역을 일컫는 용어로 처음 사용되었기 때문이다. 하지만 현재는 30년대 모래폭풍과 토양 침식이 일어난 현상을 일반적으로 지칭하기에 이 책에서는 황진으로 번역하였다.

그림 6.20 1939년에 출판된 『분노의 포도』 초판 표지 ⓒ Elmer Hader Fair (wikimedia)

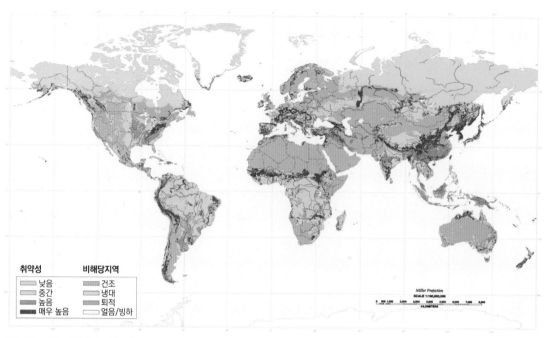

그림 6.21 물에 의한 침식에 취약한 지역을 나타낸 세계지도(자료: USDA-NRCS, 2012년)

그림 6.22 열지어 심는 농법으로 재배중인 콩밭

그림 6.23 황하(푸른 선)와 황하 상류 및 중류에 위치한 황투고원(갈색) ⓒ Edescas2 (wikimedia)

요인에 의해 일어난다. 2008년 통계에 의하면 물에 의한 토양 침식 면적은 62%에 달하고 바람에 의한 토양 침식 면적은 약 20% 정도로, 합치면 전체 침식의 84%에 해당한다. 해마다 약 750억 톤의 토양이 침식으로 사라지는데 이는 자연적인 침식 속도의 약 13~40배에 해당한다. 세계의 경작지 중 약 40%는 토양 침식으로 생산성이 악화되고 있다(그림 6.21). UN에 따르면 비옥한 우크라이나 경작지 면적에 해당하는 면적이 매년 농업활동, 산림벌채, 도로건설과 도시화 및 기후변화에 의한 침식으로 사라지고 있다. 전 세계적으로 침식에 의해 사라지는 토양이 단 몇 mm 깊이에 불과할 수 있지만 매년 표토층이 생성되는 속도는 약 1 mm 정도이므로 표토층은 지속적으로 사라지고 거의 재생불가능하게 된다. 과도한 생산을 추구하는 농업활동이 토양 침식의 가장 큰 원인이다. 옥수수나 콩을 열지어 심는 농법(그림 6.22)은 많은 토양을 드러나게 하고 밭을 깊게 갈고 제초제를 뿌리게 함으로써 농경지는 침식에 취약하게 된다. 토양 침식에 따른 지력 감소는 추가적인 화학비료 투입을 가져

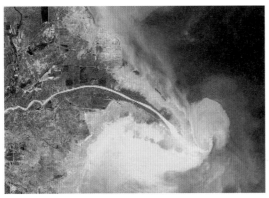

그림 6.24 황하에 의해 수송되는 토사가 삼각주를 형성하는 모습
(1995년 촬영) ⓒ NASA (wikimedia)

그림 6.25 소양강댐 하류로 5개월째 흙탕물이 방류되면서 가평천의 맑은 물과 북한강의 탁수가 대조를 보이고 있다(자료: 뉴시스, 2006.12.10 일자)

와 수질오염과 토양오염으로 토양 상태를 더욱 더 악화시키게 된다.

토양 침식을 눈으로 가장 쉽게 확인할 수 있는 것은 강물에 의한 **토사**(sediment)의 수송이다. 중국 황하(黃河)는 고대 문명의 발상지로 유명하지만 먼 옛날부터 지금까지 **흙탕물(탁수)**로도 잘 알려져 있다. 황하는 강 상류와 중류에서 황토고원(黃土高原 Loess Plateau)을 지나는데 황토고원은 식물이 거의 없고 대부분 오랜 세월 동안 바람에 의해 쌓인 황토[16]로 이루어져 있어 여

름철 집중 호우와 유수로 인한 토양 침식이 끊임없이 일어난다(그림 6.23). 황하가 수송하는 토사는 연간 16억 톤에 이르는데, 이 토사가 퇴적하여 하구 부근에는 광대한 삼각주(delta)를 형성한다(그림 6.24).

우리나라에서도 최근 흙탕물(탁수) 문제가 새로운 환경문제로 대두되고 있다. 소양강댐은 2005년까지 30 NTU[17] 이하의 탁도를 보여왔으나 2006년 여름 태풍 에위니아로 인한 집중 호우로 소양강댐 방류수의 최고 탁도가 328 NTU에 달하면서 7월 이후 약 8개월 간 탁

---

16 황토(loess)는 미사(silt)에 속하며 우리나라 토양의 35%를 차지한다. 황토로 이루어진 땅은 비옥하고 부드러워 농경에 적합하였다. 황토고원의 황토층 두께는 평균 50~80 m이다.

17 nephelometer turbidity unit로 우리 말로는 네펠로법 혼탁도 단위로 번역된다. 입자들에 의한 산란도를 측정하는 nephelometer를 이용한 탁도 단위이다.

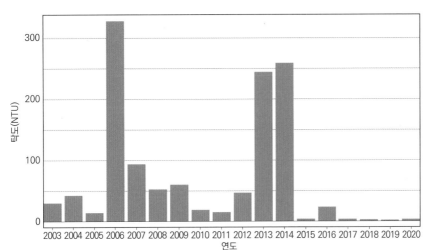

그림 6.26 2003년부터 2011년까지 소양강댐 방류수 탁도와 2012년부터 2020년까지 국가수질측정망 가평측정소 탁도 변화

수가 지속되어 새로운 환경 쟁점으로 등장하였다. 이후에도 2013년과 2014년에 상당한 탁도의 흙탕물이 소양강댐에서 방류되어 하류로 흘러갔다(그림 6.25).

소양강댐 유역에서 큰 비가 올 때 발생하는 흙탕물의 비점오염원은 상류지역 고랭지 농토가 큰 기여를 하는 것으로 알려져 있다. 소양강 최상류 지역에는 전국 고랭지밭의 85%가 몰려 있으며 홍천군 자운지구와 인제군 가아지구 및 서화지구, 양구군 해안지구 등은 대표적 고랭지 농업지역이다. 흙탕물이 장기간 지속되면 물고기 아가미를 막고 시야를 가려 먹이 섭취량이 줄고 스트레스로 면역력이 감소되어 집단 폐사로 이어질 수 있다. 또 흙탕물은 수돗물 정수 과정에 영향을 주어 인간의 건강과 생태계에 큰 영향을 줄 수 있다. 흙탕물 발생이 길어지면 관광객 감소와 함께 어업에도 영향을 주어 지역주민들의 실질적인 소득 감소와 지역경제 침체 요인으로도 작용할 수 있다.

사막화

토양 침식 과정이 지속되면 결국 땅은 식물이 살지 못하는 황무지가 되는데 이를 **사막화**(desertification)라고 한다. UN사막화방지협약(United Nations Convention to Combat Desertification, UNCCD)에서는 사막화를 '건조, 반건조 및 아습윤 지역에서 기후변동 및 인간 활동을 포함한 다양한 요인으로 인하여 발생하는 토지 황폐화'로 정의하고 있다. 인류 문명이 발달하기 전에도 사막화는 자연적인 요인으로 진행되었는데, 빙하기와 간빙기가 반복되면서 빙하의 영향으로 식물이 없는 땅이 드러나면 다시 식생이 천천히 회복하면서 자연적인 사막화와 회복이 반복되어 왔다. 그러나 최근의 사막화는 기후 변화와 인위적인 요인이 얽혀 일어난다. UN에 따르면 지구 표면적의 약 1/3과 적어도 10억 명 이상이 사막화에 의한 식량부족, 기근 그리고 가난으로 위협받고 있다. 황폐한 땅의 면적은 점점 더 늘어나고 매년 수백만 명의 환경 이재민이 생겨난다.

우리나라에서 가까운 중국과 몽골 사이에 위치한 고비사막(그림 6.27)은 면적이 빠른 속도로 커지고 있는데, 특히 남쪽인 중국으로의 확장 속도가 빨라 매

그림 6.27 몽골과 중국에 걸쳐있는 고비사막의 홍고링 엘스(Khongoryn Els) 사구. 2008년 8월 촬영 ⓒ Zoharby (wikimedia)

년 3,600 km²의 초지가 고비사막으로 흡수되고 있다. 고비사막의 확장은 대부분 인간 활동에 의한 것으로 특히 산림벌채(deforestation), 과방목(overgrazing) 및 수자원 고갈에 의해 일어나고 있다. 러시아와 몽골, 중국 접경지대 후룬베이얼 지역[18]의 경우, 기후변화로 인한 증발량 증가와 건조화가 고비사막 주변 초지의 사막화를 가속화하고 있고 천적이 사라진 들쥐들이 식물 뿌리를 갉아먹고 토양에 구멍을 만들어 초원의 사막화를 재촉하고 있다. 하지만 이러한 비인위적인 요인보다 더 직접적인 사막화 원인은 인구 증가로 인한 과도한 방목과 개간으로 보인다. 후룬베이얼 지역은 미국에 비해 단위면적당 양과 염소의 수가 30배 이상이다. 과도한 방목으로 식물이 가축의 먹이가 되거나 밟혀서 자라지 못하게 하고 있다. 또한 관개시설 개발은 지하수자원을 고갈시켜 토양 건조와 염류화가 나타나 식물이 자라지 못하게 하는 요인으로 작용하고 있다.

농업과 농약

최근에는 먹거리를 생산하면서도 동시에 다양한 생물들의 서식처가 되는 농업 '생태계'로 인식되기 시작했지만 여전히 대부분의 농경지는 단순히 먹거리를 생산하는 장소로 여기는 **관행농법**(conventional practice)에 의해 농업 활동이 진행된다. 관행농법에서는 농경지에 나타나는 다양한 생물들이 먹거리 작물의 생산성을 떨어뜨리는 '잡초'나 '해충' 등 **유해생물**(pest)로 간주되어 농약을 통해 방제된다. 농약으로는 **제초제, 살충제, 살균제**, 응애약(acaricides), 쥐약, 살금제(avicides) 등이 있다. 관행농법으로 경작되는 농경지는 기본적으로 목적하는 작물 한 가지만 키우는 **단일경작**(monoculture)이며 이러한 단일경작을 유지하기 위해 전 세계적으로 막대한 양의 농약이 살포되어 왔다(그림 6.28). 1945년 이후

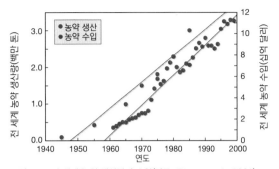

그림 6.28 전 세계 농약 생산량과 수입(자료: Tilman et al., 2002)

(A)
농약(천 톤, kg)

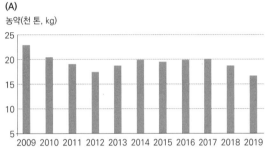

(B)

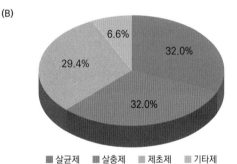

그림 6.29 (A) 2010~2019년 우리나라 농약 사용량 추이(농림축산식품부), (B) 2021년 기준 용도별 농약 출하량 비율(자료: 한국작물보호협회)

농약 생산량은 계속 증가하여 2017년 전 세계 농약 사용량은 411만 톤으로 추정된다.[19]

우리나라의 농약 사용량은 2019년 기준 약 2만 톤 수준으로 2010년 이후 다소 감소 추세에 있다(그림 6.29A). 2021년 용도별 농약 출하량 통계를 보면 살충제와 살균제, 제초제가 약 30%씩 차지하고 있다(그림 6.29B). 살충제와 살균제는 약 80%가 원예용으로 출하되며 나머지는 벼농사용(수도용)이다.

---

18 황사문제 해결을 위한 국제적인 협력의 일환으로 제8차 한중일 환경장관회의(2006년 12월 개최)에서 황사 피해 감축을 위한 공동 연구에 합의하였고 2012부터 황사 발원지 중 하나인 후룬베이얼 식생복원지 공동조사가 실시되었다.

---

19 Our World in Data(https://ourworldindata.org/pesticides)

PENICK INSECTICIDAL BASES...
Super Ammunition for the Continued Battle of the Home Front

그림 6.30 1946년 살충제 회사의 광고. 세계 대전 이후에도 미국인들은 가정주부들이 집 전선에서 곤충과의 전투를 계속해야 된다는 메시지를 전하고 있다(자료: SSC 22 (Aug. 1946), Edmund Russell. 2001. War and Nature에서 재인용).

그림 6.31 1960년 5월 20일 촬영된 서울 시내 DDT 연막 소독 장면. 방역차에서 살포되던 DDT는 1979년 이후 우리나라에서도 금지되고 다른 약물로 교체되었다. ⓒ 서울특별시

농약에 대한 인식

1950년대까지 농약은 가정과 농업에서 생물과 사람에 대한 부작용을 고려하지 않고 무차별적으로 사용되었다. 서구에서 해충은 사람의 안전과 청결을 위협하는 적으로 인식되어 농약으로 이를 제압하는 전쟁을 벌여야한다는 사람이 많았다(그림 6.30). 농약을 과학기술의 놀라운 결과물로 받아들이는 것에 경종을 울린 것이 바로 레이첼 카슨의 『침묵의 봄』이다. 『침묵의 봄』에 나오는 다음 구절은 이러한 시대상을 잘 보여주고 있다.

"거미를 싫어하는 가정주부가 있었다. 8월 중순 이여성은 … 구석구석에 DDT와 … 살충제를 뿌렸다. 살충제를 뿌리고 나서 몸이 아프기 시작했는데 구토와 신경불안증을 겪게 되었다. 며칠이 지나고 기분이나아졌지만 문제의 원인이 무엇인지 확실하지 않았기 때문에 9월에 두번 더 살충제를 뿌렸다. 다시 병이들었다가 일시적으로 회복된 후 또다시 살충제를 뿌리는 일을 반복했다. 세 번째 살충제를 뿌리고 나서는 … 열이 나고 관절에 통증이 생기며 불쾌한 느낌이 계속되었고 한쪽 다리에 정맥염이 나타났다. … 진찰 결과 이 여성은 백혈병으로 판명났다. 그리고 다음 달 사망하고 말았다."

–레이첼 카슨 『침묵의 봄』(1962)

농약의 종류

세계 최초의 합성 살충제는 1939년에 개발[20]된 DDT(dichloro-diphenyl-trichloroethane)이다. DDT는 저렴하고 살포가 쉬우며 살충 효과가 매우 높았다. 특히 대부분의 곤충에 효과가 있었지만 사람을 포함한 포유류에게는 상대적으로 독성이 없어 해충 방제에 이상적인 물질로 여겨졌다. DDT는 전쟁 중에 수천만 명의 군인과 피난민, 포로의 몸에서 이(lice)를 없애기 위해 살포되었고 어떤 문제도 직접적으로 생기지 않아 인체에해가 없는 것으로 생각되었다(그림 6.31). 하지만 이러한 DDT의 안전성에 대한 미신은 DDT가 피부 속에 스며들지 않는 분말형태로 사용되어 생긴 것으로 지방 성분에 녹은 DDT는 상당한 독성을 발휘한다.

DDT 개발 이후 많은 합성 살충제가 발명되었다. 이를 화학적으로 분류하면 크게 탄소를 기반으로 하는 유기 농약과 금속이나 할로겐족 원소로 이루어진 무기 농약으로 나눌 수 있다.

유기 농약 중 유기인(organophosphates)계 농약은 가장 광

---

20 DDT 합성은 1874년이지만 살충제로서의 효능은 1939년 스위스인 폴 뮬러(Paul Muller)에 의해 발견되었고 그는 이 업적으로 노벨상을 수상하였다.

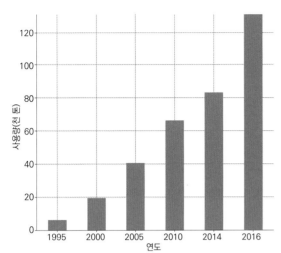

그림 6.32 1995년부터 2014년까지 유기인계 제초제인 글리포세이트의 전 세계적인 사용량(자료: Benbrook, 2016; Maggie et al., 2020)

partation: R = CH₃
methyl parathion: R = H

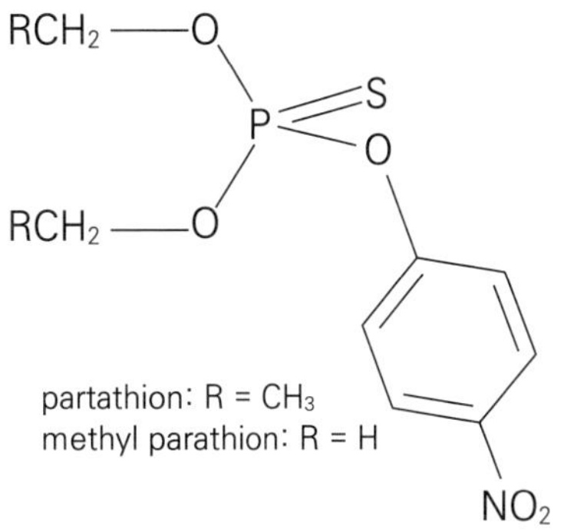

그림 6.33 유기인계 살충제 성분인 파라치온의 구조 ⓒ Smokefoot (wikimedia)

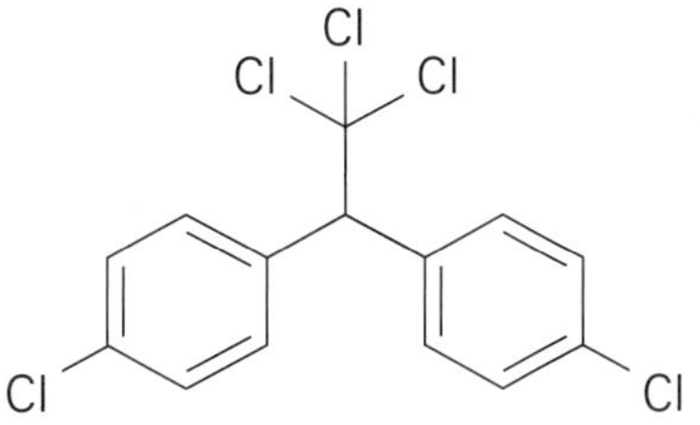

그림 6.34 DDT 분자 구조 ⓒ Reyo (wikimedia)

범위하게 사용되는 합성 농약이다. 제초제저항성 GM콩과 함께 살포되는 제초제인 Roundup의 주성분인 글리포세이트(glyphosate)는 세계에서 가장 많이 사용되는 유기인계 제초제 성분이다. 1996년 GMO인 Roundup Ready® 콩이 상업적으로 판매되기 시작한 이후 글리포세이트와 결합된 제초제저항성 작물의 재배면적이 전 세계적으로 지속적으로 증가하는 추세에 맞추어 글리포세이트 사용도 전 세계적으로 빠르게 증가하고 있다(그림 6.32).

파라치온(parathion)과 말라치온(malathion) 등 살충제로 쓰이는 유기인계 농약(그림 6.33)들은 제2차 세계대전 중 신경가스인 사린 등과 함께 개발되었다. 유기인계 살충제들은 운동신경의 말단에서 분비되는 아세틸콜린(acetylcholine) 분해를 담당하는 콜린에스터라제(cholinesterase)를 억제함으로써 신경계를 교란한다. 유기인계 농약은 포유류, 조류, 어류 등에게 맹독성이지만 보통 살포 후 며칠 만에 빠르게 분해되기 때문에 다른 농약에 비해 상대적으로 환경에 덜 잔류하는 편이지만 살포하는 동안 농부들에게 치명적인 영향을 줄 수 있다.

유기염소계 농약(그림 6.34)은 잔류성이 높고 민감한 생물종에게는 독성이 매우 크다. 아트라진(atrazine), DDT, 디엘드린(dieldrin), 2,4-D 등이 유기염소계 농약이다. 제초제로 쓰이는 2,4-D는 IAA에 속하는 식물호르몬 성분

으로 비정상적인 생장을 통해 잎이 넓은 쌍떡잎식물을 죽인다. 유기염소계 농약은 토양에 수십 년 동안 잔류가 가능하고 생물들의 지방에 축적되어 먹이사슬을 통해 농축된다. 이처럼 환경에 배출되면 거의 분해되지 않고 환경에 잔류하며 생물에 농축되는 특성을 가진 유기물질을 **잔류성 유기오염물질**(persistent organic pollutants, POPs)[21]이라고 한다. 알드린(aldrin), 클로르데인(chlordane), 디엘드린(dieldrin), DDT 등 유기염소계 농약이 주요 잔류성 유기오염물질로서 환경에 영향을 주고 있다.

네오니코티노이드계 농약은 니코틴계 신경 자극성 살충제인데, 이 중 이미다클로프리드(imidacloprid)는 전 세계에서 가장 많이 사용되는 살충제이다. 네오니코티노이드계 농약은 최근 전 세계적인 **꿀벌 군체 붕괴**[22]와

---

21 UN환경계획(UNEP) 주도로 2001년 5월 22일 POPs에 대한 스톡홀름협약이 채택되었다. 2014년 기준, 179개국이 스톡홀름협약을 비준하였다. 이 협약의 목적은 잔류성 유기오염물질 감소를 위해 지정된 물질의 제조, 사용, 수출입을 금지 또는 제한하는 것이다.

22 봉군붕괴현상(colony collapse disorder, CCD)이라고도 부른다. 꿀과 꽃가루를 채집하러 나간 일벌들이 둥지로 돌아오지 못해서 둥지에 남은 여왕벌과 애벌레 등 벌집 전체가 몰살당하는 현상이다.

그림 6.35 세균 *Bacillus thuringiens*가 만드는 단백질 결정(Bt-toxin)의 주사전자현미경 영상 © Jim Buckman (wikimedia)

의 연관성이 의심되고 있다.

미생물농약과 생물학적 방제는 농약 대신 살아있는 미생물과 천적을 이용한다. 미생물농약으로 대표적인 것이 해충저항성 Bt옥수수에 유전자를 제공하는 세균(*Bacillus thuringiensis*)으로 유기농 재배에 이용된다(그림 6.35). 이 세균이 포자를 형성할 때 만드는 *cry* 단백질 결정은 곤충에 특이적인 독성을 보여 *Bacillus thuringiensis* 포자와 단백질 결정을 액상으로 살포하면 살충 효과를 보인다. *cry* 단백질을 합성하는 유전자를 옥수수에 도입한 것이 바로 해충내성 BT옥수수이다.

미생물농약과 달리 천적 곤충을 이용하여 식물에 피해를 주는 '해충'을 조절하는 방법을 **생물학적 방제**(biological control)라고 한다. 최초의 성공적인 생물학적 방제는 1888년 미국 캘리포니아주에서 오렌지에 피해를 주던 캘리포니아감귤깍지벌레(*Icerya puchasi*) 원산지인 호주에서 베달리아무당벌레(*Rodolia cardinalis*)를 도입하여 방사함으로써 해충을 방제한 것이다. 1920년대에는 토마토에 발생하는 해충인 온실가루이(*Trialeurodes vaporariorum*)를 방제하기 위해 온실가루이좀벌(*Encarsia formosa*)을 대량 증식하여 이용하였다. 생물학적 방제는 1940년대부터 합성 농약에 밀려 사라졌다가 최근 유기농산물이 인기를 얻으면서 중요성이 다시 부각되고 있다. 국내에서는 1990년대 들어서 본격적인 연구가 시작되었고 상업화된 천적 생물도 팔리고 있다.

농약의 혜택

1930년대부터 1960년대 말까지 농업 생산성은 특히 선진국에서 비약적으로 증가하였는데 이를 녹색혁명(green revolution)이라고 부른다. 녹색혁명은 고수확 품종, 화학비료, 합성 농약, 기계화 및 대규모 관개시설 등 기술 발전에 기인하였다. 이 중 합성 농약은 농업 생산성을 높이는 데 크게 기여하였다. 또한 농약은 곤충을 매개로 하는 질병 예방에 큰 기여를 하였다. 특히 DDT는 말라리아 모기를 제어하는데 효과적이였다. 세계보건기구(World Health Organization, WHO)는 1950년대와 1960년대에 DDT를 이용한 말라리아 구제 운동을 펼치기도 하였다. 1972년 이후 전 세계적으로 DDT가 금지되었지만, WHO는 말라리아가 창궐하는 지역에서 실내 살충제로 DDT 사용을 다시 승인하였다. 2008년 기준 인도와 남부 아프리카 국가 등 12개국에서 DDT 등을 말라리아 구제에 사용하고 있다. WHO에 따르면 말라리아 외에도 뎅기열(dengue)[23], 리슈마니아증(leishmaniasis)[24], 샤가스병(shagas disease)[25] 처럼 곤충이 매개체(vector)인 매개질병(vector borne disease) 방제에 농약이 널리 쓰이고 있다(WHO, 2011).

농약과 환경

식량 생산 증대와 매개질병 제어 등 농약이 인류에게 기여한 혜택도 있지만 농약이 환경과 건강에 미치는 위해성도 매우 크다. 대표적으로 사람을 포함한 **비표적 생물**(non-target organisms)이 농약에 노출되어 영향을 받을 수 있다. 사실 해충과 같은 표적 생물과 비표적 생물의 구분은 인간과 인간이 기르는 생물에 유해한지 여부에 따른 것으로 다분히 인간 중심적인 분류이다. 살충 효과가 있는 농약은 표적 곤충과 비표적 곤충을 구분하지 않고 죽인다. 인간과 작물에 해가 되는 '해충'만 제거하는 특이적인 살충제는 존재하지 않

---

23 바이러스성 급성 전염병으로 모기가 옮기는 출혈열
24 편모충에 의한 질병으로 모기에 의해 전파됨
25 크루즈파동편모충(*Trypanosoma cruzi*)에 의한 질병으로 침노린재과 곤충에 의해 전파됨

그림 6.36 2014년 순천시 소나무재선충병 항공방제 현장 ⓒ 산림항공본부

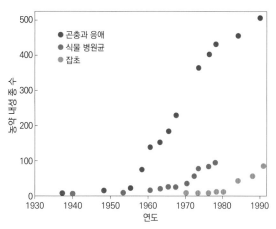

그림 6.37 농약에 내성을 가진 곤충, 식물 병원균 및 잡초의 증가 양상(자료: Gould, 1991)

으므로 이러한 '해충'을 포식하는 '천적' 또는 '익충' 또한 함께 사라지게 한다. 농약이 비표적 생물에 미치는 영향을 볼 수 있는 좋은 예가 소나무 재선충병 방제를 위해 재선충 방제약을 항공방제하는 것이다. 산림청은 재선충병 매개체인 솔수염하늘소를 없애기 위해 1989년부터 해마다 5~6월에 항공방제를 해왔다(그림 6.36). 하지만 이는 재선충병 매개생물뿐만 아니라 양봉 농가에 피해를 주고 친환경 농법 농가에도 피해를 줄 가능성이 있다. 게다가 항공방제가 등산객과 주민 건강에도 영향을 줄 수 있어 우려가 크다. 항공방제와 지상 살포 등 농약 사용은 최근 전 세계적인 **꿀벌 군체 붕괴**(colony collapse disorder) 현상의 원인으로 지목되고 있다. 2006년 한 보도에 따르면 1980년 이래 야생벌 종다양성이 영국에서 40%, 네덜란드에서 60%나 감소하였다. 네오니코티노이드계 살충제는 꿀이나 꽃가루에도 전달되어 벌들이 벌집으로 돌아오는 능력을 교란할 수 있다는 것이 밝혀졌다(Henry et al., 2012).

항생제 사용이 항생제 내성 세균 증가를 불러오듯이 살충제와 제초제 사용은 이런 농약에 내성을 가진 곤충과 식물을 증가시킨다(그림 6.37). 항생제와 마찬가지로 살충제와 제초제는 자연선택의 선택압(selection pressure)으로 작용한다. 이러한 농약에 내성을 가진 생물의 증가는 더 강력한 농약 개발을 요구하는 악순환을 불러온다. 제초제내성 GM작물 재배 면적 증가는 글리포세이트 농약 살포를 증가시키고 이에 내성을 가

진 식물이 증가하면 농약 살포량을 더 증가시키거나 더 많은 종류의 농약을 조합하여 살포할 것을 강요하게 된다. 따라서 농약도 항생제와 마찬가지로 무한히 사용할 수 있는 자원이 아니라 사용하면 할수록 사용 기간이 줄어드는 **비재생 자원**(non-renewable resource)으로 인식되어야 한다. 뿐만 아니라 살충제는 진딧물, 메뚜기, 나방 유충과 같은 소위 '해충'을 잡아먹는 무당벌레, 말벌, 사마귀 같은 '익충'에게도 영향을 줌으로써 농경생태계의 먹이그물을 교란한다. 상대적으로 수가 적은 먹이그물의 상위단계 생물들이 사라질 가능성은 하위단계 생물들이 사라질 가능성 보다 높고, 핵심종(keystone species)인 포식자가 사라지면 그 전까지 포식자에 의해 억눌려 있던 초식자가 갑자기 늘어나 새로운 '해충'이 등장할 수 있다(3장 참고).

대부분의 농약은 며칠 또는 몇 주 이내에 분해되어 독성이 사라지거나 완화되지만 어떤 농약들은 잘 분해되지 않는다. 잘 분해되지 않고 환경에 오랫동안 잔류하는 화학물질을 통칭하는 **잔류성 유기오염물질**(persistent organic pollutants, POPs)은 보통 지방에 흡수되어 먹이 그물을 통해 전달 및 농축되거나 공기 물, 토양을 통해 멀리 전파될 수 있다. 1995년 스톡홀름협약에서 규정된 12개의 POPs 중 9개가 농약이었으며 추가 선정된 11개의 POPs 중 6개가 농약 성분이었다. 생물농축과 장거리

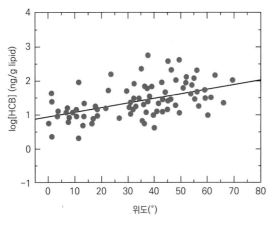

그림 6.38 유기염소계 농약인 헥사클로로벤젠(hexachlorobenzene, HCB)의 메뚜기 효과(자료: Simonich & Hites, 1995)

전파를 통해 농업 활동의 부산물인 잔류성 농약들은 극지의 생물과 사람들에게까지 큰 영향을 주고 있다. 캐나다에서 이루어진 연구에 따르면 이누이트족 모유에서는 캐나다 남부 산업화된 지역의 모유에서보다 5배나 많은 유기염소계 POPs 함량을 보였다. 극지에 사는 이누이트족들이 자신들이 쓰지도 않은 농약으로 피해를 보게 되는 이유는 **메뚜기 효과**(grasshopper effect)라고 불리는 POPs의 장거리 전파가 일어나기 때문이다. 메뚜기 효과는 전 지구적 증발(global distillation)이라고도 하는데 따뜻한 지역에서 POPs가 물과 함께 증발하면서 상승하고 추운 지역에서 물과 함께 하강하여 위도가 높은 지역으로 이동하는 것을 말한다(그림 6.38). 이런 메뚜기 효과는 유기염소계 농약에서 가장 잘 나타나는데 생물농축과 결합하여 극지 최상위 포식자인 북극곰에서 유기염소계 물질 농도는 바닷물 중 농도의 30억 배에 달하기도 한다는 것이 알려졌으며, 흰색 고래인 벨루가(beluga)는 고농도 유기염소계 물질에 의한 것으로 생각되는 환경유래 질병과 종양에 시달려 이들 사체는 독성폐기물로 간주될 정도이다.

농약의 인체위해성

농약이 사람의 건강에 미치는 영향은 갑작스럽게 많은 양에 노출되었을 때 나타나는 중독 및 질병과 같은 급성(acute) 효과와 낮은 농도에 오랫동안 노출되어 나타나는 암, 기형, 면역 문제, 자궁내막염, 신경장애, 파킨슨병과 같은 만성(chronic) 효과로 나뉜다. 비의도적인 농약 중독으로 사망하는 사람은 2008년 이후 매년 전 세계적으로 34만 6,000명으로 추산된다. 만성적인 농약 중독으로 사망하는 숫자는 상대적으로 추정하기 힘들지만, WHO 자료에 따르면 1990년 한 해에 73만 5,000건이 농약에 의한 특정 만성질환 사례이고, 암과 같이 원인을 특정할 수 없는 경우도 매년 3만 7,000건에 달한다. 비의도적 농약 중독의 2/3는 적절한 안전 장구나 지식이 부족한 개발도상국 농부들에게 일어난다. 우리나라에서 농약 중독에 대한 설문조사 결과 농민 50% 이상이 경증 이상의 농약 중독을 경험하였고 15% 정도는 중증 이상의 중독을 경험하였다.[26] 치료 증상으로는 급성 중독이 가장 많았고, 피부장해, 눈, 코, 인후 장해, 간독성 등이 있었다.[27]

농약에 의한 만성 중독은 농약에 의한 것이 명확하지 않은 경우가 많다. 예를 들어 농약을 사용하는 농부들이 전립선암, 비호지킨림프종, 파킨슨병 등에 더 잘 걸린다는 연구결과가 보고되고 있지만 흡연이나 가솔린 등 용매 노출에 의한 증상과 구분하기 매우 어렵다. 마찬가지로, 농약을 살포하는 농부의 아이들은 기형율이 보통보다 높은데 어떤 이유 때문에 기형이 일어나는지 규명하기 어렵다. 한편 통계에 의하면 전 세계적으로 매년 200만 건의 의도적인 농약 중독이 일어나고 있고 이는 전체 농약 중독의 약 2/3에 해당한다(PAN Germany, 2012). 2007년 농약을 이용해 자살한 사람은 37만 명에 달하고 아시아에서만 30만 명 이상 죽었다. 한국에서 농약 중독의 85%는 의도적인 것으로 밝혀졌다.

농약 사용은 관행농업으로 경작한 농산물을 소비하는 소비자에게도 영향을 줄 수 있다. 2016년 경기도 보건환경연구원이 경기도 내에서 유통되는 농산물 9,436건을 대상으로 220가지 농약 성분 잔류농약 검사를 한

26 출처: 농촌진흥청 농촌자원개발연구소 자료
27 출처: 일본 농촌의학회. 전국농약중독 임상사례.

결과 1.3%에 해당하는 120건에서 기준을 초과하였다. 검출된 농약은 다이아지논, 클로르피리포스, 플루벤디아마이드, 클로르다노닐, 프로사이미돈 등 저독성 농약이었다. 품목별로는 취나물이나 참나물과 같은 산나물류가 6.9%, 열무나 상추와 같은 잎채소류가 4.5%로 기준초과 비율이 가장 높았는데, 이들은 재배면적이 적은 작물이므로 사용할 수 있는 농약이 없거나 부족한 것이 원인인 것으로 보인다.

비료와 수자원 소비

농약 살포 외에도 농업 활동은 비료 살포와 수자원 소비를 통해 환경에 지대한 영향을 주고 있다. 농업 생산성을 유지하기 위해 막대한 양으로 살포되는 질소 비료는 강, 하천, 호수 및 바다로 흘러들어 수생태계를 부영양화시킨다. 또한 작물을 재배하기 위해 쓰이는 물의 양은 전체 물 소비량의 85%에 달하여 수자원 고갈에 가장 큰 기여를 하고 있다. 과다한 비료 사용과 수자원 고갈 문제는 12장 '수자원과 수질'에서 자세히 다루기로 한다.

축산과 환경

초식자로서의 사람을 부양하기 위한 것이 농업이라고 한다면, 육식자로서의 사람을 부양하는 것이 축산이다. 전 세계의 도시화와 서구화는 육류 소비를 지속적으로 증가시키고 있고 이를 공급하기 위해 막대한 수의 소, 돼지, 닭이 사육되고 있다(그림 6.39).

UN 식량농업기구(FAO) 자료에 따르면 2018년에 전세계에서 사육되는 닭은 2.4억 마리, 소는 약 9.7억 마리이며, 양과 돼지는 각각 약 2억 마리 정도이다. 고기는 예로부터 부의 상징인데 이는 사육 비용이 매우 높기 때문이다. 사람의 육식 수요를 감당하기 위한 막대한 수의 가축 사육은 에너지 측면에서 매우 심각한 문제를 일으킨다. 2장 '생태학 기초'에서 다루었듯이 초식동물이 이용하는 대부분의 에너지(식물이 생산한 양)는 열로 사라지고 생물량으로 남는 비율은 평균 10% 정도에 불과하다. 따라서 초식동물을 먹는 육식동물에게 이용가능한 에너지는 초식동물이 이용가능한 에너지의 1/10 수준이 된다. 소고기 1 kg을 생산하려면 8 kg 이상의 곡물을 소에게 먹여야 하고, 돼지고기 1 kg을 얻으려면 돼지 사료 3 kg을 소비해야 한다(그림 6.40). 에너지뿐만 아니라 수자원 소비도 엄청난데, 1 kg의 소고기를 생산하는데 소비하는 물의 양은 1 kg의 쌀을 생산하는 데 필요한 물 양의 6배에 달한다(그림 6.41). 사실 쌀 등 곡물을 생산하는 농업이 수자원 소비에서 차지하는 비중이 엄청난데 육류 생산은 곡물 생산보다 훨씬 더 많은 물을 소비한다.

20세기 들어 발달한 여러 기술의 혁신으로 인해 고밀도 가축 사육이 가능해졌고, 단위면적당 가장 많은 육류를 생산할 수 있는 **밀집가축사육장**(confined animal feeding operation, CAFO)[28] 형태가 축산업의 대부분을 차

---

28 미국 EPA에 따르면 생장기에 45일 이상 축사에 가두어 기르고, 식물을 키우지 않고, 특정 면적 이상으로 가축을 사육하는 곳으로 정의된다. 소를 기르는 대형 사육장의 경우 1,000마리 이상의 소를 키운다.

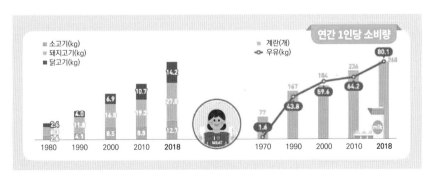

그림 6.39 우리나라 사람들의 육류 소비량 변화(자료: 통계청, 2020)

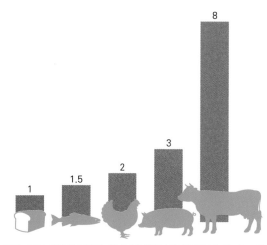

그림 6.40 어류와 육류를 생산하기 위해 필요한 곡물의 양. 소고기 1 kg을 생산하려면 곡물 8 kg이 필요하다(자료: Cunningham & Cunningham, 2015).

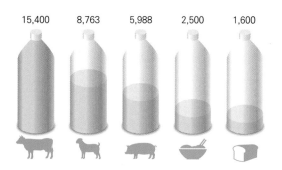

그림 6.41 1 kg의 육류와 곡물로 만든 면과 빵을 생산하기 위해 소비되는 물의 양(단위: 리터)

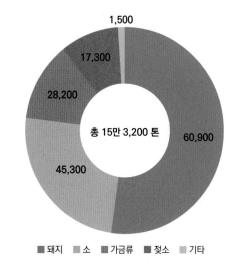

그림 6.42 2019년 우리나라의 가축별 분뇨 발생량(단위 m³/일). 기타는 말, 양, 사슴, 개, 타조를 합친 양이다(자료: 환경부).

지하고 있다.

밀집가축사육에서는 사료로 주로 콩과 옥수수 및 동물단백질을 먹여 빠르게 성장시키면서 주변으로 막대한 양의 배설 폐기물을 배출한다(그림 6.42). 밀집된 환경에서 자라는 동물들은 스트레스로 면역력이 떨어지며 구제역이나 조류독감 등 각종 전염병에 취약하게 된다. 이러한 질병을 막기위해 막대한 양의 항생제가 살포되어 왔다. 또한 축산 분뇨는 하천과 호수 등 수생태계로 흘러들어가 수질을 오염시키고, 주변에 악취를 퍼뜨려 민원을 일으킨다.

우리나라의 밀집 사육은 2000년대 전후 진행된 '사육시설 대형화'로 축산농가의 수는 줄어든 대신 한 농가에서 기르는 가축 수는 급격히 늘어나고, 밀집사육 정도가 더 심해졌다. 돼지 한마리에게 주어진 면적은 2001년 1.79 m²(0.54평)이었고, 2010년에는 1.42 m²(0.42평)로 줄어들었다. 또한 1,000마리 미만 돼지 사육 농가에서는 마리당 평균 면적이 0.57평인데, 5,000마리 이상 사육 농가에서는 마리당 0.39평에 불과하였다. 국토면적 대비 가축 사육 밀도는 미국, 일본, 호주에 비해 압도적으로 높은 편이다(그림 6.43).

이러한 밀집사육의 부작용을 피부로 느낄 수 있는 것은 가축 질병으로 인한 살처분이다(그림 6.44). 2011년부터 2017년 사이에 발생한 구제역(foot-and-mouth disease)[29]으로 우리나라에서 소와 돼지 309만 마리를 살처분하였다(표 6.3). 2008년부터 2017년까지 가축 질병으로 인한 피해액은 2.1조 원에 이르며 전체 사회재난 피해액의 23%를 차지하였다.[30]

6.5 유기 농업

인간에게 먹거리를 공급하는 농업은 생물을 다룬다는 점에서 생명 친화적이라고 인식하는 사람들이 많

---

29 소, 돼지 등 우제류에 발생하는 바이러스성 전염병
30 양돈타임스, 가축질병피해액 10년간 2조원 넘어, 2018.8.23 기사

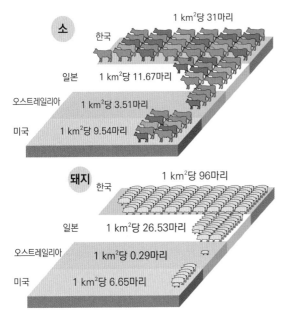

그림 6.43 2010년 당시 미국, 오스트레일리아, 일본과 비교한 단위 면적당 소와 돼지 사육 밀도(시사IN "동물의 역습" 다시 그림)

그림 6.44 구제역 방역요원들이 충주시 한 농가에서 돼지를 살처분하고 있는 장면 ⓒ 조남진 (시사IN)

다. 넓은 논밭에서 자라는 녹색 식물은 그런 이미지를 강화한다. 하지만 농약과 비료, 대형 댐과 트랙터로 무장한 관행농법 농업은 앞장에서 살펴본대로 토양을 침식시키고, 생물다양성을 감소시키며, 수자원과 에너지를 고갈시킨다. 농약의 폐해 및 환경과 생태에 대한 인식은 관행농법을 극복하는 '유기' 또는 '친환경' 농법의 확장으로 이어졌다.

친환경 농업

우리나라 농림축산식품부의 정의에 따르면 **친환경농업**은 "화학자재를 미사용 또는 사용을 최소화하고, 농어업 부산물 재활용 등을 통해 생태계와 환경을 유지·보전하면서 안전한 농축산물을 생산하는 산업"이다 (농림축산식품부, 2016). 농림축산식품부의 친환경농업은 광의의 개념으로 유기농업뿐만 아니라 환경친화적인 영농 형태도 포함하고 있다. 친환경농업으로 생산된 농산물인 친환경농산물은 우리나라에서 유기농산물, 무농약농산물로 인증을 거쳐 판매되고 있다(그림 6.45). 유기농산물은 농약 및 화학비료를 사용하지 않은 것이고 무농약농산물은 농약은 쓰지 않았지만 화학비료를 권장량의 1/3 이하로 사용한 것이다. 유기축산물은 유기사료를 주어 키운 축산물을 말한다. 즉 친환경농산물은 유기농산물과 무농약농산물 2종류, 친환경축산물은 유기축산물 1종류로 나뉜다.

표 6.3 2000년 이후 발생한 가축 전염병과 살처분된 가축 통계

질병 \ 연도	2011	2012	2013	2014	2015	2016	2017
계	9,384,702	31,502	64,554	14,538,632	5,029,938	26,925,471	18,751,840
구제역	2,892,205	0	0	25,587	147,206	33,073	1,392
AI(조류 인플루엔자)	6,472,711	0	0	14,495,066	4,865,924	26,885,350	18,744,538
브루셀라	9,474	5,672	3,541	1,566	906	996	622
돼지 열병	1	0	0	106	0	793	0
소 결핵병	2,350	2,602	4,628	7,130	5,211	4,309	2,368
사슴 결핵	1,825	805	687	995	576	466	114
오제스키병	0	0	0	0	0	0	0
기립 불능우	31	346	119	179	77	55	22
기타	6,105	22,077	55,579	8,003	10,038	429	2,784

(자료: 농림수산식품부)

그림 6.45 2013년 변경된 농림축산식품부 친환경 인증표시
(자료: 친환경인증관리정보시스템)

유기 및 무농약 농업으로 인증된 재배면적과 농가수는 2012년 127,000 ha, 107,058호였으나 이후 감소 추세에 있어 2019년 81,717 ha, 58,055호로 계속 줄고 있다(그림 6.46).

우리나라의 친환경농산물 인증제는 생태계와 환경 보전을 목적으로 도입되었지만 농가와 소비자 모두 농약과 관련된 식품안전 측면에서 접근하고 있다. 일반적인 유기농업의 목표는 크게 세 가지로 이야기된다. 첫 번째는 자연과 조화를 이루며 먹거리를 생산하는 것이다. 동물 복지를 생각하며 농약과 비료를 최소화하여 생태계에 부담을 최소화하면서 사람의 먹거리를 생산하는 것이 자연과 조화로운 농업일 것이다. 두 번째는 농산물 유통이 장거리, 대규모가 아니라 지역농산물을 지역소비자와 연결시키는 지역 먹거리 이용이다. 지역 농부들이 수확한 농산물을 가져와 장에서 파는 오일장이나 미국 파머스마켓(farmer's market)이 이에 해당한다. 세 번째는 온전하고 안전한 먹거리를 제공하는 것이다. 자연에 피

해를 주고, 지역에 밀착하지 않고 먼 지역에서 생산된 먹거리는 아무리 온전하고 유기농 인증을 받았다 하더라도 진정한 의미의 유기농산물이라고 할 수 없을 것이다.

농경생태계

자연과 조화를 이루는 농업이 이루어지려면 우선 관행농법이 진행되는 농경지를 중심으로 하는 생태계인 **농경생태계**(agro-ecosystems)에 대한 이해가 필요하다. 대부분의 농경생태계는 목적하는 작물 재배를 위해 인간이 관리를 하기에 자연적인 천이(succession)가 일어나지 않게 유지된다. 대부분의 곡물은 천이 초기종인 일년생 초본이므로 농경생태계는 천이 초기 상태로 유지된다. 또한 대부분의 농경지는 한 가지 종류의 작물을 재배하는 **단일경작**(monoculutre) 상태를 유지하는데 해충이나 각종 질병에 취약하고 이어짓기(연작, 連作)로 토양 영양소가 쉽게 고갈되어 지력을 잃게 된다. 작물 재배 및 관리를 용이하게 하기 위한 이랑과 고랑은 전염병이나 동물 등이 침범하기 좋은 구조이고 이랑과 고랑의 방향에 따라 표토층 침식이 크게 일어난다. 관행농업하에서 농경생태계는 단일경작 및 제초제, 살충제 살포로 생물다양성이 감소하고 먹이그물이 극도로 단순화되어 생태계의 안정성이 매우 떨어져, 가뭄이나 기후변화에 따른 수확량 변화가 커지고 병해충에 대한

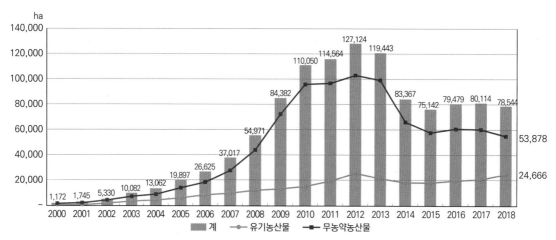

그림 6.46 2000년부터 2018년까지 친환경 농산물 인증 면적 비율(자료: 국립농산물품질관리원 친환경인증통계정보(http://www.enviagro.go.kr))

저항성이 떨어지게 된다. 또 밭갈기(tilling)는 표토층을 침식시키고, 유기물과 무기영양소가 사라지게 한다.

기본적으로 농경생태계는 인위적인 비료 공급으로 유입되는 영양소의 양이 매우 많고, 수확, 침식 및 용탈 등에 의해 빠져나가는 영양소의 양도 많아 내부순환보다 외부순환이 우세하다(47쪽 그림 2.14 참고). 이렇게 빠져나가는 영양소는 수생태계로 흘러 들어가 부영양화를 일으킨다.

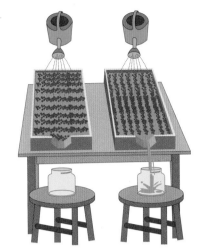

그림 6.47 등고선식 경작(왼쪽)과 상하경재배(오른쪽)에서 토양 침식량의 비교

농법의 개선 – 토양 보전

등고선식 경작

경사진 곳에서 고도에 따라 이랑과 고랑을 만드는 상하경재배는 비가 오면 토양 침식이 매우 심하게 일어난다. 이러한 경사면에서의 토양 침식을 막는 가장 효과적인 방법은 등고선에 따라 이랑과 고랑을 만드는 **등고선식 경작**(contour plowing)이다(그림 6.47).

아시아인의 주식인 쌀을 생산하는 논의 경우 수생식물인 벼를 재배하기 위해 일정 기간 동안 물을 대야 하므로 경사지에 논을 만들려면 계단식(terracing) 논을 만들게 된다. 이러한 계단식 경작도 등고선식 경작과 마찬가지로 토양 침식을 막아주는 기능을 한다(그림 6.48).

그림 6.48 전남 보성의 녹차밭. 등고선식 경작을 볼 수 있다.
ⓒ looseweb (pixabay)

피복(흙덮기) 농법

옥수수나 콩을 열지어 재배하는 것은 토양을 드러나게 하여 토양 침식에 취약하다. 표토층 침식을 막기 위해 여러 가지 재료로 흙을 덮는 농법을 피복(흙덮기) 농법이라고 한다. 가장 쉽게는 작물에서 떨어진 부스러기가 그대로 땅을 덮도록 내버려두는 것이다. 이것으로 부족할 때 피복작물을 심어 토양을 덮는 초생법이나, 퇴비나 두엄과 같은 유기물로 덮는 멀칭(부초법)이 있다. 초생법은 등고선식 경작법과 결합하여 초생대상 재배법으로 활용된다. 초생대상 재배법은 등고선에 따라 들묵새(*Festuca myros*), 토끼풀(*Trifolium* spp.), 자운영(*Astraglaus sinicus*) 등의 피복작물(cover crops)이 자라는 초생대를 두는 방법이다. 멀칭(mulch)은 짚, 풀, 가축 배설물 등으로 땅을 덮는 것인데, 주로 경사지 과수원에

그림 6.49 무경운으로 재배되는 콩밭. 콩 사이로 밀을 키우던 잔해가 남아 있어 침식이 억제된다. ⓒ Tim McCabe, USDA (wikimedia)

서 이용된다. 바람에 의한 침식이나 가뭄이 심한 지역에서는 밭갈기(경운)를 줄이고 파종되는 부분만 경운하여 작물을 심는 **무경운**(no-till) **재배**도 갈지 않은 토양에서 초본이 자라 토양 침식을 억제할 수 있다(그림 6.49).

제초제나 살충제 등 농약 사용은 농경생태계의 생물다양성을 감소시키고, 먹이그물을 붕괴시키며 먹거리 안전을 위협하는 중요 요인이다. 수확량 감소 없이, 또는 수확량 감소를 어느 정도 감수하면서라도 관행적인 농약 사용을 줄이려는 노력이 수십 년 동안 계속되어 왔다.

서식지 다양화

생물이 사는 곳인 서식지가 다양하면 더 다양한 생물이 살게 되고 소위 '병해충'을 막기 쉬워진다. 한 종을 재배하는 단일경작은 그 식물을 먹거나 기생하는 '해충'에게는 아주 좋은 서식처가 되기에 여러 작물을 공간적으로 함께 재배하거나(섞어짓기 또는 사이짓기), 시간적으로 조합하여 재배 (돌려짓기, 윤작)하면 '해충'이 침입하기 어려워진다. 돌려짓기는 유기농 인증의 필수 요건인데, 이를 통해 병충해의 생태적 제어가 가능하기 때문이다. 같은 작물을 계속 경작하게 되면 그 작물에 특이적으로 발생하는 '병해충'이 만연하게 되는데, 돌려짓기를 통해 작물 뿌리에서 자라는 진균류나 토양선충을 피할 수 있다. 작물을 심기 전에 일부러 물에 잠기게 하거나 이미 있는 식물들을 태우거나 피복 식물로 덮음으로써 '잡초'와 '해충'을 줄일 수도 있다.

생물을 이용한 방제

농약 부분에서 이미 다루었듯이 말벌, 무당벌레, 사마귀 등 포식자나 바이러스, 세균, 진균류와 같은 기생자를 이용하여 해충을 방제할 수 있다. 우리나라에서는 우렁이농법과 오리농법이 논농사에서 잡초제거에 이용되어 온 것이 대표적이다(그림 6.50). 몸집이 작은 청둥오리 등의 새끼오리를 모내기 2주 뒤에 방사하여 잡초와 해충을 먹어치우게 하여 제초와 살충 효과를 보는 것이 오리농법이다. 벼 이삭이 패고 나면 잎이 우거져 잡초가 자랄 수 없으므로 오리를 꺼내 준다. 제초 효과 외에도 오리 배설물로 화학비료 사용량도 줄일 수 있다. 벼 농사 이외에 오리도 함께 키워야 해서 노동력이 많이 들고 조류독감에 대한 우려도 있다. 우렁이농법은 남미에서 수입한 왕우렁이를 논에 사육해서 '잡초'를 먹어치우게 하여 제초제와 비료 사용을 줄이는 농법이다. 우렁이 분비물로 인하여 농경지가 부드러워지고, 추수 후 우렁이 사체는 유기물로 땅의 영양분을 높여준다. 다만 번식력이 좋은 왕우렁이가 지구온난화의 영향으로 월동하게 됨에 따라 생태계에 위협을 주고 있다.

병해충 종합관리

농약 사용을 최대한 줄이고 농약을 대체할 수 있는 여러 가지 방법을 함께 적용하기 위해 개발된 관리 방법이 **병해충 종합관리**(integrated pest management, IPM)이다. IPM은 농작물 생산자의 경제적 만족도를 최대한 높이면서도 방제에 따른 악영향으로부터 생태계와 사람의 건강을 보호하는 것이 목적이다. IPM은 대상 '해

그림 6.50 우렁이농법(왼쪽 ⓒ 황영심)과 오리농법(오른쪽 ⓒ 연합뉴스) 모습. 왼쪽 사진에서 붉게 보이는 것이 왕우렁이가 산란한 알이다.

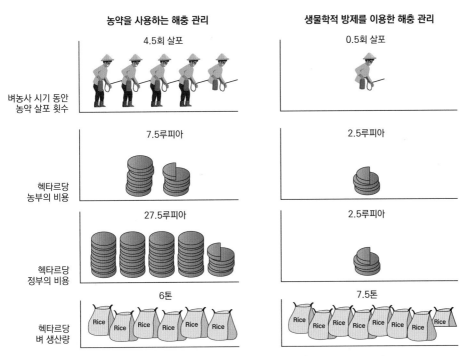

그림 6.51 인도네시아에서 시행한 IPM 프로그램의 결과. Tolba, et al.(1992)의 그림을 다시 그림

충'이 어떤 환경에서 생존이 어려운지 파악하는 것에서 시작하여 생물학적, 경종법[31]적, 화학적 방제 방법을 모두 조합하여 적용하되 각 방제 방법이 서로 보완하도록 한다(표 6.4).

IPM은 농약 사용을 줄여 경제적으로도 도움이 되므로 개발도상국에서 성공사례가 많다. 전 세계적으로 가장 성공적인 IPM 사례는 인도네시아의 국가적인 IPM 장려 정책이다. 1986년 인도네시아 수하르토 대통령은 그 이전까지 사용되던 57개 농약 중 56개를 금지시키고 IPM을 장려하는 정책을 시작하였다. IPM을 사용한 농민들은 살충제 살포가 1/9로 줄었고 재배 면적당 경작 비용은 1/3로 줄었다. 정부의 비용도 1/11로 줄었고 쌀 수확량은 1 ha당 7.5 톤으로 1.5 톤이 증가하였다(그림 6.51). 하지만 인도네시아의 IPM은 수하르토 대통령이 권력에서 내려온 뒤인 1999년 종료되었고, 농약 사용량은 다시 증가하기 시작하였다.

IPM은 합성 농약을 대체할 수 있는 좋은 대안이지만 생물학적 방제를 위해 외래생물을 이용하는 경우 자생생물을 줄여 생물다양성을 위협할 수 있다. 최근 연구에 따르면 과실수와 원예수의 해충인 매미나방(*Lymanitria dispar*, gypsy moth)의 생물학적 방제 여파로 북미대륙에 자생하며 어디서나 볼 수 있던 세크로피아나방(*Hyalophora cecropia*)이 지금은 발견하기 매우 어려운 멸종위기종이 되었다.

표 6.4 병해충 종합관리의 원칙

1. 해충방제에는 한 가지 특효약이 없다.
2. 해충은 박멸시킬 필요가 없다.
3. 해충 관리의 대상 단위는 농경생태계이다.
4. 천적의 활동을 최대한 보장해 주어야 한다.
5. 만일을 대비한 농약 살포는 절대 금물이다.

---

31 경종법(耕種法)은 농작물 선택과 논밭갈기, 씨뿌리기, 김매기, 거름주기, 수확하기 등 농사에 관한 모든 방법을 일컫는다.

참고문헌

구달과 매카보이. 2006. 희망의 밥상 (김은영 옮김, 사이언스북스 2014) (원제: Harvest for Hope: A Guide to Mindful Eating)

농림축산식품부 등. 2019. 농림수산식품 수출입동향 및 통계(총수입량).

다이아몬드. 1997. 총, 균, 쇠 (김진준 옮김, 문학사상 2013) (원제: Guns, Germs and Steel)

로빈스. 1998. 육식, 건강을 망치고 세상을 망친다 (이무열 옮김, 아름드리미디어 2000) (원제: Diet for a New America: How Your Food Choices Affect Your Health, Happiness, and the future of Life on Earth)

리프킨. 1993. 육식의 종말 (신현승 옮김, 시공사 2002) (원제: Beyond Beef)

싱어와 메이슨. 2007. 죽음의 밥상 (함규진 옮김, 산책자 2008) (원제: The Ethics of What We Eat)

지글러. 1999. 왜 세계의 절반은 굶주리는가? (유영미 옮김, 갈라파고스 2007) (원제: La Faim Dans le Monde Expliquee a Mon Fils)

지글러. 2005. 탐욕의 시대: 누가 세계를 더 가난하게 만드는가? (양영란 옮김, 갈라파고스 2008) (원제: L'empire De La Honte)

지글러. 2011. 굶주리는 세계, 어떻게 구할 것인가? (양영란 옮김, 갈라파고스 2012) (원제: Destruction massive: Geopolitique de la faim)

폴란. 2007. 잡식동물의 딜레마 (조윤정 옮김, 다른 세상 2008) (원제: The Omnivore's Dilemma: A Natural History of Four Meals)

한국바이오안전성정보센터. 2020. 2019 유전자변형생물체 관련 주요 통계.

Cunningham, WP Cunningham, MA. 2015. Environmental Science, 13th ed. McGraw-Hill.

De Castro, J. 1952. The Geopolitics of Hunger. Monthly Review Press.

FAO, IFAD, UNICEF, WFP and WHO. 2021. The State of Food Insecurity and Nutrition in the World 2021. Transforming Food Systems for Food Security, Improved Nutrition and Affordable Healthy Diets for All. Rome, FAO.

Gould, F. 1991. The evolutionary potential of crop pests. Am. Sci. 79: 496-507

Henry, M et al. 2012. A common pesticide decreases foraging success and survival in honey bees. *Science* 336: 348-350.

Holtz, RD et al. 1981. An introduction to Geotechnical Engineering. Prentice Hall. 733pp.

ISAAA. 2018. ISAAA Brief 54 Global Status of Commercialized Biotech/GM crops in 2018.

Lindlahr, VH. 1942. You are What You Eat: how to win and keep health with diet. National Nutrition Society.

Maggie, F et al. 2020. The global environmental hazard of glyphosate use. Science of The Total Environment 717: 137167.

PAN Germany. 2012. Pesticides and health hazards- Facts and figures.

Simonich, SL Hites, RA. 1995. Global distribution of persistent organochlorine compounds. Science 269: 1851-1855.

Tilman, D et al. 2002. Agricultural sustainability and intensive production practices. Nature 418: 671-677.

Tolba, MK et al. 1992. World Enviornment, 1972-1992. UNEP.

US EPA. 2011. Pesticides Industry Sales and Usage 2006 and 2007 Market Estimates.

Wada, E Hattori, A. 1990. Nitrogen in the Sea: Forms, Abundance, and Rate Processes. CRC Press.

Whitehorn, PR et al. 2012. Neonicotinoid pesticide reduces bumble bee colony growth and queen production. Science 336: 351-352.

WHO. 2011. Global Insecticide Use for Vector-Borne Disease Control: a 10-year assessment (2000-2009), 5th ed.

6. 먹거리와 농업

1. 조별활동

세계 기아 인구 통계(단위: 백만 명)

연도	세계인구	기아인구					
		세계	개발 도상국	동아시아	남아시아	사하라 이남 아프리카	라틴아메리카와 카리브해 지역
1971	3,790	1,391					
1981	4,534	1,242					
1991	5,371	1,011	991	295	291	176	66
2001	6,165	927	908	222	272	204	60
2011	6,944	821	805	175	274	206	38
2015	7,256	795	780	145	281	220	34

1. 위의 기아 인구 통계를 보고 답하시오. 개발도상국은 동아시아, 남아시아, 사하라 이남 아프리카와 라틴아메리카(카리브해 지역 포함) 기아 인구를 더한 값이다.

   1) 전 세계적으로 기아를 겪는 사람의 숫자와 비율은 2015년 기준 얼마인가?
   2) 1970년대에 비해 기아를 겪는 사람의 숫자와 비율의 변화 경향은 어떠한가?
   3) 전 세계 기아 인구는 어떤 나라들에게 집중되어 있는가?
   4) 기아 인구가 늘어나고 있는 지역은 어디인가?

2. 사람의 먹는 행위와 여러 환경문제 중 최소 세 가지 이상의 환경문제와의 연관성을 조사하시오.

3. 선정된 환경문제는 나(사람)와 생물들에게 어떤 영향을 주는지 조사하시오.

4. 위에서 얻은 정보를 이용해 연관성 그림을 그려 보시오.

   * 나에서 시작해서 나(또는 생물을 통해 나로)로 화살표가 되돌아오기

5. 그려진 연관성 그림을 종합 시간에 다른 조에게 설명해보시오.

6. (학기말까지 숙제) 각 조의 실천 지침 주제 (에너지, 재활용, 교통, 주거, 건강, 먹거리 등)에 대해 인간 활동 전반에 대한 연관성 그림을 그려 보시오.

2. 조별 토론 주제

1. GMO
   1) GMO의 소비에 대한 찬성 입장과 반대 입장의 논리를 정리하시오.
   2) 아직 우리나라에서는 GMO 종자의 판매와 재배가 허가되지 않고 있다. GMO 재배 행위의 위해성 평가를 하려면 어떤 사건들에 대해 일어날 확률과 결과들을 조사해야 하는가?

2. 육식은 환경에 어떤 영향을 주는가?

3. "임신 중이라면 참치와 같은 대형 육식 생선 섭식을 줄여야 한다." 이와 같은 의사의 처방을 받은 경우에 대해 생태학적으로 해석하시오.

4. 관행농법의 농약살포를 줄이고 농업의 생물다양성을 높이는 농법으로 논농업과 밭농업에서 적용 가능한 농법을 제안해 보시오.

5. 꿀벌이 인간에게 주는 혜택을 생태계서비스 차원에서 논하시오.

3. 전체 토론 주제

육식과 채식 중 당신의 선택은?

- 3부 -

생물다양성과
기후변화

7장
생물다양성의 이해

"(생물다양성은) 진화하는 데 수십억 년이 걸린 생명이 모두 모인 것이다. 이는 폭풍을 삼켜 유전자에 새기고 우리를 창조한 세계를 창조하였다. 생물다양성은 현재의 세계를 굳건하게 떠받치고 있다."

―윌슨(Edward O. Wilson), 『생명의 다양성』 중에서

7.1 생물다양성의 정의

생물다양성이란 무엇일까? 이에 대한 많은 정의가 있지만 대부분 '어떤 지역의 유전자, 종, 생태계의 총체'를 생물다양성이라 한다. UN 생물다양성협약에서는 이를 '육상생태계와 해양생태계 및 다른 수생태계 등 모든 생태계에서 살아가는 생물들 사이의 종 내, 종 간 그리고 생태계 간의 변이'로 정의하였다. 좀 더 자세한 정의로는 1989년 세계자연보호재단이 규정한 '수백만여 종의 동식물, 미생물, 그들이 가진 유전자 그리고 그들의 환경을 만드는 생태계 등을 모두 포함하는 이 지구상에 살아 있는 모든 생명의 풍요로움(세계자연기금, 1989)'이 있다. 모두 생명 현상의 다양함에 대한 개념이며 보통 유전자, 종, 생태계 수준을 포함한다. 최근에는 분자 수준까지 덧붙이기도 한다. 이전에는 영어로 'natural diversity' 또는 'biological diversity'로 써오다가 1989년 저명한 생태학자 윌슨(Edward O. Wilson)이 'biological diversity'를 간단하게 줄인 'biodiversity'를 책 제목으로 쓰면서 생물다양성(biodiversity)이라는 용어가 널리 쓰이게 되었다.

생물다양성은 우리 주변에서 쉽게 알아볼 수 있는데, 청계천과 같은 인위적으로 조성된 공간과 계곡 상류의 자연적인 개울을 비교해 보면 공간을 차지하고 있는 생물들의 다양한 정도의 차이를 느낄 수 있다(그림 7.1). 사람이 인위적으로 만들어 놓은 공간은 자연 상태의 생물다양성을 흔히 감소시킨다(그림 7.2).

생물다양성은 사회 구성원의 다양성 개념에도 영향을 주어왔다. 획일적인 교육을 받고 평균적인 사람들만 모인 사회보다는 다양하고 독립적인 사고를 하도록 교육받은 시민들의 사회가 더 안정적이고 발전할 가능성도 크다. 기인도 인정해주고 생각이 다름도 인정해 주는 사회, 다양한 구성원이 창의적인 아이디어를 내는 사회가 더 생존할 가능성이 높다. 이는 한 사회가 처한 환경이 끊임없이 변화하므로 역동적으로 대처하는데 인적 자원(human resources)의 다양성이 필요하기 때문이다.

그림 7.1 태백산의 단풍. 다양한 단풍색은 나무마다 광합성보조색소가 다르기 때문에 나타나는 것으로 생물다양성을 한눈에 느낄 수 있다. ⓒ 국립공원공단

그림 7.2 서울 청계천의 모습. 인위적으로 조성된 곳의 생물다양성은 매우 낮다. ⓒ 황영심

이러한 사회의 인적 다양성에 대한 생각은 생태학의 생물다양성에서 나온 개념으로 볼 수 있다.

7.2 생물다양성의 수준

생물다양성은 보통 분자, 유전자, 종, 생태계 수준 등 생명 현상의 모든 수준에서의 다양성을 모두 나타내는 개념이다(그림 7.3). 이를 각 수준에서 알아보자.

생태계다양성

생태계는 생물이 포함된 자연을 하나의 열린 시스템으로 보고 생물뿐만 아니라 에너지와 물질까지도 포함

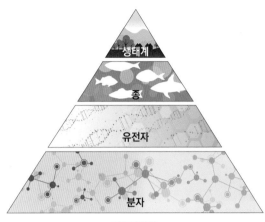

그림 7.3 생물다양성은 생태계, 종, 유전자, 분자 수준에서의 다양성을 모두 나타낸다.

하는 개념이다. 따라서 어떤 지역의 생태계라 할 때 그 지역에 살고 있는 생산자와 소비자, 분해자 등 생물들과 함께 흐르고 순환하는 에너지와 물질을 모두 포함한 시스템으로 본다.

자연생태계는 크게 육상생태계와 수생태계로 나뉜다. 육상생태계는 다시 식생에 따라 열대우림, 열대초원(사바나), 지중해성 관목림, 온대 활엽수림, 온대초원, 냉대 침엽수림, 툰드라 등으로 나누고, 수생태계는 호수, 습지, 하천과 강, 하구, 조간대, 대양, 산호초 등으로 구분한다. 생태계의 다양성은 이러한 구분에 그치지 않고 각 생태계 유형 안에서도 각 장소마다 오랜 세월 동안 그 생태계에서 진화해온 생물종이 각기 다

른 것까지 포함한다. 따라서 비슷한 유형의 생태계(예를 들면 사막생태계)라 하더라도 그 생태계를 구성하는 종들은 같지 않다. 각 지역의 자연생태계는 모두 고유한 생태계이고 동일한 생태계는 존재하지 않으며 또 어떤 생태계를 다른 지역으로 옮겨놓는 것도 불가능하다.

생태계다양성이란 '생태계가 다양한 정도'를 말한다. 한 생태계는 수많은 생물종을 포함하고 각 생물종마다 종 내부에도 유전자 및 분자 수준의 다양성을 나타내므로 각 지역의 고유한 생태계를 지킴으로써 생태계의 다양성을 지키는 일은 모든 수준에서의 생물다양성을 보전할 수 있는 가장 포괄적이고 중요한 일이 된다.

4대강 사업으로 많은 수의 보가 건설되었는데 이러한 보는 강의 생태계다양성을 감소시키는 대표적인 사례이다. 하천 면적의 대부분을 모래가 차지하고 본류는 매우 좁고 얕은 강이었던 낙동강은 낙동강에 건설된 8개의 보로 인해 거대한 저수지의 연속으로 변하였다(그림 7.4). 낙동강의 모래와 얕은 유수생태계에 적응되어 있던 고유한 생물들과 생태계는 사라지고 어디서나 볼 수 있는 흔한 정수생태계가 되었다. 정수생태계에서는 주요 구성원인 식물플랑크톤과 동물플랑크톤 등이 **세계종**(cosmopolitan species)인 경우가 많고, 유수생태계와 습지에 비해 상대적으로 흔한 종들이 나타난다. 낙동강의 이러한 변화는 각 지역의 고유한 생태계의 손실을 가져와 생태계다양성의 감소로 볼 수 있다.

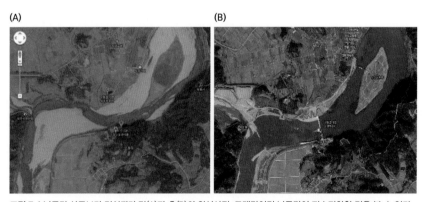

그림 7.4 낙동강 상주보가 건설되기 전(A)과 후(B)의 위성사진. 모래강이던 낙동강이 저수지화한 것을 볼 수 있다.

종다양성

가장 일반적으로 많이 쓰이는 생물다양성은 **종다양성**(species diversity)이다. 이는 어떤 지역에 생물종이 얼마나 있으며 여러 종들이 고루 있는지를 나타내는 개념이다. 종다양성에 대해 다루려면 우선 **종**(species)에 대한 이해가 필요하다. 종은 보통 생물학 연구의 기본 단위로서 여러 정의가 있지만 '잠재적으로 또는 실질적으로 교배가 가능한 자연 개체군'으로 본다. 대구의 측백나무 숲과 제천의 측백나무 숲은 멀리 떨어져 있어 측백나무끼리 실질적으로 교배가 일어나지 않아 다른 개체군이지만, 따로 떨어진 숲의 나무를 옮겨놓으면 교배가 일어날 수 있는데, 이때 교배는 생식 가능한 자손을 낳는 교배를 말한다(그림 3.9). 노새는 말과 당나귀가 교배해서 만들어진 것이지만 자신의 자손을 만들 수 없기 때문에 말과 당나귀는 실질적으로 교배가 가능하지 않으므로 다른 종으로 본다.

그렇다면 이 세상에는 얼마나 많은 종이 있을까? 지금까지 계통분류학자들에 의해 알려진 종은 약 183만 종 정도이다(그림 7.5).[1] 이 중 93만여 종이 곤충이고 식물이 37만여 종, 척추동물이 7만 종쯤 된다. 곤충 중에서도 딱정벌레목(Coleoptera)은 33만여 종에 달하여 알려진 종다양성의 약 18%에 이를 만큼 종다양성이 가장 높은 분류군이다. 이런 알려진 종다양성은 아직 밝혀지지 않은 종다양성의 극히 일부분에 불과하다. 특히 세균과 고세균 영역은 DNA 상으로 매우 다름에도 불구하고 작은 크기 때문에 아직 잘 알려지지 않은 분류군이 많을 것으로 예측된다. 생물다양성협약(Convention on Biological Diversity, CBD)에 따르면 추정된 생물종 수는 곤충이 1,000만여 종, 세균이 100만여 종, 진균류 150만여 종, 식물 40만여 종 등 약 1,500만여

---

1 IUCN Red List 2008

지구상 분류군별 생물다양성 현황

동물계	식물계	유색조식물계	균계	원생생물계	세균계	고세균계
1,296,192종	366,477종	23,487종	135,110종	2,720종	9,980종	377종
70.66%	19.98%	1.28%	7.37%	0.15%	0.54%	0.02%

남한의 분류군별 생물다양성 현황

동물계	식물계	유색조식물계	균계	원생생물계	세균계	고세균계
30,675종	7,926종	3,018종	5,421종	2,372종	3,198종	18종
58.29%	15.06%	5.73%	10.30%	4.51%	6.08%	0.03%

그림 7.5 2019년 기준 지구상 및 남한에서 알려진 각 분류군별 생물다양성 현황. 총 생물종 수는 2019년 기준 지구 전체에서 1,834,340종이며 남한에서는 총 52,628종이다(자료: 국가생물다양성센터, 2020).

종에 이를 것으로 예상된다.

남한에서 2015년까지 발굴되어 목록화된 생물의 종수는 총 45,295종이고 이 중 한반도에서만 자생하는 고유종은 2,243종으로 전체 생물종의 4.95%이다. 멸종위기 야생생물로 지정된 종은 2020년 기준 Ⅰ급 60종, Ⅱ급 207종으로 총 267종이다.

유전자다양성

최근 DNA 수준의 분자생물학적 연구가 많이 이루어지면서 한 종 안에도 다양한 유전적인 특성을 가지고 있는 것이 강조되고 있는데 이런 유전자 수준에서의 생물다양성을 **유전자다양성**(genetic diversity)이라고 한다(그림 7.6). 사람의 경우 DNA정보를 이용하여 친자확인 소송이 가능한 것도 사람이라는 종 내에 개체 단

그림 7.6 당근(*Daucus carota* var. *sativa*). 한 종 내의 유전자 다양성의 예 ⓒ Stephen Ausmus (wikimedia)

그림 7.7 북방코끼리물범(*Mirounga angustirostris*)은 병목효과의 대표적인 예이다. ⓒ Michael L. Baird (wikimedia)

위로 판별이 가능할 만큼 유전자다양성이 존재하기 때문이다. 또한 지리적으로 고립되어 유전자 왕래가 적은 개체군의 경우 다른 개체군과 상당히 다른 유전자 조성을 보일 수도 있다. 유전자다양성이 높으면 전염병이 돌거나 물리적 환경이 극단적으로 변하더라도 다양한 개체 중 살아남는 개체가 있을 수 있다.

따라서 유전자다양성은 멸종위기종을 보전하는 데 매우 중요하다. 어떤 종이 수십 마리 정도로 숫자가 줄었다가 보전노력을 통해 다시 개체군 크기, 즉 개체수가 늘어난 경우 개체수가 회복되기 이전의 얼마 되지 않는 개체들의 유전체가 그대로 전달되어 유전자다양성이 매우 단순해지는 경우가 많다. 이를 '병목효과(bottleneck effect)'라고 한다. 북방코끼리물범(Northern elephant seals)은 1890년대에 30마리 정도로 멸종위기에 몰렸으나 다시 숫자가 불어나 현재는 수십만 마리에 이르고 있지만 유전자다양성이 극히 낮은 것으로 알려져 있다(그림 7.7). 유럽들소(European bison)와 미국들소(American bison), 대왕판다(giant panda) 등도 이러한 병목효과를 보이고 있는 종들이다. 어떤 종을 멸종위기로부터 보전하려면 개체수를 늘리는 일뿐만 아니라 그 종의 유전자다양성도 높게 유지하는 것이 필요하다.

분자다양성

최근에는 분자 수준의 생물다양성 개념이 대두되었다. **분자다양성**이란 생물에서 발견되는 분자들의 다양함을 의미한다(Campbell, 2003). 캠벨(Anthony K. Campbell)에 따르면 세 가지 유형의 분자다양성이 있다. 첫 번째 분자다양성은 동일한 분자를 다양한 과정에 이용하는 것이다. 칼슘 이온은 근세포에서 근육의 수축을 일으키는 신호가 되지만 신경세포에서는 신경전달물질을 분비하게 하는 신호가 된다. 두 번째 분자다양성은 같은 생명 현상에 대해 다양한 분자를 이용하는 것이다. 초식을 당하는 식물이 초식동물로부터 자신을 방어하기 위해 다양한 2차 대사물질을 만드는 것이 이에 해당된다. 세 번째 분자다양성은 동일한 분

그림 7.8 3~4년된 야생 인삼(A)과 4년된 재배 인삼(B). 크기와 성분이 매우 다르다. ⓒ 우아영

자의 효과가 세포가 달라지면 다른 효과를 이끄는 것을 말한다. 특정 뉴런의 활동 전위를 일으키는 데 필요한 신호전달물질의 역치가 다른 세포에서는 달라지는 것이 그 예가 된다. 분자다양성은 개체나 종마다 그리고 같은 개체 안에서도 기관이나 생장 상태, 서식·생육지에 따라 다른 결과를 보이는 경우가 많은데 이는 각 생물이 가진 유전형이 환경과 상호작용하여 서로 다른 표현형을 보이는 것이다. 대표적인 예가 산에서 자라는 야생인삼(산삼)과 조직배양된 야생인삼 그리고 재배되는 인삼의 성분은 큰 차이를 보이는 데 물질의 종류와 조성이 매우 다를 수 있다(그림 7.8). 또한 곤충의 섭식을 당하는 식물과 그렇지 않은 식물의 성분도 매우 다르다. 일반적으로 야생 식물에 비해 재배 식물의 분자다양성은 떨어진다. 따라서 아무리 재배 개체수가 많더라도 야생에서 멸종위기에 놓여 있는 야생인삼이나 도라지는 우리나라에서 멸종위기 야생식물로 지정되어 있지 않지만 분자다양성 개념을 고려하면 야생에서 자라는 생물들의 보전이 매우 중요함을 알 수 있다.

7.3 생물다양성의 형성 역사

가장 오래된 화석이 형성된 38억 년 전에는 지구에 생물이 거의 존재하지 않았고 있더라도 종류가 아주 한정적이었을 것이다. 그때부터 현재까지 대략 40억 년 동안 지구의 생물다양성은 꾸준하게 증가해왔다. 따라서 현재 지구상의 생물다양성은 오랜 진화적 세월을 통해 형성된 것이다. 지구상에 있는 종의 수는 시간이 지남에 따라 전반적으로 증가해왔지만 실제로는 새로운 종이 만들어지고, 기존의 종이 멸종하면서 역동적으로 변화해왔다(그림 3.12). 특히 5억 년 전 캄브리아기 시작 무렵에 무척추동물에 속하는 대부분의 문을 포함하여 생물종이 폭발적으로 진화한 **캄브리아기 대폭발**(Cambrian radiation) 이후 5번의 대멸종 사건이 있었다. 이 중 대표적인 멸종 사건은 2억 5,000만 년 전 페름기와 삼첩기 사이에 일어났는데 전체 종의 90% 이상이 멸종되었다. 이를 **페름기 대멸종**(Permian extinction)이라고 한다. 또 다른 멸종 사건은 6,500만 년 전인 중생대 백악기와 신생대 제3기 사이에 일어났으며 이때 공룡뿐만 아니라 모든 종의 75% 이상이 지구상에서 사라졌다. 이 사건을 **백악기 대멸종**(Cretaceous extinction)이라고 한다. 사실 고생대, 중생대, 신생대의 구별은 5억 년 전의 캄브리아기 대폭발, 2억 5,000만 년 전의 페름기 절멸, 6,500만 년 전의 백악기 절멸로 생물의 구성이 급격하게 변한 것이 화석으로 반영되어 나누게 된 것이다. 이러한 대멸종 사건 이외에도 크고 작은 멸종 사건들이 있었지만 멸종과 멸종 사이에 꾸준히 새로운 종들이 출현하여 전반적인 종다양성은 계속 증가하였다.

캄브리아기에 무척추동물이 대량으로 출현한 이후 약 4억 년 전에 육상식물이 나타났고 이를 먹이로 하는 동물들도 육상으로 진출하였다(그림 7.9). 어류와 양서류가 고생대, 파충류가 중생대, 포유류가 신생대에 주로 번창하였다. 식물의 경우 고생대에는 양치류가, 중생대에는 겉씨식물이, 신생대에는 꽃피는 식물인 속씨식물이 번창하였다. 현재 속씨식물과 곤충의 종다양성이 높은 것은 신생대 이후 이들의 공진화가 진행되었기 때문으로 보인다.

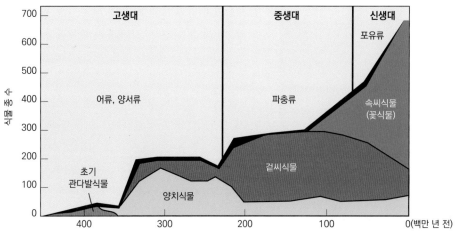

그림 7.9 고생대 이후 주요 우점 동물 분류군의 변화 및 주요 분류군의 확장과 감소 패턴(자료: Niklas et al., 1983)

7.4 종다양성 개념

종풍부도와 종균등도

생물다양성의 세 수준 중에서 가장 쉽게 측정할 수 있고 가장 많이 쓰이는 종다양성은 어떤 지역에 얼마나 생물종이 많은지(종풍부도, species richness)와 얼마나 이들이 고르게 분포하는지(종균등도, species evenness)를 종합하는 개념이다. 생물종이 많으면 당연히 종다양성도 높겠지만 종수가 같다면 생물들의 개체수가 고른 곳이 더 생물다양성이 높게 된다. 같은 종수라도 한 종이 압도적으로 많이 우점한다면 생물다양성은 감소하게 된다. 여기서 생각해볼 점은 종다양성의 증가가 중요한 것이 아니라 종다양성의 감소를 막는 것이 중요하다는 점이다. 한 지역의 종다양성은 오랜 진화적 시간에 걸쳐 형성되는 것이다. 종다양성의 증가는 본래 그 지역에 살던 종이 아니라 침입종이나 도입종에 의해서도 나타날 수 있다. 1958년에 61종이던 한강 어류는 1990년에 20종으로 줄었다가 2007년 71종으로 다시 증가하였다. 이 중 한강에 살지 않았던 종이 침입, 또는 도입으로 추가되었다면 장기적으로 종다양성과 생물다양성에 큰 위협이 될 수 있다.

절멸과 멸종

종이 어떤 지역에서 완전히 사라지는 것을 **절멸** 또는 **멸절**(extinction)이라고 한다. 시베리아호랑이(*Panthera tigris altaica*)는 남한 지역에서 완전히 사라져 절멸되었지만 북한과 만주에 대략 50여 마리, 러시아 연해주에 350마리 정도가 살고 있다. 이 경우 시베리아호랑이는 남한에서는 국지적으로 절멸(local extinction)되었으나 북쪽 지방에 야생으로 살고 있으므로 전 지구적으로 절멸(global extinction)되지는 않았다. 이러한 종 수준에서의 전 지구적인 절멸을 멸종이라고 한다. 지역적인 절멸이나 전 지구적인 멸종 모두 지역 또는 전 지구적 규모에서 종수를 감소시키기 때문에 종다양성을 감소시킨다.

생물다양성 감소의 의미

생물다양성이 감소한다는 것은 단순히 어떤 종이 멸종되는 것만 의미하지 않는다. 지금껏 살펴보았듯이, 생물다양성은 생태계, 종, 유전자, 분자 수준에서 모두 나타나기에 이러한 모든 수준에서의 생물다양성 감소를 생각해 보아야 한다. 택지 개발이나 농경지 개간, 댐 건설 등 인간 문명 활동으로 숲, 습지, 강 생태계가 사라지는 것은 그 생태계에 포함된 모든 종, 유전자, 분자 다양성의 소실로 이어지기에 생물다양성에 대한 가장 포괄적인 위협으로 볼 수 있다. 종 수준의 생물다양성

그림 7.10 2014년 10월 한국 평창에서 개최된 생물다양성협약 총회에서 열린 제7차 바이오안정성의정서 당사국회의 마지막 개회식에 이어진 토론회 모습 ⓒ 산업통상자원부

감소로 가장 대표적인 것은 생물들의 멸종에 의한 종풍부도의 감소이다. 한 종의 멸종은 그 종이 지금껏 오랜 진화적 시간 동안 축척한 생물정보와 현상을 통째로 잃는 것이다. 전 지구적인 멸종이 아니더라도 한 지역에서 어떤 종이 사라지는 지역적 절멸의 경우도 그 지역에서의 종풍부도의 감소이다. 남한에서 사라진 시베리아호랑이가 이 경우에 해당한다. 종다양성은 종풍부도와 종균등도를 종합한 개념이기 때문에 종풍부도뿐만 아니라 종균등도 또한 종다양성에 영향을 준다. 일반적으로 한 지역에서 생물종의 절멸이 일어나 종수가 줄어드는 것을 종다양성의 감소로 쉽게 인식하지만 종수의 변화 없이 종균등도가 떨어지는 경우는 종다양성의 감소로 인식하지 못하는 경우가 많다. 황소개구리와 같은 외래 도입종에 의해 다른 종들이 아직 사라지지 않았지만 개체군 크기 즉 개체수가 뚜렷하게 줄어들어 황소개구리가 대부분을 차지하게 되었다면 종다양성이 감소되었다고 보아야 한다. 개체수가 줄어드는 경우가 아니라 하더라도 병목현상과 같은 눈에 보이지 않는 유전자다양성의 감소나 야생종의 절멸과 같은 분자다양성의 감소 또한 지나치기 쉽지만 중요하게 다루어져야 하는 생물다양성 감소의 측면들이다. 이와 같은 여러 측면의 생물다양성 감소 양상을 고려하면 인간활동에 의해 생물 군집과 생태계가 받는 영향은 거의 대부분 생물다양성 감소로 간주할 수 있다. 유전자변형생물체(LMO)가 생태계에 주는 영향을 규제하는 카르타헤나의정서(Cartahena Protocol)가 생물다양성협약(Convention on Biological Diversity, CBD)에 포함되어 있는 것은 이러한 정신을 반영하고 있다(그림 7.10).

7.5 생물다양성과 생태계 기능

생태계의 기능

생태계는 그 지역에 살고 있는 여러 생물들과 함께 먹이사슬을 따라 흐르는 에너지와 순환하는 영양소를 모두 포함하는 개념이다. 그럼에도 불구하고 모든 생태계에서 가장 핵심적인 부분은 생물이며 에너지 흐름과 영양소 순환이라는 생태계가 하는 일, 즉 생태계의 기능은 대부분 생물이 수행한다. 생물다양성이 생태계가 하는 일(기능)과 어떤 관계가 있는지 대답하기 위해서는 우선 생태계 전체의 기능을 나타내는 특성이 무엇인지 알아보아야 한다. 전체 생태계의 기능을 대표하는 특성으로는 1차생산성, 호흡, 에너지 흐름 및 영양소 순환 등이 있다(2장 '생태학의 기초' 참고).

그림 7.11 생물다양성이 주는 생태계서비스(자료: Millennium Ecosystem Assessment, 2005)

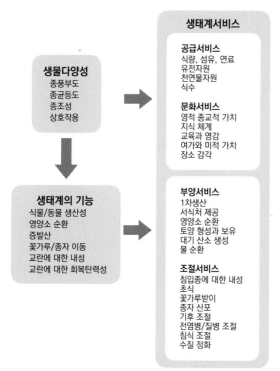

그림 7.12 생물다양성과 생태계서비스의 관계. 생물다양성은 공급서비스와 문화서비스를 직접 제공하고 생태계의 기능을 통해 부양서비스와 조절서비스를 간접적으로 제공한다.

생태계서비스

생물 군집과 생태계가 사람들에게 필요한 서비스를 제공한다는 생각은 플라톤 등 이전부터 있어왔지만 생태학, 경제학 등 현대적인 학문에 의해 개념이 제안된 것은 최근이다(그림 7.11). 1997년에 데일리(G.C. Daily)가 생물 군집이 중심인 자연생태계가 사람의 삶에 필요한 것을 채워주는 서비스를 제공한다는 의미로 **생태계서비스**(ecosystem services)라는 말을 제안하였다. 이러한 생태계서비스에는 토양 침식 억제, 수질 정화, 꽃가루받이, 야생동물 서식지, 해충 방제를 대표적으로 들 수 있다. 영화 「꿀벌대소동(Bee Movie)」에서 벌들이 일을 하지 않자 모든 식물들이 번식을 못하게 되는 장면이 이러한 생태계가 제공하는 서비스의 한 사례를 잘 보여 주고 있다.

생태계서비스는 보통 **공급서비스**, **문화서비스**, **부양서비스**, **조절서비스**의 네 가지 서비스로 나누어 설명한다. 생물다양성은 공급서비스와 문화서비스를 직접 제공하지만 부양서비스와 조절서비스는 생태계의 기능을 통해 간접적으로 제공한다(그림 7.12).

공급서비스

사람은 생태계로부터 식량, 물, 목재, 섬유, 해산물, 유전자원, 약물 등을 얻는다. 이러한 물자는 생태계 내 생물들로부터 직접 나온다. 오래 전부터 사람은 음식과 의복 그리고 주거를 위해서 많은 종류의 식물과 동물을 이용하고 길들여 왔다. 지구 인구 중 약 26억 명이 농업이나 목축업, 임업이나 수산업에 종사하면서 생태계로부터의 물자에 의존하고 있다. 식량과 물, 생활에 필요한 물자 뿐만 아니라 건강을 지키기 위한 천연 약물 성분도 다양한 생물 특히 식물과 곰팡이로부터 공급받는다. 의약품 중에 생물다양성에 의존하는 천연물 유래 약은 어느 정도일까? 세계에서 가장 널리 사용되는 약 중 하나인 아스피린은 버드나무 껍질에서 발견된 살리실산에서 유도된 아세틸살리실산으로 만든다. 약국에서 팔리는 모든 처방약의 1/4은 식물에서 추출된 것이고 총 40% 정도가 생물에서 유래한 천연물이다.

설날 표준 차례상

서울·경기도 제사상

전라도 제사상

경상도 제사상

그림 7.13 각 지방의 제사상은 그 지역의 생물상을 반영한다. 서울과 경기도 제사상은 북어적(○표시)이 특징이다. 전라도 제사상에는 홍어(○표시)가 있다. 경상도 제사상에는 돔배기(상어고기, ○표시)가 있다.

문화서비스

생태계의 생물다양성은 사람들에게 정신적인 풍요, 성찰, 여가 활동, 미적 경험 등 무형의 혜택을 주는데 이를 문화서비스라고 한다. 사람의 영적이나 종교적인 믿음이나 풍습 등은 자연과 밀접한 관계 속에서 생겨난 경우가 많다. 우리나라의 단군신화에 나오는 곰과 호랑이, 마늘과 쑥, 울산의 반구대암각화에 그려진 고래 등은 동식물이나 자연물을 신성시하는 토템 신앙과 관련이 있다. 우리나라에서 '마을'이라고 부르는 것은 사람이 자연을 이용한 결과, 숲, 무덤, 집, 밭, 개천, 논 등의 모자이크 경관을 이루면서 생물다양성과 문화다양성이 조화를 이루는 풍경을 보여준다. 각 지역의 독특한 생물상에 바탕을 둔 독특한 음식과 요리법이 제사상과 같은 다양한 음식문화를 만들어왔다(그림 7.13). 생물다양성은 영적 종교적 가치나 문화다양성을 제공할 뿐만 아니라 사람의 지식체계나 영감과 아이디어의 원천이기도 하다. 사람의 지식체계는 자연과 생물에 대한 지식으로부터 생겨났는데, 아리스토텔레스의 동물 분류 체계나 린네의 이명법 등이 근대 학문의 형성에

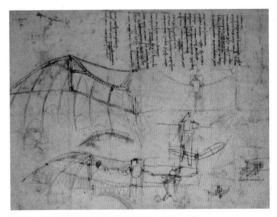

그림 7.14 다빈치가 그린 비행기계 ⓒ wikimedia

기여하였다. 또한 자연과 생태계는 영감의 원천으로 다빈치가 박쥐의 날개로부터 비행기를 상상하게 된 것은 유명하다(그림 7.14). 왜 사람들은 자연과 생물들로부터 새로운 생각과 영감을 끊임없이 공급받을까? 그것은 자연 특히 생물들이 진화과정 중에 여러가지 생존의 문제에 대해 이미 여러가지를 시도해 보았고 해결책을 찾은 경우가 많기 때문이다.

부양서비스

생태계는 또한 이 지구상에 있는 모든 생물이 살아갈 수 있게 도와주는 부양서비스(supporting service)를 제공한다. 이러한 부양서비스에 해당되는 것으로 생태계는 1차생산성과 서식지/생육지를 제공하고 영양소를 순환시키며, 토양을 형성하고 보유하며 공기 중의 산소를 만들며 물을 순환시킨다.

1차생산(생산자인 식물과 조류들이 태양에너지를 이용하여 물질 생산) 과정에서 만들어진 탄수화물은 사람을 포함한 먹이그물 내의 모든 생물들이 기본 에너지로 이용하며 살아갈 수 있게 도와준다. 식량을 제공하는 작물의 꽃가루받이가 이루어지려면 벌과 같은 꽃가루받이 생물(수분자)들이 필요한데 수분자들은 식물이 만들어낸 물질의 양(1차생산)에 의존해서 살아간다. 우리가 먹는 참치는 궁극적으로는 먼 바다의 식물플랑크톤이 만들어낸 물질의 양(1차생산)이 먹이그물을 통해 전달된 에너지에 의해 생존한다. 부양서비스는 나머지 세 가지 생태계서비스의 기본 바탕이 된다.

조절서비스

생태계는 지구의 자연적인 균형이 유지되게 하는 서비스로 기후 및 공기와 물의 질, 생태계의 교란을 막아주는 조절서비스를 제공한다. 이러한 조절서비스에는 기후조절, 수질 정화, 꽃가루받이, 해충과 질병 방지, 침입종 방지, 침식 예방 등이 있다. 숲은 기온상승을 억제하고 물을 보유하며 이산화탄소를 흡수함으로써 기후를 조절한다. 또한 습지 식물은 중금속, 바이러스, 기름, 토사 등 오염물을 정화하여 수질을 유지한다. 벌이나 나비, 새와 같은 생태계의 꽃가루받이(수분) 생물들은 농업생산에 기여하는데, 미국생태학회 자료에 의하면 미국 농부들은 매년 30억 달러 이상의 혜택을 이들로부터 무상으로 받고 있다.

생태계서비스의 가치

이러한 생태계서비스의 가치를 돈으로 환산하는 것에 대해 많은 논란이 있지만, 코스탄자(Robert Costanza)는 1997년에 전 세계의 생물권은 최소한 연간 약 33조 달러에 해당하는 서비스를 제공한다고 추정한 적이 있다. 이 당시 전 세계의 국민총생산의 합은 연간 약 18조 달러였다. 이러한 생태계서비스를 돈으로 환산하는 것은 어떤 상황에서 자연을 보존할 것인지 개발할 것인지 결정할 때 그 가치를 쉽게 판단할 수 있게 도와주는 장점이 있다. 예를 들면, 미국 뉴욕시에서는 20세기 후반 사람들이 늘어나면서 숲을 베어내고 집과 농장을 만들고 리조트를 건설하면서 미국 환경보호청의 기준치 이하로 수질이 나빠지게 되었다. 60억에서 80억 달러를 들여 정수장을 만들고 매년 3억 달러의 운영비를 쓸 것인지 아니면 10억 달러를 들여 숲을 복원할 것인지 두 가지 선택 중 뉴욕시는 후자를 택했고 아주 싼 비용으로 맑은 물과 쉼터를 다시 찾고 홍수 조절도 자연적으로 가능하게 되었다. 하지만 이러한 가치 산정의 장점에도 불구하고 대체가 불가능한 자연과 생태계의 가치를 돈으로 환산하는 것은 자연과 생태계가 대체 가능하다는 인식을 줄 수 있다는 것이 문제이다(1.5절 환경윤리 참고).

생물다양성 손실의 가장 큰 궁극적 원인은 무엇일까? 그것은 인구증가와 생태자원 수요의 증가라고 할 수 있다. 생물다양성 손실과 관련이 있는 직접적인 요인은 경제적인 경우가 많다. 따라서 생물다양성을 포함한 자연자본의 손실을 방지하기 위한 정책이 경제정책과 얼마나 조화를 이룰 수 있는가가 문제를 푸는 해결의 실마리가 될 수 있다(김진수 외, 2000).

보전생물학자들에게 가장 시급한 일 중의 하나는 사회구성원에게 특정 개발이나 행위의 이익과 손실을 확실하게 이해시키는 일이다. 국가정책을 펼치는데 경제적인 관점과 생태적인 관점이 충돌하는 경우는 매우 흔하다. 이러한 충돌을 조정하고 생물다양성의 가치를 부각시키려는 학문이 환경경제학(environmental economics) 또는 생태경제학(ecological economics)이다. 환경경제학의 주요 역할은 생물다양성을 보전하는 것

Box 7.1 생태계(생물다양성)의 총 경제적 가치

1. 이용가치

1) 직접 경제 가치: 지역적으로 소비되고 있는 상품에 대한 소비적 사용가치와 시장에서 팔리고 있는 생산품에 대한 생산적 사용가치로 구분

　　예) 물고기, 육류, 땔감, 목재, 건축재료, 약용식물, 식용식물, 사료식물 등 직접 사용하거나 화폐로 바꿀 수 있는 가치를 지니는 것들

2) 간접 사용 가치: 직접적인 사용에 따른 수확이나 파괴없이 현재와 미래의 경제적 이익을 제공하는 여가활동과 생태계서비스.

　　예) 홍수조절, 토양비옥성, 오염제어, 수송, 여가활동, 관광, 교육, 생물학적 서비스(수분, 해충조절 등) 등

3) 부가가치: 미래에 어떤 부문에서 인간 사회에 경제적 이익을 제공할 수 있는 잠재적인 가치

　　예) 미래에 생산될 가능성이 있는 의약품, 유전자원, 식량원, 건축재료 등

2. 존재가치

멸종되어가는 생물종을 보호하기 위해, 파괴되고 있는 서식지를 보호하기 위해, 사라져가는 유전적 변이성을 보호하기 위해 사람들이 지불할 의사가 있는 만큼의 가치

예) 보전지구 보전을 위해 기부되는 금액, 판다, 코끼리, 고래 등 카리스마 넘치는 동물의 보전을 위해 기부되거나 투자되는 금액

(자료: 프리맥 외, 2014)

그림 7.15 식물의 종다양성과 생태계 기능(수확량)에 대한 연구가 행해진 미국 미네소타주의 시더크릭 장기생태 연구지 ⓒ Cedar Creek Ecosystem Science Reserve

이 경제적으로 이익이고 정당하다는 것을 정책입안자들과 일반대중에게 이해시키는 것이다. 가장 이해하기 쉬운 형태는 비용-편익 분석(cost-benefit analysis)이다. 그러나 행위들의 손익 계산이 어렵고 가치들이 시간에 따라 변하기 때문에 결코 쉽지 않다(김진수 외, 2000).

맑은 공기, 깨끗한 물, 양질의 토양, 희귀 생물종 등과 같은 자연자본들은 공유 자원이다. 이러한 자연자본은 많은 생태계 서비스를 제공하지만 그 서비스의 가치를 화폐가치로 산출하기 어렵다. 각 개인, 기업 그리고 정부는 최소 비용도 들이지 않고 이러한 자연자본을 소비하고 파괴하는 경우가 많다. 이러한 경우를 **공유지의 비극**(tragedy of the commons)이라고 한다. 생물다양성을 포함한 자연자본은 다양한 경제적 그리고 윤리적 요인에 의하여 그 가치가 결정된다. 환경경제학의 주요 목표는 생물다양성 구성요소의 가치를 평가하는 방법을 개발하는 것이다. 이러한 평가방법에는 여러 가지가 있지만 가장 많이 사용되는 것 중의 하나는 생물다양성의 가치를 직접가치, 간접가치 그리고 존재가치로 나누고 평가하는 것이다(Box 7.1). 또 다른 방법

은 내재적 가치(intrinsic value)와 도구적 가치(instrumental value)로 구분하는 것이다. 내재적 가치는 이용 여부와 관계없는 존재 자체의 가치이다. 도구적 가치는 이용가치(use value)와 비이용 가치(nonuse value)로 구분되는 것으로 가치평가 체계들은 대체로 유사하다. 환경경제학 또는 생태경제학은 생물다양성이 제공하는 다양한 서비스에 대한 생각의 지평을 넓혀주고, 이전의 프로젝트에서 누락되었던 환경에 영향을 미치는 요인들을 고려해 줄 수 있다(프리맥 외, 2014).

생태계의 안정성과 생물다양성

생물다양성이 높은 생태계에서 이러한 특성이 더 안정되게 유지되는지에 대한 연구는 지난 몇 십 년 동안 생태학자들이 지속적으로 연구해온 주제이다. 생태계가 더 안정돼 있다는 것은 태풍이나 가뭄, 산불과 같은 교란이 왔을 때 생태계의 기능을 쉽게 잃지 않고 또 잃었더라도 빨리 회복하는 것을 말한다. 만약 다양한 생물이 살아가는 생태계가 생물다양성이 낮은 생태계보다 더 안정돼 있다면 생물다양성을 보전하여야 생태계

가 붕괴되지 않고 기능을 유지할 수 있다. 인류의 생존은 생태계서비스에 의존하고 있기 때문에 생물다양성의 보전은 인류의 생존에도 매우 중요한 이슈가 된다.

이런 생물다양성과 생태계 안정성에 대한 가장 유명한 연구는 미국의 틸먼(David Tilman)이 미네소타 주의 시더크릭(Cedar Creek) 장기생태 연구지에서 수행한 연구이다(그림 7.15). 틸먼은 이 연구에서 초본식물의 종수가 많은 곳일수록 가뭄과 같은 교란에도 수확량이 상대적으로 적게 줄어드는 것을 증명해 보였다. 이는 종다양성이 높은 생태계가 교란에 대한 내성이 강하고 안정돼 있다는 것을 뜻한다. 수많은 실험과 연구 결과를 바탕으로 현재에는 생물다양성이 생태계의 안정성 즉 생태계 기능의 유지에 중요한 역할을 한다는 것이 널리 받아들여지고 있다.

생물다양성이 생태계의 안정성을 높이는 메커니즘은 무엇일까? 윌슨(E. O. Wilson)은 이를 **보험원리**(insurance principle)로 설명한다. 만약 어떤 종이 절멸하는 경우 그 역할을 대신할 다른 생물종이 많다면 생태계의 기능에는 큰 변화가 없을 수 있다. 윌슨은 보험원리를 다음과 같이 설명하였다. "우리 눈에는 검정말, 부들, 물고기, 물새, 잠자리, 물방개 등만 보이지만, 그 외에도 사람이 볼 수 없는 수없이 다양하고 많은 수의 세균, 원생동물, 플랑크톤 등이 호수 생태계를 이루며 이들이 큰 생물의 몸을 분해하고 영양소를 순환시키며 에너지를 흐르게 한다."(Wilson, 2002) 윌슨의 보험원리에 따르면, 종다양성이 높아 다양한 생물들이 서로 먹이그물을 이루며 얽혀 있는 생태계는 어떤 종이 사라지거나 종수가 줄어도 생태계 전체의 에너지 흐름과 영양소 순환은 안정되게 유지할 수 있다.

7.6 생물다양성의 결정 요인

열대우림과 같이 생물다양성이 높은 생태계도 있지만 극지와 같이 생물다양성이 극히 낮은 곳이 있어 생물다양성은 생태계에 따라 매우 변이가 심하다. 어떤 곳이 생물다양성이 왜 높은지는 생물다양성 보전에 매우 중요하다. 기후, 서식처 다양성, 면적, 포식자의 유무, 생물종 공급원까지의 거리 등이 생물다양성에 영향을 주는 요인이 된다.

기후

전 지구적으로 육상에서 생물다양성이 높은 곳은 열대지방의 열대우림 생태계인 반면에 극지방으로 갈수록 생물다양성은 대체로 낮아진다. 이를 보면 육상생태계의 생물다양성은 지구에 도달하는 태양에너지와 연관이 있음을 알 수 있다. 식물의 경우 물이 부족한 사막에서도 종다양성이 낮다. 따라서 식물의 다양성은 기온과 강수량과 연관이 있으며, 이 두 가지 요인을 반영하는 것이 바로 실제증발산량(actual evapotranspiration)이다. 빛과 물이 충분하면 광합성과 식물의 생장에 유리하고 이러한 조건에서 오랜 시간 동안 진화에 의해 식물다양성이 증가하였을 것이다. 실제증발산량은 식물의 1차생산성과도 밀접한 연관이 있기에 식물의 1차생산성과 종다양성은 상관이 높다.

반면에 동물의 경우 수분을 효율적으로 이용할 수 있게 진화적으로 적응한 종들이 많아 강수량과 종다양성이 큰 관련이 없다. 하지만 동물의 종다양성은 식물의 종다양성과 밀접한 연관을 갖는다. 해양 생태계의 종다양성은 육상생태계와 비슷하게 위도가 높아질수록 낮아진다.

면적과 공급원과의 거리: 섬생물지리설

이러한 태양에너지와 물 이외에 서식지의 다양성도 매우 중요한데 생물이 살아가는 서식지가 특정 지역 내에 다양하게 존재할수록 생물다양성은 높다. 이러한 서식지의 다양성 때문에 어떤 생물이 살아가는 서식지 면적이 넓을수록 그 속의 생물다양성은 일반적으로 증가하는 패턴을 보인다. 일반적으로 섬 생태계는 육지에 비해 서식지가 좁으므로 종다양성이 낮고 섬 중에서도 섬 면적에 따라 종다양성이 비례하는 면적-종수 관계를 보인다. 맥아더(R. McArther)와 윌슨(E. O. Wilson)이 이러한 면적-종수 관계를 확장하여 **섬생물지리설**

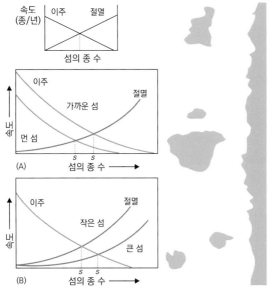

그림 7.16 섬생물지리설의 내용. 이 이론은 평형 이론으로 이주율(속도)과 절멸율(속도)이 평형을 이룰 때 섬의 평형 종수가 결정된다고 가정한다. 이주율은 섬과 본토와의 거리에 반비례하고 절멸율은 섬의 크기에 반비례 한다.

(island biogeography)을 제안하였다(그림 7.16; McArther & Wilson, 1967).

섬생물지리설에 따르면 어떤 섬의 종수는 새로운 종의 이입율과 기존에 있던 종의 절멸율에 의해 결정되는데 이입율은 새로운 종을 공급해주는 공급원(source)과의 거리가 가까울수록 커지고 절멸율은 섬의 면적이 작을수록 커진다. 따라서 큰 섬일수록 그리고 본토에 가까울수록 종수는 많아진다고 설명한다. 처음에는 섬생물지리설이 바다의 섬에 적용된 이론이지만, 다른 유형의 '섬'에도 적용된다. 다른 서식지와 분리된 서식지 조각(patch)은 모두 '섬'으로 보고 섬생물지리설을 적용할 수 있다. 개발과 도로 건설 등으로 큰 면적의 서식지가 조각나는 **단편화**(fragmentation, 그림 7.17)가 진행되면 '섬'의 면적은 작아지고 '섬' 간의 거리도 멀어져서 종다양성은 감소하게 된다. 종종 고라니나 너구리 등 야생동물들이 차에 치여 죽는 '**찻길 동물사고**(road kill)'는 단편화의 한 결과일 뿐이다.

서식지 단편화로 서식지가 분할되면 원래 서식지에 비해 각 서식지 조각의 면적도 줄어들지만 가장자리의

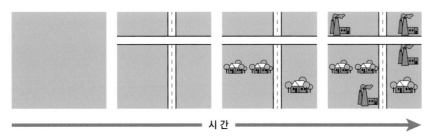

그림 7.17 서식지의 단편화 과정. 크고 온전한 서식지는 도로, 주택, 산업시설 등의 건설 즉 인간 문명의 활동에 의해 조각나서 각 조각은 점점 더 작아지고 서로 멀어진다.

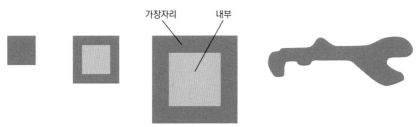

그림 7.18 서식지 크기와 모양에 따른 가장자리 비율의 변화. 서식지의 면적이 줄어들면 가장자리가 차지하는 비중이 커진다. 길쭉한 모양의 서식지도 가장자리의 비중이 높다.

비율도 높아진다(그림 7.18). 가장자리는 빛, 온도, 습도, 바람 등의 변동이 매우 심하고 미세기후(microclimate)가 숲 내부와 매우 다르므로 사는 종들도 달라지는데 이를 **가장자리효과**(edge effects)라고 한다.

서식지 단편화가 일어나면 가장자리를 선호하는 종들이 늘어나고 숲 내부를 선호하는 종이 줄어드는 종 구성의 변화가 일어난다. 크낙새 등 내부종이 서식지 조각의 가장자리 환경에 노출되면 들고양이, 까치, 병원균 등 기생생물과 포식자의 영향을 더 많이 받게 되어 개체수가 줄어든다(조도순, 2010).

핵심종

핵심종(keystone species)은 생물다양성을 높이는 데 중요한 역할을 하는 종이다. 핵심종은 쐐기종이라고 하기도 하는데 아치 형태의 다리에서의 쐐기돌

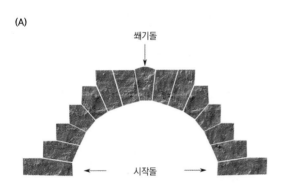

(A)

(B)

그림 7.19 (A) 아치의 쐐기돌 ⓒ Jhbdel (wikimedia)
(B) 쐐기돌의 사자 장식 ⓒ G. dallorto (wikimedia)

(keystone, 그림 7.19)처럼 군집에서 차지하는 부분은 적으나 이 종이 사라지면 군집이 무너질 정도로 중요한 역할을 하는 종을 일컫는 말이다. 대부분 먹이그물의 상위 포식자가 핵심종 역할을 한다. 보통 포식자가 먹이 생물에게 부정적인 영향만 준다고 생각하기 쉬운데, 페인(Robert Paine)이 바닷가 암반지대에서 실험한 결과는 포식자인 불가사리를 제거하면 불가사리의 먹이 중 일부가 엄청나게 늘어나 종다양성이 오히려 감소하는 것을 보여주었다(Paine, 1969). 이렇게 핵심종의 포식에 의해서도 군집 전체의 생물다양성이 높게 유지될 수 있다.

7.7 생물다양성이 중요한 이유

생물다양성은 기후변화와 함께 일반 시민들이 높은 관심을 보이는 분야이지만 이에 대해 이해하려면 생태학적 원리와 유전 및 분자생물학, 진화학 등 폭넓은 생물학적 개념에 대한 이해는 물론 국내법 및 국제협약에 대한 이해까지 학제적인 소양이 필요하다. 생물다양성에 대해 다룬 이 장의 중요한 개념들을 정리하면 아래와 같다.

- 생물다양성은 분자, 유전자, 종, 생태계 수준에서 생명 현상의 다양함을 말한다.
- 현재의 생물다양성은 오랜 기간 진화를 통해서 형성된 것이다.
- 종다양성 개념은 종풍부도와 종균등도를 포함하며 절멸뿐만 아니라 종 조성의 균등도 감소도 생물다양성의 감소이다.
- 절멸은 지역적 절멸과 전 지구적 절멸, 즉 멸종으로 나눈다.
- 생물다양성은 생태계서비스를 통해 인간에게 혜택을 주며 특히 생태계 기능의 안정을 유지하는 핵심이 된다.

생물다양성이 성공적으로 보전되기 위해서는 많은 시민들이 생물다양성이 중요하다는 인식을 공유하는 것이 전제되어야 한다. 급격한 산업화와 경제 개발 기간 동안 우리 사회는 돈이 되는 개발, 인간을 위한 개발을 위해서는 생물들이 좀 사라지더라도 어쩔 수 없다는 인식이 팽배하였고 현재도 이러한 개발 논리가 압도적으로 우세한 실정이다. 4대강 사업이나 새만금 간척 사업 등 대규모 토목 공사로 생물다양성이 감소하는 것을 많은 시민들이 인식하고 있지만 이와 동시에 이러한 공사로 얻게 되는 지역 개발 효과를 기대하고 지지하는 모습을 흔히 볼 수 있다. 이런 인식에 대해 생물들이 우리 사람에게 어떤 존재인지 살펴볼 필요가 있다.

우선 생물다양성은 사람에게 돈으로 헤아릴 수 없는 공급, 문화, 부양 및 조절 등 생태계 서비스를 제공한다. 혹자는 이를 경제적 가치로 환산하지만 많은 사람들은 자연과 생태계에 존재하는 생물 군집이 가격을 매길 수 없는 내재적인 가치를 지닌다고 믿는다. 친구가 내게 돈을 빌려주기 때문에 좋은 것이 아니고, 가족이 내게 밥을 주기 때문에 소중한 것이 아니듯이 생물들이 우리에게 혜택을 주기 때문에 소중한 것은 아닐 것이다. 인간과 환경을 나누는 이분법적 관점에서 생물은 인간이 아닌 환경에 속하며 인간의 생존이나 경제개발을 위해 종 전체가 사라져 버려도(멸종) 괜찮은 존재로 여겨진다. 사람도 생태계와 자연의 한 종에 불과할 뿐이며 인간과 생명, 자연이 공존할 수 있도록 인간이 책임을 져야 한다는 세계관으로 보면, 다른 생물들은 사람과 함께 40억 년을 이 지구상에 살아온 우리의 형제들이고 가족이다. 그들과 함께 사람은 문화와 종교, 신화를 만들었고 생물들을 이용해 집과 음식, 옷을 얻었다. 결국 인류 문명은 자연과 생물, 생태계 없이는 존재할 수 없었고, 앞으로도 없을 것이다. 인간이 지금까지 생물들과 자연에 끼친 해악을 갚는 길은 이기적인 인간의 본성을 넘어 지구에서 살아가는 모든 생물들과 공존하고자 하는 실천적인 노력을 보이는 것일 것이다(노태호, 2010).

참고문헌

국가생물다양성센터. 2020. 2019 국가생물다양성 통계자료집.

노태호. 2010. 생물다양성 보전을 위한 대책과 노력. 생물다양성은 우리의 생명, 궁리. 164-210pp.

윌슨. 1992. 생명의 다양성 (황현숙 옮김, 까치 1995) (원제: The Diversity of Life)

조도순. 2010. 생물다양성에 대한 위협. 생물다양성은 우리의 생명, 궁리. 90-105pp.

프리맥. 2014. 보전생물학 (이상돈, 강혜순, 강호정, 김재근 옮김, 월드사이언스) (원제: A Primer of Conservation Biology)

Campbell, AK. 2003. Save those molecules! Molecular biodiversity and life. Journal of Applied Ecology 40: 193-203.

Costanza, R et al. 1997. The value of the world's ecosystem services and natural capital. Nature 387: 253-260.

MacArthur, RH Wilson, EO. 1967. The Theory of Island Biogeography. Princeton University Press. 203pp.

Niklas, KJ et al. 1983. Patterns in land plant diversification. Nature 303: 293-299.

Paine, RT. 1969. The Pisaster-Tegula Interaction: prey patches, predator food preferences, and intertidal community structure. Ecology 50: 950-961.

Tilman, D et al. 2006. Biodiversity and ecosystem stability in a decade-long grassland experiment. Nature 441: 629-632.

Wilson, EO (ed.). 1988. Biodiversity. National Academies Press. 538pp.

Wilson, EO. 2002. What Is Nature Worth? Wilson Quarterly 26: 20-39.

Worldwide Fund for Nature. 1989. The importance of biological diversity. WWF, Gland. https://www.worldcat.org/title/importance-of-biological-diversity-a-statement-by-wwf/oclc/488714756

7. 생물다양성

1. 조별활동

1. 아래 숲 면적의 변화 자료를 보고 2000년과 1990년에 세계 각 지역의 숲 면적이 얼마였는지 계산하여 빈 칸을 채우시오.

	숲 면적 (1000 ha)	숲 면적 (1000 ha/yr)	숲 면적 (1000 ha)	숲 면적 (1000 ha/yr)	숲 면적 (1000 ha)
	2010	2000~2010	2000	1990~2000	1990
동남아프리카	267,517	−1,839		−1,841	
북아프리카	78,814	−41		−590	
서중앙아프리카	328,088	−1,535		−1,637	
아프리카	674,419	−3,414		−4,067	
동아시아	254,626	2,781		1,762	
남남동아시아	294,373	−677		−2,428	
서중앙아시아	43,513	131		72	
아시아	592,512	2,235		−595	
러시아연합	809,090	−18		32	
러시아연합제외유럽	195,911	694		845	
유럽	1,005,001	676		877	
카리브해 지역	6,933	50		53	
중미	19,499	−248		−374	
북미	678,961	188		32	
북중미	705,393	−10		−289	
오세아니아	191,384	−700		−41	
남미	864,351	−3,997		−4,213	
세계	4,033,060	−5,211		−8,327	

(자료: FAO, Global Forest Resources Assesment 2010 Main Report)

2. 1990~2000년 기간 동안 및 2000~2010년 기간 동안 변화된 숲 면적을 아래에 막대그래프로 나타내 보시오.

3. 두 기간 동안 숲 면적이 가장 크게 감소한 지역은 어느 지역인가? 또 숲 면적이 늘어난 지역은 어디인가? 이러한 지역의 생물다양성은 어떤 영향을 받았을지 HIPPO의 요인으로 설명하시오.

4. 열대우림이 파괴되는 주된 이유는 무엇인가?

5. 숲 면적의 감소는 탄소 순환 및 기후 측면에서 어떤 결과를 가져오는가?

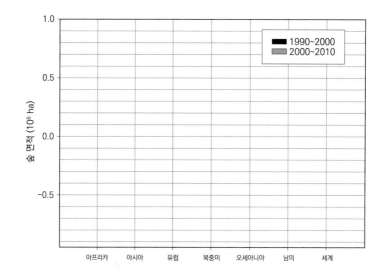

2. 조별 토론 주제

1. 생물다양성을 인위적으로 높이는 일(예: 한강에 어류종 방류 등)은 좋은 일일까? 그 이유는?

2. 생물다양성이 높지 않은 지역(예: 사막, 극)의 생물다양성 보전이 필요할까? 그 이유는?

3. 다음 환경부 관료의 질문에 대해 연구원의 입장에서 답을 완성해 보시오.

> 환경부 : "우리나라에도 멸종위기종이 많고, 이들 생물들을 위해 사용할 예산이 많지 않은데, 왜 인도네시아의 영장류나 유인원을 연구하고 보전하는 데 한국정부가 예산을 사용해야 합니까?"
>
> 연구자 : "그것은 한국인인 '나'도 오랑우탄의 멸종에 직접 또는 간접적으로 책임이 있기 때문입니다. 왜냐하면... (   )

3. 전체 토론 주제

생물다양성을 보전해야하는 이유는 무엇인가?

8장
생물다양성의 보전

"야생을 지키는 것에 세상의 보존이 달려있다(In wildness is the preservation of the world)."

−소로(Henry David Thoreau), 『산책(Walking)』 중에서

8.1 인류세 그리고 생물다양성의 위기

지질학회가 공식적으로 인정하는 현재의 지질시대는 제4기 **홀로세**(Holocene, 1만 7,000년 전 지구의 마지막 빙하기가 끝나고 난 뒤 인류 문명이 시작된 시기)이다. 그러나 세계자연기금(World Wide Fund For Nature, WWF)은 노벨상 수상자인 크뤼천(Paul Jozef Crutzen)의 주장을 인용하여 우리가 살아가고 있는 이 시대가 홀로세를 지나 **인류세**(Anthropocene)에 접어들었다고 선언한다. 국제지질학연합회에서도 지구가 인류세라는 새로운 지질연대로 접어들었는지에 대한 검토를 진행 중이다(세계자연기금, 2016). 이 장에서는 현 지질시대를 인류세로 인정하고 글을 전개한다.

인류세 시대에는 기후가 급속히 변화하고, 해양은 산성화되며, 모든 **생물군계**(biomes)가 변화를 겪게 될 것이다. 이 모든 과정은 아주 빠르게 진행될 것이다. 따라

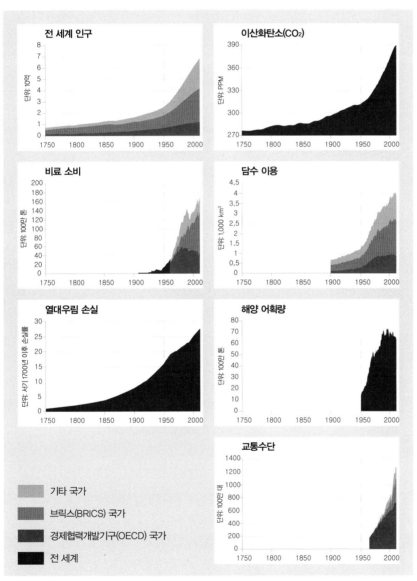

그림 8.1 인구증가와 지구에 영향을 미치는 주요 인류활동의 변화(자료: 세계자연기금, 2016)

Box 8.1 세계 지구생명지수란 무엇인가?

지구생명지수(Living Planet Index, LPI)는 다양한 척추동물들의 개체군 정보를 수집하여 시간 추이에 따라 평균 개체군 풍부도(population abundance)의 변화를 계산함으로써 생물다양성 수준을 측정하는 지표이다. 주가변동을 나타내는 주가지수와 유사하게 지구생명지수는 지구의 생태적 상황을 보여주는 중요한 지표이다. 세계 지구생명지수(Global LPI)는 세계각지의 척추동물(포유류, 조류, 어류, 양서류, 파충류) 4,000여 종 이상 21,000개 개체군에서 얻은 과학적인 데이터를 기반으로 산출된다.

1970년에서 2016년 사이 세계 지구생명지수를 살펴보면, 척추동물의 개체군 풍부도가 전체적으로 68%나 감소했음을 알 수 있다(그림 8.2). 불과 40년 만에 척추동물 개체군 크기가 절반 이상 줄어든 것이다. 이것은 이들 개체군 크기가 매년 평균 2%씩 감소하고 있다는 것을 보여주며, 이 속도는 지금도 줄어들 기미를 보이지 않고 있다.

지구생명지수 데이터베이스는 지속적으로 보완되고 있으며 지구생명보고서가 새로 발간될 때마다 더 방대한 양의 데이터를 확보해 분석에 이용하고 있다(그림 8.3). 현재는 척추동물 개체군 정보만이 데이터로 활용되고 있지만 추후 무척추동물과 식물을 포함하는 방법도 개발 중에 있다.

담수의 생물다양성 감소는 해양과 육상 지역보다 매우 빠르게 진행되고 있다. 1700년부터 전 세계의 습지 90%가 사라졌고, 많은 강들이 변형되었다. 담수에 서식하는 944종의 3,741개 개체군에서 관측된 바에 따르면, 담수의 지구생명지수는 1970년부터 2016년까지 84%가 감소하였다, 이 것은 1970년 이래 매년 4%가 감소한 수치이다. 지구 생명지수는 특히 거대동물들이 빠르게 줄어들고 있음을 보여주고 있다.

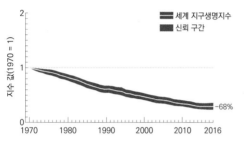

그림 8.2 1970년에서 2016년 사이 68% 하락한 세계 지구생명지수

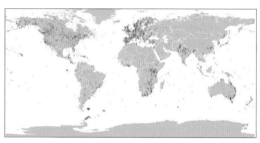

그림 8.3 지구생명지수 산출에 사용된 모니터링 지점의 위치. 녹색 점들은 2014년까지 데이터 분석에 이용된 지점들이고, 주황색 점들은 2014년 이후 추가로 자료가 확보된 지점들이다. 매년 보고서가 작성될 때마다 많은 조사지점들이 추가되고 있다.

(자료: 세계자연기금, 2016; 2020)

서 현재 인간을 포함한 대부분의 생명체는 그 미래가 불확실하다. 지금의 환경위기는 야생동식물에만 국한된 문제가 아니다. 기후모형과 기타 예측 모형들은 현 인류세에서 인류가 행동에 나서지 않는다면 세계화된 현대사회는 점점 더 척박한 환경에서 살아갈 수밖에 없을 것이라고 예측한다(세계자연기금, 2016; 2020). 급격한 인구증가로 인한 생태발자국 증가는 지구에 큰 변화를 가져오고 있다. 최근의 급격한 생물다양성 감소, 기후변화, 대기, 수질 및 토양 오염, 자연자본 고갈 등은 인류가 지구에 영향을 미친 대표적인 예다(그림 8.1). 세계자연기금이 발행하는 지구생명보고서에 따르면 1970년부터 모니터링해 온 육상, 담수 및 해양생태계에 서식하는 척추동물의 수가 아주 크게 줄어든 것을 확인할 수 있다(Box 8.1; 그림 8.2).

지구에서 생명이 출현한 이래 진화를 통해 생물다양성은 크게 증가하였다. 이 과정에서 다양하고 복잡한 생물 군집들이 그들의 주변 환경과 조화를 이루게 되었다. 지구에서 생물종이 항상 증가한 것은 아니다. 최소한 5회의 대량절멸 시기가 알려져 있다. 또한 대량절멸 이후에는 항상 폭발적인 종분화가 대량절멸로 생긴 빈자리를 메우는 과정이 있었다. 그리고 현재 **6번째 대량절멸** 과정이 진행되고 있다(Dirzo et al., 2014). 산업혁명 이후 최근의 절멸 속도는 이전에 비해 1,000배나 빨라졌다. 6번째 대량절멸은 서식지 파괴와 유실, 과도한 남획, 오염, 침입외래종 및 도입종에 의한 영향 그리고 기후변화와 같이 주로 사람의 활동에 기인하고 있다(최재천 외, 2010).

생물다양성의 위협 요인

지구생명보고서에서 모니터링을 한 척추동물의 개체군별 감소원인을 파악할 수 있다. **지구생명지수**(LPI)에서 이러한 위협 정보를 파악할 수 있는 생물개체군 수는 전체 모니터링 개체군의 1/3 인 3,776개 개체군이다. 이 가운데 절반이 넘는 1,981개 개체군은 개체수가

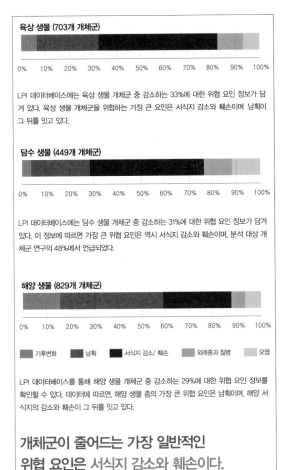

육상 생물 (703개 개체군)

| 0% | 10% | 20% | 30% | 40% | 50% | 60% | 70% | 80% | 90% | 100% |

LPI 데이터베이스에는 육상 생물 개체군 중 감소하는 33%에 대한 위협 요인 정보가 담겨 있다. 육상 생물 개체군을 위협하는 가장 큰 요인은 서식지 감소와 훼손이며 남획이 그 뒤를 잇고 있다.

담수 생물 (449개 개체군)

| 0% | 10% | 20% | 30% | 40% | 50% | 60% | 70% | 80% | 90% | 100% |

LPI 데이터베이스에는 담수 생물 개체군 중 감소하는 31%에 대한 위협 요인 정보가 담겨 있다. 이 정보에 따르면 가장 큰 위협 요인은 역시 서식지 감소와 훼손이며, 분석 대상 개체군 연구의 48%에서 언급되었다.

해양 생물 (829개 개체군)

| 0% | 10% | 20% | 30% | 40% | 50% | 60% | 70% | 80% | 90% | 100% |

■ 기후변화   ■ 남획   ■ 서식지 감소/ 훼손   ■ 외래종과 질병   ■ 오염

LPI 데이터베이스를 통해 해양 생물 개체군 중 감소하는 29%에 대한 위협 요인 정보를 확인할 수 있다. 데이터에 따르면, 해양 생물 종의 가장 큰 위협 요인은 남획이며, 해양 서식지의 감소와 훼손이 그 뒤를 잇고 있다.

개체군이 줄어드는 가장 일반적인 위협 요인은 서식지 감소와 훼손이다.

그림 8.4 육상, 담수 및 해양 척추동물 개체군이 감소하는 원인 비교 (자료: 세계자연기금, 2016)

줄어들고 있다. 지구생명지수 모니터링에서 파악하고 있는 주요 위협요인은 다음과 같다. 모든 구체적인 위협요인의 배경은 급격한 인구증가와 1인당 자원 소비량 증가이다(세계자연기금, 2016).

1) 서식지 감소와 훼손: 주요 서식지를 완전히 없애거나, 단편화 등으로 서식지 핵심 특성의 질을 떨어뜨림으로써, 생물종이 서식하는 환경을 바꾸는 것이다. 일반적인 원인으로는 지속가능하지 않은 방식의 농업, 벌목, 수송, 거주지나 상업용지로의 개발, 에너지 생산이나 광산 개발 등을 꼽을 수 있다. 담수 서식지의 경우 하천 단편화와 취수(取水)가 일반적

인 위협요인이다.

2) 남획: 직접 남획과 간접 남획이 있다. 직접 남획은 지속가능하지 않은 방식의 사냥, 밀렵 또는 수확이다. 이 때 생계용, 상업용 여부는 판단 기준에 포함되지 않는다. 간접 남획은 어업 과정에서 의도하지 않았던 종이 잡히는 경우이다.

3) 오염: 오염은 해당 종이 생존하기 어려운 환경을 만듦으로써 생물종에 직접적인 영향을 끼친다(단적인 예로 기름유출 사고 시 발생하는 일을 들 수 있다). 오염은 또한 먹이의 양이나 생식능력에 영향을 주어 시간이 지남에 따라 개체수를 감소시키는 방식으로 생물종에 간접적으로 영향을 미치기도 한다.

4) 외래종과 질병: 외래종이 도입되면 고유종과 공간 및 식량, 기타 자원을 두고 경쟁하거나 고유종의 천적이 될 수 있다. 또 해당 지역에 없던 질병이 전파되기도 한다. 인류 역시 전 세계를 오가며 한 지역에서 다른 지역으로 새로운 질병을 옮긴다.

5) 기후변화: 기후가 변화하면 어떤 생물종은 적합한 기후를 찾아 서식 장소를 바꿈으로써 적응하기도 한다. 기후변화가 생물종에게 미치는 영향은 보통 간접적인 형태로 나타난다. 이동, 번식과 같은 계절적 행동을 유발하는 신호를 교란하여, 계절적 행동이 잘못된 시기에 일어날 수 있다(예를 들어 어떤 서식지에서는 번식기와 먹이가 풍부한 시기 간의 맞춰진 관계에 교란이 발생할 수 있다).

육상 척추동물과 담수 척추동물의 감소원인은 서식지 감소와 훼손이 가장 큰 원인이지만 해양 척추동물의 주된 감소원인은 남획이다(그림 8.4). 따라서 현재까지 생물종 절멸에 영향을 주는 가장 큰 요인은 서식지 파괴, 단편화 및 남획이라고 할 수 있다. 그러나 미래의 생물종 절멸과정에서 가장 큰 역할을 할 것으로 예상되는 요인은 대기 중 온실가스 증가로 인한 기후변화이다. 따라서 더 늦기 전에 범지구적 차원의 온실가스 감축을 위한 전략수립과 실천이 요구된다.

Box 8.2 지구의 한계 프레임워크

지구의 한계 프레임워크(planetary boundaries framework)는 지구를 하나의 시스템으로 이해하는 관점을 구체적으로 나타낸다. 지구의 한계 프레임워크를 통해 전 세계적인 소비 및 생산 패턴이 어떠한 방식으로 자연과 인류 시스템의 위기를 증대시키는지 잘 파악할 수 있다(그림 8.5; 지구생명보고서, 2016).

인류가 변형시킨 아홉 가지 지구 시스템의 기능은 '지구의 한계'의 근간을 이루고 있다(그림 8.5). 이 아홉 가지는 1) 생물권 온전성(생태계 및 생물다양성 파괴), 2) 기후변화 및 3) 이에 동반하는 해양 산성화, 4) 토지 이용의 변화, 5) 지속가능하지 않은 방식의 담수 이용, 6) 생지화학적 흐름의 교란(질소와 인의 생물권으로의 유입), 7) 대기 중의 에어로졸 변화, 8) 신규 화학물질로 인한 오염과 이러한 오염 가운데 하나인 9) 성층권 오존층 파괴이다(세계자연기금, 2016).

지구 생태계의 기능과 회복력에 대한 우리의 이해를 바탕으로, 지구의 한계 프레임워크에서는 주요 하위시스템(subsystems)의 기능에 대한 안전한계선을 설정한다. 인류 사회는 이렇게 설정된 안전한계선 내에서만 발전과 번영을 누릴 수 있다. 이러한 안전한계선을 벗어나도록 지나친 부담을 가할 경우, 우리가 의존하는 자원을 되돌릴 수 없는 수준으로 변형시킬 위험이 있다. 안전한계선을 벗어났을 때 생물물리학적으로 그리고 사회적으로 어떠한 결과를 가져오는지에 대해 아직까지 과학적으로 분명하지 않은 부분이 있다. 하지만 현재의 분석 결과에 따르면, 이미 인류의 압력으로 지구의 하위시스템 가운데 네 개 범주는 안전한계선을 벗어난 상태이다. 인류의 압력으로 인한 지구적 차원의 영향과 위험은 기후변화, 생물권 온전성, 생지화학적 흐름, 토지 이용의 변화에서 이미 뚜렷이 나타나고 있다. 특히 네 개 범주 중 생물다양성 보전과 관련이 있는 생물권 온전성이 가장 위험스러운 상태에 있다는 것을 알 수

있다(세계자연기금, 2016).

지구의 한계 개념은 현재 인류가 확인한 잠재적 임계점(tipping point)을 표현하는 데 매우 유용하다. 아울러 자연 시스템을 관리함에 있어 예방원칙을 적용하는 것이 중요함을 재차 확인할 수 있다. 지구의 한계를 설정하고 이를 지켜 나간다면 인류세가 살아가기 힘든 시대가 될 위험성을 크게 줄일 수 있을 것이다(세계자연기금, 2016).

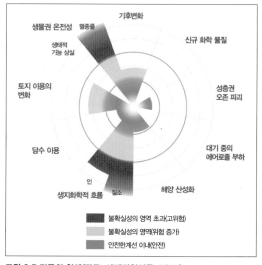

그림 8.5 지구의 한계(자료: 세계자연기금, 2016)

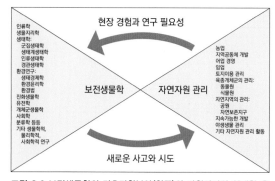

그림 8.6 보전생물학의 기초과학분야(왼쪽)와 자원관리와 연계한 응용분야(오른쪽)의 관계. 김종원 외(2006)의 그림을 다시 그림

8.2 생물다양성을 지키기 위한 보전생물학

빙하기 이후 사람은 지구의 모든 곳을 점령하였다. 농업혁명, 과학혁명 및 산업혁명을 거치면서 인구는 거침없이 성장해 왔다. 사람의 도착과 인구의 증가가 진행된 모든 곳에서 자연자본에 대한 착취가 행해졌다.

자연자본 중 특히 생물다양성 손실이 매우 빠르게 진행되었고, 이로 인한 생태계서비스의 질이 낮아질 것이 염려되고 있다(Box 8.2). 지금 과학자들과 일반대중들은 모두 현재가 생물종의 대멸종시기이고, 그 주요한 이유가 사람의 활동이라는 데 동의하고 있다. 따라서 생물다양성 보호에 대한 일반 대중의 관심이 크게 증가하고 있다. 사람에 의해 야기되는 생물종의 대량절멸 추세를 역전시킬 수 있을까? 비록 많은 생물종이 사라지고 있고, 생태계가 파괴되고 있지만 아직 도전과 희망의 끈을 놓지 말아야 한다. 우리의 생존을 위해서 반드시 지금의 생물종 절멸 추세를 되돌려 놓을 필요가 있다(김종원 외, 2006).

보전생물학(conservation biology)은 생물종과 생태계를 보존하기 위한 도전을 시도하는 다양한 분야의 과학자들이 협력해서 발달시킨 통합과학이다(그림 8.6, 김종원 외, 2006). 보전생물학은 3가지 목표를 가진다. 첫

번째 목표는 지구상의 생물다양성에 대한 모든 영역을 기록하는 것이고, 두 번째 목표는 생물종, 생태계 및 생태계에 대한 사람의 영향과 간섭을 조사, 연구하는 것이다. 세 번째 목표는 생물종의 절멸을 방지하고, 생물종 내의 유전적 다양성을 유지하며, 생물 군집 내의 상호작용 관계에 대한 이해를 바탕으로 생태계의 기능을 보호하고 복원하는 것이다(김종원 외, 2006).

1980년대에 시작된 보전생물학은 초창기에 자연자원 관리와 같은 응용분야를 보완하여 경제적 지속가능성을 추구하면서 생물 군집 전체의 장기적인 보전(conservation)을 강조하였다. 초창기에 간과되었던 분류학, 생태학, 개체군생물학 및 유전학 등의 기초학문 분야는 보전생물학의 핵심분야로 기여하고 있다. 그러나 응용분야로부터 보전생물학이 시작되었기 때문에 간과되어 왔다. 생물다양성의 위기는 인간의 간섭으로부터 시작하는 경우가 많다. 따라서 보전생물학은 다른 광범위한 영역으로부터 아이디어와 전문 기술을 함께 엮어 문제를 해결한다(그림 8.6). 아주 많은 다른 분야의 아이디어와 기술들을 함께 통합적 시각으로 다루는 보전생물학은 진정한 학제간 과학이다. 보전생물학자들의 주요 임무는 지구 생물다양성을 파악하여 기재하기, 잔존하는 생물다양성을 보호하기, 훼손되거나 파괴된 생물개체군이나 생태계를 복원하기 등이다. 이러한 보전활동 임무를 달성하기 위하여 보전생물학자들은 정부정책에 대한 적극적인 참여와 보전활동을 하는 단체들과 프로젝트에 연계한 전문가로서의 역할을 수행하여야 한다(프리맥, 2014).

보전생물학은 지구상의 생물다양성을 보존할 수 있는 이론적인 틀을 제공하는 학문이다. 보전생물학은 생물다양성 보전을 위한 방법론뿐만 아니라 윤리적 원칙을 제공하고 있다. 보전생물학이 가지고 있는 윤리적 원칙은 다음과 같다(김종원 외, 2006). 1) 생물종과 생물군집의 다양성은 보존되어야 한다. 2) 생물종과 개체군의 궁극적인 절멸은 방지되어야 한다. 3) 생태적 복잡성은 유지되어야 한다. 4) 진화는 계속되어야 한다. 5) 생물다양성은 본질적인 가치를 가지고 있다.

8.3 적색목록과 멸종위기종의 구분 기준

전 세계적으로 진행되고 있는 야생생물 멸종을 막기 위해서 반드시 필요한 것이 멸종위기에 처한 종들이 어떤 상태로 존재하고 있는가를 파악하는 것이다. 각 국가에서는 생물군을 대상으로 멸종가능성이 있는 종에 대하여 일정한 평가기준에 따라 정리하는 작업을 하고 있다(홍선기 외, 2004). **세계자연보전연맹**(IUCN)은 생물다양성 손실을 막고 보존을 위하여 설립된 국제기구이다. IUCN은 50개국에 사무실이 있으며 160개국의 회원기구를 통해 16,000여 명의 전문가와 과학자들을 연결시켜주는 네트워크를 두고 있고 전 세계에서 수백 개의 프로젝트를 운영하고 있다.[1] 종 보전, 환경법, 지역보호, 지역과 경제 정책, 생태계 관리, 교육과 소통 총 6가지 분야에서 IUCN 전문가들이 활동한다. IUCN 종 생존위원회(SSC)는 멸종 위협 분류군을 강조하고 전 세계에 분포하는 개체군의 보존 상태를 평가하기 위해 **적색목록**(red list)을 제작하고 있다.[2] 적색목록이란 세계적으로 연구된 식물, 곰팡이 및 동물에 대한 분류, 보존 상태 및 분포 정보를 제공하는 목록이다. 그림 8.7은 IUCN에서 정한 기준에 따라 종들의

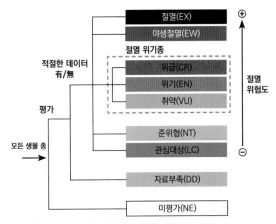

그림 8.7 IUCN 범주의 적색목록 지정 절차

1 세계자연보전연맹(https://www.iucn.org)
2 The IUCN Red List of Threatened Species(http://www.iucnredlist.org/)

현황에 근거하여 범주를 구분하는 방식이다. IUCN은 종들의 구분 범주를 멸종위기 속도, 개체군 규모, 지리적 분포 지역, 개체수 및 분포 정도에 따라 9개 그룹으로 분류하고 있다. 특히 **위급**(CE : critically endangered), **위기**(EN : endangered), **취약**(VU : vulnerable)의 세 부류를 '멸종위기(threatened)'로 분류하고 있다. 지역별 혹은 국가단위 적색목록 작성시에는 지역야생절멸 등급을 추가할 수 있다. 표 8.1은 IUCN 적색목록 중 **멸종위기종**의 구분기준을 나타낸 것이다.

8.4 서식지내 보전

생태발자국이 날로 커지는 현실에서 생물다양성을

보호하기 위한 가장 효율적인 방법은 인간 활동을 제한하거나 조절할 수 있는 보호구역을 지정하는 것이다. 보호구역이란 자연자원과 문화자원을 지키기 위하여 그리고 수자원 공급과 같은 특별한 생태계서비스를 얻기 위하여 법이나 전통에 의해 지정된 육상 혹은 해양 구역이다. 건강하고 완전한 생태계를 포함하고 있는 지역을 보호구역으로 지정하는 것은 생물다양성을 보전하는 가장 효과적인 방법이다. 서식지내 보전 노력에는 보호구역 지정과 관리, 보호구역 네트워크 구성, 보호구역 밖에서 보전하기 위한 노력, 훼손된 서식지에서의 생물 군집 복원 등이 포함된다(프리맥, 2014).

지구에서 **생물다양성 중요지점**(biodiversity hotspot)을 파악하여 보전 노력을 기울이는 것은 지구 생물다양성 보전에 효율성을 높여준다. 생물다양성 중요지점

표 8.1 IUCN 기준에 따른 멸종위기종(위급, 위기 및 취약종) 구분 기준

기준	위급종	위기종	취약종
A 급격히 감소	10년 혹은 3세대에서 20% 미만으로 감소	10년 혹은 3세대에서 50% 미만으로 감소	10년 혹은 3세대에서 80% 미만으로 감소
B 좁은 분포구역(짧고 연속적인 감소, 큰 변동이 있음)	분포구역이 100 km² 미만 또는 서식지가 10 km² 미만	분포구역이 5,000 km² 또는 서식지가 500 km² 미만	분포구역이 20,000 km² 또는 서식지가 2,000 km² 미만
C 소집단(연속적인 감소 있음)	성숙개체 250개체 미만	성숙개체 2,500개 미만	성숙개체 1만 개 미만
D1 특히 소집단	성숙개체 50개체 미만	성숙개체 250개체 미만	성숙개체 1,000개 미만
D2 특히 좁은 분포구역	–	–	100 km² 또는 5개소 미만
E 절멸 확률	10년 혹은 3세대 후에 50% 이상의 확률로 절멸의 가능성 있음	20년 혹은 5세대 후에 20% 이상의 확률로 절멸의 가능성 있음	100년 또는 5세대 내에 10% 이상의 확률로 절멸의 가능성 있음

(자료: 홍선기 외, 2004)

그림 8.8 전 세계 34개소의 생물다양성 중요지점 분포도(자료: 생태 창간호, 2010)

표 8.2 IUCN 보호구역 범주 구분

카테고리 구분		관리 목표
I	Ⅰa 엄격한 자연보호구역 (strict nature reserve)	•엄격한 자연생태계 보호, 교란 최소화, 대중의 접근 제한
	Ⅰb 원시야생보호지역 (wilderness area)	•야생지역 보호, 현세대와 미래세대를 위해 야생성을 유지할 수 있는 정도의 이용 허용
II	국립공원(national park)	•생태계 보호와 휴양, 자연상태/자연과 가까운 상태로 유지할 수 있을 정도의 교육적, 문화적, 여가 목적의 방문객 이용 관리
III	자연기념물 (natural monument)	•자연적 특징 보전(유일성, 자연성, 대표성 등) •연구, 교육, 해설, 대중의 감상 기회 제공
IV	종 및 서식지 관리지역 (habitat/species management area)	•중요 종, 개체군, 군집 또는 환경의 물리적 특성 보호를 위한 서식처 확보 및 유지(관리 활동을 통한 보전)
V	육상 및 해양 경관보호지역 (protected landscape/seascape)	•육상/해상 경관의 보전과 휴양 •전통적 토지이용, 건축양식, 사회문화적 표현의 지속을 통해 자연과 문화의 조화로운 상호작용을 유지
VI	자원관리보호지역 (managed resource protected area)	•자연자원의 지속가능한 이용(생물 다양성과 기타 자연적 가치를 장기간 보호하고 유지)

은 그 지역에 고유한 고유종들이 많이 살고 있는 지역을 의미한다. 중요지점으로 인정받기 위한 조건은 적어도 1,500종 이상의 고유식물종(전 세계 식물의 0.5%)이 분포하고 있어야 하고, 인간의 영향으로 그 서식지의 70% 이상이 사라졌으며 더 많은 서식지가 사라질 위험에 처한 지역이어야 한다(한명수 외, 2017). 그림 8.8은 국제보전협회(Conservation International, CI)가 파악한 34개 생물다양성 중요지점 분포도이다. 생물다양성 중요지점으로 파악된 지역의 많은 서식지가 사라졌기 때문에 지구 육상 표면의 2.3%만이 진정한 중요지점에 포함된다. 이 지역에는 전 지구 식물의 50% 이상, 그리고 육상 포유류의 42%가 집중적으로 서식하고 있다.[3] 따라서 이들 지역을 우선적으로 보호하기 위한 노력이 반드시 필요하다.

보호지역은 매우 다양한 유형이 있다. 전 세계적으로 보호지역이 어디에 분포하는지, 증가 혹은 감소하는지에 대한 믿을 만한 자료를 생산하기 위해서는 보호지역에 대한 정의가 분명해야 한다. IUCN은 보호지역을 "법률 또는 기타 효과적인 수단을 통해 생태계서비스와 문화적 가치를 포함한 자연의 장기적 보전을 위해 지정, 인지, 관리되는 지리적으로 한정된 지역"으로 정의하고 7가지 범주로 구분하고 있다(표 8.2). 이러한 기준과 각 기준에 속하는 보호지역 관리지침을 따른다면 보다 효율적인 보호지역 관리가 이루어질 것이다. 그림 8.9는 전 세계의 보호구역 분포도를 나타낸 것이다. 2021년 8월 기준 전 세계 육지 면적의 15.67% 그리고 해양의 7.65%가 보호구역으로 지정되어 있다.[4]

한국의 보호구역은 환경부, 해양수산부, 산림청, 문화재청 및 국토교통부 5개 부처 소관 14개 법률에 의해 총 33개 유형 3,439개소에 이른다. 서로 다른 기관에서 보호구역을 따로 관리하면 중첩되는 구역이 있어서 나라 전체의 보호구역에 대한 정확한 통계를 작성하기 곤란하고, 관리에 사각지역이 발생하기 쉽다. 이에 따라 2017년 5월부터 한국보호지역 통합 DB 관리시스템[5]을 운영하고 있다. 이 DB 시스템은 국내 보호구역 3,439곳 중 국제기준에 부합되는 보호구역의 보호지역 현황과 정보를 제공하고 이러한 자료들을 정리하여 세계보호지역 DB(World Database on Protected Area, WDPA)에 우리나라의 자료로 제출하고 있다(환경부 보도자료, 2017. 4. 28.). 2020년 기준 한국 보호지역 통합 DB 관리시스

---

3 TheCropSite.com(http://www.thecropsite.com/focus/5m/52/biodiversity-protecting-the-natural-world)

4 Protected Planet(https://www.protectedplanet.net/en)

5 한국보호지역 통합 DB관리시스템(www.kdpa.kr)

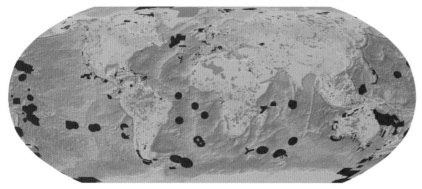

그림 8.9 전 세계의 보호구역 분포도(2021년 8월 기준)그림에서 녹색은 육상 보호지역을 파랑색은 해양 보호구역을 노란색은 보전생물학적으로 특별한 보호지역을 나타낸다(자료: protectedplanet).

표 8.3 2020년 기준 한국의 보호지역 현황

관리부처	유형	면적(km²)	갯수(개)	면적비율(%)
환경부	국립공원	6,796.2	22	17.04
	상수원보호구역	1,151.7	294	2.89
	생태경관보전지역	237.8	9	0.6
	수변구역	1,189.2	4	2.98
	습지보호지역	130.3	27	0.33
	야생생물특별보호구역	26.5	1	0.07
	자연환경보전지역	9,794.3	1	24.56
	특별대책지역	1,972.0	2	4.94
	특정도서	13.8	257	0.03
해양수산부	수산자원보호구역	3,210.5	30	8.05
	습지보호지역-갯벌	1,492.8	12	3.74
	해양보호구역	263.5	14	0.66
	해양보호구역(경관)	5.2	1	0.01
	해양보호구역(해양생물)	91.5	1	0.23
	환경보전해역	1,882.0	4	4.72
문화재청	명승	218.9	113	0.55
	천연기념물	1,189.6	373	2.98
	천연보호구역	456.3	11	1.14
산림청	경관보호구역	173.9	196	0.44
	백두대간보호지역	2,646.0	1	6.63
	산림유전자원보호구역	1,616.7	358	4.05
	생활환경보호구역	0.1	2	0
	수원함양보호구역제1종	1,020.5	614	2.56
	수원함양보호구역제2종	119.3	78	0.3
	수원함양보호구역제3종	1,540.2	424	3.86
	재해방지보호구역	45.0	96	0.11
국토교통부	도시자연공원구역	280.5	13	0.7
환경부 (지방자치단체)	군립공원	238.3	27	0.6
	도립공원	1,038.2	29	2.6
	습지보호지역-시도	6.1	1	0.02
	시_도생태경관보전지역	37.5	24	0.09
	시_도습지보호지역	2.1	6	0.01
	야생생물보호구역	996.9	394	2.5
	총계	39,884.7	3,439	100

(자료: 한국보호지역 통합 DB관리시스템)

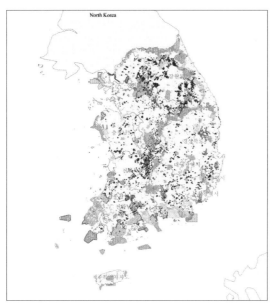

그림 8.10 2020년 기준 한국의 환경부, 해양수산부, 산림청, 문화재청 및 국토교통부에서 지정한 보호지역 분포도(자료: 한국보호지역 통합 DB관리시스템)

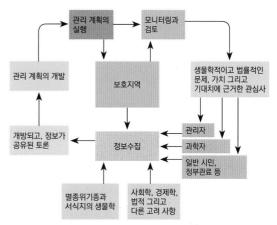

그림 8.11 보호지역 적응관리과정 모델. 프리맥(2014)의 그림을 다시 그림

템에 등록된 3,439개소의 자료를 정리하면 육상(내륙) 보호지역은 16,904.9 km²으로 전 국토의 16.86%이고, 해양(연안 포함) 보호구역은 7,948 km²으로 해양 면적의 2.12%이다. 이 자료는 중첩되는 보호지역의 면적을 제외한 값이다(표 8.3, 그림 8.10). 육지에 비하여 상대적으로 해양 보호구역이 작은 것을 알 수 있다.

보호지역으로 설정되었다고 생물다양성 보전이 저절로 이루어지지는 않는다. 보호구역 설정 이후의 관리와 모니터링을 위한 지속적인 관리개선방안이 마련되지 않는다면 보전 목적을 달성하기 쉽지 않다. 이러한 목적을 달성하는 관리방식이 보호지역 적응관리 모형이다(그림 8.11). 보호지역 안과 밖에서 다양한 생물다양성 보전 관련 정보들과 보호지역 관리에 영향을 줄 수 있는 인문사회학적인 정보들을 주기적으로 모니터링한다. 수집된 자료를 이용하여 보호지역 관리 효율성을 평가하고 새롭게 얻어진 정보에 근거하여 보호지역 관리계획을 지속적으로 수정해 나갈 수 있다. 이와 같이 모니터링을 통한 되먹임 작용으로 효율적인 생물다양성 보전을 위한 관리방안을 계속해서 개선해 나갈 수 있다.

보호지역 관리에서 가장 어려운 점은 지역 주민과의 갈등이다. 지역 주민들의 적극적인 협조를 끌어낸다면 관리가 잘 이루어지겠지만 지역 주민들이 부정적이라면 보호지역이 제대로 관리되지 않을 것이다. 따라서 보호지역 관리계획에는 지역 주민과 외부 방문자들이 어떻게 보호지역을 이용할 것인가에 대한 내용이 들어가 있어야 한다. 긍정적인 시나리오에 따르면 지역 주민은 보호지역 관리와 계획에 참여할 수 있고, 관리에 대한 교육을 받은 후 일자리를 얻거나 생물다양성 보전 활동으로부터 경제적인 이익을 얻는다(프리맥, 2014). 보호지역 이용과 보전에 대한 갈등을 완화하기 위한 좋은 방법 중 하나는 보호지역을 용도별로 구획화하여 관리하는 것이다. 가장 대표적인 경우가 UNESCO **생물권보전지역**(Biosphere Reserve) 프로그램이다. 생물권보전지역은 핵심지역, 완충지역 및 전이지역으로 구성되며, 보호, 연구, 인간의 활동 및 관광을 복합적으로 고려한다(프리맥, 2014). 핵심지역은 말 그대로 철저하게 보호되는 지역이고, 연구 활동이 이루어진다. 완충지역에서는 식용 가능한 식물과 땔감 수집 등 전통적인 지역주민의 활동이 보장된다. 협력(전이)지역에서는 정착과 영농이 일부 허용되고, 지속가능한 개발이나 실험 연구 등이 허용된다(그림 8.12). 보호지역이 효율적으로 관리되기 위해서는 보호지역 정책을 수행할 수 있는 충분한 장비가

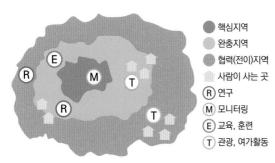

● 핵심지역
● 완충지역
● 협력(전이)지역
🏠 사람이 사는 곳
Ⓡ 연구
Ⓜ 모니터링
Ⓔ 교육, 훈련
Ⓣ 관광, 여가활동

그림 8.12 생물권보전지역의 일반적인 유형과 각 지역에서의 허용행위. 프리맥(2014)의 그림을 다시 그림

갖추어져야 하고, 훈련이 잘 이루어지고 동기부여가 확실한 관리 인력을 고용할 수 있는 적절한 재원이 반드시 필요하다. 생물다양성이 풍부한 개발도상국 보호구역들은 국제적인 원조를 받기도 하지만 아직도 재정적으로 취약한 상태이다.

보호구역 설정은 서식지내 보전 전략을 위해 매우 중요하다. 지구적 차원, 국가적인 차원 그리고 지역적인 차원에서 보호할 가치가 충분한 곳을 찾아내어 새로운 보호지역으로 지정할 필요가 증가하고 있다. 보호구역 설정으로 서식지내 보전 전략의 효율을 높이기 위해서는 합리적이고 과학적인 원칙을 세우고 그에 따라 새로운 보호구역을 지정하는 절차가 필요하다. 새로운 보호구역을 지정할 때 많이 사용하는 기법은 **틈 분석**(gap analysis)이고, 활용하는 기술은 지리공간정보처리기술(geographic information system, GIS)이다(프리맥, 2014).

틈 분석을 통하여 수집한 자료들을 기존의 보호구역 자료와 비교하면 보호가치가 큰 곳임에도 불구하고 보호구역으로 확정되지 않은 지역을 찾아낼 수 있다. 때로는 기존 보호구역의 경계를 해체하고, 새로운 경계를 설정하는 데에도 도움을 줄 수 있다. 보전가치가 높은 지역이 보호구역으로 지정되지 못했었던 이유에 대해 탐구할 수 있고, 보호구역을 설정할 때 새로 해결해야할 문제들을 도출하는 것도 가능하다. 틈 분석의 절차는 6단계로 구분할 수 있다(프리맥, 2014). 첫째, 조사하고자 하는 지역의 범위를 구분하고, 세부적인 조사 단위를 도면으로 구분한 후 단위지역별 생물종의 분포,

모암, 지질 토양 및 생태계의 특성, 인구와 경제적인 요소들을 포함한 보전가치 평가에 도움을 줄 수 있는 수집 가능한 모든 자료들을 수집한다. 둘째, 보호지역을 설정하려는 목적을 보다 명확하게 설정한다. 그에 따라 보호가 필요한 종의 개체수와 필요한 보호면적의 크기를 확정할 수 있다. 셋째, 현재의 보호구역을 검토하여 보호가 필요함에도 보호받지 못하는 지역들이 어느 조사 단위들인지 확인한다. 넷째, 틈 채우기 단계로서 추가적으로 보호구역으로 설정될 공간을 확인하고 결정한다. 다섯째 추가로 보호구역으로 포함할 지역에 대한 확보방안 및 보호구역 지정 절차와 전략을 모색한다. 또한 새로 보호구역으로 포함한 지역을 포함한 전체 보호구역에 대한 관리계획을 수립한다. 여섯째, 새로 추가된 지역이 보호구역 설정 목적에 적합한 지 판단하기 위한 모니터링 자료를 수집한다. 모니터링자료와 틈 분석 자료를 검토하여 부합하지 않는 지역을 배제하고 부합하는 지역을 추가로 선정할 수 있다. 이러한 틈 분석은 지역적으로 국가적으로 그리고 전 지구적으로 시행할 수 있으므로 전 지구적 규모의 보호지구 확장을 도모할 수 있다. 또한 전 지구적 차원에서 지역이나 국가 간 함께 보호하고자 하는 포유류, 조류, 양서류, 파충류 등의 종 분포를 검토하면 전혀 보호받고 있지 못한 틈새 종(gap species)을 확인할 수 있다. 전 지구적 멸종 위험에 처한 틈새 종의 보호를 위한 협력프로그램을 가동하면 각 국가별로 보호구역 확장이 가능하다.

틈 분석에 효율적으로 이용할 수 있는 GIS 기술은 보호지역 지정, 추가 및 관리에 많은 도움을 줄 수 있다. GIS를 이용한 접근은 식생유형, 기후, 토양, 지형, 지질, 수분, 종분포, 현재의 보호지구, 인간 거주지역, 토지이용, 자원이용 유형 등에 대한 다양한 주제도를 생성한다. 특히 시간을 두고 생성하는 주제도를 이용한 분석자료들은 보호구역 설정, 변경 및 관리에 많은 도움을 줄 수 있다(프리맥, 2014).

각각의 보호지역들을 네트워크로 연결하면 생물다양성 보전과 관리를 위한 다양한 유형의 서식지를 확

보할 수 있다(홍선기 외, 2004). 여기에는 보다 효율적인 생물다양성 보전전략으로서 경관생태학적 접근이 필요하다. 이러한 보전전략들을 생태네트워크, 비오톱네트워크 혹은 서식지네트워크라 한다. 이는 광역적인 관점에서 생태통로가 생물이동과 분산에 유익하다는 전제하에 핵심부를 보호하고 회복하여 서로 연결시키는 것이다. 이러한 방법은 그 지역 전체 생태계의 질을 개선하여 생물다양성 보전을 효과적으로 달성할 수 있는 전략이다.

생태네트워크의 개념과 방법은 독일을 시작으로 유럽, 미국, 일본 등에서 활발하게 활용되고 있는데, 토지이용계획이나 경관생태계획에 포함하여 진행하고 있다. 생태네트워크의 구성요소는 핵심지역, 생태통로 및 자연환경개선구역이다. 핵심지역은 자연성이 높은 구역으로 생물다양성이 높고 지역 고유종, 희귀종 및 절멸위험종이 서식하는 지역이며 보호지역 혹은 보호지역에 준하는 야생성을 지닌 지역들이 이에 해당한다. 생태통로는 핵심지역 및 자연환경개선구역과의 연결성이 높고, 종들의 이동 경로이며 때로 일시적인 서식지 기능도 하는 지역이다. 자연환경개선구역은 어느 정도 자연성을 가지고 있고, 핵심지역과 생태통로의 서식환경을 보호하며 인위적인 영향을 방지하는 완충기능을 가지고 있다. 생물다양성 회복 및 보전을 위해서 지역 수준에서, 국가 수준에서 그리고 대륙 차원에서 보호지역(서식지) 사이의 네트워크를 형성할 수 있다. 생태네트워크의 개념을 활용하면 개체 수준의 보호, 지역 및 경관 수준에서의 보호 그리고 국제적인 연대를 통하여 활동 범위가 넓은 생물들을 보다 효율적으로 보전하고 관리할 수 있다(홍선기 외, 2004). 생태통로를 이용하는 네트워크 개념의 적용은 대체적으로 생물다양성 보전에 유익하지만 때로 통로를 이용하여 해충이나 질병이 빠르게 퍼져 나가 보호지역을 훼손할 수 있고, 통로에서 이동 중인 생물들에 대한 포식활동이 집중될 수 있는 단점도 있으므로 이에 대한 고려가 필요하다(프리맥, 2014).

8.5 서식지외 보전노력

지구 생태계는 인류세 이전부터 구성 종들 간 조화와 균형을 유지하며 지속되어 왔다. 인류세가 끝난다고 하더라도 지구 생태계는 그렇게 유지될 것이다. 따라서 생물종 다양성을 보전하기 위한 가장 좋은 방법은 서식지내에서 함께 어우러지면서 자기 역할을 다하며 조화와 균형을 유지하게 도와주는 **서식지내 보전**(in situ conservation)이다(신현철 외, 2009). 그러나 때로 서식지내 보전만으로는 종을 유지하기 힘든 종들이 있다. 개체군의 수가 적고, 개체군의 크기가 작은 종들이 그렇다(프리맥, 2014). 서식지내 보전만으로 종 보전의 목적을 달성하기 어려운 경우에는 인위적인 조건에서 개체들을 관리하고 증식할 수 있는 서식지외 보전으로 해당 생물종의 존속가능성을 높일 수 있다. 또한 훼손된 서식지를 복원하여 사라진 개체군을 되살릴 경우, 서식지에서 줄어들고 있는 개체군의 크기를 증가시킬 필요가 있을 경우, 그리고 서식지에서 사라진 종을 재도입할 경우에도 서식지외 보전기관에서 증식한 개체들을 이용하여 효율성을 높일 수 있다(신현철 외, 2009; 프리맥, 2014). 이와 같이 인위적인 조건에서 종 개체들을 유지시키는 전략을 **서식지외 보전**(현지외 보전, ex situ Conservation)이라 한다.

야생에서 멸종한 많은 생물종들이 서식지외 보전 방식으로 유지되고 있다. 서식지외 보전 전략을 이용하여 특정 종의 개체수를 증식시킨 후 야외적응 훈련을 거쳐 자연 상태계에서 살 수 있도록 방사할 수 있다. 이러한 전략으로 일부 야생에서 멸종한 종을 되살리거나 개체 수가 적어진 야생 개체군 크기를 증가시킬 수 있다. 따라서 서식지내 보전과 서식지외 보전은 상호보완적인 생물다양성 보전전략이다(신현철 외, 2009; 프리맥, 2014). 서식지외 보전기관에서 사육하고 기른 생물을 대상으로 수행한 기초 연구들은 자연생태계에서 파악하기 어렵거나 불가능한 기초생물학, 생리학, 유전학 등의 보전에 필요한 정보들을 제공해 줄 수 있다. 보다 효과

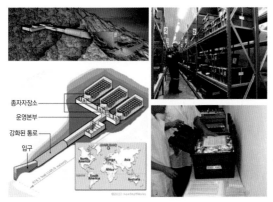

종자저장소
운영본부
강화된 통로
입구

그림 8.13 노르웨이 스발바르 제도에 있는 국제종자저장고 모습
© Delana (WebUrbanist)

적이고 새로운 서식지내 보전전략을 수립하려면 이러한 지식과 정보가 반드시 필요하다. 동물 보전을 위한 서식지외 시설물은 동물원, 사냥터, 수족관, 민영 사육시설 등이고, 식물보전을 위한 시설은 식물원, 수목원, 생태원, 종자은행(그림 8.13) 등이다(프리맥, 2014).

서식지외 보전기관을 설립하고 유지하는 데에는 많은 비용이 든다. 따라서 비용을 투자할 여력이 있고, 국민적 관심을 유도할 수 있는 선진국에서는 많은 서식지외 보전기관을 운영하고 있다. 그러나 투자여력이 작은 개발도상국들은 서식지외 보전기관의 운영에 많은 어려움이 있다. 그러나 현실적인 이유로 선진국의 많은 동물원에서도 국민들의 관심을 끌 수 있는 카리스

마 있거나 서식지내 보전과 직접적으로 연계할 수 있는 대형 포유류를 보전하는 데 초점을 맞추고 있다.

한국의 서식지외 보전기관 현황

야생동식물보호법과 시행령에는 서식지외 보전기관의 지정, 목적, 기준 및 절차에 대한 규정이 있다. 환경부에서 지정하는 서식지외 보전기관은 보전대상 야생동식물을 고시하고 있는데, 대부분의 기관에서 멸종위기야생동식물의 일부를 보유하고 있다. 우리나라에서는 2000년 4월 서울대공원이 가장 먼저 서식지외 보전기관으로 지정되었다. 2019년 기준 26개 서식지외 보전기관이 활동하고 있는데, 환경부에서 지정한 멸종위기 야생생물 보전에 큰 역할을 수행하고 있다(**표 8.4**). 앞으로 고유종을 포함한 더 많은 생물종을 보전하기 위하여 더 많은 서식지외 보전기관이 필요하다. 환경부 외에도 해양수산부에서도 서식지외 보전기관을 운영하고 있다.

8.6 생물다양성 보전 전망

현재 여러 가지 환경문제 중에서 가장 심각하다고 여겨지는 문제 중 하나는 생물다양성 소실이다. 이에 따

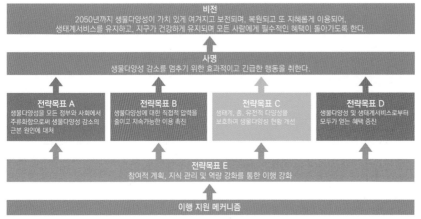

그림 8.14 생물다양성전략계획 2011~2020의 구조. 2050 비전은 2020의 사명으로 달성될 수 있고, 그 사명은 아이치 목표 20개의 뼈대를 이루는 5개 전략 목표로 달성할 수 있다(자료: 생물다양성사무국, 2014).

표 8.4 2019년 기준 서식지외 보전기관

지정 번호	기관명칭	지정 동·식물	지정일자	지정 내역	관리기관
1	서울대공원	동물 20종	'00.04.12	반달가슴곰, 늑대, 여우, 표범, 호랑이, 삵, 수달, 두루미, 재두루미, 황새, 스라소니, 담비, 노랑부리저어새, 혹고니, 흰꼬리수리, 독수리, 큰고니, 금개구리, 남생이, 맹꽁이	서울시
2	한라수목원	식물 26종	'00.05.25	개가시나무, 나도풍란, 만년콩, 삼백초, 순채, 죽백란, 죽절초, 지네발란, 파초일엽, 풍란, 한란, 황근, 탐라란, 석곡, 콩짜개란, 차걸이란, 전주물꼬리풀, 금자란, 한라솜다리, 암매, 제주고사리삼, 대흥란, 솔잎란, 자주땅귀개, 으름난초, 무주나무	제주도
3	(재)한택식물원	식물 19종	'01.10.12	가시오갈피나무, 개병풍, 노랑만병초, 대청부채, 독미나리, 미선나무, 백부자, 순채, 산작약, 연잎꿩의다리, 가시연꽃, 단양쑥부쟁이, 층층둥굴래, 홍월귤, 털복주머니란, 날개하늘나리, 솔붓꽃, 제비붓꽃, 각시수련	이택주
4	(사)한국황새복원 연구센터	조류 2종	'01.11.01	황새, 검은머리갈매기	한국교원대학교
5	내수면양식연구센터	어류 3종	'01.11.01	꼬치동자개, 감돌고기, 모래주사	국립수산과학원
6	여미지식물원	식물 10종	'03.03.10	한란, 암매, 솔잎란, 대흥란, 죽백란, 삼백초, 죽절초, 개가시나무, 만년콩, 황근	부국개발(주)
7	삼성에버랜드동물원	동물 6종	'03.07.01	호랑이, 산양, 검독수리, 두루미, 큰바다사자, 재두루미	삼성에버랜드(주)
8	기청산식물원	식물 10종	'04.03.22	섬개야광나무, 섬시호, 섬현삼, 연잎꿩의다리, 매화마름, 갯봄맞이꽃, 큰바늘꽃, 솔붓꽃, 애기송이풀, 한라송이풀	이삼우
9	한국자생식물원	식물 16종	'04.05.03	노란만병초, 산작약, 홍월귤, 가시오갈피나무, 순채, 연잎꿩의다리, 각시수련, 복주머니란, 날개하늘나리, 넓은잎제비꽃, 닻꽃, 백부자, 제비동자꽃, 제비붓꽃, 큰바늘꽃, 한라송이풀	김창열
10	(사)홀로세생태 보존연구소	곤충 3종	'05.09.28	애기뿔소똥구리, 붉은점모시나비, 물장군	이강운
11	(사)한국산양· 사향노루종보존회	포유류 2종	'06.09.21	산양, 사향노루	정창수
12	(재)천리포수목원	식물 4종	'06.09.21	가시연꽃, 노랑붓꽃, 매화마름, 미선나무	이보식
13	(사)곤충자연 생태연구센터	곤충 3종	'07.03.08	붉은점모시나비, 물장군, 장수하늘소	이대암
14	함평자연생태공원	식물 4종	'08.11.18	나도풍란, 풍란, 한란, 지네발란	함평군
15	평강식물원	식물 6종	'09.08.25	가시오갈피나무, 개병풍, 노랑만병초, 단양쑥부쟁이, 독미나리, 조름나물	이환용
16	신구대학식물원	식물 11종	'10.02.25	가시연꽃, 섬시호, 매화마름, 독미나리, 백부자, 개병풍, 나도승마, 단양쑥부쟁이, 날개하늘나리, 대청부채, 층층둥굴레	이숭겸 총장
17	우포따오기복원센터	동물 1종	'10.06.19	따오기	창녕군
18	경북대 조류생태환경연구소	동물 3종	'10.07.09	두루미, 재두루미, 큰고니	박희천
19	고운식물원	식물 5종	'10.09.15	광릉요강꽃, 노랑붓꽃, 독미나리, 층층둥굴레, 진노랑상사화	이주호
20	강원도 자연환경연구사업소	식물 7종	'10.09.15	왕제비꽃, 층층둥굴레, 기생꽃, 복주머니란, 제비동자꽃, 솔붓꽃, 가시오갈피나무	강원도
21	한국도로공사수목원	식물 8종	'11.09.09	노랑붓꽃, 진노랑상사화, 대청부채, 지네발란, 독미나리, 석곡, 초령목, 해오라비난초	한국도로공사
22	(재)제주테크노파크	동물 3종	'11.12.29	두점박이사슴벌레, 물장군, 애기뿔소똥구리	(재)제주테크노파크
23	순천향대학교 멸종위기어류 복원센터	동물 7종	'13.02.26	미호종개, 얼룩새코미꾸리, 흰수마자, 여울마자, 꾸구리, 돌상어, 부안종개	순천향대학교
24	청주랜드관리사업소	동물 10종	'14.02.10	표범, 늑대, 붉은여우, 반달가슴곰, 스라소니, 두루미, 재두루미, 혹고니, 삵, 독수리	청주시
25	화천수달연구센터	동물1종	'17.2.7	수달	화천군
26	국립낙동강 생물자원관	식물 5종	'18.1.30	섬개현삼, 분홍장구채, 대청부채, 큰바늘꽃, 고란초	국립낙동강 생물자원관

(자료: (사)한국서식지외보전기관협회(http://www.kaeci.org))

표 8.5 생물다양성전략계획 2011~2020에서 제시한 5대목표의 세부요소별 아이치 생물다양성 목표 진행 경과 요약

전략목표	목표	요소	현황	자료의 신뢰수준
A	1	사람들이 생물다양성의 가치를 인식	3	★
	1	사람들이 생물다양성 보전과 지속가능한 이용을 위해 취할 수 있는 조치를 인식	3	★
	2	생물다양성 가치가 국가 및 지역 개발과 빈곤 감소 전략에 통합	3	★★
	2	생물다양성 가치가 국가 및 지역 계획에 통합	3	★★
	2	생물다양성 가치를 국가회계에 적절히 통합	3	★★★
	2	생물다양성 가치가 보고체계에 통합	3	★★★
	3	생물다양성에 유해한 보조금 등의 인센티브 폐지, 단계적 삭감 혹은 개혁으로 부정적 효과 억제	2	★★★
	3	생물다양성 보전과 지속가능한 이용에 이로운 인센티브 개발, 적용	3	★★★
	4	정부, 기업, 이해관계자가 지속가능한 생산과 소비 계획을 이루거나 이를 이행	3	★★★
	4	자연자원 이용을 안전한 생태계 내에서 이용	2	★★★
B	5	산림 손실 속도를 적어도 절반 이하로 감소, 가능하면 영점 수준 근접	3	★★
	5	모든 서식지 손실이 절반 이하로 감소, 가능하면 영점 수준 근접	2	★★
	5	서식지 황폐화와 파편화의 획기적 감소	1	★★
	6	모든 어류와 무척추동물, 해조류가 지속가능하고 합법적인 방식으로 관리 및 수확, 생태계 기반 접근법 적용	3	★★★
	6	격감한 종 복원 계획과 방법 실행	3	★★★
	6	어업이 멸종위기종과 취약한 생태계에 부정적 영향 미치지 않음	2	★★
	6	어족자원과 종, 생태계에 대한 어업의 영향이 안전한 생태적 한계 내로 유지, 즉 남획 근절	2	★★
	7	농업지대가 지속가능한 방식으로 관리되어 생물다양성 보전	3	★★
	7	양식업지대가 지속가능한 방식으로 관리되어 생물다양성 보전	3	★★
	7	임업지대가 지속가능한 방식으로 관리되어 생물다양성 보전	3	★★
	8	모든 유형의 오염원을 생태계 기능과 생물다양성 보전에 해롭지 않은 수준으로 낮춤	평가 불가	편차 큼
	8	영양물질 과잉으로 인한 오염을 생태계 기능과 생물다양성 보전에 해롭지 않은 수준으로 낮춤	1	★★★
	9	침입외래종을 확인하고 우선순위 선정	3	★★★
	9	침입경로를 확인하고 우선순위를 세움	3	★★★
	9	퇴치 우선순위 외래종의 통제 및 제거	3	★
	9	침입외래종의 도입과 정착 예방	2	★★
	10	산호초 보전과 기능 유지를 위해 산호초에 대한 인위적 압력 최소화	1	★★★
	10	기후변화나 해양 산성화 영향 받는 취약생태계에 대한 인위적 압력 최소화하여 생태계 보전과 기능유지	평가불가	정보미비
C	11	육지 및 내수면 지역의 17% 이상 보전	4	★★★
	11	연안 및 해양지역의 10% 이상 보전	3	★★★
	11	생물다양성과 생태계서비스에 특별히 중요한 지역 보전	3	★★★
	11	보호지역이 생태적 대표성을 지님	3	★★★
	11	효과적이고 형평성 있는 보호지역 관리	3	★
	11	보호지역이 잘 연결되고, 육지 및 해양 경관에 통합	3	★
	12	멸종위기종 멸종 방지	2	★
	12	가장 급속히 줄어들고 있는 종 보호 개선 및 지속	1	★★★
	13	재배식물의 유전적 다양성 유지	3	★★★
	13	사육동물과 가축의 유전적 다양성 유지	3	★★★
	13	재배식물의 야생근연종 유전적 다양성 유지	2	★★
	13	사회경제적, 문화적 가치를 갖는 종의 유전적 다양성 유지	평가불가	자료미비
	13	유전적 침식 최소화, 유전적 다양성 보호 전략 개발 및 이행	3	★★★
D	14	물 등 필수적 서비스 제공 및 건강, 생계, 웰빙에 기여하는 생태계 복원과 보호	2	★
	14	여성, 토지지역공동체, 빈곤층 및 취약 계층 필요 고려	1	★
	15	보전과 복원 통해 생태계 회복력과 생물다양성의 탄소저장 기여도 증가	2	★
	15	파괴된 생태계의 15% 이상이 복원되어 기후변화 완화, 적응 및 사막화방지에 기여	3	★
	16	나고야의정서 발효	5	★★★
	16	나고야의정서 운영 및 국내법 부합	4	★★★

전략목표	목표	요소	현황	자료의 신뢰수준
E	17	2015년까지 사무국에 국가생물다양성전략 및 행동계획(NBSAP) 제출	4	★★
	17	NBSAP을 효과적 정책수단으로 채택	3	★★
	17	NBSAP 이행	3	★★
	18	토착지역공동체의 전통지식, 혁신, 관습 존중	3	★★
	18	전통지식, 혁신, 관습이 협약이행에 종합, 반영	3	★
	18	토착지역공동체의 충분하고 효과적인 참여	3	★
	19	생물다양성과 그 가치, 기능, 현황 및 경향, 감소의 결과에 관련한 지식, 과학적 기초, 기술 개선	4	★★★
	19	생물다양성에 대한 지식, 과학적 기초 그리고 기술이 널리 공유, 이전, 적용됨	3	★★
	20	생물다양성전략계획 2011-2020 이행 위한 모든 원천으로부터의 재원 동원이 2010년 수준보다 크게 증가	3	★

※ 2014년 당시 현황; 5(목표 초과달성 궤도), 4(목표 달성 궤도), 3(진전 있으나 미흡, 노력하지 않으면 기한내 목표 달성 불가),
2(진전없음, 정체), 1(목표로부터 멀어짐) (자료: 생물다양성사무국, 2014)

이 지도에 표시된 경계와 이름은 UN에서 승인한 것을 의미하지는 않는다.

　자료 부족　　≤ 5%　　5% - 10%　　10% - 17%　　≥ 17%

그림 8.15 2016년 기준 각 국가별 보호구역 면적 비율(자료: protectedplanet)

라 UN은 2010년을 생물다양성의 해로 그리고 매년 5월 22일을 국제 생물다양성의 날로 지정하였다. 생물다양성 증진을 통하여 지속가능성을 확보하기 위해 생물다양성협약에서 작성한 생물다양성전략계획 2011~2020은 현재 생물다양성에 대한 행동을 포괄하는 프레임워크로 인정되고 있다(그림 8.14). 생물다양성 전략계획 2011~2020은 지구 수준의 생물다양성 보전을 위한 기초 토대를 형성하였고, 현재 2020 이후의 생물다양성 보전을 위한 프레임워크(Post-2020 Global Biodiversity Framework)를 확정하기 위한 논의가 진행되고 있다. 2020 이후의 생물다양성 보전을 위한 프레임워크는 생물다양성전략계획 2011~2020을 기반으로 하여 사회와 생물다양성의 관계를 변화시키기 위한 야심찬 계획들을 수립하고 있다. 이 계획들의 목표달성을 통하여 2050년

까지 자연과 조화되는 생활(Living in Harmony with Nature)이란 비전을 달성하고자 한다. 2012년 유엔총회는 지속가능한 발전을 위해서는 사회, 경제 및 환경의 3개 기둥이 받쳐주어야 한다는 점을 고려하여, 모든 회원국과 각 기관이 발전의제를 엮어내는 작업을 할 때에 생물다양성 전략계획과 목표를 고려하도록 제안하였다. 생물다양성전략계획은 멸종위기 야생동·식물 국제 무역에 대한 협약, 이동성 야생동물 보호 협약, 국제적 중요성을 지닌 습지에 관한 협약(람사르협약), 식량·농업식물 유전자원국제조약, 세계유산협약 등의 생물다양성 관련 협약에서도 중요하게 반영되었다(생물다양성사무국, 2014).

생물다양성전략계획 2011~2020은 지속가능발전을 위한 의제의 일부이다. 2014년에 작성한 생물다양성전

표 8.6 2021년 2월 기준 주요 지역별 보호구역 면적과 전 지역에 대한 보호지역 구성비율(%)

대륙	보호구역 개수	육상		해양	
		보호면적(km²)	보호면적 비율(%)	보호면적(km²)	보호면적 비율(%)
전 세계	265,386	20,991,804	15.67	25,214,058	7.65
아프리카	8,618	4,240,648	14.11	1,846,477	12.36
아시아-태평양	34,898	4,785,110	15.37	11,383,663	18.56
유럽	159,615	3,719,249	13.37	1,489,259	8.49
라틴아메리카-카리브해 지역	10,001	4,973,207	24.21	5,271,406	23.02
북아메리카	51,828	2,241,267	12.45	2,141,254	14.97
극지	35	894,313	41.28	3,064,822	44.78
서아시아	391	138,010	3.91	17,177	1.19
한국	3,497	16,917	16.97	7,979	2.46
북한	34	2,976	2.44	26	0.02
중국	122	1,461,913	15.62	48,126	5.48
일본	4,915	109,937	29.39	332,691	8.23

(자료: protectedplanet)

략계획 2011~2020의 중간보고서인 GBO-4의 결론은 보고서 작성 당시기준으로 어려움은 있지만 많은 목표가 달성가능하다는 것이었다(표 8.5, 생물다양성사무국, 2014). 그러나 2020년이 경과한 지금 시점에서 많은 목표를 달성하지 못한 것이 현실이다. 따라서 이와 같은 점을 보완하기 위한 2020 이후의 생물다양성 보전을 위한 프레임워크를 준비하고 있다. 이 목표들을 달성하기 위해서는 많은 분야에서 혁신적이고 과감한 행동이 필요하며, 향후 보다 광범위한 정책 영역에서 생물다양성에 대한 지속적인 집중이 필요하다. 목표의 성공 사례들을 보면 생물다양성 감소의 여러 원인에 동시에 효과적으로 대처하는 경우가 많다. 모니터링과 자료 분석, 경제적 유인 변화, 시장 압력의 적용, 규칙과 규제의 시행, 토착 지역공동체와 이해관계자 참여 유도, 그리고 멸종위기종과 생태계 보전 목표 수립을 포함하여 생물다양성 보전과 지속가능한 이용을 위한 많은 방법이 적용될 필요가 있다. 아이치 목표 달성에 필요한 많은 조치들은 식량 안보 달성, 공중 보건 증진, 모두를 위한 깨끗한 물과 지속가능한 에너지 제공 등의 목표 달성에도 기여할 것이다(생물다양성사무국, 2014).

생물다양성을 보전하기 위한 가장 좋은 전략은 서식지내 보전 전략인 보호구역 설정과 관리이다. 제 4차 지구생물다양성 전망은 2020년까지 전 세계 육상의 17% 그리고 해양의 10%를 보전하는 것이 목표였다(전략목표 C의 목표 11). 그림 8.15는 2016년 당시 국가별 보호구역 면적 비율을 나타낸 것이다. 그러나 2021년 8월 기준 전 세계 육상의 15.67% 그리고 해양의 7.65%만이 보호구역으로 지정되어 있다(표 8.6). 표 8.6은 2021년 8월 기준 주요 대륙별 그리고 우리나라를 포함한 북한, 중국 및 일본의 보호구역 면적과 비율을 비교한 것이다. 아직도 많은 대륙과 나라들의 육상 보호구역이 17% 미만에 머물고 있다. 많은 대륙에서 해양 보호구역이 증가하고 있지만 아프리카, 유럽 및 아시아에서 상대적으로 해양 보호구역이 적다. 따라서 해양 보호구역을 확장하기 위한 노력이 필요할 것으로 판단된다. 또한 육상과 해양에 많은 보호구역들이 설정되어 있지만 여전히 보호지역 네트워크들은 생태적으로 대표성이 없으며, 생물다양성에 중요한 많은 지역이 제대로 보전되지 못하고 있다. 연안 및 해양 지역의 10%를 보호하자는 목표는 연안 수역에서 정상적으로 진행되고 있지만 공해를 포함하는 외양과 심해저 지역은 제대로 포함되지 않았다. 한편으로는 여전히 부적절한 관리가 이뤄지는 보호지역이 많다(생물다양성사무국, 2014).

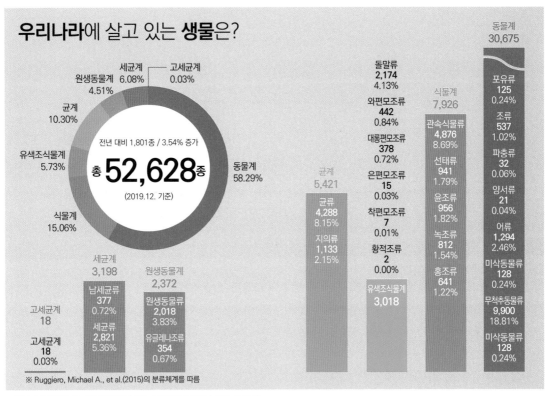

그림 8.16 한반도의 생물다양성(자료: 국가생물다양성센터, 2020)

8.7 우리나라 생물다양성 보전 현황과 전망

한반도에는 얼마나 많은 종류의 생물이 살고 있을까? 지난 수십 년간 한국의 생물학계에서는 한반도에 살고 있는 많은 종을 새로이 찾아내어 보고하였다. 그러나 아직도 많은 생물들이 발굴되지 못하였기 때문에 계속해서 신종이 발견되고 있다. 국립생물자원관에서 파악한 2019년 기준 한반도의 생물은 총 52,628종류이다. 동물계가 가장 많아서 30,675종류로 전체 생물의 58.3%를 차지하고 있다. 동물계 중에서 곤충류가 18,638종류로 가장 많아서 동물계의 60.8%, 전체 한반도 생물의 35.4%를 차지하였다. 식물계에 속하는 생물은 7,926종류였는데, 이 중 관속식물은 4,476종류였고, 선태류는 941종류였다. 유색조식물계는 3,018종류였다. 균계에는 5,421종류가 속하는데 균류는 4,288종류였고, 지의류는 1,133

종류였다. 원생동물계(원생생물계)와 세균계는 각각 2,372종류와 3,198종류였는데, 이 두 분류군에서 신종이 가장 많이 발견되고 있다(그림 8.16). 학자마다 생물을 분류하는 기준은 다를 수 있고, 이에 대한 논의가 지속되고 있다. 특히 국립생물자원관에서 식물계로 분류한 윤조류, 녹조류, 홍조류 등과 유색조식물계로 구분한 식물플랑크톤들에 대해서는 분류체계에 대한 이견이 있다. 학자에 따라 이들을 원생생물계로 집계하기도 한다.

멸종위기 야생생물은 환경부에서 지정하여 고시하고 있다. 한국에서 법적으로 보호를 받는 멸종위기 야생생물은 1989년 92종류, 1996년 203종류, 1998년 194종류, 2012년 246종류 그리고 2018년 기준 267종류로 다소 증감은 있지만 꾸준하게 증가하여 왔다. 멸종위기 야생생물은 법에 따라 매 5년마다 새로 정한다. 2018년 당시 멸종위기 야생생물로 지정된 포유

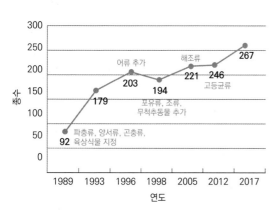

연도별 멸종위기 야생생물 현황

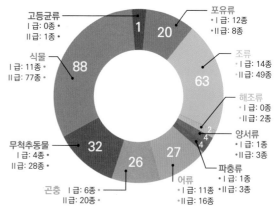

분류군별 멸종위기 야생생물 현황

고등균류
I급: 0종
II급: 1종

식물
I급: 11종
II급: 77종

무척추동물
I급: 4종
II급: 28종

곤충
I급: 6종
II급: 20종

포유류
I급: 12종
II급: 8종

조류
I급: 14종
II급: 49종

해조류
I급: 0종
II급: 2종

양서류
I급: 1종
II급: 3종

파충류
I급: 1종
II급: 3종

어류
I급: 11종
II급: 16종

그림 8.17 2018년 기준 한반도의 멸종위기종수 변화 및 멸종위기종의 분류군별 구성 비교(자료: 생물다양성 정보공유체계(CBD-CHM))

류는 20종류, 조류는 63종류, 양서류 2종류, 파충류 6종류, 어류 27종류, 곤충 26종류, 무척추동물 32종류, 식물 88종류, 고등균류 1종류 그리고 해조류 2종류였다(그림 8.17).

한국의 보전생물학에 대한 과제와 전망을 간략히 요약하면 다음과 같다(신현철 외, 2009). 첫째, 생물다양성 보전의 목표를 달성하기 위해서는 학제간의 협동 연구가 반드시 필요하다. 특히, 분류학, 개체군 생태학, 유전학, 복원생태학, 경관생태학, 자원관리학, 공원설계와 관리 분야의 협력이 절실하다. 그러나 아직까지 효율적인 협동연구의 틀이 갖추어져 있지 않고 있고, 각 분야의 전문가들이 절대적으로 부족한 실정이다. 현재 일부분이지만 협동 연구와 논의가 시작되었다. 보전목적을 달성하기 위한 큰 틀에서의 진정한 학제간 협력과 논의가 시작되어야 할 시점이다.

둘째, 생물다양성 보전을 위해 설정한 보호지역 주변이나 보호종의 서식지에 인접하여 생활하는 지역주민, 단체 및 지방정부에 대한 지원과 배려가 필요한 경우가 많다. 정부와 보호지역 관리 주체가 이 부분의 중요성을 잘 알고 있어서 점차 개선되고 있다. 향후 법적인 그리고 제도적인 개선이 이루어져야 하고, 보호지역 관리와 멸종위기생물의 보호에 지역주민들과 지방정부의 참여를 유도할 필요가 있다.

셋째, 멸종위기종에 대한 규정은 일반적으로 세계자연보전연맹(IUCN)에서 정한 기준을 따르는 것이 좋다. IUCN은 생물종의 보전등급을 멸종(EX), 야생멸종(EW), 위급(CR), 위협(EN), 취약(VU), 준위협(NT), 관심(LC), 자료부족(DD) 및 미평가(NE)의 범주로 구분하고 있다. 이들을 구분하는 기준은 정보의 유무, 개체군의 감소 여부, 지리적 분포범위의 규모, 개체군의 크기와 서식지 면적 그리고 멸종가능성에 대한 정량적 분석결과 등이다. 즉 IUCN 기준을 충족하기 위해서는 현장에서의 정밀자료와 장기적인 모니터링가 필요하다. 그러나 우리나라에서는 이러한 기준에 맞추어 수집된 자료가 매우 부족하기 때문에 전체 생물을 대상으로 종의 보전등급을 평가하기 어렵다. 또한 생물종의 보전등급의 판정을 국립생물자원관과 국립수목원의 서로 다른 기관에서 경쟁적으로 하고 있어서 부족한 자료에 근거하여 서로 다른 기준이나 임의적 기준이 적용되는 경우가 있다. 이러한 문제들을 해결하기 위해서는 보다 많은 전문가 양성과 장기적이고 정밀한 모니터링 자료를 수집할 필요가 있다. 또한 환경부와 산림청의 협조로 단일 보전등급 평가 기준과 평가결과를 도출하여야 한다.

넷째, 환경부에서는 IUCN 범주로 멸종위기종을 구분하지 않고 멸종위기 야생생물 I급과 II급 종이라는 모호한 범주를 이용하고 있다. 멸종위기 야생생물 I급과 II급 종을 각각 IUCN 위급종(CR)과 위기종(EN)과 유사하다고 할 수 있지만 이들에 대한 현장 정밀조사 자료가 부족하여 정량적인 기준이 엄밀하게 적용되고 있지 못하다. 범주에 따른 정량적 분석이 가능하도록 생물종 하나하나에 대한 정보수집하기 위해서는 보다 많은 숙련된 전문가를 양성해야 하고, 국가예산이 뒷받침되어야 한다.

다섯째, 한국에서도 최근 생태계 건강성을 회복시키기 위해서 멸종위기종이나 희귀종에 대한 복원사업을 많이 진행하고 있다. 반달가슴곰, 산양, 여우, 황새, 풍란, 순채, 물부추, 섬시호 등 다양한 종들이 복원대상이다. 이러한 종복원 사업을 위하여 국립생태원에 종복원센터가 설치되어 있고, 국립공원관리공단에 종복원기술원이 설립되어 운영되고 있다. 국립수목원도 희귀식물과 특산식물에 대한 연구를 진행하고 있다. 이러한 기관은 서식지내 보전과 서식지외 보전의 역할을 병행하고 있다. 종복원사업을 시작한 기간이 짧아 구체적인 성과는 많지 않은 편이다. 아직 관련 전문가가 부족한 실정으로 이에 대한 전문가 양성이 절실하다.

여섯째, 멸종위기종 복원사업이 활발한 외국에서는 멸종위기종을 지속가능한 수준으로 복원한 후 보호 대상목록에서 제외하는 절차가 있다. 그러나 우리나라에서는 종복원 사업이 초창기라서 복원 후 보호목록에서 해제하는 기준과 절차가 명확히 마련되어 있지 않다. 또한 복원사업을 시행할 경우 자생지와 복원지에 대한 구분을 명확하게 하여야 하고, 대상종의 유전자원의 출처가 명확해야 함에도 불구하고 국내에서는 유전적 다양성이 떨어지거나 출처가 불분명한 개체증식이 이루어지는 경우도 있다. 또한 복원 후 사후 모니터링이 철저하게 이루어지지 못하고 있다. 그리고 복원에 있어 가장 중요한 것은 분류학적 실체를 명확하게 규명하는 것인데, 국내에서는 이를 소홀히 다루는 경우도 있다.

일곱째, 최근 온실가스 증가로 인한 지구온난화가 빨라지고 있다. 또한 기후변동 폭의 증가로 인한 기후 극값들이 커지고 있다. 한반도에서 온난화가 진행되면 특히 북방계식물들의 쇠퇴가 예상된다. 북방계식물 중 상당수가 가까운 시일 내에 멸종위기에 내몰릴 수 있으므로 이에 대한 대비도 필요하다(신현철 외, 2009). 우리나라에는 2019년 기준 멸종위기생물, 희귀생물, 고유생물 등의 서식지외 보전과 복원을 담당하는 26개 기관이 지정되어 있다(199쪽 표 8.4 참조).

참고문헌

국가생물다양성센터. 2020. 국가생물다양성 통계자료집(2019). 국립생물자원관. 330pp.

김종원, 박용목, 이은주, 주기재, 최기룡 공역. 2006. 보전생물학 입문. 월드사이언스.

김준호, 문형태, 민병미, 서계홍, 오경환, 유태철, 이규송, 이은주, 이점숙, 이창석, 이희선, 임병선, 조강현, 조도순. 2006. 생태와 환경. 라이프사이언스.

보셀만. 1999. 법에 갇힌 자연 vs 정치에 갇힌 인간 (진재운 옮김, 도요새 2011) (원제: When Two Worlds Collide: Society and Ecology)

생물다양성사무국. 2014. 제4차 지구생물다양성전망. 몬트리올.

세계자연기금. 2016. 지구생명보고서.

세계자연기금. 2020. 지구생명보고서.

신현철, 김도성, 김명철, 김철환, 구연봉, 노태호, 방인철, 이성진, 이은주, 한상훈, 현진오. 2009. 한국의 보전생물학 현황과 과제. 월드사이언스.

최재천, 신현철, 박상규, 조도순, 권오상, 조경만, 노태호. 2010. 생물다양성은 우리의 생명. 궁리.

콜버트. 2014. 여섯 번째 대멸종 (이혜리 옮김, 처음북스 2014) (원제: The Sixth Extinction: An Unnatural History)

프리맥. 2000. 보전생물학(김진수, 손요환, 신준환, 이도원, 최재천 옮김, 사이언스북스) (원제: A Primer of Conservation Biology)

프리맥. 2014. 보전생물학 (이상돈, 강혜순, 강호정, 김재근 옮김, 월드사이언스) (원제: A Primer of Conservation Biology)

한명수, 김백호, 김영준, 이상돈, 조도순, 한기봉. 2017. 환경과학 과학 비하인드 스토리. 바이오사이언스.

한국보호지역 통합 DB관리시스템. www.kdpa.kr

홍선기, 강호정, 김은식, 김재근, 김창회, 이은주, 이재천, 이점숙, 임병선, 정연숙, 정흥락. 2004. 생태복원공학 서식지와 생태공간의 보전과 관리. 라이프사이언스

Dirzo, R et al. 2014. Defamation in the Anthropocene. Science 345: 401-406.

Millennium Ecosystem Assessment. 2005. Ecosystems and Human Well-being: Wetlands and Water Synthesis. World Resources Institute.

Noss, RF. 1992. Essay: Issues of scale in conservation biology. In, Frieler, PL and Jain, SK (eds.), Conservation Biology. The Theory and Practice of Nature Conservation, Preservation and Management. Chapman and Hall. 239-250pp.

8. 생물다양성의 보전

1. 분자다양성

1) 산도라지와 산삼은 자연에서 거의 절멸되었으나 우리나라에서는 멸종위기종으로 지정되어 있지 않은데 그 이유는?

2) 산도라지와 산삼은 재배 개체와 달리 어떤 점에서 보전 가치가 있는가?

2. 침입종

1) 자생종, 외래종, 귀화종, 침입종, 도입종을 구분하시오.

2) 모든 침입종은 나쁜 것인가?

3) 대학 교정이나 집 주변에서 국가가 지정한 침입외래종(생태계교란생물)은 어떤 종이 있는가?

4) 모든 외래종은 '침입'을 잘 하는가? 침입을 잘 하는 외래종은 왜 그렇게 침입을 잘할까?

3. 자연의 권리

1) 천성산 도롱뇽 소송에 대해서 알아보자.

2) 인간은 자연을 대신해서 소송의 당사자가 될 수 있는가?

> **사례1.** 미네랄 킹 계곡과 머튼(시에라클럽과 디즈니사의 소송)
> **사례2.** 물범(*Phoca largha*)과 독일정부(독일환경변호사모임과 독일행정법원)
> **사례3.** 일본 우는토끼와 일본정부(홋카이도 다이세쓰산국립공원주민과 환경단체와 일본 터널회사)

3) 있다면 그 논리는? 없다면 그 논리는?

4. 우리정부는 멸종위기종을 보전하는 방법으로 종을 복원하거나 종의 서식지를 조성해서 보전하고 있다. 이렇게 '복원'하는 방법과 지금 현재의 서식지를 '보전'하는 방법에 대해 비교하고 장단점을 설명해 보시오.

5. 생물다양성 중요지점

1) 생물다양성 중요지점은 어느 수준의 생물다양성 보전에서 중요한가?

2) 한반도와 같이 생물다양성 중요지점이 아닌 지역에서도 생물다양성을 보전해야 하는 이유는?

9장
전통생물다양성 지식과 환경

"아프리카에서는 한 노인이 죽으면, 그것은 도서관 하나가 불타버린 것이다."

−함파테 바(Amadou Hampate Ba), 『들판의 아이』 중에서

2015년 노벨 생리의학상을 수상한 투유유(屠呦呦) 여사는 AD 340년 경의 중국 고대 의학서인 『주후비급방』(肘後備急方)에서 제시한 방식을 응용해서 개똥쑥(Artemisia annua)에서 아르테미시닌(artemisinin)을 추출해 말라리아 치료 성분을 찾아내었다. 당시 그녀가 주목했던 것은 "개똥쑥 한 줌을 두 되 분량의 물에 담근 후, 비틀어 짜서 즙을 내어 마신다(青蒿一握。以水二升漬，絞取汁。盡服之)"(Hsu, 2006)는 글귀였으며, 500여 명의 인력이 4만 종의 약초에 대해 실험을 하였으나 열추출에 실패를 거듭하던 때에 전통지식에서 영감을 얻어서 저온추출 방식으로 성공할 수 있었다고 한다. 아래는 노벨상 수상식에서 투유유 여사가 한 말이다.

"이 약초의 성분은 중국 전통의약이 세계 인민에게 준 선물이다."

이처럼 생물다양성과 관련된 전통지식에서 미래를 찾는 일은 세계 곳곳에서 진행 중이다. 이 장에서는 생물다양성과 전통지식의 관계에 대해 알아보고 전통지식을 보전하고 지속가능하게 이용하는 것이 환경과 어떠한 관계가 있는지 알아보자.

🌱 9.1 전통지식과 생물다양성

전통지식

전통지식의 개념 정의는 법적, 학술적으로 논의가 진행 중이며, 대체로 전통적으로 계승되어온 모든 지식을 총망라하는 개념이라고 볼 수 있다. 이중에서 특히 생물다양성과 연관된 개념은 전통의약, 전통식품, 전통농업, 전통산림, 전통어업 등이다. 이들 생물다양성 연관 분야에서도 전통지식의 목적에 따라 학문적, 법적 정의들은 다소 차이가 있다.

안윤수 외(2009)는 전통지식이란 자연과 더불어 대로 생활해 온 사람들에 의해 구축된 지식체이며, 생태, 사회경제, 문화, 환경에 관련된 실천적, 표준적 지식이라고 정의하였다. 또한 권재열(2003)은 전통지식의 소유주체를 명확히 하여 '토착민이나 공동체'로서 이들이 보유하고 있는 지식의 총칭, 혹은 전통적인 생활양식을 가지는 토착민과 지역공동체의 지식 및 관행이라고 정의하였다.

세계지식재산권기구(WIPO)에서는 전통지식 보유국의 자원이 다양하고 방대하여 개념을 정의하거나 분류체계를 정립하기에 어려움이 있기 때문에 전통지식의 지적재산권 논의에 대해 쉽게 합의를 도출하는데 어려움을 겪었다(강석훈과 이지은, 2012). 현재는 WIPO에서 전통지식을 '전통을 토대로 한 문학적, 예술적, 과학적 작품, 공연, 기술, 과학적 발견, 디자인, 심볼을 포함하며, 산업적, 과학적, 문학적, 예술적 분야에서의 지적활동의 결과로 생성되는 전통을 기반으로 한 기술과 창조물'로 정의하고 있다.

우리나라의 생물다양성 관련 법령은 자연환경보전법, 생물다양성 보전 및 이용에 관한 법률, 유전자원의 접근, 이용 및 이익 공유에 관한 법률 등이 있다. 이중 생물다양성 보전 및 이용에 관한 법률에는 **전통지식**을 "생물다양성의 보전 및 생물자원의 지속가능한 이용에 적합한 전통적 생활양식을 유지하여 온 개인 또는 지역사회의 지식, 기술 및 관행"이라고 정의하고 있다. 또한 유전자원의 접근·이용 및 이익 공유에 관한 법률에는 전통지식을 "유전자원의 보전과 지속가능한 이용에 적합한 전통적인 생활양식을 유지하여 온 개인 또는 지역사회의 지식, 기술 및 관행 등"으로 규정하고 있다. 해양수산생명자원의 확보·관리 및 이용 등에 관한 법률에는 이러한 전통지식의 정의에 '정보'를 포함하여 "개인 또는 지역사회가 해양수산생명자원과 관련된 전통적 생활양식을 유지하여 온 지식, 정보, 기술 및 관행(慣行)"이라고 정의하였다.[1]

---

1 국가법령정보센터(http://www.law.go.kr)

전통지식은 국내외적으로 명확하게 합의된 정의는 없으나 정의 속에 내재되어 있는 공통점은 자연이나 초자연에 대해 여러 세대에 의해 전승되어온 역사성과 경계가 구별되는 공동체성, 이질적인 문화 속에 존재하는 다양성이라고 할 수 있다.

생물다양성과 전통지식의 관계

생물다양성은 지구상의 생명의 다채로움(variety of life)을 의미한다. 이러한 자연의 생물다양성과 직접적으로 연결되어 있는 것이 전통지식이다. 생물다양성의 미래를 섣불리 예측하기란 불가능하며 그 미래 예측력이 낮으므로 갑작스러운 교란이나 충격에 대응할 수 있는 지식으로서 전통지식은 매우 유용하다. 또한 전통지식은 종교적 신념과 과학적 사실이 뚜렷하게 구별되지 않고 경계간 뚜렷한 공동체성을 가지므로 이를 공유하고 있는 공동체의 회복탄력성을 높이는 전략을 내재하고 있다. 그러므로 생물다양성을 소실한 경험을 가진 공동체의 전통지식에는 자원 부족으로 인한 위기상황에 적응했던 지혜가 내재되어 있으며 이를 통해 미래의 지속가능한 자원관리 방안을 찾을 수 있다.

9.2 생물다양성협약과 전통지식

21세기에는 전 지구상 생물종의 0.5%가 매년 멸종되고 있으며, 향후 50년 이내에 현재 생물종의 약 25% 정도가 멸종될 것으로 예측되어 제6차 대멸종기에 직면한 것으로 추정하기도 한다(Ripple et al., 2017). 생물다양성 감소, 특히 생물종의 멸종은 그 종에 대한 인류의 축적된 전통지식도 함께 사라진다는 의미이며, 이는 자연과 함께 공존해 온 인류 문화의 고갱이가 사라진다는 의미이다.

이러한 생물다양성 소실을 막기 위해 체결된 생물다양성협약(CBD)은 일차적으로 생물다양성 보전을 기치로 내걸었으며, 전통적으로 인류와 함께 공존해 왔던 생물다양성 구성요소의 **지속가능한 이용**과 더불어 생물유전자원의 이용으로부터 발생되는 **이익의 공평한 공유방식**에 대해 논의해 왔다.

전통지식

생물다양성협약에서 다루는 전통지식의 주요 목적은 **토착민족 및 지역공동체**(Indigenous Peoples and Local Communities, IPLC)가 보유한 전통지식의 생물주권을 지키고 이익을 공평하게 분배하는 것이다.

협약 전문에서는 토착민과 지역공동체의 전통지식에서 발생하는 이익을 공평하게 공유하여야 함을 명시하고 있고, 제8조 (j)항에서는 각 당사국은 국내입

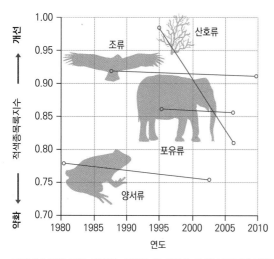

그림 9.1 현재 조류, 포유류, 양서류 및 산호초 네 개 분류군만 적색종목록 지수가 계산되어 있다. 이 지수는 이들 주요 분류군이 계속 감소하고 있음을 분명하게 보여준다(자료: IUCN).

그림 9.2 생물다양성과학기구(IPBES)는 생물종 보존과 개발 사이에서 역할을 할 수 있을까? © David Parkins (Nature, 2018)

법에 따라 전통지식을 존중·보전·유지하고 이익을 공평하게 공유하여야 함을 제시하였다. 또한 제10조 (c)항에서는 당사국들이 생물자원의 전통적 이용을 보호하고 장려하도록 독려하고 있다(Thomas Greiber 외, 2014).

[전문] 전통적인 생활양식을 취하는 토착민족 및 지역공동체(IPLC)가 생물자원에 밀접하게 그리고 전통적으로 의존하고 있음을 인식하며 생물다양성의 보전 및 그 구성요소들의 지속가능한 이용과 관련된 전통지식, 기술혁신 및 관행의 이용에서 발생되는 이익을 공평하게 공유하는 것이 바람직함을 인식한다.

[제8조(j)] 국내입법에 따르는 것을 조건으로 생물다양성 보전 및 지속가능한 이용에 적합한 전통적인 생활양식을 취하여 온 토착민족 및 지역공동체(IPLC)의 지식, 혁신적 기술 및 관행을 존중, 보전, 유지하고, 이러한 지식, 기술 및 관행 보유자의 승인, 참여하에 그 지식, 기술 및 관행의 보다 더 광범위한 적용을 촉진하며, 이의 이용으로부터 발생되는 이익의 공평한 공유를 장려한다.

[제10조(c)] 보전 또는 지속가능한 이용요건에 부합되는 전통적인 문화적 관행에 따른 생물자원의 관습적인 이용을 보호하고 장려한다.

전통지식의 보호방법

국제사회에서 전통지식 보호는 18개 협약에서 다루고 있으며 이중 실질적인 법적 구속력을 갖는 협약은 16개에 이른다(강석훈 외, 2012, 재인용). 구체적으로 논의되고 있는 전통지식 보호방법은 지식재산권을 통한 보호, 새로운 제도를 통한 보호, 국내법 정비를 통한 보호로 나눌 수 있다(그림 9.3). 지식재산권을 통한 보호는 기존 제도적 틀에서 보호하는 방식으로 선진국과 개발도상국 간에 합의를 이루고 있다. 그러나 이에 대한 한계점을 인식하고 생물다양성협약을 통해 새로운 제도를 통한 보호방안을 강구하고 있으며, 여기에서 자원 이용국과 공여국간에 입장차가 발생하고 있다. 또한 우리나라나 중국, 태국에서는 국내법을 통해 보호방안이 병행되고 있으며 이는 국제적으로 합의하기에는 한계가 있다(류태규 외, 2007).

생물다양성협약에서 논의되고 있는 **새로운 제도**(sui generis)를 통한 보호 방식에는 다음과 같은 4가지의 모델이 논의되고 있다(장재옥과 김훈주, 2008).

공유 모델(the public domain model)

전통지식에 관하여 기존의 문화적, 사회적 관습을 유지하는 한편 전통지식을 이용한 발명의 소재를 널리 제공하고 발명을 지원함과 동시에 지적재산권을 통한 전통지식의 독점을 방지하고자 한다.

상업적 사용 모델(the commercial use model)

보통법상 부정사용의 법리에 근거한 것으로 그 제품을 만들기 위해 행해진 투자는 보호되어야 한다는 사상을 기본으로 한다.

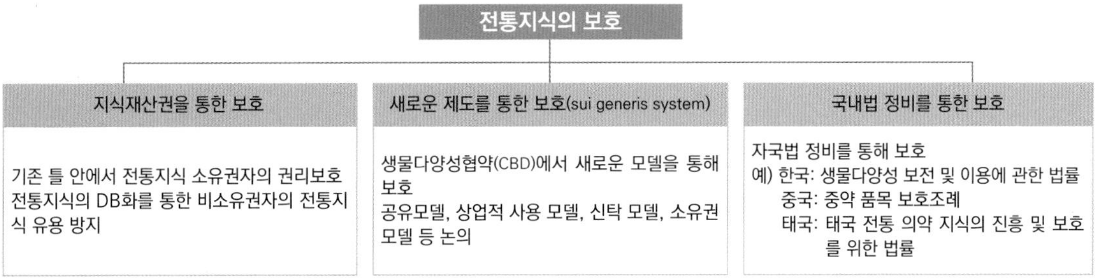

전통지식의 보호		
지식재산권을 통한 보호	새로운 제도를 통한 보호(sui generis system)	국내법 정비를 통한 보호
기존 틀 안에서 전통지식 소유권자의 권리보호 전통지식의 DB화를 통한 비소유권자의 전통지식 유용 방지	생물다양성협약(CBD)에서 새로운 모델을 통해 보호 공유모델, 상업적 사용 모델, 신탁 모델, 소유권 모델 등 논의	자국법 정비를 통해 보호 예) 한국: 생물다양성 보전 및 이용에 관한 법률 중국: 중약 품목 보호조례 태국: 태국 전통 의약 지식의 진흥 및 보호를 위한 법률

그림 9.3 전통지식 보호를 위한 세 가지 방법

신탁 모델(the trust model)

전통지식에 관한 권리는 전통지식의 보유자가 아니라 국가나 기타 다른 단체에 신탁된다.

생물다양성협약(CBD) 제15조 "국가가 자신의 천연자원에 대한 주권적 권리를 가지고 있음에 비추어 유전자원에 대한 접근을 결정하는 권한은 해당 국가의 정부에 있으며 유전자원에 대한 접근은 국가입법에 따른다."

소유권 모델(the ownership model)

개인 또는 단체에게 전통지식에 대한 유사독점권을 부여하는 것으로 공동체 구성원에 의한 자유로운 사용과 발전이라는 전통지식의 본질과 모순된다.

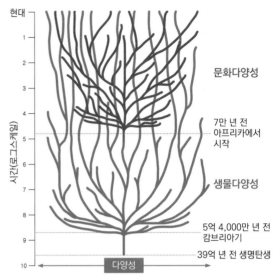

그림 9.4 생물다양성은 5억 4,000만 년 전 캄브리아기에서부터 시작되었지만, 문화다양성은 약 7만 년 전 아프리카에서부터 시작되었다(자료: Loh & Harmon, 2014).

9.3 생물문화다양성과 전통지식

생물문화다양성(biocultural diversity) 연구의 선구자인 마피(Luisa Maffi)박사는 "생물다양성은 생물과 함께 문화, 언어적 측면에서 나타나는 모든 다양한 생명체로 확장하여 이해하여야 하며, 이는 복잡한 사회-생태학적 적응시스템 내에서 생물과 문화가 밀접한 연관관계를 형성하고 있기 때문이다"고 말한다(Maffi, 2005; 그림 9.4). 이는 **언어다양성**과 생물다양성이 분리될 수 없음을 의미하며, 생물종이 멸종하면 언어와 문화가 사멸하고 인간의 지적 성취에 대한 증언이 줄어듦에 따라 서로를 풍요롭게 할 수 있는 여지가 줄어든다(한건수, 2015).

유네스코는 『지구의 언어·문화·생물 다양성 이해하기』(2003년)에서 지구상에 약 6,700개의 언어가 있다고 밝히고 있다. 흥미로운 것은 언어다양성이 높은 지역은 식물다양성에서도 높은 연관성을 보였고(그림 9.5, 9.6), 고유 척추동물의 다양성지역과도 유사하게 나타나고 있어(그림 9.7) 생물다양성과 언어다양성의 높은 관계성을 보여주고 있다.

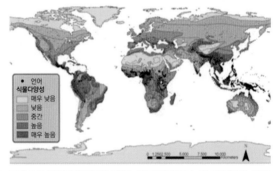

그림 9.5 언어다양성(검은 점)은 식물다양성이 높은 지역(짙은 색)과 강한 상관 관계를 보인다(자료: Stepp et al., 2004).

그림 9.6 아마존 현지의 임업종사자가 Kaxinawá 지방의 10개의 야자수 변종을 아마존 지역의 언어로 구분한 사례 ⓒ Arindo Tene Kaxinawa (UNESCO)

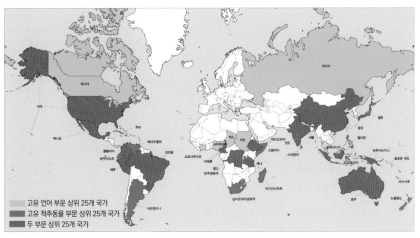

그림 9.7 고유 척추동물다양성과 민족언어학적 다양성. D. Harmon의 『에스노로그』 제12판에서 파악한 전 세계 6,809종의 언어와 WWF에서 규정한 866개 생태지역(eco region)을 중첩하여 그린 지도로서, 특히 열대우림지역에 척추동물과 고유언어의 중첩이 두드러진다. 이는 열대우림에서 생물다양성과 언어다양성이 연관관계가 높음을 의미한다(자료: UNESCO).

생물문화다양성 사례: 갯벌

우리나라 갯벌은 저질(底質) 상태에 따라 뻘갯벌, 모래갯벌, 자갈갯벌, 혼합갯벌 등으로 구별된다. 이러한 저질 상태는 우점하는 저서생물종을 결정하며 이에 따라 갯벌에 의존해서 경제활동을 영위하는 어민들의 어구와 어법도 달라지게 된다.

그 예로서 모래갯벌이 우세한 서천 유부도갯벌에는 백합이 우점하며 '그레'가 발달하고 운송수단으로 경운기가 이용된다(그림 9.8). 이에 비해 여자만의 뻘갯벌에서는 꼬막이 우점하며 호미와 뻘배(널배, 뻘차)를 사용한다(그림 9.9). 또한 무안 뻘갯벌에서는 낙지가 우점하며 낙지잡이 도구인 가래를 사용하고 있고, 하동의 섬진강하구 모래갯벌에서는 재첩을 잡는 거랭이가 발달하였다(그림 9.10).

그림 9.9 보성 벌교 갯벌의 뻘배 ⓒ 해양수산부

그림 9.8 서천 유부도의 그레질 ⓒ (사)에코코리아

그림 9.10 섬진강 하구의 거랭이 ⓒ 해양수산부

이렇게 갯벌의 생물다양성과 **문화다양성**이 서로 긴밀하게 연관성을 맺게 되는 것이므로, 생태계가 변하면 어구도 변하게 된다. 인위적인 개발로 인해 갯벌을 매립하거나 하구댐을 막아 저질의 변화를 가져오게 되면 문화요소인 어구, 어법도 사라지거나 변하게 되는 것이다.

9.4 전통생물다양성 지식의 유형

전통식물지식

전통식물지식(traditional plant knowledge, TPK)은 전통적으로 약이나 음식 등으로 식물을 활용해 온 지식으로 학문적으로는 **전통민족식물학**(ethnobotany) 또는 전통민족약학(ethnopharmacology)이라고 한다. 우리나라에서는 민간의학이라고 부르는 건강 증진을 위해 식물을 이용한 각종 약료, 식이요법들이 이에 포함되며, 이외에도 식물을 이용한 전통공예, 전통예술, 전통의례, 전통도구 등의 재료지식과 특정지역이나 특정집단에서 구전되어 오는 식물지식을 포함한다. 또한 이를 산업적으로 활용해 온 근현대사의 영역까지 확장시킨 것이 경제식물학(economic botany)이다.

이러한 전통약물 지식이 체계화되어 전통의학으로 발전하기도 하였는데 이는 국가나 민족별로 자생식물에 따라 분화되기도 한다. 예를 들면 십전대보탕 처방에 사용되는 한약인 당귀(當歸)는 한국과 중국, 일본에서 식물 기원이 서로 다르다. 한국에서는 참당귀(*Angelica gigas*), 중국 약전에서는 중국당귀(*A. sinensis*)를 쓰며 일본약전에서는 왜당귀(*A. acutiloba*)를 쓰는 것을 볼 수 있는데 이는 해당국가에 자생하는 식물종의 차이와 이를 이용해 온 문화적 차이가 반영된 것으로 볼 수 있다(그림 9.11).

전통생물지식

전통지식은 비단 식물분야만이 아니라 지의류, 동물까지도 확장되며 학문적으로도 민족전통생물학(ethnobiology)으로 발전하였다. 유럽 산악지역에서 마멋(marmot) 기름을 근육통에 사용해 오던 전통지식을 이용하여 류마티즘 연고를 만들거나(그림 9.12), 아이슬란드에서 감기에 이용하던 지의류에 관한 전통지식을 식물성 정유를 추출하여 호흡기질환에 사용하는 것(그림 9.13)도 전통생물지식(traditional biological knowledge, TBK)의 좋은 예가 된다.

그림 9.11 십전대보탕 처방에 사용되는 당귀의 한중일 기원식물 비교

그림 9.12 마멋(marmot) 연고

그림 9.13 지의류(Icelandic Moss)를 이용한 호흡기질환 치료제

전통생태지식

전통생태지식(traditional ecological knowledge, TEK)은 소단위의 전통사회에서 제한된 자연요소들과 인간이 조화를 이루며 살아온 삶의 방식으로 생태적으로 또는 세대내, 세대간 형평성을 통해 사회를 지속가능하게 하여 왔다. 우리나라의 전통생태지식 요소에는 전통풍수에서 오는 마을숲(그림 9.14), 빗물의 이용, 바람의 이용, 대숲의 이용, 마을 앞 연못, 한옥의 구조 등을 포함할 수 있다(이도원, 2004). 또한 논의 둠벙(그림 9.15)이나 계단식 논, 밭두렁의 콩과식물 식재(그림 9.16) 등도 전통생태지식의 요소라고 할 수 있다.

이러한 전통생태지식은 때로는 이야기와 농담, 실생활의 대화, 제례, 축제 등을 통해 표현되고 전달되며 때로는 과학자들의 조사나 연구를 통해서도 밝혀내지 못한 과학적 사실들을 전달하기도 한다. 그 예로서 핀란

그림 9.15 농사에 이용되는 물이 괴인 둠벙

수구막이형
몬순 계절풍의 영향이 많은 기후와 산악 지형의 단점을 보완하기 위해 배산임수의 마을을 중심으로 마을의 좌·우와 앞에 숲을 조성

뒷산
지형학적으로 허한 마을 뒷산을 보완하는 형태이며, 상수리나무 등 구황 수목을 식재하거나 땔감을 채취할 수 있는 숲을 만들고 이용하여, 마을의 지속 가능한 유지를 위한 숲을 조성

비보엽승(裨補厭勝)
마을 주변에 바위, 뾰족하거나 굽어치는 산이 있을 경우, 마을에 나쁜 기운을 준다고 인지하여 이러한 기운을 누르거나 차폐하기 위해 숲을 조성(돌거북, 돌탑과 같이 있는 경우도 있음)

뫼형
내륙지역에서 하천의 차별침식에 의해 남겨진 숲 주변에 취락이 형성될 경우, 마을 주민이 수해의 피난처로 주로 이용하기 위하여 보전하고 가꾼 숲을 조성

기타(해안, 하천변)
- 하천과 해안에 띠 모양으로 숲을 조성한 형태로 수해 범람 등을 막기 위해 조성한 숲
- 보호수, 사찰림, 문중묘지림
- 마을숲 원형이 다수 훼손되어 위의 4개 유형으로 구분하기 힘든 숲

그림 9.14 마을숲 유형(자료: 이도원, 2004)

그림 9.16 콩을 식재한 논두렁 ⓒ 이은정

드의 사아미(SAAMI) 의회 의장이며 순록 목축업자인 아이키오(Pekka Aikio)는 이제까지 어류학자들이 불가능하다고 생각했던 작은 개울에서의 연어산란이 전통지식에서는 이미 일반화된 지식임을 제시하였다. 이는 작은 개울 중에 사미어로 '연어 산란장'이라는 뜻의 이름들에서 증명되었다.

윈난성 하니족 생태지식

중국 남부 윈난성의 고산지역에 위치한 하니족·이족 자치구에는 마을숲의 생태적 특징을 이용하여 계단식 논을 경작해 온 전통지식이 존재한다. 이 지역은 산지 하부는 아열대성 기후이고 고지대는 한대성 기후가 나타나서 강수량이 풍부하고 산림 내 1차생산성이 높다는 특징이 있다. 그러므로 풍부한 강우량으로 고산의 숲에서 흘러나온 빗물을 마을 뒤에 위치한 숲이 저장했다가 계류로 흘려보낸 뒤 저수지에 담수하고, 다시 이 물을 도랑으로 흘려보내 마을의 계단식 논

을 통과하게 한다. 또한 이 물은 논밭의 수로를 통해 위에서 아래로 단계적으로 흐르고 계단식 논의 맨 아래에 있는 호수에 모이게 된다. 이렇게 저장된 물은 높은 기온으로 다시 증발되어 안개와 비로 숲에 저장되므로 수자원은 순환되고 무기물은 유실되지 않고 활용도가 높아지게 된다. 그래서 하니족 사람들은 계단식 논 주변의 숲을 신성시하고 보호하여 왔는데 고산의 숲을 수원함양림(水源涵養林), 마을 뒷산의 숲을 신림(神林), 마을 주변의 숲을 촌채림(村寨林)과 풍정림(風情林)이라 하여 벌채를 하지 못하게 하고 제를 지내왔다(김명현, 2009; 그림 9.17)

해안의 전통마을숲

바닷가에는 전통적으로 인위적으로 조성된 인공림이 있으며 이는 마을이나 농경지를 바람과 파도, 모래로부터 보호할 목적으로 조성되었다. 우리나라의 해안에 있는 마을숲은 대부분 방풍과 방사를 목적으로 조성된 방풍림(防風林)이거나 방사림(防沙林)으로 주로 곰솔(해송)이 우점하고 있다. 이와는 다른 유형으로 숲의 유기물을 연안에 공급해 물고기들을 불러들이고 거센 조류로부터 마을을 보호하기 위해 인위적으로 조성된 방조어부림(防潮魚付林)과 같은 혼합림이 존재하기도 한다(그림 9.18).

동남아시아 지역의 어부방조림으로는 맹그로브(mangrove)숲을 들 수 있다. 열대와 아열대지역에 분포하는 맹그로브숲은 맹그로브게 등 풍부한 수산자원의

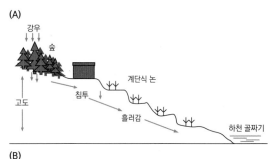

그림 9.17 (A) 마을숲과 계단식 논의 물흐름 개념도. Baoshan CUI et al.(2010)의 그림을 다시 그림. (B) 하니족의 계단식 논 ⓒ Li Kun (UNESCO)

그림 9.18 남해 물건리 방조어부림 ⓒ 남해군청

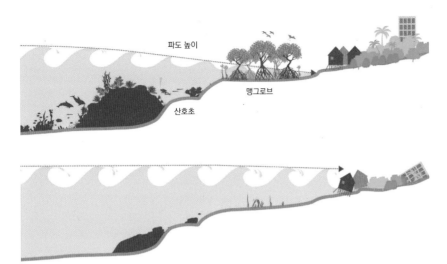

그림 9.19 맹그로브는 침식을 막아주면 파력과 폭풍해일, 범람을 감소시킨다(자료: The nature conservancy, 2018).

보육장이면서 쓰나미로 인한 피해를 줄여주는 자연완충림이다. 맹그로브숲은 해안개발과 수산양식, 숯생산 등으로 인해 면적이 급속히 줄어들었으나, 다행히도 그 생태적 가치를 인정받아 해안마을 주변이나 항구 등에 방조림으로 복원되고 있다. 이처럼 자연림이었지만 인공림으로 복원되는 맹그로브숲의 경우도 지역의 숲에 대한 전통생태지식의 맥락에서 이해할 수 있다(그림 9.19).

9.5 생물주권과 전통지식

생물다양성협약과 함께 생물자원의 접근, 이용, 이익 공유에 대한 **ABS의정서**(나고야의정서)가 발효되면서 과거 생물자원이 인류 공동의 유산으로 인식되던 시대에서 생물주권을 인정하는 시대로 패러다임이 전환되었다. 이에 따라 국가 간 생물약탈과 생물주권 수호 사이에 '총성 없는 전쟁'이 진행되고 있다. 특히 다국적 제약회사들이 앞다투어 거대생물다양성(megabiodiversity) 국가의 유전자원을 확보하여 유용한 물질을 탐색하는 데 전력을 다하고 있다. 마다가스카르 고유종인 일일초(rosy periwingcle)에서 항암성분을 추출하고, 남아프리카

공화국 고유 향기제라늄 종류인 *Pelargonium*에서 호흡기 질병이나 신장병 유효성분을 추출하고 있으며, 파나마독개구리(Panamanian poison frog)에서 심장병 치료제를, 비브론두꺼비류(gastric brooding frog)에서 위궤양 치료제를 추출하였다. 이러한 생물자원 전쟁에서 전통지식으로부터 유래한 생물다양성 지식은 종종 생물자원 이용국인 선진국과 제공국인 개발도상국 간에 특허분쟁으로 이어지고 있다(표 9.1).

우리나라의 경우 네슬레(Nestle)가 김치 조리방법을 특허 신청하여 마찰을 빚은 사례가 있으며 중국의 경우는 스위스 로슈사(Roche Holding)가 인도와 중국의 전통 향신료인 팔각회향(star anise, 그림 9.20)에서 신종플루 치료제인 타미플루를 상품화하면서 인도 헤테로렙스사의 원료 약품을 사용하고 중국과는 이익을 공유하지 않은 사례 등이 있다.

ABS란 무엇인가?

ABS(access to genetic resources and benefit-sharing)는 '유전자원에 대한 접근 및 이익공유'로 번역되며, 생물다양성 협약 및 나고야의정서에 따라 유전자원, 즉 생물자원을 이용하기 위해 접근하려면 유전자원 제공국에 사전통보 후 승인을 얻어야 하며 이로부터 발생한 이익을 상호합

그림 9.20 팔각회향(*Illicium verum*) ⓒ CFGPhoto(왼쪽), wikimedia(오른쪽)

의 조건에 따라 제공자와 공유해야 한다는 개념이다.[2]

1992년도에 만들어진 생물다양성협약의 목적은 생물다양성 보전, 생물다양성 구성요소의 지속가능한 이용, 생물유전자원 이용으로부터 발생되는 이익의 공평한 공유 등 세 가지로 규정되었다. 하지만 '공평한 이익

공유'에 대한 구체적인 이행방법 및 절차가 마련되지 않아 2010년 10월 제10차 생물다양성협약 당사국 총회에서 나고야의정서(Nagoya Protocol)가 채택되었다. 그 주된 내용은 유전자원과 유전자원 관련 전통지식을 적용 대상으로 하여, 이용국은 제공국의 허가 후 자원에 접근하여야 하며, 자원이용으로 발생한 이익을 제공국과 공유해야 한다는 것이다. 우리나라는 2017년 5

2 환경부. 2014. 나고야의정서 정보를 한눈에···ABS 누리집 새단장

표 9.1 생물자원 전통지식 분쟁 사례

생물자원	원산지	전통지식	분쟁내용
후디아(hoodia, *Hoodia gordonii*)	남아프리카 공화국	식욕억제	영국 제약회사 Phytopharm사 특허출원 남아프리카공화국의 '전통지식권리' 주장 인정, San족에게 사용료 지급 및 제약회사의 특허실시권 포기 San족 6%의 로열티와 8%의 Milestone payment 획득
아로그야파차(arogyapacha, *Trichopus zeylanicus*)	인도	스트레스 해소	인도 TBGRI 연구소가 아로그야파차로부터 Jeevan물질 채취 및 특허 획득 후 AVP에게 라이선스 양도 및 로열티 받음 ABS협정 후 TBGRI가 AVP에게 받은 라이선스 수입 50%와 로열티 50%를 Kani부족에게 지급
마카(maca, *Lepidium meyenii*)	페루	천연 비아그라	미국 특허청이 PureWorld Botanicals사에게 마카 추출물인 MacaPure에 특허 인정 페루 농민들 반대로 자국 전통식물을 사용한 의약품 등 개발 시 페루정부와 토착·지역사회에 일정 비율로 공유토록 하는 법률 제정
님나무(neem tree, *Azadirachta indica*)	인도	염증치료, 해열, 항균	미국 W.R.그레이스사와 농림부가 식물의 균을 퇴치하는 님나무 오일에 대한 특허 보유 인도 농민 대표들과 국제 NGO들이 특허 철회를 위한 제소 1999년 유럽특허청은 인도전통 의학서 '아유르베다'에 명시된 님나무 효능과 다른 증거들에 따라 공익 우선권을 인정하여 특허 취소
심황(turmeric, *Curcuma longa*)	인도	향신료, 상처 및 발진 치유제	추방당한 미국 미시시피대학의 인도인이 심황의 부상 치료에 대한 미국 특허 인도 뉴델리 과학산업위원회는 고대 산스크리트 문헌과 1953년 인도 의학잡지에 실린 논문을 증거로 특허 취소

(자료: 김현 외, 2011; 이관규 외, 2011; 박은진 외, 2012)

월 19일 세계에서 98번째로 나고야의정서를 비준하고, 2018년 8월 18일 이후 '유전자원 접근 및 이익공유에 관한 법률'을 전면 시행하고 있다.

나고야의정서의 주요 내용

나고야의정서는 크게 유전자원에 대한 접근(access), 이익공유(benefit-sharing), 이행준수(compliance) 등 세 가지 부분으로 구성되어 있다. 접근에서는 유전자원과 전통지식에 대한 투명한 접근 및 관련 절차 마련과 국가책임기관으로부터 **사전동의서**(prior informed consent, PIC) 발급이 포함된다(그림 9.21). 이익공유 부분은 이익공유에 대해 자원 제공자와의 **상호합의서**(mutual agreed terms, MAT) 체결과 자원이용으로 발생한 금전적, 비금전적 이익을 공유하는 과정이 서술되어 있다. 이행준수 부분에서는 사전동의서(PIC)와 상호합의서(MAT)에 대한 국내 규정 마련 및 절차이행 여부를 모니터링하고 강제이행 과정을 점검하는 기관(그림 9.22)을 설치하도록 하고 있다.

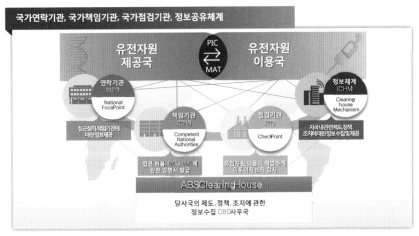

그림 9.21 나고야의정서에서 규정된 국가연락기관, 국가책임기관, 국가점검기관과 정보공유체계(자료: 한국 ABS연구센터)

유전자원의 접근·이용 및 이익 공유에 관한 법률 [제14533호, '17. 1. 17 제정]

기관	부처: 업무범위(근거법과 해당자원 등)	유전자원법	나고야의정서
국가연락기관 (NFP)	**외교부** www.mofa.go.kr **환경부** www.me.go.kr	제7조	제13조
국가책임기관 (CNA)	과학기술정보통신부 「생명연구자원의 확보·관리 및 활용에 관한 법률」 **생명연구자원** (생명연구자원 현황: http://www.aris.re.kr) **농림축산식품부** 「농업 생명자원의 보존·관리 및 이용에 관한 법률」 **농업생명자원** (농업유전자원 현황: http://genebank.rda.go.kr/) **보건복지부** 「병원체자원의 수집관리 및 활용 촉진에 관한 법률」 **병원체자원** (병원체자원 현황: http://cdc.go.kr) **환경부** 「야생생물 보호 및 관리에 관한 법률」, 「생물다양성 보전 및 이용에 관한 법률」 **생물자원** (생물자원 현황: https://species.nibr.go.kr/index.do) **해양수산부** 「해양수산생명자원의 확보관리 및 이용 등에 관한 법률」 **해양수산생명자원** (해양수산생명자원 현황: http://www.mbris.kr)	제8조	제13조
국가점검기관 (CP)	과학기술정보통신부, 농림축산식품부, **산업통상자원부**, 보건복지부, 환경부, 해양수산부	제13조	제17조
정보공유체계 (CHM)	환경부 유전자원정보관리센터(http://www.abs.go.kr), 국립생물자원관)	제17조	제14조

그림 9.22 국내 ABS 관련 기관(자료: 한국ABS연구센터)

표 9.2 생물자원 이익공유 국제 사례

국가	공여자	피공여자	공유내용
인도	마하라시트라주 6개 기업	마하라시트라주 국가생물다양성위원회	캐스터오일을 비롯한 생물자원을 제약, 화장품 원료로 이용 시 로열티 지불
일본	도쿄농업대학 일본사가대학	㈜알비온, 스리랑카 와얀바대학	스리랑카 유용식물 산업화 컨소시엄 협약 체결
일본	사카타종자회사	인도네시아 관상식물곡식연구센터	봉선화 이종 교배종인 산파첸스 개발, 생산 시 로열티 지급과 기술이전 계약
프랑스	개발연구원(IRD)	기니아 ILC	기니아의 *Quassia amara*로부터 말라리아치료제 개발, 특허이익을 공유하기로 함
미국	Maxey 화장품사	케이맨군도 정부	black sea rod 산호 수확 및 이익공유 체결

(자료: 오신영 외, 국립생물자원관, 2018)

🌱 9.6 구전 전통지식 조사

우리나라는 도시화, 산업화에 따른 전통사회의 급속한 해체를 경험하였다. 특히 지역 공동체 해체는 대대로 이어져 내려오던 구전 전통지식의 급속한 소멸을 가져왔다. 다행히도 생물다양성협약 이후 구전전통지식 보전의 중요성을 인식하여 각 부처마다 자신들의 영역에서 전통지식 조사사업을 전개하고 있다(그림 9.23, 9.24, 표 9.3). 특히 우리나라의 구전 전통지식은 특정한 전통사회의 문화 산물로서 시간과 장소에 따라 다양하고, 가문과 집성촌 등의 공동체가 소단위로 보유하고 있는 경우가 많다. 그러므로 이들이 여러 세대를

현지 면담조사표 작성　　면담 증빙자료 확보　　가공활용사례 확인　　해양생물 주변조사

그림 9.23 국립해양생물자원관 전통구전지식 연구(자료: 국립해양생물자원관, 2017)

면담조사　　　실물 확인　　　식물병증과의 연관관계 네트워크 분석

그림 9.24 국립생물자원관의 전통구전지식 연구(자료: 국립생물자원관 외, 2017)

표 9.3 우리나라의 전통지식 조사연구사업

기관명	조사 대상 자원
국립해양생물자원관	해양수산자원
국립생물자원관	자생 생물자원
국립수목원	전통식물자원
국립산림과학원	산림전통지식
국립공원관리공단	국립공원 역사문화자원
산림청	백두대간 역사문화자원
농촌진흥청	농촌 전통지식자원, 전통향토음식
한국식품연구원	전통식품
한국한의학연구원	전통의과학지식
특허청	전통지식 전반
국립민속박물관	민속자료
농림축산식품부	향토자원
행정자치부	향토자원(자연, 문화, 기술, 특산물 등)

거쳐 전승해 온 전통적 생활양식과 정보, 기술, 관행 등을 대상으로 포괄적인 구전전통지식을 조사하고 보전할 필요가 있다.

9.7 결론

"노인 한 사람이 죽으면 도서관 하나가 불타는 것과 같다(When an old man dies, a library burns to the ground)"(함파테 바, 2008)라는 말만큼 전통지식의 중요성을 잘 표현한 말도 없을 것이다. 바야흐로 전 세계가 생물자원 전통지식에 주목하게 되면서 각 나라들은 자국의 전통지식 발굴, 등록, 관리 체계를 구축하는데 박차를 가하고 있으며 우리나라도 예외가 아니다.

그렇지만 전통지식의 미래는 그리 밝지 않다. 전통마을은 도시화로 빠르게 해체되고 있고 전통지식 소유자들은 이미 초고령화되었으며 더 이상 그들의 전통지식을 계승할 다음 세대들이 없다. 전통지식의 시계는 이제 얼마 남지 않았다. 생물자원 전통지식의 발굴과 기록, 정리는 그래서 시급하고 중요하다. 캐나다 유콘지방 원주민들의 전통적인 이야기를 다루어 온 예술가 프로페잇 르블랑(Louise Profeit-LeBlanc)은 노인들은 매일같이 타계하고 있고 그들의 지식을 함께 떠나보내고 있으며 이처럼 재생불가능한 자원을 잃어버리고 있지만, 우리에게는 시간이 없다고 안타까움을 피력하였다.

21세기 당대의 세상은 나고야의정서 이전과 이후로 나뉜다고 해도 과언이 아니다. 이전에는 생물에 대해서는 지구촌민의 공동 소유물이라고 보았다. 그러나 의정서 이후에는 생물도 해당 국가의 자산으로 인정하고 이를 이용할 때는 승인을 받도록 하고 있다. 나아가 해당 지역민들이 가지고 있는 전통생물지식도 자산으로 보호받을 수 있도록 하였다.

이즈음에서 온고지신을 되새겨 보자. 공자는 『논어(論語)』에서 "옛 것을 익히어 새 것을 알면 이로써 남의 스승이 될 수 있다(溫故而知新 可以爲師矣)"라고 했다.[3] 작금의 지식들이 과거 조상들이 남겨둔 전통 속에서 되새김질 될 때 비로소 더 나은 미래를 약속한다는 것은 동서양의 공통적인 교훈이다.[4]

3　『논어(論語)』 '위정편(爲政篇)'
4　Bernard of Chartres "If I have seen further, it is by standing on the shoulders of Giants"

참고문헌

강석훈, 이지은. 2012. 전통지식 발굴조사 방법론 구축과 지식재산권 연계방안. 문화정책논총 제26집 2호.

강진영. 2012. '생물자원전쟁' 나고야 의정서 채택에 따른 제주의 대응전략. 제주발전연구원, JDI 포커스 No. 139.

국립해양생물자원관. 2017. 해양생명자원 전통지식의 보존관리 및 활용기반 구축.

국립생물자원관, 세명대학교 산학협력단. 2013. 자생생물 전통지식 조사연구(태안해안국립공원 및 계룡산국립공원).

권재열. 2003. 전통지식의 개념과 그 보호방안의 검토. 산업재산 제14호. 한국산업재산권법학회.

그레이버, 모레노, 어헌, 카라스코, 카마우, 메달리아, 올리바, 페런-웰치, 알리, 윌리엄스. 2014. 나고야 의정서 해설서; 알기쉬운 유전자원의 접근 및 이익공유 안내서 2 (국립생물자원관 옮김, 환경부 2014) (원제: Explanatory guide to the Nagoya protocol on access and benefit-sharing)

김명현. 2009. 하니족의 생태농업과 제전. 농업사연구 8: 23-56.

김현, 송미장. 2011. 생물유전자원 전통지식의 이익공유와 산업화. 월드사이언스.

류태규, 안미정, 임소진. 2007. 전통지식 및 유전자원에 대한 지재권적 보호 연구 보고서. 특허청 한국지식재산연구원.

박은진, 이상훈, 이양주. 2012. 생물자원 전쟁이 시작된다! 경기개발연구원, 이슈와 진단, 제62호.

오신영, 박종원, 이지형, 박경진, 박정훈. 2018. 사례로 보는 유전자원법 해설서. 환경부 국립생물자원관.

안윤수, 박덕병, 김미희, 이상영, 안옥선, 장환희. 2009. 전통지식과 지식재산권. 농촌진흥청.

유네스코. 2003. 지구의 언어·문화·생물 다양성 이해하기 (심숙경 외 옮김, 유네스코한국위원회 2005) (원제: Sharing a World of Difference: the Earth's linguistic, cultural and biological diversity)

이관규, 김준순, 정화영. 2011. 유전자원의 접근과 이익공유(ABS) 사례연구를 통한 국내 산림·임업분야 대응과제고찰. 한국산림과학회지, vol. 100, no. 3, 통권 196호 522-534pp.

이도원 엮음. 2004. 한국의 전통생태학. 사이언스북스.

장재옥, 김훈주. 2008. 전통문화표현물의 법적 보호에 관한 연구. 법학논문집 제32집 제2호. 중앙대학교 법학연구소.

한건수. 2015. 한국 사회와 문화다양성: 유네스코 문화다양성 협약의 의미와 과제. 국제이해교육연구 10: 163-199.

함파테 바. 1991. 들판의 아이 (이희정 옮김, 북스코프 2008) (원제: Amkoullel, l'enfant peul)

환경부. 2019. 생물다양성 관련 법령집 2019.11.

Cui, B et al. 2010. Temporal and spatial distributions of soil nutrients in Hani terraced paddy fields, Southwestern China. Procedia Environmental Sciences 2: 1032-1042.

Hsu, E. 2006. Reflections on the 'discovery' of the antimalarial qinghao. British Journal of Clinical Pharmacology 61(6): 666-70.

Loh, J Harmon, D. 2014. Biocultural Diversity: threatened species, endangered languages. WWF Netherlands.

Maffi, L. 2005. Linguistic, Cultural and Biological Diversity. Annual Review of Anthropology 34: 599-617.

Masood, E. 2018. Battle over biodiversity. Nature 560: 423-425.

Ripple, WJ et al. 2017. World Scientists' Warning to Humanity: A Second Notice. BioScience 67: 1026-1028.

Stepp, JR et al. 2004. Development of a GIS for Global Biocultural Diversity. Policy Matters 13: 267-271.

9. 전통생물다양성 지식과 환경

1. 2015년 노벨 생리의학상을 수상한 투유유(屠呦呦)여사는 AD340년경의 중국 고대 의학서인 『주후비급방(肘後備急方)』에서 제시한 방식을 응용해서 개똥쑥(*Artemisia annua*, 靑蒿素)에서 아르테미시닌(artemisinin)을 추출해 말라리아 치료 성분을 찾아내었다. 이와 같이 생물자원과 관련된 전통지식을 활용하여 인간의 건강에 사용하는 사례를 찾아보고 전통지식의 중요성에 대해서 논하시오.

2. 중국 남부 윈난성의 고산지역에서는 마을숲의 생태적 특징을 이용하여 계단식 논을 경작해 왔다. 이 지역은 계단식 논을 만들고 주변 숲을 보호하여 빗물을 활용한다. 이렇게 순환되는 수자원과 높은 무기물활용도는 수천 년간 고산지역의 계단식 논을 유지하는 전통지식이다. 이런 전통생태지식에서 환경문제(물문제)를 해결하고 있는 중국 윈난성의 소수민족의 사례와 같이 전통생태지식을 활용하여 환경문제를 해결하는 사례를 찾아 보시오.

3. 나고야의정서(ABS의정서)는 각 국가의 생물자원에 대해 타국가가 접근하여 개발하고 이익을 얻을 때, 이익 공유에 대한 절차를 정한 국제협약이다. 이 의정서에 의하면 생물자원 전통지식에서 얻어진 이익은 토착민이나 지역공동체와 공유해야 한다. 우리나라에서 사용하고 있는 한약(예를 들면 십전대보탕)은 대부분 중국의 한의서에 기록된 것인데 앞으로 한약을 먹을 때마다 중국에 로열티를 지불해야 하는가?

4. 동물들의 자가치료(self-medication)와 전통지식과의 공통점과 차이점은?

5. 생물다양성 보전과 전통지식의 보전은 어떻게 연관되는가?

10장
기후변화

"현재 많은 사람들이 지구는 너무나 커서 인류가 영향을 줄 수 없다고 가정하지만 이는 이제는 틀린 생각이다. … 지구 생태계에서 가장 취약한 부분은 대기이다. 대기의 두께가 너무나도 얇기 때문에 취약하다."

−고어(Al Gore), 『불편한 진실』 중에서

10.1 기후변화

인류는 지표면을 개발하였고, 자연계에 절대적으로 제한자원인 질소의 순환을 변환시켰으며, 이제는 탄소순환까지 파괴하여 지구생태계의 균형을 위협하고 있다(표 10.1). 탄소순환의 파괴가 곧 기후변화(표 10.2)이다. 기후변화에 따라 지구상의 생물과 생태계는 요동치고 있으며 이는 전 지구적 규모로 일어나고 있다. 기후변화와 관련된 충격은 크게 온난화 경향성, 극한 온도, 건조, 극한 강수량, 사이클론 대형화, 홍수, 해일, 해양의 산성화 등이 증가하는 현상과 밀접한 관련이 있다(IPCC, 2014). 이러한 기후변화는 사람의 먹거리인 농업 생산력을 떨어뜨리고, 국가 내의 사회갈등을 일으킴은 물론이고, 이를 넘어 국제사회의 갈등으로까지도 번지고 있다(Kelleya et al., 2015).

지구의 에너지 흐름의 균형을 깨뜨리는 **지구온난화**는 이제 이론이 아닌 21세기의 모든 사회이슈를 빨아들이는 블랙홀 패러다임으로 변하고 있다. 이제 기후변화는 환경문제의 울타리를 넘어 국가사회의 전 분야와 관련된 정책과 국제간 정상회의 핵심의제뿐만 아니라 실제로 하루하루를 살아가는 사람들이 직접적으로 피부로 맞닿는 현실적 문제로 인식하고 있을 정도까지 그 영향력이 파급되고 있다.

표 10.1 인간이 지구생태계를 왜곡시킨 3가지

1. **지표면 변화**
   농업에 의한 토지이용 및 산림을 통한 자원 개발로 얼음이 얼지 않는 지구 표면의 절반 이상이 변화되었다.
2. **질소순환 변화**
   질소비료와 화석연료 사용, 인간활동 등으로 자연생태계에서 배출되는 것 보다 훨씬 많은 질소를 배출하고 있다.
3. **탄소순환 변화**
   산업화 이후 21세기 현재까지 화석연료 사용 및 산림벌목, 벌채는 지구 대기의 이산화탄소 농도를 2배까지 증가시켰다.

(자료: MEA, 2005)

지구의 기후변화

폭우, 대규모 태풍, 지속되는 가뭄, 때 아닌 폭설 등과 같이 뉴스에서 흔히 접하는 기상이변은 지구온난화

표 10.2 기후변화와 관련된 몇 가지 용어 정의

용어	뜻
기후변동(climate variability)	긴 시간동안 평균값에서 약간의 변화를 보이지만 평균값을 크게 벗어나지 않는 자연적인 기후의 움직임
지구온난화(global warming)	온실효과 증가로 발생하는 기후변화 현상
기후변화(climate change)	자연적 기후변동의 범위를 벗어나 더 이상 평균적인 상태로 돌아오지 않는 평균 기후계의 변화
일기(weather)	한순간 또는 며칠 동안의 날씨 변화
기후(climate)	30년 이상의 일기를 평균한 값

(자료: IPCC, 2001)

와 관련이 없거나 어쩌면 상반되는 것처럼 보이지만 모두 다 연관성이 있거나 크다. 이런 현상이 현대인은 누구나 접하게 되는 기후변화이다. 기후변화는 누구나가 인정하는 지구 수준의 환경문제의 핵심주제가 되고 있으며, 거의 모든 생태계 변화의 제1 원인으로 간주되고 있다(표 10.2).

우리는 기후변화가 다양한 환경변화에 의하여 발생하지만 그 주요한 원인이 온실가스와 관련성이 높고, 그 해결책의 하나가 온실가스를 줄이는 것임을 알고 있다. 그럼에도 불구하고, 막상 그런 일이 일어났을 때 해결책을 찾기보다는 거의 대부분 기후변화 자체를 탓하고 뉴스거리로만 삼는 것은 기후변화의 실체를 파악하고 해결해야 하는 인류의 의무를 회피하는 것이다.

이 장에서는 온실가스에 의하여 생기는 **기후변화의** 원인과 이것에 의하여 발생하는 생물과 생태계의 변화에 대하여 언급하고 이를 해결하는데 적용할 수 있는 실천방안에 대하여 살펴보기로 한다.

지구의 에너지 균형

현재 지구의 에너지 원천은 태양광(햇빛)이다. 지구생태계는 지구 자체만의 특성이 아닌 외부적인 조건－태양과의 거리, 궤도반경, 태양계 내의 기타 행성과의 위치, 달의 크기 및 위치와 같은 우주적인 특성 등－에 의하여 유지되고 조절된다. 또한 지구가 가지는 자체적인 특성인 자전(속도 등) 및 공전주기, 궤도 등도 지구 생태계와 그 안의 생명체를 유지하고 생장하도록

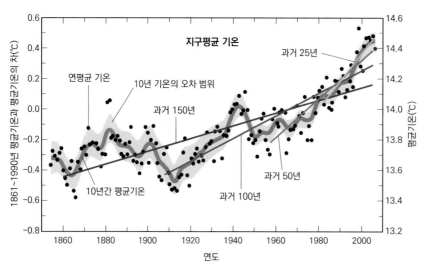

그림 10.1 지구표면에서 1856~2005년 동안의 연평균기온 변화 비교. 왼쪽 눈금은 연평균기온에서 1961~1990년(30년간)의 평균기온을 뺀 차이를 나타낸다(자료: Indermühle et al., 2000).

표 10.3 지구와 태양계 내 크기가 유사한 행성, 그리고 태양의 대기 조성 비교

대기	화성	금성	지구	태양
이산화탄소(CO_2)	95%	96%	0.03%	0.03%
물(H_2O)	–	–	0.2%	
질소(N_2)	2.7%	1.9%	79%	0.008%
산소(O_2)	0.13%	미량	21%	0.06%
수소(H)와 헬륨(He)	?	?	미량	98%
표면온도(℃)	-53	477	13	6,000

(자료: wikipedia)

놀랍고도 완벽하고 정밀하게 조화되어져 있다. 이 완벽한 조화로부터 나오는 결과 중 하나가 기후요소를 통하여 이루어지는 지구의 에너지 균형이다. 이 에너지 균형에 의하여 지구는 다른 행성과는 달리 생명활동에 적합한 온화한 온도를 갖추고 있다(표 10.3). 그러나 현재 지구 지표면의 온도는 온실가스에 의하여 상승하고 있어 이러한 지구의 에너지 균형이 어긋나고 있다(그림 10.1).

지구 평균기온의 상승

지난 150년간(1856~2005년)의 온도변화는 최근 들어 지구 기온이 높아지고 있음을 보여준다. 지구표면의 연평균기온은 최근에 가까울수록 기울기가 커지고(과거 150년〈과거 100년〈과거 50년〈과거 25년) 있어 빠른 기온 상승을 보여준다(그림 10.1). 지구의 평균기온은 최근 25년간(1980~2005년)의 상승률이 과거 150년(1856~2005년)보다 4배나 빠르다. 1910년 이후 20세기 기온 변화에서 알 수 있는 것은 온도가 꾸준히 전체적으로 상승하고 있는 것이다. 다만 1946~1975년에 온도가 오히려 0.1℃ 정도 낮아졌는데, 이 시기에는 석탄을 많이 소비했기 때문에 검댕과 이산화황이 대기에 배출되어 황산에어로졸이 생성됨으로써 햇빛이 산란되어 온도가 낮아진 것이다. 그 당시 한국에서는 추위로 인해 통일벼가 냉해를 입은 피해가 있을 정도였다(김준호, 2012). 그 이후 1976년부터 현재까지 기온은 약 0.4℃ 높아졌는데, 이 기간은 석유를 대량으로 소비하여 온실가스가 증가하고 대기오염 감소에 노력을 기울여서 에어로졸 등이 감소함에 따라 대기가 맑아져 온난화가 더욱 심한 것으로 해석된다.

20세기 중 전 지구 평균기온은 0.74℃, 우리나라 평균기온은 1.5℃ 상승하였고, 2100년에는 2000년보다 적어도 2℃ 상승할 것으로 전망되고 있다. 이처럼 지구 기온을 상승시키는 원인이 인간 활동으로 배출된 온실가스 증가에 있으므로 현재 진행되는 기온상승은 자연적인 것이 아닌 인위적인 현상이다(IPCC, 2007).

지구온난화 물질: 온실가스

온실에서는 태양의 단파복사가 유리를 통하여 온실 안으로 들어와 온실 내의 식물과 토양을 따뜻하게 데워준다(그림 10.2). 그러면 온실 내의 식물과 토양은 흡수한 단파복사를 장파복사(열)로 바꾸어 방출하는데 그 일부는 유리에 흡수되고 나머지는 유리온실 내로 재방출된다. 이는 온실 유리가 태양의 단파복사는 잘 투과시키지만 장파복사는 잘 투과시키지 못하기 때문에 일어나는 현상이다. 이처럼 온실가스는 지구대기층에서 온실 유리와 같이 공기를 데워주는 역할을 하기 때문에 온실가스가 대기층에 있으면 지구 온도가 상승하는데 이를 **온실효과**(greenhouse effect)라고 한다. 즉 온실효과는 온실가스에 의하여 지구의 에너지 수지 균형이 깨진 것이라 할 수 있다.

장파복사는 온실 내의 공기를 혼합시키고 대류를 일으켜서 온실 내의 열을 순환시킨다. 이는 온돌 바닥에 있는 따뜻하고 낮은 밀도의 공기는 천장으로 올라가고, 위쪽에 있는 차갑고 높은 밀도의 공기는 바닥으로 내려오면서 혼합되어 방 전체가 데워지는 것과 유사하다. 대류권(지표면에서 8~15 km) 상공에서는 온실보다 큰 규모로 혼합과 대류가 일어나서 공기가 뒤섞인다. 대류권에서는 대류가 왕성하여 열전도가 활발하게 일어나고, 온실처럼 지구 표면이 햇빛(단파복사)을 흡수하면 이로 인해 데워진 공기는 위로 올라가고 위쪽의 냉각된 공기가 아래로 내려와서 마침내 평형이 이루어진다. 정상적인 지구 대기권의 가스성분과 농도에서는 태양복사에너지 유입과 유출이 균형을 이루지만, 대기에 온실가스가 많아지면 지구로 유입되는 에너지 양이 밖으로 방출되는 양보다 많아지는 불균형이 나타난다. 즉 에너지가 지구 내에 축적되는 것이 온실효과다.

온실가스의 종류와 지구온난화 퍼텐셜

지구온난화에 대한 일부 오해와 아직도 불확실한 점이 있는 것 또한 사실이다. 이것은 지구온난화를 연구하는데 사용할 수 있는 방법의 한계와 이를 증빙하기에는 아직도 불충분한 자료에서 기인한다고 할 수 있다. 즉 방사성동위원소의 붕괴속도(반감기)가 과거와 현재에 다를 수 있어 동일한 속도를 가정한 추정값은 오류가 내포되어 있다는 것과 인류가 지구 전체의 기온 관측을 시작한 기간이 길지 않아서 그 관측 결과가 일시적인 변이일 수도 있다는 것이다. 이처럼 아직도 지구온난화 현상과 실체에 대한 일부 논란이 있지만 기온관측 기록이 남아있는 1856년 이후의 온도변화와 인간활동 및 자연 현상에 의하여 유발된 요인들을 분석한 결과 일부 요인들은 오히려 지구의 온도는 낮추는 데 관여함에도 불구하고 인위적인 인간 활동에 의해 지구의 온도가 전체적으로 상승한 것으로 알려졌다(그림 10.3).

지구온난화를 저지하기 위한 구체적인 이행방안을 채택한 교토의정서(1997)에서는 온실가스를 크게 6종류로 구분하였다. 온실가스는 종류마다 지구온난화를 유발하는 힘이 각각 다르다. 온실가스가 지구온난화에 미치는 정도(복사강제력)를 비교하면 다음과 같다. 메탄과 아산화질소가 지구온난화를 일으킬 수 있는 힘은 각각 이산화탄소의 23배와 296배 정도이고, 육불화황(SF_6)은 무려 22,000배 이상으로 매우 크다(표 10.4). 이들 온실가스는 비록 농도가 낮더라도 지구온난화를 크

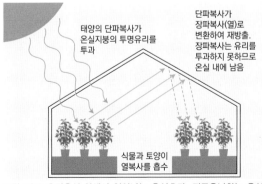

그림 10.2 유리온실 안에서 일어나는 온실효과. 지구온난화는 온실가스가 유리에 막혀 열(장파복사)이 온실 밖으로 잘 투과되지 못하기 때문에 일어나는 현상이다. 김준호(2012)의 그림을 다시 그림

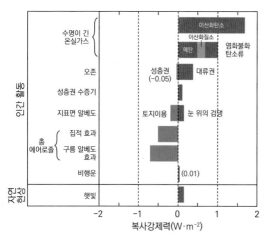

그림 10.3 과거 255년(1750~2005년) 동안 지구의 온도변화(증가나 감소)와 관련된 환경요인. 복사강제력의 값이 음수(-)이면 지구 온도가 냉각되는데 관여하는 것이고, 양수(+)이면 지구 온도가 상승하는데 관여함을 뜻한다. 이 기간에 태양에너지는 지구의 온도상승에 기여하였다(자료: IPCC, 2007; 김준호, 2012)

표 10.4 교토의정서에서 정한 6가지 온실가스와 이산화탄소의 수명 100년을 기준으로 계산한 지구온난화 퍼텐셜[1]

온실가스의 종류	지구온난화 퍼텐셜(GWP)
이산화탄소(CO_2)	1
메탄(CH_4)	23
아산화질소(N_2O)	296
수소불화탄소류(HFCs)	12~12,000
과불화탄소류(PFCs)	5,000~12,000
육불화황(SF_6)	22,200

(자료: IPCC, 2001)

게 부추긴다.

지구의 기후변화에 기여하는 인자는 매우 다양하다. 토지이용에서 발생하는 태양광의 반사 증가, 성층권의 오존, 에어로졸은 지구를 냉각시키는데 기여한다. 반면에 이산화탄소, 메탄, 염화불화탄소류, 이산화질소, 햇빛은 모두 지구온난화를 부추기는 요인이다. 특히 수명이 긴 온실가스가 영향력이 가장 크고, 그 중에서 이산화탄소가 가장 영향력이 크다(그림 10.3). 이산화탄소는 수용원이 녹색식물과 해양 이외에는 없어 수명이

---

1 지구온난화 퍼텐셜(global warming potential, GWP)은 온실가스의 80%를 차지하는 이산화탄소의 복사강제력을 1로 정하고 이에 대한 다른 온실가스의 복사강제력을 나타낸 것이다.

100~200년으로 매우 길기 때문이다. 따라서 현재 수준으로 이산화탄소가 배출된다면 매년 배출량의 약 70%는 대기 중에 누적되기 때문에 그 농도는 점점 더 높아지게 된다. 그 결과 지구 표면기온은 앞으로 1세기 또는 그 이상에 걸쳐서 높아질 것이다. 그리고 온도상승으로 인한 얼음의 해빙으로 해수면도 수세기 동안 계속하여 상승할 것이다. 만약 대기 중 이산화탄소 농도를 550 ppm 이하로 안정화시키려면 지구의 온실가스 배출량을 1990년 수준 이하로 낮춰야 한다.

10.2 지구환경의 변화

지구 기후시스템은 대기를 아우른 대기권, 해양과 하천, 호수를 포함한 수권, 육상의 흙, 암석을 합한 지권, 생물권 및 눈, 얼음을 합한 빙설권의 5가지 구성원으로 이루어진다. 기후시스템은 기후변화 요소와 생태계 간의 복잡한 인과관계로 인하여 그 영향 또한 복잡하다. 이러한 상호간의 영향을 보다 잘 이해하기 위해서는 정량적 결과를 도출할 수 있는 연구와 평가방법이 필요하고 거의 모든 현상이 서로 긴밀하게 연결되어 있다는 것을 알 필요가 있다(그림 10.4). 특히 지구온난화가 인간의 활동으로 깨진 탄소순환의 불균형에 있다고 볼 때, 그것을 다시 제자리로 돌려놓는데는 탄소를 흡수하고 저장하는 생물권의 역할(식생)이 중요한 열쇠이다.

이산화탄소 농도 증가

대기 중 이산화탄소(CO_2)는 생태계의 여러 물질의 하나에 불과하지만, 다른 물질(순환)과는 다르게 탄소순환이 곧 에너지 흐름(flow)과 밀접하게 연결(화학에너지는 대부분 탄소결합에 저장되어 있음)되어 있기 때문에 탄소의 증가 자체는 지구의 에너지 수지에 큰 영향을 준다. 지구의 모든 물질이 궁극적으로 에너지로 변화될 수 있지만, 탄소는 현 지구의 자연 조건에서도 광합성과 호흡이라는 생물체의 생리적 과정을 통하여

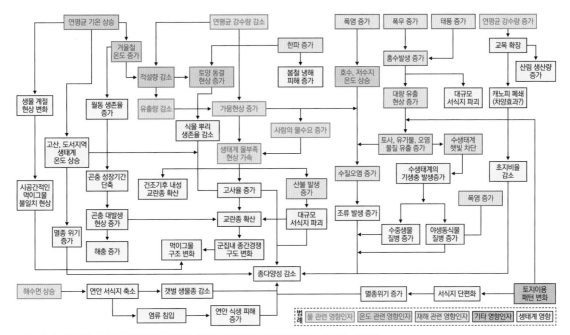

그림 10.4 기후변동 요소와 관련되어 나타나는 생태계의 복잡한 인과관계(자료: 이상훈, 2015).

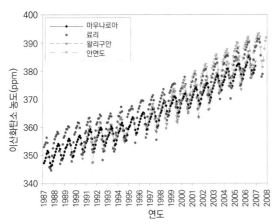

그림 10.5 1987~2007년 세계의 이산화탄소 농도 증가곡선(자료: 지구대기 감시센터, 2007; 김준호, 2012).

지구의 에너지 변화에 직접적으로 관여한다.

장기적으로 보면 지구 초기 대기는 현재보다 20배 이상의 이산화탄소를 포함하고 있었고, 차차 그 농도가 감소된 것으로 해석되고 있다(Berner, 1997). 문제는 산업혁명 이후 인간활동에 의하여 대기 중 이산화탄소 농도가 급격히 증가되고 있다는 것이며 이는 지구온난화 원인의 약 70% 정도를 차지하고 있다. 우리나라 안

면도와 미국 하와이 등에서 대기 중 이산화탄소 농도를 비교하여 보면, 하와이 마우나로아(해발 3,400 m, 지구의 배경대기)에서 가장 낮고, 일본 료리(德里, Ryori) 및 중국 왈리구안(해발 3,816 m, Waliguan)에서 중간 정도이고, 안면도는 다른 지역보다 농도가 높게 유지되고 있다(그림 10.5, 표 10.5). 네 관측소에서 이산화탄소 농도는 시간이 지날수록 모두 증가하고 있다. 이산화탄소 농도는 표고가 높을수록 낮아짐에도 불구하고 고지대인 중국 왈리구안에서 농도가 높은 것은 그 주변이 공업지역이어서 이산화탄소 배출량이 많기 때문이다. 평균농도는 하와이 마우나로아가 가장 낮고, 왈리구안, 료리, 고산, 안면도 순으로 높았다. 이산화탄소 농도는 화석연료 연소, 시멘트 생산, 삼림벌목 및 해수온도 상승으로 증가할 수 있다. 그런데 안면도에서 농도가 높은 것은 주변 삼림이 그대로 있고 해수온도도 별 변화가 없는 것을 감안할 때 중국의 영향으로 판단된다.

지구온난화에 기여하는 정도가 두 번째로 높은 온실가스인 메탄 농도는 4개국에서 공통적으로 약간 증가하고 있는 것으로 나타나고 있으며, 하와이(마우나로

표 10.5 1999~2020년 세계의 온실가스 농도변화

용어	세계관측소	연도							
		1999	2002	2005	2008	2011	2014	2017	2020
이산화탄소(CO₂)(ppm)	안면도(한국)	370.2	379	387	391.4	395.7	404.8	415.2	420.4
	고산(한국)	-	375.3	384.1	-	-	404.2	411.8	418.9
	마우나로아(미국)	368.2	373.2	380	385.6	391.9	398.6	406.5	414.24
메탄(CH₄)(ppb)	안면도	1,884	1,891	1,886	1,888	1,929	1,970	1,970	1,998
	마우나로아	1,785	1,784	1,790	1,800	1,816	1,841	1,868	1,891
아산화질소(N₂O)(ppb)	안면도	314.2	314.4	315.9	318.1	319.8	318.9	320.2	320.7
	마우나로아	315.7	316.7	317.4	318.2	318.8	319.5	320.5	-
염화불화탄소-11(CFC-11)(ppt)	안면도	269.7	265.4	256	251.2	245.4	228.3	230.9	224
	마우나로아	264.8	259	253.7	246	238.2	233.4	229.7	225
염화불화탄소-12(CFC-12)(ppt)	안면도	531.2	539	537.9	534.3	519.9	514	510.2	496.8
	마우나로아	534.3	536.8	535.5	530.6	528.1	519.7	508.1	497.7

(자료: 기상청, 2007; 2011; 2014; 2017; 2020; NOAA Global Monitoring Laboratory; 김준호, 2012)

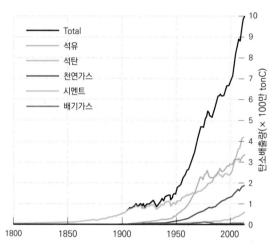

그림 10.6 화석연료 연소와 시멘트 생산으로 인한 전 세계 탄소 배출량 증가[2] (자료: 김준호, 2012).

지구의 위도에 따라 이산화탄소 농도의 계절주기가 매우 뚜렷하다. 관측 결과를 보면 위도상의 뚜렷한 기울기가 나타나서 북반구는 남반구보다 겨울(1~3월)에 이산화탄소 농도가 더 높고 여름(7~9월)에 더 낮다. 이는 식물의 광합성에 의하여 이산화탄소가 흡수되는 생육기인 여름에는 대기 중 이산화탄소 농도가 낮고, 식생의 휴면기인 겨울에는 높기 때문에 나타나는 현상이다. 한편, 이러한 지구적 규모의 이산화탄소 농도 증가와는 반대로 산소 농도는 빠르게 감소되고 있는 것으로 측정되고 있다.

이산화탄소의 배출량 증가

전 세계의 탄소배출량은 산업혁명 이후 급속하게 증가되었다. 1750년 산업혁명이 시작될 무렵에는 연 배출량이 겨우 300만 톤에 불과하였다(그림 10.6). 그러나 100년 후인 1850년 5,400만 톤, 이후 1900년에는 5억 3,400만 톤, 1950년 16억 3,000만 톤, 2000년 67억 3,500만 톤, 2006년에는 82억 3,000만 톤으로 기하급수적으로 증가하고 있다. 산업화 초기에는 석탄 연소로부터 배출되었지만, 19세기 중엽부터는 석유와 천연가스 연소와 시멘트 생산과정에서 배출되는 양이 급격히 늘고 있다.

아)보다 동북아지역(한국, 일본, 중국)의 농도가 약 100 ppb 높다. 이산화질소는 모든 나라에서 뚜렷하게 증가하고 있으며 지역 간 농도차이는 거의 없다. 반면에 염화불화탄소는 지역에 따라 연도가 지나면서 감소하거나 약간 증가하기는 하나 뚜렷한 경향성은 나타나지 않는다. 이처럼 온실가스 농도는 시간적 변이와 공간적 변이의 특성을 갖는다.

---

2 cdiac.ornl.gov

어느 수준 이상의 지구온난화(기후변화)는 위험을 초래한다. 기후변화에서 오는 위험은 과학적 수치로 표시하기 어렵다. 위험은 사회적, 정치적 및 경제적 요인과 자연 요인(생태계)이 개별적으로 또는 상호 연관되어 복잡하게 나타나므로 이를 종합하여 판단해야 한다. 기후변화로 발생되는 충격은 지역에 따라 각각 다르다. 인류가 기후변화에 어떻게 적응하고, 그 악영향을 저지하기 위하여 어떻게 행동하는가에 따라 위험과 피해 정도가 달라질 수 있다.

UN기후변화협약(United Nations Framework Convention on Climate Change, UNFCCC)은 기후변화에 따라 예상되는 피해를 줄일 목적 아래 결성된 것으로 1992년 채택되어 195개국(2016년 기준)이 참가하고 있다. UNFCCC는 잠정적으로 기후를 안정시키기 위하여 대기 중 온실가스 농도를 550 ppm CO_2-eq 이하로 유지하는 내용을 합의하였다. 550 ppm CO_2-eq는 위험이 발생하지 않는 수준으로 기후시스템을 안정시키기 위하여 과학자들의 연구 결과를 바탕으로 정치적으로 합의한 농도이다. 이 농도는 충분한 시간을 두고 생태계가 기후변화에 자연스럽게 적응하고, 식량 생산이 위협받지 않으며, 경제의 지속적인 발전을 보장하기 위한 수치이다.

기후변화의 위험에 대처하기 위해서는 과학자보다 정책결정자가 더 중요한 역할을 담당해야 한다. 과학자가 위험요소를 분석한 자료를 정책결정자에게 제공하면, 정책결정자는 이에 따라 실천할 수 있는 정책을 만들고 집행하면 되는 것이다. 이러한 측면에서 볼 때 다른 어떤 문제보다 과학자와 정책결정자간 대화가 지구온난화 문제해결에 절실히 필요하다.

지구온난화는 온실가스 증가와 이에 따라 지표면 평균기온이 높아지는 것이다. 대부분의 연구는 지구온난화를 기온 상승만으로 보고 진행된 것인데, 기온 상승이 결과적으로는 이산화탄소(온실가스) 증가에 의하여 이루어지므로 이 두 가지 요인을 동시에 고려한 연구가 수행되어야 하는데 많지는 않다. 또한 이러한 두 가지 조건의 처리는 실내 혹은 야외 밀폐된 공간에서 인위적인 간섭이 있는 상태에서 진행되기 때문에 실질적으로 자연에서 실험연구를 통하여 교란 없이 지구온난화를 연구하기에는 한계가 있다. 특히 자연에서는 다른 환경요인들을 통제(변인통제)하기가 참으로 어렵다. 그래서 지구온난화로 인한 영향에 대한 대부분의 연구는 실내 또는 가상실험(simulation, 모의실험)으로부터 나온 것들이 많다.

지구온난화에 대한 생물과 생태계의 반응은 시시각각으로 우리 주변에서 나타나고 있으며, 뉴스에서 빠지지 않고 등장하고 있다. 또한 보고되는 내용 대부분이 부정적인 것들이다. 추운 곳(북쪽이나 고산지대)에 사는 식물이나 동물은 더 이상 이동할 곳이 없어 가장 큰 위험에 직면할 것이며, 툰드라의 영구동토(permafrost)가 녹아 그 속에 있던 썩지 않은 유기물이 분해된다면 대기 중 온실가스량이 급증할 것이다. 그러나 분명 긍정적인 면도 있다. 특히 C_3식물의 생산성이 증가하여 농작물 수확량을 증가시키고, 시베리아와 같이 북반구 추운 지방에 사는 사람들은 온도 상승으로 인해 추위로부터 자유로울 수 있으며, 생활할 수 있는 땅이 넓어진다는 점 등이 있다. 또한 과수나 농작물, 조경수 재배지(식재지)가 북상하여 확대되고, 바다에서는 난대성 어류가 잡힌다는 것이다. 이처럼 긍정적인 면도 있지만 더 많은 부정적인 영향이 보고되고 있다.

10.3 기온 상승에 대한 생물과 생태계의 반응

기온 상승에 대한 생물과 생태계의 반응은 17가지로 정리될 만큼 그 영향력이 크고 미치는 분야도 매우 다양하다(김준호, 2012). 개체적 반응과 이를 반영한 분포지 이동으로 크게 나누어 정리하면 다음과 같다.

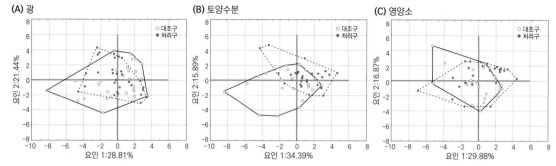

그림 10.7 정상의 대조구(일반 대기환경 조건)와 처리구(온도 상승과 이산화탄소 농도 증가 조건)에서 졸참나무의 생태지위 변화(자료: 조 등, 2014). 다각형의 면적은 종의 생태지위의 크기를 나타낸다. 광(A)이나 토양수분(B) 조건에서 지구온난화가 되면 생태지위가 줄어드나 영양소 (C) 조건에서는 영향이 없다.

개체적 반응

기온은 고산과 북극지역의 기온이 평지와 저위도 지역보다 더 빠르게 상승하기 때문에 고산식물과 한대식물이 더 민감하게 반응하고, 북극 툰드라 식생대에 속하는 알래스카의 관목-초본 군집은 온난화가 진행되면 관목이 무성해지고 초본이 쇠퇴하여 종다양성이 낮아진다. 기온 상승은 개화와 개엽시기에 영향을 주어 생물계절 현상(생물이 계절에 따라 나타나는 현상)을 변화시키고, 특히 고위도 지역 식물의 생육기간을 연장시킨다. 지구온난화로 야생에서 서식하는 야생생물 중 계절성이 앞당겨지는 종(62%)이 늦어지는 종(9%)보다 훨씬 많이 나타난다.

온도를 상승시키고 이산화탄소 농도를 높여서 졸참나무를 재배하여 계산한 생태지위(ecological niche)는 정상의 대기 조건에서 반응하는 것과는 다르게 반응하였다. 영양소에 대해서는 정상 조건이나 지구온난화 처리에서 차이가 거의 없거나 적은데 광이나 토양수분에 대해서는 지구온난화가 되면 생태지위의 크기가 감소하였다(그림 10.7). 졸참나무와 비슷한 서식처에서 살아 생태지위가 비슷한 갈참나무는 자연 조건과 지구온난화 조건에서 두 종간 생태지위 변화도 또한 다르다. 졸참나무의 경우는 온난화 조건이 되면 광과 토양수분에 대해서는 생태지위폭이 좁아졌지만 영양소에 대해서는 오히려 증가하였다. 지구온난화로 인하여 전체적으로 두 종의 생태지위는 감소하였는데, 특히 갈참나무가

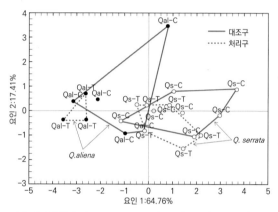

그림 10.8 졸참나무(*Quercus serrata*)와 갈참나무(*Q. aliena*)의 정상 대조구(일반 대기환경조건)와 처리구(온도상승과 이산화탄소 농도 증가 조건) 하에서 생태지위 변화(자료: 조규태 외, 2014). 갈참나무의 생태지위는 기온 상승이 되면 졸참나무보다 크게 줄어든다.

그 정도가 심했다(그림 10.8). 이러한 결과는 온난화가 일어날 때 미소환경 조건의 광과 토양수분 등에 대하여 종마다 반응이 달라질 수 있음을 의미한다. 이는 지구온난화가 일어난다면 현재 유사하게 분포하는 식물이 전혀 다르게 분포할 수 있음을 예상케하는 것이다.

온난화에 대한 초본식물의 반응: C_3식물과 C_4식물

식물에서 광합성이 일어날 때 그 암반응 경로의 차이에 따라 C_3식물과 C_4식물로 구분된다. C_3식물에는 우리 주변에 흔한 벼, 보리, 콩, 돼지풀, 어거귀 등과 대부분의 목본식물이 속하고, C_4식물에는 옥수수, 피, 털비름, 강아지풀 등 주로 잡초가 해당된다. 식물의 광합성 속도는 2021년 9월 기준 대기 중 이산화탄소 농도(413.30

표 10.6 CO$_2$농도와 온도 상승에 따른 벼(C$_3$)와 피(C$_4$)의 지상부와 지하부 생물량 변화 비교

온난화 구배	지상부 생물량(g)		지하부 생물량(g)	
	벼	피	벼	피
대조구	5.68±1.68	26.68±3.67	3.23±0.29	7.74±0.45
CO$_2$+온도 상승구	9.53±1.94	24.54±6.04	3.96±0.38	5.71±1.46

(자료: Kim, 2015)

ppm)보다 낮은 농도에서 C$_3$식물보다 C$_4$식물이 빠르기 때문에 C$_4$식물이 물질을 많이 생산한다. 그러나 CO$_2$ 농도를 500~600 ppm으로 높이면 C$_3$식물의 광합성 속도가 C$_4$식물보다 빨라진다. 따라서 식물의 물질생산 면에서 볼 때 미래에 CO$_2$ 농도가 높아지면 C$_3$식물은 생산성과 번식력이 왕성하여 무성해지는 반면, C$_4$식물은 이점이 사라지므로 쇠퇴하게 된다. 한국에서 주로 재배되는 벼(추청벼, C$_3$)와 논의 주요 잡초인 피(C$_4$)의 경우도 이와 마찬가지로 피가 벼에 비하여 지상부와 지하부에서 모두 생산성이 감소하였다(표 10.6). 한편, CO$_2$ 농도가 높으면 C$_3$잡초는 더 번성하고 C$_4$잡초는 쇠퇴할 것이다. C$_3$식물인 벼나 보리가 자라는 논밭의 잡초 중 C$_4$잡초(돌피, 바랭이, 방동사니, 강아지풀 등)는 C$_3$식물보다 높은 CO$_2$에서 적게 자라므로 경쟁력이 떨어지고, C$_4$식물인 옥수수나 기장 밭에서 자라는 C$_3$잡초(고들빼기, 쑥, 꼭두서니, 돼지풀 등)는 C$_4$식물보다 많이 자라서 무성해질 것이다. C$_3$잡초 종자는 온도가 2℃ 상승할 때마다 발아가 2~5주 빨라지므로 온난화에 따라 일찍 싹트고 생육 기간도 길어져서 농경지의 잡초방제는 미래에는 현재보다 힘들어질 것으로 보인다.

광합성 속도는 일반적으로 일정한 범위 내에서 이산화탄소 농도가 높아짐에 따라 증가한다. 그러나 이산화탄소 농도 증가에 따른 식물의 1차생산성은 어린 숲에서 증가하지만 성숙림에서는 증가하지 않는 것 같다. 이것은 광합성에 관여하는 효소들이 농도에 적응하여 더 이상 높은 흡수 반응을 보이지 않기 때문으로 설명할 수 있다.

지구온난화는 식물뿐만 아니라 동물에서도 큰 변화를 일으키는데, 곤충은 활동을 더 일찍 시작하게 되고, 개구리의 산란시기가 앞당겨지며, 여름철새가 일찍 도래하고, 포유류는 동면에서 일찍 깨어나게 되고 출산일도 앞당겨지고 있다. 또한 새의 알(박새) 크기가 작아지는데, 이는 봄에 기온이 높으면 어미새가 에너지 소비를 많이 하기 때문이다.

분포지 이동

기온 상승에 따라 생물들은 새로운 분포지, 서식지로 이동해 가고 있다(김준호, 2012). 한반도 식생대는 난대림이 북상하고, 고산에 분포하는 아고산식생대는 사라질 것으로 예측되었다. 우리나라에서 상록활엽수가 약 70년(1941~2009년) 동안 북쪽으로 14~74 km 이동하였으며, 최근 사과, 감귤과 같은 과실나무와 대숲, 난지형과 한지형 마늘 모두 재배지 경계선이 북쪽으로 크게 이동하였다. 북미에서는 한대림이 온대림으로 이행되고 있으며, 저지대에서 사는 식물의 분포지가 고지대로 이동할 것으로 예상된다. 이에 따라 고산 산악지대 식물군집은 그 면적이 더욱 축소될 것이다. 나비와 나방, 잠자리도 고지대나 북쪽으로 분포지를 확장하였고, 온난화 진행 후 곤충의 날개가 길어졌기 때문에 빠르게 날고 멀리 이동하게 되어 분포 지역을 넓히는 현상도 일어난다. 이동성이 높은 철새뿐만 아니라 이동성이 느린 조간대 생물도 해수 온도 변화로 새로운 분포지로 이주하고 있다. 우리나라에서는 남해 고등어 어장이 북쪽으로 이동하였다.

그러나 양서류나 파충류에서는 분포지 이동 방향이 오히려 남쪽으로도 나타나는데, 이와 같이 야외에서의 관찰이 온난화 예측과 다르게 나타나는 것은 생물마다 적응능력과 환경에 대한 반응이 고유하고, 또한 생물분

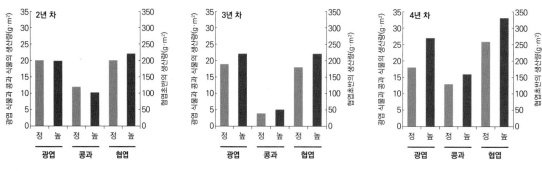

그림 10.9 정상 CO_2 농도(350 ppm; 정)와 높아진 CO_2 농도(600~650 ppm; 높) 아래서 자연초원군집에서 4년간 재배한 뒤 기능군별(광엽초본, 콩과식물 및 협엽초본) 지상부 생산량 비교(자료: Leadly et al., 1999).

포 변화를 기온변화 요인에 의한 것만으로 단정할 수 없으며 여기에는 다른 다양한 요인이 관여하기 때문이다. 특히 생물 분포 변화에는 인간의 활동-환경파괴-이 크게 작용한다(Parmesan & Yohe, 2003).

생태계의 반응

군집구조와 종다양성 반응

기후변화가 군집구조에 미치는 영향은 여러 종을 대상으로 하기 때문에 개체군을 대상으로 하는 연구보다 상대적으로 연구나 보고가 적은 편이다. 그 중의 한 예는 대기 중 이산화탄소(CO_2) 농도가 높아졌을 때 초원에서 식물 군집구조의 변화를 본 것이다(그림 10.9). 콩과식물, 비(非)콩과식물의 잎이 넓은 광엽초본 및 잎이 좁은 협엽초본이 혼생하는 초원군집에서 2년까지는 이산화탄소 처리에 의한 영향이 없었으나 3년째부터는 초원군집의 종류와 상관없이 이산화탄소 농도를 높인 처리구에서 생산량이 모두 증가하였다. 이처럼 높아진 CO_2 농도에서 모든 기능군의 생산량이 증가하는 것은 미래에 CO_2 농도가 높아지더라도 각 기능군으로 구성된 초원의 군집구조는 변함없이 현재와 유사하게 유지될 것을 의미한다. 이와 반대로 빠르게 생장하거나 단명(短命)하는 식물로 구성된 초원군집은 높은 CO_2 농도와 고온하에서 안정성과 복원력(resilience)이 저하되어 식물 생존율이 감소되고 종다양성이 감소된다는 보고(Mitchell & Csillag, 2001)도 있다.

침입 외래종

외부로부터 유입되는 침입종(invasive species)은 지구온난화(대기 중 CO_2 농도 증가와 기온 상승)뿐만 아니라 질소침적량 증가, 생태계 교란, 서식지 단편화(fragmentation) 등 지구환경의 교란된 정도를 나타내는 지표이다(Dukes & Mooney, 1999).

한국에서 미국자리공(*Phytolaca americana*)은 침입종이고, 섬자리공(*P. insulris*)은 고유종이다. 이 여러해살이 초본 식물종을 2년 동안 대조구(야외 농도의 CO_2 농도, 362 ppm)와 온도상승구(대기보다 1.5℃ 증가), 높아진 CO_2(742 ppm) + 온도상승구(1.5℃ 증가)에서 재배한 결과는 표 10.7과 같았다. 두 종의 광합성률은 증가하지만, 증산량은 정상구에 비해 온도상승구와 CO_2 + 온도상승구에서 두 종 모두 감소하여 결과적으로 수분이용효율(물 한 단위를 사용하여 식물이 광합성으로 탄소를 고정하는 양으로 이 값이 크면 물이 많지 않아도 식물이 잘 자랄 수 있다는 뜻)은 증가하였다. 증산량이 감소한 것은 온도가 상승하거나 이산화탄소 농도 상승으로 기공이 닫히기 때문이다. 온도만 상승하였을 때는 고유종인 섬자리공의 형질이 침입종의 것보다 더 크게 증가하였고(섬자리공 14형질: 미국자리공 4형질), 감소하는 것은 두 종에서 두 가지 형질뿐이었다. 그러나 온도와 CO_2를 같이 높였을 때는 섬자리공의 증가율(4형질)은 미국자리공의 증가율(13형질)보다 훨씬 떨어졌다. 이런 결과는 이산

표 10.7 섬자리공(고유종)과 미국자리공(침입종)의 대조구 대비 온도상승구와 CO$_2$+온도상승구에서의 분류 생태적 형질의 상대적 반응 변화 비교

항목		섬자리공		미국자리공	
		온도상승구	CO$_2$+온도상승구	온도상승구	CO$_2$+온도상승구
식물 구조	지상부 길이	↑	—	↓	↑
	지하부 길이	↑	—	—	↑
	꽃대 길이	↑	↓	—	—
	지하부: 지상부 비	—	↑	—	—
영양(잎) 생장	잎수	↑	—	—	—
	잎몸 길이	↑	—	—	—
	잎폭 길이	↑	—	↑	—
	잎자루 길이	↑	—	—	—
	비엽면적	↓	↓	↑	↑
생식 생장	꽃대 당 열매 수	—	↓	↓	↓
	열매 당 종자 수	—	↓	—	—
	꽃대 당 열매 무게	↑	↓	—	—
	열매 한 개 무게	↑	↓	—	—
	열매 당 종자 무게	↑	↓	↑	—
	종자 한 개 무게	↑	↓	—	—
생산량	지상부 생물량	↑	—	—	—
	지하부 생물량	↑	↑	—	—
	식물체 생물량	↑	↑	—	—
생리생태적 특성	광합성률	—	↑	—	↑
	기공전도도	—	↓	—	—
	증산률	↑	↑	↑	↑
	수분이용효율	↓	↑	—	↑
	탄소: 질소비(C/N ratio)	—	↑	↓	↑↑

※ ↑↑: 대조구대비 큰 증가, ↑: 대조구 대비 증가, ↓: 대조구 대비 감소, —: 대조구 대비 변화없음.
(자료: 김해란, 2010)

화탄소로 인한 지구온난화가 일어난다면 외래종인 미국자리공이 살아가는데 유리한 조건이 됨을 의미하는 것이다. 이산화탄소와 온도가 동시에 증가하였을 때, 특히 식물 분포와 이동에 중요한 역할을 하는 번식생장에서는 고유종인 섬자리공이 정상구에 비하여 측정된 6가지 형질에서 모두 감소하였으나, 침입종인 미국자리공은 오히려 4형질에서 증가하였다. 이런 결과는 지구온난화 환경에서 미국자리공의 번식능력이 더 커질 수 있고 섬자리공은 감소할 수 있다는 것이다. 또한 이산화탄소 농도가 높아진 조건에서 질소 대비 탄소의 비가 두 종 모두에서 증가하였지만 섬자리공에서 더 크게 증가하였다. 이처럼 질소의 함량이 낮아지면 분해미생물들이 낙엽을 분해하는 속도가 느려지고, 장기적으로 생태계 내에서 질소순환이 원활하게 일어날 수 없다. 결국 온도와 대기 중 이산화탄소 농도가 증가하면 고유종인 섬자리공이 서식하는 토양에서의 질소순환이 느려질 수 있음을 시사한다.

먹이사슬 교란

초겨울에 출현한 겨울나방(*Operophtera brumata*)은 나무 밑동에서 교미를 한 다음 나무줄기를 기어올라 수관에 알을 낳는다. 알은 다음해 2월까지 동면하다 봄에 부화하고 부화된 애벌레는 로부르참나무(*Quercus robur*) 어린 잎을 먹고 자란다. 개엽기에 맞춘 부화는 겨울나방의 자손 번영(번식률)에 중요한 키포인트가 된다. 겨울나방의 알 부화가 개엽기보다 빠르면 애벌레는 굶어죽게 되고 개엽기보다 너무 늦으면 타닌(tannin)이 많고 잎에 섬유소가 많게 되어 소화시키기 어려운 쇤 잎을 먹게 되므로 영양실조에 걸린다. 이처럼 개엽기와 애벌레 발육 사이의 시간의 불일치, 이른바 엇박자(mismatch)가 일어나면 애벌레는 몸이 작아지고 긴 유충 시기를 지내면서 병을 앓거나 천적에게 잡아먹힐 위험에 노출되어 번식률이 낮아진다. 이것은 지구온난화로 로부르참나무 잎이 애벌레 부화시기보다 일찍 피고 나면, 애벌레가 부화했을 때는 잎이 이미 단단

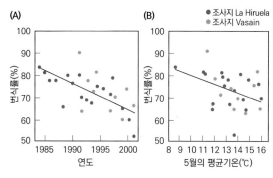

(A) (B)

● 조사지 La Hiruela
● 조사지 Vasain

그림 10.10 애벌레를 먹고 사는 알락딱새의 연도별 번식률(A)과 5월 평균기온에 따른 번식률(B)(자료: Sanz et al., 2003). 이러한 자료는 기온상승으로 새의 먹이가 부족해 번식률이 떨어진 것으로 해석될 수 있다.

해져서 애벌레가 먹을 수 없기 때문에 일어나는 것이다(Visser & Holleman, 2001). 한편 겨울나방 애벌레는 또한 봄에 산란하는 박새와 같은 새들의 주요한 먹이가 된다. 따라서 애벌레의 문제는 이를 먹고 사는 다양한 조류 개체군 증감에도 영향을 주게 된다(그림 10.10). 즉 기온 상승은 생태계 먹이그물을 통하여 연결된 생물에 전체적으로 부정적인 영향을 준다고 할 수 있다.

담수 생태계의 교란

유럽에서 대부분의 호수는 과거 30년 동안 겨울과 초봄 사이에 수온이 빠르게 상승했기 때문에 매년 물이 맑아지는 청수기가 나타났다. 청수기(clear-water-phase)는 수온이 1℃ 높아지면 약 1주일 앞당겨졌는데 어떤 해에는 3주나 앞당겨졌고, 연도가 지날수록 점점 많이 앞당겨졌으며 그 기간도 길어졌다(Scheffer et al., 2001). 이처럼 청수기가 앞당겨짐으로써 식물플랑크톤-동물플랑크톤의 먹이사슬이 교란되고, 더 나아가 상위 영양단계수준(예: 물고기)으로의 에너지 흐름까지도 교란되었다. 이는 북대서양에서 늦겨울과 초봄의 기온이 높아진데 그 원인이 있다(Monika & Schindler, 2004).

툰드라의 생태계 변화

지구 생물군계 중에서 기후변화의 영향을 가장 크게 받고 있는 곳이 툰드라지역이다. 이 지역에서 기온

상승으로 식물의 생육기간이 길어지면서 종조성에서 낙엽성 관목이 늘어나고 있다. 뿌리에 공생하는 균근(mycorrhiza)을 갖는 관목은 토양 중의 질소를 먼저 사용하여 초본을 비롯한 다른 식물들이 이용할 수 있는 질소를 감소시킨다. 또한 관목이 증가하면 목질소를 많이 함유한 낙엽으로 인하여 부엽토가 증가하므로 이용 가능한 질소가 감소하게 되고, 관목이 드리운 그림자는 툰드라의 초본과 이끼의 생장을 막는다. 결국 이 지역은 온난화로 관목이 더 잘 자라게 된다(이유경과 정지영, 2015).

또한 이 지역의 온난화는 초식 곤충을 증가시켜 자작나무 잎을 갉아먹어 결과적으로 이산화탄소를 증가시킨다(Heliasz et al., 2011). 온난화로 동토가 녹으면 식물은 광합성 증가로 더 빠르게 이산화탄소를 흡수하지만, 또한 미생물에 의한 유기물 분해는 이산화탄소를 더 많이 방출하게 된다. 이와 같이 툰드라 생태계가 온실가스 공급원(source) 혹은 흡수원(sink)이 될지는 식물의 1차 생산량과 미생물의 유기물 분해량(속도)에 달려 있다.

생물의 멸종

지구온난화는 어떤 생물을 멸종시킬 수 있다는 우려를 낳고 있다. 지구온난화가 생물을 멸종시키는 요인은 크게 두 가지로 나뉜다. 그 하나는 기온 상승과 같은 비생물 요인이고, 다른 하나는 온난화에 대한 생물 자신의 적응 능력이다. 지구온난화에 빠르게 적응하는 생물은 계속해서 생존하겠지만 느리게 적응하거나 전혀 적응하지 못하는 생물은 서서히 멸종의 운명에 들어서게 될 것이다.

생물은 본래 살던 분포지를 떠나 이동하는 과정에서 자신의 분포지를 확보하지 못하게 되면 멸종의 길을 밟을 수 있다. 생물의 이동 속도가 온난화 속도보다 빠른 생물은 살아남고, 느리거나 아예 이동 능력이 없는 생물은 빠르게 사라질 것이다. 어떤 장소에 분포하는 희소종이 우점종을 대체하기까지는 최소 수십 년이 걸린다. 그런데 미래의 온난화 속도는 현재보다 더 빨라

질 것이므로 앞으로 더 많은 생물이 멸종될 것으로 예상된다(Neilson et al., 2005).

지구 표면기온이 0.74℃ 상승한 지난 20세기에 남아메리카 코스타리카의 산악지에 서식하는 양서류가 사라졌고, 북극 지역의 생태계가 서서히 훼손되었다. 앞으로 1.6℃ 더 상승한다면 열대 해양의 산호는 백화 현상(bleaching, 갯녹음)으로 인하여 절멸될 것으로 전망된다. 2.5℃가 상승한다면 아마존강 유역에 분포하는 열대우림의 대부분(20~80%)이 없어져서 대기 중 이산화탄소량이 증가하고, 만약 4℃ 이상 상승한다면 지구상 생물권의 40% 또는 그 이상이 변형되는 것은 물론 수많은 생물이 멸종될 것이라고 한다(Kerr, 2007).

식량 및 경제의 충격

21세기 말 지구 평균기온은 1.8~4.0℃ 상승하고, 최악의 시나리오는 2.4~6.4℃ 높아질 것으로 전망하고 있다(SRES A1T1). 이렇게 기온이 상승할 경우 자연생태계, 식량생산 및 경제가 심각한 문제에 직면하게 된다. 기온 상승으로 유익한 부문은 한 항목뿐으로 산업화 이전보다 1~2℃ 상승했을 때 중위도·고위도 지역에서 몇 가지 곡물 생산이 증가한다. 하지만 저위도 지역(열대 지역)의 곡물 생산량은 오히려 감소하고, 3℃ 이상 상승하면 모든 지역에서 감소한다. 이 밖의 모든 항목은 1℃도 채 높아지지 않은 오늘날 이미 온난화로 인하여 취약해졌다. 만약 기온 상승의 최후의 방어선인 2℃ 이상 오르면 민물자원, 생태계, 연안 지역, 건강 등이 모두 취약해짐을 알 수 있다(표 10.8).

10.4 지구온난화 해결

배출권거래제와 탄소배출권

배출권거래제(emission trade scheme, ETS)는 온실가스 배출을 줄이기 위한 시장을 기반으로 한 정책수단의 하나이다(그림 10.11). 이 제도는 배출총량거래(cap and

표 10.8 지구 표면 평균기온의 상승에 따라 일어나는 중요한 반응

	1990년 보다 상승한 기온(℃)					
	0	1	2	3	4	5
민물		습윤열대 지역과 고위도 지역의 물 이용량 증가------------▶				
		중위도·저위도 반건조 지역의 물 이용량 감소와 가뭄 증가-------▶				
		인구 수억 명이 심각한 민물 부족에 직면--------------▶				
생태계		최고 30% 멸종===================지구 규모의 대멸종*				
		산호 백화시작 산호 거의 백화됨========산호 광범위한 사멸---------▶				
		~15%======40%의 생태계가 열악하게 됨------▶				
		육상생물권에서 탄소를 배출-------▶				
		생물종 분포지 변화·산불 위험 증가--------------▶				
		해양의 심해순환 약화로 해양생태계 변화-----▶				
식량		소농가, 자급농가·어민에 대한 복합적 국소적 악영향--------------▶				
		저위도 지역 곡물 생산 감소=========저위도 지역 모든 곡물 생산 감소▶				
		중·고위도 지역 몇 가지 곡물 생산 증가===저위도 지역 곡물 생산 감소------▶				
연안지역		홍수와 폭풍우에 의한 피해 증가----------------------▶				
		세계 연안습지 약 30% 소실**-----▶				
		홍수 피해 인구 매년 수백만 명씩 증가-------------▶				
건강		영양부족, 설사, 호흡기 질환, 감염증으로 사회적 부담 증가-----▶				
		폭서, 홍수, 가뭄에 의한 질병 발병률과 사망률 증가---------▶				
		유행성 매개생물 몇 종의 분포지 변화----------▶				
		의료서비스 부담 크게 증가-----▶				

이중점선은 항목 사이의 관련성을, 단일점선 화살표는 기온 상승에 따라 계속되는 반응을 나타낸다. 각 항목의 왼쪽 끝은 반응이 나타나기 시작하는 위치(자료: IPCC, 2007; 김준호, 2012)

* 지구상에서 40% 이상의 생물이 멸종됨

** 2000~2080년의 평균 해수면 상승률은 4.2mm·년-1로 추정

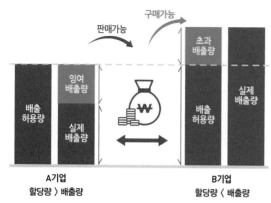

구매가능

판매가능

| A기업
할당량 〉 배출량 | B기업
할당량 〈 배출량 |

초과
배출량

잉여
배출량

배출
허용량

실제
배출량

배출
허용량

실제
배출량

그림 10.11 배출권거래제의 개념. 그림과는 달리 실제 할당량은 기업마다 다르다(자료: ICAP ETS 브리프 1호).

trade) 원칙에 기초해 운영된다. 배출총량거래에서는 각 기업에 온실가스 배출허용량을 할당하고 할당 범위 내에서 온실가스 배출을 허용하는데, 잉여분 또는 부족분에 대해 타기업과의 거래가 허용된다. 각 기업은 자신의 감축 여력에 따라 온실가스 감축 또는 배출권 매입을 자율적으로 결정하여 배출허용량을 준수하게 된다. 각 기업의 온실가스 배출허용량은 국가 전체의 총 허용 배출량을 배분하여 할당한다. 이 총 허용 배출량을 배출허용총량(cap)이라고 한다. 배출허용총량은 제도 시행 이전에 확정되어야 하며 시간이 지남에 따라 감소하도록 설정된다. 즉 국가의 온실가스 감축 목표에 따라 배출허용총량이 정해진다.

대표적인 온실가스인 이산화탄소(CO_2) 및 메탄(CH_4), 아산화질소(N_2O), 프레온가스(HFCs), 육불화황(SF_6), 과불화탄소(PFCs) 등이 규제대상물질에 포함되는데[3], 탄소함유 기체의 온실효과 기여도가 대부분이기에 탄소배출권으로 불리기도 한다.

국가의 배출허용총량과 규제부문

2005년도에 발효된 교토의정서는 선진국의 온실가스 감축목표 및 구체적인 이행방안(교토 메커니즘)을 처음으로 설정하였다. 이 교토 메커니즘에 배출권거

래제가 처음 도입되었다. 교토의정서는 EU 등 선진국에 대해 1차 공약기간(2008~2012) 5년 동안 1990년 대비 평균 5.2%의 감축 의무를 규정하였고 실제 평균 22.6% 감축하는 성과를 거두었다. 그러나 교토의정서를 비준하지 않은 미국을 비롯, 캐나다, 일본, 러시아, 뉴질랜드 등이 제2차 공약기간 활동(18% 감축 목표)에 불참하고, 온실가스를 많이 배출하는 중국, 인도, 한국 등은 개발도상국 지위였기에 감축 의무가 없다는 한계가 있었다. 이를 극복하기 위해 2015년 선진국과 개발도상국이 함께 참여한 파리협정이 채택되어 지구표면 온도 상승 폭을 산업혁명시기 대비 최대 2℃ 이내 상승으로 설정하였다. 이에 따라 각국은 2030년까지 자국의 온실가스 감축목표를 설정하였으며, 한국은 2030년 배출전망치(business as usual, BAU)의 37%를 국가감축목표로 선언하였다. 환경부 계획[4]에 따르면 2030년까지 2030년 BAU 대비 국내 감축 32.5%, 국외 감축 4.5%, 총 37%를 감축하여 온실가스 배출권거래 적용 업체들의 2018~2030 배출허용총량을 17억 7,713만 톤으로 확정하였다.

배출권거래제는 지역에 따라 도쿄와 같은 대도시 단위, 캘리포니아와 같은 주정부 단위, 한국과 같은 국가 단위, EU와 같은 초국가적인 단위까지 다양한 규모로 시행되고 있다. 이론적으로 광범위한 부문이 참여할수록 배출권거래제가 더 효과적이지만, 현실적으로 배출량 모니터링이 어렵거나, 배출량 감축이 어려운 경우를 감안하여 대상 부문도 각 체제에 따라 다르게 적용하고 있다. 산업 부문은 대부분 감축대상에 포함되지만 미국 북동부 지역 주들의 연합 ETS인 RGGI(Regional Greenhouse Gas Initiative)는 발전 부문만 대상으로 하며, 뉴질랜드 ETS에는 산림이 포함된다. 2015년부터 출범한 한국 ETS는 발전, 산업, 건물, 공공, 수송 부문 등을 감축 대상으로 한다(엄이슬 외. 2018).

---

3 국제탄소행동파트너십. 2015년 10월. 배출권거래제란? ETS 브리프 1호.

4 환경부. 2018. 2030 국가 온실가스 감축 로드맵 수정안

기업과 기관의 배출권 할당

한 ETS의 배출허용총량이 정해지면, 소속된 기업과 기관에 거래 가능한 배출권(온실가스 배출 허용량)을 1톤 단위로 할당하게 된다. 정부는 과거배출량 또는 배출성과를 기준으로 배출권을 무상 할당 또는 경매 할당(유상 할당) 할 것인지 결정한다. 경매는 가장 필요로 하는 조직에 배출권을 제공하는 효과적인 방법으로, 이를 통해 기후변화에 대해 행동을 취하는 기업에게 인센티브를 제공할 수 있고, 더 많은 기업이 배출량을 감축하여 배출권 구입금액을 줄이게 할 수 있다. 경매는 규제 대상 기업이 배출량에 대한 비용을 지불하므로 공평하다고 볼 수 있다. 또한 탄소 가격을 공개하고 거래를 장려함으로써 수익을 창출하고 활발한 탄소시장을 만들어낸다. 무상 할당 또한 장점이 있는데, 특히 ETS의 시행 초기에 많이 선택된다. 배출권 무상 할당으로 ETS 대상 주체는 기존 인프라 및 공정에 대한 보상을 받을 수 있으며, ETS로의 원활한 전환에 도움이 된다. 또한 기업의 경쟁력 상실 가능성을 줄이고, 탄소 누출 위험을 방지하는 기능을 한다. 배출권 무상 할당의 경우에도 기업들이 저탄소 기술에 투자할 수 있는 인센티브는 여전히 존재하는데, 배출량을 줄이면 이를 판매할 수 있지만, 배출량이 늘어나면 추가 비용이 발생하기 때문이다. 인센티브의 강도는 무상 할당 방식에 따라 다르다.

10.5 결론

지구온난화는 다른 학문에서와 마찬가지로 환경생태학 분야에서 수많은 상반되는 논란거리가 있음에도 이제는 하나의 확실한 패러다임으로 자리 매김이 되고 있다. 생태 현상을 이해하는데 과거보다 놀랄만한 자료가 축적되어 있지만, 아직도 우리는 자연(생태계)에 대하여 아는 것이 별로 없다는 것 또한 사실이다. 그 중 비교적 최근에 나타난 기후변화는 우리의 경계를 새롭게 하여 자연을 보고 이해하는 창(window)으로 다가와 있다. 생물 및 생태학 연구에서 기후변화는 새롭게 추가된 외부의 작동요인으로서 관여하기 때문에 연구자들에게는 또 다른 고민거리가 되고 있다. 과거의 자연에서 나타난 생태 현상에 대한 재해석이 필요해졌기 때문이다.

지구온난화가 미치는 영향은 실로 막강하다. 그러나 지구의 전 범위에서 일어나고 실질적인 현상이지만, 구체적인 자료나 증명된 실험값 없이 나타나는 현상을 지구온난화나 기후변화의 결과로 몰아가거나 설명하는 것은 경계하여야 한다. 왜냐하면 생태계에서 일어나는 모든 것은 수많은 외적 및 내적인 복합적 요인이 작용하기 때문이다. 이처럼 가능성 있는 다른 요인들을 고려하지 않고 불확실한 것을 막연하게 내세워 쉽게 설명하는 것은 하지 않도록 해야 한다.

자연계는 시스템의 열역학적 법칙의 지배를 받고 있다. 모든 것-우주, 태양, 지구와 그 위성, 그 속에 사는 모든 것들-이 포함되어 나타난다. 결국 시간이 지나면서 무질서의 증가가 올 수밖에 없다. 이러한 엔트로피 법칙에 의해서 결과적으로 지구온난화와 같은 환경문제를 일으키는 것이다. 지구적 규모에서 일어나는 이산화탄소 증가와 그와 관련되어 제기되는 다양한 문제도 결국 지구수준에서 발생하는 엔트로피 증가이다. 이것을 해결하기 위해서는 엔트로피 증가속도를 낮추는, 에너지와 자원을 절약하는 삶의 자세가 우리 모두에게 절실히 필요하다. 얼마 남지 않은 지구의 환경시계를 서서히 돌아가도록 하기 위해서는 정부 정책뿐만 아니라 개인생활에 이르기까지 모든 부분에서 근검절약하는 구두쇠의 미덕이 절대적으로 요청된다.

참고문헌

김준호. 2012. 어느 생물학자의 눈에 비친 지구온난화. 서울. 서울대학교 출판부.

김해란. 2010. 지구온난화에 따른 희귀식물 섬자리공과 귀화식물 미국자리공의 생태학적 반응. 공주대학교 석사학위논문 101pp.

박석순. 2020. 불편한 사실. 어문학사.

엄이슬, 장진영, 임두빈. 2018. 진화하는 배출권거래제(ETS) 시장과 기업의 탄소비용 대응방향. Issue Monitor 제87호. 삼정 KPMG 경제연구원.

이유경, 정지영. 2015. 극지과학자가 들려주는 툰드라이야기. 지식노마드.

이상훈. 2015. 국가 생태계 기후변화 리스크 평가. 국립생태원 기후변화연구부.

조규태, 김해란, 정헌모, 유영한. 2013. CO$_2$ 농도 및 온도 상승이 하천변 잠재자연식생인 졸참나무와 갈참나무 잎의 형태학적 반응에 미치는 영향. 한국습지학회지 15(2): 171-177.

조규태, 정헌모, 한영섭, 이승혁, 유영한. 2014. CO$_2$ 농도 및 온도 상승에 의한 졸참나무의 생태적 지위 변화. 한국환경생물학회지 32(2): 95-101.

기상청. 2007. 지구대기감시보고서.

기상청. 2011. 지구대기감시보고서.

기상청. 2014. 지구대기감시보고서.

기상청. 2017. 지구대기감시보고서.

기상청. 2020. 지구대기감시보고서

Berner, RA. 1997. The rise of plants and their effect on weathering and atmospheric CO$_2$. Science 276: 544-546.

Heliasz, M et al. 2011. Quantification of C uptake in subarctic birch forest after setback by an extreme insect outbreak. J of Geophysical Research The rise of plants and their effect on weathering and atmospheric CO$_2$ 38: 5.

Indermuhle, A et al. 2000. Atmospheric CO$_2$ concentration from 60 and 20 Kyr BP from the Taylor Dome ice core, Antarctica. Geophyics. Res. Letter 27: 753-738.

IPCC. 2001. Observed climate variability and changes(Chapter 2). in the scientific basis. Cambridge University Press.

IPCC. 2007. Intergovermental Panel on Climate Change, 4th Assessment Report. Cambridge University Press.

IPCC. 2014. Intergovermental Panel on Climate Change, 5th Assessment Report. Cambridge University Press.

Kelley, CP et al. 2015. Climate change in the Fertile Crescent and implications of the recent Syrian drought. PNAS 112: 3241-3246.

Kerr, RA. 2007. How urgent is climate change? Science 318: 1230-1231.

Kim, HR You, YH. 2010. Effects of elevated CO$_2$ concentration and increased temperature on leaf relatedphysiological responses of *Phytolacca insularis* (native species) and *Phytolacca americana* (invasive species). J Ecology and Environment 33: 195-204.

Kim, HR. 2015. Eco-physiological Responses of Several Plants to Elevated CO$_2$ and Temperature. PhD. Thesis. The Graduate School of Kongju National University Department of Biology.

Millennium Ecosystem Assessment. 2005. Ecosystems and human well-being: synthesis. Island Press.

Mitchell, SW Csillag, F. 2001. Assessing the stability and uncertainty of predicted vegetation growth under climate variability: northern mixed grass prairie. Ecological Modeling 139: 101-121.

Parmesan, C Yohe, G. 2003. A globally coherent fingerprint of climate change impacts across natural systems. Nature 421: 37-42.

Visser, ME Holleman, LJM. 2001. Warmer springs disrupt the synchrony of oak and winter month phenology. Proc. The Royal Society, London. B 268: 289-294.

Winder, M Schindler, DE. 2004. Climate change uncouple tropic interactions in an aquatic ecosystem. Ecology 85: 2100-2106. E-32.

10. 기후변화

1. 조별활동

아래 자료는 남극의 빙하 아래 존재하는 보스토크 호수의 빙하에서 시추한 얼음 기둥에서 얻은 자료이다.

연도(BC)	CO₂ 농도(ppm)	기온편차 (℃)	연도(BC)	CO₂ 농도(ppm)	기온편차 (℃)
398,000	278	-1.64	188,000	231.4	-6.49
388,000	255.2	-5.34	178,000	213.2	-6.34
378,000	245.9	-4.88	168,000	197.9	-7.01
368,000	229.7	-5.42	158,000	204.4	-6.25
358,000	206.4	-5.8	148,000	191.9	-7.34
348,000	193	-7.64	138,000	192.3	-8.99
338,000	220.4	-7.44	128,000	263.4	1.47
328,000	234.2	-4.9	118,000	265.2	-0.86
318,000	271.8	-0.12	108,000	245.7	-5.53
308,000	256.3	-3.32	98,000	225.9	-3.45
298,000	241.9	-3.08	88,000	208	-4.69
288,000	240.2	-6	78,000	221.8	-3.66
278,000	207.7	-6.17	68,000	227.4	-7.84
268,000	231.4	-5.95	58,000	210.4	-6.53
258,000	184.7	-8.3	48,000	190.4	-5.18
248,000	203.9	-6.52	38,000	209.1	-6.91
238,000	230.4	-2.12	28,000	205.4	-7.95
228,000	245.2	-6.15	18,000	189.2	-7.62
218,000	212.2	-4.31	8,000	261.6	-0.28
208,000	244.6	-3.07	400	284.7	0
198,000	242.6	-2.68			

(자료: NOAA(www.esrl.noaa.gov/gsd/outreach/education/poet/Global-Warming.pdf))

1) 1901년에서 2011년까지의 CO_2와 기온의 변화 속도와 40만 년 동안의 CO_2와 기온의 변화 속도를 아래 표를 이용하여 계산해 보시오.

BC 48,000년 ~ BC 400년 (기간: 년)

변수	BC 48,000년의 값	BC 400년의 값	차이	연간변화율
CO₂ 농도(ppm)				
기온편차(℃)				

1901년 ~ 2011년 (기간: 년)

변수	1901년의 값	2001년의 값	차이	연간변화율
CO₂ 농도(ppm)	296.1	391.6		
기온편차(℃)	-0.16	0.51		

2) 두 기간 동안 CO_2 농도의 변화와 온난화 경향이 있는지 여부를 판단하시오.

3) 두 기간 동안의 CO_2 농도와 기온의 연간변화율을 비교하면 어떠한가?

4) 시간에 따른 CO_2 농도와 기온의 변화를 아래 그래프에 각각 그려보시오. (다른 색깔의 펜 이용)

5) 1901년과 2011년의 자료를 위 그래프에 점으로 찍고 선으로 연결해 보시오.

(활동 내용 자료: 미국 EPA(https://www3.epa.gov/climatechange/kids/documents/temp-and-co2.pdf))

2. 조별 토론 주제

1. 조별 활동에서 계산했던 최근(1901~2011년)과 지난 40만 년 동안의 이산화탄소 농도와 기온의 변화를 어떻게 설명할 수 있는가?

2. 지구온난화에 대한 회의적 견해와 인간의 책임이라는 견해의 주된 논점을 정리하고 각 조의 입장을 정하시오.

3. 기후변화는 생물들의 분포에 어떤 영향을 주는가? 이에 따라 농업은 어떤 영향을 받는가? 어떤 지역의 생물이 가장 큰 영향을 받을 것인가?

4. 오존층 파괴와 지구온난화의 관계는?

5. 배출권거래제는 온실기체 감축에 어떻게 기여하는가?

3. 전체 토론 주제

지구온난화는 인간의 책임인가?

- 4부 -

오염과
자원문제

11장
대기, 소음, 토양오염

"(대기) 오염은 매일 바람에 의해 실려나간다. 하지만, 매일 다시 오염된다."

－마드로니치(Sasha Madronich)

11.1 대기오염

대기가 오염되면 수질(지표수와 지하수)과 토양이 자동적으로 오염이 되게 마련이다. 환경오염의 주도적인 역할을 하는 것이 대기오염이고, 대기오염이 해결되면 수질오염이나 토양오염의 상당부분이 저절로 해결된다. 이 만큼 대기오염은 그 영향력이 막강하다. 따라서 환경문제의 해결은 대기오염 문제를 푸는 것부터 시작하여야 한다.

지구의 공기층인 **대기권**은 온도 변화에 따라 몇 개의 층으로 구분된다(그림 11.1). 적도 지방을 기준으로 할 때 해수면으로부터 약 17 km(극지방을 기준하면 8 km)까지를 **대류권**(troposphere)이라고 한다. 우리가 숨쉬는 공기는 많은 기체들이 혼합된 것으로 해수면 높이에서의 각 기체의 비율은 질소(N_2) 78%, 산소(O_2) 21%, 알곤(Ar) 0.9%, 이산화탄소(CO_2) 0.04%이고 네온(Ne), 헬륨(He), 메탄(CH_4) 등이 미량으로 존재한다.

대기는 생물에게 필수적인 산소와 이산화탄소를 함유하고 있을 뿐만 아니라, 지구의 온도변화를 막아주고, 자외선을 차단하며, 여러 가지 기상 현상을 유발시킨다. 공기의 밀도는 고도가 증가함에 따라 감소하는데 75% 정도가 지상으로부터 16 km 이내에 그리고 99% 정도가 30 km 이내에 존재하고 있다.

대류권의 외측으로부터 약 50 km까지를 **성층권**(stratosphere)이라고 하며, 이곳의 오존은 대류권에 비해 1,000배 이상 밀집되어 있기 때문에 **오존층**(ozone layer)이라고도 한다. 대류권에서는 고도가 증가함에 따라 온도가 낮아지지만 성층권에서는 온도가 증가한다. 성층권 위쪽으로는 순차적으로 중간권(mesosphere), 열권(thermosphere)으로 구성되어 있는데, 중간권에서는 대류권에서처럼 고도가 증가함에 따라 온도가 낮아지나 열권에서는 높아지는 것을 알 수 있다(그림 11.1).

사람은 매일 28,000번 정도 숨을 쉬고 2,000L의 공기를 흡입하며, 숨쉬는 공기와 함께 많은 오염물질을 흡입한다. 전 세계적으로 대기오염은 심각한 환경문제

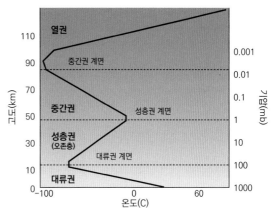

그림 11.1 대기권의 구조와 온도, 기압분포

를 초래하고 있다. 대기오염은 산불이나 화산 폭발과 같은 자연적인 현상에 의해서도 야기될 수 있다. 그러나 이러한 자연적인 대기오염은 그 규모나 독성면에서 인위적인 대기오염에 비해 미미하다. 유럽에서는 14세기 초 석탄 연기가 건강에 해로움을 인식하여 에드워드 1세(1306년)는 런던에서 석탄의 사용을 금한 바 있고, 에드워드 2세는 석탄 사용자를 엄벌에 처하기도 하였다. 그러나 공해에 관한 법적 규제가 생긴 것은 이보다 훨씬 늦은 1843년과 1845년이었다. 대기를 오염시키는 물질도 초기에는 석탄 연소로 인하여 발생하는 검은 연기가 건물을 검게 하거나 의복과 신체를 더럽히는 정도였다. 그러나 현대의 대기오염물질은 산업현장이나 공장의 굴뚝에서 나오는 매연과 도시의 자동차 배기가스 등 인체에 치명적인 손상을 줄 수 있는 무서운 물질로 대체되었다.

11.2 대기오염물질

대기를 오염시키는 물질은 수백 가지가 넘는다. 그중 가장 중요한 것으로는 일산화탄소, 아황산가스, 산화질소, 입자상 물질(PM_{10}, $PM_{2.5}$), 탄화수소(벤젠 등), 광화학적 산화물(오존; O_3), 이산화탄소 등을 들 수 있다(그림 11.2). 이들 대기오염물질의 농도는 지역에 따라서

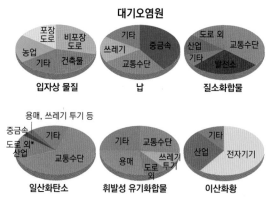

그림 11.2 주요 대기오염물질과 발생원(자료: bio.utexas.edu)
(도로 외*는 비행기나 배, 잔디깎는 기계와 같이 육상 길이 아닌 곳에서
발생하는 것을 의미함)

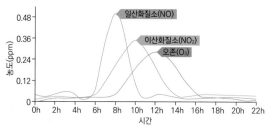

그림 11.3 오염물질의 일변화 예. 질소화합물과 광학적 반응으로 생성되는 오존발생량은 시간대별로 다르게 나타난다.

큰 차이를 보이고 있지만 동일 지역에서도 시간에 따라 변한다(그림 11.3).

황산화물

황산화물은 산성비의 주요 성분으로서 화석연료에 함유된 유황인데, 대부분 화력발전소, 공장 그리고 가정에서 동력이나 열을 얻기 위한 연소과정으로부터 기원한다. 자동차의 배기가스에는 황산화물이 비교적 적게 들어있어 수송기관에 의한 발생량은 전체의 1% 정도이다. 기체상태의 황은 주로 아황산가스(SO_2)와 황화수소(H_2S)의 형태로 방출된다. 아황산가스는 쏘는 듯한 독한 냄새를 가진 무색의 기체이며, 낮은 농도에서도 호흡장애를 일으키는 유독한 기체이다. 0.3~1 ppm의 낮은 농도도 냄새로 감지가 가능하다. 황화수소는 달걀 썩는 냄새가 나며 1 ppb 이하의 농도도 감지할 수 있다. 대기 중에서 황화수소의 체류시간은 1일 이내이며,

아황산가스로 쉽게 산화된다. 대기 중의 아황산가스는 결국 SO_4^{-2}로 전환되는데, 이러한 전환과정은 햇빛의 강도나 습도, 산화질소나 탄화수소, 강산화제의 영향을 받는다. 아황산가스의 체류기간은 약 4일로 비교적 길기 때문에 산화되거나 지표면에 침적되기 전에 발생장소로부터 먼 곳까지 이동될 수 있다.

아황산가스의 산화로 생성된 대기 중의 SO_4^{-2}는 여러 가지 양이온에 의해 화학적 균형을 유지하고 있는데 대부분 황산암모늄의 형태로 존재하게 된다. 수소이온 외에 충분한 양이온이 없을 때에는 강한 산성물질인 황산 에어로졸이 형성되어 산성비를 초래한다. 아황산가스와 이것이 물과 반응하여 형성되는 물질들은 생물에 피해를 줄뿐만 아니라 대리석, 석회석, 몰타르 등 탄산을 함유하고 있는 건축 자재를 심하게 부식시켜 건물의 수명을 단축시킨다. 6~12 ppm 정도의 아황산가스가 함유된 공기를 흡입할 경우 코나 기관지에 통증이 오며, 이것의 농도가 400~500 ppm이 될 경우 즉각적인 생명의 위험을 초래하는 치사농도가 된다. 식물 중에는 아황산가스에 민감한 종류가 많다. 이러한 식물이 아황산가스에 노출될 경우 엽록소가 파괴되어 잎이 황색 또는 백색으로 변하여 죽게 된다. 대규모 공단 주변지역은 아황산가스의 피해를 자주 받기 때문에 식생은 주로 아황산가스에 내성이 있는 종들로 구성이 변화한다.

황화합물의 자연적 발생원으로는 화산분출과 산불을 들 수 있는데, 화산분출로 인한 발생량은 연평균 $2\sim5\times10^6$ 톤에 이른다. 이 중 90% 정도가 아황산가스이고 10%가 황화수소이다. 산불에 의한 황화합물의 발생량에 관해서는 아직 정확한 자료가 나와 있지 않다. 인위적으로 배출되는 아황산가스는 자연적 배출량에 비해 훨씬 많고($146\sim187\times10^6$ 톤), 이 중 54% 정도가 화석연료의 연소에서 비롯된다. 화석연료는 무기상태의 황과 유기물 형태로 존재하는 황을 포함하고 있는데 연소시 이들 중 90% 이상이 아황산가스로 산화된다. 화석연료의 황 함량은 종류에 따라 큰 차이가 있어 석탄은 1~2%, 갈탄 0.7~0.9%, 원유 0.8~1.0%, 등유

0.4%, 자동차 연료는 0.04~0.05%이다.

아황산가스의 인위적 배출량은 급격한 증가추세에 있으며, 1860년에 연간 500만 톤이던 것이 1980년에는 1억 8,000만 톤으로 증가하였다(표 8.2). 앞으로 전기에너지의 수요가 증대함에 따라 화력발전소 건설이 증가하고 굴뚝에서 배출되는 연기에서 아황산가스를 제거하거나, 연료에 함유되어 있는 황을 제거하거나 또는 획기적인 연료전환이 이루어지지 않는다면 아황산가스의 배출량은 더욱 증가될 것으로 전망된다.

아황산가스를 포함하여 다른 대기오염물질의 배출량은 국가간 그리고 지역간에 큰 차이가 있다. 그 이유는 국가나 지역에 따라 인구밀도나 산업화의 정도 그리고 사용하는 연료의 유형이 다르기 때문이다. 배출량과 배출원 면에서 볼 때 선진국과 저개발국간의 차이는 더욱 두드러진다. 미국의 아황산가스 배출량은 캐나다에 비해 5.1배 이지만 인구수 면에서 미국이 캐나다에 비해 10배 많기 때문에 1인당 아황산가스의 배출량은 캐나다가 미국에 비해 2배 정도나 많은 셈이다. 미국에서는 아황산가스의 77%가 화력발전소에서 배출되며, 20%는 공장에서 배출된다. 이에 비해 캐나다에서는 23%가 화력발전소에서, 그리고 75%가 금속황화물의 제련소와 같은 산업현장에서 배출된다. 이는 캐나다가 전력의 상당량을 원자력발전이나 수력발전에 의존하고 있고 금속 제련이나 정유산업이 비교적 중요한 비중을 차지하기 때문이다.

황화수소의 주발생원은 자연환경이다. 내륙수나 연안수의 퇴적물 속에서 박테리아의 혐기적 호흡을 통해 주로 발생된다. 연간 자연적으로 발생되는 양은 100×10^6 톤이다. 인위적 발생원으로는 화학산업, 하수처리시설, 동물의 배설물 등이 있는데, 연간 배출량은 3×10^6 톤으로 추산되고 있다.

질소화합물

황산화물이 저개발국가에서 많이 발생한다면 질소화합물은 선진국에서 많이 유래한다. 주요 형태는 암모니아(NH_3)와 질소산화물이다. 질소산화물에는 아산화질소 (N_2O), 일산화질소(NO), 이산화질소(NO_2) 등이 있으며, 이 중에서 일산화질소와 이산화질소의 독성이 강하고, 통칭하여 NO_X로 나타낸다. 일산화질소는 공기 중에서 산소와 결합하여 독성이 더 강한 이산화질소를 형성한다.

$$2NO + O_2 \Rightarrow 2NO_2$$

암모니아는 무색의 기체로 주요 발생원은 습지이며, 생물학적 분해과정에 의해 자연적으로 방출된다. 이러한 암모니아의 양은 연간 1.0×10^9 톤을 넘는 것으로 추산된다. 인위적 발생원은 자연적인 것에 비해 규모가 적고 주로 석탄 연소(3×10^6 톤/년), 기름과 가스의 연소(1×10^6 톤/년) 그리고 가축 우리(0.2×10^6 톤/년)에서 발생된다. 암모니아는 대기 중에서 NO_X로 산화되는데, 체류기간은 7일이다.

아산화질소는 무색의 독성이 없는 기체로 병원에서 마취제로 사용하며 웃음가스로 불린다. 대기 중의 농도는 0.25 ppm이며 비교적 반응성이 약하기 때문에 체류기간이 4년 정도로 길다. 산업적으로 다량 배출되는 경우가 드물고 비료를 사용하는 경작지에서 다량 배출된다. 전 세계적으로 아산화질소의 발생량은 연간 590×10^6 톤으로 추산되며, 현대농업은 아산화질소의 배출량을 50% 정도 증가시키는 것으로 추정되고 있다. 아산화질소는 이산화탄소에 비해 200배나 강한 온실효과를 갖는 기체이다.

일산화질소는 무색, 무취, 무미인데 비해 이산화질소는 적갈색의 유독한 기체이다. 대기 중 일산화질소의 농도는 0.2~2 ppb, 이산화질소는 0.5~4 ppb이다. 오염된 대기에서 이 기체들은 보통 0.2 ppm 정도이고 일산화질소는 공기 중에서 신속히 이산화질소로 전환된다. 이산화질소는 결국 광화학적으로 산화된 후 질산염으로 전환되어 산성비의 원인이 된다. 전 지구의 일산화질소 배출량은 연간 430×10^6 톤, 이산화질소의 배출량은 658×10^6 톤으로 추정된다.

NOx의 주요 배출원은 박테리아에 의한 질산염의 탈질작용, 번개에 의한 질소고정, 유기물의 산화 등을 들 수 있다. 최근에 추정한 바에 의하면 NOx의 인위적인 배출량은 $36 \sim 60 \times 10^6$ 톤이며, 가장 중요한 배출원은 자동차 배기가스(약 50%)와 공장이나 가정에서의 화석연료의 연소 과정(약 43%)이다.

암모니아와 NOx는 상당히 높은 농도에서만 식물에게 손상을 주기 때문에 오염원 지역 이외에서는 큰 피해를 주지 않는다. NOx가 식물에 미치는 독성은 주로 이들이 광화학적인 반응으로 오존을 생성하기 때문이다. 직업상의 이유로 장기간 질소산화물에 노출되는 사람의 경우 허용치가 일산화질소 25 ppm, 이산화질소 5 ppm이다.

일산화탄소

무색, 무미, 무취로 독성이 강하여 소리 없는 암살자로 불린다. 대기 중의 일산화탄소 농도는 0.5~1 ppm으로 매우 낮지만 낮은 농도로도 인체에 치명적인 해를 입힐 수가 있다. 거의 모든 연소과정에서 일산화탄소가 발생하나 자동차의 배기가스가 전체 발생량의 68%, 산업활동 11%, 가정이나 공장에서의 연소과정이 2%를 차지한다. 날로 확산되는 교통량의 증가로 일산화탄소의 발생량은 점점 증가될 것으로 전망된다.

인체의 혈액을 구성하며 산소를 운반하는 헤모글로빈은 일산화탄소와 친화력이 산소와의 친화력보다 200배 이상 높다. 혈액에 들어있는 헤모글로빈의 5% 정도가 일산화탄소와 결합하면 행동 장애가 나타난다. 일산화탄소의 농도가 50 ppm 정도 되는 곳에서 장기간 호흡할 경우 청각장애와 시각장애가 유발될 수 있다.

미세먼지

공기 중에 떠있는 입자상 물질은 먼지, 토양입자, 화산재, 염, 포자, 꽃가루 등의 분산입자이며, 이들의 종류나 물리, 화학적 영향은 대부분 규명되지 않은 상태이다. 이들은 입자의 크기에 따라 가스와 스모크로 구분되는데 전자는 입자의 크기가 작아 항상 공기 중에 떠 있으며, 후자는 언젠가는 지표면이나 구조물의 표면에 침전되는 물질을 말한다.

입자상 물질 중에는 다른 오염물질들과의 상호작용을 통해 오염의 효과를 증폭시키거나, 아니면 그 자체로서 인체에 해를 주는 경우도 있다. 디젤엔진에서 배출되는 **매연** 또는 **검댕**이라고 불리는 입자상 물질과 담배연기에 들어 있는 입자들은 일단 인체에 유입되면 폐에 부착되어 장기간 잔류하기 때문에 암이나 폐 질환의 원인이 될 수 있다.

입자의 크기가 작은 미세먼지는 한국을 비롯한 아시아권에서 최근에 크게 문제가 되고 있다(그림 11.4). 미세먼지는 직경에 따라 PM_{10}과 $PM_{2.5}$ 등으로 구분하며, PM_{10}은 1000분의 10 mm(10 μm)보다 작은 먼지이며, $PM_{2.5}$는 1000분의 2.5 mm(2.5 μm)보다 작은 먼지로 (2.5 μm), 머리카락 직경(약 60 μm)의 1/20~1/30 크기보다 작은 입자이다. 미세먼지는 공기 중에 고체상태와 액체상태의 입자의 혼합물로 배출되며 화학반응 또

2019년 1월 15일 오후 2시 기준

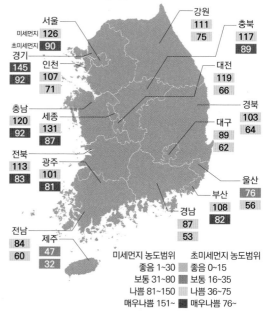

그림 11.4 전국 미세먼지(PM_{10}), 초미세먼지($PM_{2.5}$) 현황(자료: 한국환경공단 에어코리아)

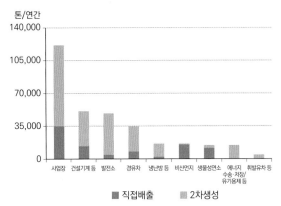

그림 11.5 전국 PM$_{10}$과 PM$_{2.5}$ 발생 현황과 전국의 배출원별 PM$_{2.5}$ 기여도. 사업장에서 발생하는 양이 가장 많다(자료: 환경부, 2019).

는 자연적으로 생성된다. 사업장(화력발전소 등) 연소, 자동차 연료 연소, 생물성 연소 과정 등 특정 배출원으로부터 직접 발생한다(그림 11.5). PM$_{2.5}$의 경우 상당량이 황산화물(SO$_X$), 질소산화물(NO$_X$), 암모니아(NH$_3$), 휘발성 유기화합물(VOCs) 등의 전구물질이 대기 중의 특정 조건에서 반응하여 2차적으로 생성된다. 자연적으로 존재하는 입자로서 광물 입자(예: 황사), 소금 입자, 생물성 입자(예: 꽃가루, 미생물) 등이 있다. 미세먼지 조성은 매우 다양하나, 주로 탄소성분(유기탄소, 원소탄소), 이온성분(황산염, 질산염, 암모늄), 광물성분 등으로 구성되어 있다.

미세먼지는 천식과 같은 호흡기계 질병을 악화시키고, 폐 기능의 저하를 초래한다. PM$_{2.5}$는 입자가 미세하여 코 점막을 통해 걸러지지 않고 흡입시 폐포까지 직접 침투하여 천식이나 폐질환의 유병률과 조기사망률을 증가시킨다. 또한 미세먼지는 시정을 악화시키고, 식물의 잎 표면에 침적되어 신진대사를 방해하며, 건축물이나 유적물 및 동상 등에 퇴적되어 부식을 일으킨다.

또한 미세먼지가 많아지면 세균 증식도 증가되어 2차적으로 건강문제를 일으킨다.

탄화수소

탄화수소는 탄소와 수소로 구성된 유기화합물로서 그 구성성분이 매우 다양한 대기오염물질이다. 탄화수소는 화석연료의 대부분을 차지하고 있는데, 석탄이나 석유는 고분자탄화수소로, 천연가스는 메탄과 같은 저분자탄화수소로 구성되어 있다. 대기 중 메탄의 농도는 1.5 ppm이며 메탄을 제외한 탄화수소의 농도는 1 ppb 이하이다. 탄화수소는 대부분 연료로 이용되고 있는데, 연료용 천연가스의 85% 정도가 메탄이다. 부탄이나 프로판은 흔히 액화석유가스(liquified petroleum gas, LPG)로 알려진 연료용 가스로 내연기관에도 사용되고 있다. 가솔린도 탄화수소의 혼합체인데 내연기관의 연료로 사용된다. 우리가 흔히 시너(thinner, 희석제)라고 부르는 물질도 휘발성 탄화수소의 한 종류로 대기 중에 분산되어 오염원이 된다. 공기 중으로 분산된 탄화수소는 직접적인 오염물질로 작용하거나 다른 물질들과 반응하여 새로운 2차오염물질을 형성하기도 한다.

메탄은 주로 혐기성 습지에서 박테리아에 의한 발효로 발생하고 그 외에 기타 천연가스나 석탄층에서의 방출, 또는 유기물질의 불완전 연소시 발생된다. 지구 전체에서 방출되는 메탄의 양은 연간 $300\sim1{,}200\times10^6$ 톤의 범위로 추정된다. 특히 메탄은 온실효과를 유발시키며, 우리 나라와 같이 논농사를 주로 하고 있는 지역에서는 논이 습지의 역할을 하기 때문에 메탄의 발생량이 많다.

비메탄계 탄화수소의 연간 자연발생량은 $200\sim830\times10^6$ 톤으로 추정되며, 자연발생원 중 가장 규모가 큰 것은 삼림으로 온대지방에서는 겨울에 비해 생육이 왕성한 하절기에 많은 양이 발생한다. 식물의 종이나 삼림형에 따라서도 발생량이 다른데, 침엽수에 비해 활엽수림에서 많다. 인위적인 발생량은 65×10^6 톤으로 추정되는데, 배출원은 수송기관에 의한 것이 전체의 60%로 가장 많고, 산업활동에 의한 것이 12%, 가정이나 공장의 연소과정에서 배출되는 것이 전체의 2.5% 정도를 차지한다.

광화학적 대기오염물질

대기 중의 오염물질이 햇빛에너지에 의해 2차적으로

형성된 것들을 광화학적 대기오염물질이라고 한다. 이 중 가장 해로운 것은 오존이며, 기타 과산화아실질산, 과산화수소, 알데히드 및 다른 산화제는 오염물질로서의 역할이 오존에 비해 작다.

스모그(smog)란 스모크(smoke)와 안개(fog)의 합성어로 도시의 많은 차량들이 내뿜는 배기가스 중의 오염물질들이 지리적인 조건이나 기상조건에 따라 다른 곳으로 분산되지 못하고 한 곳에 오랫동안 정체되어 형성되는 것이다. 경우에 따라서는 많은 사람들이 병이 들거나 죽기도 하는 무서운 것이다. 인구가 밀집되고 교통이 혼잡한 도심지에 가면 눈이 따가운 것을 느낄 수 있는데, 이것은 스모그에 의한 일시적인 현상이다. 스모그 성분 중 생물에 가장 해로운 것은 광화학적 스모그인데, 이것은 배기가스의 오염물질과 산소 또는 오존이 반응하여 생성되는 물질이다. 이 반응은 자외선에너지에 의해서 일어나기 때문에 이 때 형성되는 스모그를 광화학적 스모그라고 부른다.

$$UV$$

$$NO_2 \Rightarrow NO + O^-$$
$$O^- + O_2 \Rightarrow O_3$$
$$HC + O^- \Rightarrow HCO^-$$
$$HCO^- + O_2 \Rightarrow HCOO^-$$
$$NO_2 + HCOO^- \Rightarrow HCOONO_2(PAN)$$

이산화질소가 자외선에 의하여 일산화질소와 발생기 산소로 분해되고, 이 때 형성되는 발생기 산소가 산소와 결합하면 오존(O_3)을 생성한다. 또한 발생기 산소가 탄화수소와 반응하여 탄화수소라디칼(HCO^-)을 형성한다. 탄화수소라디칼은 다시 산소와 결합하여 활성이 높은 과산화라디칼($HCOO^-$)을 생성하는데, 이 과산화라디칼이 이산화질소와 반응하여 과산화아실질산($HCOONO_2$, PAN)을 형성한다. 과산화아실질산은 매우 낮은 농도에서도 독성이 강하며, 다른 물질과 결합하여 형성되는 유도체는 독성이 더 강하다.

표 11.1 자연적 대기오염물질

오염원	오염물질
화산활동	아황산가스, 산화질소, 입자상의 물질들
산불	이산화탄소, 일산화탄소, 산화질소, 재
태풍	먼지
살아있는 식물	화분, 탄화수소
분해 중인 유기물	메탄, 황화수소
토양	먼지, 비루스
바다	염 입자

대기오염물질의 배출원

대기 오염물질의 배출원은 자연적인 현상과 인간의 활동에 의한 것으로 대별할 수 있다. 그러나 자연적인 현상의 경우도 상당 부분 인간의 행위가 개입되어 있음을 알아야 한다.

자연적 기원

자연적 오염원으로는 화산활동과 산불을 들 수 있다 (표 11.1). 화산활동으로 황산화물, 질소산화물, 기타 많은 입자상의 물질이 방출된다. 강한 화산폭발이 일어날 경우 이러한 물질들이 성층권까지 진입하여 햇빛을 차단함으로써 지역적인 기후변화를 초래하기도 한다. 수마트라와 자바섬 사이에 있는 크라카토아섬이 1883년에 화산폭발을 일으켜 이 때 형성된 먼지가 2년 후까지도 기상에 영향을 주었다는 보고가 있다. 산불의 경우도 일산화탄소, 이산화탄소, 산화질소 및 입자상 물질을 공기 중으로 방출시킨다. 이밖에 바람에 의한 먼지 형성을 들 수 있으나 이러한 자연적 현상들은 국지적이며 발생빈도가 높지 않고 또한 생성된 오염물질이 쉽게 주변으로 확산되어 높은 농도를 형성하지 않기 때문에 큰 문제를 야기하지는 못한다.

인위적 배출원

산업활동에서 비롯되는 대기 오염은 근래에 들어서 심각한 상태이며, 특히 이러한 오염지역이 인구가 밀집된 도시이기 때문에 더욱 위험하다. 인위적 배출원으로 가장 큰 비중을 차지하는 것은 가정이나 공장에서 열을 얻기 위해 석탄이나 석유를 연소시키는 것이다. 석탄은 대부분 탄소로 되어있고 석유는 탄화수소로 구성되어 있는데, 이것이 연소되면 이산화탄소가 형성된다. 비연소성인 광물질은 연소과정에서 분진을 형성한다. 또한 탄소나 탄화수소의 불완전연소에서 일산화탄소나 검댕이가 생성된다. 석탄과 석유는 그 기원이 생물체이기 때문에 황이나 질소를 함유하고 있으므로 연소과정에서 산화되어 황산화물이나 질소산화물을 형성한다.

다음으로는 내연기관을 들 수 있다. 증기기관이 쇠퇴하고 가솔린이나 디젤연료를 사용하는 내연기관이 증가함에 따라 양적으로 소량이며 정제된 연료를 사용하게 되어 증기기관처럼 연소시 분진을 형성하지는 않는다. 그러나 가솔린에 녹킹 방지를 위해 첨가하는 납은 배기가스에 섞여 대기 중으로 방출되며, 가솔린의 불완전연소시 발생되는 일산화탄소와 질소산화물은 중요한 대기오염물질이다.

이 밖에도 공사장의 발파, 마쇄, 연마, 여러 가지 금속의 **야금과정**에서도 많은 대기오염물질이 방출된다. 과거에는 무해한 것으로 여겨졌던 물질이 유해한 것으로 밝혀지기도 하는데, 대표적으로 오존층을 파괴하는 프레온가스를 들 수 있다(260쪽의 오존층 파괴 참조).

인위적 배출원에서 환경으로 방출된 오염물질을 1차오염물질이라고 한다. 1차오염물질은 대기 중에서 햇빛이나 수분 또는 다른 1차오염물질들과 반응하여 화학적인 변화를 거치는데, 이렇게 생성된 물질을 2차오염물질이라고 한다. 일반적으로 2차오염물질은 1차오염물질에 비해 독성이 강하다. 예를 들면 대기 중으로 방출된 아황산가스는 산소 및 수분과 반응하여 황산을 형성한다.

11.3 대기오염에 미치는 기후와 지형의 영향

회색도시와 갈색도시

대기오염이 심각한 도시들은 일반적으로 두 가지 유형으로 구분할 수 있다. 하나는 역사가 오래된 도시로 대기의 색깔이 회색을 띠기 때문에 **회색도시**라고 하며, 다른 하나는 비교적 신생도시로서 대기의 색깔이 갈색이라 **갈색도시**라고 부른다. 뉴욕과 같은 회색도시는 차고 습한 기후지역에 위치하며, 주요 대기 오염물질인 황산화물과 입자상물질들이 대기의 수분과 결합하여 회색의 스모그를 형성한다. 회색도시는 주택의 난방이나 발전에 석탄이나 석유에 대한 의존도가 높고 공업이 발달한 지역이다. 이러한 도시는 차고 습한 겨울에 특히 공기가 나쁜데 그 이유는 겨울에는 난방을 위한 화석연료의 연소가 많고 대기 중의 습도가 높기 때문이다.

갈색도시들은 고온건조하고 햇빛이 많은 지역에 위치하고 있으며, 대기를 오염시키는 주원인은 자동차의 배기가스와 발전소에서 나오는 일산화탄소, 탄화수소, 질소 산화물 등이다. 탄화수소와 질소산화물들은 햇빛을 받아 광화학적 변화를 일으켜 오존, 포름알데히드, 과산화아실질산과 같은 2차 오염물질을 형성한다. 오존은 광화학적 산화물의 대부분을 차지하는데, 반응성이 매우 커 고무도 침식시키며 호흡기 계통을 자극한다. 갈색도시의 심한 대기오염은 햇빛이 강한 하절기에 주로 나타난다. 최근에는 회색도시와 갈색도시의 구분이 사라지고 있는데, 대부분의 도시가 겨울에는 회색 스모그, 여름에는 갈색의 광화학적 스모그 현상을 보이기 때문이다.

대기오염에 영향을 주는 요인들

대기오염의 정도에 영향을 주는 요인으로서는 바람, 지형, 장소, 강우량, 기온역전 현상의 빈도 등이 있다. 바람은 오염원이 배출된 지역에서 인근 지역이나 수천 km 떨어진 비오염지역으로 오염물질을 운반하는 역할을 한다. 예를 들면 남부 노르웨이와 스웨덴은 공업국인 영국과 유럽에서 바람에 날려온 황산과 질산이 산성비를 내리게 하여 어려움을 겪고 있다. 지형은 바람의 양이나 강도를 결정하고 강우량이나 강설량도 어느 정도까지는 지형에 의하여 결정되기 때문에 오염수준에 영향을 준다. 왜냐하면 비나 눈은 공기 중에 들어있

대기 구조

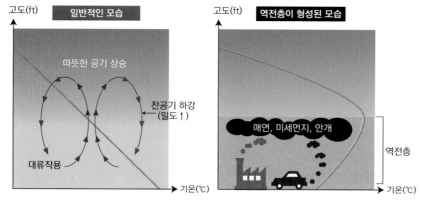

그림 11.6 정상적인 대기조건(왼쪽)과 기온역전 조건(오른쪽)에서 고도에 따른 온도분포와 오염물질의 이동. 정상조건과는 다르게 따뜻한 공기층이 아래의 찬공기를 덮고 있는 기온역전 조건에서는 오염물질은 상승하지 못하고 정체되어 문제가 발생된다(뉴스핌 "기후학자가 밝히는 미세먼지 보통~나쁨, '진실과 오해' 6가지" 다시 그림).

는 오염물질을 제거하는 기능이 있기 때문이다.

또 하나의 요인으로는 기온역전을 들 수 있다. 정상적인 대기조건에서는 고도가 증가함에 따라 기온이 하강한다. 지표면에 입사된 햇빛은 지각을 가열시키고 가열된 지표면의 열은 바로 인접한 공기로 전이되어 공기가 따뜻해진다. 따뜻해진 공기는 상승하여 찬 공기와 혼합되는데 이때 지표면에 있던 오염물질이 따뜻한 공기와 함께 상승하게 된다.

기온역전이란 지표면에 찬 공기가 형성되고 그 위를 따뜻한 공기가 덮고 있기 때문에(그림 11.6) 기온의 수직구조가 정상적인 대기조건과 거꾸로 된 상태를 말한다. 따라서 지표면의 찬 공기는 상승하지 못하여 오염물질의 농도가 증가하게 되는 것이다. 대기오염이 심한 도심지역에 이러한 기온역전이 형성되어 장기간 지속될 때 많은 사망자를 발생시킬 위험이 있다. 또한 대기오염은 지형적인 영향을 크게 받는다(그림 11.7).

대기오염의 영향으로 도시의 기온이 변화될 수 있다. 도시에는 공장, 자동차, 열을 흡수하는 시멘트로 된 거대한 건물, 아스팔트도로 등이 많기 때문에 근교나 농촌 지역에 비하여 비교적 기온이 높아 마치 바다에 떠 있는 섬과 같다고 하여 **열섬**이라고 한다. 이처럼 도시의 기온이 주변보다 높기 때문에 비정상적인 방법으로

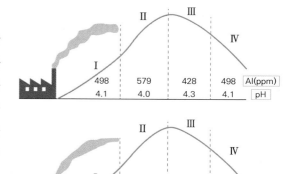

그림 11.7 대기오염물질의 지형에 따른 차별적 분포(여천공업단지). 굴뚝에서 나오는 연기가 직접적으로 닿는 곳(II)이 가까운 곳(I)보다 더 오염이 심하다(자료: 류훈 외, 1996).

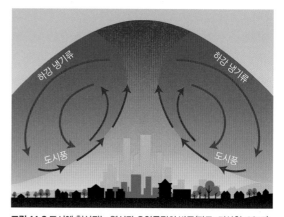

그림 11.8 도시에 형성되는 열섬과 오염물질의 반구(자료: 기상청, 2015)

대기의 순환이 일어난다. 따뜻한 공기는 도시 상부로 상승하는데, 이때 여러 가지 오염물질도 함께 상승한다. 공기가 상승함에 따라 점점 식어져 다시 하강하는데, 이때 도시의 중심부에서부터 바깥쪽으로 하강하기 때문에 먼지와 기타 오염물질들이 거대한 반구를 형성하여 도시를 덮게 된다. 이러한 반구는 맑은 날에는 수 km 밖에서도 볼 수 있다(그림 11.8).

11.4 대기오염의 영향

대기오염은 인체의 건강(5장)과 기후(10장) 및 산업(물질)에까지 거의 모든 분야에 직간접적으로 큰 영향을 주고 있다.

인체의 건강에 미치는 영향

심한 대기오염 사건들이 과거로부터 자주 발생하였고, 산업발달로 인한 대기오염에서 비롯되는 몇 가지 직업병이 알려졌지만 대기오염이 건강에 미치는 영향에 관하여 알려진 사실이 별로 없었다(표 11.2). 1948년 미국 펜실베이니아주 도노라에서 발생한 대기오염으로 인한 재난은 대기오염이 건강에 미치는 영향에 관하여 관심을 갖게 만든 중요한 계기가 되었다. 장기간의 기온역전 현상으로 제철공장과 아연제련공장에서

표 11.2 주요한 대기오염 사건

날짜	장소	사망자 수
1880. 2.	영국 런던	1,000
1930. 12.	벨기에 뮤즈벨리	63
1948. 11.	미국 도노라	20
1952. 12.	영국 런던	3,500~4,000
1953. 11.	미국 뉴욕	250
1956. 1.	영국 런던	1,000
1957. 12.	영국 런던	700~800
1962. 12.	영국 런던	700
1963. 1.	미국 뉴욕	200~400
1966. 11.	미국 뉴욕	1,600

(자료: 여동욱, 1993)

배출된 오염물질들이 위험수준 이상으로 농축되어 20명이 죽고 수천 명이 대기오염과 관련된 질병에 시달렸다. 1952년에 발생한 런던의 대기오염 사건은 더욱 심각하였다. 일주일 동안 계속된 기온역전으로 황산, 입자상 오염물질 그리고 아황산가스의 농도가 증가하여 거의 2,500명에 달하는 사람들이 죽었다. 최근 보고에 따르면 대기오염으로 인한 조기 사망자 수가 미래에는 선진국보다 저개발국가에서 증가할 것으로 예상된다(그림 11.9).

생활 주변의 대기오염이 건강에 영향을 준다는 많은 증거들이 밝혀졌다. 1966년에 발생한 뉴욕의 대기오염 사건 이후에 뉴욕 거주자를 대상으로 아황산가스의 농도가 단기간 동안에 증가되었을 때 건강에 미치는 영향을 조사한 결과 감기, 기침, 비염, 기타 다른 증상들이 5배나 증가한 것으로 나타났다. 또한 눈이나 목이 따갑거나 자동차의 배기가스에서 나오는 일산화탄소에 의해 두통이 생기기도 하는데, 이러한 효과를 급성효과라고 할 수 있다.

대기오염에 장기간 노출될 경우 기관지염, 폐기종, 폐암 등이 유발될 수 있다. 기관지염은 허파로 공기가 들어가는 기관지에 지속적인 염증이 형성되는 것으로 기침이 심하고 가래가 생겨 호흡이 곤란해진다. 흡연이 기관지염을 유발시키는 주원인이지만 도시의 대기오염 물질인 아황산가스, 이산화질소 그리고 오존도 중요한 인자가 된다.

폐기종은 폐암이나 결핵으로 인한 사망자를 합친 것보다도 더 많은 사망자를 낸다. 폐기종이 발병하면 허

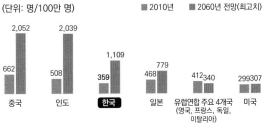

그림 11.9 대기오염으로 인한 주요 국가별 조기 사망자 수의 장기적 변화(자료: OECD, 2016)

파꽈리의 벽이 파열되어 혈액이 산소를 교환할 수 있는 면적이 줄어든다. 그 결과 숨이 차고 가벼운 운동을 하여도 숨쉬기가 곤란해진다. 조사한 바에 따르면 이러한 폐기종도 도시의 대기오염 물질인 오존, 이산화질소, 황산화물에 그 원인이 있는 것으로 밝혀졌다. 폐암의 경우도 도시 거주자가 시골 거주자에 비하여 발생 빈도가 높다. 그러나 개인이 가지고 있는 직업과 관련된 여러 가지 다른 요인들이 있기 때문에 도시의 대기오염과 폐암 사이의 관계는 아직도 불분명하다.

자연에 미치는 영향: 산성강하물(산성비)

산성 강하물은 수중생태계를 붕괴시키고, 농작물에 피해를 주며, 토양의 비옥도를 낮추고 건축물을 부식시켜 건물의 수명을 단축시키는 등 많은 문제를 일으킨다.

산성강하물의 정의

어떤 물질의 산도는 수소이온 농도의 역대수를 나타내는 pH로 측정이 되는데 0~14까지의 범위를 갖는다. 식초나 레몬쥬스와 같은 산성물질은 pH 값이 7보다 낮고 소다나 석회 같은 알칼리성 물질은 7보다 높다. 순수한 물은 중성이며 pH 값은 7이다. pH 값이 1 단위 변화되면 수소이온 농도는 10배의 차이가 있다. 따라서 pH 4인 빗물은 pH 5인 빗물에 비해 수소이온을 10배나 많이 함유하고 있고 pH 6인 빗물보다는 100배나 많은 수소이온을 함유하고 있는 것이다. 오염이 되지 않은 빗물도 대기 중에 있는 이산화탄소와 반응하여 탄산을 형성하기 때문에 약산성을 띤다. 빗물이 대기 중의 이산화탄소로 완전히 포화되었을 때 pH는 5.7 정도까지 낮아질 수 있다. 따라서 산성비란 pH 5.7 이하의 빗물을 말한다. 오염지역에서는 빗물이 대기 중에 있는 황산화물과 질소산화물 등과 반응하여 각각 황산과 질산을 형성하기 때문에 빗물의 pH는 더 낮아질 수 있다.

산성강하물의 전구체인 황산화물과 질소산화물이 비나 눈과 함께 지표면에 이입되는 것을 습성강하물 즉 산성강우라고 하며 이러한 전구체들이 황산염이나 질산염을 형성하여 대기 중에 머물다가 먼지와 함께 낙하되는 것을 건성강하물이라고 한다. 전체 산성강하물 중 전자에 비해 후자가 많은 양을 차지하며 낙하된 건성강하물도 물과 반응하여 산을 형성한다. 황산화물과 질소산화물의 발생원으로는 화석연료의 연소, 화학비료의 사용 등 매우 많다. 인위적으로 발생되는 황산화물은 흔히 도시나 공업지역에 농축되기 때문에 지역적으로 매우 높은 농도를 형성할 수 있다. 인위적인 발생원으로는 석탄을 연료로 하는 화력발전소가 가장 큰데 미국의 경우 화력발전소에서 배출되는 황산화물이 전체의 70%를 차지하고 있다. 우리 나라도 화력발전소가 증가하고 있기 때문에 많은 양의 황산화물이 배출될 것으로 판단된다. 황산화물과 마찬가지로 질소산화물도 여러 가지 경로를 통해 발생된다. 인위적인 발생원으로는 각종 연소와 화학비료의 사용 등이 포함된다.

산성강하물의 영향

산성강하물이 생태계에 미치는 영향은 대개 실험적인 사실보다는 이론적인 추측이 더 많다. 그 이유는 생태계의 변화가 장기간에 걸쳐 진행되는데 비해 산성강하물의 영향에 관한 연구역사가 짧기 때문이다. 현재 유럽과 미국 등 선진국에서는 인공 산성비를 이용하여 장기간에 걸친 생태계의 변화를 연구하고 있는 중이며 이 분야에 관한 연구결과도 많이 발표되고 있는 실정이다.

육상생태계에 미치는 영향

산성강하물이 육상생태계에 미치는 영향은 더욱 느리게 나타난다. 최근 유럽과 미국 동북부지역에서 나무들이 대규모로 죽은 일은 과거에는 볼 수 없었는데, 이는 산성강하물 때문인 것으로 밝혀졌다. 독일 남서부 삼림지대(black forest)의 피해가 특히 심해서, 1983년에는 전나무 숲의 75% 이상이 수관부 고사, 줄기 변형, 조기 고사 등의 피해를 입었다 (Postel, 1984). 미국 버몬트주의 카멜즈험프 산에 있는 가문비나무숲에서는 큰 나무들이 죽어 삼림의 생물량이 감소되고, 표고가 낮은 곳의 활엽수림에서는 밀도가 감소되었다 (Vogelmann et al., 1985).

산성강하물이 육상생태계에서 피해를 일으키는 정확한 기작은 아직 불확실하다. 토양이 산성화되면 칼슘과 같은 필수 영양분의 감소와 정상적인 토양 구조가 파괴될 것이며, 알루미늄처럼 유독한 금속의 독성이 증가될 가능성도 있다. 산성도가 높은 토양에서 견디지 못하는 주요 토양세균이나 균근균(mycorrhizal fungi)의 감소도 중요한 요인일 것이다. 식물의 잎에 미치는 직접적인 영향은 토양에 대한 영향보다 더 중요하다. 산성비는 단독으로 작용하지 않고 오존과 같은 다른 대기오염물질과의 상호작용도 일으킨다(Hinrichsen, 1986).

토양에 미치는 영향

황산염이 함유된 화학비료를 장기간 사용할 경우 토양이 산성으로 변화하는 것과 마찬가지로 산성강하물이 토양에 침적되면 토양을 산성화시킨다. 토양이 산성화되면 유용한 미생물들의 활성이 감소되고, 식물체 뿌리에서의 무기양분 흡수가 저해된다. 부식층에서는 보유하고 있던 영양염류의 세탈이 가속화되기 때문에 전체적으로 토양의 비옥도가 낮아져 식물의 생산력 저하를 초래할 수 있다. 또한 알루미늄이나 망간과 같은 유독성 원소들이 토양용액 중으로 용출되어 식물에 피해를 준다.

담수생태계에 미치는 영향

자연 상태에서는 산성인 물이 흔하지 않으므로, 그런 조건에 적응된 생물들이 비교적 적다. 실제로 어류와 개구리는 pH 4.5 미만에서 모두 죽으며, 생식은 그보다 높은 pH에서도 정지된다. 자연적으로 생긴 습원(bog)과 같은 산성 호수에 생물이 전혀 없는 것은 아니다. 조류(algae), 갑각류, 곤충 등이 살고 있으며, 어류도 일부 있으나(Patrick, 1981), 이들이 인공적으로 만든 산성 호수에서 살 수 있을 지의 여부는 불확실하다. 습원에서는 유독한 중금속이 부식질에 의해 화학적으로 착염을 형성하기 때문이다.

1970년대 이후 산성비가 호수생태계에 피해를 입힌다는 증거가 밝혀졌는데, 1979년까지 뉴욕주의 호수 200개에서 산성화로 인하여 어류가 사라졌다. 이들 호수에서 어류가 사라진 원인이 산성화 이외의 다른 원인 때문이라는 주장도 있다. 호수생태학을 실험적으로 연구하는 북방원시림에서 호수 하나를 선택하여 2년 동안 기본적인 자료를 수집하였다. 그리고 나서 1976년, 이 호수에 황산을 첨가하면서 산성화시킨 후 호수에서 일어나는 사항들을 주변의 대조구 호수들과 비교하였는데, 산성화가 진행됨에 따라 일어난 변화를 표 11.3에 요약하였다.

조사 결과 이 호수에서 일어난 전반적인 피해는 어

표 11.3 담수 호수의 산성화에 따른 변화(캐나다의 온타리호)

연도	pH	변화
1976	6.8	pH는 변하지 않았으나 염기도(alkalinity)는 감소. 생물학적 변화는 약간 일어남.
1977	6.1	갈조류가 감소하고 녹조류 증가. 다른 변화는 빈약.
1978	5.9	곤쟁이류(opossum shrimp)가 크게 감소. 잉어류의 번식 실패. 소형 곤충류 번성.
1979	5.6	이전에 없던 조류인 *Mougeotia*가 자라기 시작. 가재의 껍질이 약해짐. 잉어류의 수가 감소. 식물플랑크톤의 생산과 소형 곤충류의 우화는 높은 수준 유지.
1980	5.6	갈조류가 여전히 우세하나 남조류가 증가. 호산성 규조류인 *Asterionella ralfsii*가 번성. 호수에 있던 세 종류의 요각류(copepod)가 거의 사라짐. 황어(pearl dace)가 증가. 소형 곤충류의 우화는 계속 높음. 가재가 기생충에 심하게 감염되고 알 뭉치는 간혹 곰팡이에 감염되어 생식이 어려워짐. 송어의 번식 실패.
1981	5.0	갈조류는 크게 감소되고 남조류가 증가. 몇 종류의 윤충류가 증가하고 대부분 요각류 계속 감소. 흡반어류는 생장은 되나 번식이 안됨. 가재 개체군이 사라지고 황어 개체군은 사라지기 시작.
1982	5.1	송어는 산란 장소가 *Mougeotia*로 덮이자 전에는 이용하지 않던 곳에 산란하고, 상태가 약해짐. 모든 어류에서 올해 태어난 새끼가 전혀 관찰되지 않음.
1983	5.1	조류 개체군이 식용에 부적합한 것으로 변화. 송어의 수는 많으나 형태가 좋지 않음. 가재, 거머리, 하루살이 등이 가을에 관찰되지 않음.

떤 한 가지 요인에 의한 것만은 아니라는 사실이 밝혀졌다. 가능성이 있는 중요한 요인은 정상적인 이온 균형의 교란, 낮아진 pH, 종조성의 변화 등을 들 수 있다. 첫째 요인인 정상적인 이온 균형의 교란은 가재의 껍질이 단단해지지 못한 것과 몇 종류의 생물에서 생식이 멈추게 된 현상을 설명할 수 있을 것이다.

둘째, pH가 낮아지는 것이 어떤 생물에게는 적당한 서식지를 제공하는 반면, 다른 생물에게는 오히려 불리할 수도 있다. 세균에게 불리하고 균류의 생장을 촉진하는 조건이 형성됨에 따라 생리적인 스트레스와 더불어 가재의 알에 균류가 많이 번식하는 것과 같은 병든 상태가 일어나게 된다. 셋째, 종조성의 변화는 여러 가지 또 다른 영향을 발생시키는데, 예를 들어 송어가 산란할 개울바닥을 조류인 *Mougeotia*가 덮어 버리고, 먹이가 되는 생물이 먹을 수 없는 종으로 대치되면 먹이사슬의 상호관계가 교란된다.

산업(물질)에 미치는 영향

대기오염물질은 금속, 건축자재, 페인트, 플라스틱, 고무, 가죽, 종이, 세라믹 등에 심한 손상을 줄 수 있다(표 11.4). 가장 독성이 강한 오염물질은 황산화물이다. 사람이 사용하는 물질이나 축조한 구조물은 값이 비싸고, 또 그것이 고대 예술품일 경우 손상을 입었을 때 대체가 불가능하다. 예를 들어 그리스시대에 만들어진 파르테논 신전의 돌기둥은 과거 2,000년 동안 부식된 것에 비해 최근 50년 동안에 부식된 정도가 훨씬 크다. 자유의 여신상도 황산이나 질산에 의한 부식 때문에 문

표 11.4 대기오염으로 인한 물질의 피해

물질	손상	주요 오염물질
금속	표면이 부식. 강도 저하	SO_2, H_2S, 입자상 물질
돌, 콘크리트	변색. 표면 부식	SO_2, 입자상 물질
페인트	변색. 흠집	SO_2, H_2S, O_3, 입자상 물질
고무	약화. 갈라짐	O_3, 기타 광화학적 산화물
가죽	약화. 표면 부식	SO_2
종이	연화	SO_2
세라믹	표면 모양의 변화	HF, 입자상 물질

제가 있었고 인도의 타지마할도 대기오염으로 손상을 입고 있다.

대기오염으로 인한 경제적인 손실도 매우 크다. 도시의 검게 변한 건물을 청소하여야 하며, 집에 페인트를 다시 칠해야 하고, 고무제품이나 의류도 쉽게 손상이 되기 때문에 자주 교체하여야 한다. 오래된 조각품이나 그림이 손상을 입는 것은 화폐가치로 계산할 수 없는 손실이다.

11.5 대기오염의 저감방안

대기오염을 줄이는 방법으로는 법률적인 규제와 기술개발이 동시에 병행되어야 한다. 정부에서는 대기오염이 극심한 대도시에 대기오염의 정도를 모든 시민들이 볼 수 있게 상황판을 만들어 시민들의 대기오염에 대한 경각심을 일깨우고, 자동차 배기가스 배출기준을 엄격히 통제하며, 대기 오염물질을 배출하는 공장들을 지도감독하여 오염물질 방출을 줄이도록 유도하고, 도심지역에 새로운 공장의 증설을 억제하는 제도적인 장치를 마련해야 한다. 또한 저공해 연료의 보급을 확대할 수 있는 계획과, 저공해 자동차의 생산을 위해 제작회사들의 기술개발을 유도하여야 한다.

오염물질 배출을 줄이기 위해서는 배출가스에서 유해한 물질을 제거하거나 이를 무해한 물질로 전환시켜 배출하는 오염저감기술을 개발하여야 한다. 또한 열 효율은 높고 오염물질 배출을 줄이는 새로운 연소기술 개발이 절대적으로 필요하다. 화석연료 에너지에 의존하지 않기 위해서는 재사용이 가능한 태양에너지나 풍력을 보다 효율적으로 이용할 수 있는 기술개발이 궁극적으로 대기오염을 줄일 수 있는 방법임을 새삼 인식하여 이 분야에 주력하여야 한다. 무엇보다도 우리의 일상생활에서 에너지 소비를 가능한 줄이는 일이 중요하다. 주택난방에서부터 가전제품의 사용, 쓰레기 발생 억제, 물자를 절약하는 생활이 지구의 자

원을 보존하고 더 나아가서는 대기오염을 줄이는 길임을 알아야 한다.

11.6 우리나라의 대기오염 현황

시간적 변화

미세먼지와 아황산가스의 배출량은 산업시설과 가정의 난방에서, 일산화탄소는 난방과 수송기관이 높은 비중을 차지하고 있으며, 이산화질소와 탄화수소는 수송기관과 산업시설에서 주로 배출되고 있다. 우리나라에서 2008년 이후 주요 5개 대기오염물질 중 휘발성유기화합물(VOCs)의 배출량 증가가 가장 두드러진다(그림 11.10).

아황산가스를 포함한 황산화물은 1990년대 후반부터 그 양이 감소하고 있는데 이는 석탄에 비해 석유와 천연가스의 비중이 증가되었기 때문인 것으로 판단된다(표 11.5). 질소산화물의 경우에는 증가와 감소는 반복하는데 98년에 비하여 2017년도가 높다. 일산화탄소, 미세먼지, 납, 벤젠 등의 경우에도 지속적으로 감소하고 있으나 오존은 꾸준히 증가하고 있다. 현재 감소하고 있는 미세먼지나 이산화질소 농도는 아직 선진국에 비하여 2배 이상 높아 대기질의 지속적인 개선이 필요한 상태이다(표 11.6).

공간적 변화

주요 도시의 2017년 자료에 의하면 이산화질소, 오존, 일산화탄소, 아황산가스, 벤젠(VOCs)은 전 지역에서 환경기준치보다 현저히 낮은 것으로 나타나고 있다(표 11.7). 그러나 초미세먼지나 산성비는 환경기준치를 초과하였다. 특히 대기오염의 총괄적인 지표라 할 수 있는 전국의 빗물 pH가 평균 5.3으로 산성인 것은 1980년대 초에는 서울 일부와 대규모 공단지역에만 내렸던 사례를 고려해 볼 때 아직도 전국 대부분의 지역이 대기오염물질에 의하여 영향을 받고 있음을 의미한다.

전국의 대기오염물질의 공간분포를 보면, 아황산가스의 경우 여수, 광양, 울산 등 남부의 공단지역이 높은 수준을 보이고, 이산화질소는 수도권에서 높고, 미세먼지(PM_{10}, $PM_{2.5}$)는 수도권, 강원 영서, 충북 북부가 다른 지역보다 높았다(그림 11.11).

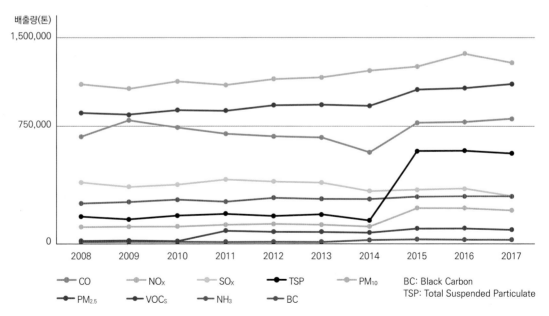

그림 11.10 대기오염물질 배출량(자료: 통계청, 2018)

표 11.5 한국의 경년에 따른 오염물질 농도의 변화

항목	SO₂(ppm)	NO₂(ppm)	O₂(ppm)	CO(ppm)	PM₁₀($\mu g/m^3$)	PM₂.₅($\mu g/m^3$)	Pb($\mu g/m^3$)	벤젠($\mu g/m^3$)
'98년	0.009(0.030)	0.020(0.050)	0.020	1.0	55(80)		0.0959	
'99년	0.009(0.030)	0.023(0.050)	0.021	1.0	51(80)		0.0785	
'00년	0.008(0.030)	0.024(0.050)	0.020	0.9	53(80)		0.0934	
'01년	0.007(0.020)	0.025(0.050)	0.021	0.8	58(70)		0.0669(0.5)	
'02년	0.006(0.020)	0.023(0.050)	0.021	0.7	61(70)		0.0695(0.5)	
'03년	0.006(0.020)	0.024(0.050)	0.021	0.7	56(70)		0.0616(0.5)	
'04년	0.006(0.020)	0.024(0.050)	0.022	0.7	58(70)		0.0732(0.5)	
'05년	0.006(0.020)	0.022(0.050)	0.022	0.6	57(70)		0.0517(0.5)	
'06년	0.006(0.020)	0.023(0.050)	0.022	0.6	59(70)		0.0556(0.5)	
'07년	0.006(0.020)	0.026(0.030)	0.022	0.6	58(50)		0.0598(0.5)	0.57(5)
'08년	0.006(0.020)	0.026(0.030)	0.023	0.6	54(50)		0.0577(0.5)	0.56(5)
'09년	0.006(0.020)	0.025(0.030)	0.024	0.5	53(50)		0.0464(0.5)	0.28(5)
'10년	0.005(0.020)	0.025(0.030)	0.023	0.5	51(50)		0.0408(0.5)	0.35(5)
'11년	0.005(0.020)	0.024(0.030)	0.024	0.5	50(50)		0.0443(0.5)	0.29(5)
'12년	0.005(0.020)	0.023(0.030)	0.025	0.5	45(50)		0.0467(0.5)	0.42(5)
'13년	0.006(0.020)	0.024(0.030)	0.026	0.5	49(50)		0.0391(0.5)	0.37(5)
'14년	0.005(0.020)	0.024(0.030)	0.027	0.5	49(50)		0.0304(0.5)	0.45(5)
'15년	0.005(0.020)	0.023(0.030)	0.027	0.5	48(50)	26(25)	0.0237(0.5)	0.41(5)
'16년	0.005(0.020)	0.023(0.030)	0.027	0.5	47(50)	26(25)	0.0238(0.5)	0.31(5)
'17년	0.004(0.020)	0.022(0.030)	0.029	0.5	45(50)	25(25)	0.0186(0.5)	0.29(5)

※ ( )는 연평균 환경기준치
※ Pb(납)의 경우 '12년까지 총부유먼지(TSP)를 채취하여 농도를 분석하였으나, '13년부터 PM₁₀을 채취하여 분석함(시·도별순차 변경 함)
※ 벤젠의 경우 '07년 기준이 신설되어, '10년부터 시행함.
※ PM₂.₅는 '15.1.1부터 대기 환경기준이 시행됨.
(자료: 환경부, 2018)

표 11.6 주요도시의 2017년 미세먼지와 이산화질소농도의 비교

물질	런던	파리	LA	서울
미세먼지(PM₁₀)($\mu g/m^3$)	20	22	34	48
미세먼지(PM₂.₅)($\mu g/m^3$)	12	14	12	26
이산화질소(ppm)	0.022	0.020	0.024	0.031

(자료: 환경부, 2018)

표 11.7 국내 대기오염물질의 환경기준과 주요 도시의 오염도(2017년)

	NO₂	O₃	CO	SO₂	PM₁₀	PM₂.₅	산성비	벤젠
서울	.031	.025	.4	.005	48	26		
부산	.021	.032	.4	.005	44	27		
대구	.020	.029	.4	.003	43	27		
인천	.025	.026	.6	.006	49	26		
광주	.018	.03	.4	.003	40	23		
대전	.019	.029	.4	.003	44	21		
울산	.022	.031	.6	.007	43	23		9
평균							5.3	
환경기준	0.03ppm/년	0.1ppm/시간	25ppm/시간	25ppm/시간	50$\mu g/m^3$/년	25$\mu g/m^3$/년	pH 5.6	5$\mu g/m^3$/년

(자료: 환경부, 2018)

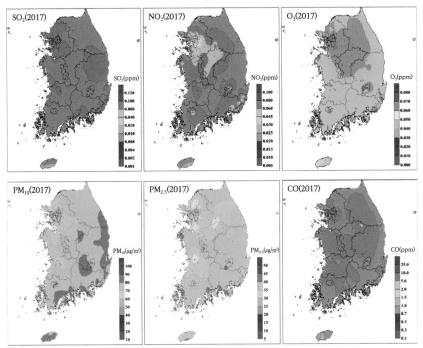

그림 11.11 2017년 대기오염물질의 공간적 분포(자료: 환경부, 2018)

11.7 오존층과 자외선

일반적 사실

지구를 둘러싸고 있는 오존층은 태양으로부터 이입되는 유해한 자외선을 99%까지 차단시켜 지구상에 있는 생물체를 보호하는 역할을 하고 있다. 이러한 오존층은 지구 표면으로부터 20~50 km 높이의 성층권에 밀집되어 있다(그림 11.1). 태양으로부터 오는 자외선은 생물체에 돌연변이와 암을 유발시키는 인자로 알려져 있다.

성층권에 있는 산소분자는 태양에너지를 받아 두 개의 발생기산소로 분해되며, 원자상태의 산소는 산소분자와 결합하여 오존분자(O_3)를 형성하기 때문에 성층권에 오존이 밀집되게 된다. 자연상태에서는 극지방의 성층권에서 오존농도가 가장 높고 적도부근에서 가장 낮다. 오존은 성층권에서 태양복사에너지에 의해 형성되기 때문에 태양에너지가 많은 적도의 성층권에 오존 농도가 높아야 한다. 그러나 적도의 성층권에서 형성된

오존은 지구 전체의 대기순환을 통해 극지방으로 이동하기 때문에 극지방 성층권의 오존 농도가 높다.

태양에너지

$$O_2 \rightarrow O + O \qquad O + O_2 \rightarrow O_3$$

태양으로부터 오는 자외선이 성층권의 오존분자와 충돌하면 오존은 발생기 산소와 분자상의 산소로 나누어지는데, 이때 자외선이 가지고 있는 에너지가 사용된다. 이러한 반응은 가역반응으로 오존이 다시 형성될 때 열이 발생되며, 이때 발생되는 열은 우주공간으로 빠져나간다.

UV

$$O_3 \rightarrow O + O_2$$

지구상의 많은 생물들은 오존의 이러한 자외선 차단의 도움을 받는데, 오존층이 없을 경우 박테리아와 식물은 많은 수가 죽게 될 것이고, 동물은 심하게 타고 암이 발생하거나 치사에 이르는 돌연변이를 일으킬 것이다.

표 11.8 자외선의 종류와 특성

자외선의 종류	파장(㎛)	특성
UVA	0.40~0.32	파장이 길고, 세포에 일부 손상을 줌. 성층권의 오존에 흡수되지 않고 지표면에 도달함
UVB	0.32~0.28	세포에 손상을 주며, 정상적인 경우 성층권의 오존층에 대부분 흡수됨
UVC	0.28~0.20	대기에 흡수되기 때문에 지표면에는 거의 도달하지 못함. 산소를 해리하여 오존을 형성

자외선은 태양복사에너지 중 파장 0.2~0.4 μm사이의 광선이다. 가시광선(0.4~0.8 μm) 중 파장이 가장 짧은 보라(자)색 파장의 바깥쪽에 있어 자외선(紫外線)이라고 한다. 눈에는 보이지 않지만 피부에 화상을 일으키고 피부색을 검게 변화시키며, 피부암이나 피부노화를 유발시킨다. 음식점에서 컵이나 그릇을 소독하기 위해 푸르스름한 등을 켜놓은 곳이 있는데, 이것이 바로 자외선을 발생시키는 등이며, 발생되는 자외선에 의해 세균이 죽게된다. 자외선은 그 특성에 따라 UVA, UVB, UVC로 구분된다(표 11.8).

자외선은 피부뿐만이 아니라 눈에도 영향을 주어 백내장이 유발되고 시력이 감퇴하며, 치료가 늦어질 경우 시력을 상실하게 될 수도 있다. 칠레 남부지역에서는 야생 토끼들이 방향감각을 잃고 헤매다 주민들에게 붙잡혔는데 이들을 조사한 결과 모두 두 눈이 멀어있었다. 전문가들은 그 이유를 자외선에 과다 노출되었기 때문이라고 발표하였다. 이밖에도 양들의 눈이 머는 사태가 발생하였는데, 이것도 자외선 때문인 것으로 나타났다. 또한 자외선에 과다하게 노출되면 몸 안의 면역체계가 약화되어 전염성 질병에 대한 저항력이 감소된다. 육상식물의 경우 광합성량이 감소되어 전체적으로 생산력이 저하되며, 수중에서는 1차생산자인 식물플랑크톤의 증식을 억제하기 때문에 수중생태계의 전체 생산력도 저하될 수 있다.

오존층의 파괴

대기의 오존 농도는 1920년대에 Dobson 자외선 분광기를 이용하여 지표면 부근에서 최초로 측정되었다. 이때 사용한 Dobson 단위(DU)는 현재에도 사용되고 있는데, 1 DU는 오존 1 ppb와 같은 농도이다. 영국의 남극조사단은 1957년부터 매년 10월에 남극지역의 오존을 측정하여 왔으며, 1985년에 처음으로 측정자료를 발표하면서 남극 상공의 오존 농도가 감소되고 있음을 주장하였다. 1970년까지의 측정자료에 의하면 오존 농도가 300 DU 정도이던 것이 1984년경에는 200 DU 정도로 급격히 감소되었고 1993년에는 100 DU 가까이 떨어졌다(그림 11.12). 이러한 사실은 인공위성을 통한 측정 결과에서 확인되었고, **오존층 구멍**이라는 이름을 갖게 되었다. 그러나 2006년 이후 남극 상공의 오존층은 조금씩 메꾸어져 회복되고 있으며 이는 염화불화탄소(CFC), 프레온가스를 사용하지 않는 것이 주요인이다(그림 11.13).

남극지역을 중심으로 한 오존층 파괴는 어제 오늘의 문제가 아니고 자외선의 증가는 남반구에만 국한된 것도 아니다. 북반구의 오존층 파괴도 예상보다 훨씬 급속히 진행되고 있음이 밝혀지고 있다. 조사에 의하면 미국, 캐나다, 북유럽, 러시아 등 북위 50° 주변 지역이 위험하다는 지적이지만 오존층의 50% 이상이 파괴되는 이른바 **오존층 구멍**은 북위 20~50°지역 어디서나 발생할 수 있다는 것이 전문가들의 의견이다.

오존층 파괴의 요인

많은 과학자들과 공공정책을 입안하는 사람들은 오존층의 운명을 걱정하고 있다. 인간의 활동 중에는 오존층을 감소시키는 것들이 있으며, 그 결과 생물권의 황폐화를 초래할 수 있다. 오존층을 파괴할 수 있는 요인으로는 프레온가스를 함유하고 있는 분사식 캔이나 냉매의 사용, 고공을 비행하는 초음속 제트기, 핵무기

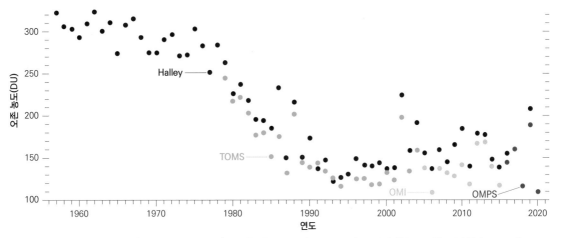

그림 11.12 지상(Halley)과 위성(TOMS, OMI, OMPS)에서 측정한 남극 성층권의 오존 농도의 변화(자료: 포항공과대학신문, 2016)

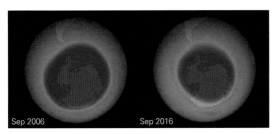

그림 11.13 오존층 구멍의 크기가 최대치를 기록한 2006년(왼쪽) 대비 2016년에는 염화불화탄소(CFC)로 생기는 염소 원자가 줄어듦에 따라 오존층 구멍도 작아졌다. 중앙에 있는 원모양의 선이 오존의 농도가 낮은 곳이다(자료: 미항공우주국, 2018).

의 폭발 등이 있다.

프레온가스

오존층 파괴의 주요 물질이다. 미국에서는 1970년대 후반까지 모든 분사식 캔의 추진제와 냉장고의 냉매는 거의 모두가 프레온가스였다. 일반적으로 두 가지 종류의 프레온이 사용되었는데, 하나는 추진제 역할을 하는 프레온-11(CCl_3F), 다른 하나는 프레온-12(CCl_2F_2)로 냉장고나 에어컨에 사용되었는데 현재는 몬트리올의 정서(2009년)에 의하여 생산이나 판매가 모두 금지되고 있다.

1970년대 초반까지만 하여도 프레온은 일반적으로 불활성인 것으로 알려졌다. 따라서 이들이 대기 중으로 방출되면 공기의 유동에 의해 상층으로 확산되어 햇빛에 의해 분해되기 때문에 아무런 문제가 없는 것으로 생각하였다. 그런데 1970년대 초반에 미국의 두 과학자가 프레온의 광분해 산물이 성층권에서 오존과 반응할 수 있다는 사실을 발표하였다. 이들의 주장에 의하면 이러한 반응은 결국 오존층을 감소시킬 수 있다는 것이다. 이들의 발표가 있은 후 뒤이어 과학자들이 이들의 이론을 재확인하는 실험결과를 발표하였는데, 염소원자 하나가 100,000분자의 오존과 반응할 수 있으며, 이러한 성질은 오존층에 심각한 위험이 된다는 것이다.

$$CCl_2F_2 \implies CF_2Cl + Cl \qquad Cl + O_3 \implies ClO + O_2$$
$$(프레온-12)$$

$$ClO + O \implies Cl + O_2 \qquad ClO + O_3 \implies ClO_2 + O_2$$

고공비행 제트기와 핵폭발

성층권을 비행하는 항공기는 제트엔진에서 나오는 오염물질인 산화질소를 방출함으로써 성층권의 오존을 감소시킬 수 있다. 1971년에 미국 의회는 초음속 항공기를 제작하기 위한 경제적인 지원계획을 부결시킨 바 있는데, 이것은 초음속 항공기가 오존층에 악영향을 주기 때문이었다. 그러나 영국과 프랑스에서 고안된 초음속 여객기인 콩고드는 이후에도 소음과 경제성, 안전성 등의 문제로 운항을 중단한 2003년까지 비행을 계속하였는데 미국이 제안했던 기종보다 저공을 날며 연료 소비가 적어 오존층에 미치는 영향이 적기 때문이었다. 일반 제트기도 산화질소를 방출하여 규모는 작지만 오존층을 파괴한다.

$$NO + O_3 \rightarrow NO_2 + O_2$$

대기권에서의 핵무기의 폭발시에도 산화질소가 방출되기 때문에 성층권의 오존과 반응할 수 있다. 핵실험이 빈번하였던 1940년대와 1950년대에는 상당량의 오존이 파괴되었으며, 만약 핵전쟁이 발발할 경우 심각한 정도의 오존층 파괴가 우려된다.

오존층 파괴의 영향

많은 사람들은 이미 오존층의 0.5~1%가 파괴되었다고 추정하고 있다. 그러나 오존층의 오존 농도는 해마다 자연적으로 달라지기 때문에 지역적인 감소가 있는지의 여부는 알기가 어렵다. 오존층의 지속적인 감소를 감지하기 위해서는 오존의 농도가 5~10% 정도 낮아져야 한다.

오존층의 감소는 자외선의 이입량을 증가시킬 것이다. 적당한 양의 자외선은 피부를 적당히 검게 만들고 피부에서 비타민 D의 생산을 촉진한다. 그러나 과다한 노출은 피부가 심하게 타며 피부암이 유발될 수 있다. 자외선은 박테리아나 식물체에도 치사작용이 있다. 오존층이 1% 감소되면 피부암 발생률이 2% 증가할 수 있다. 16%의 오존이 감소된다고 가정할 때 피부암 발생률은 32%로 증가하여 미국에서만도 10만~30만의 피부암 환자가 더 생기게 된다. 사망률을 4%로 간주할 경우 매년 4,000~12,000명의 사망자가 더 생기게 된다. 피부암에 관한 연구 결과에 의하면 흑인에 비해 백인이 자외선에 더 민감하며, 약품, 비누, 화장품, 세척제 등에 들어있는 화학물질들이 자외선에 대해 피부가 더욱 민감하게 반응하도록 한다. 따라서 자외선에 실제 노출된 것보다 영향은 더욱 커질 수 있다.

남극지역의 오존이 50% 정도로 감소되면 그 지역의 해양에 자외선 이입량이 증가되어 식물플랑크톤의 생산을 감소시키고 그 결과 해양의 다른 생물에게도 영향을 줄 것이라는 우려가 일고 있다. 최근의 연구 결과에 의하면 오존의 감소가 심한 남극 해양의 1차생산력이 6~12% 감소한 것으로 나타나고 있다. 오존층 감소 현상이 확산되어 콩, 밀, 벼, 옥수수 등의 주요 작물에 영향을 줄 경우 심각한 식량난을 겪게 될 것이다.

오존층의 파괴는 세계의 기후에도 영향을 줄 수 있다. 왜냐하면 오존이 재생되면서 열을 방출하기 때문에 성층권의 온도는 지구의 표면과 거의 같다. 그러나 오존이 감소됨에 따라 성층권의 온도가 낮아져 지구 표면의 기후에 영향을 줄 수 있다.

오존층 감소 방지 방법

오존층 파괴에 관한 문제에서 중요한 골칫거리는 오존을 파괴하는 모든 화학물질의 생산, 사용, 방출을 지금 중단한다고 하여도 문제가 해결되지 않는다는 점이다. 그 이유는 이미 수백만 톤의 화학물질이 대류권에 방출되어 있으며, 이들이 서서히 성층권으로 진입하고 있기 때문이다. 일부 CFCs는 대기권에서의 잔존기간이 75~140년이다. 따라서 현재 프레온가스가 생산되지 않더라도 대기 중에 체류하고 있는 CFCs의 35%가 2100년에도 여전히 대기 중에 남아있을 것으로 예상되며, 약 15%가 2200년까지도 남아있을 것이다. 더구나 최근에 만들어진 CFCs의 일부는 아직까지 냉장고나 에어컨 등에 들어 있기 때문에 아직 대기 중으로 방출되지 않은 상태이다. 또한 이미 방출된 오존파괴 물질이 대기 중에 많이 남아있기 때문에 우선은 증가되는 자외선에 대처하는 것이 무엇보다 중요하다.

대체물질(냉매제)의 개발

CFCs(염화불화탄소, 1세대 냉매)의 대체물질로 시험되고 있는 것에는 HCFCs(hydrochlorofluorocarbons, 수소염화불화탄소, 2세대 냉매), HFCs(hydrofluorocarbons,

수소불화탄소, 3세대 냉매), HFO(수소불화올레핀, 제4세대)가 있다. HFC나 HFO는 염소를 가지고 있지 않아 오존층에서 오존 감소에 영향을 적게 준다. 단 불소를 가지고 있기 때문에 이들이 성층권에 이입되면 염소가 하는 것과 유사한 반응에 참여하여 오존을 감소시킬 수 있다. 그러나 불소는 염소에 비해 오존 감소 능력이 1/1,000 정도에 지나지 않는다. 대체물질은 가격이 2~3배 높아 문제가 되기도 한다.

냉장고에 냉매로 헬륨을 사용하는 방법도 있지만 현재로서는 헬륨의 공급량이 한정되어 있다. 더군다나 헬륨을 사용할 경우 냉장고 제작에 종전보다 훨씬 많은 비용이 소요된다. 그러나 이 분야의 연구는 계속 진행되고 있다.

프레온 대체물질을 개발하는 과정에서 가장 중요한 것은 대체물질이 안전하고 효율적이어야 한다는 점이다. 탄화수소의 일종인 프로판은 쉽게 액화할 수 있고, 생산단가도 CFCs의 10%에 지나지 않는다. 영국의 한 냉장고 제조 실험실에서는 냉매로 프로판을 사용하는 냉장고를 저렴하게 제작한 바가 있다. 그러나 프로판은 잠재적인 폭발성을 지니고 있기 때문에 냉장고나 에어컨에 사용하기가 위험하다. 현재 미국과 일부 다른 국가에서는 냉장고의 냉매로 프로판을 사용하는 것을 시험하고 있는데 개발도상국에서는 대부분 CFCs를 냉장고에 사용하고 있기 때문에 이 시험의 결과는 매우 중요하다.

화학물질 첨가

오존감소가 진행되고 있는 극소용돌이 속에 화학물질을 넣어 오존 감소를 방지하려는 시도가 시작되고 있다. 극소용돌이 속에서 오존감소는 상당히 짧은 기간 동안만 일어난다. 따라서 염소와 반응하여 염산을 형성하는 프로판과 같은 화학물질을 주입하여 염소를 오존파괴 반응에 참여하지 못하도록 하는 방법이다. 약 50,000 톤의 프로판을 15 km 높이에 주입하면 충분할 것으로 예상된다. 그러나 프로판을 주입하기 전에 예측하지 못한 부작용이 있을 수 있기 때문에 철저한 과학적 그리고 기술적인 검토가 선행되어야 한다.

11.8 소음공해

소음은 그것을 피할 수 있는 사람이 거의 없을 정도로 가장 보편적인 환경오염 중의 하나이다. 한적한 산 속에 있을 경우에도 비행기 소리나 벌목할 때 나오는 전기톱 소리를 피할 수 없다. 특히 사람이 밀집되어 있는 대도시나 우리가 일하는 공장에서는 소음공해가 특히 심하다. 소음공해를 이해하기 위해서는 먼저 소음이 무엇인지를 알아야 한다.

소음

소음(noise)이란 우리가 듣기를 원하지 않는 불유쾌한 소리이다. 개인에 따라 생활환경과 직업환경이 다르기 때문에 소음의 기준은 매우 다양하며, 소음이 발생되는 장소, 개인의 청력, 하루 중의 시간, 소리의 지속성 등에 따라서도 다르다. 예를 들면, 평상시 자기가 좋아하는 음악도 피곤하여 잠을 잘 때에는 소음이 된다. 부드러운 소리를 들을 때는 기분이 좋지만 부드러운 소리도 크기가 커지면 소음이 된다. 또한 자기가 내는 소리는 참을 수 있지만 다른 사람이 내는 소리는 참을 수 없는 경우가 많다. 일반적으로 소리가 크면 클수록 소음으로 간주된다.

소음은 육상이나 항공 교통시설, 산업시설, 건설현장, 청소기나 에어컨과 같은 가전제품 등에서 주로 발생된다. 세상이 점점 기술 의존적인 사회로 전환됨에 따라 소음공해도 점점 악화될 전망이다.

소리는 파장의 형태로 공기를 통해 전달되며, 크기와 주파수로 표시할 수 있다. 소리의 크기는 데시벨(dB)로 측정되는데, 사람이 들을 수 있는 가장 작은 소리를 0 dB로 정한다. 즉 청각의 역치를 0 dB로 한다. 데시벨 단위에서 10 dB이 증가하면 소리의 세기는 10배로 증가한다. 따라서 10 dB의 소리는 0 dB의 소리에 비해 10배가 크며, 20 dB의 소리는 10 dB의 소리에 비해 10배가 크고 0 dB의 소리에 비해서는 그 크기가 100배가 된다. 주파수는 소리의 높고 낮음을 측정하는 것으로 튜바를 연주할 때 나오는 베이스는 주파수가 낮고 바이올린의 최고음부는 주파수가 높다. 주파수 단위는 헤르츠(hertz, Hz)를 사용하는데, 사람이 들을 수 있는 주파수 범위는 20~20,000 Hz이다. 가청범위를 벗어난 20 Hz 이하의 소리를 초저주파(infrasonic), 20,000 Hz 이상의 소리를 초음파(ultrasonic)라고 한다.

소음의 영향

소음의 영향은 다양하다. 청력을 감소시키고, 숙면을 방해하며, 일상생활에서 대화를 차단하거나 집중력을 떨어드리고 휴식을 방해하여 우리를 괴롭힌다. 사람은 나이가 들면 보통 자연적으로 청력이 저하된다. 그러나 소음에 자주 노출될 경우에도 청력이 저하될 수 있다. 일반적으로 남자가 여자에 비해 나이가 들수록 청력 저하가 더 큰데, 이것은 작업장에서 소음에 노출되는 기회가 많기 때문으로 보인다.

장기간에 걸쳐 큰 소리에 계속 노출될 경우 속귀의 청각세포가 영구적으로 손상을 입을 수 있다(표 11.9). 록음악, 총소리, 소음이 심한 기계와 같이 매우 큰 소리에 노출되면 일시적으로 청력이 저하되며, 그러한 소리에 계속 노출되면 영구적으로 청력이 소실될 수 있다. 연구 결과에 의하면 55 dB 정도의 소리에 장기간 노출될 경우에도 영구적인 청력 소실을 초래할 수 있다. 55 dB은 소음의 환경기준치인데, 건설현장, 광산, 공장 등 대부분의 작업장에서 흔한 수준이다. 교통량이 많은 대도시에서도 청력 저하를 가져올 수 있다.

소리가 크면 클수록 청력 저하가 빨리 나타나며, 같은 크기의 소리에서는 주파수가 낮은 소리가 주파수가 높은 소리에 비해 피해가 적다. 폭발이나 기타 매우 큰 소리는 청모세포에 직접 손상을 주어 귀머거리가 될 수 있다. 150 dB 이상의 소리는 청각세포에 심한 손상을 주거나 고막을 파열시키고, 속귀에 들어있으면서 고막으로부터 청모세포에 소리를 전달하는 이소골의 위치를 변화시킬 수 있다. 시끄러운 술집이나 나이트클

표 11.9 소리의 크기에 따른 효과

소리의 크기 (dB)	발 생 원	감지되는 정도	청각에 미치는 영향
180	로켓엔진		치료 불능의 손상
150	제트기 이륙	고통을 느낄 만큼 크다	
130	록음악		
120	천둥소리, 자동차 경적(1 m 거리)		점진적인 청력 저하
110	제트기 소리(300 m 거리)	불편할 정도로 크다	
100	윤전기		
90	오토바이(8 m 거리)		
80	트럭(80 km/h, 15 m 거리	매우 크다	장기간 노출시 손상 시작
70	진공청소기		
60	에어컨(6 m 거리)	보통 크다	
50	가벼운 교통소음(30 m 거리)		
40	거실	조용하다	
30	도서관		
20	방송국 스튜디오	매우 조용하다	
10	나뭇잎이 살랑거리는 소리	거의 들을 수 없다	
0	청각 역치		

(자료: 환경부, 2021)

럼, 디스코텍, 트럭이나 버스에서 나는 소음이 도시인들의 청력 저하에 관련이 있다.

소음공해를 피하는 법

소음공해는 대기오염이나 수질오염 등에 비해 별로 주목을 받지 못하고 있다. 그 이유 중의 하나는 청력 저하가 점진적으로 나타나기 때문에 피해자가 감지하지 못한다는 점이다. 큰 소리가 나는 작업장에서 일하는 사람들은 결국 청력 저하로 큰 소리에 적응된다. 소음의 수준은 발생원을 개조함으로써 줄일 수 있다. 또는 고속도로 주변에서 볼 수 있는 것처럼 소리를 차단하는 방음벽을 설치하거나 소음 발생원을 사람들의 거주지에서 멀리 떨어진 곳에 위치하도록 하는 것이다(표 11.10).

표 11.10 소음과 소음 피해를 줄이는 방법
- 차량, 기계, 가전제품의 진동을 줄이는 기술을 개발한다.
- 철도나 고속도로를 주거지에서 멀리 떨어진 곳에 건설한다.
- 자동차에 좀더 효율적인 소음기를 장착한다.
- 소음 규제를 효율적으로 할 수 있는 법을 제정한다.
- 소음이 많은 2행정 오토바이를 규제한다.
- 소음이 심한 도로 주변에 방음벽을 설치한다.
- 고속도로 주변이나 소음 발생원 주변에 가로수를 빽빽하게 심는다.
- 집에서는 방음을 위해 2중 혹은 3중창을 설치한다.
- 소음이 심한 일터에서는 귀마개를 한다.
- 대중교통 수단을 이용한다.
- 소음이 심한 자동차, 전기기구, 사무실 용품, 가전제품 등을 사지 않는다.

많은 나라들이 소음규제법을 가지고 있다. 미국에서는 1972년 소음규제법을 제정하였으며, 우리나라는 1983년 11월부터 생활 소음의 규제 기준을 마련하였다. 2017년 우리나라 주요 대도시 일반 주거지역의 소음 공해도는 대전과 광주를 제외한 나머지 4개 도시에서 환경기준치(낮 65dB, 밤 55dB)보다 높았다(그림 11.14).

11.9 토양오염

토양(soil)은 우리의 건강과 생존을 위한 식량을 공급해주는 생명의 기초이다. 토양은 매우 느리게 재생되는 자원으로 식물의 생장에 필요한 대부분의 영양분을 공급하며 물의 정화를 돕는다. 우리 몸도 음식을 먹음에 따라 몸 안으로 들어온 토양 속의 영양분으로 구성되어 있다. 토양은 통과하는 물을 걸러 정화해주는 지구의 주요 필터이고 물 순환과 물의 저장과정에서 주요 요소이다.

토양은 4가지 구성원인 광물질, 유기물, 물, 공기로 구성되어 있다(그림 11.15).

광물질은 식물이 뿌리를 내리고, 물이나 공기 그리고 영양염류 저장을 위한 장소와 공극(pore space)을 제공하며, 식물에게 필요한 영양염류를 위한 치환 장소, 그리고 풍화 가능한 광물질을 통해 이들 영양염류 공

소음도(dB)

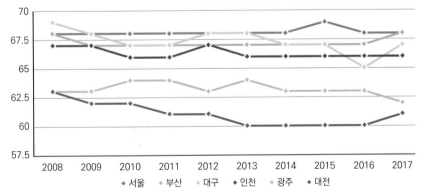

그림 11.14 우리나라 주요 대도시의 소음공해도 변화(자료: 환경부, 2019a)

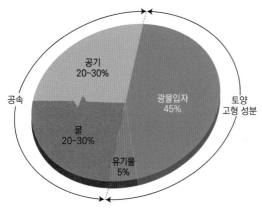

그림 11.15 식물생장에 좋은 조건일 때 양토(loam)의 구성비(부피). 물과 공기 사이의 점선은 이들 두 구성원들의 비율이 토양이 습하거나 건조해짐에 따라 변동하는 것을 나타낸다. 영양염류뿐만 아니라 적당한 공기와 수분이 있어야 좋은 토양이다(자료: Brady & Weil, 1996).

급원 역할을 한다. 토양의 유기물은 다양한 분해 단계에 있는 동, 식물의 사체뿐만 아니라 박테리아, 곰팡이,

지렁이와 같은 토양생물의 세포, 조직, 분비물 등이 포함된다(그림 11.16). 유기물은 (a) 영양염류의 재순환을 위한 공급원과 교환 지소를 제공하며, (b) 토양의 구조, 공극, 보수 능력 등에 영향을 주며, (c) 토양 미생물과 기타 종속영양생물을 위한 에너지 공급원 역할을 한다. 토양수는 식물생장에 필요한 영양염류의 용매역할을 하며, 토양입자의 표면이나 유기물질의 치환 부위에 흡착되어 있는 양이온과 음이온 그리고 식물 뿌리에 의해 분비되어 토양 용액 자체에 용해되어 있는 양이온과 음이온 사이의 평형을 유지한다. 토양 속의 공기에는 식물 뿌리와 토양 생물의 세포호흡을 위한 산소, 물질대사 활동에 의해 방출된 이산화탄소가 포함되어 있는데, 이산화탄소는 광물질의 풍화를 촉진시킨다. 그리고 질소고정 생물을 위한 분자상태의 질소 등이 포함되어 있다.

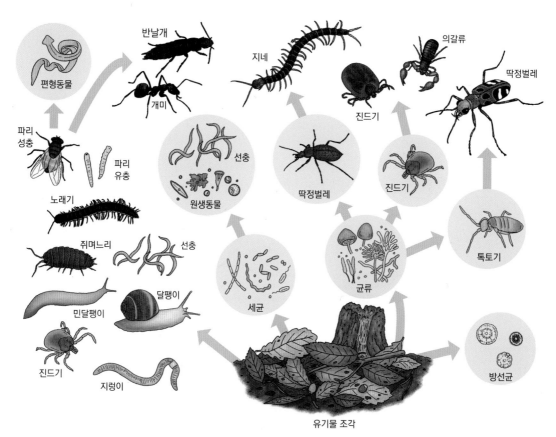

그림 11.16 토양에서 일어나는 먹이그물, 매우 다양한 생물들이 관여한다. Miller(2006)의 그림을 다시 그림

토양층위

비옥한 토양은 일련의 수평층으로 구성된 토양층위 (soil horizon)를 이룬다. 각 층은 토양의 종류에 따라 다르다. 토양층위의 단면도(soil profile)는 최소 3층 이상으로 구성된다(그림 11.17). 최상층을 O층(유기물층, 낙엽층)이라고 한다. 최근에 떨어진 아직 분해되지 않았거나 일부분 분해된 낙엽, 잔가지, 줄기, 동물의 노폐물, 버섯, 곰팡이, 다른 유기물로 구성되어 있다. 보통 갈색이나 검은색이다.

부식질(humus)의 A층은 **표토층**이라고 부르기도 하는 반쯤 분해된 유기물과 일부 무기 입자가 성기게 섞인 곳이다. 이 층은 아래 층보다 색깔이 진하고 푸석푸석한 것이 보통이다. 생산성이 높은 땅은 부식질이 많은 곳이다. 이 표토는 식물의 뿌리에 흡수될 물과 영양분을 잡아둘 수 있다. A층은 유기물이 축적된 표층토를 포함하며, 이 층으로부터 염, 점토 그리고 가용성 유기물질이 세탈된다. 일부 토양에서는 세탈에 의해 A층에서 물질이 아래로 이동되기 때문에 용탈층(eluviation

zone, E)이 존재하기도 한다.

B층은 표층토의 밑에 있는 토양층을 말하며 A층과 E층에서 세탈된 물질이 축적되는 곳이기 때문에 집적층(illuviation zone)이라고 한다. 집적되는 물질에는 철과 알루미늄의 화합물, 탄산염, 점토, 염 그리고 부식토 등이 포함될 수 있다. 부식토는 유기물 잔해가 대부분 분해된 후에 남아있는 흑갈색 혹은 거무스름한 안정된 물질이다. B층은 변화가 많이 일어나는 지역으로, A층에서부터 세탈된 소량의 물질이 축적되지만 구조상의 변화나 2차 광물의 합성이 일어나는 곳이기 때문에 변화층(zone of alteration)이라고도 한다.

O층(organic)과 이것을 세분한 층은 특정한 사막토양이나 초지 토양에서는 대개 볼 수 없고 유기토양에만 존재한다. 떠 있는 습지 혹은 영구동토대가 있는 토양처럼 토양 단면에 물 층이 있는 토양에는 W층이 있다. R층은 대부분의 고지 혹은 잔적토의 밑 부분을 형성하며, 시간이 지남에 따라 C층으로 변한다. 신생토양은 B층이 없이 A층과 C층으로만 되어있을 수 있다. A층으

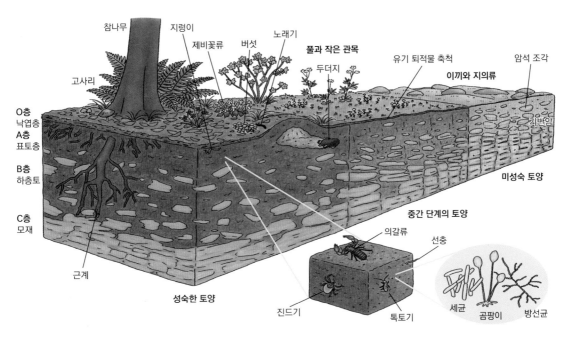

그림 11.17 토양의 풍화(형성)과정과 일반화된 토양단면. 토양층위의 수, 조성과 두께는 토양의 유형에 따라 달라진다. 기반암(R)은 풍화되지 않은 모암이다. 토양에서 나무의 역할에 유의해야 한다. Miller(2006)의 그림을 다시 그림

로부터 아래로 점토의 이동이 없을 때 B층은 형성되지 않는다.

식물뿌리와 토양 유기물 대부분이 토양의 최상위 O층과 A층에 집중되어 있다. 식물이 이 두 개의 층에 뿌리를 내리게 되면 토양은 물을 저장해 두었다가 조금씩 내 놓는다. 이곳에는 복잡한 먹이그물과 상호작용하는 세균, 진균, 토양소동물, 절지동물 등이 있고, 한 줌의 표토에 수십억 마리나 되는 세균과 다른 분해자 미생물이 복잡한 유기화합물을 물에 녹는 단순한 무기화합물로 분해한다. 이런 영양분이 녹은 토양 수분이 식물의 뿌리에 흡수되어 줄기와 가지를 통해 잎으로 이동되는 과정이 생지화학(biogeochemistry) 순환의 일부가 된다.

토성과 공극

토양을 이루는 입자의 크기와 이들 입자 사이의 공간은 다양하다. 토양에 따라 구성하는 점토(clay, 매우 미세한 입자), 미사(silt, 미세한 입자), 모래(sand, 중간 크기 입자)의 구성비는 다르다. 크기별 상대적인 양과 이들 무기질 입자의 유형이 토성(soil texture)을 결정한다. 보통 토양은 입자의 직경이 2 mm이하인 것만을 포함시킨다.

토성은 토양공극(soil porosity)을 추정하는데 도움을 주는데, 공극이란 단위 부피의 토양 속에 있는 구멍 즉 공간의 부피를 나타내며, 공간 사이의 평균 거리이다. 미세한 입자가 많으면 물을 그리고 굵은 입자가 많으면 공기를 보유하기가 유리하다. 공극이 큰 토양(모래를 많이 함유)에는 이런 빈 공간, 즉 공극의 평균 크기가 커서 토양 침투성(soil permeability)이 높다. 그러나 수분보유력은 떨어진다. 토양입자는 전기를 띠고 있어 토양내의 이온들뿐만 아니라 토양내로 유입되는 수 많은 다른 물질과의 화학결합이 가능하다(그림 11.18, 19).

토양오염

식물이 자랄 수 있는 금싸라기 같은 토양은 상당부분이 인간의 개발로 인하여 택지, 공장부지, 도로 등으로 바뀌어 가고 있어 토양면적이 절대적으로 감소하고 있다. 지구의 생명부양계(life-supporting system)가 서서히 줄어들고 있다. 이 뿐만 아니라 그나마 남아있는 토양의 표토(surface soil)는 상당 부분이 답압(foot pressure)으로 못쓰게 되거나 침식으로 사라져서 생산성이 날로 줄어들고 있으며, 강수량의 부족으로 쓸 수 없는 지역(사막화)은 날로 증가하고 있다.

토양에 유입되는 오염물질들은 독성 유기물(농약 등), 폐기물(방사성 물질 포함), 산업폐수, 생활쓰레기 및 하수, 대기오염물질, 중금속들이다. 토양에 있는 오염물질은 먹이그물을 통하여 결국 인간에게 피해를 주게 된다.

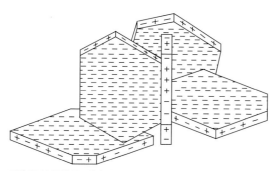

그림 11.18 토양 구조에서 카드하우스 효과를 보여주는 토양의 점토 입자군. 가장자리에 있는 양이온들은 넓은 표면에 있는 음이온들에 의해 끌린다. 음이온들은 양이온 치환 지소를 제공하며, 따라서 K, Ca, Mg와 같은 양이온들의 저장설비의 역할을 한다(자료: Thomson & Troeh, 1973).

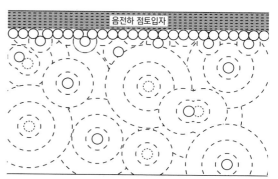

그림 11.19 음으로 하전된 점토 입자 근처의 토양 용액에서 이온들이 어떻게 분포되는지를 보여주는 모식도. 토양입자가 전기를 띠고 있어 토양내의 다양한 물질과 결합할 수 있는 틀을 제공한다(자료: Thomson & Troeh, 1973).

염양염류와 부영양화

질소산화물이나 황산화물과 같은 대기오염물질이 토양에 침적되면 양분의 부영양화를 일으키거나 산성화를 초래한다. 유안((NH$_4$)2SO$_4$), K$_2$SO$_4$과 같은 비료는 NH$_4$와 K는 흡수되어 S$_2$O$_4^{2-}$만 토양에 남게 되어 산성화를 가져온다. 또한 토양속의 NH$_4^{2-}$는 질산화세균의 작용으로 질산화과정을 유도하여 산성화를 촉진한다.

독성 유기물에 의한 오염

법률은 살충제, 의약품 및 식품첨가물을 시판하기 전에 검사하고, 방사성폐기물을 안전하게 취급하도록 규정하고 있으나, 이러한 안전규정 중에는 부적합하면서 법률로만 존재하는 경우도 있다. 이외에도 잠재적으로 위험한 화학물질들이 규제 대상에 포함되지 않은 상태에서 토양환경에 유입되어 살충제와 마찬가지로 커다란 해를 끼치고 있다.

예를 들면 플라스틱첨가제, 축전지, 변압기, 열전도 용액으로 쓰이는 **PCBs**(polychlorinated biphenyls)는 DDT와 유사한 물질로서 매우 안정된 화합물이다. PCB$_s$는 환경에 유입되는 양이 많지 않지만 DDT 만큼 해로우며, 더구나 체내 여러 부위로 퍼져서 간암, 간비대, 선섬유증(adenofibrosis), 체중 감소, 탈모, 입술과 눈꺼풀의 부종, 혈색소 감소, 위점막 궤양과 재생능력 감소 등을 일으킨다. 1976년 미국의회는 유독물질 규제법을 통과시켜 이러한 화학물질의 사전 시험과 안전 취급을 규정하였지만, 법률의 완전한 시행은 아직도 지지부진한 상태에 있다.

잠재적 위험성은 PBB(polybrominated biphenyl)에서도 볼 수 있는데, 이 물질은 PCB와 마찬가지로 공업적 용도가 다양하고 매우 안정된 탄화수소류이다. 미시간화학주식회사(Michigan Chemical Corporation)에서는 'Firemaster'라는 상표로 PBB가 포함된 진화용 소화제를 제조 판매하였는데, 이 회사에서는 가축의 사료에 사용되는 'Nutrimaster'라는 사료첨가제도 제조하고 있었다. 1973년 여름 축산 당국은 이 회사로부터 Nutrimaster 대신 Firemaster의 화물을 받아 가축 사료에 섞기 시작했으며, 이 사료는 1,100개 이상의 농장에 보급되었다(Stadtfeld, 1976). 이 사료를 먹은 가축들이 병들어 죽었지만 그 원인은 여러 달 동안 알 수 없었다. 1974년 5월 PBB임이 확인되었는데, 그 때까지 소극적인 태도를 취하던 미시간주 농무성이 비로소 조사에 착수한 결과, PBB가 미시간주 전역의 우유와 쇠고기에서 검출되었다.

이 사고의 문제점은 여러 해가 지나도록 해결되지 않았는데, 그 중 한 가지 어려운 점은 PBB의 생물학적 영향에 관한 실제적인 연구가 부족하다는 사실이었다. 주민들이 목장에서 기른 젖소의 우유를 마시고 정육점에서 구입한 고기를 통하여 오염된 결과, 체내에서 높은 농도의 PBB가 검출되었다. 역학조사로 주민들이 뇌 손상과 저항력의 약화를 포함한 여러 증상을 나타낸다는 것이 밝혀졌다. 1981년에는 미시간주 주민 중 97%가 체내에 미량의 PBB를 함유하고 있음이 밝혀졌다.

다른 주에 사는 사람들도 미시간주의 불행과 무관할 수 없다. 미시간 사건에서는 불과 수백 kg의 PBB가 문제되었지만, 미시간화학사(Michigan Chemical Corporation)에서는 1974년에만 해도 2,400 톤의 PBB를 제조했으며 그 전에는 더 많았다. 이 화합물은 널리 보급되었으며 틀림없이 미국 전역을, 나아가서는 전 세계를 오염시켰을 것이다.

매스컴을 통해 발암성과 화학물질의 위험성을 자주 접하게 됨에 따라, 모든 화학물질이 위험하기 때문에 걱정할 필요가 없다는 잘못된 생각에 빠지기 쉽다. 화학물질은 대부분 정상적인 양의 범위 내에서는 해롭지 않다. 1980년 기준 약 7,000종류의 화학물질에 대한 발암성이 조사되었는데, 그 중 8%인 500종류가 암을 일으켰다.

독성 무기물

석면은 자동차 제동장치, 활석가루 및 광산 폐기물을 통해, 수은은 곰팡이 제거제, 전기 스위치, 치과 치료 및 제지공업을 통해 토양 환경으로 유입될 수 있다. 독성 중금속 종류는 대부분 원래부터 모암(mother rock)에 포함되어 있고, 또한 암석에 따라 그 농도가 크게 달라 오염을 판단하고자 할 때는 모암으로부터 풍화된 것과 외부로부터 유입된 것을 구별하여 결정하여야 한다.

비소, 카드뮴, 납 그리고 수은에 의한 사람들의 잠재적인 중독은 오늘날 현실적인 문제이다. 비소는 해충과 잡초를 방제하기 위해 그리고 수확 전에 농작물의 잎을 떨어지게 하기 위해 사용되는 분무제로부터 토양에 축적된다.

카드뮴 독성 사고는 일본에서 광산 폐기물을 강에 버려서 발생하였는데, 광산 폐기물로부터 방출된 카드뮴이 먹이사슬을 통해 물고기들에게 이입되었다. 카드뮴은 또한 일부 하수 오니에 존재한다. 자연적인 농경 토양은 해로운 수준의 카드뮴을 포함하고 있지 않지만 광산 폐기물 등은 독성 수준의 카드뮴이 포함되어 있을 수 있어 하수 처리에 토양을 사용하는 것은 잠재적인 위험이 있다.

납은 자동차 배기가스 그리고 기타 공급원으로부터 공기 중으로 방출되며, 그것은 결국 토양에 이입된다. 토양에서 납은 식물에게 이용 가능하지 않은 형태로 전환된다. 흡수된 납은 식물 뿌리에 남아 있고, 줄기로 수송되지 않는다. 토양이 납으로 심하게 오염되기 전에는 상당한 양의 납이 식물의 정단부로 이동하지 않는다.

수은은 살충제의 사용 그리고 산업 활동에 의해 대기와 물로 방출된다. 통기가 불량한 상태 하에서, 무기 수은은 메틸수은으로 전환되며, 이 물질은 독성이 매우 강하다.

하수처리를 위해 토양의 사용이 증가하고 있다. 높은 수준의 중금속을 토양에 처리하는 것 그리고 식물에 이러한 중금속의 흡수 가능성은 하수와 산업 폐기물처리를 위해 토양을 사용하는 것을 엄격히 제한되어야 함을 의미한다. 사람이나 다른 동물들에게 해가 되는 중금속이 없는 것으로 알려진 하수는 토양에 처리될 수 있다.

방사성 원소들

암석과 토양들은 자연적으로 방사성 원소들을 함유하고 있다. 이 중 대기 중으로 유출되는 방사성 원소인 라돈에 대한 우려가 있다. 그러나 많은 방사성 원소들은 반감기가 매우 짧아 이들 원소들에 의한 토양 오염은 우려할 것이 못된다. 방사성 세슘(Ce)은 원자폭탄에 의해 생성되며, 반감기가 길다. 방사성 세슘은 칼륨과 흡사하게 질석 광물에 고정되는 것으로 보인다. 이러한 특성은 식물의 방사성 세슘에 대한 이용도를 제한하여, 방사성 세슘이 토양으로부터 식물체로 그리고 그 후에 동물체 내로 이동하는 것을 늦추는 경향이 있다.

방사성 원소들에 의한 토양오염은 대기를 통해 이루어지며, 식생에 떨어진 방사성 원소들은 잎에 의해 흡수된다. 1962년 이전의 핵무기 실험은 알래스카 툰드라 식생에 상당한 오염을 야기하였다. 증가된 방사능은 툰드라에서 방목하는 순록에게서 나타났다. 순록이 주요 식량원인 사람들은 미국 대륙에 살고 있는 사람들보다 체내에 100배 이상의 방사능을 가지고 있는 것으로 조사되었다. 이와 유사한 방사능 오염이 1986년 러시아의 체르노빌 원전 폭발로 북유럽에서 발생하였다. 1946년에서 1958년 동안 미국은 마샬군도의 비키니 산호초에서 핵폭탄 실험을 76회 실시하였다. 토양은 방사성 세슘-137로 심하게 오염되었다. 오염된 토양을 정화하기 위한 몇 가지 방법들이 제시되었다.

오염토양 정화와 개량 방법

토양정화

오염된 토양을 정화하는 것은 생태계 복원의 시작이고 목표이다. 토양이 정상화되면 생물의 정착이 시작된다. 그러나 대기나 수질과 달리 오염된 토양을 정화하는 과정은 시간이 오래 걸리고, 경비가 많이 소요되며 목표를 달성하기 매우 힘든 과정이다. 따라서 토양이 오염되지 않도록 방지하는 것이 최선의 방법이다.

토양정화방법으로는 오염된 토양을 화학적으로 세척하는 방법이 있는데, 이는 막대한 경비가 드는 점과

정화과정에서 파생되는 또 다른 문제(오염물질의 처리 문제 등)를 낳을 수 있는 단점이 있어서 좁은 지역이거나 특별한 경우가 아니고는 사용이 제한적이고, 목표달성이 쉽지 않아서 일반화되어 있지는 않다.

1986년 구 소련의 체르노빌 원전사고 주변의 습지에 심겨진 해바라기 부도는 생물학적인 스폰지 역할을 한다. 해바라기 뿌리는 습지에서 방사성 세슘을 흡수하며, 흡수된 방사성 세슘을 줄기에 저장하여 농축시킨다. 3주 정도가 지나면 자란 해바라기를 수거하여 방사성 세슘을 제거한다. 이러한 방법은 정교한 제거 방법에 비해 소요되는 경비가 극히 일부에 지나지 않는다. 이러한 방법은 방사성 물질에 오염된 물을 정화하기 위한 것으로 세계의 여러 곳에서 중금속이나 기타 독성물질에 오염된 토양이나 물을 정화하는데 사용되고 있다(그림 11.20A).

해바라기처럼 식물을 이용하여 중금속이나 기타 독성물질로 오염된 지역을 정화하는 방법을 **식물정화**(phytoremediation)라고 한다. 이것은 특정한 식물이 독성물질을 흡수하여 저장하는 능력을 활용하는 것으로 경우에 따라서는 식물이 흡수한 독성물질을 무독화 시키기도 한다. 이를 위해서는 먼저 오염지역에 서식하고 있는 자생 식물종을 탐색하고 이들 중 중금속의 축적 능력이 탁월한 종이나 개체를 선별하여 이들을 통해 토양의 중금속을 흡수하도록 한 다음 생장이 끝났을 때 수확하여 적절한 방법으로 이들 식물체를 처리하는 것이다. 식물은 보통 세균이나 곰팡이(균근류)의 도움을 받는데, 이들은 일부 화학물질을 분해시키는데 도움을 준다. 폐광산이나 공업단지의 훼손된 토양에서는 사시나무류(popular)나 팽나무, 사방오리나무나 보리수나무같은 질소고정식물, 참나무류(갈참나무, 굴참나무, 상수리나무 등)의 내성을 가진 목본성 식물을 많이 사용하는데, 이들 식물은 오염된 토양에서 잘 자라지 못하는 소나무와 같은 민감식물(sensitive plant)에 비하여 생육이 잘되어 낙엽과 같은 유기물을 많이 만든다(그림 11.20B).

일반적으로 '생물농축(biological concentration)'을 나타내는 식물을 축적자(accumulator)와 지표종(indicator)으로 구분할 수 있는데, 축적자는 체내의 중금속 함량이 높아 식물을 수확하여 중금속을 토양으로부터 제거할 수 있는 경우이다. 지표종은 토양의 중금속 농도와 지상부의 농도가 비례하기 때문에 이들을 분석함으로 토양의 오염도를 측정할 수 있다.

토양 개량

일반적으로 오염된 토양을 정화하는 방법은 토양의 개량(soil amelioration)을 통하여 접근하는 방식이 일반적이다. 오염된 토양의 원인을 분석하고 그에 맞게 다양한 토양개량을 하는 물질(토양개량제)을 처리하여 토양의 상태를 식물이 자랄 수 있는 수준으로 개선하는 것이다.

(A)   (B)

그림 11.20 (A) 방사성 세슘 제거에 사용되는 해바라기, (B) 식물을 이용한 중금속 제거

산성화된 토양의 개량은 알칼리성 물질인 석회를 뿌려서 토양산도를 높여주는 방법이 농경지나 산지에 이르기까지 일반적으로 사용되는 방법이다. 현재는 돌로마이트와 슬러지를 혼합 처리하여 토양내의 유기물, 질소, 인, 칼슘 및 마그네슘 함량과 pH를 증가시키고 Al과 같은 중금속 함량을 낮추어 토양을 개량하는 방법이 훼손된 공업단지 주변을 중심으로 토양의 개량에서 자주 사용되고 있다(이창석 외, 1998).

토양개량과 함께 토착종 중 내성종이나 내성 개체(생리적으로 내성을 가짐)를 식재하면 더 빠르게 토양개량의 효과를 달성할 수 있다. 내성식물은 오염된 토양환경에 자라면서 생산자의 역할을 수행하여 다른 식물들의 터전을 마련해주고, 토양소동물이나 조류와 같은 소비자들에 서식처와 먹이를 제공하여 줌으로써 생태계의 천이를 촉진하여 자연적으로 생태계의 복원을 이끌 수 있다(그림 11.21).

(A)　　　　　　　　　　　　　　　(B)

그림 11.21 중금속과 산성비로 오염된 토양(A). 이곳에 토량개량제 처리와 내성종 식재 후 발달된 식생 복원모습(B)

참고문헌

김준호, 이창석, 문형태. 1997. 생태학의 징검돌. 여천생태연구회.

환경부. 2018. 대기환경연보 2017.

동아사이언스. 2018. http://m.dongascience.com/news.php?idx=21009

류훈, 이규송, 이창석, 김준호. 1996. 여천공업단지 주변토양의 알루미늄 함량에 따른 알루미늄 내성 수종의 식재와 선발. 한국생태학회지 19: 201-207.

문형태, 유영한. 2019. 토양환경과학. 공주대학교 출판부.

바버 외. 1998. 식물생태학 제3판. (문형태, 정연숙, 유영한 옮김, 홍릉과학출판사 2015) (원제: Terrestrial Plant Ecology)

여동욱. 1993. 세계의 환경오염 피해사례. 방재와 보험 59.

이창석, 유영한, 김준호. 1998. 여천공업단지의 복원을 위한 우리나라 주요 목본식물 중 내성종의 선발. 한국생태학회지 21: 337-344.

콜맨 외. 2017. 토양생태학 제3판. (문형태, 유영한 옮김, 도서출판쥬빌리 2020) (원제: Fundamentals of Soil Ecology)

환경부. 2019. 환경백서 2018.

환경부. 2019a. 환경통계연감 2018.

환경부. 환경통계포털. http://stat.me.go.kr/nesis/mesp/info/statPolicyHealth4.do

Brady, NC Weil, RR. 1996. The nature and properties of Soils. 11th ed. Prentice Hall.

Miller, GT. 2006. Essentials of Ecology. 3rd ed. Thomson Learning.

Thompson, LM Troeh, FR. 1973. Soils and fertility. New York: McGraw-Hill.

11. 대기오염

1. 조별활동

하루 중 대기오염 물질의 농도 변화는 아래와 같은 패턴을 보인다고 한다.

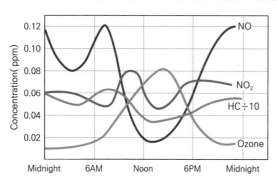

1. 이산화질소(NO_2), 오존, PM_{10}, $PM_{2.5}$, 아황산가스(SO_2), 일산화탄소(CO)의 24시간 동안의 변화를 에어코리아 웹사이트(www.airkorea.or.kr)의 자료를 이용하여 아래 표에 적어 보시오(단위: ppm). 측정 장소는 도로변 대기측정망 중 등급 구분이 나쁨으로 되어 있는 곳을 선택하여 3일 이상의 평균값을 기록하시오. (활동 수업 이전에 조사가 끝나야 함!)

시간	NO	NO_2	오존	PM_{10}	$PM_{2.5}$	SO_2
06:00 AM						
07:00 AM						
08:00 AM						
09:00 AM						
10:00 AM						
11:00 AM						
12:00 PM						
01:00 PM						
02:00 PM						
03:00 PM						
04:00 PM						
05:00 PM						
06:00 PM						
07:00 PM						
08:00 PM						
09:00 PM						
10:00 PM						

2. 이산화질소(NO_2), 오존의 일일변화를 아래 그래프에 그려 보시오.

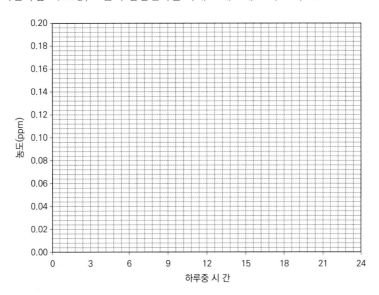

3. PM_{10}, $PM_{2.5}$, 아황산가스(SO_2), 일산화탄소(CO)의 일일변화를 아래 그래프에 그려 보시오.

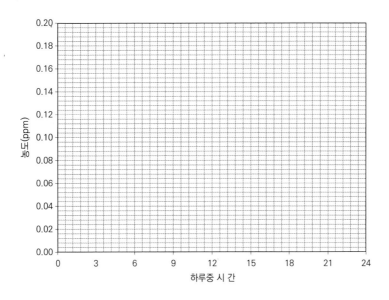

4. 일산화질소(NO), 이산화질소(NO_2), 오존은 처음에 제시된 패턴과 비슷한 패턴을 보이는 가? 여러 날의 자료를 분석하면 매일 반복되는 하루 주기의 패턴이 존재하는가?

5. PM_{10}, $PM_{2.5}$, 아황산가스(SO_2), 일산화탄소 (CO) 농도는 하루 주기의 패턴이 존재하는가?

6. 각 대기오염 물질의 주요 배출원(source)을 알 아보고 이러한 패턴을 설명해 보시오.

2. 조별 토론 주제

1. 우리나라의 PM_{10}, $PM_{2.5}$의 주요 발생 원인은 어떤 배출원(source)이며, 이를 줄이거나 해소하기 위하여 우리는 어떤 노력을 해야 할 것인지 논의하시오.

2. 오존층 파괴에 대한 대처와 지구온난화 문제에 대한 대처방법을 비교하시오. 공통점과 다른 점은? 대처방법은 왜 달라지는가?

3. 자외선차단제에 들어있는 '옥시벤존(oxybenzone)'과 '옥티노세이트(octinoxate)'는 해양생태계에 악영향을 주는 것으로 파악돼 2018년 미국 하와이주 의회에서 두 성분이 함유된 자외선차단제 사용을 금지하는 법안이 통과된 바 있다. 자외선차단제의 어떤 성분이 어떤 악영향을 끼치는지 알아보고 이에 대한 대안방안을 찾아 보시오.

4. 대기오염이 다른 오염(수질, 중금속, 열 등) 문제와 다른 점은? 그에 대한 사례를 들어보시오.

3. 전체 토론 주제

대기오염물질 배출원을 고려할 때, 대기오염을 줄이는 가장 효과적인 방법은 무엇일까?(우선순위)

12장
수자원과 수질

"물을 모든 생명체의 근본으로 두셨으니…"

—코란 21장 30절

12.1 물과 환경

물이 모든 생명체의 근본임은 아주 오래 전부터 인류가 깨달은 지식이다.[1] 물이 없이는 어떠한 생물도 살 수 없다. 연중 강수량이 매우 낮은 사막에는 생물량이 낮다. 하지만 이러한 사막에도 적절하게 물을 공급하면 푸른 농작물을 공급할 수 있다(그림 12.1). 따라서 생활에 필요한 물을 확보하는 일은 먹거리와 마찬가지로 안보(security)와 직결된다. 여러 나라를 통과하는 **초국경**(transboundary) 강을 이용하는 나라들 간에 물을 확보하기 위한 분쟁이 벌어지곤 한다. 생존과 삶의 질을 위해서는 물의 양 뿐만 아니라 물의 질(수질)도 중요한데 수질이 안좋은 물은 마실 수도, 다른 용도로 이용할 수도 없기 때문에 수질 문제는 수량을 다루는 수자원 관리와 밀접한 연관이 있다. 이 장에서는 물의 양과 질에 대한 수자원 관리 및 수질 문제를 다룬다.

12.2 민물의 분포

우주에서 보면 지구는 물이 풍부한 환경이다. 하지만 지구 상 물의 97%는 대부분 바다에 있고 바닷물은 평균 35‰의 염수이다. 사람을 포함한 육상의 대부분의 생물들에게 염수는 삶의 유지에 쓰이지 못한다. 지구 전체 물 양의 2.6%만 민물(담수)이다(그림 12.2). 이마저도 대부분은 빙하와 지하수로 저장되어 있으며 호수와 강의 형태로 생물이 이용할 수 있는 양은 전체 수량의 극히 일부분인 0.01%가 안된다. 호수와 강물도 대부분 큰 호수에 집중되어 있는데, 민물 호수의 수량 중 약 20%가 바이칼호가 차지하고 미국의 오대호 수량 또한 20%를 차지한다. 바이칼호의 표면적은 오대호를 이루는 호수보다 좁으나 깊이가 1.5 km에 달하여 많은 양의 물을 보유한다. 이러하듯 그나마 적은

---

1 이슬람 경전인 코란 21장 30절에 "… 물을 모든 생명체의 근본으로 두셨으나 …(By means of water we give life to everything)"라는 구절이 있다.

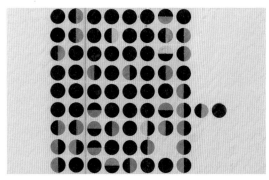

그림 12.1 이집트 서부사막(Western Desert)의 원형 농장을 찍은 위성 사진. 지하수를 회전관개(center pivot irrigation) 방식으로 공급하여 작물을 사막에서 기르고 있다. ⓒ NASA Earth's Observatory.

강 0.00015%

대기 수분 0.0009%

담수 호수   오대호   바이칼
0.007%   0.0016%   0.0017%

지하수 0.75%

빙하와 빙산 1.76%

해양수와 육상염수 97.4%

그림 12.2 지구 전체의 물의 분포

민물도 큰 수체에 집중되어 있어서 사람들이 이용할 수 있는 민물의 양이 매우 부족하기에 물을 둘러싼 갈등이 생겨난다.

물은 끊임없이 순환한다(그림 12.3). 바다와 육상에서 증발한 수증기는 비와 눈의 형태로 육상으로 돌아오는데 이를 **강수**(precipitation)라고 한다. 강수량 중 일부는 식물에 내린 후 다시 증발하여 토양에 도달하지 못하는데 이를 **차단**(interception)이라고 한다. 차단되지 않은 나머지 강수는 토양으로 **침투**(infiltration)하는데 비에 의해 토양이 포화되면 더 이상 침투하지 못하고 표면으로 흐르는 **표면유출수**(surface runoff)가 된다. 비가 그치면 중력에 의해 물이 포화되는 층이 아래로 내려가는데 공기가 찬 토양 아래 물이 포화되기 시작하는 층을 **지하수위**(water table)라고 한다. 지하수위는 강수 정도에 따라 높아지기도 하고 낮아지기도 한다.

이런 지하수층을 머금고 있는 지질층을 **대수층**(aquifer)이라고 한다. 지하수와 대수층은 구별이 필요한데 지하수는 물이고 대수층은 흙이나 암석 등이 지하수를 머금고 있는 층을 말한다. 대수층은 다시 지상부와 암반 등으로 분리된 유폐된 대수층(confined aquifer)과 분리되지 않고 대기와 토양 공극을 통해 연결된 유폐되지 않은 대수층(unconfined aquifer)으로 나뉜다. 전 세계적으로 37개의 주요 거대 대수층이 존재한다(그림 12.4). 이 중 13개는 새로 보충되는 수량이 거의 없어 지속적으로 고갈되고 있다. NASA에 따르면 전 세계 인구의 약 1/3인 20억 인구의 삶은 지하수에 의존하고 있다. 가장 부하가 많은 대수층은 세계에서 가장 건조한 지역에서 수많은 인구가 지하수를 사용하는 아라비아 대수층이다. 이 대수층은 6,000만 명 이상의 사람들이 사용하는 물을 공급한다. 그 다음으로 고갈이 심한 곳은 인도 북서부와 파키스탄, 북아프리카 지역이다.

우리나라의 지하수는 상대적으로 풍부한 편이다. 그림 12.5를 보면 제주도를 제외한 대부분의 지역에서 지하수면은 지하 10 m 내에서 나타난다.

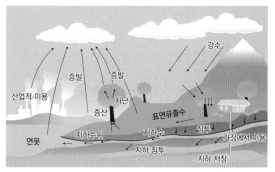

그림 12.3 물의 순환. 지하수위가 노출된 것이 수체의 수면으로 연결되는 것에 주목하자. 하지만 지하수위가 낮아지면 수체의 수면도 낮아져 바닥이 드러날 수 있다.

지하수의 연간 변화(mm)

-20 -15 -10 -5 5 10 15 20 25

그림 12.4 2003년부터 2013년까지 10년 동안의 세계 주요 대수층의 지하수량 변화. 37개 대형 대수층 중 13개는 새로운 보충이 거의 없어 지속적으로 고갈되고 있다(자료: NASA Earth's Observatory)

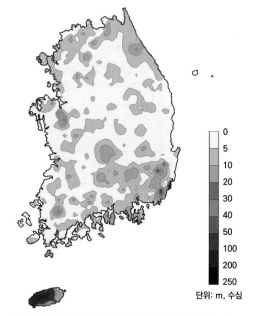

단위: m, 수심

그림 12.5 남한의 지하수위 분포(자료: 안재영 등, 2011)

그리고 최근 10년간 지하수위의 변동도 전 세계적인 고갈에 비해서는 크지 않다. 2001년부터 2010년까지 10년간 264개 지역에서 지하수위의 변동을 측정한 결과 변동이 10 cm 이하인 곳이 235개소였으며 15개소는 상승, 14개소는 하강 경향이었다. 지하수층의 두께는 강원도와 경상도에서 상대적으로 얇아 대수층이 덜 발달되어 있고 규모도 작다.

지하수위는 토양으로 침투하는 빗물 공급량에 따라 지표면에 가까워지기도 하고 깊어지기도 한다. 우리나라의 대수층 깊이는 상대적으로 매우 얕고 연중 비가 자주 오는 편이기에 지하수위가 급격히 낮아져서 하천이 마르는 일은 드물다. 하지만 캘리포니아와 같은 지중해성기후에서는 봄, 여름, 가을에 비가 전혀 오지 않기 때문에 지하수위는 계속 내려가서 봄에 눈이 녹은 물이 흘러내리다가 눈이 다 녹고 나면 말라버리는 하천이 많다.

12.4 재생가능한 물 공급량

한 지역에 얼마나 물이 공급되는지 정량적으로 나타내는 한 척도로 **재생가능한 물 공급량**(renewable water supply) 개념이 쓰인다. 재생가능한 물 공급량은 표면유출수의 양과 대수층으로 침투하는 물의 양을 더한 양으로 특정 지역에 새로이 공급되는 물의 총량이라고 할 수 있다. 이 양 만큼만 물을 소비한다면 대수층이 고갈되지 않고 지속가능할 수 있다. 하지만 이 양보다 더 많은 물소비가 이루어지면 대수층은 보충이 이루어지지 않고 고갈된다. 같은 양의 물이 공급되더라도 인구가 많으면 소비가 늘어나므로 지역 인구도 고려할 수 있다. 재생가능한 물 공급량을 그 지역의 인구로 나눈 양을 **1인당 재생가능한 물 공급량**(per capita renewable water supply)이라고 한다. 물 부족 기준으로 잘알려진 **팔켄마크 물 부족 지표**(falkenmark water stress indicator)에 따르면 1인당 재생가능한 물 공급량이 연간 1,700 m³ 이하가 되면 주기적 또는 한시적인 **물 부족**(water stress) 상태가 예상된다. 1인당 재생가능한 물 공급량이 연간 1,000 m³ 이하가 되는 나라들은 **물 기근**(water scarcity) 상태에 직면하게 된다. UN 세계식량기구 FAO에 따르면 2025년에는 19억 명이 물 기근 상태로 살것이며 세계 인구의 2/3가 물 부족에 시달릴 것으로 예상된다. 기후 변화는 이러한 물 부족 문제를 더 악화시킬 것으로 보인다.

우리나라의 1인당 재생가능한 물 공급량은 연간 1,500 m³ 정도이다. 이 기준에 따르면 물 부족에 해당한다. 실제로 수자원공사는 우리나라가 "UN이 정한 물부족국가"이며 대부분의 강수량이 바다로 빠져나가기에 댐 건설이 필요하다고 주장한다.[2] 이러한 주장에 대해 우리나라의 경우 국토 면적이 좁기 때문에 1인당 재생가능한 물 공급량은 1,700 m³ 이하이지만 인구 밀집으로 물을 집약적으로 사용할 수 있고, 토질이 양호해 이용가능한 물이 많아 물 부족국가로 볼 수 없다는 주장도 만만치 않다.[3]

12.5 물의 이용 – 취수와 소비

인간 문명에 의해 이용된 물은 궁극적으로는 다시 물의 순환 과정으로 돌아가지만 짧은 시간 동안에는 사람들이 다시 이용할 수 없는 상태로 변환되기도 한다. 물의 이용 과정을 이해하기 위해서는 우선 **취수**(water withdrawal)와 **물의 소비**(water consumption) 개념을 구분할 필요가 있다. 취수는 이용을 위해 저수지나 강, 대수층에서 물을 끌어오는 과정을 말한다. 취수된 물은 다시 취수원으로 되돌아갈 수 있다. 이에 반해 물의 소비는 영구적으로 수원지로부터 물을 써서 없애버려 더 이상 쓸 수 없게 만드는 것을 말한다. "증발하거

---

2 한국수자원공사(http://www.kwater.or.kr/info/sub01/watersavePage.do?s_mid=1588)

3 염형철. 2003. "한국은 'UN이 정한 물 부족국가' 아니다" (출처 : 오마이뉴스)

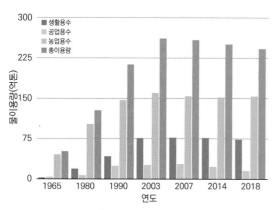

그림 12.6 우리나라의 물 이용량 변화. 물 이용량은 각 용도별 물 취수량으로 해석된다(자료: 환경부, 2021).

(A) 담수 관개 ⓒ talyordayumi (flickr)

(B) 스프링클러 관개 ⓒ eutrophication & hypoxia (flickr)

(C) 점적 관개 ⓒ Borisshin (wikimedia)

그림 12.7 세 가지 주요 관개 방법. 수생식물인 벼를 키우는 논은 모내기 전후로 담수 관개를 한다. 점적 관개는 가장 효율적인 관개 방법이다.

나 증산하는 물, 제품이나 농산물에 포함된 물, 사람이나 가축이 마신 물과 같이 수환경에서 물을 사라지게 하는 것"을 물의 소비라고 한다(Vickers, 2001). 취수된 물 중 소비로 사라지지 않더라도 발전소 냉각수와 같이 온도가 올라가거나 오염되어 다른 용도로 사용하기 어렵게 수질이 악화되기도 한다.

우리나라의 연간 물 이용량은 1965년에 51억 톤에서 2014년에 251억 톤으로 50년 만에 약 5배 증가하여 경제개발과 산업화로 물 이용량이 급격히 증대한 것을 알 수 있다(그림 12.6). 하지만 2003년 이후로 물 사용량은 완만한 하강 또는 정체 추세에 있다.

용도별로 보면 생활용수, 공업용수, 농업용수 중 농업용수의 물 이용량이 가장 많아, 2014년 기준 총 물 이용량의 61%를 차지하였고, 생활용수는 30%, 공업용수는 9%를 차지하였다. 이 통계에서 가장 눈에 띄는 것은 농업용수의 비중이 압도적으로 많다는 점이다. 전 세계 통계를 보더라도 농업 용수의 비중은 막대해 2001년 UNEP 통계를 보면 전 세계 취수의 2/3, 물 소비의 85%를 차지하고 있다. 농업용수의 이용은 물 소비로 인한 물 사용량의 감소를 가져오는데 전 세계적으로 농업용수 취수량의 약 2/3 이상이 다시 가용한 물로 돌아오지 못하고 소비되어 사라진다. 농업용수는 특히 다른 용도의 물 사용에 비해 소비로 사라지는 비율이 높은데 이는 비효율적인 **관개**(irrigation) 방식 때문이

다. 관개 방식에는 크게 **담수 관개**(flood irrigation), **스프링클러 관개**(springkler irrigation), **점적 관개**(drip irrigation) 등이 있다(그림 12.7). 농업용수 사용이 물 소비의 가장 큰 요인이라는 점은 먹거리 문제와 수자원 문제가 연결되어 있다는 것을 뜻한다. 한편 수자원과 에너지 분야도 상당한 연관이 있다. 물을 취수하고 이용하는 과

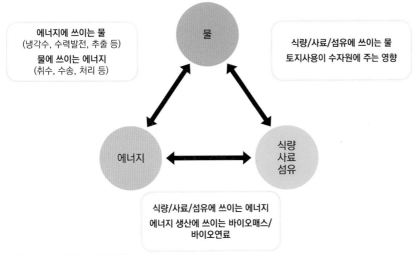

에너지에 쓰이는 물
(냉각수, 수력발전, 추출 등)
물에 쓰이는 에너지
(취수, 수송, 처리 등)

물

식량/사료/섬유에 쓰이는 물
토지사용이 수자원에 주는 영향

에너지

식량
사료
섬유

식량/사료/섬유에 쓰이는 에너지
에너지 생산에 쓰이는 바이오매스/
바이오연료

그림 12.8 물-에너지-식량 연계

정에서 에너지가 소비되는데 특히 염수의 담수화 과정에서는 막대한 에너지가 투입된다. 반대로 에너지 생산 과정에서도 상당한 물이 소비되는데 셰일 가스나 석유 채취에 막대한 양의 물이 사용되며 화력발전의 경우 냉각수 및 공정수로 이용된다. 농업과 에너지도 농업생산과 수송에 막대한 화석연료가 사용되고 농경지에서 바이오연료(biofuel) 재배가 이루어지는 등 밀접한 관계이다. 이러한 농업과 수자원, 에너지는 서로 연관되어 문제를 개별적으로 해결하기 힘든 복합적인 관계이므로 이들의 연관성과 관계를 하나로 묶어 **물-에너지-식량 연계**(water energy food nexus)[4]로 부른다(그림12.8).

물의 소비가 늘수록 가용한 물의 양은 점점 줄어든다. 자원의 양이 오랜 시간이 지나도 유지되려면 자원의 공급 속도가 소비 속도를 따라가야 한다. 소비 속도가 자원이 재생되는 속도(공급 속도)를 넘어서게 되면 자원의 양은 시간이 지날 수록 점점 줄게 된다(그림 12.9). 재생가능한 물 공급량을 넘어선 물의 소비는 수자원의 고갈로 이어지는데 이의 대표적인 예는 아랄해(Aral Sea)이다.

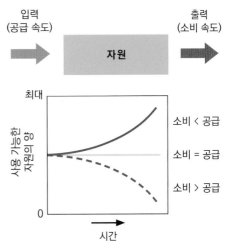

입력
(공급 속도)

출력
(소비 속도)

자원

그림 12.9 지속가능성의 정량적 개념. 재생가능한 자원은 자원의 공급과 소비 속도가 같을 정도로 공급 속도가 높은 것이다.

중앙아시아의 카자흐스탄과 우즈베키스탄 사이에 위치한 아랄해는 1960년 당시 68,000 km²에 달하는 세계에서 네 번째로 큰 내해였지만 2014년 기준 1960년 당시 면적의 1/10로 면적이 줄어드는 비극적인 변화를 보이고 있다(그림 12.10). 이런 변화의 원인은 1960년 당시 소련이 정책적으로 아랄해로 흘러드는 두 강인 시르다리야강과 아무다리야강의 물길을 주변 농경지로 돌려 아랄해로 들어오는 수량이 급격히 줄었기 때문이다. 이에 따른 수위의 감소로 인해 1990년 이후에는 아

---

4 우리나라의 대형 발전소는 주로 해안가에 위치하여 해수를 냉각수로 대부분 사용하기에 담수 소비량은 미국 등에 비해 매우 낮다(김하나, 2016).

랄해가 남쪽의 남아랄해와 북쪽의 북아랄해로 나뉘게 되었는데 남아랄해는 주변에서 가장 큰 강인 우즈베키스탄의 아무다리야강, 북아랄해는 카자흐스탄의 시르다리야강에서 물을 공급받는다. 소련의 붕괴 이후 독립된 두 나라는 아랄해 보전에 대한 정책이 매우 달랐는데, 카자흐스탄은 아랄해 보전에 적극적이어서 시르다리야강에 의해 물이 공급되는 북아랄해의 상당 부분은 보전된 반면 남아랄해는 급속도로 사라져 버렸다. 남아랄해로 들어오는 물의 92%는 관개로 이용되기에 실질적으로 남아랄해로 들어오는 물은 없다고 볼 수 있다. 남아랄해 주변에서는 아무다리야강의 물을 이용하여 목화를 재배하고 있다. 이러한 아랄해 사례를 보면 정치적 경계에 의해 환경문제의 양상이 달라지는 것을 뚜렷이 볼 수 있다. 아랄해 축소로 인해 아랄해의 염분도는 1990년에 376 g/l(바다의 염분도는 평균 35 g/l)로 급격히 상승하였고 이는 아랄해 생태계에 심각한 영향을 주어 상업적 어획량이 1960년에 4만 3,000여 톤에서 1980년에는 0톤으로 어업이 붕괴되었다. 아랄해 주변은 사막화 과정을 거쳤는데 지하수위의 하강과 지표의 염분 집적은 식생에 영향을 주어 식물량의 40% 이상이 감소하고 식물 피복의 감소는 먼지폭풍과 사막화로 이어졌다. 이러한 사막화와 염류집적으로 400만 ha 이상의 농경지가 황폐화되었다.

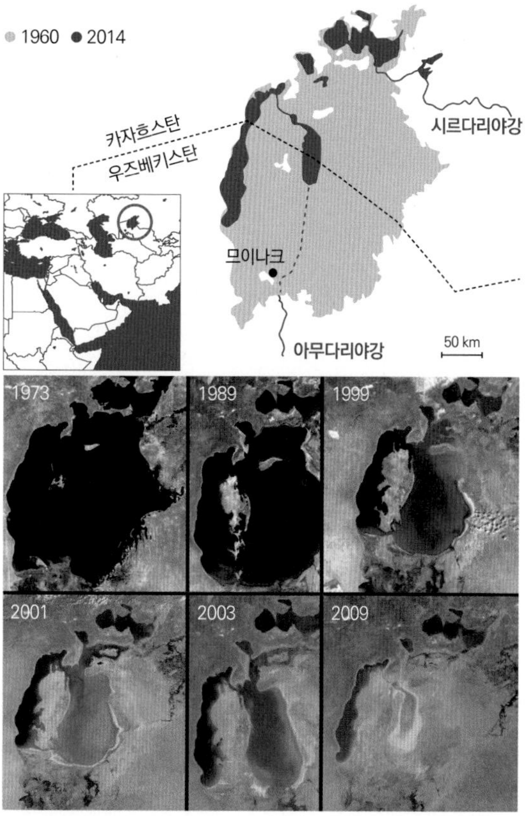

12.6 댐과 보 건설

바다로 흘러가는 강물을 가두어 농업과 공업 및 생활용수로 이용하기 위해 인류 문명은 8,000여 년 전 메소포타미아 문명 시기부터 크고 작은 댐을 지어왔다. 국제대댐위원회(International Commission of Large Dams, ICOLD)에 따르면 2011년 기준 전 세계적으로 58,519개의 대형댐이 존재한다. ICOLD는 **대형댐**을 "높이 15 m 이상 또는 높이 5~15 m의 3,000,000 m³ 이상의 저수량

● 1960 ● 2014

카자흐스탄
우즈베키스탄
시르다리야강
모이나크
아무다리야강
50 km

1973 1989 1999
2001 2003 2009

그림 12.10 아랄해의 축소 ⓒ NASA Earth's Observatory

표 12.1 나라별 대형 댐 보유 수

순위	국가	대형댐 수
1	중국	23,842
2	미국	9,261
3	인도	5,102
4	일본	3,112
5	브라질	1,411
6	남한	1,266
7	캐나다	1,170
8	남아프리카공화국	1,114
9	스페인	1,063
10	터키	972
11	이란	802
12	프랑스	712
13	영국	596
14	멕시코	571
15	호주	570
16	이탈리아	542
17	독일	371
18	노르웨이	335
19	알바니아	307
20	짐바브웨	254
	그 외 국가	4,349
	합계	**57,722**

(자료: ICOLD, 2011; Magee, 2014)

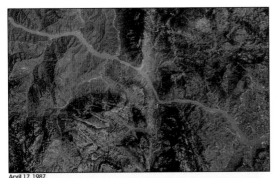

April 17, 1987

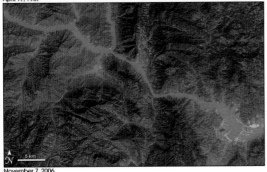

November 7, 2006

그림 12.11 샨샤댐 건설 이전(위, 1987)과 담수 이후(아래, 2006)의 침수 면적을 보여주는 LANDSAT7 위성 사진 ⓒ wikimedia

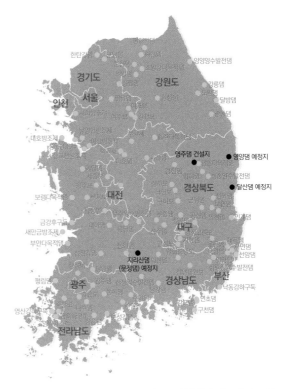

그림 12.12 남한의 주요 댐과 보 현황(자료: 월간 함께 사는 길 2015년 1월호 "댐네이션 남한")

을 가진 댐"으로 정의한다. 이 정의에 따르면 4대강 사업으로 건설된 "보"는 대부분 대형댐의 범주에 들어간다. 중국은 전 세계 대형댐 수의 41%인 23,842개의 대형댐을 가지고 있다(표 12.1). 특히 2012년에 양쯔강 유역에 완공된 샨샤댐은 세계 최대의 발전용량(총 발전용량 22,500 MW)을 가진 댐이다(그림 12.11). 2013년 기준 남한의 대형댐 수는 1,266개로 세계 6위의 대형댐 보유국이다. 전체 댐의 수는 16,000개에 달하며 댐 밀도(단위면적당 댐의 수)는 동아시아에서 가장 높아 일본의 댐 밀도보다도 50% 많은 수준이다(Magee, 2014).

한국의 국가하천인 한강, 낙동강, 금강, 섬진강, 영산강 수계에는 총저수용량 29억 톤의 소양강댐 등 총 16개의 다목적댐이 지어져 있고 낙동강, 금강, 영산강은 모두 하구둑으로 바다와 격리되어 있다(그림 12.12). 2013년에 완료된 4대강 사업으로 한강 3개, 낙동강 8개, 금강 3개, 영산강 2개의 '보(대형댐)'가 건설되었다. 우리나라의 국가하천 가운데 대형댐으로 가로막히지 않은 강은 없다.

댐은 홍수조절, 용수 공급, 수력발전 등의 용도로 건설된다. 남한에서 건설된 대형댐들은 대부분 다목적댐이며, 그 외 발전전용댐, 생공용수전용댐, 하구둑, 농업용저수지, 홍수전용댐 등으로 분류된다. 2014년 자료에 의하면 남한 발전량의 1%만 수력발전이 담당하고 나머지는 화력과 원자력 발전이 그 나머지를 담당하니 적어도 남한에서는 발전의 용도보다 용수 공급 목적이 댐의 주된 용도이다(Magee, 2014).

댐 건설의 논리

대형댐을 건설하는 주체인 수자원공사는 다목적 댐의 목적을 홍수조절, 안정적인 물 공급, 수질 개선, 관광 등 지역사회 개발 등으로 말하고 있다.[5] 남한에서는

---

5 K-water 그것이 알고 싶다_우리나라에 다목적댐이 필요한 이유! (https://blog.naver.com/ilovekwater/221009252283)tView)

1960년대 이후 지속적인 댐 건설이 이루어져 댐에 의한 홍수조절 용량은 2016년 기준 60억 m³ 규모이다(그림 12.12;국토해양부, 2016). 20세기부터 시작된 전 세계적인 댐 건설에도 불구하고 홍수 피해액은 계속 증가하는 현상이 세계 도처에서 보고되고 있다.[6] 댐이나 보 등 홍수 방지 시설은 매년 일어날 수 있는 보통의 홍수는 막아낼 수 있지만 큰 규모의 홍수에는 오히려 재난을 부채질할 수 있다. 정부 통계에 따르면 기후변화에 의해 하천 시설물 설계빈도[7] 이상의 홍수가 점차 증가하는 추세이다. 댐 저수지에 물이 가득 찬 상태에서 비가 계속 내리면 댐의 물이 넘치지 않도록 수문을 열게 되는 데 이 때 홍수가 더 악화될 수 있다. 댐 위로 물이 넘치게 되면 댐 붕괴의 위험이 있다. 댐의 홍수 조절 능력은 댐 바닥에 토사가 쌓일수록 그리고 발전 등 다른 용도로 물을 가두어 놓을수록 떨어진다. 다목적 댐은 발전과 용수 공급 목적이 우선되는 경우 가능한 최대로 수위를 유지하는 것이 보통이므로 실제 홍수 조절 능력은 최대 능력 보다 낮을 수 있다. 또한 수력 발전 댐의 경우 발전에 의한 대량 방류는 홍수가 아닌 때에도 하류에 침수 피해를 줄 수 있다. 아르헨티나의 이타이푸 댐의 방류는 주기적인 홍수를 발생시키고 있다는 보고가 있다(맥컬리, 1996).

댐에 의한 물 공급 능력은 2015년 기준 209억 m³에 달하며 그 중 다목적댐의 물 공급 능력이 112억 m³로 51%를 차지하며 17,401개의 농업용저수지는 41억 m³(20%), 12개의 하구둑 및 담수호는 29억 m³(14%), 4대강보는 4.6억 m³(2%)의 물을 공급할 수 있는 것으로 집계되었다(국토해양부, 2016). 남한의 자연적인 물 공급량은 1967년부터 2015년까지 48년의 기간 동안 평균 하천수 유출량은 연간 760억 m³이며, 5년 빈도 가뭄시 509억 m³, 10

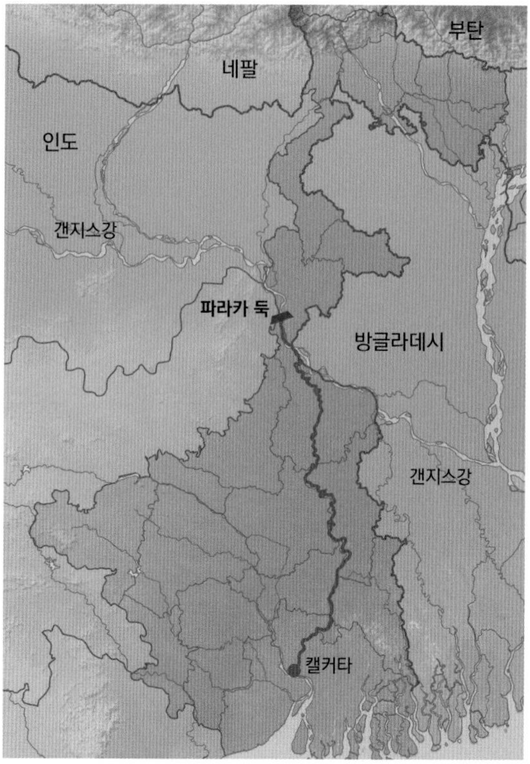

그림 12.13 갠지스강을 막아 캘커타시로 강물을 돌려 방글라데시에서 이용할 수 있는 물의 양이 감소하여 초국경 분쟁을 일으킨 파라카 둑의 위치

년 빈도 가뭄시 432억 m³, 25년 빈도 가뭄시 392억 m³이었고, 이 기간 중 최대 가뭄 시 하천수 유출량은 연간 351억 m³ 이었다. 우리나라 지하수의 이용량은 2015년 기준 41억 m³이며 지하수 개발 가능량 129억 m³의 32% 수준으로 조금씩 증가 추세에 있다. 2014년 남한의 물 사용량이 총 251억 m³ 이었고, 2020년의 물 수요는 247억 m³로 소폭 하강할 것으로 2016년 예측되었다. 관개를 제외한 용수공급용 댐의 경우 대부분 인구가 집중된 도시 용수 공급을 위한 것이다. 대형 댐은 댐 하류의 하천을 고갈시키고 지하 수위를 낮추게 된다. 인도의 갠지스강을 막아 캘커타시로 물길을 바꾸는 파라카 둑(Farakka Barrage)은 하류에 사는 4,000만 명의 방글라데시 사람들이 마실 물의 양을 감소시키고 염분도 상승, 수질 악화 및 공중 위생 문제 등 여러가지 환경문제를 일으켜 초국경 분쟁의 장소가 되고 있다(그림 12.13).

---

6 맥컬리(Patrick McCully)의 『소리잃은 강(Silenced Rivers)』(2001)에 따르면 미국에서는 홍수 방지법이 통과된 1937년 이후 인플레이션을 고려하고도 홍수 피해액이 50여 년 동안 두 배 이상 증가하였다. 이 노드의 경우도 1953년에서 1980년 사이 댐을 건설하는데 수십억 달러를 지출했음에도 홍수 피해면적과 피해액이 더 크게 증가하였다.

7 설계빈도란 수리구조물 설계시 규모를 결정하기 위한 기준으로 확률적으로 산출한 수문량의 발생빈도를 말한다. 국가하천의 경우 보통 100년에 1번 일어나는 홍수 수량에 대해 버틸 수 있게 구조물을 설계한다.

댐 건설과 사회 문제

남한에 건설된 댐이 붕괴된 사례는 아직 없지만 전 세계적으로 보면 댐이 붕괴한 사례는 쉽게 찾아 볼 수 있다. 댐 붕괴로 사상 최악의 사고로 꼽히는 것은 중국 양쯔강 지류인 화이허(淮河)강에 건설된 반차오(板橋)댐의 1975년 붕괴 사건이다. 이 댐은 1,000년 주기의 홍수를 견딜 수 있게 설계되었지만 1975년 5월과 7월 사이에 발생한 태풍은 2,000년 주기의 홍수를 유발하였고, 8월 7일 댐이 붕괴되면서 하류의 모든 마을과 도시들은 순식간에 물에 잠겼다. 전체 62개의 댐이 연쇄적으로 무너져 화이허강 유역의 침수 면적은 수천 km²에 달했다.[8] 이 사건에서 홍수에 휩쓸려 사망한 사람은 85,000명, 댐 붕괴 이후 고립되어 질병과 식량 부족으로 사망한 사람은 145,000명으로 추정되었다(맥컬리, 1996). 전 세계적으로 1900년부터 1980년까지 대형 댐의 붕괴 사고는 160건 이상이다. 댐 붕괴의 주요 원인은 범람과 지반 문제로 알려져 있다. 범람의 경우 댐 설계기준을 넘어서는 홍수가 오는 경우 심각한 댐 붕괴 위험을 가져온다. 진주에 위치한 남강댐의 경우 1999년 보강공사 때의 설계기준인 200년 빈도의 계획홍수량을 17년 동안 5회나 초과하여 댐의 안전성에 대한 우려가 높아지고 있다.[9] 남한에서도 1986년 연천군 한탄강 상류에 건설된 연천댐이 1996년 7월에 오른쪽 둑이, 1999년 8월에 왼쪽 둑이 무너지는 등 두 차례의 붕괴로 하류지역에 물난리를 일으켜 주택 수백가구가 침수된 사례가 있다.

댐은 지진 활동이 활발한 곳에서는 지진의 빈도를 증가시키며, 안정한 곳에서는 지진을 유발할 수 있다. 댐으로 생긴 저수지의 물이 저수지 바닥이나 인근 기반암층에 균열을 내고 지층 사이의 틈에 높은 압력을 가하기 때문에 지진이 유발될 수 있다고 설명된다. 남한과 같이 지진에 비교적 안전한 곳에서는 댐에 대한 내진 설계가 상대적으로 취약한 상태이고 2001년 이후에야 내진 설계가 본격적으로 적용되었다. 2016년 현재 경북지역 642개 저수지 중 내진설계가 반영되지 않은 50년 이상된 것이 462개로 72%에 달해 대부분의 오래된 농업용 저수지는 지진에 대한 방비가 안되어 있다고 볼 수 있다. 1973년에 준공된 소양강댐의 경우 2001년 강화된 내진설계 기준에 따라 진도 6.0 규모의 지진을 견딜 수 있다. 29억 톤의 저수량을 보유중인 소양강 댐 지역에 6.0 이상의 규모의 지진 시 붕괴 가능성이 있고 붕괴 시 서울, 인천, 경기 지역 47개 시·군·구가 침수될 것으로 예상된다.[10] 우리나라 지진 관측은 1978년부터 시작되었는데 1978년부터 2000년까지는 연평균 20회, 2001년부터 2015년까지는 연평균 48회 발생하여 2000년 이전보다 2배 이상 발생 빈도가 증가하였다. 지진의 강도도 이전에는 2.0~3.0의 지진이 최고였으나 최근 5.0을 넘어서는 지진이 빈번하게 발생하고 있으며 2016년 9월에는 경주에서 규모 5.8의 지진이 발생하였다.

댐 건설을 통해 사람들이 받는 가장 직접적인 영향은 수몰지역의 삶의 터전을 포기하고 다른 곳으로 삶을 옮기는 이주이다. 세계 최대 규모의 샨샤댐 건설로 120만 명의 이주민이 발생하였고, 전 세계적으로는 댐 건설로 인한 이주민의 수가 약 3,000만 명에서 6,000만 명으로 추산된다(맥컬리, 1996). 2016년 낙동강 지류인 내성천 상류에 건설된 영주댐으로 인해 500 km²의 면적이 수몰되어 921명의 이주민이 발생하였고 인동 장씨 집성촌인 금강마을, 안동 김씨들이 모여 살던 동호마을, 평은초교와 평은역이 사라졌다(그림 12.14). 댐이 지어지는 곳은 주로 개발되지 못한 시골 또는 원주민들이 사는 곳이 대부분으로 댐에 의한 사회적인 영향은 고스란히 이들에게 지워진다. 원주민들은 자신들이 살던 강가의 가장 좋은 땅들을 빼앗겨 강제로 이주당하는데 인도에서 댐에 의해 이주당한 수백만 명

8 댐 붕괴에 따른 침수 시뮬레이션을 보려면 Alchetron 동영상 (https://alchetron.com/Banqiao-Dam-1838572-W)을 참조
9 정희성. 2016. "남강댐은 안전한가 〈중〉 이상기후에 따른 홍수여건 변화와 댐 운영의 문제점" (출처: 경남일보)
10 이재현. 2013. "특등급 소양강댐 내진설계기준 청평댐보다 낮아" (출처: 연합뉴스)

그림 12.14 영주댐 담수 전에 촬영된 인동 장씨 집성촌 금강마을과 뒤로 보이는 건설 중인 영주댐 ⓒ 한승호 (한국농정신문)

중 75%에 해당하는 사람들은 정착할 땅이나 집을 얻지 못하고 떠돌이 노동자 신세로 전락하였다(맥컬리, 1996).

댐의 환경 영향

댐의 환경 영향은 크게 댐과 저수지 자체에 의한 영향과 댐 운영방식으로 인한 영향으로 나눌 수 있다.

댐이 건설되고 물담기가 진행되어 저수지가 생길 때 가장 알기 쉬운 변화는 댐 상류의 하천이 거대한 정수생태계(lentic ecosystem)로 변화한다는 것이다. 보통 고인 물(정수)에 사는 생물들에는 물벼룩, 털모기 유충, 식물플랑크톤 등 전 세계적으로 흔히 분포하는 세계종(cosmopolitan species)이 많기 때문에 하천의 저수지로의 변화는 보통 생태계다양성을 저하시킨다(그림 7.4 상주보 건설 전후 참조). 8개의 보(실질적으로는 대형 댐)가

들어선 낙동강은 하천으로서의 모습을 상실하고 저수지의 연속으로 되어버렸다. 4대강 사업에 의해 물 흐름이 정체되어 수심이 깊은 저수지로 변화하면서 남한강 중상류의 얕은 자갈과 모랫바닥에 살던 배가사리, 꾸구리, 돌상어, 새코미꾸리, 참종개, 퉁가리, 동사리와 같은 물고기는 서식처와 함께 사라졌고 깊은 곳에 사는 누치와 강준치 개체수가 늘고 외래종인 블루길과 베스 역시 급격하게 늘어났다. 영산강, 금강, 낙동강도 보가 만들어지면서 오랫동안 흐르는 하천에서 진화해온 고유종 물고기 종수가 현저히 줄었다.[11]

댐 건설 위치의 하천은 유수생태계가 정수생태계로 변화하지만 댐 상류와 하류의 생태계는 댐에 의해 거의 단절된다. 가로막히지 않은 온전한 하천의 상류와 하류는 유기물과 토사의 공급 및 생물 특히 어류의 이동을 통해 연결되어 있다. 이러한 하천의 종적 연속성을 가리켜 하천연속성(river continuum) 개념이라고 한다. 또한 하천은 강우가 집중되는 시기에 주기적으로 범람하여 주변의 범람원으로 유기물과 토사를 공급하는 횡적 동태를 보이는데 이를 홍수맥동성(flood pulse) 개념이라고 한다. 하천연속성 개념에 따르면 하천의 상류와 중류 그리고 하류는 소비자 생물의 구성이 각 장소의 생산자와 공급되는 유기물에 따라 달라진다(그림 12.15). 하천의 상류에서는 육상생태계인 숲으로부터 낙엽이 주된 유기물 공급원이 되고 이를 뜯어먹는 무리들(shredder)이 주된 소비자이다. 중류에서는 하천의 폭이 넓어지고 여전히 수심이 낮아 부착조류의 생산이 주가되고 이를 긁어먹는 무리(scrapper)들이 늘어난다. 하류로 갈수록 수심은 깊어지고 부착조류보다는 식물플랑크톤의 비중이 커지고 이를 걸러먹는 무리(filterer)들이 주를 이룬다. 댐은 이러한 자연적인 하천의 연속

---

11 '거대 댐으로 막힌 강, 사라지는 물고기들'(김익수, 2016)에 따르면 금강에서는 부여보의 조성으로 수심이 깊어지고 하상에 펄이 침적되어 천연기념물 미호종개와 멸종위기종 흰수마자가 사라졌고 어류상도 크게 변화하였다. 영산강에서도 보가 조성된 뒤 각시붕어, 납자루, 긴물개, 중고기, 돌마자 등이 희귀해졌고 낙동강에서도 보가 만들어지면서 강바닥 모래를 파내어 모랫바닥에 산란하는 습성을 가진 흰수마자, 모래주사, 돌마자 및 자갈바닥 돌 틈에 사는 꺽지, 돌고기 등이 서식처 파괴로 현저히 줄었다.

성과 역동성을 없앤다.

유기물과 생물의 이동 뿐만 아니라 토사(sediment)의 이동도 자연적인 하천과 해변의 유지에 매우 중요한데 댐은 이러한 토사의 이동을 가로막는다. 자연적인

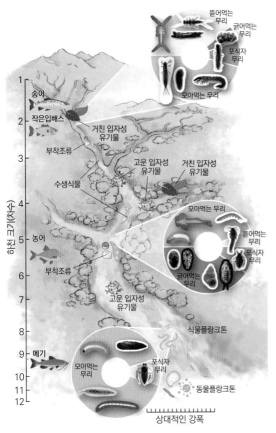

그림 12.15 하천연속성 개념. Vannote et al.(1980)의 그림을 다시 그림

하천에서는 각 지점에서 토사의 침식이 더 상류에서 공급되는 토사의 공급에 의해 보상받아 강 바닥이 유지된다. 댐이 건설되면 상류에서 내려오는 토사의 거의 대부분은 댐에 가로막혀 가라앉고 댐의 하류에서는 토사의 공급이 중단되어 강바닥과 둑을 침식시키고 이렇게 깎여간 토사는 훨씬 하류에 퇴적된다. 상류에 영주댐이 건설된 회룡포의 육화도 이러한 모래(토사)의 공급이 댐에 의해 막힌 결과로 보인다(그림 12.16).

하천 하류의 삼각주와 연안도 모래와 미사 공급이 급감하여 댐 건설의 영향을 받는다. 2014년 해양수산부 보도자료에 의하면 남한의 동해, 서해, 남해 전연안에서 연안침식이 우려되고 있으며 특히 동해안의 강원도와 경북지역의 연안침식이 심각하다. 2010년에서 2015년까지 5년동안 경북에서 55만 2,317 m^2, 강원도에서 39만 4,341 m^2의 해변이 사라졌다.[12] 기후변화에 따른 해수면 상승과 이상 고파랑의 증가, 해안 인공구조물 설치 증가에 따른 해류의 변화 등이 연안침식의 원인으로 제시되고 있으나 댐과 수중보로 인한 해안으로 공급되는 토사량의 감소도 연안침식의 중요한 원인 중의 하나로 여겨진다. 한 논문에 의하면 한강 수계에 건설된 7개의 댐에 의해 해안으로 유입되는 토사의 약 65%가 감소하는 것으로 추정되었다(이사홍 외, 2015).

건설된 댐의 운영 방식에 따른 영향에는 저수지의

---

12 디지털스페셜. "해안침식, 백사장이 사라진다" (출처: 중앙일보)

그림 12.16 내성천에 건설된 영주댐 하류에 있는 회룡포의 2005년 8월 모습(왼쪽)과 2015년 6월 모습(오른쪽) ⓒ 황영심

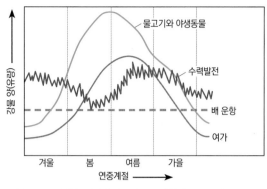

그림 12.17 댐 운용 방식에 따른 저수지 위치의 수문 패턴

담수와 방류에 의한 하류 **수문**(hydrology)의 변화가 포함된다. 수문은 물의 움직임과 분포 및 수질을 일컫는데 구체적으로는 하천의 수위 변화가 매우 중요하다. 하천에서 살아가는 생물들은 댐 건설 이전의 자연적인 하천의 수문 패턴에 오랜 세월 동안 진화적으로 적응되어 있다. 댐이 건설되면 주기적인 발전을 하는 경우, 농업용수로 쓰는 경우, 선박운행 등의 댐 운용방식에 따라 댐 하류의 수문 패턴은 하천 생태계의 생물들이 적응해온 자연적인 수문 패턴과 달라지게 된다(그림 12.17). 예를 들면 어류는 보통 산란을 위해 봄에 많은 유량이 필요한데 다른 목적의 댐 운용은 이와는 다른 유량 변화를 이끈다. 2013년에 발표된 리뷰에 의하면 댐으로 인해 달라진 수문 패턴은 어류의 회귀와 생장 및 생존에 부정적인 영향을 주며 강변 식생 및 습지 식생의 재생과 생장에도 큰 영향을 준다(Sakaris, 2013). 안동댐과 임하댐 하류의 낙동강에 대한 연구에 따르면 댐으로 인해 물의 흐름이 안정적으로 변화하면서 여름철 홍수는 사라지고 댐 하류의 모래 사주에 갈대가 유입되어 시간이 지나면 관목류로의 식생 천이가 일어나게 된다(우효섭, 2008).

댐은 흐르던 하천을 가두어 저수지를 만들기에 수질문제를 일으킨다. 이에 대해서는 이 장의 후반부인 수질 부분에서 좀더 다루어진다. 또한 최근까지도 댐에 의한 수력발전은 화력발전에 비해 이산화탄소 발생이 없어 온실효과를 강화하지 않는 에너지 공급으로 여겨졌으나 이 또한 재평가되어 상당한 이산화탄소가 저수지에서 발생하는 것으로 알려져 있다(맥컬리, 1996).

12.7 물 오염과 수질

오염(pollution)은 사람의 활동에 의해 환경에 유해한 물질이 방출되는 것으로 정의된다. **물 오염**(water pollution)은 물에 해로운 물질이 방출되는 것을 말하며 물 오염이 되면 **수질**(water quality)이 저하된다.[13] 오염은 지극히 인위적인 개념으로 물질의 특성이 아니라 사람의 삶을 기준으로 한다. 예를 들면 질소는 육상에서는 식물의 생장을 촉진하는 비료 성분이 되지만 물에서는 과다하면 부영양화를 일으키는 오염물질이 된다. 최근 생물다양성 개념의 대두로 오염은 사람의 삶 뿐만 아니라 생물다양성을 위협하는 한 요인으로 여겨지고 있다.[14] 물을 오염시키는 물질은 매우 다양하지만 크게 유기물 오염과 무기물 오염 그리고 소음과 열, 빛과 같은 비물질 오염으로 나눌 수 있다(표 12.2).

수질오염원은 크게 **점오염원**(point source)과 **비점오염원**(nonpoint source)으로 나눌 수 있다. 점오염원은 특정 장소에서 오염물질을 배출하는 반면 비점오염원의 경우 넓은 면적에서 오염물질의 배출이 일어나 특정한 오염원을 지정할 수 없다. 점오염원의 예로는 하수구, 도랑, 공장폐수 방류구 등이 있다. 수질을 악화시키는 비점오염원은 쉽게 이해하기 힘든 개념이다. 비점오염원에 대한 이해를 돕기 위해 태풍이나 호우로 굉장히 많은 비가 내리는 경우를 상상해 보자. 물비탈(수계, 유역)에 내리는 비는 토양이 물로 포화

---

[13] 보통 수질오염이라는 말이 많이 쓰이는데 물이 오염되어 수질이 나빠지는 것이고 수질은 물의 상태를 말하는 것으로 오염과 함께 쓰일 수 없다.

[14] 윌슨(E. O. Wilson)은 생물다양성을 위협하는 5요소로 HIPPO (habitat loss, invasive speices, pollution, over-population, overharvesting)를 들었고 그 중의 하나가 오염이다.

표 12.2 물 오염원의 종류

범주	예	오염원
유기물 오염		
감염원	세균, 바이러스, 기생생물	사람과 동물 배설물
천연유기물	동식물 유래 유기물, 음식물, 배설물	생활, 농업, 축산
합성유기물	살충제, 플라스틱, 세제, 기름, 휘발유	산업폐수, 생활하수, 농업
무기물 오염		
무기화합물	산, 염기, 염	산업폐수, 세제
중금속	수은, 카드뮴, 크롬	광산, 대기
방사능 물질	우라늄, 세슘, 요오드, 라돈	핵발전소, 광산, 무기
토사	점토, 미사	토양 침식
비물질 오염		
열	열	발전소 냉각수, 공장

그림 12.18 비점오염원의 종류(자료: 환경부)

되면 지표로 유출되어 지표에 있는 물질들을 하천으로 이동시키는데 이 때 토양 침식에 의한 토사와 농경지에 살포된 비료 성분, 축산 농가에 쌓인 가축 배설물 등이 비에 씻겨 하천으로 쏟아지게 된다. 넓은 면적에서 물을 오염시키는 물질들이 배출되기에 도로, 농경지, 축산농가 등은 대표적인 비점오염원이 된다(그림 12.18).

넓은 면적으로 수체로 들어오는 비와 눈, 먼지 등에 묻어있는 영양소와 PCBs, 다이옥신, 농약 등 수많은 오염물질들도 수질오염의 주요 원인이 되므로 오염된 대기도 비점오염원의 하나이다. 반대로 수체도 비점 대기오염원이 될 수 있는데 축산농가 주변의 수체에서 증발한 질소화합물이 대기로 유입되는 것이 그 예이다.

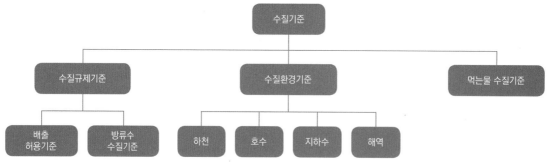

그림 12.19 우리나라 수질기준 체계

표 12.3 수질환경기준 중 하천과 호수의 사람의 건강 보호 항목

항목	기준값(mg/L)
카드뮴(Cd)	0.005 이하
비소(As)	0.05 이하
시안(CN)	검출되어서는 안 됨(검출한계 0.01)
수온(Hg)	검출되어서는 안 됨(검출한계 0.001)
유기인	검출되어서는 안 됨(검출한계 0.0005)
폴리클로리네이티드비페닐(PCB)	검출되어서는 안 됨(검출한계 0.0005)
납(Pb)	0.05 이하
6가 크롬(Cr6+)	0.05 이하
음이온 계면활성제(ABS)	0.5 이하
사염화탄소	0.004 이하
1.2-디클로로에탄	0.03 이하
테트라클로로에틸렌(PCE)	0.04 이하
디클로로메탄	0.02 이하
벤젠	0.01 이하
클로로포름	0.08 이하
디에틸헥실프탈레이트(DEHP)	0.008 이하
안티몬	0.02 이하
1.4-다이옥세인	0.05 이하
포름알데히드	0.5 이하
헥사클로로벤젠	0.00004 이하

(자료: 환경정책기본법 시행령 별표 환경기준)

12.8 수질환경 기준

우리 주변의 환경에 존재하는 물의 질을 보통 일컫는 수질환경기준은 더 엄밀하게 보면 수질환경기준과 이 기준을 유지하기 위한 법적 구속력을 갖는 수질규제기준으로 나뉜다. 사람이 마시는 물은 먹는 물 수질기준으로 따로 기준을 두고 있다.[15] 수질환경 기준은 다시 장소에 따라 하천, 호소, 지하수 및 해역의 네 곳으로 나누어 장소별 기준을 달리 두고 있으며 이러한 수질환경기준을 유지하기 위해 배출허용기준과 방류수수질기준을 두고 있다. 배출허용기준은 산업폐수 배출시설에 적용되며 방류수수질기준은 폐수종말처리시설, 개인 및 공공 하수처리시설, 분뇨처리시설, 정화시설에 적용된다(그림 12.19).

수질환경기준은 수질규제기준의 목표치이고 먹는 물도 결국은 하천, 호수, 지하수 등 수자원에서 공급되므로 가장 근원적인 기준이다. 이 수질환경기준에 대해 좀 더 자세히 살펴보자.

수질환경기준

수질환경기준은 장소에 따라 하천, 호수, 지하수 및 해역으로 나뉘어 설정되어 있는데 이중 하천과 호수의 수질은 크게 생활환경 항목과 사람의 건강보호 항목으로 나뉜다. 수질환경기준의 사람의 건강보호 항목(표 12.3)은 결국 먹는 물의 수질 기준과 겹치게 된다. 그럼에도 불구하고 이 두 기준은 같은 물질에도 어느 한 쪽 기준 항목에 빠져 있거나 기준이 다른 실정이다(김동욱, 2014). 또한 생활환경 항목도 인간 생활 중심의 기준으로 수생태계에서 살아가는 생물다양성을 유지하는 데 필요한 기준으로서의 성격은 아직 도입되지 않고 있다.[16]

---

15 1963년 수도법에 근거하여 총 29개 항목에 대한 먹는물 수질 기준을 최초로 설정하였으며 2017년 기준 미생물, 건강상 유해영향 유·무기물질, 소독제 및 소독부산물질, 심미적 영향물질 및 방사능 등 총 6개 분야의 64개 항목에 대해 기준을 설정하여 관리하고 있다.

16 환경정책기본법 제3조에 따르면 환경기준이란 "국민의 건강을 보호하고 쾌적한 환경을 조성하기 위하여 국가가 달성하고 유지하는 것이 바람직한 환경상의 조건 또는 질적인 수준"으로 정의된다.

등급	상태(캐릭터)	수소이온농도(pH)	생물화학적산소요구량(BOD)(mg/L)	화학적산소요구량(COD)(mg/L)	총유기탄소량(TOC)(mg/L)	부유물질량(SS)(mg/L)	용존산소량(DO)(mg/L)	총인(total phosphorus)(mg/L)	대장균군(군수/100mL) 총대장균군	대장균군(군수/100mL) 분원성대장균군
매우좋음 Ia		6.5~8.5	1 이하	2 이하	2 이하	25 이하	7.5 이상	0.02 이하	50 이하	10 이하
좋음 Ib		6.5~8.5	2 이하	4 이하	3 이하	25 이하	5.0 이상	0.04 이하	500 이하	100 이하
약간좋음 II		6.5~8.5	3 이하	5 이하	4 이하	25 이하	5.0 이상	0.1 이하	1,000 이하	200 이하
보통 III		6.5~8.5	5 이하	7 이하	5 이하	25 이하	5.0 이상	0.2 이하	5,000 이하	1,000 이하
약간나쁨 IV		6.0~8.5	8 이하	9 이하	6 이하	100 이하	2.0 이상	0.3 이하		
나쁨 V		6.0~8.5	10 이하	11 이하	8 이하	쓰레기 등이 떠있지 않을 것	2.0 이상	0.5 이하		
매우나쁨 VI	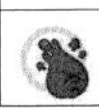		10 초과	11 초과	8 초과		2.0 미만	0.5 초과		

그림 12.20 하천에 대한 생활환경 수질 기준 (자료: 환경정책기본법 시행령 별표 환경기준)

등급	상태(캐릭터)	수소이온농도(pH)	화학적산소요구량(COD)(mg/L)	총유기탄소량(TOC)(mg/L)	부유물질량(SS)(mg/L)	용존산소량(DO)(mg/L)	총인(mg/L)	총질소(total nitrogen)(mg/L)	클로로필-a(Chl-a)(mg/m³)	대장균군(군수/100mL) 총대장균군	대장균군(군수/100mL) 분원성대장균군
매우좋음 Ia		6.5~8.5	2 이하	2 이하	1 이하	7.5 이상	0.01 이하	0.2 이하	5 이하	50 이하	10 이하
좋음 Ib		6.5~8.5	3 이하	3 이하	5 이하	5.0 이상	0.02 이하	0.3 이하	9 이하	500 이하	100 이하
약간좋음 II		6.5~8.5	4 이하	4 이하	5 이하	5.0 이상	0.03 이하	0.4 이하	14 이하	1,000 이하	200 이하
보통 III		6.5~8.5	5 이하	5 이하	15 이하	5.0 이상	0.05 이하	0.6 이하	20 이하	5,000 이하	1,000 이하
약간나쁨 IV		6.0~8.5	8 이하	6 이하	15 이하	2.0 이상	0.10 이하	1.0 이하	35 이하		
나쁨 V		6.0~8.5	10 이하	8 이하	쓰레기 등이 떠있지 않을 것	2.0 이상	0.15 이하	1.5 이하	70 이하		
매우나쁨 VI	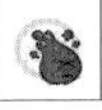		10 초과	8 초과		2.0 미만	0.15 초과	1.5 초과	70 초과		

그림 12.21 호수에 대한 생활환경 수질 기준 (자료: 환경정책기본법 시행령 별표 환경기준)

하천과 호수의 생활환경 수질 기준은 항목과 기준이 다르다. 하천의 생활환경 수질 기준 항목은 수소이온 농도(pH), 생물화학적 산소 요구량(BOD), 화학적 산소 요구량(COD), 총유기탄소량(TOC), 부유물질량(SS), 용존산소량(DO), 총인(T-P) 및 대장균군(총대장균군과 분원성 대장균군)이다(그림 12.20). 호수에 대한 생활환경 수질 기준항목은 하천 기준항목에서 생물학적 산소 요구량이 빠지고 총질소(T-N)와 클로로필-a(Chl-a) 항목이 더 추가된 것이다(그림 12.21). 한편 화학적 산소요구량(COD) 항목은 2016년 1월 1일 부터 하천과 호수 생활환경 수질 기준에서 제외되었다.

수소이온 농도

수소이온 농도(pH)는 물의 산도를 나타내는 지표로 물환경이 산성화되었는지 여부를 나타낼 수 있다.

용존산소

물에 사는 대부분의 생물에게 산소는 매우 중요한 요인이다. 순수한 물에 녹아있는 **용존산소**(dissolved oxygen, DO)의 양은 약 10 mg/L 남짓이다. 물 속에 유기물이 많아지면 이를 분해하는 호기성 미생물들의 호흡량이 많아지므로 물 속의 산소는 고갈된다. 1 mg/L 미만의 산소가 녹아 있는 물은 무산소 상태로 여겨지며 보통 여름에 부영양화된 호수의 아래 층에 발달하게 된다.

생물학적 산소요구량

암조건에서 5일간 호기성 미생물을 배양하여 용존 산소(DO)의 감소량 즉 미생물 호흡량을 측정함으로써 물 속의 유기물량을 측정하는 것을 **생물학적 산소요구량**(biological oxygen demand, BOD) 또는 생화학적 산소 요구량(biochemical oxygen demand, BOD)이라고 한다. 보통 300 ml의 물 시료를 20℃ 조건에서 5일간 배양한다. 생물학적 산소요구량은 산업폐수와 같이 물 속에 생물에 독성이 있는 물질이 있는 경우 물 속의 유기물 양을 제대로 측정해 내지 못할 수 있다. 이런 경우에는 미생물의 호흡이 아니라 화학적 산화를 통해 유기물의 양을 측정하는 화학적 산소 요구량이 필요할 수 있다. 생물학적 산소 요구량은 용존산소의 차이로 측정되는 데, 유기물의 양이 많은 경우 정확한 측정을 위해서는 **희석**(dilution)이 필요하다. 물 속에 유기물이 많을수록 미생물들이 이를 분해하는 데 많은 산소를 소모하게 되므로 BOD의 값이 클수록 유기물이 많아 물이 부영양화된 것으로 볼 수 있다. 보통 상수원수 1급수는 BOD 1 mg/L (ppm) 이하, 2급수는 3 mg/L (ppm) 이하가 기준이다. 10 ppm이 넘어가면 악취가 난다.

화학적 산소요구량

화학적 산소요구량(chemical oxygen demand, COD)은 물 속의 유기물에 있는 탄소를 과망간산칼륨이나 중크롬산칼륨 등 강력한 산화제를 이용하여 이산화탄소로 변환시킬 때 필요한 산소의 양을 측정함으로써 물 속 유기물의 양을 나타낸다. 호기성 세균의 호흡에 의존하지 않기 때문에 COD는 독성물질이 존재할 수 있는 산업폐수의 수질 측정에 유리하나 COD 역시 BOD와 마찬가지로 난분해성 유기물의 경우 과소평가할 수 있다.

총유기탄소량

DO, BOD 및 COD 모두 물 속의 유기물의 양을 간접적으로 측정하는 지표이다. **총유기탄소량**(total organic carbon, TOC)은 물 속에 있는 총유기탄소량을 측정한 양이다. 물 속에는 무기탄소(inorganic carbon)인 이산화탄소가 있을 수 있는데 총 탄소량에서 무기탄소량을 빼면 유기탄소량을 측정할 수 있다. TOC를 이용하면 BOD와 COD로 측정이 힘든 난분해성 유기물 등을 포함한 총 유기물의 양을 정량할 수 있다. 물 속의 유기물의 양은 매우 중요한 데 유기물이 분해가 되면 결국 인과 질소와 같은 무기 영양소를 제공하게 되고 이는 1차생산자인 식물플랑크톤과 부착조류의 생장을 촉진하여 어떤 경우에는 식물플랑크톤의 대발생인 녹조(green tide)를 일으키게 한다. 따라서 BOD, COD, TOC와 같은 유기물의 양과 총인(T-P)과 총질소(T-N)와 같은 무기 영양소의 양은 밀접한 연관이 있다. 또한 유기물이 많아지면 미생물이 이를 분해하는 과정에서 산소를 소모하게 되는데 이에 따라 무산소층(anoxia)이 형성되기도 한다. 따라서 유기물의 양과 용존산소도 서로 연관된 수질 지표이다.

부유물질량

부유물질(suspended solids, SS)은 물 속에 떠 있는 입자들의 총량을 나타내는 지표이며 단위는 mg/L이다. 환경부 공정시험기준에 따르면 유리섬유 여과지인 GF/C 필터에 걸러지는 건중량을 측정한다.[17] GF/C 필터는 보통 1 μm 이상의 입자를 걸러내므로 부유물질량은 1 μm 이상의 부유물질을 측정함으로써 수질을 나타낸다. 부유물질량과 **탁도**(turbidity)는 비슷한 점이 많지만 완전히 같은 개념은 아니다. 탁도는 눈으로 보이는 물의 탁한 정도인데 물 속의 입자 뿐만아니라 **유색용존유기물**(colored dissolved organic matter, CDOM)에 의해서도 영향을 받는다. 또한 부유물질량에는 나중에 가라앉을 입자도 포함되어 있는데 이는 탁도에는 포함되지 않는다. 탁도의 단위는 NTU(nephelometer turbidity unit)이다. 물의 **투명도**(transparency)는 보통 사람의 눈으로 측정되는데 지름 20~30 cm정도의 흰색 또는 흰색과 검정색이 교차된 투명도판(secchi disc)을 물 속으로 점진적으로 내리면서 보이지 않게 되는 깊이(세키 깊이)를 측정하여 나타낸다.

총인

총인(total phosphorus, T-P)은 물 속의 인의 총량을 나타내는 부영양화의 지표이다. 특히 담수에서 총인량과 식물플랑크톤 량의 지표인 **엽록소 a**(chlorophyll-a) 양의 선형적인 관계는 잘 알려져 있다. 대부분의 담수 하수도에서 식물플랑크톤 생장과 생산의 제한요인은 인이며 따라서 하수도로 들어오는 인량이 많으면 많을수록 식물플랑크톤의 생물량은 증가하여 녹조가 발생한다.

총질소

총질소(total nitrogen, T-N)는 물 속의 질소의 총량을 나타내는 부영양화의 지표이다. 아주 맑은 일부 호수를 제외하고는 하수도의 제한요소로 작용하지 않지만 부

---

17 수질오염공정시험기준(환경부고시제2017-4호)

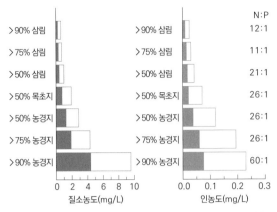

	N:P
>90% 삼림	12:1
>75% 삼림	11:1
>50% 삼림	21:1
>50% 목초지	26:1
>50% 농경지	26:1
>75% 농경지	26:1
>90% 농경지	60:1

그림 12.22 미국의 중소하천에서 그 하천의 물비탈 내에 삼림과 농경지 면적의 상대적인 크기에 따른 질소와 인의 농도 및 질소:인 비의 변화(자료: Omernik et al., 1981).

영양화에서 매우 중요한 원소이다. 특히 우리나라와 같이 수체 주변의 **토지 이용**(land use)이 대부분 농경지인 상황에서는 막대한 질소가 유입되기에 상대적으로 공급이 적은 인이 제한요인이 된다(그림 12.22). 따라서 인의 양 뿐만아니라 질소의 양도 질소:인 비의 변화를 주어 인이 생산자의 제한요인으로 작용하는데 기여하므로 매우 중요하게 관리되어야 한다.

대장균군

전 세계적으로 보면 안전한 식수를 마실 수 있는 비율이 매우 낮은 곳이 많다. 특히, 사하라 이남 아프리카와 오세아니아의 농촌 사람들은 2008년에 각각 인구의 60%와 50%만 안전한 식수(improved drinking-water)를 공급받고 있고, 전 세계 평균적으로 개발도상국 지역은 인구의 87%만 안전한 식수를 공급받고 있다(WHO, 2010).

세계보건기구 WHO에 따르면 개발도상국 질병의 80%는 수인성 전염병 및 위생 불결에 의한 것으로 수질을 지키는 것은 공중보건에 매우 중요한 일이다. 이러한 위생지표로서 사용되는 수질 항목이 **대장균군**(coliform bacteria)이다. 대장균군은 대장균(E. coli)처럼 막대 모양의 그람음성 비포자생성균을 말한다. 사람과 포유류의 장에 공생하는 종류가 많으며 대장균(E. coli)

이 대표적이다. 대장균군에 속하는 대부분의 세균들은 해가 없지만 Shigella, Salmonella, Lysteria 속에 속하는 대장균군 세균들은 매우 심각한 질병을 일으키기도 한다. 따라서 대장균군 세균이 물에서 검출되면 감염성 질병을 일으키는 세균들도 존재할 것이라 추정한다. 총 대장균군의 콜로니(colony) 수와 함께 **분변성 대장균군**(fecal coliform bacteria)도 수질의 위생지표로 측정한다. 총대장균군은 35℃에서 배양하여 측정하는데 반해, 내열성 대장균인 분변성 대장균군은 44.5℃에서 배양하여 측정한다. 일반적인 대장균은 분변 오염이 없는 물이나 토양에도 존재할 수 있으나 분변성 대장균은 사람이나 가축, 야생동물 및 조류 등의 분변에서 유래할 확률이 90% 이상이다.

12.9 부영양화

수질오염의 대명사는 **녹조**(green tide)이다. 녹조는 남세균 등 식물플랑크톤의 대발생으로 물빛이 녹색으로 바뀌어 보이는 현상을 말한다(그림 12.23). 주로 남세균의 대발생이 원인으로 군체를 형성하여 페인트처럼 걸쭉하게 되기도 한다. 바다에서는 비슷한 현상으로 와편모조류에 의한 적조(red tide)가 있다. **부영양화**(eutrophication)는 하천과 호수의 수체로 물비탈을 통해 유기물과 영양소가 들어와 물속의 영양분이 많아지는

그림 12.23 2015년 10월 15일 촬영된 녹조 발생 모습 ⓒ 국립환경과학원

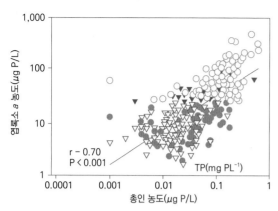

그림 12.24 남한의 486개 저수지에서 총인 농도와 엽록소 a 농도의 상관관계(자료: 김호섭과 황순진, 2004)

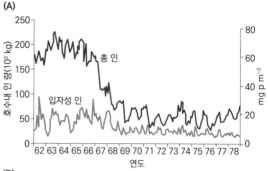

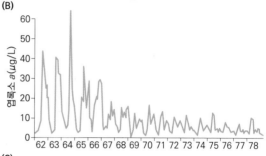

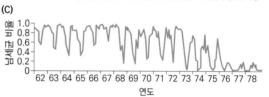

그림 12.25 1962년부터 1978년까지 미국 워싱턴 주 시애틀 인근의 워싱턴호수의 (A) 호수 내 총인량과 입자성 인의 양의 변화, (B) 엽록소 a량의 변화, (C) 남세균 비율의 변화(자료: Edmondson & Lehman, 1981)

것을 말한다. 인간의 영향이 없어도 자연적인 부영양화가 일어날 수 있지만 대부분 인간 활동에 의한 인위적인 부영양화(cultural eutrophication)이다. 부영양화가 일어나면 광합성을 하는 생산자 생물의 양이 급격하게 늘어나 녹조나 적조가 발생하게 되므로 부영양화는 녹조와 적조를 발생시키는 원인이다. 민물에서는 일반적으로 인이 식물플랑크톤의 생장을 제한하는 제한요인이 되기에 물속의 총인양과 식물플랑크톤의 생물량을 나타내는 엽록소 a 량과의 선형적인 관계는 매우 잘 알려져 있다(그림 12.24). 경제협력개발기구(Orgnaization for Economic Cooperation and Development, OECD)의 연구에 따르면 호수의 부영양화 정도는 아래의 기준으로 나누어 진다(OECD, 1982).

빈영양 oligoeutrophic	총인 5 ~ 10 μg/L
중영양 mesoeutrophic	총인 10 ~ 35 μg/L
부영양호 eutrophic	총인 35 ~ 100 μg/L
과영양호 hypereutrophc	총인 100 μg/L 이상

물비탈 등 수체 내외부에서 새로이 추가되는 영양소의 양을 **영양소 부하**(nutrient loading)라고 하고 특히 새로 추가되는 인의 양을 **인 부하**(phosphorus loading)라고 한다. 녹조나 적조 등 부영양화로 인한 수질 저하를 회복시키는 가장 근본적인 방법은 외부로부터 수체로 들어오는 영양소 부하 특히 인 부하를 줄이는 것이다.[18]

외부 인 부하를 줄여 수질을 개선한 가장 유명한 사례는 미국 워싱턴주의 워싱턴호수의 예이다. 이 호수로 흘러들어가던 도시 하수(wastewater)는 1963년~1967년 사이에 바다로 우회하여 배출되었고 1968년 이후 이 호수로의 하수의 유입은 완전히 차단되었다. 이러한 외부 영양소 부하의 감소는 호수 내 총인 농도의 감소를 가져왔고 주기적으로 발생하던 남세균 녹조는 눈에 띄게 사라졌으며 식물플랑크톤 조성에서 남세균의 비율은 거의 무시할 정도가 되었다(그림 12.25). 수질은 개선

---

18 적조를 없애기 위해 황토를 살포하는 것은 일시적으로 적조의 원인인 와편모조류를 침강시킬 수는 있으나 황토와 함께 유입되는 영양소 특히 인 부하를 늘려 오히려 적조를 악화시킬 수 있다.

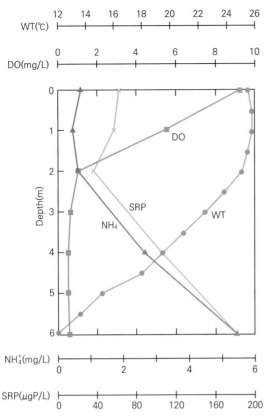

전형적인 부영양화된 호수나 저수지는 여름이 되면 호수 바닥층에 용존산소 1 mg/L 이하로 정의되는 **무산소층**(anoxia)이 형성되고 혐기성 저토 바닥에서 인과 질소 등이 방출되어 영양소의 내부 부하가 일어난다(그림 12.26). 부영양화된 호수의 내부 부하를 줄이기 위해 바닥 준설을 주장하기도 하지만 준설은 수생태계를 교란시킬 위험이 있다. 특히 바닥의 저토에 그동안 축적된 독성물질과 중금속 등을 준설 과정에서 방출시킬 가능성이 있다.

부영양화로 인해 녹조 발생, 무산소층 형성, 물고기 폐사 등의 피해가 나타난다. 일단 무산소층이 형성되면 호기성 호흡을 하는 대부분의 동물들은 생존이 불가능해진다. 하천의 영양소 유입에 의한 연안대의 부영양화는 민물과 비슷하게 무산소층을 형성하고 대부분의 생물들이 생존하지 못하는 **무생물대**(dead zone)가 나타나게 한다(그림 12.27).

12.10 수질오염 저감

점오염원과 비점오염원

오염원이 배출된 뒤에 제거하는 비용보다 오염원의 배출 자체를 감소시키는 것이 더 비용이 적게 들고 근본적으로 오염문제를 해결하는 방법이다. 부영양화에 따른 수질오염에 가장 직접적인 원인이 되는 것은 인 성분이다. 인 성분의 부하는 크게 점오염원과 비점오염원으로 나눌 수 있는데, 비점오염원의 부하는 2010년에 전체 오염원의 59%로 점오염원의 부하를 넘어섰으며, 2017년에는 76%를 차지하였다(그림 12.28; 관계부처합동, 2012). 따라서 비점오염원에 대한 관리가 점점 더 중요해지고 있다. 점오염원 중에서는 생활계가 61%로 기여도가 가장 높으며, 비점오염원 중에서는 토지계와 축산계가 각각 58%와 38%를 차지하여 대부분을 차지하고 있다. 따라서 점오염원 중에서는 생활계 오염원을, 비점오염원 중에서는 토지계와 축산계 오염원을 집중 관리할 필요가 있다.

그림 12.26 경기도 군포시에 있는 갈치저수지에서 측정된 용존산소(DO), 수온(WT), 용존반응성인(SRP), 암모늄이온(NH_4)의 깊이에 따른 변화(자료: 박상규와 김준호, 1995)

되어 투명도가 이전에는 1 m 이하였던 것이 1993년에는 8 m 정도로 개선되었다.

하지만 모든 호수가 외부 영양소 부하를 줄인다고 바로 수질이 개선되지는 않는데 이는 **내부 부하**(internal loading) 때문이다. 외부에서 오랜 세월 동안 지속적으로 유입된 영양소들은 호수 바닥의 저토에 계속 저장되는 데 철이나 알루미늄 등의 금속과 결합되는 경우에 호수 바닥층이 무산소 상태가 되면 이들 금속 이온의 전하 값이 바뀌어 인이 바닥에서 수체로 방출된다. 부영양화된 호수에서는 전형적으로 수체의 유기물이 바닥층에 축적되고 이를 분해하는 미생물의 작용에 의해 여름에 무산소층이 발달하게 되고 이는 저토의 산화환원 전위에도 영향을 주어 저토가 혐기성 상태가 되고 바닥에서 인의 내부 부하가 계속 일어나게 된다.

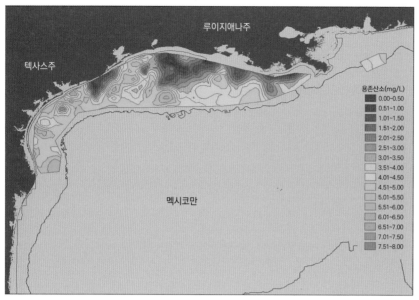

그림 12.27 미국 남부 해안인 멕시코만에 무산소층과 이로 인해 나타난 무생물대의 분포 ⓒ NASA (wikimedia)

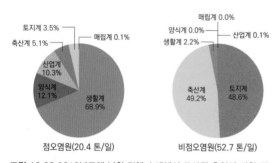

그림 12.28 2018년도에 남한 전체 수계에서 조사된 총인에 대한 점오염원과 비점오염원의 구성(자료: 관계부처합동, 2020)

그림 12.29 캐나다 Lake 226에서 행해진 전호수 실험의 결과 사진. 호수를 둘로 나누어 한 쪽은 질소와 탄소, 다른 쪽은 질소, 탄소, 인을 처리하였는데, 인이 첨가된 쪽만 녹조가 발생하였다. ⓒ IISD Experimental Lakes Area

합성세제의 인 부하

생활계 오염원은 대부분 가정하수가 주를 이루며 가정하수에서 특히 중요한 것은 인산염이 포함된 합성세제이다. 캐나다 실험호수지역(Experiment Lakes Areas)의 여러 호수에서 전호수조작 실험(whole lake experiment)을 실시하였다. 먼저 Lake 227에서는 질소와 탄소를 호수에 뿌렸는데 녹조가 발생하여 탄소가 식물플랑크톤의 생장을 제한하는 제한영양소(limiting nutrient)는 아니라고 결론지었다. 질소와 인 중 어떤 영양소가 제한영양소인지 밝히기 위해 1973년에 Lake 226을 두 부분으로 나누고 실험한 결과 인이 하수도의 부영양화에 중요하다는 것을 입증하였다(그림 12.29). 이 연구를 포함한 여러 연구들의 결과 대부분의 하수도에서 인이 녹조를 발생시키는 제한영양소임이 입증되었고, 2010년 미국의 16개 주에서 인이 다량 포함된 세탁용 세제의 판매가 금지되었다. EU에서도 2013년 6월부터 세탁용 세제에 인산염의 사용이 금지되었고, 2017년 1월부터 주방용 세제에서도 인산염의 사용이 금지되었다.

가정용 합성세제는 보통 세척 기능을 하는 계면활성제 15~30%와 나머지 세척효율을 높이는 보조제

(builder)로 구성되는데 보조제로 많이 사용되던 인산염 성분의 삼인산나트륨(sodium tripolyphosphate, STPP)이 수질오염의 주범으로 인식되면서 1988년 이후에는 남한에서 생산되는 모든 세제에서 STPP 대신 제올라이트(zeolite)가 보조제로 쓰이고 있다.

하수도 시설

세제에 인 성분이 사용되지 않는다면 과연 생활계 점오염원은 어디에서 나오는 것일까? 생활하수의 주 오염물질은 음식찌꺼기, 세제, 분뇨 등이며 부엌에서 36%, 화장실이 30%, 목욕탕이 23%, 세탁이 11%를 차지하여 음식물찌꺼기와 분뇨가 가장 많은 유기물 오염원으로 알려져 있다.[19] 유기물 속에 포함된 질소와 인 특히 인은 분해되어 인산염이 되면 부영양화의 원인이 된다. 따라서 이러한 하수가 하천으로 유입되기 전에 오염물질을 제거하는 하수처리가 필요하다(그림 12.30).

사람의 일상생활 과정에서 수세식변소, 주방, 목욕탕 등에서 배출되는 생활하수를 **오수**(汚水, domestic wastewater)라고 하고 공장 등에서 배출되는 **산업폐수**(industrial wastewater)와 구별한다. 오수와 빗물이 합쳐지거나 (합류식), 분리되어 흐르는 (분류식) 하수관을 흐르는 물을 **하수**(下水, sewage)라고 한다. 폐수도 폐수처리장에서 처리된 뒤 하수관으로 들어오면 하수가 된다. 생활 오수와 빗물, 산업폐수가 바로 하천으로 들어가지 않고 독립된 관 시스템(관거, 管渠, pipe & culvert)으로 하수처리장으로 수송하여 정화한 뒤 하천으로 내보내는 시스템을 하수도(a sewer system)라고 한다.[20] 이런 하수도는 개발된 나라에서는 일상적이지만 많은 미개발국가에서는 요원한 일이다. UN에 따르면 전 세계 오폐수의 약 80%가 정화처리되지 않고 하수도로 방류되며 이 비율은 미개발국가에서는 95%가 넘는다(UN, 2017). 우리나라의 하수도 보급율은 2015년 기준 92.9%이다.

하수처리

관거를 통해 하수처리장으로 수송된 하수는 침전 등을 통한 1차처리, 포기-침전으로 유기물을 제거하는 2

그림 12.30 하수도 시스템 구성(자료: 하수도종합정보관리시스템)

---

19 K-water와 함께하는 물정보포럼 My Water(https://www.water.or.kr/knowledge/educate/educate_02_01.do?)seq=729&p_group_seq=728&menu_mode=undefined)

20 반대로 마시거나 산업에 쓰이기 위해 정화된 물을 공급하는 시스템을 상수도(上水道, drinking water supply)라고 한다.

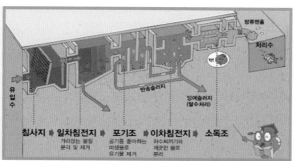

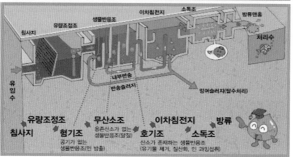

그림 12.31 2차처리의 대표적인 방법인 활성슬러지공법과 고도처리의 대표적인 방법인 A2O공법(자료: 하수도종합정보관리시스템)

차처리, 2차처리 후 추가 처리로 질소와 인 등 영양염류를 제거하는 **고도처리**(3차처리) 단계로 처리된다. 2차처리의 대표적인 방법은 **활성슬러지공법**으로 미생물덩어리로 이루어진 활성슬러지가 유기물을 먹고 가라앉아 유기물을 제거한다(그림 12.31). 이 공법에서는 호기성 미생물들을 높게 유지하기 위해 포기(aeration) 과정이 있다. 질소와 인 제거가 주 목적인 고도처리의 대표적인 방법은 **A2O공법**으로 유기물, 질소, 인을 먹는 미생물이 잘 자랄 수 있는 환경을 생물반응조에 유지시켜 준다(그림 12.31). 수질오염에서 특히 중요한 것은 부영양화의 원인을 제거하는 고도처리이다. 남한 전체에서 고도처리되는 하수의 비율은 2008년의 54.9%에서 2015년에 94.6%로 최근들어 비약적으로 개선되었다(환경부, 2016).

유역관리를 통한 비점오염원관리

가축 분뇨와 토사 등 넓은 면적에서 수체로 공급되는 비점오염원의 관리를 위해서는 하천과 저수지 등 수체로 물을 흘러보내는 전체 **물비탈**(유역, watershed; 그림 12.32)에서 벌어지는 인간 활동에 대한 관리가 필요한데 이를 **유역통합관리**(integrated watershed management)라고 한다. 현재 우리나라의 수질은 각 물비탈 단위로 관리되고 있는데, 한강유역환경청, 낙동강유역환경청, 금강유역환경청 및 영산강유역환경청이 한강 등 4대강의 물비탈과 그 인근 지역(그림 12.33)을 관리하고 있다.

유역통합관리는 여러 가지 측면에서 기존의 수질 관

그림 12.32 물비탈 개념. 특정 하천으로 흘러들어가는 빗물이 내리는 전체 지역을 의미하며 보통 산의 능선이 그 경계가 된다. ⓒ 김만국 (wikimedia)

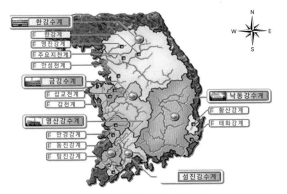

그림 12.33 남한의 주요 물비탈(자료: 국토교통부)

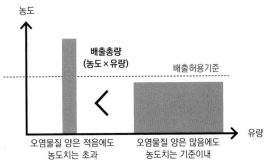

그림 12.34 오염물질의 농도 규제의 한계

리 정책과 많이 다르다. 첫째, 오염물질의 농도 저감위주에서 유출량 저감 위주이다. 둘째, 개별적인 관리에서 유역내 통합적 관리 방향이다. 세 번째로 사후처리 위주에서 사전예방적 관리를 목표로 한다. 유역통합관리를 잘 보여주는 정책 중의 하나는 수질오염총량제이다. **수질오염총량제**는 관리하고자 하는 하천의 목표 수질을 정하고, 목표 수질을 달성하기 위한 수질오염물질의 허용부하량을 산정하여, 해당 유역에서 배출되는 오염물질의 총량이 허용부하량 이하가 되도록 관리하는 제도이다.[21] 남한에서 수질오염총량제는 1999년 도입된 이후 2002년부터 낙동강, 금강, 영산강 및 섬진강

21 한강수계관리위원회(http://wmc.me.go.kr/hg/business/3400_pollution.php)

수계, 2007년부터 진위천 수계, 2010년부터 한강수계에서 의무화되어 현재는 162개 시군 중 121개 지자체(전체 대상 지자체 중 75%)에서 시행되고 있다. 수질오염 물질의 총량은 농도와 유량의 곱이다. 농도 규제로는 오염물질의 총량이 적음에도 단속되거나 많음에도 규제 대상에서 제외되는 모순이 생기기에 농도가 아닌 총량을 규제하는 것이 수질 개선에 더 도움이 된다(그림 12.34). 비점오염원 중 총인 부하가 많은 축산계의 비점오염 총량을 줄이려면 가축분뇨의 발생부터 최종 처분까지 전 과정에 대한 관리 대책과 비점 사전예방대책이 요구된다. 토지계의 오염물질 총량을 줄이려면 7장에서 다루어진 토양침식 대책이 필요하다. 한강 수계의 경우 탁수의 원인으로 알려진 고랭지 경작지의 흙탕물 저감이나 토양유실 저감 대책이 요구된다.

Box 12.1 음식물과 BOD

우유나 된장국, 식용유나 라면국물 같은 음식물의 BOD를 측정하면 1만~100만 ppm으로 매우 높다(표 12.4). 따라서 이런 음식물을 하천이나 호수에 직접 버리는 것은 수체에 막대한 유기물을 제공하고 이를 분해하는 데 물 속의 산소를 소비하여 무산소상태가 되게 하는 등 수질을 악화시키는 일이 된다.

표 12.4 음식물의 BOD

음식물	우유	된장국	식용유	라면 국물
BOD(ppm)	103,500	52,500	1,000,000	18,800

된장국의 BOD는 위의 표에 따르면 52,500 mg/L 로 된장국 1리터를 분해하는데 52,500 mg의 산소가 필요하다. 10℃의 물에서 포화된 산소의 농도가 11.33 mg/L이라고 할 때 이 물을 이용하여 된장국 1 L를 물고기가 살 수 있도록 용존산소 5 mg/L 정도로 유기물의 양을 희석하려면 얼마의 물이 필요한가?

$NV = N'V'$ (농도 x 부피 = 새로운 농도 x 새로운 부피)공식을 이용하면
  52,500 x 1 = 6.33 x X
X = 52,500 / 6.33 = 약 8,000 L

즉 된장국 1 L를 희석하여 용존산소 5 mg/L 정도의 물로 만들려면 약 8,000L의 물이 필요하다.

참고문헌

관계부처합동. 2020. 제3차(2021~2025) 강우유출 비점오염원관리 종합대책.

국토해양부. 2016. 수자원장기종합계획 제3차수정계획(2016-2020).

김동욱. 2014. 상수원수와 수돗물 수질기준 항목 불일치. 워터저널 2014년 12월호.

김익수. 2016. 거대 댐으로 막힌 강, 사라지는 물고기들. 녹색사회 2016년 5월호.

김하나. 2016. 지속가능한 물과 에너지 관리: '에너지-물 넥서스'관점에서 미국과 한국의 법과 정책에 대한 연구. 환경법과 정책 16: 101-131.

김호섭, 황순진. 2004. 육수학적 특성에 따른 국내 저수지의 부영양화 유형분석-엽록소 a와 수심을 중심으로. 한국육수학회지 37: 213-226

맥컬리. 1996. 소리 잃은 강 (강호정 등 옮김, 지식공작소 2001) (원제: Silenced Rivers)

박상규, 김준호. 1995. Cross correlation analysis of environmental factors affecting water-bloom of *Microcysis aeruginosa* (Cyanophyta). Korean Journal of Limnology 28: 381-391.

안재영, 최현미, 박영윤, 이진용, 박유철. 2011. 국내 대수층의 수리지질학적 특성 평가. 지질학회지 47: 433-439.

우효섭. 2008. 화이트 리버? 그린 리버? 물과 미래 41(12): 38-47.

이사홍, 배선한, 이정렬. 2015. 댐 건설로 인한 해안 유입 토사 감소율의 산정. 한국수자원학회 2015년도 학술발표회 논문집.

환경부. 2016. 2015 하수도 통계.

Edmondson, WT Lehman, JT. 1981. The effects of changes in the nutrient income on the condition of Lake Washington. Limnology and Oceanography 26: 1-29.

ICOLD. 2011. World Registry of Large Dams.

Magee, D. 2014. Dams in East Asia: Controlling Water but Creating Problems. Routledge Handbook of East Asia and the Environment. Routledge.

OECD. 1982. Eutrophication of waters. Monitoring, assessment and control. Final report, OECD cooperative programme on monitoring of inland waters (eutrophication control), Environment Directorate, OECD, Paris. 154pp.

Omernik, JM et al. 1981. Stream nutrient levels and proximity of agricultural and forest land to streams: some relationships. Journal of Soil, Water, and Conservation 36: 227-231.

Sakaris, PC. 2013. A review of the effects of hydrologic alteration on fisheries and biodiversity and the management and conservation of natural resources in regulated river systems. *In*, Bradley, PM (ed.), Current Perspectives in Contaminant Hydrology and Water Resources Sustainability. Intech.

UN. 2017. World Water Development Report.

Vannote, RL et al. 1980. The River Continuum Concept. Canadian Journal of Fisheries and Aquatic Sciences 37(1): 130-137.

Vickers, A. 2001. The Handbook of Water Use and Conservation. WaterPlow Press.

WHO. 2010. Progress on Sanitation and Drinking water: 2010 Update.

12-1. 수자원

1. 조별활동

1. 영주댐에 대해 다음을 논하시오.

(A)

(B)

내성천 금강마을 앞의 변화. (A) 영주댐 건설 이전(2005년 8월 촬영) (B) 영주댐 건설 후(2015년 6월 촬영) ⓒ 황영심

1) 영주댐 건설 시작(2009년 12월 이전) 내성천의 영주댐 건설 위치 상하류 부근의 위성사진 영상을 현재의 위성 영상과 비교하고 (먼저 댐의 위치를 영상에 표시한 뒤) 댐 하류에서 모래톱이 식물로 덮여 육화된 지역의 비율을 비교해 보시오.

2) 영주댐 하류의 회룡포에 대해 영주댐 건설 이전과 이후의 사진과 비교해 육화 현상의 정도를 알아보시오.

3) 댐이나 보에 의해 하천이 육화되는 이유를 설명해 보시오. 영주댐 상류의 육화는 어떻게 설명이 가능한가?

4) 대형 댐 건설이 생물(생태계)과 사람(문명)에게 어떤 영향을 주는지 알아보시오.

2. 물부족국가와 댐건설

1) 우리나라의 1인당 재생가능한 물공급량은 1,500 m³/인/년이다. 재생가능한 물 공급량 개념과 물기근국가, 물부족국가, 물 풍요국가의 기준은 무엇인가?

2) 우리나라는 UN이 정한 물부족국가이기에 댐을 건설해야 한다는 주장이 있다. 댐 건설의 환경 영향을 줄이려면 물 사용에 대한 개입이 필요하다. 개인과 사회 차원에서 물사용에 대해 어떤 노력이 필요한가?

3. 4대강 살리기사업

1) 한강종합개발사업과 4대강 살리기사업의 공통점과 차이점은 무엇인가?
2) 4개강 보 개방의 찬성과 반대측의 주된 논리를 찾아보고 조별로 찬성 또는 반대측의 주장을 정리하시오.
3) 4대강의 녹조에 대한 최근 기사를 찾아보고 수자원(수량)과 수질과의 관계를 알아보시오.

2. 개인별 주제

Water Footprint Calculator(https://www.watercalculator.org/wfc2/q/household)에서 본인의 물발자국을 계산하시오.

12-2. 수질 문제

1. 조별활동

아래의 표는 환경부가 제정한 하천의 수질 등급 기준이다.

등급	상태 (캐릭터)	기 준								
		수소 이온 농도 (pH)	생물 화학적 산소 요구량 (BOD) (mg/L)	화학적 산소 요구량 (COD) (mg/L)	총유기 탄소량 (TOC) (mg/L)	부유 물질량 (SS) (mg/L)	용존 산소 량 (DO) (mg/L)	총인 (total phosp horus) (mg/L)	대장균군 (군수/100mL)	
									총 대장균군	분원성 대장균군
매우 좋음 Ia		6.5~8.5	1 이하	2 이하	2 이하	25 이하	7.5 이상	0.02 이하	50 이하	10 이하
좋음 Ib		6.5~8.5	2 이하	4 이하	3 이하	25 이하	5.0 이상	0.04 이하	500 이하	100 이하
약간 좋음 II		6.5~8.5	3 이하	5 이하	4 이하	25 이하	5.0 이상	0.1 이하	1,000 이하	200 이하
보통 III		6.5~8.5	5 이하	7 이하	5 이하	25 이하	5.0 이상	0.2 이하	5,000 이하	1,000 이하
약간 나쁨 IV		6.0~8.5	8 이하	9 이하	6 이하	100 이하	2.0 이상	0.3 이하		
나쁨 V		6.0~8.5	10 이하	11 이하	8 이하	쓰레기 등이 떠 있지 않을 것	2.0 이상	0.5 이하		
매우 나쁨 VI			10 초과	11 초과	8 초과		2.0 미만	0.5 초과		

1. 실시간수질정보시스템(http://www.koreawqi.go.kr/index_web.jsp)에 접속하여 각 조별로 수계를 정한 뒤 실시간수질지수가 우수/양호/보통/주의 등급 당 1개 측정소의 실시간 수질 자료를 공책에 적어보시오.

2. 각 지점의 BOD 자료를 물환경정보시스템(http://water.nier.go.kr/main/mainContent_T.do)의 측정자료 조회 〉상세자료 검색에서 2018년 8월 월 평균 자료를 검색하여 아래 표에 입력하시오.

3. 하천 수질 등급표를 이용하여 각 측정소의 하천 수질 등급을 판정하시오.

실시간 수질지수등급	측정소 이름	pH	DO (mg/L)	TOC (mg/L)	TN (mg/L)	TP (mg/L)	탁도 (NTU)	BOD	하천수질 등급
우수									
양호									
보통									
주의									

4. 각 수질 측정 항목의 의미는? 각 항목은 어떤 오염물질에 의해 변동되는가?

5. 생물학적 산소 요구량(BOD)은 5일 동안 미생물에 의한 용존산소의 감소량을 측정한다. 된장국의 BOD가 52,500 ppm, 라면국물은 18,800 ppm이라고 한다.

   1) BOD는 어떻게 측정하며 수치는 무엇의 양을 의미하는가?
   2) 된장국과 라면국물같이 높은 수치의 BOD는 어떻게 측정 가능한가?
   3) 10℃에서 순수한 물의 산소의 포화량은 11.33 mg/L이다. 물고기가 살 수 있도록 용존산소 5 ppm 정도로 라면국물 100 ml를 정화시키려면 어느 정도의 부피의 물을 섞어주어야 하는가? $NV=N'V'$ 식을 써서 이 양을 계산하시오.

2. 조별 토론 주제

1. 수자원 관리와 수질오염은 어떻게 연관되어 있는가?

2. 건강한 수생태계와 부영양화된 생태계는 어떻게 다른가? 건강성의 지표를 찾는다면?

3. 전체 토론 주제

4대강 사업과 낙동강 수질

13장
에너지

"석탄, 석유, 천연가스는 화석연료로 불리는데, 이는 이 세 가지가 아주 예전 생물들의 잔해로부터 만들어졌기 때문이다. 화석연료의 에너지는 고대 식물이 축적한 태양에너지의 일종이다. 우리 인류 문명은 사람이 출현하기도 전인 수억 년 전에 지구에 살던 생물들의 잔해를 태우며 유지되고 있다. 마치 무시무시한 식인 문화처럼, 우리는 우리 조상들의 주검을 먹고 살아간다."

–세이건(Carl Sagan), 『에필로그: 칼 세이건이 인류에게 남긴 마지막 메시지』 중에서

인간은 에너지에 의존해서 살고 있다. 냉난방, 취사, 교통, 산업활동 등에 에너지를 사용한다. 사람들이 사용하는 에너지원은 화석연료, 핵에너지, 태양에너지, 기타 대체에너지 등 많지만 화석연료와 핵에너지 등 일부 에너지는 지구 생태계에 한정된 양으로 존재한다. 이렇게 지구 생태계에 한정된 양이 존재하여 사용하면서 고갈되는 에너지를 **재생 불가능 에너지**(nonrenewable energy)라고 한다. 반면에 태양에너지, 풍력, 지열과 같이 에너지를 사용하더라도 단기간에 다시 만들어지는 에너지를 **재생가능 에너지**(renewable energy)라고 한다. 인간의 개인적 삶이나 산업 활동에는 에너지를 이용하게 된다. 생태계도 생물 개체나 생태계가 일하기 위해서는 에너지가 필요하다. 지구 생태계의 에너지원은 주로 태양에너지로 공급받고 있고 이 태양에너지는 식물이 주요 구성원인 생산자, 소비자, 고차소비자 등 먹이사슬을 따라서 이동하게 된다. 따라서 지구 생태계의 주요 에너지원은 태양이다. 빛과 열의 형태를 띤 태양에너지에 의해서 지구 생태계의 일이 일어나고 있다.

13.1 화석연료

화석연료(fossil fuel)는 **화석에너지**라고도 한다. 화석연료는 지각에 파묻힌 동식물의 유해가 오랜 세월에 걸쳐 화석화하여 만들어진 연료로서 이것에 의해서 얻어진 에너지를 화석에너지라고 한다. 현재 인류가 이용하고 있는 에너지의 대부분이 이에 해당한다. 물리학에서 말하는 운동에너지를 만들어내는 원천이 화석에너지라고 할 수 있다. 화석연료의 종류에는 석탄, 석유, 천연가스가 있다.

화석연료는 어떻게 만들어졌을까? 3억 년 전 지구의 기후는 따뜻해서 연중 고사리류, 속새류, 석송이 잘 자랐다. 이 시기는 석탄기에 해당이 되는데 늪에서 식물이 죽으면 물에 잠기게 되고 산소가 부족하기 때문에 식물이 잘 분해되지 않아서 식물이 계속 쌓이게 된다. 해수

면 수위가 변화하면서 침전물 층이 식물을 덮게 되었고 오랜 시간이 흐르면서 압력과 열이 작용하여 석탄이라는 층이 생기게 되었다(레이븐 외, 1997). 이런 석탄층이 지각의 융기에 의해서 지표면 근처로 떠오르기도 하였다. 석유는 수중생물 사체가 쌓이고 분해되지 않아서 퇴적층이 커지면서 생겨난 것이다. 천연가스는 주로 메탄으로 구성되어 있고 석유와 같은 원리로 생성되었는데 석유보다 더 높은 온도에서 형성된 것만 다르다. 결국 화석연료층은 지구 생태계에서 일어나는 에너지 흐름이 잠시 정지되어 있는 것인데 인류가 에너지를 대량으로 이용하면서 생태계에 에너지 흐름을 가속화하고 있는 것이다.

19세기 이후 석탄을 에너지로 사용함으로써 산업혁명이 발생하고, 그 뒤 석유와 천연가스가 발굴되어 이들 에너지의 사용량이 급격히 늘어나게 되었다. 20세기 초까지 인류의 중요 에너지 자원은 석탄이었으나 곧 석유와 천연가스, 즉 유체(流體) 에너지로 대체되었다.

유체연료인 석유나 천연가스는 고체연료인 석탄에 비해 사용이 편리하고, 사용 후 폐기물처리가 쉬우며 생산기술의 발달로 가격이 낮아졌기 때문이다. 현재도 세계적으로 총 에너지 의존량의 85% 이상을 이들 연료가 차지하고 있다.

그러나 화석연료는 매장 지역이 한정적이어서 공급이 불안정하다. 그래서 다른 나라들에게 화석연료를 통한 압박이 가능하다. 예를 들면 석유 파동(1차, 2차 석유 파동: 일부 석유 생산국들이 담합하여 석유 가격을 인상한 사건) 사례에서 볼 수 있듯이 자원의 무기화가 이루어질 수 있다. 또한 화석연료는 한번 고갈되면 더 이상 보충이 되지 않는 유한한 자원이다. 그리고 자동차나 공장, 발전소와 같은 곳에서 화석연료를 연소함에 따라 오염물질이 배출되고 2차적으로 산성비, 스모그 등이 발생하는 원인이 될 수 있다.

인류는 산업혁명 이후에 인간에게 필요한 의식주뿐만 아니라 경제규모가 커지면서 대량생산이라는 물품 생산 방식을 선택하게 되었다. 대량생산의 바탕에는 기계의

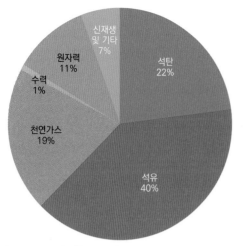

그림 13.1 2021년 4월 우리나라 에너지 소비 구성비. 기타는 폐기물을 이용하여 제조한 것[1]

발전이 있고 이러한 기계를 지속적으로 작동시키는 에너지원이 필요하게 되었다. 인간 생활에 필요한 에너지나 공장의 생산라인을 돌아가게 하는 에너지 모두 대개 화석연료에 의존하게 되었고 생태계에 존재하는 화석연료를 탐사하여 채굴하게 됨에 따라서 불가결하게 생태계를 훼손하게 될 수 밖에 없는 지경에 이르렀다.

우리나라의 화석연료 사용

우리나라 2021년 에너지유형별 소비 구성비를 보면, 석유, 석탄, 천연가스, 원자력, 신재생 및 기타, 수력의 순으로 작아진다(그림 13.1). 최근까지 석유, 석탄과 같은 화석연료에 대한 의존도가 매우 높은 경향이 있다고 할 수 있다.

13.2 석탄

석탄(石炭, coal)은 셀룰로오스[2]와 리그닌[3]을 주성분으

로 한 잎, 가지, 줄기 등 식물이 두껍게 쌓여서 만들어진 층이 그 위의 압력으로 인해 탄화되어 생성된 것이다.

석탄의 종류

석탄은 탄화도[4]에 따라서 이탄, 토탄, 갈탄, 역청탄, 무연탄으로 분류된다.

- 이탄: 다른 석탄들과 달리 식물질의 주성분인 리그닌과 셀룰로오스 등이 지표에서 분해 작용을 받은 것
- 토탄: 발열량이 3,000~4,000 kcal/kg 정도의 탄화도가 낮은 석탄의 종류 중 하나
- 갈탄: 발열량이 4,000~6,000 kcal/kg 정도인 석탄 중 가장 탄화도가 낮은 석탄
- 역청탄: 발열량이 8,100 kcal/kg 이상이고 석유화학 산업에 많이 사용되는 석탄. 우리나라에서 많이 소비되지만 대부분 수입에 의존함. 황을 많이 함유하여 대기 오염 문제를 야기.
- 무연탄: 탄화가 가장 잘 된 석탄 종으로, 연기를 내지 않고 연소하는 석탄. 발열량이 가장 높은 것이 특징이고 우리나라에서 나오는 석탄은 대체로 무연탄이다.

인류의 석탄 이용역사

석탄의 산지는 비교적 세계 각지에 분포되어 있는데, 외국에서는 주로 고생대에서 중생대에 이르는 각 지층 속에 존재한다. 석탄의 매장량은 석유에 비하여 매우 많으며, 분포 지역 또한 석유에 비해 비교적 고른 편에 속한다. 또한, 석탄층 탐사가 쉽기 때문에 석탄 매장량은 거의 확인되었다. 인류는 역사 이전부터 석탄을 사용하여 왔고 산업혁명을 계기로 석탄의 사용은 급증하게 되었다. 요즘은 석탄보다는 석유와 천연가스를 많이 사용하고 있는 추세이다.

---

1 e-나라지표(www.index.go.kr)
2 β-D-글루코스가 β-글루코시드결합(1-4 글루코시드결합)을 통해 중합체를 이룬 다당류
3 침엽수나 활엽수 등의 목질부를 구성하는 다양한 구성성분 중 지용성 페놀고분자를 의미

4 석탄화 정도를 말하는 것으로 석탄에서 수분과 회분을 뺀 나머지 성분에서 탄소가 차지하는 비율을 중량 백분율로 나타내며 석탄화의 정도가 진행될수록 고정탄소의 함유량이 많고 휘발분이 적다. (출처: 네이버 자연지리학사전)

석탄의 문제점

석탄이 지표층에 가까이 있을 때 **노천채광**(strip mining)을 하게 되는데 석탄층 위에 있는 토양을 제거하면서 생태계가 훼손된다. 비가 노천채광 지역에 내리게 되면 강한 산성의 폐수가 유출될 수 있다. 또한, 석탄이 지하 깊숙한 곳에 있는 지하광산일 경우, 광산의 깊은 지점까지 석탄을 채굴하는 과정에 있어서 광부들이 사망하는 사고가 발생하기도 한다. 광산사고뿐 아니라 석탄가루가 폐를 덮는 진폐증으로 사망하는 광부들도 있다. 진폐증은 흡입한 석탄가루가 폐를 덮어 폐와 혈액사이의 산소교환이 일어나는 것을 방해하는 병이다. 석탄을 연소하는 과정에서도 문제들이 발생하는데 다른 화석연료보다도 석탄이 단위 열량당 많은 양의 이산화탄소와 대기오염물질을 배출하기에 산성비 또는 산성안개를 많이 유발시킨다. 산성비는 호소를 산성화시켜서 수생 생물을 감소시키고 육상생태계에서는 토양의 양분과 대체되어 토양의 비옥도를 떨어뜨린다. 석탄을 연소할 때 발생하는 황산화물이나 질소산화물 등 대기오염물질을 제거하기 위한 방법으로 배출굴뚝에 세정장치를 설치하여 물과 석회로 이산화황 등을 중화시키는 것이 있고 청정 석탄 기술로서 석탄의 가스화와 유동층연소[5] 방법이 있다. 석탄을 연소하여 나오는 2차 오염물질 중 하나가 석탄재(fly ash)인데 화력발전소에서 매립하여 처리한다. 석탄재는 비소와 수은 같은 중금속을 함유하고 있어 유해한 독성물질이다.

13.3 석유

석유(石油, petroleum)는 자연에서 액체 상태로 산출되는 탄화수소의 혼합물이다. 공기가 없는 상태에서 미세한 식물과 동물플랑크톤 같은 바다 유기물이 분해되면서 형성되었을 것으로 추측되는데, 정제하지 않은 석유를 원유(原油, crude oil)라고 하고(표 13.1), 이를 정제하여

표 13.1 원유의 성분

원소	비율
탄소	83~87%
수소	10~14%
질소	0.1~2%
산소	0.1~1.5%
황	0.5~6%
금속	1000 ppm 이하

(자료: Speight, 1999)

휘발유, 경유, 등유, 중유 등을 제조하여 사용한다. 끓는 온도에 따라서 원유는 가스, 휘발유, 경유, 등유, 아스팔트 등으로 정제된다.[6] 석유는 각종 산업에 필수적인 에너지 자원인 동시에 공업 원료로도 사용한다.

석유의 기원은 확실히 밝혀지지 않았으나, 현재로써는 지질시대의 동식물이 퇴적하여 지압과 지열로 말미암아 변화되어 생성됐다고 하는 생물기원설이 가장 유력한 학설로 인정받고 있다. 또 다른 주장으로 지열에 의한 변질보다도 혐기성 세균과 같은 미생물의 작용 때문에 상온에 가까운 온도에서 석유로 변질했다는 의견도 있다. 그러나 이와 같은 많은 의견들과 학설에도 불구하고 석유의 정확한 생성과정은 아직 밝혀지지 않은 상태이다.

석유의 분포를 보면 원유 매장량이 가장 많은 나라는 사우디아라비아로 전 세계 매장량의 약 25.2%를 차지하며, 사우디아라비아를 포함한 중동 지역의 매장량이 65.2%를 차지한다. 한편, 1996년 말에는 5대 산유국을 포함, 12개 국가가 소속된 석유수출국기구(OPEC)가 세계석유 매장량의 70%, 생산량의 38%를 차지하였다. 사우디아라비아 이외에도 미국, 쿠웨이트, 오스트레일리아, 이라크, 러시아 등에서도 많은 석유가 생산된다(그림 13.2). 석유를 생산하는 산유국과 소비국은 다를 수 있기 때문에 석유의 이동에 의한 에너지가 소모되고 있다.

석유의 종류

원유는 끓는점에 따라 분리된다. 액화 석유가스

---

5 석탄을 석회석 입자와 강한 바람으로 섞어서 연소시키는 방식

6 원유에 있는 탄화수소들은 다양한 분자량을 가지고 있어 서로 다른 온도에서 끓고 응축된다. 이런 원리를 이용하여 원유에 있는 탄화수소 물질이 분리되어 정제된다.

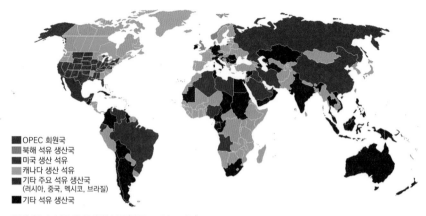

- ■ OPEC 회원국
- ■ 북해 석유 생산국
- ■ 미국 생산 석유
- ■ 캐나다 생산 석유
- ■ 기타 주요 석유 생산국
  (러시아, 중국, 멕시코, 브라질)
- ■ 기타 석유 생산국

그림 13.2 석유의 세계적 분포(자료: wikimedia)

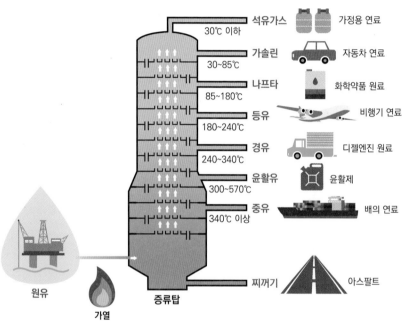

그림 13.3 원유의 분리와 이용. 분자량이 작은 탄화수소인 LPG 등 천연가스는 정유탑의 가장 위로 올라가고 끓는점이 낮다. 반면 분자량이 커서 무거운 중유는 가장 아래에서 응축된다. 두산백과의 그림을 다시 그림

(LPG), 가솔린, 나프타, 등유, 경유, 윤활유, 중유, 찌꺼기로 분리된다(그림 13.3).

석유가 환경에 미치는 영향

석유를 연소시키면 이산화탄소가 발생한다. 예를 들어 자동차용 휘발유 1 갤런을 연소시키면 약 9 kg의 이산화탄소가 발생한다. 이 이산화탄소가 대기 속에 축적되고 열이 지구 밖 우주공간으로 방출되는 것을 막는다. 이것이 반복되어 지구를 빠르게 덥히고, 지구온난화를 가속화시키게 되어 온실효과가 발생한다. 또, 휘발유를 자동차 연료로 사용할 때, 산화질소를 많이 발생시키게 되는데, 산화질소 또한 산성화와 오존층 파괴의 주범 중 하나이다.

석유는 특히 석유 개발과 운송 과정에서 환경훼손이 주된 문제가 된다. **수압파쇄**(hydraulic fracturing)는 석유가 지층에 치밀하게 결합되어 있을 때 사용하는 방법이다. 수압파쇄는 지층을 수평으로 시추한 후 물과 모

그림 13.4 (A) 태안 원유유출사고 후 기름으로 오염된 학암포 조간대 바위들 © G43 (wikimedia), (B) 만리포에서 자원봉사자들이 기름 제거하는 모습 © 정안영민 (wikimedia)

래의 혼합물을 주입하여 지층을 파괴하고, 들어간 모래로 지지된 틈으로 석유를 뽑아내는 방식이다. 수압파쇄의 결과, 물을 과다하게 사용함으로써 지하수층과 담수의 물을 고갈시키고, 수압파쇄를 위해 사용되는 물과 모래 이외의 혼합물이 물을 오염시키기도 한다.

석유는 보통 수송관이나 선박을 통해 먼 거리를 이동하는 경우가 많은데, 운송 도중 유출사고가 발생하게 된다면 심각한 환경재앙을 불러올 수 있다. 대표적인 유출사고에는 1989년 미국 알래스카 원유유출사고와 2007년 우리나라 태안에서 일어난 원유유출사고(허베이 스피리트호 유류유출사고)가 있다. 이 사고는 태안군 연안 생태계를 파괴시킨 한반도 최대 유류오염 사고로 기록되었다(그림 13.4). 이 사고로 인한 원유 유출량은 1995년 여수에서 일어난 씨프린스호 기름유출사고 당시 원유와 연료유 5,035 톤이 유출되었던 것과 비교하여 10,810 톤의 원유가 유출되었다. 환경부의 해안지역 모니터링 및 야생동물 피해현황 조사보고에 따르면 태안의 해양생태계가 사고 이전으로 생물종을 회복하려면 앞으로 20년이 걸릴 것이라고 전망하였다(환경부, 2007). 이 환경부 보고서에 따르면, 바닷속의 플랑크톤부터 육지의 조류에 이르기까지 생태계에 광범위한 영향을 끼쳤다고 보았다. 그리고 해양생물의 경우 산소와 햇빛이 차단되어 어패류와 부착생물 등의 폐사가 진행되어 양식 어민들의 피해가 컸다. 특히 미생물과 해조류, 저서동물 등 어류의 먹이가 되는 하등동물들의 피해가 컸다. 유류 오염 이후 초기에 천해

어류의 출현 종수와 채집량은 작았는데 잔존 유류의 영향과 유류 방제 작업에 따른 서식지의 교란 때문인 것으로 판단되었다(이정훈 외, 2014). 조류 중에는 논병아리나 오리류, 가마우지류, 갈매기류 등 해양이나 연안습지에서 활동하는 새들에게 피해가 집중되었으며 모래해안 지역에서 취식하는 큰고니, 말똥가리 등 멸종위기종 역시 오염된 어패류에 의해 간접 피해를 받을 것으로 관측되었다. 해양생물 중 해조류의 경우 단위면적당 생물량이 평균 43.2% 감소하였다.

13.4 천연가스

천연가스(natural gas)는 유전, 탄광 지역의 땅에서 분출되는 자연성 가스, 곧 메탄가스(CH_4), 에탄가스(CH_3CH_3), 프로판가스($CH_3CH_2CH_3$), 부탄가스($CH_3CH_2CH_2CH_3$) 등을 말한다. 천연가스는 주로 메탄가스, 소량의 에탄가스, 프로판가스, 부탄가스 등 몇 가지 안 되는 탄화수소로 구성된다.

'자연가스'라고도 불리는 천연가스는 땅속에 유기물이 변동되어 생긴 화석연료라는 점에서 석유와 공통점이 있다. 그러나 석유와 달리 지하에 기체 상태로 매장된(자연적으로 기화되어 형성된) 메탄(CH_4)이 주성분인 화석연료이다. 석유는 100℃ 이상 온도에서 천연가스로 분리되는데 이런 분리된 천연가스가 지층에서 공극이 없

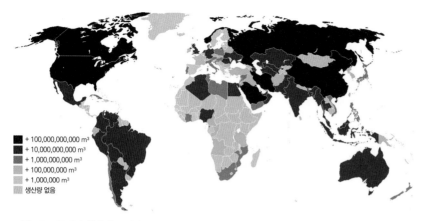

그림 13.5 국가별 천연가스 생산량. 청색이 진할수록 더 많은 생산을 하는 나라를 뜻하며 러시아, 이란, 카타르 등이다. 우리나라는 거의 생산을 하고 있지 않다(자료: wikimedia).

는 불투수층인 덮개암을 만나게 되면 쌓이게 된다. 특히 돔 형태의 덮개암일 경우 상당히 많은 양이 모인다.

천연가스의 종류

액화천연가스라는 명칭의 LNG(liquefied natural gas)는 흔히 도시가스라고 불리며 천연가스(NG)를 −162℃의 상태에서 약 600배로 압축하여 액화시킨 상태의 가스이다. 이는 정제 과정을 거쳐 순수 메탄 성분이 매우 높고 수분 함량이 없는 청정연료이다.

산지로부터 파이프로 공급받아 사용하는 PNG(배관 운송 천연가스)가 있다.

압축천연가스라고 불리는 CNG(compressed natural gas)는 천연가스(NG)를 200~250배로 압축하여 압력용기에 저장한 가스이며 최근 버스, 청소차 등 대중교통과 공공업무를 이용하는 차량에 많이 사용된다.

천연가스의 특징

천연가스의 전 세계적인 분포는 불균일하기 때문에 다른 화석연료와 마찬가지로 분균일 분포에 해당하며 국가간 분포 편차로 인한 천연가스 시장이 형성되어 있다(그림 13.5).

1980년 초 제2차 석유파동으로 인한 정부의 탈 석유 정책으로 에너지 공급의 안정적 확보와 다원화 차원에서 공급 사업이 추진된 천연가스는 현재 1981년과 비교하여 소비량이 약 1,000배 가량 상승하면서 산업과 각 가정, 우리의 생활 속에서 뗄 수 없는 존재가 되었다. 현재 천연가스는 60%가 도시가스로 사무실, 주택, 산업체 등에 공급되고 있으며 40%는 발전용으로 전력 생산에 사용된다.

천연가스의 이용

천연가스는 과거 본격적으로 이용되기 이전에는 폭발할 위험이 있어 위험한 것으로 여겨졌고 저장하거나 수송하는 기술이 없어서 쓸모없는 가스로 여겨졌다. 그러나 지금은 전기 발전을 하는 산업용, 가정용, 상업용 등으로 널리 사용되고 있다. 주요한 이용 분야를 보면 다음과 같다.

열병합 발전

가스를 연료로 하여 원동기(터빈, 엔진)를 돌려 전기를 만들고 동시에 발생한 폐열을 회수해 유효열로 사용하는 발전방식이다. 이산화탄소의 발생을 억제하여 환경보전성이 뛰어나다는 특징이 있다. 기존 시스템의 약 2배 정도 에너지 절약 성능이 뛰어나며 폐열을 사용할 수 있기 때문에 기존의 발전방식보다 몇 배 이상의 효과를 거둘 수 있는 매우 경제적인 발전방식이다.

가스 냉·난방

1990년대 이후 쾌적하고 편리한 생활에 대한 욕구가 크게 증대하여 여름철 냉방수요가 급격히 늘어나고 있다. 이런 냉방수요의 증가는 하절기 전력공급을 위태롭게 하고 있으며 국가에너지 이용효율을 악화시키는 주요 요인으로 작용하고 있다. 가스 냉·난방 시설은 도시가스의 경우 겨울철에 정점수요가 나타나고 여름철에는 겨울보다 1/5~1/6로 수요가 적다. 계절적 수요변동에 관계없이 일정량을 생산 및 소비해야 하는 천연가스산업의 특성을 고려하면 가스 냉·난방 시설은 매우 경제적이다. 또한, 설치면적이 작고 취급이 쉬워 자격 소지가 불필요하며 초기투자비와 운전비용을 절감할 수 있다는 장점이 있다. 환경보호와 에너지 수급 안정 기여를 기대할 수 있어서 가스 냉·난방을 선택하는 건물은 더욱 늘어날 전망이다.

냉열이용산업

액화천연가스(LNG)는 −162℃의 매우 낮은 온도의 액체이다. 천연가스를 압축하고 액화시키면서 발생한 냉열을 재활용할 수 있는데, 이 원리를 활용한 대표적인 산업은 아래와 같다.

1) 냉동창고 : LNG의 냉열을 직접, 간접으로 이용하여 식품사업에 적용

2) 냉열발전 : LNG를 기화할 때 발생된 팽창 에너지를 회수하여 발전하는 방식

3) 저온분쇄 : 폐타이어 등의 폐기물을 저온 분쇄하여 재활용하는 사업

그 외에도 인공 스케이트장, 스키장, 지역냉방 등에 값싼 냉열을 효과적으로 이용하기 위한 연구와 개발이 진행 중이다.

천연가스 차량

천연가스로 운행되는 천연가스 자동차는 대형트럭, 버스를 중심으로 보급확대가 이루어지고 있다. 매연, 미세먼지, 질소산화물, 탄화수소와 같은 대기오염물질이 기존의 휘발유·경유 차량에 비해 적게 배출되는 환경친화 자동차로 대도시 대기오염 개선에 큰 효과가 있다. 현재 수도권을 포함한 전국 여러 도시에서 시내버스가 천연가스 자동차로 운행되고 있다.

보일러 가스버너

가정의 난방용, 산업체의 증기보일러까지 다양한 종류가 있는 보일러는 천연가스를 사용할 경우 유황성분이 포함되지 않아 적극적인 폐열회수가 가능하다. 유류 보일러에 비해 효율이 높고 배기가스 처리시설(집진기, 세정탑, 탈황설비 등)의 설치가 필요 없다.

천연가스의 이용까지의 과정

탐사와 채굴

천연가스를 사용하기 위해 가장 먼저 해야 할 일은 땅속 깊숙이 묻혀있는 천연가스를 찾아내고 채굴하는 일이다. 천연가스는 보통 수심 200 m 미만의 얕고 완만한 해저지형인 대륙붕에서 많이 발견되며, 석유가 함께 매장된 경우가 많다. 천연가스는 석탄층과 함께 발견되기도 한다. 지질학자, 지구물리학자 등 전문기술을 지닌 탐사대가 해당 지형을 발견하면 고도의 발전된 기법과 장비를 사용하여 지질조사 및 물리탐사를 진행한다. 석유와 천연가스의 부존 가능성이 확인되면 초기 탐사정의 시추탐사를 시행한다.

첫 시추공은 시험 시추 단계로, 시추공을 파서 석유와 가스의 부존을 확인하고 물리검층을 실시하여 유전의 구조, 규모, 저류층의 특성, 저류 육체의 성질 등 본격적인 개발생산을 위한 유전평가를 하게 된다.

여기서 유전의 질과 경제성이 최종 확인되면 각종 장비를 동원해 천연가스를 본격적으로 시추하게 된다.

정제 및 액화

탐사와 채굴(시추)의 과정을 거쳐 뽑아낸 자원에서 불순물을 제거해 우리가 사용할 수 있는 천연가스만을 추출하는데 이 작업을 정제라고 한다.

정제된 가스는 -162℃의 상태에서 1/600로 부피를 압축하여 LNG로 변형된다. 추출된 천연가스를 액화하는 이유는 부피가 크고 보관 및 이동이 어려운 가스를 멀리 떨어진 지역으로 해상수송하기 위해서인데, 도시가스 등의 계절적 수요변동을 조절하기 위해 천연가스를 액화하여 저장하기도 한다.

수송

해외 각지에서 정제·액화된 천연가스를 가스 사용국으로 운송하기 위해 완전한 단열 및 저온, 누설방지 등 특수설비를 갖춘 특수선박을 이용하게 된다.

저장 및 생산

특수선박을 이용하여 운반된 가스는 각국 생산기지의 대형 저장탱크에 저장된다. 우리나라로 운반된 액화천연가스는 평택과 인천, 통영, 삼척의 한국가스공사 생산기지 대형 저장탱크에 저장한다. 이렇게 저장된 LNG를 가정이나 산업현장에서 다시 사용하려면 다시 기체형태의 가스로 변형해야 하는데, 액화천연가스를 다시 가스로 생산하는 것은 액화하는 것에 비하면 훨씬 용이하다. 냉각과 반대인 열교환 형식으로 온도를 높이면 LNG는 다시 기체로 돌아가기 때문이다.

공급 및 판매

위의 과정을 거쳐 우리의 쓰임새에 맞게 생산된 천연가스는 가스가 필요한 가정과 산업현장에 공급·판매된다.

천연가스가 환경에 미치는 영향

천연가스는 화석연료 중에서 청정연료로서 완전 연소할 경우, 석탄의 50% 미만, 석유의 30% 미만 수준의 이산화탄소를 방출한다. 하지만 천연가스의 생산과 운송과정에서 환경을 훼손할 수 있다. 천연가스를 채굴하는 방법으로는 수압파쇄(hydraulic fracturing) 또는 프래킹(fracking)이라는 방법을 사용한다. 수압파쇄법은 지하의 천연가스정에 모래, 독성화학물질, 물을 섞어 주

입하고 폭발시켜 암석에 균열을 만들어 천연가스를 포집하는 것이다. 천연가스를 모을 때 다량의 물과 암석에서 나오는 염류, 중금속, 자연 방사성 물질들이 배출되면서 지하수가 오염될 가능성이 있다. 천연가스는 생산지에서 소비로 운송할 때 누출이 일어나고 심지어 연소가 되는 과정에서도 누출이 일어날 수 있다. 주성분이 메탄인 누출 천연가스는 온실가스로서 작용하여 기후변화에 영향을 주게 된다.

13.5 원자력에너지

원자력에너지(nuclear energy)는 방사성동위원소를 핵분열(nuclear fission)을 일으켜 발생하는 에너지를 이용하는 것이다(그림 13.6). **핵분열**은 원자핵을 형성하는 양성자와 중성자의 결합이 깨어지는 과정이다. 원자력에너지는 화석연료와는 다르게 오염물질을 생산하지 않는다는 측면에서 대체에너지로 알려져 왔다. 그러나, 핵폐기물 발생, 원자력 발전소의 위험성이라는 문제를 안고 있다. 우리나라는 2018년 기준 24기의 원자력 발

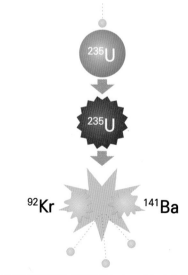

그림 13.6 핵분열의 과정. 중성자가 U-235에 부딪쳐서 들뜬 상태의 U-236이 된다. U-236은 분열하여 Ba-141과 Kr-92와 3개의 중성자가 만들어지고 에너지가 생성된다.© wikimedia

전소를 가동하고 있고, 2017년 가동율은 약 71%에 이른다.[7]

핵분열의 원리

우라늄 동위원소인 U-235에 중성자가 충돌하면 원자핵이 불안정해진다. 그 결과 U-235는 절반 크기의 원자 두 개로 쪼개지고 중성자가 더 만들어진다. 새로 형성된 중성자는 다른 U-235와 충돌하여 중성자가 새로 만들어지고 이런 반응이 계속 연결되어 일어난다. 이를 **연쇄반응**(chain reaction)이라고 한다(그림 13.7). 연쇄반응 과정에서 방출된 에너지로 물을 증기화하여 터빈을 돌려 발전을 일으킨다.

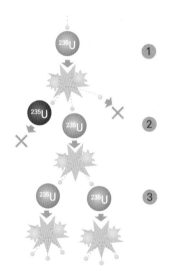

그림 13.7 핵분열 연쇄반응. ① U-235가 중성자를 흡수하면서 2개의 원자로 분열된다. 이때 3개의 중성자와 에너지가 방출된다. ② 하나의 중성자가 U-238에 흡수되고 반응이 지속되지 않는다. 다른 하나의 중성자는 이 반응에서 떨어져 나가 충돌하지 않고 반응에 참여하지 않는다. 그러나, 또 다른 하나의 중성자는 U-235와 충돌하여 분열되고 2개의 중성자와 에너지를 방출한다. ③ 생성된 2개의 중성자는 U-235와 충돌하여 2개의 U-235는 분열되고 각각 1-3개의 중성자를 방출한다. 이어서 연쇄적으로 반응이 일어난다.ⓒ wikimedia

원자력 발전

원자력 발전소는 노심, 증기발생기, 발전 터빈, 응축기로 구성되어 있다. 노심은 핵분열이 일어나는 곳

---

7 한국원자력산업회의(http://www.kaif.or.kr/?c=nws&s=5)

이다. 노심에는 우라늄-235를 가지고 있는 핵연료봉 다발이 있어 핵분열이 일어나고 연료봉 다발위에 중성자를 흡수할 수 있는 제어봉이 있다. 제어봉을 핵연료봉 다발에 넣고 빼내면서 핵분열 정도를 조절한다. 증기발생기에서 핵분열에 의해 생성된 열에너지를 가지고 물이 수증기로 바뀌게 된다. 응축기에서 수증기가 다시 물로 바뀐다. 노심은 방사선이 누출되는 것을 방지할 수 있게 원자로 용기로 둘러싸고 원자로 용기와 증기발생기는 차폐건물로 감싼다. 차폐건물은 안전을 위해서 두께 1~2m의 철강과 콘크리트로 이루어져 있다.

원자력이 환경에 미치는 영향

원자력을 대체에너지로서 깨끗한 에너지로 보는 관점이 있다. 그러나, 원자력 발전소에서 연료로 많이 사용하고 있는 우라늄은 재생 불가능한 자원으로서 지표나 지하에서 채굴되고 정련(enrichment)의 과정이 필요하다. 우라늄 채광은 광부에게 방사능에 의한 암 유발과 질병을 야기할 수 있다. 그리고, 원자력에너지는 대기오염물질을 발생시키지는 않지만 방사능이 강한 핵폐기물을 양산한다. 방사능을 띠는 냉매와 방사능 가스 등이 발생한다. 또한, 핵연료 처리 과정에서 화석연료를 사용한다. 핵발전소는 건설과 유지비용, 핵폐기물의 저장과 처리비용, 오래된 핵발전소의 철거 비용 등 여러가지 문제점을 안고 있다.

방사성폐기물은 저준위와 고준위로 구분한다. 저준위 방사성폐기물은 소량의 이온화 방사선을 내고 핵발전소와 대학 연구소, 병원 등이 배출하는데 고체, 액체, 기체의 물질이다. **고준위 방사성폐기물**은 대량의 이온화 방사선을 내는데 저준위 방사성폐기물처럼 고체, 액체, 기체 물질이다. 고준위 방사성폐기물은 주로 연료봉과 같은 핵발전소의 원자로 설비, 냉매, 가스에서 나온다. 고준위 액체 폐기물은 붕소(boron)를 포함한 내열 유리관에 보관하고 다시 스테인리스 용기에 담아 저장함으로써 위험도를 낮춘다.

방사성폐기물, 즉 방사능 물질에서 나오는 방사선은 생물의 DNA에 손상을 입힌다. DNA에 입힌 손상은 돌연변이를 일으켜 일반세포 및 생식세포 변화, 신체장애, 유전성 질병으로 발전한다. 고준위 방사성폐기물은 방사선 때문에 위험하므로 안전하게 처리되어야 한다.

우리나라는 2015년 경주시 양북면에 핵폐기물 처리를 위해서 '경주 중·저준위 방사성폐기물 처분시설'을 준공했다(그림 13.8). 경주 방폐장은 우리나라에서 1978년 원자력을 도입한 후 38년만에 확보한 국내 유일의 중·저준위 방폐물 처분시설이다.

원자력 발전소에 잠재된 위험은 재난 수준의 환경 파괴를 일으킬 수 있다. 노심 부분이 고열로 인해서 녹아버리는 노심 용융(meltdown)은 1979년 미국 쓰리마일아일랜드 발전소에서 일어났다. 쓰리마일아일랜드 발전소 사고는 원자력 발전소의 위험을 알리는 신호탄이 되었다. 이어서 발생한 1986년 우크라이나 체르노빌 원자력 발전소 사고는 20세기 최악의 원자력 사고이다. 체르노빌 원자력 발전소 사고는 시험가동 중에 수증기 폭발이 일어나 원자로가 파괴된 것으로 10일간의 화재로 방사능 물질이 유럽 전역에 퍼지는 참사였다. 체르노빌 원자력 발전소 사고에 의해서 발생한 방사능 물질에 의해서 많은 인명 피해와 생태계 훼손이 일어났다(그림 13.9).

일본 후쿠시마 원전 사고는 2011년 3월 11일 도호쿠 지방 태평양 해역 지진으로 인해 진도 7, 규모 9.0 의 지진과 지진 해일로 후쿠시마 제1원자력 발전소의 원자로 1-4호기에서 발생한 방사능 누출 사고이다. 체르노빌 원자력 발전소 사고와 함께 국제 원자력 사고 등급(INES)의 최고 단계인 7단계(Major Accident)를 기록하였다. 사고 이후 계속적으로 원자로에서 방사능 물질이 대기 중으로 누출되었으며, 빗물과 원자로 밑을 흐르는 지하수에 의해 방사능에 오염된 방사능 오염수가 태평양 바다로 계속적으로 누출되었다. 누출된 방사능 물질로 인해 후쿠시마 제1원자력 발전소 인근 지대뿐 아니라 일본 동북부 전체에 심각한 방사능 오염을 일으

그림 13.8 경주 중·저준위 방사성폐기물 처분시설 전경 ⓒ 한국원자력환경공단

그림 13.9 체르노빌 원자력 발전소 사고 후에 노심으로부터 직접 바람을 받은 4 km² 면적의 소나무 숲은 붉게 변하고 죽었다. 그래서 그 당시 붉은 숲이라고 일컬었다(이 사진은 숲이 다시 성장하기 시작한 2009년 3월에 촬영함). ⓒ Timm Suess (wikimedia)

켰다.[8] 2021년 4월 일본정부는 후쿠시마 제1원자력발전소에 보관 중인 오염수를 해양 방출하기로 최종 결정했다. 오염수에는 삼중수소(트리튬), 세슘 134, 세슘 137, 스트론튬 90 등의 방사성 핵종 물질이 포함되어 있어 우리나라와 중국 등 인접국과 해양 오염에 대한

x

x

8 BBC korea(https://www.bbc.com/korean/news-56672262)

논란이 일어나고 있다. 이러한 원자력 발전소 사고는 원자력 발전의 안정성에 대한 논란으로 발전되고 있고 전 세계에서 원자력 발전에 대한 에너지 정책을 다시 검토하는 계기가 되었다.

13.6 대체에너지

화석연료의 사용이 늘어가면서 지구에 존재하는 양이 한정된 화석연료의 고갈이 일어날 가능성이 있다. 또한, 화석연료는 대기오염, 지구 온난화, 산성비, 석유 유출과 같은 환경 오염을 일으킨다. **대체에너지**(alternative energy)는 일반적으로 화석연료를 사용하는 것을 대체하는 에너지 자원에 쓰이는 포괄적 용어이다. 일반적으로 기존의 화석연료가 아니며 환경에 적은 영향을 미치는 에너지를 말한다.

다시 말해, 대체에너지는 화석연료나 원자력에너지에 비해 환경에 해를 적게 미친다. 앞으로 급증하는 인구 추세를 볼 때 인류가 필요로 하는 에너지원은 계속 늘어날 것이기 때문에 재생가능한 에너지원에 대해 관심이 높다. 재생가능한 에너지원의 특성이 있으면 재생에너지 혹은 재생가능 에너지(renewable energy)라는 용어를 사용하기도 한다. 이 분야에서 새롭게 재생에너지에 포함되는 것들은 신재생에너지라고 한다. 재생가능한 에너지원은 자연과정에 의해서 다시 채워져서 무한하게 이용가능한 에너지원이다. 바이오매스, 풍력, 수력 등은 간접적으로 태양에너지를 이용하는 형태이다. 하지만 대체에너지는 기존의 화력발전이나 원자력발전과 비교하여 경제적인 관점에서 경쟁력이 있어야 에너지 시장에서 받아들여 질 수 있을 것이다.

대체에너지의 종류

지열에너지, 바이오매스, 태양에너지, 풍력, 수력에너지, 폐기물에너지, 해양에너지, 조력에너지, 수소에너지, 핵융합에너지 등이 있다.

지열에너지

지열발전이란 지구 내부의 열을 이용하여 전력을 생산하는 발전방식이다. **지열에너지**의 근원은 우라늄 같은 방사성 물질의 방사성 감소와 화산 활동, 지표면에 흡수된 태양 에너지 등이다. 대표적인 예로서 아이슬란드에서는 난방이나 전기 등이 모두 지열발전소에서 생산된다. 일상에서 지열에너지를 이용하는 대표적인 사례가 온천으로 난방과 목욕에 이용하여 왔다.

바이오매스

바이오매스(biomass)는 태양에너지를 받아 유기물을 합성하는 식물체와 이들을 식량으로 하는 동물, 미생물 등의 생물유기체를 총칭한다. 즉, 태양에너지가 바뀐 화학적 에너지로 이용되는 생물을 가리키는 단어로서 땔나무, 숯, 동물 배설물, 생물의 기체 등을 모두 포함한다. 바이오매스는 고체, 액체, 기체의 형태가 있다. 고체의 경우 목재, 폐목재, 숯 등으로 난방과 조리에 사용되거나 산업에 사용되기도 한다. 액체의 바이오매스는 메탄올, 에탄올 등 알코올과 바이오디젤이 있다. 액체 바이오매스는 디젤과 휘발유를 대체할 수 있다. 옥수수, 사탕수수, 콩, 유채 등은 에탄올과 바이오디젤로 만들어져 차량의 연료로 사용되고 있다(그림 13.10). 브라질에서는 모든 자동차 연료의 40%가 사탕수수에서 나온 에탄올이고 미국은 옥수수 작물로 에탄올을 대량 생산한다(그림 13.11). 동물 배설물은 기체의 바이오매

그림 13.10 콩을 바이오매스로 사용하여 달리는 버스 ⓒ US gov (wikimedia)

스로서 이용될 수 있는데 바이오가스라고 부른다. 메탄 가스가 기체상태의 바이오매스로 가장 많이 이용된다.

바이오매스의 장점은 바이오매스를 연소할 때 나오는 이산화탄소는 이전에 대기에 있던 이산화탄소를 광합성을 통해서 바이오매스로 만들었기 때문에 탄소 중립이라는 것이다. 그러나 바이오매스 생산을 위한 작물을 재배하기 위해서 산림을 파괴하여 농장을 만들 경우 결코 탄소 중립이 성립하지 않게 된다.

바이오매스의 단점으로 에너지 작물을 재배하기 위해서 농지를 사용하기 때문에 농지의 감소, 토양의 질 저하, 농약 오염, 관개로 인한 물공급의 감소가 있다는 것이다. 또한, 곡물 가격 상승, 땔감 이용 및 바이오매스 작물 농경지 확대에 의한 산림생태계의 감소 등을 들 수 있다. 이는 생물다양성 감소로 이어진다. 옥수수는 에탄올 생산을 위해서 사용되는데 연료 생산용 옥수수의 사용이 전 세계적으로 옥수수 부족의 원인이 되고 식품 가격의 급등을 일으켰다. 또한, 옥수수를 재배하는데 있어 농약 사용, 농기구 사용, 옥수수 수송, 에탄올 가공 과정에서 화석연료가 사용되어야만 한다.

태양에너지

태양에너지는 지구의 기후를 유지시키고 생명을 지탱시켜 주는, 태양에서 오는 열과 빛 형태의 복사에너지를 일컫는다. 태양은 수소 원자의 핵융합으로 에너지를 만든다. 햇빛에서 열이나 전력을 얻는 에너지원은 재생 가능하기 때문에 재생가능 에너지로 분류하기도 한다. 역사가 오래된 에너지로 로마시대 때에도 사용한 에너지의 종류이다. 태양에너지는 다른 에너지와 다르게 지구 전반에 걸쳐 고르게 분포하여 이용할 가능성이 높다. 태양에너지를 소극적으로 모아서 건물을 난방하거나 태양열 집열판에 적극적으로 태양열 에너지를 모아서 난방에 이용하기도 한다(그림 13.12). 태양에너지를 최대한 응집하여 제철소를 운영하기도 한다. 태양열발전은 구유 형태의 거울에 햇빛을 집중시켜 기름을 데워서 증기를 생산하고 터빈을 돌리는 형태나 집열 접시를 이용하는 형태 등 다양하게 태양열을 집중하여 발전을 일으킨다. 하지만 태양에너지는 햇빛과 열을 얻을 수 있는 낮 동안에만 활용할 수 있다는 것이 단점이다. 태양광 발전의 형태인 태양광전지는 햇빛을 전기로 전환하는 광전지를 이용한다. 태양광전지는 인공위성, 시계, 계산기 등에 상용화되어 있으나 효율성이 낮다는 단점이 있다. 장점으로는 태양광전지는 전기 필요량에 따라서 모듈 단위로 설치가 가능하고 빠르게 가동이 가능하다는 것이다.

풍력에너지

풍력발전은 풍력 터빈을 이용해서 바람(풍력)을 전

그림 13.11 수확을 기다리고 있는 사탕수수(*Saccharum officinarum*). 브라질 상파울루주 Ituverava의 농장 지역
ⓒ Mariordo (wikimedia)

그림 13.12 태양열 집열기를 난방에 이용하는 대학교 기숙사
ⓒ Gcd822 (wikimedia)

그림 13.13 코펜하겐 앞바다의 풍력터빈 ⓒ Conscious (wikimedia)

그림 13.14 시화호 조력발전소[9] ⓒ 핑크로즈 (wikimedia)

력으로 바꾸는 발전방식이다. 오늘날 풍력은 수많은 국가에서 상대적으로 값이 싼 재생가능 에너지원을 제공하며 폐기물이 거의 없는 전기를 생산한다(그림 13.13). 풍력의 양은 지역에 따라서 다르고 풍속은 지형에 의해서 마찰이 생기는 육지보다 바다 부근에서 더 높아 풍력 발전에 유리하다. 우리나라에서는 강원도 대관령과 제주도 등 전국 각처에 설치되어 있다.

수력에너지

수력발전은 중력에 의해서 물이 아래로 떨어지는 에너지를 이용하여 전력을 생산하는 발전방식이다. 수력발전으로 얻은 전기를 수력 전기(hydroelectric power)라고 한다. 현재 가장 널리 쓰이는 재생가능한 에너지이며, 점점 의존도가 증가하고 있다. 일단 발전소가 건설이 되면 더 이상 직접적인 폐기물은 방출하지 않으며, 이산화탄소 배출량도 적다. 수력에너지의 단점은 수력발전을 위해서 만든 댐이 물을 막아 하천생태계를 변화시킨다는 것이다.

폐기물에너지

폐기물에너지는 폐기물을 태울 때의 열을 이용하는 에너지의 종류로, 이 열은 발전기와 보일러에 사용된다. 장점은 소각해야 할 폐기물을 소각시킬 수 있어 잠재적인 오염 등을 막을 수 있다. 단점으로는 소각 과정에서 다이옥신 등 대기오염물질과 소각 폐기물이 발생

하며, 가스 발생으로 인해 발전 효율성이 떨어질 수 있다는 점이다.

해양에너지

해양에너지는 해양의 파도, 조석간만의 차, 염도, 해양의 온도 차에서 나타나는 에너지를 일컫는 말이다. 세계의 여러 바다에서 해류의 움직임은 방대한 운동 에너지를 품고 있으며, 움직이는 에너지이다. 이러한 에너지는 집이나 교통 및 산업에 이용될 전력을 생산하는 데에 이용될 수 있다. 해양에너지라는 단어는 파력부터 표면파, 조력, 해류의 운동에너지로부터 얻는 모든 것들을 망라한다. 해양의 온도 차이를 이용하여 에너지를 생산하는 것을 해양열에너지전환(ocean thermal energy conversion, OTEC)이라고 하는데 해양의 깊이에 따라서 온도가 차이가 나는 것을 이용하는 것이다.

조력에너지

조력에너지는 바다의 밀물과 썰물의 차이를 이용해 전기를 생산하는 발전방식이다(그림 13.14). 조석현상으로 인해 해면 높이의 차이가 생기게 되고 이 과정에서 발생하는 위치에너지를 전력으로 변환하는 발전방식이다. 조석발전이라고도 한다. 조력발전의 단점은

---

[9] 조력발전 시설용량은 254 MW로 세계 최대이며, 프랑스 랑스조력발전소와 함께 대표적인 조력발전소로 꼽힌다.

발전소 건설 비용이 많이 든다는 것과 조력 발전소 건설과 물의 흐름을 방해하여 나타나는 생태계 훼손을 들 수 있다.

수소에너지

수소의 원료인 물이 풍부하고 연소 과정에서 오염물질을 배출하지 않는 등 수소는 미래의 무공해 에너지원으로 중시되며, 인류 궁극의 연료로 지목되고 있다. 최근에 실용화되고 있는 수소연료전지 차는 수소저장탱크에서 공급한 수소와 공기 중 산소의 전기화학반응을 통해 전기를 생성하고 생성된 전기로 모터를 돌려 동력을 발생시키는 원리를 이용한다.

핵융합에너지

중수소와 트리튬의 가벼운 원소의 원자핵들이 태양에서처럼 원자핵과 전자가 분리돼 있는 초고온 플라스마 상태에서 서로 결합, 헬륨의 무거운 원자핵이 되는 핵융합반응에서 질량이 줄면서 나오는 막대한 에너지이다. 핵융합 에너지의 원료인 수소는 물에서 추출할 수 있어 무제한으로 공급이 가능하지만 핵융합 기술은 아직도 걸음마 단계이다. 원자가 융합하려면 엄청나게 높은 온도가 필요하고 핵융합 반응에 대한 조절이 어렵다.

에너지 이용의 경향을 보면 미래 환경을 생각하기보다는 현재의 이익을 중시하기 때문에 낮은 수익성과 높은 초기 개발 비용을 가지는 대체에너지를 사용하지 않는다. 그리고 선진국들도 아직은 화석연료를 주요 에너지원으로 사용하고 있다는 것도 주목되어야 할 사항이다. 하지만 화석연료는 영원히 쓸 수 있는 자원이 아니다. 태평양에 위치한 나우루(Nauru)[10]라는 섬의 예에 빗대어 알 수 있듯이, 화석연료 또한 가까운 미래에 고

갈될 자원이다. 우리의 미래세대가 나우루와 같은 길을 걷지 않기 위해서는 대체에너지 생산과 저장, 활용의 효율성을 높일 수 있는 기술을 개발하고 이를 지원하는 정책을 수립하여 추진하여야 한다.

13.7 에너지 문제와 에너지 절약 활동

인구 증가와 산업 발달을 이루면서 에너지 소비는 계속 증가하여 왔다. 에너지 소비가 늘어가면서 이에 동반한 각종 환경오염문제가 일어나고 있다. 화석연료의 과도한 사용으로 인해 온실가스가 증가하여 지구의 온난화도 가속화되고 있는 실정이다. 또한 피크오일(peak oil)[11]을 지나는 시대가 온다면 개인뿐만 아니라 지역공동체, 정부가 나서서 화석연료를 대체하는 변화를 유도하여야 한다. 전 세계의 지역공동체가 하고 있는 **전환도시**(transition town)운동은 지역 수준인 마을, 소도시 등에서 석유 고갈 이후의 시대처럼 삶을 살아가는 것을 말하는데 지역에서 에너지 문제를 해결하려는 모색에 해당한다(Louv, 2012).

아직은 대체에너지가 화석연료와 원자력 에너지를 대체하는 완벽한 에너지 공급의 해결책이 될 수 없기 때문에 에너지 효율성을 높이고 에너지를 절약해야만 한다.

에너지 효율을 높이는 것은 기술 개발과 이를 위한 시간이 필요하기 때문에 일반 시민들은 에너지를 절약하여 보전하여야 한다. 에너지 보전은 에너지를 낭비하는 것을 줄이고 에너지의 불필요한 소비를 줄이는 것을 의미한다. 집에서 할 수 있는 에너지 보전 활동에는 어떤 것이 있을까? 지붕 단열 보강, 이중창 설치, 절전형 냉방기와 냉장고 구매, 고효율 전등 설치, 냉난방 온도 조절, 자동차 주행 속도의 조절 등이 있다. 가정에서의 에너지 보전은 직장 등 사회로 확대할 수 있고 정부와 기업은 에너지 효율을 높이는 기술 개발에 투자하여야 한다.

---

10 나우루(Nauru)는 남태평양에 위치한 미크로네시아에 속한 공화국이다. 면적 21 km²의 조그마한 나우루공화국은 한때 1인당 국내총생산이 2만 달러에 육박했었다. 나우루 공화국내 풍부했던 인광석 덕분인데 인광석에 함유된 인산염은 최상급 비료의 재료로 쓰인다. 나라 전체가 거대한 인광석 채굴장이나 마찬가지 수준이었던 나우루공화국은 졸지에 벼락부자가 되지만 인산염이 고갈되자 나우루공화국은 불모의 섬이 되었다(김청한, 2018).

---

11 1956년, 미국의 지질학자인 킹 허버트는 가까운 미래에 원유 생산량이 최고인 피크오일에 도달했다가 줄어들 것이라고 예견했다.

참고문헌

김청한. 2018. 나우루공화국의 비극, 지구에서도? KISTI의 과학향기 제3203호. http://scent.ndsl.kr/site/main/archive/article/나우루공화국의-비극-지구에서도

레이븐 외. 1997. 환경학 (안동만 옮김, 보문당 2001) (원제: Environment, 2nd edition)

이정훈, 권순열, 홍지민, 황학빈, 이태원. 2014. 허베이스피리트호 원유 유출사고 후 태안 만리포 해빈의 천해 어류 종조성 변화. 한국어류학회지 26(4): 310-321.

통계청. 2017. 국가통계포털. 에너지 수급 통계, 총에너지, 1차에너지소비.

환경부. 2007. 허베이 스피리트호 유류유출사고 해안지역 모니터링 및 야생동물 피해현황 조사 보고.

Louv, R. 2012. The Nature Principle. Algonquin Books.

Speight, JG. 1999. The Chemistry and Technology of Petroleum. Marcel Dekker.

13. 에너지 문제

1. 조별활동

1. 석유 없는 세상

석유 공급이 끊어진 세상이 어떤 것인지 실제 삶으로 체험해 보기 위한 대체 현실 게임(alternative reality game)이 진행된 적이 있다. 이 게임은 2007년 4월 30일에 시작하여 32일 후인 6월 1일에 종료되었고, 이 게임 기간 동안 참가한 사람들 중 1,500여 명이 블로그와 비디오, 사진을 "World Without Oil(WWO)"(https://web.archive.org/web/20080611090552/http://www.worldwithoutoil.org/)에 남겼다.

1) 석유 공급이 중단된다면 우리 삶은 어떻게 바뀔 것인지, 교통, 먹거리, 농업, 공업, 학교, 쇼핑, 주거, 정치, 국방 등 우리 삶의 여러 분야별로 상상해 보시오.
2) 석유 공급이 중단된다면 어떤 환경 문제가 부각되고 사라질 것인지 예측해 보시오.

2. 에너지 소비와 이산화탄소 배출

1) 전 지구적 기후변화에 대한 미국 EPA 웹사이트(https://www3.epa.gov/climatechange//kids/calc/index.html)에 접속한 뒤 각 조의 행동을 결정하고 각 조의 평균 이산화탄소 방출 감축량을 각 행동마다 기록해 보시오.
2) 이산화탄소 방출을 가장 감축시키는 에너지 소비 행동은 무엇인가?

2. 조별 토론 주제

1. 화력, 원자력, 태양열발전의 발전 단가를 비교하시오. 발전 단가에 포함되어야 하지만 포함되지 않은 것은 무엇일까? 이것이 포함된다면 발전 단가는 어떻게 바뀔 것인가?

2. 원자력발전은 화력 발전의 대안인가?

3. 바이오연료는 화석연료의 대안인가?

3. 전체 토론 주제

원자력발전의 장점과 단점을 나열하고 이에 기반하여 에너지원으로서 원자력발전의 미래를 토론하시오.

- 5부 -

도시문제와
환경정책

14장
도시화와 교통, 폐기물

"문명의 첫번째 표지는 쓰레기이다"

−셔스터만(Neal Shusterman), 『분해되는 아이들』 중에서

그림 14.1 밤에 우주에서 본 지구 모습 ⓒ Jean Beaufort (PublicDomainPictures)

인류의 문명은 사람들이 마을과 도시를 이루며 발전해왔다. 환경문제를 자연과 인류 문명의 관계로 본다면 사람들이 집약적으로 모여사는 도시의 수가 많아지고 규모가 커질수록 모든 환경문제는 더 악화되는 경향을 보인다. 현재 지구 전체에서 동아시아, 인도, 유럽 및 북미 동부 지역은 인구가 밀집된 도시가 계속 확장되고 있고 지구 전체 자원과 에너지의 대부분을 도시지역에서 소비하고 있다(그림 14.1). 2014년에 발표된 리뷰논문에 따르면 도시는 지구 육지 면적의 1% 미만을 차지하지만 가정용 물 사용의 60%, 에너지 사용의 75%, 산업목적의 목재 사용량의 80%, 온실가스 배출량의 80%를 사용하고 배출한다(Wu, 2014).

도시는 지금까지 다룬 인구, 보건, 먹거리, 생물다양성 감소, 기후변화, 대기오염, 수질오염, 에너지 문제 및 앞으로 다룰 교통과 폐기물 문제까지 거의 모든 환경문제를 총망라하여 보여준다. 도시에서 나타나는 여러 환경 이슈들을 다루기 전에 우선 도시를 생태계라는 관점에서 총체적으로 인식해 보자.

14.1 도시화

전 세계적으로 도시는 점점 커지고 숫자도 증가하고 있다. 이러한 현상을 **도시화**(urbanization)라고 한다. 1950년에 세계 인구의 29.4%가 도시 인구였다면 2000년에는 46.7%로 증가하였고 2050년에는 67.2%가 도시에 살 것으로 추정된다(표 14.1). 도시는 오염과 가난이라는 어두운 면이 있지만, 반대로 취직과 교육의 기회가 많은 곳이라는 매력으로 전 세계의 젊은이들을 끌어들이고 있다. 도시의 인구 성장은 연간 1.8%로 전체 세계 인구 성장 속도의 2배나 된다. 사실 환경문제

표 14.1 전체 인구에 대한 도시 인구 비율(%)

	1950	2000	2050(추정)
세계	29.4	46.7	67.2
북미	63.9	79.1	88.6
남미	41.4	75.5	86.6
아프리카	14.4	35.6	57.7
아시아	17.5	37.4	64.4
유럽	51.3	70.8	82.2
오세아니아	62.4	70.4	73.0

(자료: UN Population Division, 2012)

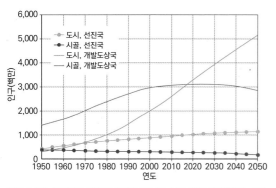

그림 14.2 선진국과 개발도상국의 도시와 시골 인구 변화(자료: UN Population Division, 2012)

표 14.2 2020년도 기준 세계의 거대도시와 그 주변부 인구 현황

순위	거대도시	국가	대륙	인구
1	광저우	중국	아시아	46,700,000
2	도쿄	일본	아시아	40,400,000
3	상하이	중국	아시아	33,600,000
4	자카르타	인도네시아	아시아	31,300,000
5	델리	인도	아시아	30,300,000
6	마닐라	필리핀	아시아	25,700,000
7	뭄바이	인도	아시아	25,100,000
8	서울	남한	아시아	24,800,000
9	뉴욕	미국	북미	22,100,000
10	베이징	중국	아시아	19,800,000

(자료: wikipedia)

는 대부분 도시의 환경문제이다.

이러한 도시화는 선진국과 개발도상국의 양상이 다르다. 선진국과 개발도상국의 도시와 시골을 비교하면 21세기들어 대부분의 인구 성장은 개발도상국의 도시에서 이루어질 것으로 보인다(그림 14.2).

도시의 정의

인구로 보면 도시는 보통 2,500명 이상 모여 사는 곳을 지칭한다. 2016년 12월 기준 남한에서 가장 인구가 적은 읍은 강원도 영월군 상동읍으로 1,161명이다. 그 다음으로 적은 곳은 전라남도 순천시 승주읍으로 2,983명(행정자치부, 2017)이니 남한의 행정구역 체계에서는 읍 이상의 마을을 도시로 볼 수 있다. 대도시는 보통 100만 명 이상의 인구를 가진 도시이다. 2018년 2월 기준 부산, 대구, 인천, 광주, 대전, 울산 광역시가 모두 인구 100만 명 이상[1] 이기에 대도시에 속한다. 광역시는 아니지만 수원시, 창원시, 고양시, 용인시, 성남시 등도 인구 100만 명을 넘거나 이에 가까워 대도시로 분류할 수 있다. 서울은 2021년 기준 959만 명으로 1,000만 명 이상으로 정의되는 거대도시(megacity)로 분류된다. 사실 서울 주변의 위성도시까지 포함한 수도권의 인구는 2021년 기준 2,300만 명으

로 하나의 거대한 도시로 볼 수 있다. 전 세계의 거대도시와 그 주변부 인구 현황은 표 14.2와 같다. 이 자료를 보면 세계의 거대도시는 대부분 아시아에 몰려 있으며 그 중에서도 중국, 일본, 한국의 극동지역에 몰려있다.

도시의 확장

전 세계적으로 도시화가 진행되지만 급격한 경제 개발과 산업화가 이루어진 남한에서 도시의 증가와 확장은 두드러진다. 서울을 포함한 수도권의 주요 도시와 부산, 울산, 창원 거제 등 남동 임해 공업 지역의 도시들이 1960년 이후 두드러지게 성장하였다(그림 14.3). 특히 서울의 시가지 확장은 급속도로 이루어져 왔다(그림 14.4). 조선이 건국된 뒤 1394년에 서울지역에 설치된 한성부는 현재의 4대문 안 지역으로 주위 4 km(10리)를 한성부 관할의 성저십리로 편입하였다.[2] 15세기 초 한성부의 인구는 약 10만 명 정도였다. 조선 600년 동안 유지되어 온 한성부는 일제강점기인 1911년 경성부로 이름이 바뀌며 확장되었다. 경기도 주변으로 서울의 행정구역은 점차 넓어졌고, 1963년에 대대적인 시역 확장이 이루어져 현재에 이른다. 하지만 행정구역이 아니라 출퇴근 인구의 베드타운 역할을 하는 위성도시가 서울과 동일한 생활권을 유지

---

1 2018년 2월 기준 부산광역시 346만 명, 대구광역시 247만 명, 인천광역시 295만 명, 광주광역시 147만 명, 대전광역시 150만 명, 울산광역시 116만 명이다.

2 서울특별시의 역사(wikipedia)

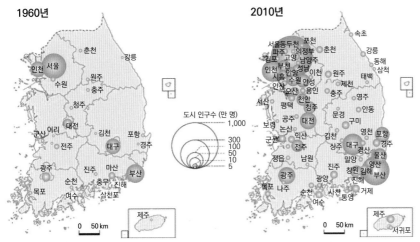

도시 인구수 (만 명)
1,000
300
100
50
10
5

0   50 km

그림 14.3 1960년과 2010년의 남한 도시 분포 변화(자료: 우리나라 도시의 성장과정)

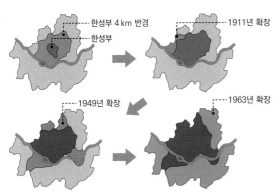

한성부 4 km 반경 ---- ---- 1911년 확장
---- 한성부
1949년 확장 ---- ---- 1963년 확장

그림 14.4 1394년 한성부 이후 서울의 행정구역 변천. Korea100 wiki의 그림을 다시 그림

표 14.3 에너지의 공급원과 수준에 따라 분류된 생태계 유형

생태계	연간 에너지 흐름 (kcal/m²/yr)
순수 자연 태양동력 생태계	1,000~10,000 (평균: 2,000)
자연 보조 태양동력 생태계	10,000~40,000 (평균: 20,000)
인공 보조 태양동력 생태계	10,000~40,000 (평균: 20,000)
연료 동력 도시공업 생태계	100,000~3,000,000 (평균: 2,000,000)

(자료: 오덤, 1989)

나 저장되는 잉여 유기물을 생산하는 자연 보조 태양 동력 생태계이다. 비료와 농약이 외부에서 공급되는 농 경지는 인공 보조 태양동력 생태계에 속한다. 도시는 네 번째 연료동력 도시공업 생태계에 속한다.

도시는 자연생태계나 농경생태계와 달리 에너지가 외부에서 들어오고 다시 나가는 흐름의 규모가 수십 배 나 높다. 따라서 도시는 다른 곳에 비해 엄청나게 많은 에너지를 소비하는 곳이다. 도시와 시골을 에너지 측면 에서 정의한다면 도시는 인간 활동에 쓸 수 있는 에너지 의 소비가 생산보다 많은 곳으로 정의된다(이도원 외, 2001). 시골은 반대로 생산이 인간 활동에 쓰이는 에너 지보다 많은 곳이다. 따라서 도시는 생태계 수준에서 에 너지 소비가 생산보다 많은 종속영양생태계이다(오덤, 1989). 이런 관점에서 보면 도시문제는 도시가 단독으 로 해결할 수 없고 지속가능한 도시라는 목표는 현실적 이지 않다.

하는 것을 고려하면 현재 서울은 기능적으로는 수도 권 전체로 확장되었다.

14.2 도시는 생태계이다

도시의 에너지 소비

오덤(1989)은 다양한 생태계를 에너지에 기초하여 네 가지 유형으로 구분하였다(표 14.3). 원양이나 숲 등 순전히 태양에너지로만 유지되는 생태계가 순수 자연 태양동력 생태계라 한다면 하구나 일부 열대우림은 높 은 생산성으로 인해 생태계 외부로 에너지를 내보내거

도시 생태계의 특징

기후

도시는 빌딩의 벽과 천장 그리고 아스팔트 포장도로가 태양 에너지를 흡수하는 양이 들판이나 숲 보다 높고, 또한 빗물이 하수도를 통하여 신속히 빠져나가 들판과 같은 습한 지표보다 태양복사에너지가 더 효율적이기에 보통 주위보다 온도가 높다(Cengiz, 2013). 들판에서는 증발산에 의해 열이 쉽게 빠져나가지만 도시에서는 열이 빠져나가는 것도 상대적으로 느려, 도시의 기온을 높인다. 도시는 보통 주위 지역보다 0.5~1.5℃ 정도 높으며 밤에는 그 차이가 4~5℃로 커질 수 있고 특히 겨울 밤의 초기 몇 시간 동안은 10℃나 차이날 수도 있다(Cengiz 2013). 이러한 현상을 **열섬**(heat island)이라고 한다(그림 14.5).

도시 열섬에서는 상승기류가 발생하여 저기압을 형성하고 주변으로부터 도심 방향으로 연속적인 바람을 일으킨다. 또 도시에서는 먼지와 사람이 배출한 기체 양이 주변 들판에 비해 훨씬 높아 태양복사에너지를 15~20%나 감소시킨다. 이외에도 도시의 기후 특징은 여러 가지로 나타나는데 이를 표 14.4에 정리하였다.

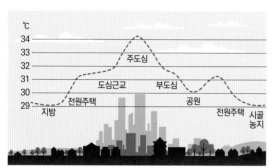

그림 14.5 도시가 열섬이라는 것을 보여주는 지역별 기온 차. Marth(2010)의 그림을 다시 그림

표 14.4 도시의 기후 특성

	요소	시골 환경에 비해
오염 물질	구름응결핵(condensation nuclei)	10 배 이상
	입자	50 배 이상 증가
	기체 혼합물(gaseous admixtures)	5~25배 이상 증가
태양 복사	지표면에 도달하는 총량	0~20% 감소
	자외선	5%(여름)~30%(겨울) 감소
	햇빛 지속 시간	5~15% 감소
운량	운량	4~10% 증가
	안개	30%(여름)~100%(겨울) 증가
강수	강수량	5~15% 증가
	적설량, 시내	5~10% 감소
	적설량, 도시경계의 바람부는 곳	10~15% 증가
	천둥번개	10~15% 증가
기온	연평균 기온	0.5~3˚C 증가
	겨울 평균 최저 기온	1~2˚C 증가
	여름 최고기온	1~3˚C 증가
상대 습도	연평균 상대습도	6% 감소
	겨울	2% 감소
	겨울	8% 감소
풍속	연평균 풍속	20~30% 감소
	극심한 돌풍	10~20% 감소
	바람없는 날	5~20% 증가

수문

도시에서는 강수가 바로 하수구로 흘러들어가기에 주위 지역보다 훨씬 더 빨리 건조되고 기온이 상승한다. 도시의 습도는 보통 숲보다 낮지만 대기에 입자가 많아서 안개는 훨씬 잦게 발생한다. 또한 도시는 숲이나 농경지 등과 달리 지표가 대부분 물을 흡수하지 못하는 **불투수층**(impervious layer)을 형성하여 빗물이 지하로 침투하여 들어가는 양이 적고 대부분 표면에서 유출(run-off)된다(그림 14.6). 이러한 불투수 지표는 도심 하천에 막대한 영향을 주는데 도시에서 생산되고 축적된 오염물질을 도시를 지나는 하천으로 모아 배출시킨다. 따라서 하천을 보호하려면 도시 오폐수와 우수 관거(雨水管渠 storm sewage)를 분리하는 것이 원칙이다.

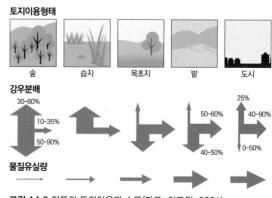

그림 14.6 지표의 토지이용과 수문(자료: 이도원, 2001)

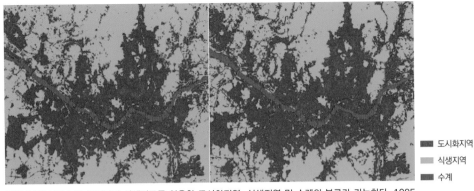

■	도시화지역
■	식생지역
■	수계

그림 14.7 NDVI 등 여러가지 식생지표를 이용한 도시화지역, 식생지역 및 수계의 분류가 가능하다. 1995년(왼쪽)과 2000년(오른쪽)의 서울과 인근 도시화 지역을 식생지표를 이용하여 비교한 그림이다. 오른쪽 아래 과천 지역과 왼쪽 위의 일산 지역의 도시 확장이 눈에 띈다(자료: 정재준, 2012).

생물다양성

도시가 확장되면 생물상이 급격하게 변하게 되는데 그 중 가장 급격한 변화를 보이는 것은 식생이다. 도시화가 진행된 지역의 식생 면적 비율이 매우 낮아지는데 인공위성 영상을 통해 도시화지역과 식생지역을 구분해 낼 수 있다(그림 14.7).

도시화가 진행되면 식생 면적 비율이 낮아지는 것뿐만 아니라 식생의 종류도 변하는데 일반적으로 귀화식물의 출현이 잦아진다. **도시화지수**(urbanization index)는 우리나라의 총 귀화식물 종 수에 대해 그 지역에서 나타나는 귀화식물의 비율을 백분율로 나타낸 것이다(임양재와 전의식, 1980). 하지만 귀화식물 비율을 이용한 도시화지수는 귀화식물의 유입 경로에 따라 변동이 심할 수 있다. 2015년에 발표된 자료에 따르면 부산의 도시화지수는 49%로 울산광역시의 18.2%, 이천시의 14.8%, 춘천 동북부지역의 21.4%에 비해 월등히 높은 값을 보였다(Lee et al., 2015).

도시화는 조류 군집에도 영향을 주는 데 도시화가 진행되면 많은 조류들이 사라지지만 특정 조류 종들은 여전히 나타난다. 1983년과 1997년에 수원지역의 조류 군집을 조사한 연구 결과를 보면 도시화가 훨씬 진행된 1997년에 1983년에는 우점종이었던 찌르레기와 꾀꼬리는 한 개체도 관찰되지 않았고, 박새, 참새, 제비와 같은 종의 개체수도 급격히 감소되었다. 반면 참새,

까치, 붉은머리오목눈이 등이 우점하는 것으로 나타나 도시 환경에 잘 적응한 조류 종도 존재하는 것을 보여준다(이우신과 임신재, 1998).

다람쥐를 제외한 도심에 사는 대부분의 포유류와 새는 보통 유해동물로 인식된다. 하지만 도시 생태계는 사람들이 생각하는 것보다 훨씬 더 많은 생물들을 부양한다. 예를 들면 런던의 도심에는 2016년에 약 1만여 마리의 여우가 살고 있다(Time Out, 2016). 사람을 피하고 야행성이긴 하지만 런던 시민들은 종종 이 여우들을 볼 수 있다(그림 14.8). 이 여우들은 다른 동물, 과일, 채소, 지렁이 및 곤충 등과 먹이그물을 형성한다. 이들 사망원인 중 절반은 자동차 사고이다.

그림 14.9는 곤충-섭식 조류, 사체-섭식 조류 및 여우와 연관된 런던 도시 생태계의 먹이그물을 보여준다.

그림 14.8 대도시 런던에서 촬영된 여우 © Karen Arnold (public domain)

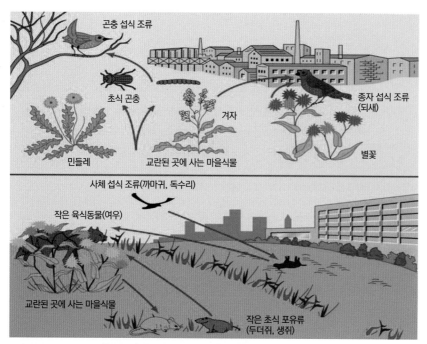

그림 14.9 런던 도시생태계의 먹이사슬 그림(자료: Botkin & Keller, 2007)

그림 14.10 부산 온천천에 출현한 천연기념물이자 멸종위기종인 수달에 대한 보도 캡처 사진(자료: YTN)

도시에 사는 동물들의 서식지는 이들의 자연 서식지 환경과 비슷한 조건을 보여준다. 예를 들면 굴뚝칼새(chimney swift)는 원래 속이 빈 나무에 살았지만 도시의 굴뚝이나 수직갱도 같은 곳에서 흔히 볼 수 있다. 아마도 도시가 단위 면적당 굴뚝을 숲에서 속이 빈 나무보다 더 많이 제공할 것이다. 또한 도시공원은 좀더 자연적인 생물 서식지를 제공할 수 있다. 뉴욕의 센트럴 파크 공원은 260여 종의 조류가 관찰된다.

또 도시의 하천은 많은 멸종위기종들의 서식처를 제공하기도 한다. 우리나라에서도 한강, 낙동강을 비롯한 서울과 부산의 도심하천에서도 천연기념물이자 멸종위기종인 수달이 서식한다는 기사가 계속 보도되고 있다(그림 14.10). 하천뿐만 아니라 도시의 스카이라인도 멸종위기종의 서식지를 제공하기도 하는데, 미국 뉴욕시의 경우 1982년에 인위적으로 매를 도입하여 2007년에 32마리의 매가 서식하였다(New York. 2006). 따라서 도시에 서식하는 멸종위기종을 포함한 생물다양성을 보전하려는 적극적인 노력이 필요하다.

14.3. 도시화와 환경문제

도시화의 환경 영향

선진국이든 개발도상국이든 도시가 커질수록 많은 부정적인 환경문제에 직면하게 된다. 수질과 대기 등 환경 오염이 심해지며, 인구가 증가할수록 교통 체증과 주거지 부족, 폐기물 문제가 악화된다. 반대로 도시화에는 긍정적인 영향도 있다. 사람의 환경에 대한 영향

그림 14.11 인도 델리시의 교통 혼잡 © Climate Vulnerable Forum (flickr)

표 14.5 서울의 주요 교통 체증시설및 주변도로의 통행 속도

시설	속도	도로
센트럴시티(신세계백화점 강남점·고속터미널)	**6.4** km	서초구 신반포로 (금요일 오후 5~6시)
코엑스	**7.2** km	강남구 테헤란로 (금요일 오후 6~7시)
롯데백화점 본점	**7.5** km	중구 소공로 (금요일 낮 12~오후 1시)
롯데백화점 잠실점	**8.4** km	송파구 잠실로 (토요일 오후 5~6시)
제2롯데월드	**8.5** km	송파구 송파대로 (토요일 오후 4~5시)
타임스퀘어	**9.0** km	영등포구 문래로 (토요일 오후 2~3시)

※ 금·토요일 최저 속도 기준, 금요일과 토요일의 최저 속도를 나타냈었다 (자료: 서울신문, 2016.11.20일자).

이 좁은 공간에 집중되어 도시가 아닌 지역을 상대적으로 보존할 수 있다. 하지만 근교의 전원에서 살면서 도심의 직장으로 매일 출퇴근하는 경우는 오히려 도시 내에 거주하는 경우에 비해 훨씬 더 대기오염이나 기후변화에 기여하는 영향이 클 수 있다. 도시의 인구 증가율은 시골에 비해 상대적으로 낮아(그림 14.2) 도시화가 진행되면 이에 따라 인구 증가율도 둔화될 수 있다.

개발도상국 도시의 환경문제

– 교통체증과 대기오염

개발도상국의 도시에서는 교통 체증과 대기질이 급격히 악화되고 있다. 인도의 델리는 전 세계에서 가장 혼잡한 도시 중의 하나인데, 교통은 언제나 혼돈 상태이고 사람들은 출근과 퇴근에 각각 3~4시간을 소비한다(그림 14.11;Cunningham & Cunningham, 2015). 인도네시아 자카르타, 태국 방콕, 중국 베이징 등 많은 개발도상국의 대도시들이 만성적인 교통체증을 겪고 있다. 방콕의 주민들은 1년에 평균 44일을 교통 체증에 갇혀 보내고 있다(Cunningham & Cunningham, 2015).

남한의 서울도 만성적인 교통 체증을 겪고 있는 데 특히 주요 시설물 주변에서 금요일과 토요일 등 주말에 가장 혼잡하다. 2016년의 보도에 따르면 서울 특정 시설 및 주변도로에서 주말의 자동차 통행 속도는 시속 6.4 km ~ 9.0 km에 불과하였다(표 14.5).

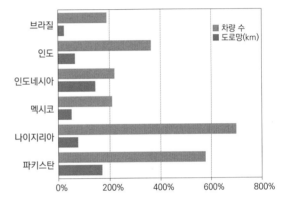

그림 14.12 몇몇 개발도상국의 1980년~2000년 사이의 교통 성장 (자료: Earth Trends, 2006).

많은 개발도상국의 도시들이 교통 혼잡을 겪는 이유는 차량 증가 속도를 도로 건설 속도가 따라가지 못하기 때문이다(그림 14.12). 이런 차량의 수적 증가 뿐만 아니라, 노후 차량의 정비 불량, 공장 매연, 요리와 난방을 위한 땔감 사용 등에 의해 개발도상국 대도시는 엄청난 대기오염에 시달리고 있다. 관대한 오염 방지법, 부패한 관료, 부적절한 검사 장비, 오염원 및 이의 영향에 대한 무지, 환경 개선 자금의 부족 등이 개발도상국 도시의 대기오염문제를 더욱 악화시키고 있다. 그 결과 인도의 콜카타(Kolkata)시의 시민 중 약 60%는 대기 오염과 연관된 호흡기 질환을 앓고 있고, 중국 상하이의 폐암 사망률은 주변 시골 지역의 4~7배에 이른다 (Cunningham & Cunningham, 2015).

그림 14.13 인도의 칸치푸람 마을을 지나는 수로에 넘치는 쓰레기와 오염원. 인도에서는 도시와 시골 모두 수질오염으로 골치를 앓고 있다.(2008년에 촬영) ⓒ McKay Savage (wikimedia)

그림 14.14 인도네시아 자카르타의 수로는 하수로로 이용된다. 이 도시의 인구 천만 명 중 반 정도는 현대적인 위생 시설을 이용할 수 없다. ⓒ Farhana Asnap (flickr)

- 물 오염

또한 대부분의 개발도상국 도시들은 현대적인 수처리 시설을 할 만큼 부유하지 못하다. UN 보고서에 따르면 2015년 기준 저소득 개발도상국 도시 하수의 92%가 하수처리되지 못하고 있고 중간소득 개발도상국 도시 하수의 평균 67%가 처리되지 못하고 있다(UN, 2017). 2007년 연구에 따르면 인도에서는 처리되지 않은 하수의 방류가 지표수와 지하수의 가장 큰 오염원이다.[3] 인도에서는 생활하수의 생산량에 비해 그 처리량이 절대적으로 부족한데, 1992년 세계보건기구(WHO)의 연구에 따르면 인도에 있는 3,119개 마을과 도시 중 209곳만 부분적으로라도 하수처리 능력을 가

지고 있고 8곳만 완전한 하수처리를 하고 있다. 인도의 주요 도시는 매일 38,000여 톤의 하수를 생산하는데 그 중 1/3 이하만 처리된다. 그 나머지는 바로 강과 호수로 버려져 물 오염의 원인이 된다(그림 14.13). 이집트 수도 카이로의 하수처리 시스템은 50여 년 전 인구 200만 명 기준으로 만들어졌는데 현재 인구는 1,000만 명이 넘어 수처리 용량을 훨씬 넘어서고 있다. 그림 14.14는 인도네시아 자카르타의 수로 중 하나인데 이 도시의 인구 천만 명 중 약 절반이 수로에 하수를 바로 방류한다. 2007년에 기록적인 폭우가 내려 도시의 절반이 물에 잠겼는데, 시 당국은 질병이 퍼지지 않도록 고군분투하였다(Cunningham & Cunningham, 2015).

세계은행에 따르면 개발도상국 도시 인구의 약 1/3에 해당하는 약 4억에 가까운 인구는 안전한 식수를 마시지 못하고 있다. 시골 인구보다 조금 형편이 낫긴 하지만 개발도상국 도시민의 식수 문제는 심각한 실정이다. 식수를 사먹는 것은 보통 도시 수돗물보다 100배나 비싸다. 개발도상국의 강과 하천은 거의 방류하수에 가깝지만 가난한 사람들은 세탁과 목욕, 요리, 최악인 경우 식수로도 이용한다. 설사, 이질, 장티푸스, 콜레라 등이 이들 나라에 흔한 질병으로, 이 곳의 유아 사망률은 비극적으로 높다.

- 주거문제

거의 9억에 가까운 세계 인구가 슬럼(slum)에 살고 있고 이들은 안전한 식수와 위생 그리고 적절한 주거환경을 누리지 못하고 있다. 2025년에는 16억 명, 즉 세계 인구의 1/5이 슬럼에서 살 것으로 추정된다(Florida, 2017). 전 세계적으로 슬럼에 사는 인구의 비율은 최근들어 점차 줄고 있지만, 절대적인 수는 1990년의 7억 명에서 2014년에 8억 8,000만 명으로 증가하고 있고 이 숫자는 앞으로 더 늘 전망이다(그림 14.15). 인도와 중국에서는 인구의 약 1/4이 슬럼에서 살고, 아프리카에서는 인구의 절반 이상이 슬럼에서 산다. 여성과 소수인종 집단이 슬럼에 편향적으로 많이 살고

---

3 Wikiwand(http://www.wikiwand.com/en/Water_pollution_in_India)

있다. 또한 많은 수의 인구가 집이 없이 살고 있다. 인도의 뭄바이 시에서는 50만 명 가량의 인구가 거리나 인도, 로타리 등에서 기거하고 있다. 브라질에서는 약 100만 명의 "거리의 아이들(street kids)"이 가출 또는 부모로부터 버려져 도시를 방황하고 있다.

슬럼은 인구 밀도가 높은 도시 주거지역으로 보통 노후한 집들이 빽빽하게 들어서 있고 환경과 기반시설이 열악하며 주로 가난한 이들이 거주한다(그림 14.16). 슬럼은 보통 합법적으로 지어진 주거시설이지만 부적절하게 많은 가구가 모여 사는 형태가 많다. 인도 뭄바이의 차울(chawl)은 1950년대에 이주 노동자들을 위해 지어졌는데, 너무 부실하게 지어져서 이미 기울거나 갑자기 붕괴하기도 한다. 이 차울에 사는 가정의 84%는 방 하나에 모여 살고, 반 정도의 가정이 한 집에 6명 이상이다. 보통 한 사람 당 2 m² 이하의 공간에서 살고 한 집 전체에 침대는 한두 개 뿐이다. 이런 밀집 주거 형태 때문에 개발도상국에서는 가정 내 사고로 인한 부상과 사망이 특히 어린이들에게 흔하다. 이런 밀집된 주거 환경에서 보통 석탄 화로나 석유 난로를 사용하는데 빈번한 화재와 부상으로 이어진다(Cunningham & Cunningham, 2015).

판자촌(shantytown)은 빈 땅에 사람들이 이주하여 직접 지은 집들로, 부식된 금속이나 버려진 포장 상자, 비닐 등을 이용하여 지어진다(그림 14.17). 판자촌은 개발도상국의 모든 거대도시를 둘러싸고 형성되어 있지만 판자촌이 개발도상국에만 있는 것은 아니다. 미국 텍사스의 리오 그란데 남쪽에는 약 25만 명 가량의 이민자들이 사는데 대부분의 주거 환경은 개발도상국의 판자촌과 거의 다를 바 없다. 보통 도시 주변부에 조성되는 판자촌은 비공식적이고 도시 계획을 따르지 않아, 제대로 된 위생시설, 전력 또는 통신을 갖추지 못한다. 또한 치안, 의료, 소방 시설이 부족한 경우가 많다. 판자촌은 정규 도로가 없어 소방차 진입이 어렵고, 집이 불타기 좋은 재료로 지어진 경우가 많아 화재가 많다. 또 판자촌이 지어지는 빈 땅이 많은 경우 주거에

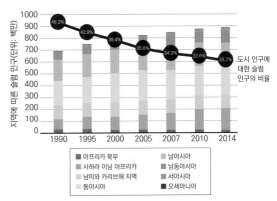

그림 14.15 1990년부터 2014년까지 전 세계에서 도시 인구 중 슬럼 인구의 비율과 지역별 슬럼 인구의 변화(자료: Habitat III Policy Unit 10, 2016).

그림 14.16 인도 뭄바이에서 2016년에 촬영된 반드라 기차역 주변의 주거지역 ⓒ A.Savin (wikimedia)

그림 14.17 2008년에 촬영된 베트남 호치민시의 수로변 판자촌 모습 ⓒ Julian Burcham (flickr)

안전하지 못한 지역도 종종 있다. 인도의 보팔과 멕시코의 멕시코시티에서는 판자촌이 매우 위험한 산업지역과 맞붙어 있다. 또 브라질 리우데자네이루 등의 판

자촌은 산사태 위험지역에 위치해 있으며, 페루의 리마 등의 판자촌은 모래 사막 위에 있다. 필리핀 마닐라에서는 수천 명의 인구가 쓰레기 처리장에 있는 오두막에서 살고 있다.

슬럼과 판자촌의 환경은 절망적이고 비인간적이지만 그곳에 사는 많은 사람들은 그저 생존과 생계만 유지하는 것은 아니다. 이들은 청결함을 유지하고, 가족을 키우고 , 아이들을 교육시키고, 직장을 얻고 돈을 벌어 부모에게 보내기도 한다. 이들은 열악한 환경에서도 희망을 잃지 않고 즐겁게 살려고 노력한다. 이들의 삶은 약 100년 전 유럽과 미국에서 초창기 산업화 시대를 살던 도시 사람들의 삶과 비슷하다. 선진국의 도시가 그러했던 것처럼 개발도상국에서도 도시 환경을 개선하려는 노력을 통해 이들의 삶의 조건이 꾸준히 개선되어야 할 것이다.

그림 14.18 미국 콜로라도주 콜로라도스프링스의 전형적인 근교 주택가 모습. 선진국 도시확산의 전형적인 형태이다. ⓒ David Shankbone (wikimedia)

선진국 도시의 환경문제

선진국의 도시에서는 오염물질을 내뿜는 공장이 개발도상국으로 이전하고 산업구조와 인구구조가 달라지면서 개발도상국가의 도시가 겪는 많은 환경오염 문제들이 급격히 완화되었지만 도심을 빠져나온 인구가 도시 근교로 옮겨감으로써 도시확산과 교통문제가 심각하다.

– 도시확산과 난개발

도시 내에 살던 인구가 근교와 시골 지역으로 이주하게되면 이들이 얻는 이익도 많지만 또 많은 문제들을 만들게 된다. 이전에는 밀집되었던 도시가 넓게 확장되면서 공간을 점유하고 자원을 낭비하게 되는데 이런 저밀도 개발 및 환경훼손을 동반하는 도시의 무분별한 성장을 **도시확산**(urban sprawl)이라고 한다(그림 14.18). 반면 우리나라에서는 계획되지 않고 공공서비스가 공급되지 않은 상태로 도시가 개발되는 즉 고밀도 무계획적 개발 현상이 많은 데 이를 **난개발**이라고 하고 개념적으로는 도시확산과 구별한다.

선진국의 도시확산은 보통 엄청난 면적의 숲과 농경지, 조림지 및 습지를 잠식하게 되고 이에 따라 정부는 엄청난 추가경비를 들여 새로운 학교, 도로, 상수도와 하수도 시설을 건설하게 된다. 도시의 근교는 끊임없이 밖으로 계속 확장하고 도심으로부터 멀리 떨어지게 되면서 고속도로와 자동차의 이용이 많아지게 된다. 근교에 큰 쇼핑센터와 중심상가가 형성되고 구 도심은 빈민층이 거주하는 슬럼을 형성하고 상권도 몰락하게 된다. 도시확산이 지속되면 주변의 땅을 지속적으로 잠식한다. 미국에서 추정된 바로 매년 20만 헥타르의 땅이 도시확산으로 잠식된다. 도시 인근의 땅주인들은 이런 도시 개발을 보통 환영하는데 개발로 인해 집값과 땅값이 상승하기 때문이다. 하지만 선진국 도시의 이런 저밀도 개발은 도로, 하수관개, 상수도, 전기 공급, 학교, 쇼핑센터 등의 기반시설이 필요하게 되어 세금을 더 지출하게 한다.

한편 우리나라에서는 수도권으로의 인구 집중이 수십 년간 이루어지면서 선진국의 도시확산과는 다른 양상의 고밀도 무계획적 도시 확장인 난개발이 문제가 되고 있다. 특히 유입되는 인구의 주거를 해결하기 위한 주택(대부분 아파트) 개발이 난개발의 주된 원인이 되어 왔다. 주거환경을 감안하지 않고 도시용량을 초과하는 건축허가 및 사업승인이 난개발로 이어졌다.

난개발이 되면 기반시설 미비로 인한 교통난, 교육 및 방범 등 사회서비스 미비, 무계획적 주택개발로 인한 자연환경 파괴, 고밀 개발로 인한 도시경관 파괴가 일어난다(표 14.6). 또한 외부불경제의 유발로 인해 기반시설이 구축된 주변 지역의 제3자에게도 피해를 주게된다. 농경지와 녹지가 훼손되고 과다한 거주 인구로 인해 하수, 대기 및 폐기물 처리 등 환경오염 문제가 발생하며 광역 차원에서 교통 정체가 일어난다.

우리나라 수도권에서 도시 난개발의 대표적인 사례는 용인 지역에서 볼 수 있다(그림 14.19). 1990년 대에 인구 20만 명 전후의 중소도시였던 용인 지역은 2017년 기준 100만 명으로 20여 년 만에 거의 5배의 인구로 성장하였다. 용인은 기반시설이 거의 없는 상태에서 난개발이 진행되다보니 인근 지역인 분당, 수원 등의 기반시설을 이용하게 되고 기반시설에 대한 계획이 전혀 없이 기존의 교통 기반시설만 이용하며 농지 및 산지에 대규모 아파트 단지를 건설하였다. 용인의 아파트 개발은 택지개발 방식이 아니라 점개

발 방식으로 진행되었는데 천 세대 이상을 건설하는데 적용되는 주택법을 피하기 위해 사업승인 세대수를 200~500여 가구씩 나누어서 건축허가를 따로 받는 방식으로 추진되었다. 2010년 이후에는 소규모 전원주택 단지까지 난립하여 개발되고 있다. 용인시에서 난개발이 가장 많이 이루어진 것은 개발행위 허가기준이 가장 완화되어 있기 때문이다. 주변 수원, 의왕, 성남시의 지자체와 비교해 볼 때 용인은 경사도 제한에서 수원, 성남, 의왕의 10~12도에 비해 훨씬 완화된 조건인 17.5~25도의 기준으로 경사가 급한 녹지에도 택지개발이 가능하게 되어 있다.[5]

– 교통문제

20세기 들어와 사용이 늘어난 자동차 덕분에 사람들은 도심에서 근교로 이주하여 통근하게 되고 도시는 점점 더 팽창하였다(그림 14.20). 미국의 경우 운전자들은 연평균 443시간을 운전으로 보내는데 이는 1주일에 하루를 운전으로 보낸다는 의미이다. 미국 전체의 석유 소비의 2/3를 승용차와 트럭이 차지하고 있고 이산화탄소, 일산화탄소, 질소산화물, 휘발성유기물 등 기후변화와 대기오염을 일으키는 물질의 1/3~2/3를 승용차, 트럭, 버스가 배출하고 있다. 또한 이들 자동차의 운행을 위해 도시에 점점 더 촘촘한 도로망이 건설되어 왔다. 고속도로는 본래 자동차로 목적지까지 빠른

표 14.6 난개발의 개념적 특징

- 무계획적 개발이다.
- 외부불경제[4]를 초래한다.
- 주변환경과 조화를 이루지 못하는 개발이다.
- 개발을 지원할 만한 기반시설이 갖추어져 있지 못하다.
- 환경 수용능력 이상의 부담을 야기한다.

(자료: 경기개발연구원, 2007)

그림 14.19 택지 개발이 이루어지고 있는 광교산 자락 ⓒ 노민규 (중부일보)

그림 14.20 미국 휴스턴시의 고속도로 ⓒ PxHere

---

4 생산자와 소비자의 경제 활동이 시장 거래를 거치지 않고 직접 제삼자의 생활이나 경제 활동에 불리한 영향을 주는 효과

5 김준석. 2018. "[광교산의 눈물] 규제 풀어버린 용인시… 난개발 부추겼다." (출처: 중부일보)

속도로 이동하기 위하여 건설되지만 도시의 교통 현실은 그렇지 못하다. 미국에서 가장 혼잡한 도시 중의 하나인 LA시의 경우 1982년의 평균 이동속도는 시속 93 km 였고 교통혼잡으로 1년에 4시간을 보냈으나, 2000년에 와서는 시속 57 km로 감소하였고 운전자들은 한 해에 평균 82시간을 교통 체증으로 보냈다. 우리나라 수도권의 경우 2012년 기준 경기도에서 서울로 통근하는 인구는 하루에 125만 명, 서울에서 경기, 인천 등의 지역으로 통근하는 인구는 275만 명으로 총 400만 명이 매일 장거리 통근을 겪는다.[6] 수도권의 통근인구는 OECD 23개 회원국의 평균 통근 시간인 38분의 두 배인 매일 편도 한 시간 이상을 통근에 사용하고 있다. 전국의 교통혼잡 비용은 2000년에 19조 4,000억 원에서 2010년에 28조 5,000억 원으로 증가하였고 그 중 수도권의 교통혼잡 비용은 61%인 16조 9,000억 원이었다(조한선 외, 2013). 수도권에서 매일 191억 원이 도로에서 사라지는 꼴이다.

미국과 같이 승용차 위주의 교통 수단이 주를 이루는 도시에서 차를 몰지 못하는 어린이나 노약자, 빈민층은 이동의 자유가 없이 고립되어 장보기 등 일상 생활마저 매우 힘들게 된다. 이런 인구의 비율은 전체 인구의 1/3 이상이다.

또한 도시확산은 도시민의 건강에 부정적인 영향을 준다. 도시가 확장되고 장거리 통근이 일상화 되면 운전이 장려되고 걷기가 기피되는 앉은뱅이 생활 형태가 늘어나게 된다. 걷기와 운동이 부족한 이런 생활은 심장병과 당뇨를 포함한 각종 성인병의 확률을 증가시킨다.

14.4 교통 문제의 해결

개인이 각자 교통문제를 해결하는 승용차 위주 교통은 많은 환경문제를 일으키고 있다. 과거에 대부분의

나라에서 교통 문제 해결책은 도로를 새로 만들거나 넓히는 것이었다. 하지만 도로를 건설하면 덩달아 자동차의 수도 함께 늘면서 교통체증은 더 늘어나는 것이 일반적이다. 미국의 경제학자 터너(Matthew Turner)는 도로가 늘어날수록 이에 비례해 자동차 대수와 주행거리가 증가한다는 '도로 혼잡의 기본 법칙'을 2011년에 발표하였다(그림 14.21; Duranton & Turner, 2011).

교통 문제를 해결하기 위해서 도로를 확장하거나 건설하는 것의 대안은 아마도 대중교통 및 자전거 등의 장려 정책이 될 것이다.

대중 교통 위주의 정책

대중 교통이 잘된 도시로 유명한 곳 중의 하나가 브라질의 쿠리치바(Curitiba)시이다(그림 14.22). 2009년 기

그림 14.21 더 넓은 도로는 더 많은 차의 통행으로 이어진다.
© Minesweeper (wikimedia)

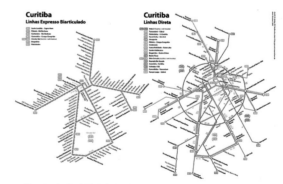

그림 14.22 쿠리치바시의 대중교통 시스템. 5개의 간선급행 노선과 이를 연결하는 도심 및 환형 노선을 볼 수 있다. 더 넓은 도로는 더 많은 차의 통행으로 이어진다. © Maximilian Dörrbecker (wikimedia)

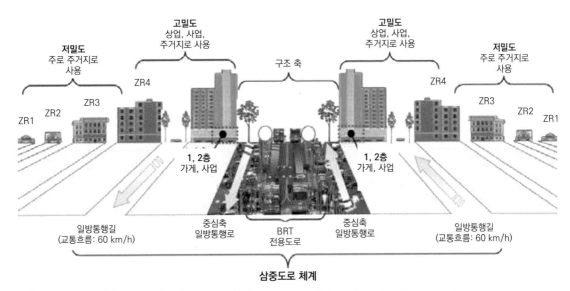

그림 14.23 쿠리치바시의 삼중도로 체계 및 교통체계와 토지 이용의 연계(Instituto de Pesquisa e Planejamento Urbano de Curitiba(IPPUC)의 그림을 Hinako Maruyama가 변경한 것을 인용)

준 인구 176만 명인 쿠리치바시는 건설과 운영에 돈이 많이 드는 지하철 개발 대신 1974년부터 **간선급행버스** (bus rapid transit, BRT) 시스템을 도입하였고 도로망 및 대중교통체계를 토지이용과 연계하는 혁신적인 교통 시스템을 선보였다.

5개 중심축에 있는 BRT 전용도로에 가까울수록 용적률을 높이는 고밀도 개발을 허용하고, 중심 축과 멀리 떨어진 주거지는 저밀도 개발을 추진함으로써 교통과 토지 이용을 연계하였다. 중심 축은 삼중도로 체계로 제일 안쪽 차선은 BRT전용도로 길가쪽 차선은 2개의 일방통행로로 구성하여 BRT가 차선을 옮기지 않아 교통 흐름이 원활하게 계획하였다(그림 14.23).

신교통수단

간선급행버스

버스는 중요한 대중교통 수단으로 도로가 있으면 운행이 가능하지만 정시에 도착하지 않는 단점이 있다. 간선급행버스는 쿠리치바시에서 1974년부터 도입된 신교통수단으로 버스전용차로와 우선신호를 보장하여 최대한 정시에 도착할 수 있게 버스의 약점을 개량한 시

그림 14.24 세종시에서 시범 운영중인 간선급행버스. 사진의 버스는 바이모달 트램으로 버스와 철도 모두 운행이 가능한 유형이다. ⓒ 김민성 (wikimedia)

스템이다. 2018년 기준 한국에서도 세종시와 인천시에서 운행되고 있으며 고양시와 부산시 등에서는 버스전용차로만 갖춰진 상태이다. 세종시의 BRT는 입체화된 도로 위를 달리며 교차로에서 멈춤없이 통과해 일명 '땅위의 지하철'로 불린다(그림 14.24). 건설비는 순수 건설비가 1 km당 30억 원 수준으로 신교통수단 중에 가장 저렴하다. 하지만 1회 수송량은 전철이 버스에 비해 20배나 많다. 최근 인천에는 BRT와 비슷하지만 개선된 교통 수단인 유도고속차량(guided rapid transit, GRT)이 도입되었다. GRT는 자기장을 이용한 유도장치가 있는 도로

를 건설하여 무인운행이 가능하다(윤학열, 2018). 아직 우리나라 법령상 무인운행에 한계가 있지만 미래의 교통 수단으로 주목해 볼 만하다. GRT에 사용될 수 있는 교통 차량이 바이모달트램(bimodal tram)으로 이는 두 량이 연결된 굴절버스를 개량한 것인데 도로와 철로 모두 운행가능하기에 붙여진 이름이다.

무가선트램

한때 서울과 평양, 부산에서 노면 전차가 운행된 적이 있다. 이렇게 지상의 레일 위를 달리는 노면전차를 **트램**(tram)이라고 부른다. 최근까지의 노면전차는 지하철과 비슷하게 전원공급선에서 전기를 공급받아 운행하였고 이의 대표적인 사례는 미국 샌프란시스코시의 트램[7]이다. 최근 전원공급선이 없이 대용량 배터리를 장착하여 운행이 가능한 무가선트램이 우리나라에서 개발되어 이르면 2023년에 부산 오륙도선이 운행될 예정이다. 2016년과 2018년 3월에 도시철도법·철도안전법 및 도로교통법이 모두 개정되어 트램 건설과 관련된 법적 환경이 모두 마련되었다. 무가선트램은 순수 건설비용이 1 km당 200억 원 수준으로 지하철(1,200억 원)이나 경전철(600억 원)에 비해 매우 저렴하며 지하터널이나 고가도로를 만들지 않기 때문에 전체 공사비용도 적게 들어가고 도시경관 차원에서도 선호되고 있다.[8] 5량으로 편성하면 1회 수송량도 200명 정도로 BRT에 비해 많다.

자전거 및 개인이동수단

자전거는 새로이 개발된 운송도구가 아니기에 신교통수단[9]이 아니지만 도시교통 개선에 매우 중요한 역할을 담당하고 있다. 『녹색 시민 구보 씨의 하루』에 따르면 보통의 성인이 10 km를 자전거로 이동하는데 약 20분 정도 걸리며 약 210 kcal를 소비한다고 할 때 자동차로 출근한다면 1리터의 휘발유를 소모하고 이는 약 8,000 kcal의 에너지에 해당한다(라이언과 더닝, 1997). 자전거와 자동차의 에너지 차이는 운전자가 아니라 1.5 톤이나 나가는 자동차를 움직이는데 쓰인 것이다. 자동차로 10 km를 갈 때 발생시키는 2,000 cc 가량의 이산화탄소와 200 cc가량의 일산화탄소, 매연 형태의 탄화수소와 이산화질소는 자전거 통근에서는 거의 배출되지 않는다. 자동차와 비교할 때 자전거를 교통수단으로 하는 것은 환경적인 측면에서 압도적으로 유리하지만 전용도로 미비 및 안전문제 등 여러가지 장애들이 교통수단으로서의 자전거 이용 확대를 막고 있다. 우리나라의 자전거 교통수단 분담율은 2009년 기준 3% 정도로 세계 최고 수준인 네덜란드의 27%, 덴마크 19%, 독일의 10%에 비해 매우 낮은 편이다.[10]

- 자전거 도로

교통수단으로 자전거 사용을 막는 가장 큰 장애 요인은 자전거 전용도로가 부족하여 대부분의 시민들 특히 여성들이 일반도로에서 자전거를 타는 것이 안전하지 못하다고 인식하는 것이다. 2015년에 출간된 행정자치부 자료에 의하면 수도권 거주 시민의 경우 출퇴근과 통학에 자전거를 이용하는 비율은 11.2%에 불과하여 교통 수단으로 사용되기 보다 여가 및 취미를 위해 이용되고 있는 것으로 보인다. 이는 아직 자전거 이용 환경이 불편하고 자전거 이용이 안전하지 않다고 인식되고 있기 때문이다. 일반인들의 46%가 자전거 이용이 위험하다고 인식하고 있고 불편한 자전거 이용 환경도 자전거도로의 미비(32%)와 혼잡한 교통상황(20%) 등 안전과 관련되고 있다. 우리나라에서 자전거를 안전하게 탈 수 있으려면 자전거 전용도로의 확충이 시급하다.

7   샌프란시스코시에서는 트램이 시 외곽에서는 노면으로 운행하고 도심에서는 지하에서 지하철로 운행한다. 보통 사진에 나오는 전원 공급선이 없는 고풍스러운 차량은 케이블카로 지하에 있는 케이블을 잡아당겨 운행한다.

8   홍준기. 2018. "도로 위의 전동열차 한국도 트램시대 열리나" (출처: 조선일보)

9   신교통수단이란 기존의 철도나 버스 등의 교통 체계와 형태, 운영 방안을 개선하기 위해 신기술과 새로운 운영 제도를 접목한 교통수단을 의미한다. 지하철보다 규모가 작은 경전철, 무가선트램, 간선 급행버스 체계(BRT), 유도고속차량(GRT), 모노레일 등이 신교통수단에 해당한다.

10   강윤경. 2009. "[자전거 교통분담률] 한국 3%·부산 1%에 그쳐" (출처: 부산일보)

자전거 전용도로   자전거·보행자 겸용도로   자전거 전용차로   자전거 우선도로

그림 14.25 자전거 도로의 유형. 자전거 전용도로는 자전거만 다니는 독립된 도로이다(자료: 조선일보).

그림 14.26 자전거도시로 유명한 상주의 자전거 전용도로는 차도와 인도로부터 완전히 분리되어 있다.
ⓒ 상주시

자전거는 우리나라에서 도로교통법상 "차"로 구분 되어 자전거보행자겸용도로가 아닌 이상 인도로 다녀 서는 안된다. '자전거이용 활성화에 관한 법률'에 따르 면 자전거 도로는 다음과 같이 구분한다(그림 14.25).

1) 자전거 전용도로: 자전거만이 통행할 수 있도록 분리대 등 시설물에 의해 차도 및 보도와 구분하여 설치된 자전거 도로

2) 자전거·보행자 겸용도로: 자전거외에 보행자도 통행할수 있도록 분리대 등 시설물에 의해 차도와 구분하거나 별도 로 설치된 자전거도로

3) 자전거 전용차로: 다른 차와 도로를 공유하면서 안전표 지나 노면표시 등으로 자전거 통행 구간을 구분한 차로

4) 자전거 우선도로: 차도에 설치되어 자전거와 자동차가 구분없이 주행할 수 있게 설치된 자전거도로

2017년 기준 전국의 자전거 도로 2만 1,176 km 중 자 전거 전용 도로는 13.4%(2,843 km)에 불과하고 77.1% 가 자전거보행자 겸용 도로다.[11] 자전거 전용 차로에 서는 자동차가 수시로 침범하고 자전거보행자 겸용 도로 에서는 보행자가 구분없이 자전거 통행로로 다니기에 보행자와 자전거, 자동차와 자전거가 같은 도로를 두고 경쟁하게 되고 사고도 곧잘 나게 된다(그림 14.26).

– 공영자전거

자전거도로와 함께 자전거 이용을 활성화할 수 있는 수단이 바로 무인대여 공영자전거 시스템이다. 이 시 스템은 유비쿼터스 IT기술을 이용하여 자유롭게 자전

---

11 백수진, 이해인, 최원. 2017. "부족한 자전거 도로… 두바퀴는 보행 자 와 차 사이 곡예운전" (출처: 조선일보)

그림 14.27 우리나라 최초의 무인 대여 공영자전거 시스템인 창원시의 누비자 자전거 ⓒ iTurtle (wikimedia)

그림 14.28 인도네시아 인도네시아 방타 게방(Bantar Gebang)의 쓰레기산 ⓒ 22Kartica (wikimedia)

거를 대여하여 다른 장소에도 반납할 수 있는 시스템으로 2007년 프랑스 파리에서 밸리브(Velib)라는 이름으로 처음 등장하였다. 우리나라에서는 2008년 창원시가 밸리브를 벤치마킹하여 국내 최초로 도입하였는데, 비슷한 공영자전거 시스템이 서울, 일산, 시흥, 세종 등 다른 시에도 확산되고 있다(그림 14.27). 무인 대여 시스템은 키오스크라고 불리는 기계와 여러 대의 자전거로 이루어진 스테이션을 도시 내에 유동인구가 많은 여러 장소에 설치하고 회원제로 자전거를 대여하고 반납할 수 있게 하는 시스템이다. 해당 키오스크 스테이션에 거치된 자전거가 너무 많거나 부족하지 않도록 관리자가 적절히 자전거를 재배치하며 고장난 자전거는 수거되어 정비를 받게 한다. 한편 이용자는 스테이션 위치나 대여 가능 상황을 실시간으로 인터넷 또는 스마트폰 어플리케이션을 통해 확인할 수 있다.

14.5 폐기물 문제

"난지도 쓰레기 산 위로 쏟아져 내리는 불볕은 저주였다. 그 산에 살아있는 것이 있다면 썩어 가는 일과 썩어 가는 냄새뿐이었다."

–정연희, 『난지도』

서울시 마포구의 상암 월드컵경기장 건너편에는 하늘공원이 조성되어 있다. 한강과 접한 98 m 높이의 5만 8,000평의 동산이 억새 위주로 아름답게 조성되어 있는 이곳은 이전에는 난지도로 불리며 1977년부터 1993년까지 서울과 경기북부지역의 쓰레기 매립장의 기능을 하던 곳이다. 난지도에는 폐품수집을 생존의 수단으로 삼은 이들이 새벽부터 해질녘까지 쓰레기 더미를 헤집고 폐품을 모아 재활용하며 살았다. 세계 곳곳에는 거대한 도시에서 나오는 막대한 양의 쓰레기를 매립하는 장소는 보통 쓰레기로 산을 이루는 경우가 많고 이 쓰레기 산에서 재활용하며 사는 사람들을 흔히 볼 수 있다. 위생매립지가 아닌 쓰레기산은 아직도 필리핀, 인도 등 개발도상국에서 흔히 볼 수 있는 풍경이다(그림 14.28). 심지어 미국에서도 뉴욕 근처의 프레시킬(Fresh Kills) 매립장은 한때 미국 최대의 쓰레기 매립장으로1948년부터 최근인 2001년까지 운영되었다. 이 곳은 2008년부터 공원화 사업이 시작되었다. 2017년 기준 세계에서 면적으로 보면 가장 큰 매립장 10곳 중 6곳은 아시아에 있고 그 중 하나가 2.3 km^2(70만 평) 넓이의 남한의 수도권 매립지이다.[12]

---

12 Karuga J. 2017. Largest landfills, waste sites, and trash dumps in the world. (출처: Worldatlas)

14.6 폐기물의 종류

폐기물은 배출량과 배출원 및 목적에 따라 다양한 종류로 구분되는데, 우선 가정에서 배출되는 **생활폐기물**과 사업장에서 배출되는 **사업장폐기물**로 나뉜다(그림 14.29). 사업장폐기물은 건설현장에서 배출되는 건설폐기물, 사업장일반폐기물 및 지정폐기물로 구분된다. **지정폐기물**은 의료폐기물이나 실험 폐수 등 유해한 폐기물을 말한다. 생활폐기물 중 플라스틱, 유리, 포장 용지, 비닐 등 재활용이 가능한 것, 소각할 수 있어 종량제 봉투를 이용하여 배출할 수 있는 것, 소각이 힘든 음식물쓰레기 및 대형가구, 가전제품 등을 포함하는 대형폐기물 등으로 구분된다.

14.7 쓰레기 배출 현황

남한의 폐기물 배출 현황을 보면 2016년 기준 총 폐기물은 매일 약 43만 톤씩 배출되고 있는데 이중 생활폐기물은 12.5% 정도인 50만여 톤이고 나머지는 모두 사업장 폐기물이다(표 14.7). 사업정 폐기물 중 가장 큰 비율을 차지하는 것은 건설폐기물로 총 폐기물 중 46.5%에 해당한다. 생활폐기물의 일일 배출량을 남한 인구로 나누면 1인당 1일 배출량은 2019년 기준 1.09 kg 수준이다. 이를 연간 배출량으로 환산하면 1인당 연간 약 0.40 톤의 쓰레기를 배출하고 있는 셈이다.

2013년 OECD 자료에 의하면 미국인 1인당 연간 0.73 톤의 생활쓰레기를 배출하였으며 대다수의 선진

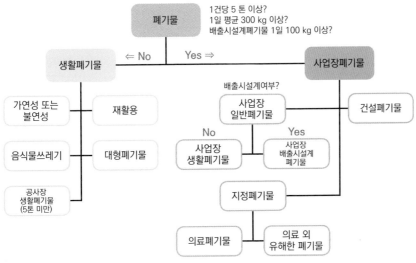

그림 14.29 폐기물의 분류

표 14.7 남한의 최근 폐기물 배출 현황
(단위 : 톤/일)

구분	연도	2014	2015	2016	2017	2018	2019
총계		401,658	418,214	429,128	429,531	446,102	497,238
생활계폐기물		49,915	51,247	53,772	53,490	56,035	57,961
	음식물류	13,222	14,220	14,389	14,400	14,477	14,314
사업장	배출시설계	153,189	155,305	162,129	164,874	167,727	202,619
	건설	185,382	198,260	199,444	196,262	206,951	221,102
	지정	13,172	13,402	13,783	14,905	15,389	15,556

(자료: 환경부, 2020)

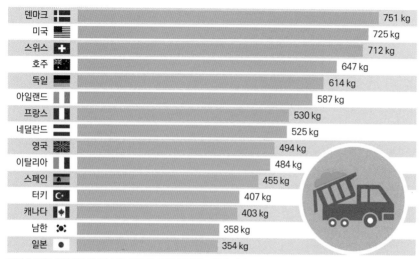

그림 14.30 2013년 한 해 동안 OECD 가입 국가의 1인당 연간 생활폐기물 배출량(자료: OECD)

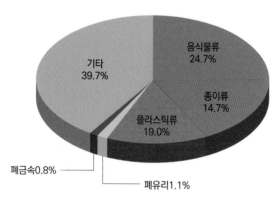

그림 14.31 2019년 전국폐기물조사 결과 재활용품의 조성. 이 통계는 종량제 대상 및 재활용 대상 폐기물의 성상별 발생량을 더하여 조성을 계산한 것이다(자료: 환경부, 2020).

국들의 생활쓰레기 양은 1인당 연간 0.4~0.7 톤에 달했다(그림 14.30). 이에 반해 소득이 낮은 개발도상국들은 대부분 미국의 생활쓰레기 배출량의 1/5~1/10의 양만 배출하고 있다. 이 자료만 보면 생활쓰레기 배출량이 소득 수준과 비례하는 것으로 보이지만 소득 이외에도 환경이슈에 대한 인식의 차이 및 음식 문화의 차이 등 다양한 요인이 폐기물 배출량과 연관된다. 2017년 기준 총 생활폐기물 중 음식물쓰레기의 비율은 40%인데 이는 연간 1인당 134 kg의 음식물쓰레기 배출량을 의미한다. 2010년 기준 프랑스의 58.4 kg이나 스웨덴의

31.4 kg에 비해 2~4배 많은 양인데, 반찬과 국이 많은 음식 문화의 차이가 상당히 기여하고 있다.

생활폐기물의 배출을 종량제 대상, 음식물 및 재활용 대상으로 나누어 보면, 2017년 기준 종량제대상 폐기물이 1인당 매일 0.255 kg, 음식물쓰레기로 1인당 매일 0.368 kg, 재활용가능 자원으로 1인당 매일 0.307 kg 씩 발생하고 있다. 더 자세한 성상으로 구분하면 음식물류가 25%를 차지하고 있고 종이류와 플라스틱류가 각각 25%와 19%로 재활용 가능한 고체 생활폐기물 상당수를 차지하고 있다(그림 14.31). 특히 종량제 대상 생활폐기물에서도 재활용 가능한 성상이 상당히 포함되어 있어 재활용이 가능한 데도 소각되고 있는 실정이다.

14.8 쓰레기 흐름

현재 인류 문명은 매순간 막대한 양의 쓰레기를 배출하는데, 그 중 일부분은 재활용 또는 재사용 되지만 나머지 쓰레기는 결국 버려지게 된다. 프랑스는 해마다 생활폐기물 2,200만 톤, 정원쓰레기와 대형폐기물 600만 톤을 처리해야 하는데, 이 양을 한꺼번에 내다 버리려면 길이가 14,000 km에 달하는 초대형 기차 2

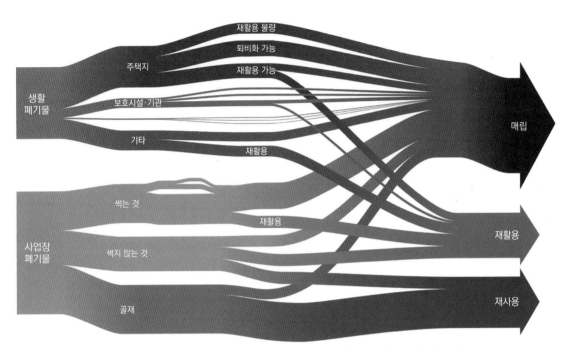

그림 14.32 2002년의 미국 뉴욕시의 연간 쓰레기 흐름. Kubi Ackerman (Urban Design Lab) 참조하여 다시 그림

대가 필요하다(실기, 2009). 환경과학의 생태학적 원리 중 "모든 것은 어디론가 가게되어 있다"에 따르면 재활용되지 못한 폐기물은 어딘가에 버려져 쌓이거나 소각 또는 매립의 방식으로 처리된다.

사람이 생산한 모든 쓰레기의 지속적인 흐름을 **쓰레기 흐름**(waste stream)이라고 한다. 쓰레기가 어떤 배출원에서 생산되어 얼마나 재사용/재활용되며 결국 얼마나 버려져 매립이나 소각으로 가는지 그 전체적인 흐름을 파악할 수 있다(그림 14.32). 결국 폐기물 관리 정책은 쓰레기 흐름을 줄이는 것을 최종 목적으로 하게 된다. 이 쓰레기 흐름 속에는 재활용이나 재사용이 가능한 쓰레기가 상당히 많이 있음에도 불구하고 현재의 수집 및 매립 방식에서는 모든 것을 한꺼번에 모아 압축하기 때문에 분리가 쉽지 않고 비용이 많이 들거나 불가능하게 된다. 또한 유독한 물질도 많이 포함되어 있는데 이는 특히 소각 처리에서 문제을 일으킨다. 이러한 유독한 쓰레기에는 스프레이, 농약, 배터리, 유기용매, 방사능 물질, 플라스틱 등이 포함된다.

🌱 14.9 폐기물 처리

사람이 자신의 배설물을 세련되게 처리하지 못하면 문명인으로 인정받을 수 없듯이, 문명의 척도는 그 문명이 만들어내는 폐기물을 어떤 방식으로 처리하는가로 판가름할 수 있다. 폐기물의 처리 방식은 크게 그냥 땅이나 물에 쓰레기를 버리는 **투기**(dump), 버리고 묻는 **매립**(landfill), 태우는 **소각**(incineration), 다시 문명으로 되돌리는 **재활용**(recycle) 또는 **재사용**(reuse)이 있다. 대부분의 선진국에서는 무단 투기가 불법이기에 대부분의 폐기물은 매립, 소각, 재활용에 의해 처리된다. 남한의 2019년 기준 전체 폐기물 처리 비율은 매립 6.1 %, 소각 5.2%, 재활용 86.6%로 압도적으로 재활용 비율이 높다. 하지만 이는 사업장폐기물 중 많은 양을 차지하고 있는 건설폐기물이 거의 모두 재활용되는 것에 기인한다. 생활폐기물의 처리 비율을 보면 2019년 기준 매립 12.7%, 소각 25.7%, 재활용 59.7%로 선진국 중 생활폐기물의 재활용율이 가

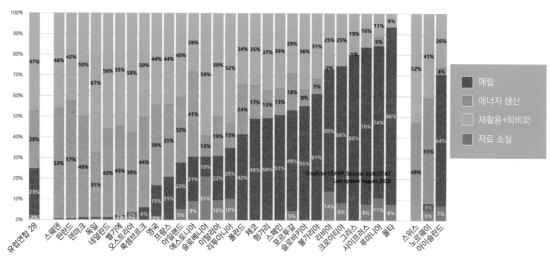

그림 14.33 2017년 유럽 각국의 생활폐기물 처리 방식 중 매립, 소각 및 재활용의 비율(자료: CEWEP)

장 높은 독일의 67%(2017년) 보다는 조금 낮은 수준이다(그림 14.33).

자연에는 쓰레기가 없듯이 가장 이상적인 사회는 쓰레기를 만들지 않는 "폐기물 제로" 사회일 것이다. 현재 많은 국가들은 쓰레기 발생을 줄이고(reduce), 재사용(reuse)과 재활용(recycle)을 늘려 쓰레기 흐름의 양을 줄이는 3R 정책을 강조하고 있다. 현재 발생되는 폐기물을 처리하는 여러 가지 방법, 투기, 매립, 소각 및 재활용에 대해 자세히 알아보자.

투기

가장 간단하지만 가장 개념없는 쓰레기 처리 방법은 쓰레기를 적당한 곳에 갖다 버리는 투기(dump)이다. 중세의 도시에서는 "조심하세요" 라고 외친 뒤 창문을 통해 쓰레기와 배설물을 갖다 버렸다고 한다(실기, 2009). 따라서 중세 도시의 도로는 사람들의 배설물과 가정에서 나온 오물, 말똥 등이 뒤섞인 진흙탕이었다.[13] 대부분의 선진국도 과거에는 투기가 성행했고 개발도상국에서는 아직도 투기가 주된 쓰레기 처리 방법

이다. 대표적인 곳으로 필리핀의 마닐라에는 파야타스(Payatas Dump)라는 폐기물 투기장이 있는데 2007년 기준 8만 명이 넘는 사람이 이 쓰레기 더미에서 재활용이 가능한 물건이나 먹을 것을 주우며 살고 있다. 남한의 난지도도 1977년부터 1993년까지 이와 비슷하게 서울의 쓰레기들이 버려져 산더미를 이루고 하루 종일 유용한 물건과 음식 등을 다시 골라내는 사람들이 있었다. 대부분의 선진국에서는 무단 투기를 법으로 금지하고 있지만 불법 투기는 여전히 골치거리이다.

해양투기

해양투기는 바다에 폐기물을 버리는 것을 말한다. 남한의 해양투기는 1960년대 말부터 동해에 방사능폐기물을 버리면서 시작되었다. 1977년에는 해양오염방지법을 제정하여 본격적으로 폐기물을 바다에 버릴 수 있는 법까지 제정하였는데, 1993년에는 부산 앞바다(동해 '정')와 포항 앞바다(동해 '병') 및 군산 앞바다(서해 '병')를 폐기물 투기 해역으로 지정하고 2012년까지 운영하였다(그림 14.34). 해양투기의 주 내용물은 하수 및 폐수 처리 오니(sludge)가 가장 높은 비중을 차지하였고 그 다음이 음식물쓰레기 처리에서 나오는 음폐수였다. 전 세계적으로도 해양투기가 계속되다가 해양 오염이 심해지자 1972년

---

13 실기(2009)에 따르면 중세의 가장 심한 경멸의 표시는 '거리의 썩은 내 나는 진흙'을 적의 얼굴에 집어던지는 것이다. 보컬그룹 퀸의 노래 We will rock you에 나오는 "You got mud on your face / you big disgrace"가 상대방을 경멸하는 응원가로 쓰이는 까닭이다.

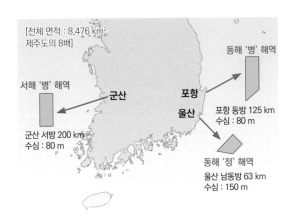

[전체 면적 : 8,476 km²
제주도의 8배]

서해 '병' 해역

군산

포항

울산

동해 '병' 해역

포항 동방 125 km
수심 : 80 m

군산 서방 200 km
수심 : 80 m

동해 '정' 해역

울산 남동방 63 km
수심 : 150 m

그림 14.34 해양투기 해역 3곳. 해양수산부의 그림을 다시 그림

그림 14.35 가나의 전자폐기물 재활용 센터 모습 ⓒ Marlenenapoli (wikimedia)

에 '폐기물 및 기타 물질의 투기에 의한 해양오염방지에 관한 협약(런던협약)'이 제정되었다. 이후 1996년에 해양투기에 대한 런던의정서가 새롭게 채택되었는데 우리나라는 이 때 런던의정서에 가입하였다. 이후 2012년도에 하수오니와 가축분뇨의 해양 투기가 금지되었고, 2013년도에는 분뇨와 음폐수의 해양투기가 금지되었다. 드디어 2014년부터 육상폐기물의 해양투기가 전면 금지되었지만 2년간의 유예기간을 거쳐 2016년부터는 실질적으로 육상폐기물의 해양투기가 사라지게 되었다.

육상에서 생산된 하수처리 슬러지 등의 해양 투기가 금지되면서 이의 처리 방법이 새로운 문제로 등장하였는데 크게 폐자원 에너지화의 방향으로 가고 있다. 해양투기 폐기물 중 가연성 물질은 가스화나 고형연료 등 가연성 폐자원 에너지화를 추구하고 있다. 해양투기 폐기물 중 유기성 물질은 바이오연료 등 유기성폐자원 에너지화를 모색하고 있다.

전자폐기물

핸드폰, 가전제품, 컴퓨터 등 전자제품의 폐기물인 **전자폐기물**(e-waste)은 새로운 폐기물 문제로 떠오르고 있다(그림 14.35). 2017년 한 해에 전 세계적으로 약 6,500만 톤의 전자폐기물이 발생하고 있다고 추정되는데 이는 홍콩 전체를 덮을 수 있는 양이다. 남한에서는 2019년에 약 82만 톤의 전자폐기물이 발생하였다. 전

세계적으로 매일 35만 개의 핸드폰이 버려지고 있다. 전 세계에서 발생하는 전자폐기물의 80% 정도는 대부분 중국과 인도로 수출되어 이 나라들에서 다시 재활용되거나 처리된다. 2019년 기준 전 세계 전자폐기물 발생량의 17.4%만이 재활용되고 있다. 이러한 폐기물의 국제 유통은 수출하는 나라 입장에서는 수입국에 전자폐기물을 사실상 투기하는 것이다. 전자폐기물은 다른 폐기물과 달리 다양한 독성이 있는 금속과 플라스틱 부품들로 이루어져 있다.

전자폐기물을 들여온 나라의 작업장에서는 어린이를 포함한 다양한 연령의 사람들이 값이 나가는 부품이나 재료를 수거하고 나머지는 쓰레기장으로 버린다. 금과 같은 값어치가 있는 재료들을 재활용하게 되는데 이런 작업장은 납, 수은, 카드뮴과 같은 중금속이나 PVC, 브롬과 같은 유독한 물질에 노출되므로 토양이나 지하수, 지표수의 오염원이 되고 있다. 중국에서만 약 10만 명이 이런 전자폐기물 재활용에 종사하고 있다. 중국 정부의 규제가 점점 강화되면서 전자제품의 처리는 인도, 가나 등 빈곤한 나라들로 이전하고 있는 추세이다.

매립

매립은 폐기물을 모아서 파묻는 것을 말한다. 폐기물을 단순히 투기하여 쓰레기산을 만드는 것은 악취, 수

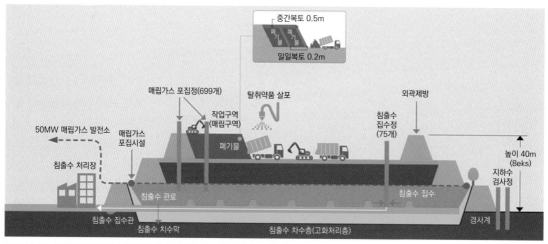

그림 14.36 수도권 매립지의 위생매립 개념도(자료: 수도권매립지관리공사)

그림 14.37 매립이 끝난 수도권 매립지 위에 만든 311만 m² 넓이의 드림파크 골프장과 위쪽의 매립지 배출 가스를 이용한 소형 발전소 ⓒ 수도권매립지관리공사

질오염, 가스발생, 화재와 폭발 등 많은 사고의 위험을 일으킨다. 또한 질병이나, 토양오염의 근원지가 되기도 한다. 이러한 단순투기에 의한 폐기물 처리장의 문제를 개선하고자 제2차 세계대전 직전 '**위생매립**(sanitary landfills)'이 미국 캘리포니아에서 처음 시작되었다(실기, 2009). 냄새와 폐기물량을 줄이고 곤충이나 설치류가 파헤치기 힘들게 하기 위해 위생매립 방식에서는 쓰레기를 압착하여 쌓고 흙으로 매일 덮는다. 이 방식은 오염은 줄일 수 있지만 매립에 들어가는 흙이 폐기물 처리 공간의 20%나 차지하는 단점이 있다. 압착쓰레기처리장에서는 산소가 부족하여 유기물의 분해가 매우 느리

게 진행되고, 그 과정에서 메탄과 다이옥신이 섞인 가스가 발생한다. 이 가스는 공기와 갑자기 접촉하면 화재나 폭발 위험이 있다. 또한 이 가스는 온실 효과를 일으킬 수 있는 만큼 회수하여 제거하거나 재활용한다. 가스와 함께 매립장에서 배출되는 침출수(leachate) 또한 주변 환경 특히 지하수를 오염시킨다. 매립장 오수는 회수하여 정화과정을 거치는데, 지하수로 유출되지 않게 매립지의 바닥과 벽에 폴리에틸렌 등으로 된 방수막을 치며 각 쓰레기층을 덮을 때에도 빗물이 스며들지 않도록 반 방수 처리된 플라스틱 천 등으로 덮어 빗물이 쓰레기를 거쳐 지하수로 새어나가지 않게 방지한다(실기, 2009).

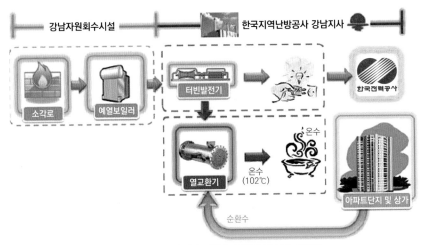

그림 14.38 강남자원회수시설의 열병합발전 개념도(자료: 윤하연·백승아, 2013)

면적으로 세계 6위[14]인 남한의 수도권 매립지는 단순 투기 방식의 서울 난지도 쓰레기 매립장에 이어 1989년에 만들어져 서울, 인천, 경기 3개 시도의 폐기물을 위생매립 방식으로 처리하고 있다(그림 14.36). 제1매립장은 이미 매립이 끝나 현재는 골프장으로 사용되고 있고 2018년 제2매립장 운영 종료와 함께 제3-1매립장이 수도권에서 발생하는 하루 약 1만~1만 5,000톤의 폐기물을 처리하고 있다(그림 14.37). 설계 당시에는 2016년 무렵에 모든 매립장이 포화되고 수도권매립지 사용도 종료될 것이라 예상되었으나 1995년 쓰레기 종량제 도입과 소각의 확대, 음식물쓰레기 직매립이 금지되면서 반입 쓰레기의 양이 크게 줄어들었다. 2025년까지 제3매립지의 절반까지만 매립하고 그 이후는 대체 매립지를 조성할 계획이다. 매립 방식의 폐기물처리는 하지 않는 "매립 제로"가 환경부의 정책 목표이다. 제2매립장은 쓰레기를 4.5 m 쌓은 뒤 흙(복토층)을 0.5 m 두께로 덮는 방식으로 위로 갈수록 면적이 좁아지는 피라미드 모양이다. 8단까지 쌓은 뒤 매립이 종료되는데 가장 높은 곳의 높이는 40 m에 달한다. 제3매립장은 침출수가 새어나가는 것을 막기 위해 바닥에 부직포와 고밀도 폴리에틸렌(HDPE) 시트 등을 까는 기반공사가 되어 있다. 하지만 제1매립장은 기반공사 없이 갯벌 바닥 위에 매립이 진행되었고, 제2매립장에서는 침출수를 막는 차수막 기준이 1.5 mm로 제3매립장의 2.0 mm보다 완화된 기준에 따라 건설되었다.[15]

소각

남한의 생활폐기물은 매립 방식으로 처리되는 비율은 점점 줄고 있고, 소각으로 처리되는 비율은 점차 늘어나고 있다. 생활폐기물 중 매립 비율은 2016년 14.7%에서 2019년 12.7%로 낮아지고 있고, 소각 비율은 2010년 21.6%에서 2019년 25.7%로 점진적으로 증가하고 있다. 소각은 가소성 폐기물을 태워서 처리하는 방식으로 이 과정에서 열이 발생하여 에너지를 얻을 수 있는 장점이 있다. 따라서 가연성 폐기물을 소각하는 자원회수시설에서 전력 생산과 온수 공급이 함께 되는 **열병합 발전**(cogeneration) 형태가 가능하다(그림 14.38). 남한에서는 분당, 평촌, 일산 등 1기 신도시 이후 자원회수시설과 열병합발전소(400 MW급)가 공존하는 형태가 기본 열공급 구조이자 분산형 전력 생산원으로 건설되어 왔고, 열병합발전소의 전력생산 규모는 점점 증가하여, 최근에 지어진 동탄2열병합발전소

14 Karunga J. 2017. Largest Landfills, waste sites, and trash dumps in the world. (출처: Worldatlas)

15 강찬수. 2018. "18년 쌓아올린 40m 피라미드…여기는 인천 쓰레기산"(출처: 중앙일보)

는 800 MW에 육박하는 발전용량을 가지고 있다.

소각로는 크게 **폐기물재생연료**(refuse derived fule, RDF)를 연료로 하는 방식과 폐기물을 바로 태우는 **일괄 소각**(mass burn) 방식이 있다. 일괄소각 방식은 폐기물을 분류없이 바로 태우기 때문에 다이옥신 등 대기오염 물질을 다량 발생시킬 가능성이 더 높다. 폐기물재생연료는 종이, 나무, 플라스틱 등 가연성 폐기물을 파쇄, 분리, 건조, 성형 등의 공정을 거쳐 제조한 재생연료를 말한다. 독일에서 1980년대에 세계 최초로 폐기물 분리 및 선별기술을 개발해 RDF를 생산해 왔는데, 현재 전용 발전시설, 화력발전소 및 시멘트 소성로의 연료로 사용되고 있다. 남한에서는 폐기물에서 생산된 에너지를 재생에너지로 인정하고 있는데 2015년 현재 신재생에너지의 60.6%를 폐기물에너지가 차지하고 있다. 이는 발전사업자들이 RDF 등 폐기물에너지 발전단가가 다른 신재생에너지보다 저렴하여 선호하기 때문이다. 하지만 재생불가능한 폐기물 에너지는 대부분 화석연료를 기반으로 하고 다른 신재생에너지 발전에 비해 대기오염물질을 많이 발생하는 문제점이 있어 재생에너지로 인정하지 말아야 한다는 주장도 있다.[16] 성남시의 경우 소각장에서 배출되는 이산화탄소량이 성남시 탄소배출허용량의 약 60%나 차지한다.[17] 최근에는 고형재생연료(solid refuse fuel, SRF)라는 용어가 폐기물재생연료(RDF), 폐타이어재생연료(tire derived fuel, TDF), 폐플라스틱재생연료(refuse plastic fuel, RPF) 등을 포괄하고 있다(그림 14.39). 기존의 wood chip fuel(WCF)은 바이오 고형재생연료(bio-SRF)로 구분하고 있다. RDF만 연료로 사용하는 경우보다 SRF 연료는 폐타이어나 폐플라스틱을 포함하기 때문에 소각시 다이옥신 등 유해한 대기오염물질의 배출이 더욱 더 우려되고 있다. RDF 또는 SRF 연료를 이용하는 열병합발전소의 경우 다이옥신 등 대기오염 물질의 방출을 우려하는

그림 14.39 폐기물재생연료(RDF) 펠릿 © Fun4life.nl (wiimeida)

주민들의 건설 반대 운동에 부딪치기도 한다. 하지만 잘 관리된 소각로에서 방출되는 다이옥신의 양은 허용기준치 아래일 가능성이 크다. 2019년 환경부에 의하면 전국 996개 다이옥신 배출 소각 시설의 약 2.5% 정도만 배출허용기준을 초과하고 있으며[18] 국가 총 배출량은 2001년 1,004 g/yr에서 2010년 118.5 g/yr로 약 88% 감소하였다. 독일에서 조사된 바에 의하면 새로이 건설된 소각로는 다른 산업이나 도시의 대기오염원, 또는 가정에 비해 훨씬 적은 대기오염 물질을 방출했다(Cunningham & Cunningham, 2015). 1990년에서 2000년 사이에 독일의 다이옥신과 퓨란 배출은 400에서 0.5 독성단위로 급격하게 감소하였는데, 폐기물의 분류가 개선되고 배출 경감 장치가 개선된 것이 주된 이유였다. 이러한 소각 기술의 발달과 높은 인구밀도와 함께 매립지가 부족한 유럽 국가들은 매립의 비율보다 소각의 비율이 압도적으로 높은 반면 미국과 같이 땅이 넓고 인구밀도가 낮은 나라에서는 소각의 비율이 낮고 매립의 비율이 상대적으로 높다(그림 14.32).

재활용, 재사용과 저감

매립이나 소각으로 가는 쓰레기 흐름을 줄이려면 3R 즉 저감(reduce), 재사용(reuse), 재활용(recycle)이 필

---

16 김해창. 2018. "폐기물에너지의 실태와 과제를 말한다" (출처: 국제신문)

17 박인경. 2018. "재활용 폐기물, 다음 세대를 위한 자원입니다" (출처: 비전성남)

18 조남준. 2019. "최근 3년간 다이옥신 초과배출시설 25곳 모두 소각시설" (출처: 에너지데일리)

요하다. 3R에도 불구하고 배출되는 음식물쓰레기는 **퇴비화**(composting) 과정을 거쳐 농업에 활용할 수 있다. 그래도 처리가 되지 않는 나머지 폐기물은 매립과 소각으로 처리된다. 폐기물 처리와 관련하여 우리가 주목해야 하는 것 중의 하나는 자연생태계에서는 쓰레기가 발생되지 않는다는 것이다. 오랜 진화과정 속에 '모든 것은 순환한다'는 생태적 원리가 자연생태계에서는 철저하게 지켜지고 있다. 자연생태계에서 생물들이 죽으면 유기물잔해가 되어 분해자들이 분해를 하고 이렇게 환원된 무기 영양소는 다시 생산자인 식물에게 흡수된다. 이 과정에서 쓰레기는 존재하지 않는데 이는 모든 유기물이 무기물로 다시 식물에게 흡수되는 재순환(recycle)이 일어나기 때문이다. 자연생태계에서의 재순환은 폐기물 처리의 재활용 개념으로 이어진다.

재활용

고형 폐기물 처리에 있어서 **재활용**은 폐기물의 물질을 가공해 새로운 제품으로 생산해내는 것이다. 알루미늄 캔은 녹여서 알루미늄 재료를 이용해서 다른 캔을 만드는 경우 재활용에 해당된다. 재활용은 재사용과 구별되는데 **재사용**은 물질을 가공하지 않고 변형없이 그대로 다시 사용하는 것을 말한다. 맥주병을 회수해서 다시 맥주를 담아 판다면 재사용에 해당된다. 얼마나 재활용되는지는 보통 재활용되는 재료의 가치에 달려 있다. 알루미늄 고철은 값어치가 나가고 새로이 만들기에는 비용이 많이 들기에 알루미늄의 재활용율은 매우 높다. 폐타이어 또한 재생타이어로 재활용되고 신문지와 같은 폐지는 셀룰로오스 단열재 등으로, 음식물쓰레기는 토양 첨가제 등으로, 철로된 캔 등은 자동차나 건설 재료로 재활용된다.

재활용은 소각이나 매립보다 좋은 점이 많은 데, 우선 매립이나 소각보다 비용이 적게 들고 재활용 산업을 통해 경제적 이익을 낼 수 있기에 경제성이 높다. 또한 매립이나 소각으로 처리될 폐기물의 양을 감소 시킨다. 아마도 제일 중요한 점은 원자재 수요도 감소시킬 수 있다는 것이다. 뉴욕타임즈 신문의 일요일판 인쇄분 하루치를 재활용하면 무려 75,000그루의 나무를 살릴 수 있다(Cunningham & Cunningham, 2015). 알루미늄 1톤을 재활용하면 4톤의 보크사이트(알루미늄 원석)와 700 kg의 석유 코크스와 피치를 절약할 수 있고, 35 kg의 염화알루미늄을 대기로 방출하지 않아도 된다(Cunningham & Cunningham, 2015). 에너지 소비도 상당히 줄일 수 있는데 플라스틱 병을 재활용하면 새 병을 만드는 에너지의 50~60%를 절약할 수 있고 알루미늄캔을 재활용하면 95%까지 절약할 수 있다. 대기 오염과 탄소 배출도 줄일 수 있는데, 알루미늄 재활용율이 두 배가 되면 매년 100만 톤 이상의 대기오염 물질의 방출을 줄일 수 있다고 한다(Cunningham & Cunningham, 2015).

폐기물의 재활용이 늘어나기 위해서는 분리배출이 중요하다(그림 14.40, 14.41, 14.42). 폐기물 종류별, 성상별로 분리가 잘되면 재활용율이 높아지게 된다. 그러나 오염은 재활용을 힘들게 하는 요인 중의 하나이다. 이러한 이유로 플라스틱의 재활용율은 알루미늄 캔에 비해 상당히 저조하다. 청량음료를 담는 플라스틱 병은 대부분 PET(polyethylene terephtalate)로 만들어지는데, 만

분리배출의 핵심 4가지!
비운다
용기 안 내용물은 깨끗이 비우고 배출
헹군다
이물질은 닦거나 헹궈서 배출
분리 한다
다른 재질(라벨 등)은 제거하여 배출
섞지 않는다
종류별·성상별로 구분해 분리수거함으로 배출

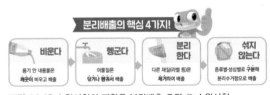

그림 14.40 수원시청의 재활용 분리배출 요령 © 수원시청

재활용 가능
재활용 불가능
1
2
4
5
6
3
7
PETE (페트)
• 음료수병 (콜라, 사이다, 주스 등)
• 생수병
• 간장병
• 식용유병
HDPE (고밀도 플라스틱)
• 물통
• 샴푸
• 세제류 용기
• 백색 막걸리통
LDPE (저밀도 플라스틱)
• 우유병
• 막걸리병
PP (폴리프로필렌)
• 상자류 (맥주, 소주, 콜라 등)
• 쓰레기통
• 바가지
PS (폴리스티렌)
• 요구르트병
• 발효유병
PVC (폴리염화비닐)
• 대부분 공업용으로 가정용 배출품이 거의 없음.
Other (기타)
• 대용량 물통

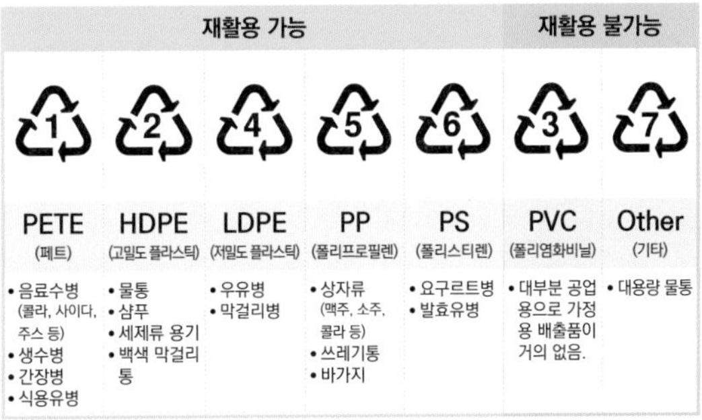

그림 14.41 재활용이 가능한 플라스틱과 불가능한 플라스틱 종류

페트병, 비닐류 등의 분리배출 방법

구분	분리배출 요령	재활용품 배출사례	
페트병	• 부착상표와 마개(뚜껑) 등 다른 재질이므로 별도로(비닐은 비닐류, 뚜껑은 기타 플라스틱류로)배출한 후 압착하여 배출		
기타 플라스틱류	• 뚜껑이 있는 경우에는 반드시 분리하고, 다른 재질 부분이 있는 경우에도 분리해 제거한 후 배출 • 여러 재질이 섞이고 분리가 어려운 제품은 쓰레기종량제 봉투에 담아 배출(예:알약 포장재, 카세트테이프)		
비닐류 (필름류)	• 내용물을 비우고 다른 재질로 된 부분(부착상표 등)을 제거 한 후 흩날리지 않도록 봉투에 담거나 묶어서 배출 • 음식물 등 이물질이 묻었으면 씻어서 배출하며 이물질 제거가 어려운 경우 쓰레기종량제 봉투에 담아 배출		
스티로폼	• 농·수·축산물의 포장에 사용된 스티로폼은 내용물을 비우고 부착상표 등을 제거(이물질이 묻었으면 씻어서 배출) • TV·냉장고 등 포장운반에 사용된 스티로폼은 제품 구입처로 반납		

※ 아이스팩 : 포장지는 비닐류로 재활용 배출, 내용물은 쓰레기종량제 봉투에 담아 배출

금속캔, 고철류 분리배출 방법

구분	분리배출 요령	배출예시
철캔·알루미늄 캔	• 내용물을 완전히 비우고 배출 • 플라스틱 뚜껑 등 다른 재질 부분은 제거한 후 배출	
고철·비철금속	• 이물질이 섞이지 않도록 한 후 봉투에 넣거나 끈으로 묶어서 배출	

종이류 분리배출 방법

구분	분리배출 요령	배출예시
신문	• 물에 젖지 않도록 하고 펴서 차곡 차곡 쌓은 후 묶어 배출 • 다른 재질(비닐 등)이나 오물이 섞이지 않도록 함	
책자/노트	• 다른 재질(플라스틱·스프링 등)은 제거 후 배출	
상자류	• 상자에 붙은 이물질(테이프·철판·택배송장 등)은 제거 후 배출	
종이팩/컵	• 내용물을 비우고 헹군 후 건조 시켜 배출 • 빨대·비닐 등 다른 재질은 제거 후 일반폐지와 분리해 배출	

※ 가까운 동 주민센터에서 종이팩(우유팩, 두유팩, 음료팩) 1kg을 화장지 1롤과 교환해 드립니다.

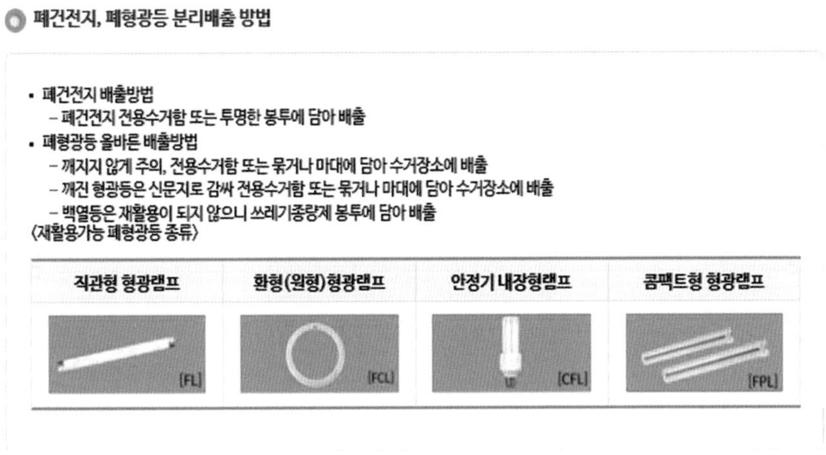

- 폐건전지 배출방법
  – 폐건전지 전용수거함 또는 투명한 봉투에 담아 배출
- 폐형광등 올바른 배출방법
  – 깨지지 않게 주의, 전용수거함 또는 묶거나 마대에 담아 수거장소에 배출
  – 깨진 형광등은 신문지로 감싸 전용수거함 또는 묶거나 마대에 담아 수거장소에 배출
  – 백열등은 재활용이 되지 않으니 쓰레기종량제 봉투에 담아 배출

(재활용가능 폐형광등 종류)

직관형 형광램프	환형 (원형)형광램프	안정기 내장형램프	콤팩트형 형광램프
[FL]	[FCL]	[CFL]	[FPL]

그림 14.42 수원시청의 각 성상별 재활용 분리배출 요령(자료: 수원시청)

약 PVC(polyvinyl chloride)로 된 병 하나라도 섞여있으면 재활용이 불가능하다.

재사용

재활용보다 더 좋은 방법은 세척한 뒤 형태 그대로 재사용하는 것으로 비용과 재활용에 들어가는 에너지조차 줄일 수 있다. 사실 재활용이 폐기물을 소각이나 매립으로 버리는 것 보다는 자원과 에너지를 줄일 수 있지만 재활용 과정에도 많은 에너지가 투입되고 이산화탄소가 배출되며 오염물질이 방출된다. 차량의 경우 이미 많은 재사용이 이루어지고 있는데, 폐차장에서 자동차 부품들은 분리 수거되어 거래된다. 많은 도시에서 유리병은 수거되어 세척된 뒤 다시 음료수 등을 채워 판매된다. 우리나라에서도 빈병의 용량에 따라 2017년 기준 190 ml 미만은 70원, 190~400 ml는 100원, 400~1,000 ml는 130원, 1,000 ml 이상되는 병을 가져가면 350원의 빈 용기 보증금을 되돌려받을 수 있다. 하지만 병의 일부가 깨져 있거나 기름 등 이물질이 들어있는 경우는 재사용이 어렵다. 재사용이 가능한 병은 세척 공장에서 세척을 거쳐 다시 사용되는데 우리나라의 빈 병 재사용 횟수는 평균 8회로 평균 50회의 독일, 평균 42회의 벨기에, 평균 28회의 일본 등에 비해 매우 적은 편이다. 유리병과 달리 플라스틱 특히 음료

수나 생수병으로 많이 쓰이는 PET 병은 재사용이 힘든데, 세균 증식이 쉽기 때문이다. PET병을 재사용하려면 70℃ 이상의 뜨거운 물로 소독해야 하는데 일반적인 PET 재료는 열에 약해 버티지를 못하기에 PET병은 재사용이 아니라 재활용되어야 한다.

새 제품을 사지 않고 중고 물건을 구해 쓰는 것도 재사용에 해당된다. 미국 등 선진국에서는 토요일마다 집 앞의 마당이나 차고에서 쓰지않는 물건을 내다 파는 광경(yard sale, garage sale)을 볼 수 있고, 이사할 때도 가구 등을 팔아(moving sale) 이런 거래를 통해 중고 가구나 가전을 사들이는 것을 흔히 볼 수 있다(그림 14.43). 남한에서 도시마다 흔히 볼 수 있는 아름다운가게는 기증을 통한 중고물품을 파는 가게이다. 온라인을 통한

그림 14.43 전형적인 앞뜰거래(yard sale) 모습 ⓒ Dano (flickr)

그림 14.44 밤거리의 광고판. 자본주의 시스템에서 광고는 더 많은 소비를 부추기고 그 소비의 결과 더 많은 폐기물이 생산된다. ⓒ 황영심

중고물품 거래도 활발해 전 세계 주요도시에서 거래가 이루어지는 크레이그리스트(www.craiglist.com)나 남한에서는 중고나라(https://cafe.naver.com/joonggonara/)와 당근마켓(www.daangn.com)이 대표적이다.

쓰레기 배출 저감

폐기물 관리 정책에서 가장 초점이 맞추어지는 것은 재활용이지만 버려지는 제품의 소비를 줄이는 것이 사실 에너지와 물질과 돈을 가장 절약하는 방법이다(그림 14.44). 재활용, 재사용, 저감 중에서 가장 중요한 전략은 아마도 폐기물을 원천적으로 줄이는 **저감**(reduce)일 것이다. 기업은 음료수 캔을 만들 때 20년 전에 비해 훨씬 적은 알루미늄을 사용하며 플라스틱 병 또한 훨씬 적은 플라스틱으로 만들어진다. 음식과 제품들에 대한 과잉 포장 또한 불필요한 폐기물의 중요 원인이다. 사실 이러한 과잉 포장은 제품을 팔기 위한 마케팅의 일종이다. 종이, 플라스틱, 유리 그리고 금속 포장지는 부피로 보면 생활폐기물의 절반을 차지한다. 캐나다의 National Packaging Protocol(NPP)은 자원을 절약하고 제조과정에서 독성물질의 생산을 줄이는 포장방법으로 1) 포장 안함 2) 최소한의 포장 3) 재사용 가능한 포장 4) 재활용 가능한 포장을 추천한다.

참고문헌

경기개발연구원. 2007. 경기도 지속가능개발의 당면과제와 추진방안 2.

라이언, 더닝. 1997. 녹색 시민 구보 씨의 하루 (고문영 옮김, 그물코 2002) (원제: Stuff)

실기. 2009. 쓰레기, 문명의 그림자 (이은진과 조은미 옮김, 따비 2014) (원제: Histoire Des Hommes Et De Leurs Ordures: Du Moyen Age A Nos Jours)

오덤. 1989. 생태학-환경의 위기와 우리의 미래 (이도원 외 2인 옮김. 민음사 1995) (원제: Ecology and our endangered life-support systems)

윤하연, 백승아. 2013. 인천시 자원회수시설의 소각여열 효율성 증대방안.

윤학열. 2018. 새로운 도로교통수단, BRT와 GRT를 소개합니다! 국토교통부 공식블로그. http://korealand.tistory.com/7765

이도원. 2001. 경관생태학. 서울대학교 출판부.

이우신, 임신재. 1998. 도시화의 영향에 의한 조류 군집의 변화. 한국조류학회지 5: 47-55.

임양재, 전의식. 1980. 한반도의 귀화식물 분포. 한국식물학회지 23: 69-83.

조한선, 이동민, 김영춘. 2013. 2010년 전국 교통혼잡비용 추정과 추이 분석. 한국교통연구원 수시연구 2013-06.

정재준. 2012. 위성영상분류와 식생지수를 이용한 도시지역 추출 비교 연구. 한국지도학회지 12: 34-44.

행정자치부. 2015. 대도시 생활형 자전거 이용 활성화 방안 연구.

행정자치부. 2017. 지방자치단체 행정구역 및 인구 현황.

환경부. 2020. 2019년도 전국 폐기물 발생 및 처리현황.

환경부. 2018. 환경부 제1차 자원순환 기본계획 (2018~2027).

Botkin, DB Keller, EA. 2007. Environmental Science, 6th ed. Wiley.

Cengiz C. 2013. Urban Ecology. In, Ozyavuz, M (ed.), Advances in Landscape Architecture. IntechOpen. https://www.intechopen.com/books/advances-in-landscape-architecture/urban-ecology

Cunningham, WP Cunningham, MA. 2015. Environmental Science: A Global Concern, 13th ed. McGraw Hill Education.

Duranton, G Turner, MA. 2011. The fundamental law of road congestion: evidence from US Cities. American Economic Review 101: 2616-2652.

Earth Trends. 2006. Calculation using population data. Division of department economic and social affairs of United Nations Secretariat. World populations Prospects. The 2004 Revision. New York.

Florida, R. 2017. How Cities are making the global housing crisis worse. CityLab web magazine https://www.citylab.com/equity/2017/07/solving-the-global-housing-crisis/533592/

Lee, CW et al. 2015. Study of the status of naturalized plants in Busan City, South Korea. Journal of Life Science 25: 1244-1254.

Marsh, WM. 2010. Landscape Planning Environmental Applications. John Wiley & Sons, Inc.

UN. 2017. The United Nations World Water Development Report 2017.

UN Conference on Housing and Sustainable Urban Development. 2016. Habitat III Policy Papers: Policy Paper 10 Housing Policies.

UN Population Division. 2012. World Urbanization Prospects, 2011 Revision (Population Studies).

Wu, J. 2014. Urban ecology and sustainability: The state-of-the-science and future directions. Landscape and urban planning 125: 209-221.

14. 도시와 폐기물

1. 조별활동

1. 재활용

환경부 자연순환정보시스템의 폐기물 통계 (https://www.recycling-info.or.kr/rrs/stat/envStatList.do?menuNo=M13020201)에 접속하여 아래 질문에 답하시오.

1) 2019년도 기준 폐기물 종류 (생활폐기물, 사업장폐기물, 건설폐기물) 중 어떤 종류가 가장 많은 지 각 종류별 백분율을 조사하시오.

2) 2019년 전국폐기물발생 및 처리현황 자료를 다운로드하여 1인당 1일 생활폐기물 발생량을 지역별로 비교하시오. 이 수치가 가장 높은 곳은 어디인가? 왜 이 곳은 다른 곳에 비해 월등히 생활폐기물 발생량이 높을까?

3) 2019년에 발생한 생활폐기물 중 종량제에 의한 폐기물 발생 비율(%)은?

4) 생활폐기물의 처리(매립, 소각, 재활용) 비율은 2012년부터 2019년까지 어떤 패턴을 보이는가? 그 이유는?

5) (제5차)전국폐기물통계조사: 2016~2017년 (2013.3)-PDF 자료를 참조하여 생활폐기물의 재활용 처리 중 가장 많은 비율을 차지하는 재료 3가지의 비율이 얼마인지 조사하시오. 서울(특별시)과 농어촌에서 이 비율의 차이가 있는가?

2. 주거지

아래는 나눔뉴스 2013년 2월 19일자 보도(http://m.nanumnews.com/a.html?uid=51643)에 따르면, 경기 도개발연구원이 발표한 "경기도내 가장 살기 좋은 도시" 평가 결과이다.

순위	도시편리성	교육·의료·복지	경제성	도시안전	도시건강 및 환경	종합순위
1	과천시	의정부시	화성시	용인시	과천시	과천시
2	구리시	고양시	파주시	의왕시	성남시	고양시
3	부천시	안산시	김포시	과천시	의왕시	안양시
4	안양시	안성시	성남시	화성시	남양주시	용인시
5	의왕시	시흥시	수원시	남양주시	안양시	군포시
6	오산시	안양시	안양시	군포시	군포시	남양주시
7	수원시	수원시	안성시	양주시	용인시	의왕시
8	고양시	포천시	가평군	파주시	고양시	성남시
9	성남시	평택시	평택시	고양시	의정부시	파주시
10	군포시	구리시	광명시	김포시	가평군	수원시

1) 위 5가지 측면 중에서 각 조원의 주거지 선정에 영향을 주는 요인은 무엇인지 조사하시오.

2) 살기 좋은 도시를 선정하기 위해 구체적인 도시 건강 및 환경 지표를 제안해 보시오.

3. 전체 토론 주제

나는 다음 중 어떤 곳에서 살고 싶은가? 대도시, 소도시, 도시근교 전원주택, 농어촌

2. 조별 토론 주제

1. 나는 어떤 곳에서 살고 싶은가? 대도시, 소도시, 도시근교 전원주택, 농어촌

2. 도시주거, 농촌주거, 전원주택주거(농촌주거, 도시출퇴근)의 환경 영향을 에너지 소비, 폐기물 배출, 환경 오염의 측면에서 비교해 보시오.

3. 환경 영향을 고려한 적정한 도시 크기는?

15장
환경정책

"사람들은 오염을 '과잉-생산'하는데 이는 이들이 오염 처리 비용을 지불하지 않기 때문이다."

-장하준, 『그들이 말하지 않는 23가지』중에서

15.1 환경정책의 개념과 발전

환경정책은 인류 문명의 발달로 도시가 형성되어 상하수도와 폐기물 등 생활환경의 문제가 대두되면서 시작되었다고 볼 수 있다. 특히, 산업혁명 이후 공장 폐수와 대기오염물질의 배출(그림 15.1), 유해물질 사용 등이 인체와 자연생태계에 심각한 피해를 야기하면서 환경문제와 이에 대한 대책이 주목을 받기 시작하였다. 인구의 폭발적 증가와 도시화, 산업단지 개발, 도로 개발과 자동차 증가 등으로 환경문제는 가속화되었다. 직접적으로 피부에 닿는 생활환경의 문제로서 수질, 대기질, 폐기물 등이 환경정책의 대상이 되었고, 자연생태계의 파괴와 훼손을 막기 위한 자연환경정책도 중요하게 다루어지게 되었다.

한편 전 세계적인 기술과 산업의 발전이 자원과 에너지를 고갈시키고 예기치 못한 각종 환경오염문제를 발생시키면서 환경문제는 한 지역이나 국가 차원이 아닌 전 지구적 차원의 문제가 되었다. 특히 산성비, 해양오염 문제, 사막화, 오존층 파괴, 기후변화, 생물다양성의 감소 등은 국제협력을 필요로 하는 주요 이슈로 등장하였다. 특히, 기후변화는 지구와 인류의 운명을 좌우할 만큼 중요한 문제로 대두되어 개개인의 실천적 수준에서부터 전 지구적 협력을 요구하는 환경정책 이슈가 되었다.

공유지의 비극과 환경문제

미국의 생물학자 하딘(Garrett Hardin)은 1968년 『사이언스(Science)』지에 「**공유지의 비극**(Tragedy of the commons)」이라는 논문을 게재하면서 **공유자원**의 비극적 운명에 대해 경고하였다. 그가 소개한 우화에는 마을 사람들 모두에게 개방된 목초지(공유지)가 있다. 이곳에서 양을 치는 사람들이 모두 합리적이라면, 저마다 가능한 한 많은 양을 키우려 할 것이다. 그리하여 목초지에 저마다 더 많은 양을 키우는 과도한 방목으로 풀이 다 사라져 양들도 굶어죽는 비극을 자초한다. '죄수의 딜레마' 게임 이론에 근거한 그의 논문은 개인의 이익을 추구하는 합리적 개인들에 의해 공유자원이 고갈되는 것은 필연이라고 주장한다. 하딘이 제안한 이 비극을 막는 방법은 시장이 공유자원을 사유화하든지, 정부 권력이 이용을 제한하는 것이었다. 하딘이 예로 든 공유자원은 숲, 풀밭, 공기, 호수의 물고기, 지하자원 등이었지만 물, 토양 등 다른 환경 대상에도 적용할 수 있다.

세상의 재화는 배제성(excludability)과 경합성(rivaliness)을 기준으로 크게 사유재, 요금재, 공공재, 공유재 등 네 가지로 나눌 수 있다(지식채널 e. 2015). 배제성은 돈을 내지 않은 사람은 소비에서 배제하는 것이고, 경합성은 한 사람의 소비가 다른 사람의 소비를 줄이는 것이다. 사유재는 배제성과 경합성을 모두 갖춘 재화이고, 공유재는 배제성은 없으나 전체 양이 한정되어 있어 경합성을 띄는 재화이다. 하딘의 공유지는 내가 풀을 먹인다고 해서 남이 못 먹이는 것은 아니지만, 풀의 양이 정해져 있어, 남이 먹이는 동안 가만히 있으면 내가 손해보기에 너도나도 풀을 먹이게 되어 결국 풀이 사라지게 된다.

이러한 공유지의 비극에 대한 인식은 공유재인 환경에 대한 정부의 강제적인 개입, 즉 환경정책의 시행으로 이어진다.

환경정책의 개념

정책(policy)이란 바람직한 사회 상태를 이룩하려는 목표와 이를 달성하기 위해 필요한 수단에 대하여 권

그림 15.1 인도 뉴델리시의 도심. 뉴델리는 2020년 조사에서 대기오염이 심한 50대 도시 중 1위를 차지하였다. 대기오염이 심한 30대 도시 중 22개가 인도의 도시이다. © Prateeksngh867 (wikimedia)

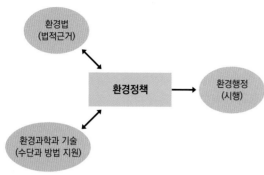

그림 15.2 환경정책에서 환경법과 환경행정, 그리고 환경과학과 기술의 관계

위 있는 정부기관이 공식적으로 결정한 기본방침을 의미한다(정정길, 1989). 따라서, 정책의 구성요소는 정책목표(미래성, 방향성), 수단(주 수단, 보조수단), 정책대상(수혜자, 비용부담자)이라고 할 수 있다.

환경정책은 광의적으로 '환경문제를 예방하고 개선하거나 해결하기 위하여 정부나 정치단체가 취하는 행정방향'으로 정의된다(박석순, 2016). 보다 구체적으로는 공공기관의 행동 또는 활동계획이라고 할 수 있다. 환경정책은 그 수단의 원칙과 방법을 명문화한 환경법에 근거하여 이루어지고 환경행정이 이를 시행하는 주체로서 작동하며, 환경과학과 기술은 환경정책의 과학적 근거와 정보를 제공하며 상호 발전한다(그림 15.2).

환경정책의 범위는 1) 대기오염, 수질오염, 폐기물, 토양지하수오염 등 매체별 환경오염문제(전통적인 오염문제), 2) 자연환경(생태계, 생물다양성, 산림보호, 자연녹지, 자연경관, 야생동식물보호, 멸종위기종 보호 및 복원 등) 3) 지구환경문제(오존층파괴, 지구온난화, 사막화, 습지보전 등) 4) 환경관련 무역장벽(환경기술), 5) 환경보건, 유해화학물질 관련(실내공기질, 취약계층 환경복지, 미세먼지 등) 6) 녹색성장·지속가능발전(저탄소산업, 저탄소 녹색생활, 폐자원에너지화, 녹색성장 기술개발)으로 구분할 수 있다.

환경정책의 목표

환경정책의 목표는 정책의 대상이 되는 문제와 공간의 범위, 지역 특성에 따라 다르게 설정된다. 물, 공기, 토양, 폐기물, 자연생태계 등 분야별로 정책이 수립되고, 지방정부와 중앙정부, 전 지구 차원으로 공간범위에 따라 다르게 정책목표와 전략이 수립된다. 각 환경정책은 분야별, 공간적으로 환경문제를 예방하고 개선 또는 해결하기 위한 것으로 일차적인 정책목표는 다르다고 할 수 있다. 하지만 궁극적으로는 지구와 인류의 지속가능발전을 목표로 통합된다.

지속가능발전은 1972년 UN인간환경회의에서 논의되기 시작한 이후 환경정책 전반에 걸쳐 중요하게 추구할 가치로 자리잡고 있다. 이는 미래세대가 이용할 환경과 자연을 현재 빌려쓰고 있다는 인식을 가지고 세대 간 형평성과 환경용량 내 이용을 의미한다. 지속가능발전의 개념 하에서 볼 때 환경정책의 세부목표는 환경보전, 경제성장, 사회정의를 충족하여야 하며, 기후변화와 생물다양성 감소 등 지구환경 문제의 심화로 국제협력이 중요한 목표로 함께 포함되어야 할 필요가 있다.

환경정책의 특성

환경정책은 다른 국가정책에 비해 특이한 요소를 많이 가지고 있다(환경행정연구회, 2017). 무엇보다 환경문제의 원인이 복잡하고 불확실성이 크다는 점에서 독특하다. 환경은 생물과 무생물 요소가 복잡한 상호작용을 하고, 환경문제는 이러한 상호작용 과정을 거쳐 나타나는 경우가 많으나 이에 대한 정보는 충분하지 않아 불확실성이 크다. 이에 따라 문제 해결에 적합한 정책을 찾기 힘들고 결과적으로 정책효과의 불확실성도 크며 그 만큼 문제해결에 소요되는 비용이 막대한 경우가 많다.

환경정책은 또한 경제개발을 위한 경제정책과 상충관계를 가지는 경우가 많다. 환경보전을 위한 규제는 경제개발을 제한하거나 기업의 경제활동에 추가적인 부담을 가져온다는 것을 의미하기 때문이다. 더구나 경제개발에 따른 수혜자는 직접적이고 명확한 데 비해 환경보전에 따른 편익은 공익성을 가지고 일반 대중에게 광범위하게 돌아가며 비가시적인 경우가 많다. 또한, 경제개발 정책의 경우 단기에 효과가 바로 나타나고 계량적인 측도 가능한 반면, 환경보전의 편익은 장기간 또는 시간차를 가지고 나타나며 계량화하기도 쉽지 않다. 이러한 이유로 해서 피해가 나타나기 전까지는 심각성을 알지 못하고, 미래세대에는 어떤 일이 일어날지 알 수 없기 때문에 환경정책의 요구가 낮고 소극적인 경우가 많다.

한편 환경오염현상이 특정지역에서 발생되었다 해도 환경 내에서 확산, 전파되어 광역적으로 영향을 미친다. 미세먼지나 황사 등은 광역성을 가지는 **초국경(transboundary) 환경문제**의 대표적인 사례이다.

환경정책의 원칙

환경문제의 불확실성과 복합성 때문에 환경정책 이행에 있어 원칙을 가지고 추진하는 것이 필요하다. 환경정책은 오염자부담의 원칙, 사전예방의 원칙, 협력의 원칙, 공동부담의 원칙, 통합원칙, 지속가능발전원칙 등을 가지고 추진되고 있다.

오염자부담의 원칙

오염자부담의 원칙은 환경오염의 제거 또는 복구, 피해의 분쟁을 해결하는 데 소요되는 비용을 누구에게 부담시킬 것인가를 결정하는 데 적용된다. 환경정책기본법 제7조에 '자기의 행위 또는 생활 활동으로 인하여 환경오염 또는 환경훼손의 원인을 야기한 자는 그 오염훼손의 방지와 오염 훼손된 환경을 회복·복원할 책임을 지며, 환경오염 또는 환경훼손으로 인한 피해의 구제에 소요되는 비용을 부담함을 원칙으로 한다'고 명시되어 있다. 그러나, 현실적으로 이 원칙을 온전히 적용하는 데에는 한계가 있다. 환경오염 원인자의 비용부담 능력의 문제, 환경오염문제가 시공간적인 격차를 가지기 때문에 오염자를 특정하기 어려운 문제가 있다. 환경오염물질의 상호작용과 누적, 복합성, 피해기여 등 복잡성으로 인해 오염원인자와 피해 간의 관계 규명이

어렵기 때문이다. 또한, 환경오염문제의 긴급성에 따른 즉각적 해결 필요성 등으로 오염자부담의 원칙을 적용하는 데 한계가 따른다.

사전예방의 원칙

환경오염에 따른 피해를 사전에 예방하는 것은 국가 책무이며, 피해비용과 복구비용의 합이 예방비용보다 훨씬 많다는 경제적 관점, 생태계훼손과 생물다양성 감소 등은 복구 불가능한 피해라는 점에서 환경문제를 사전에 예방하는 것은 중요하다. 이는 현재의 환경과 자원을 미래세대에게도 물려주어야한다는 지속가능발전 이념에 입각한다. 환경정책기본법 제1조의 목적에 '이 법은 환경보전에 관한 국민의 권리, 의무와 국가의 책무를 명확히 하고 환경보전시책의 기본이 되는 사항을 정함으로써 환경오염으로 인한 위해를 예방하고 자연환경 및 생활환경을 적정하게 관리·보전함을 목적으로 한다.'고 명시하고 있다.

명시적인 용어가 사용되지는 않았지만, **사전예방의 원칙**(precautionary principle) 개념은 카슨의 『침묵의 봄』(1962)에서 제안되었다. 즉 정보가 부족하여 위험을 알 수 없을 때, 신중한 선택은 더 잘 알게 될 때까지 그 행동을 늦추거나 하지 않음으로써 일어날 수 있는 위험한 결과를 피할 수 있다는 원칙이다. 즉, 인체나 환경에 대한 위해성이 불확실할 경우 안전성이 입증될 때까지 행동(소비)을 하지않는 쪽으로 선택하는 것이다. 소비자나 시민은 위험을 줄이거나 예방할 권리가 있으며 새로운 기술의 위험성에 대한 증명의 의무는 생산자가 져야한다고 주장한다. 또한 의사 결정이 모든 이해당사자를 포함하여 개방적이고 민주적으로 이루어져야 한다고 여긴다.

사전예방의 원칙에 대한 대표적인 사례 중의 하나는 수돗물불소화사업에 대한 반대운동의 근거로 사용된 것이다. 수돗물불소화정책이란 충치를 예방할 목적으로 약 1 ppm 정도의 불소를 수돗물에 첨가하는 것을 말한다. 1945년 미국 미시간주 그랜드 래피즈시에

서 수돗물에 불소 투입이 시작된 이래 이 불소화프로 그램은 미국, 캐나다, 호주, 뉴질랜드, 영국, 아일랜드, 브라질, 남아프리카, 싱가포르, 홍콩, 한국 등으로 확산되었고, 한국에서는 1981년 진해에서 처음 시작하여 90년대에 접어들어 과천, 포항, 남양주, 영월, 옥천, 대전, 구리 등지로 확대되었다(김종철, 1999). 불소화 사업은 이 사업이 "효과적이고 안전하며 경제적일"뿐만 아니라 "가장 성공적인 공중보건 프로그램"이라는 주장과 함께 시행되었다. 하지만 매일 마시는 수돗물에 독성 우려가 있는 불소를 첨가하는 사업에 대한 우려는 1997년과 1999년에 미국 환경청 본부 노조의 불소화 반대 성명서 발표, 남한에서는 1999년 수돗물불소화 반대 국민연대의 결성으로 나타났다(수돗물불소화 반대 국민연대, 1999). 반대 주장의 가장 핵심은 '강제의료행위' 부분이었다. 상수도를 '약물'로 만들어 개별 처방없이 강제로 주민들에게 먹이는 것은 문제가 있다는 것이다.[1] 수돗물은 한평생 먹는 물이며, 불소가 잔류성 독성물질인 한, 장기적인 결과는 예측하기 어려운 일이며, 따라서 과학적으로 불확실한 문제에 적용되는 사전예방의 원칙이 적용되어야 한다는 주장이 제기되었다(수돗물불소화 반대 국민연대, 1999). 수돗물불소화사업은 이름을 수돗물불소농도조정사업으로 바뀌어 시행되다 2019년 기준 모든 지차체에서 시행이 중단되었다.

사전예방의 원칙은 유전자변형생물(GMO)에 대한 미국과 유럽연합 EU 간 무역분쟁의 초점이 되어왔다(박종원, 2006). EU의 사전예방의 원칙은 독일의 사전배려원칙에서 유래한 것으로 위험성에 대한 과학적 근거가 아직 미흡하더라도 논란이 된다면 사전 경고와 규제를 해야한다는 것으로 특히 식품안전 문제 그중에서도 GMO 수입과 관련되어 세계에서 가장 엄격한 수준의 GMO 표시제가 시행되고 GMO의 생산과 유통이 극히 제한되고 있다. 이는 대부분 GMO

수입국인 EU 국가들의 시민들의 요구에 의한 것이고, GMO 수출국인 미국의 느슨한 GMO 규제로 생산된 GM작물의 수입을 엄격하게 제한하면서 1990년대 후반 무역분쟁을 일으켰다.

협력의 원칙

협력의 원칙은 환경문제 해결을 위해서 정부, 국민, 사회단체, 기업가들이 서로 협력하여야 더 바람직한 성과를 달성할 수 있다는 개념에 입각한다. 환경문제 발생 원인이 다양하고 지역간 균형문제나 국가재정 문제 등을 고려할 때 정부의 힘만으로는 해결 불가능하므로 정부부처간, 사회단체간, 학문분야간, 국민들 협력이 모두 함께 해야 가능하다. 환경재가 공공재라는 인식에서 환경부 등 정부는 환경문제 해결의 가장 책임 주체이며 관련 정부부처 간에 협력이 중요하다. 환경단체 등 시민사회단체도 국민의 환경인식을 높이는 데 중요한 역할을 한다. 자원의 사용, 상품의 생산, 소비패턴에 큰 영향을 미치는 기업과 환경정책 달성의 실질적인 행동과 실천 주체로서 국민의 협력이 모두 중요하다.

공동부담의 원칙

공동부담의 원칙은 오염자부담의 원칙이 가지는 결점을 보완하고 공공재인 환경을 오염자든 수혜자든 국민 모두와 국가가 개선 복구해야 할 책임을 가진다는 원칙이다(그림 15.3). 정부 재정으로 환경문제 해결을 위

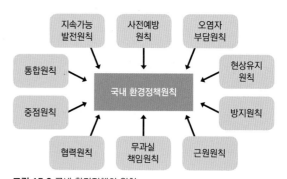

그림 15.3 국내 환경정책의 원칙

---

1 임준연. 2011. "수돗물불소화 사업논란" (출처: 진안신문)

한 예산을 편성하는 것이 그 사례이다. 공공재정으로 정책 소요비용을 조달하는 것과 환경재 이용으로 혜택을 보는 수혜자가 특정 환경정책 수행에 필요한 비용을 부담(수혜자 공동부담)하는 두가지 방식이 있는데 물이용부담금이 대표사례이다.

15.2 환경정책의 발전과정

우리나라 환경정책은 규제를 위한 법률 마련과 그에 근거한 행정과 제도 이행이라는 틀에서 발전하였다. 헌법 제35조에 환경권이 규정되어 있고, 환경정책기본법과 수질, 대기, 폐기물 등 분야별 개별법에 명시된 구체적인 규정에 따라 환경관리 정책이 수행되고 있다. 우리나라 환경정책 발전단계(표 15.1)는 환경정책 태동기

(1977년 이전), 도입기(1977~1980년대), 발전기(1990년대), 확장기(2000년 이후)로 구분된다(정회성 외, 2014).

환경정책의 태동기(~1977)

우리나라에서는 1963년에 최초의 환경법인 「공해방지법」이 제정되어 환경정책의 토대가 비교적 일찍 마련되었다. 「공해방지법」 시행규칙이 1967년에 제정되었고, 보건사회부 환경위생과 공해계가 설치되어 1973년에 과 단위로, 1977년에 국 단위인 심의관으로 확대되었다. 하지만 당시는 경제개발 5개년계획의 추진으로 수출주도형 제조업과 중화학공업을 중점 육성하고, 한강의 기적이라 불리는 급격한 산업화 및 도시화 과정이 이루어진 시기였다. 환경기초시설이 갖추어지지 않은 상태에서 도시의 대기질과 수질은 심각하게 악화

표 15.1 우리나라 환경정책 발전단계

구분	환경문제 및 여건	주요 환경정책	주요 환경계획
태동기 (~1977년)	• 연탄가스, 농약중독 • 농작물, 수산물 피해, 국지적 환경문제 발생 • 산업화, 도시화로 오염물질 배출과 도시환경 문제 증가 • 환경파괴와 오염이 경제개발과 번영 상징	• 공해방지법(1963) • 보건사회부 환경위생과 공해계 설치 (1967)	
형성기 (1977년~ 1980년대)	• 울산, 온산 등 산업단지 공해 피해 • 대도시를 관통하는 4대강 본류 오염 • 86아시안게임, 88올림픽게임 • 환경문제 광역화, 환경피해자 자구 운동	• 환경보전법(1977), 헌법상 환경권 및 환경보전 의무 명시(1980) • 환경영향평가제도, 배출부과금 제도 • 환경청 발족(1980), 4대강 유역 환경조사 • 청정연료 사용의무화 등 대기관리정책	• 환경보전장기종합계획 (1987~2001)
발전기 (1990년대)	• 한강, 낙동강, 영산강 등 수질오염 사고 발생 • 폐기물 기초시설 설치 기피현상 • 환경문제 국제화(리우회의) • 지방자치(지방의제21운동) 환경운동 활성화	• 환경처 승격, 환경정책기본법, 환경법 분법화 • 환경보전 원년 선언(1990) • 국가 환경정책 선언(1992) • 환경부 승격(1994) • 수질개선, 폐기물관리 투자 확대 • 폐기물 종량제 시행 • 수질개선 양여금제 도입	• 제1차 환경보전중기종합 계획(1992) • 환경비전21(1996) • 제2차 환경보전중기종합 계획(1998)
확장기 (2000년대 이후)	• 수질개선효과의 한계 • 대도시(특히 수도권) 오존 오염 • 국토 난개발과 생태계훼손 심화 • 4대강 사업 사회적 이슈화 • 가습기살균제 등 유해화학물질과 환경보건 문제 이슈화 • 미세먼지 심화 및 관심 증대 • 기후변화협약, 생물다양성협약 등 지구환경문제 대응 요구	• 수도권 대기오염 총량제 • 국가지속가능발전위원회(2000) • 4대강 특별법, 수질오염총량제 • 사전환경성 검토제도 • 기업의 환경경영과 자율환경관리 • 환경보건 원년 선언(2007) • 국립생물자원관, 국립생태원 등 자연환 경보전 관련 기관 설치 • 물관리일원화에 따른 수자원공사의 환경부 이관	• 새천년국가환경비전과 추진전략(2000) • 환경개선중기종합계획 • 국가환경종합계획 • 국가생물다양성전략 • 기후변화대응종합계획

되었고 공업단지 중심으로 국지적인 환경오염 문제 발생이 보고되었다. 경제개발 중심의 사회적 분위기로 인해 환경법이 유명무실하였고, 환경문제에 대한 적극적 인식과 해결은 이루어지지 못했다.

환경정책의 형성기(1977~1980년대)

국내 경제개발 정책의 성공적 추진으로 국민소득이 증가하고 도시화에 급속한 진전이 이루어졌으며, 이에 따라 도시하수와 폐기물 발생량 증가, 연탄사용에 따른 대기 중 아황산가스 증가 등 도시환경 문제가 대두되었다. 또한, 울산, 온산 등 산업단지 공해 피해가 표면화되어 중요한 환경문제로 인식되기 시작했다.

1977년 「환경보전법」이 제정되고 1980년 헌법 제35조에 **환경권**과 환경보전 의무가 명시되어 환경오염 문제를 중요하게 인식하고 실질적으로 관리하기 위한 정책토대가 정비되었다. 환경행정 업무의 일원화와 강력한 조정통제를 위해 보건사회부의 외청으로 환경청이 출범하였으며, 전국의 환경관리를 효율적으로 추진해나가기 위해 6개소의 지방환경지청이 설치되었다. 또한, 환경보전장기종합계획(1987~2001)이 수립되었고, 환경영향평가제도와 배출금부과제도가 시작되는 등 행정체계와 제도의 기본적인 틀을 갖추기 시작하였다.

이 시기에는 오염물질 배출억제가 주요한 환경정책 목표로서 공업단지와 도시의 대형 오염물질 배출업소 관리, 환경기초시설 설치 등이 시작되었다. 1986년부터 자연환경 현황과 변화를 파악하기 위해 '전국자연환경조사' 사업이 시작되었다.

환경정책의 발전기(1990년대)

산업화와 도시화의 급진전으로 오염원과 오염물질 배출량이 계속 증가되어 수질, 대기질, 폐기물 문제를 야기하는 한편 국민소득 증대와 함께 환경의식이 높아지고 환경오염 문제 해결 요구도 커졌다. 특히, 1990년대 초 낙동강 페놀오염 사고 등 환경오염 사고가 연달아 발생하면서 환경문제는 중요한 사회이슈로 대두되었고 강력한 환경규제 정책이 요구되었다.

1990년 환경청이 국무총리실 소속 환경처로 승격되었고, 낙동강 페놀오염 사고 이후 1994년에 다시 환경부로 승격되어 독자적인 환경정책을 수립, 추진할 수 있는 위한 조직으로 확대 개편되었다. 또한, 「환경정책기본법」과 「대기환경보전법」, 「수질환경보전법」, 「소음진동규제법」, 「유해화학물질관리법」, 「환경오염피해분쟁조정법」 등 각 부문별 세분화된 환경법이 제정되었다. 그 외에도 「자연환경보전법」, 「오수분뇨 및 축산폐수의 처리에 관한 법률」, 「환경영향평가법」, 「독도 등 도서지역의 생태계 보전에 관한 특별법」이 제정되어 더 세분화되었고 자연환경 보전 관련 법적 토대가 마련되었다. 환경부는 제1차 환경보전중기종합계획(1992), 환경비전21(1996), 제2차 환경보전중기종합계획 등을 수립하여 환경관리를 위한 정책목표와 실천방안을 구체화하였다. 부문별로 세분화된 법에 따라 자연환경보전, 대기보전, 해양오염방지, 폐기물관리, 환경기술개발, 토양보전, 자원재활용, 지하수관리, 하수도정비, 특정도서보전 등 각 분야별 기본계획도 수립되었으며, 물관리종합대책, 환경정보화발전계획, 유해화학물질관리종합계획 등 중장기계획도 수립되었다. 이 시기에는 환경문제가 복잡해지고 심화됨에 따라 부문별 분화 및 전문화된 법 제정과 계획수립이 이루어져 환경관리의 체계가 구축되었다고 할 수 있다.

환경정책의 확장기(2000년대 이후)

환경규제 강화와 환경기초시설 투자확대로 수질과 폐기물 문제 등 전반적인 생활환경 여건은 크게 개선되었고 국민의 환경의식과 쾌적한 환경에 대한 요구도 높아졌다. 수질과 대기질 환경은 점점 개선되었으나 수질 **비점오염관리**와 건강을 위협하는 **미세먼지** 문제가 해결해야 할 당면한 환경문제로 대두되었다. 수질의 경우 많은 논란 속에서 추진되었던 **4대강 사업** 이후 녹조

현상 심화, 하상침식, 농경지침수 등이 발생되어 여전히 사회적 논란 속에 놓여있다. 또한, 가습기 살균제 사건으로 화학물질 위해성과 그 관리의 중요성이 주목을 받았으며, 도시화와 개발사업 증가로 생태계 훼손 우려와 자연생태계 보전 요구도 증대되었다. 한편, 세계적으로 생물다양성과 생태계보전, 사막화방지, 기후변화 대응 등 전 지구적인 환경문제 대응을 위한 국제사회 협력요구도 증대하였다.

환경정책을 위한 법과 제도는 더 체계화되고, 수질, 대기질 등 전통적인 오염물질 관리 중심에서 자연환경 보전과 생태관광, 자원순환과 재활용, 유해화학물질관리, 환경보건 및 실내공기질, 환경산업 및 기술 등 다양한 분야로 확대 발전되었다(그림 15.4). 또한, 국제사회의 환경협력 요구에 부응하여 UNEP 제8차 특별총회 및 세계환경장관회의(2004), UN 아태 환경과 개발 장관회의(2005), 람사르총회(2008), 세계자연보전총회(2012), 제12차 생물다양성협약 당사국총회(2014) 등을 개최하여 환경외교를 강화하였다.

15.3 환경정책의 수단

환경정책의 목표는 사회적 요구와 상황을 반영하고 미래세대를 위한 지속가능성을 고려하여 설정된다. 환경정책의 목표를 실현하기 위한 대표적인 수단에는 환경오염과 자원고갈을 초래하는 행위에 제재를 가하는 직접 환경규제, 경제주체들이 친환경적으로 산업활동을 하도록 유도하는 **경제적 유인제도**, 정부가 직접 환경기초시설 등을 설치하고 환경개선사업을 추진하는 **직접개입**, 환경마크인증제도와 같이 교육이나 홍보를 통한 유인제도가 있다(그림 15.5, 15.6).

직접규제에 의한 환경관리

우리나라의 환경규제는 법규에 근거하여 명령과 통제를 가하는 **직접규제** 중심으로 구성되어 있다. 환경파

그림 15.4 제4차 국가환경종합계획(2016~2035)의 비전과 목표

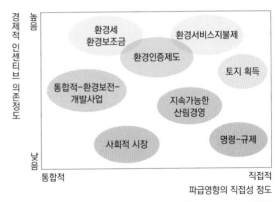

그림 15.5 다양한 환경보전 정책수단의 비교(자료: Wunder, 2005)

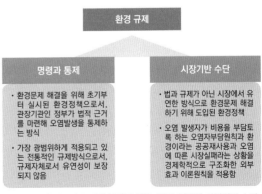

그림 15.6 환경규제 수단의 두가지 유형: 명령·통제와 시장기반 수단

괴 또는 오염 원인자의 행위를 금지하고, 오염물질 배출 제한, 시설 설치나 입지를 제한하는 규제 수단이 포함되며, 일반적으로 이의 위반에 대해 신체적, 경제적 처벌이 수반된다. 환경오염과 자연환경 파괴 행위의 금지, 오염물질 배출시설의 허가와 운영 규제, 개별 배출원에서 배출되는 오염물질의 최대 허용량을 규정하는 **배출허용기준**, 특정지역에 오염물질 배출시설의 설치를 금지 또는 억제하는 **입지규제**, 생산공정이나 오염물질 처리 관련 청정기술의 적용 등 **공정규제**와 **기술수준에 대한 규제** 등이 있다.

행위의 금지는 가장 단순한 직접규제로서 예를 들어 처리되지 않은 오염물질의 무단방류 및 배출, 불법소각, 멸종위기 야생동물의 포획 등의 행위를 법으로 금지하고, 이를 위반시에는 처벌한다.

배출시설 허가와 운영에 대한 규제는 대표적인 환경 **오염물질 배출규제**로서 1971년 「공해방지법」개정으로 처음 도입되었다. 일정 규모 이상의 공장과 발전시설 등 규제 관리할 오염물질 배출시설 범위를 법으로 미리 정해놓고 해당 시설을 설치하고자 할 경우 사전에 시설의 설치여부와 운영조건을 심사하여 허가하는 제도로, 사전예방의 원칙을 적용한 환경규제 수단이다. 법으로 오염물질의 배출허용기준을 정하여 그 이상 배출되지 않도록 오염물질 방지시설을 설치 운영하는 경우에 한하여 개별적으로 해당 배출시설을 허용한다.

배출허용기준은 개별 배출시설에서 배출되는 오염물질의 최대허용량을 규정한 것으로 오염물질 종류별로 최대 허용농도를 정하고 있다. 환경용량에 기초하여 배출 총량으로 허용기준을 정하는 것이 바람직하나 현실적으로 환경용량을 정하는 것이 매우 어렵기 때문에 최종 배출구에서의 농도를 기준으로 설정되어 있다. 이를 보완하기 위해 수질오염총량제, 수도권 대기오염총량제 등의 **총량규제**가 도입되었다.

입지규제는 환경법규나 토지이용 관련 법규, 건축법 등으로 특정지역에 환경오염 가능성이 있는 오염물질 배출시설의 입지를 금지하거나 제한하는 것이다. 대표적인 사례로 수변구역에 대한 수질오염시설의 입지규제, 수질오염 특별대책지역에 대한 대규모 배출원의 입지규제 등이 있다.

공정규제 또는 기술수준 규제는 기술수준 향상에 따라 기존보다 환경오염을 적게 유발하거나 처리효율이 좋은 새로운 기술을 사용하도록 강제 또는 권장하는 규제이다. 예를 들어, 자동차의 대기오염물질 배출을 저감할 수 있도록 기준을 강화하고 그에 맞게 오염물질 배출저감 장치를 설치하도록 강제하는 경우이다.

경제적 유인제도에 의한 환경관리

기존의 직접규제가 갖는 경직성과 비효율성을 보완하여 자율적인 오염배출 감소를 유도하는 방안으로 경제적 유인제도에 의한 **간접규제**가 도입되었다. 환경오염물질을 배출하는 당사자에게 오염물질 배출량에 비례하여 비용을 부담하도록 함으로써 오염물질을 배출량을 줄일 수 있는 친환경적 생산이나 처리기술 도입을 유인하는 제도이다. 여기에는 보조금과 같은 재정적인 지원, 재정적인 부담의 부과, 배출권거래제, 환경재의 사유화 방식이 있다(박석순, 2016).

재정적인 지원방식은 환경문제 유발자에게 오염의 방지 노력에 대해 국가가 금전적 혜택을 주는 것이다. 예를 들어 산업체가 환경오염방지 행위나 환경기술 개발을 할 경우 세제 감면, **보조금** 혜택, 저리의 장기 융자 등을 하는 것이다. 이는 매우 효과적인 환경정책 수단이 되기는 하지만 오염자부담원칙에는 위배된다고 할 수 있다. 가장 흔하게 사용되는 환경정책 수단 중 하나로서 친환경제품의 생산과 사용, 환경기술의 개발과 사용 등을 효과적으로 촉진하는 데 기여한다.

재정적인 지원방식과는 반대로 환경문제 유발자에게 재정적인 부담을 주는 방식도 흔히 사용되는데 정해진 기준을 초과한 것에 대해 벌금 형태로 부과되는 부과금이나 오염방지 비용의 일부 또는 전부를 부담하게 하는 **부담금**이 여기에 속한다. 폐수배출부과금, 대기배출부과금, 총량초과부과금, 물이용부담금, 수질개선부담금, 폐기물부담금 등이 있다.

배출권거래제는 정부가 환경오염을 유발한 사람에게 오염물질 배출권을 유상 또는 무상으로 부여하고 인위적으로 조성된 시장에서 배출권을 사고팔 수 있도록 하여 환경목표를 달성하는 방법이다(10.4절 '지구온난화 해결' 참고). 이 제도를 시행하기 위해서는 우선 환경관리목표를 설정하고 이를 달성하기 위한 배출허용총량을 결정해야 한다. 인위적으로 형성된 시장에서 거래가 용이하도록 배출단위를 정하여 오염자에게 분배하고 거래시스템을 구축하여 거래가 이루어지도록 만든다. 배출허용 범위에서 배출이 이루어지고 있는지 등에 대해 감시와 보고, 검증이 필요하다. 배출권거래제는 대기, 수질, 폐기물 등 환경매체별로 거래할 수는 있는데 국제적으로 교토의정서에서 지정한 온실가스를 대상으로 적용된 사례가 있다.

환경재에 대한 개인 소유권 또는 이용권을 부여하여 소유자로 하여금 환경보호의 동기를 유발하도록 하는 것이 **환경재의 사유화**제도이다. 어업권, 수렵권 등이 여기에 해당하는데 이는 환경이 공유재이기 때문에 환경문제가 발생한다는 점에서 출발한다. 하지만, 누구에게 소유권을 인정하느냐에 대해서는 논란이 있을 수 있고, 공공재의 사유화에 따른 형평성 문제가 발생될 수 있다.

정부의 직접 개입

정부가 하수처리시설, 쓰레기소각장 또는 매립시설 등 환경기초시설을 설치하고, 하천복원, 토양복원, 생태계복원 등을 하는 것이 직접 개입방법에 해당한다. 중앙정부나 지방정부는 이러한 시설 설치와 운영을 통해 환경개선사업을 하고 있는데 많은 재원 투자가 필요하고 오염자부담원칙에 맞지 않는다는 문제가 있다. 그럼에도 불구하고, 직접 개입에 따른 문제해결이 무엇보다 즉각적인 효과를 가지기 때문에 우리나라를 포함하여 대부분의 국가가 이 수단을 적용하고 있다.

기타 수단

이 외에도 환경관리를 위해 **환경표지인증, 에코디자인, 자율환경관리** 등 다양한 정책수단이 사용되고 있다. 환경표지인증은 제품의 생산, 유통, 사용, 폐기 등 전과정 각 단계에 걸쳐 에너지와 자원의 소비를 줄이고 오염물질의 발생을 최소화할 수 있는 친환경제품을 선별해 환경표지를 부여하는 제도이다(그림 15.7). 이를 통해 생산자로 하여금 친환경제품 생산을, 소비자에게는 친환경제품 구매를 촉진한다. 타 수단에 비해 효과는 낮지만 생산자와 소비자 모두 환경보전에 참여하게 하는 사전예방적 환경정책 수단이라고 할 수 있다.

에코디자인은 일상생활과 경제활동에 사용되는 제품이 환경에 미치는 영향은 대개 제품 설계단계에서 거의 결정된다는 점에서 제품의 재료부터 사용 후 재활용에 이르기까지 전과정에서 환경영향을 고려하는 설계를 의미한다. 이는 국제무역에 영향을 미치기 때문에 점점 중요시되고 있다.

마지막으로 자율환경관리는 정부, 기업, 민간부문이 바람직한 환경목표 달성을 위해 자율적으로 합의하여 환경을 개선하는 방법이다. 배출자 스스로가 환경개선 목표를 설정하고 이를 이행하게 하는 환경정책 수단이라고 할 수 있다. 환경오염 배출자는 오염물질을 감축하거나 예방하여 환경보전에 기여하고, 정부는 배출자의 자율적 기여를 조건으로 환경오염 감시나 검사를 면제하는 등의 인센티브를 제공함으로써 상호협력하게 된다.

그림 15.7 환경표지인증 로고

15.4 지속가능발전과 국제 환경협약

환경문제는 전통적으로는 물, 대기, 토양, 폐기물 등 매체 중심으로 지역과 국가 차원의 오염 예방과 처리가 주를 이루었으나, 점차 환경과 경제, 사회의 통합적 문제이면서 전 지구적 협력의 문제로 인식되어 이를 위한 노력이 강조되고 있다. 즉 환경문제가 단순히 오염의 문제가 아니라 사회적 불평등과 빈곤, 경제발전과 긴밀히 연결되어 있어 통합적인 정책목표와 행동계획을 필요로 한다는 것을 인식하게 되었다. 이러한 인식 하에서 **지속가능발전** 개념이 인류발전을 위한 국제협력과 공동의 정책목표 달성 노력을 강하게 요구하고 있으며 이는 환경정책 전반에 가장 중요한 원칙으로 자리잡게 되었다.

지구위기와 지속가능발전 개념의 진행

산업혁명 이후 급속한 인구증가와 경제개발로 환경파괴와 오염이 심각해짐에 따라 인류와 지구생태계의 위기를 인식하게 되었다(그림 15.8, 15.9). 특히 카슨이 출간한 『침묵의 봄』(1962), 로마클럽보고서 『성장의 한계』(1972) 등이 사회적 반향을 촉발시키고 전 지구적 환경문제와 생태위기를 인식하도록 하는 데 기여하였다. 『침묵의 봄』은 DDT와 같은 살충제와 농약이 새, 물고기, 야생동물, 그리고 결국 인간에게까지 미치는 치명적이고 파괴적인 결말을 고발하여 환경문제의 심각성을 인식하게 만들었다. 이로 인해 결국 미국에서는 1969년 국가환경정책법이 제정되었고, 전 세계적인 환경운동의 확산과 지구 환경문제에 대한 관심을 높이는 데 크게 기여하였다.

이후 10년 뒤인 1972년 로마클럽이 발표한 『성장의 한계』 보고서는 '향후 인구폭발과 경제성장이 지속될 경우 100년 내에 지구의 자원, 식량, 환경은 파괴적인 사태에 직면할 것'이라고 경고하여 환경문제에 대한 논쟁을 전면적으로 확산시켰다. 인류의 미래에 대한 우려가 높은 가운데 1972년 스웨덴 스톡홀름에서 UN인간환경회의가 개최되어 환경보호와 경제성장이 양립할 수 있는가에 대한 논쟁 속에서 '지속가능한 발전'의 개념이 등장하였으며 같은 해 UN에서 환경문제를 전담할 기구로 'UN환경계획(United Nations Environmental Programme, UNEP)'이 발족되었다.

그림 15.8 지속가능발전 개념을 태동시킨 카슨의 『침묵의 봄』(A)과 로마클럽의 『성장의 한계』보고서(B), 이후 주요한 지속가능발전 국제회의인 1992년 리우지구정상회의(C)와 2012년 리우+20 UN지속가능발전회의(D)

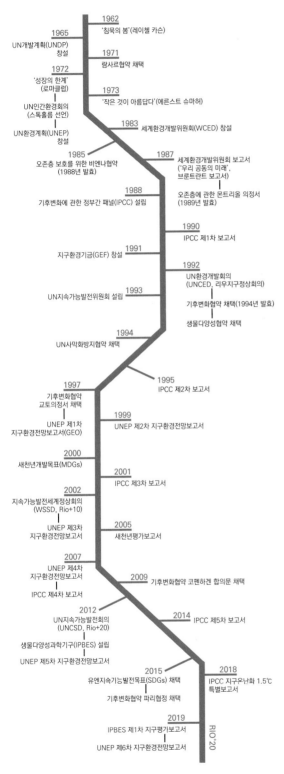

그림 15.9 지속가능발전 개념의 전개과정과 관련 주요 국제회의 및 보고서

UN환경계획의 세계환경개발위원회(WCED)는 1987년 일명 '브룬트란트 보고서'라고 불리는 '우리 공동의 미래(Our Common Future)' 보고서를 출간하여 지구와 인류의 미래 발전을 위해 '지속가능한 발전' 개념을 광범위하게 제시하였다. 이 보고서는 환경정책과 개발전략을 통합시킬 수 있는 틀을 제공하였다고 평가받는다. 즉, 환경, 경제, 사회의 세 축을 통합적으로 지속가능하게 발전시키기 위해서 미래세대를 위한 환경자원을 고려하고, 빈곤과 불평등을 해소할 것을 주장하였다.

이후 계속해서 지속가능발전에 대한 UN과 전 세계의 관심이 이어졌다. 1992년 브라질 리우데자네이루에서 열린 '리우지구정상회의'와 'UN환경개발회의(UNCED)'에서 '환경적으로 건전하고 지속가능한 발전(ESSD)'이라는 환경-경제 통합 개념으로 발전되었고, 지속가능발전을 위한 행동계획인 **의제21**(Agenda21)'이 채택되었다. 의제21은 법적 구속력을 갖고 있지는 않으나, 세계 각국이 지구 환경문제를 해결해 나가기 위한 범지구적인 세부 정책지침이 되었다.

새천년개발목표(MDGs)가 2000년 미국 뉴욕의 UN 본부에서 개최된 UN 밀레니엄 정상회의에서 채택되었다. 이는 지구상의 빈곤과 불평등을 줄이고 사람들의 실제적인 삶을 개선하고자 하는 구상으로 2015년까지 달성할 목표 8개와 실천을 위한 지표 21개로 구성된 발전계획이다.

2002년에는 남아프리카 공화국 요하네스버그에서 '지속가능발전 세계정상회의(WSSD, Rio+10)'를 열고 의제21 채택 후 10년의 성과를 평가하여 이후의 이행과제를 구체화하였다. 리우정상회의 후 20년이 지난 2012년에는 다시 'UN지속가능발전회의(UNCSD, Rio+20)'를 개최하여 '우리가 원하는 미래(The Future We Want)'라는 결의문을 채택하였다. 지속가능한 발전을 위한 중요한 도구로 녹색경제를 제시하고, 새천년개발목표(MDGs)를 대체하는 **지속가능발전목표**(SDGs)를 설정하는 절차에 합의하기에 이르렀다.

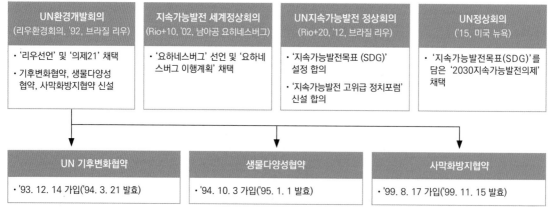

UN환경개발회의 (리우환경회의, '92, 브라질 리우)	지속가능발전 세계정상회의 (Rio+10, '02, 남아공 요하네스버그)	UN지속가능발전 정상회의 (Rio+20, '12, 브라질 리우)	UN정상회의 ('15, 미국 뉴욕)

• '리우선언' 및 '의제21' 채택
 	
• 기후변화협약, 생물다양성
  협약, 사막화방지협약 신설
	• '요하네스버그' 선언 및 '요하네
	  스버그 이행계획' 채택
		• '지속가능발전목표 (SDG)'
		  설정 합의
		
		• '지속가능발전 고위급 정치포럼'
		  신설 합의
			• '지속가능발전목표(SDG)'를
			  담은 '2030지속가능발전의제'
			  채택

UN 기후변화협약	생물다양성협약	사막화방지협약
• '93. 12. 14 가입('94. 3. 21 발효)	• '94. 10. 3 가입('95. 1. 1 발효)	• '99. 8. 17 가입('99. 11. 15 발효)

그림 15.10 주요 UN 환경회의와 3대 국제환경협약(자료: 환경부, 2018)

주요 국제 환경협약

세계적으로 지구 환경문제에 대한 관심이 고조되면서 1972년 **UN인간환경회의**(스톡홀름회의)에서 **기후변화협약**과 **생물다양성협약**이 채택된 이후 국제환경기구와 환경협약을 통한 환경협력이 활발해졌다(그림 15.10). 국제 환경협약은 국제적으로 법적 구속력을 가지는 정부간 문서로서 자연자원에 대한 인간영향의 예방 또는 관리를 목적으로 한다. 각 국가는 자국 내외에서 협약의 주어진 목표에 부합하는 정책이나 제도에 적용하기 위해 노력할 의무를 가진다(환경행정연구회, 2017).

우리나라는 소위 3대 UN 환경협약이라 불리는 기후변화협약, 생물다양성협약, **사막화방지협약**을 포함하여 2017년 말 기준 50개의 환경협약에 가입되어 있다(표 15.2).세계적으로 어업과 해양오염 관련한 분쟁과 협력 요구가 오래 전부터 있어와서 해양·어업 분야 국제환경협약이 가장 많으며 우리나라도 총 23건의 협약에 가입하였다. 기후변화협약과 **교토의정서, 몬트리올의정서**, 오존층 보호를 위한 **비엔나협약** 등 대기·기후 분야 9건, 생물다양성협약을 포함한 자연·생물보호 분야 9건, 유해물질·폐기물 관련이 3건, 기타 6건 등의 환경협약에 가입한 상태이다. 분야별로 주요 환경협약을 중심으로 세부적으로 살펴보도록 하겠다.

기후변화협약

지구온난화의 주범인 온실가스를 감축하고 기후변화에 대응하기 위해 1992년 리우회의에서 '기후변화에 관한 UN 기본협약(United Nations Framework Convention on Climate Change, UNFCCC)이 채택되었으며, 1995년 이래 매년 당사국총회가 개최되고 있다(그림 15.11). 기후변화협약은 협약 이행을 위한 기본 원칙, 당사국의 의무사항, 재정지원체계, 기술이전 및 기타 조직사항 등을 명시하고 있다. 기후변화협약을 구체적으로 이행하기 위해 1997년 교토의정서를 채택하였는데 온실가스 의무감축국가를 명시하고, 감축량과 감축방법 등 실행방법을 규정하고 있다. 하지만 기후변화협약과 그 이행을 위한 방법론에 있어 선진국과 개발도상국 간의 갈등이 첨예하게 발생하였다. 중국, 인도와 같은 주요 탄소배출국이 개발도상국이라는 이유로 의무감축국에서 제외되었고, 미국은 온실가스 감축에 따른 자국 경제의 피해를 우려하여 반대입장을 표명하였다. 결과적으로 교토의정서가 실효성을 상실하면서 처음의 온실가스 감축 대상기간이었던 2008~2012년 이후의 새로운 체제 논의가 다시 이루어졌으며 2015년 파리에서 개최된 제21차 당사국총회에서 **신기후체제** 합의문인 **파리협정**을 채택하여 기존의 선진국 중심 감축에서 벗어나 선진국과 개발도상국 모두 온실가스 감축에 동참하는 새로운

표 15.2 우리나라가 가입한 국제환경협약 현황

영문	국문	협약발효일	가입일
United Nations Framework Convention on Climate Change(UNFCCC)	기후변화에 관한 국제연합 기본협약(기후변화협약)	'94. 3. 21.	'93. 12. 14.
Kyoto Protocol to United Nations Framework Convention on Climate Change	기후변화에 관한 국제연합 기본협약에 대한 교토의정서	'05. 2. 16.	'02. 11. 18.
Paris Agreement	파리협정	'16. 11. 4.	'15. 12. 12.
Vienna Convention for the Protection of the Ozone Layer	오존층 보호를 위한 비엔나 협약	'88. 9. 22.	'92. 2. 27.
Montreal Protoco on Substances that Deplete the Ozone Layer	오존층파괴물질에 관한 몬트리올의정서(몬트리올의정서)	'89. 1. 1.	'92. 2. 27.
International Convention for the Regulation of Whaling(ICRW)	국제포경규제협약	'48. 11. 10.	'78. 12. 29.
Convention on the Conservation of Antarctic Marine Living Resources(CCAMLR)	남극해양생물자원보존에 관한 협약	'81. 4. 7.	'85. 3. 29.
International Convention for the prevention of Pollution of the Sea by Oil, 1954(as amended in 1962 and in 1969)	1954년 유류에 의한 해양의 오염방지를 위한 국제협약(1962년 및 1969년 개정 포함)	'58. 7. 26. '67. 6. 28. '78. 1. 20.	'78. 7. 31.
Convention on the Prevention of Marine Pollution by Dumping of Wastes and Other Matter(London Convention)	폐기물 및 그 밖의 물질의 투기에 의한 해양오염 방지에 관한 협약(런던협약)	'75. 8. 30.	'93. 12. 21.
International Convention on Oil Pollution Preparedness, Response and Cooperation, 1990(OPRC,1990)	1990년 유류오염의 대비, 대응 및 협력에 관한 국제협력	'95. 5. 13.	'99. 11. 9.
Basel Convention on the Control of Transboundary Movements of Hazardous Wastes and their Disposal(Basel Convention)	유해폐기물의 국가간 이동 및 그 처리의 통제에 관한 바젤협약(바젤협약)	'92. 5. 5.	'94. 2. 28.
Rotterdam Convention on the Prior Informed Consent Procedure for Certain Hazardous Chemicals and Pesticides in International Trade	특정 유해화학물질 및 농약의 국제교역에 있어서 사전통보승인에 관한 로테르담협약	'04. 2. 24.	'03. 8. 11.
Stockholm Convention on Persistent Organic Pollutants(POPs)	잔류성 유기오염물질에 관한 스톡홀름협약	'04. 5. 17.	'07. 1. 25.
Convention on International Trade in Endangered Species of Wild Fauna and Flora(CITES)	멸종위기에 처한 야생동·식물종의 국제거래에 관한 협약	'75. 7. 1.	'93. 7. 9.
Convention on Biological Diversity	생물다양성협약	'93. 12. 29.	'94. 10. 3.
Convention on Wetlands of International Importance Especially as Waterfowl Habitat(as amended in 1982 and in 1987) (RAMSAR)	물새 서식처로서 국제적으로 중요한 습지에 관한 협약(1982년 및 1987년 개정포함)	'75. 12. 21.	'97. 3. 28.
International Tropical Timber Agreement, 1983(ITTA)	1983년 국제열대목재협정	'85. 4. 1. '97. 1. 1.	'85. 6. 25. '95. 9. 12.
Cartagena Protocol on Biosafety to the Convention on Biological Diversity	바이오안전성에 관한 생물다양성협약 카르타헤나의정서	'03. 9. 11.	'07. 10. 3.
Nagoya Protocol on Access to Genetic Resources and The Fair and Equitable Sharing of Benefits Arising from Their Utilization to The Convention on Biological Diversity	생물다양성협약 부속 유전자원에 대한 접근 및 그 이용으로부터 발생하는 이익의 공정하고 공평한 공유에 관한 나고야의정서	'14. 10. 12.	'17. 5. 19.
The Antarctic Treaty	남극조약	'96. 12. 26.	'99. 8. 17.
Convention for the Protection of the World Cultural and Natural Heritage(World Heritage Convention)	세계문화유산 및 자연유산의 보호에 관한 협약	'75. 12. 17.	'88. 9. 14.
Convention on the Prohibition of the Development, Production and Stockpiling of the Bacteriological(Biological) and toxin Weapons, and on Their Destruction	세균무기(생물무기) 및 독소무기의 개발, 생산, 비축의 금지와 그 폐기에 관한 협약	'75. 3. 26.	'87. 6. 25.

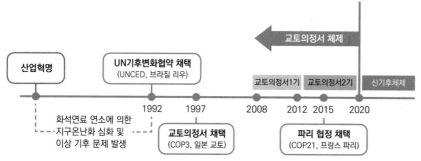

그림 15.11 기후변화협약의 주요 논의 경과(자료: 환경부, 2018)

신기후체제에 합의하기에 이르렀다. 파리협정은 선진국에게는 재정지원 및 기술이전에 대한 책임을 강조한 반면, 기후변화 영향에 특히 취약한 개발도상국의 특수성을 감안하도록 하는 등 기후협약 원칙인 '공통의 그러나 차별화된 책임(common but differentiated responsibilities)'과 각국의 다양한 여건(in the light of different national circumstances), 각국의 역량(respective capabilities)을 반영하였으며, 온실가스 감축 뿐 아니라 적응, 지원(재원, 기술이전, 역량배양), 투명성 등 제반 분야를 포함하고 있다.

생물다양성협약

기후변화협약과 함께 1992년 리우회의에서 채택되었다. 생물다양성협약(Convention on Biological Diversity, CBD)은 1) 각국의 생물자원에 대한 주권적 권리 인정, 2) 생물 서식처의 파괴행위에 대한 규제, 3) 생물다양성의 보전과 지속가능한 이용을 위한 국가전략 수립, 4) 생물다양성 보전을 고려한 환경영향평가, 5) 유전자원 제공국과 이용국과의 공정한 이익 공유, 6) 유전적으로 변형된 생물체(living modified organisms, LMOs)의 안전관리 등을 규정하고 있다. 자연생태계를 보호하고 환경파괴 문제를 해결하기 위한 국제사회의 노력은 어종 감소, 포경 문제, 멸종위기종 거래, 사막화와 산림감소, 기후변화 등 다른 영역을 포함하기 때문에 다른 어떤 협약보다 생물다양성협약은 포괄적인 국제협약이다.

2008년 독일 본에서 개최된 제9차 당사국총회에서 **유전자원의 접근과 이익공유(ABS)**를 위한 국제체제를 마련하기로 합의하고, 기후변화가 생물다양성에 미치는 영향을 평가하여 각 작업프로그램에 통합토록 요청하였다. 또한, 2010년 일본 나고야에서 개최된 제10차 당사국총회에서는 생물유전자원의 접근과 이익공유(ABS)에 관한 '**나고야의정서**'와 '2011~2020 생물다양성 전략계획과 **아이치 목표**' 등을 채택하였다.

우리나라는 2014년 평창에서 제12차 생물다양성협약 당사국총회를 주최하여 2011~2020 생물다양성 전략계획과 아이치 목표 이행을 위한 촉진수단 결정문으로서 평창로드맵을 추진하였다. 또한 고위급회의 핵심 결과물로 '지속가능발전과 생물다양성에 관한 강원선언문'과 과학기술협력 강화를 위한 '바이오브릿지 이니셔티브(Bio-Bridge Initiative)'가 채택되는 등 우리나라는 국제사회에서 생물다양성 보전과 관련한 주도적 역할을 하였다.

한편, 1999년 2월 캐나다 몬트리올에서 개최된 특별당사국총회에서 당사국들은 생물다양성협약 제19조 제3항에 의거, 현대의 생명공학기술로 개발된 유전자변형생물체(LMOs)가 생물다양성 보전과 지속가능한 이용에 미치는 부정적인 효과를 방지하기 위해 '생명공학 안전성에 관한 **카르타헤나의정서**(안)'을 마련하여, 2000년 1월 캐나다 몬트리올에서 속개된 특별당사국회의에서 '바이오안전성에 관한 카르타헤나의정서'

표 15.3 멸종위기종에 처한 야생동식물종의 국제거래에 관한 협약(CITES) 부속서의 개요

부속서 I	부속서 II	부속서 III
멸종위기에 처한 종 중에서 국제거래로 인해 영향을 받거나 받을 수 있는 종	현재 멸종위기에 처해있지는 아니하나 국제거래를 엄격하게 규제하지 아니하면 멸종위기에 처할 수 있는 종	협약 당사국이 자국 관할권 안에서의 과도한 이용 방지를 목적으로 국제거래를 규제하기 위하여 다른 협약 당사국의 협력이 필요하다고 판단하여 지정한 종
상업 목적의 국제거래 금지 (학술연구목적의 거래만 가능)	상업학술연구목적의 국제거래 가능	상업학술연구목적의 국제거래 가능(부속서II에 비해 규제 완화)
호랑이, 고릴라, 따오기, 밍크고래, 반달곰 등	하마, 강거북, 황제전갈, 오엽인삼 등	바다코끼리(캐나다), 북방살모사(인도) 등

를 채택하였다. 우리나라는 2001년 3월 「유전자변형생물체의 국가간 이동 등에 관한 법률」을 제정하는 등 국내의 법·제도적 기반을 마련함과 동시에 2007년 10월 의정서에 대한 비준서를 UN 사무국에 기탁함으로써 2008년 1월 1일부터 의정서 및 LMOs법이 국내에서 발효되었다.

멸종위기에 처한 야생동식물종의 국제거래에 관한 협약

멸종위기에 처한 야생동식물종의 국제거래에 관한 협약(Convention on International Trade in Endangered Species of Wild Fauna and Flora, **CITES**)은 불법거래나 과도한 국제거래로부터 야생동식물의 생존을 보호하기 위한 국제협약으로, 야생동식물 수출입 국가들이 상호 협력하여 국제거래를 규제함으로써 서식지로부터의 무질서한 채취 및 포획을 억제하는 역할을 한다. 우리나라는 1993년 7월 9일 120번째로 CITES에 가입했으며, 2017년 3월 기준 183개국이 가입하고 있다.

CITES는 무역 규제 조치와 가장 밀접하게 연계되어 있으면서도 가장 실효적으로 운영되는 환경협약 중 하나로 평가된다. 멸종위기 정도에 따라 부속서(Appendix) I, II, III로 분류하고 있으며, 당사국총회를 통해 부속서 등급조정 및 신규 등재가 결정된다. CITES 부속서 등재종의 국제거래에 대해서는 수출입자 모두 자국으로부터 사전 허가를 받아야 한다(표 15.3).

물새 서식지로서 국제적으로 중요한 습지에 관한 협약(람사르협약)

물새 서식지로서 국제적으로 중요한 습지에 관한 협약(The Convention on Wetlands of International Importance especially as Waterfowl Habitat)은 일명 **람사르협약**(Ramsar Convention)으로 불리며 물새, 어류, 양서류, 파충류 및 식물의 기본 서식지이자 가장 생산적인 생명부양 생태계인 습지 보호를 위해 1971년 2월 이란 람사르(Ramsar)에서 채택되었다. 2017년 3월 기준 169개국이 가입하고 있으며, 약 2억 1,000만 ha의 면적에 해당하는 2,261개소 습지를 람사르습지로 지정하여 보호하고 있다.

우리나라는 1997년 3월 28일 람사르협약에 가입하면서 자연생태계보호지역으로 지정·관리 중이던 강원도 인제군 소재 '대암산 용늪'을 람사르습지로 등록하였으며, 1998년 경남 창녕 우포늪, 2005년 전남 신안군 장도 습지 등 현재까지 총 22개(내륙습지 16개, 연안습지 6개)의 습지를 람사르습지로 등재한 바 있다. 국내적으로도 1999년 2월에 제정된 「습지보전법」을 통하여 내륙습지(환경부)와 연안습지(해양수산부)에 대해 습지보전기본계획을 수립하고 습지조사를 실시하여 습지보호지역으로 지정하는 등 체계적 관리를 도모하고 있다.

2008년 10월 경상남도 창원에서 제10차 람사르협약 당사국총회를 개최했으며, 의장국으로서 '인류복지와 습지에 대한 창원선언문' 채택 등 습지의 보전과 현명한 이용에 대한 국제논의에 기여했다. 또한 2009년 동아시아 람사르지역센터(Ramsar Regional Center – East Asia, RRC-EA)를 경남 창원에 유치하여(2016년 1월 순천 이전) 아시아 지역의 협약 당사국 및 관련 기관과 협력을 강화하고, 지역 내 습지보호 관련 활동 및 논의에 있어 구심점 역할을 담당하고 있다.

15.5 인간의 본성과 환경문제 해결

성악설에 따르면 인간은 이기적이고 악한 존재이며, 성선설에 따르면 인간은 측은지심이 있고 선한 존재이다. 성선설에 바탕을 둔다면, 인간의 선한 본성을 가정하고 환경윤리와 환경교육을 통하여 환경문제의 해결을 시도할 것이다. 성악설을 가정한다면, 대부분의 인간이 이기적이고 본능에 충실할 것이기에, 그냥 내버려둔다면 사람들은 점점 더 많은 자동차를 타고다닐 것이며, 육식은 줄지 않을 것이고 쓰레기는 버려질 것이다. 개인의 본능을 충족시키고 편리를 추구하게 놓아둔다면 결국 **공유지의 비극**에서와 같이 지구의 환경은 계속 악화될 것으로 예상된다. 따라서 성악설에 근거한 환경문제의 해결 방향은 법률과 규제를 통하여 공유재인 환경과 자원이 지속가능하도록 강제할 것이다. 하딘은 공유지의 비극을 다룬 논문(Hardin, 1968)에서 개인의 이기적인 행동들에 의한 비극을 막으려면 시장 또는 국가의 강제적인 개입이 필요하다고 주장하였다. 2009년 공유지의 지속가능한 관리를 제시한 공로로 노벨경제학상을 받은 오스트롬(Elinor Ostrom)은 저서 『공유의 비극을 넘어』에서 시장이나 국가 대신 공동체 사회구성원에 의한 자발적인 공유자원 관리 시스템이 더 효율적일 수 있다고 주장하였다(오스트롬, 2010). 전통적인 마을에서는 자체 규약을 만들어 숲, 바다, 초원과 같은 공유자원을 공동관리 시스템으로 운영해 왔다. 또 국제사회에서는 지속적인 논의를 통해 지구 환경의 보전을 위한 공동노력의 일환으로 교토의정서나 파리협정과 같은 국제 조약과 협정을 체결해 왔다. 이기적인 개인, 기업, 국가의 행동으로 우리가 사는 세상이 지속가능하지 않게 되지 않도록 하는 선한 의지가 마을의 규약, 국가의 법률, 국제사회의 협정 등으로 나타나는 것이다. 이를 보면 환경문제의 발생과 해결은 인간의 본성에 대한 이해에서 출발해야 한다는 것을 알 수 있다. 여러분은 과연 환경에 부정적인 영향을 미치는 자동차 대신 자전거를 타거나 걸어다니며, 육식 대신 채식 위주의 식단을 실천할 수 있는가? 개인의 실천을 넘어서 자신이 속한 공동체의 규약, 법률 및 국제 협정을 지지하고 지켜나갈 것인가? 환경과학을 배운 당신의 머리에서 가슴을 거쳐 발로 먼 여정을 시작해 보자.

참고문헌

국립생태원. 2017. 제4차 전국자연환경조사 지침.

김종철. 1999. 수돗물불소화는 20세기 최대의 속임수. 환경과 생명 1999 봄호.

로마클럽. 1972. 성장의 한계 (김병순 옮김, 갈라파고스 2012) (원제: Limits To Growth: The 30-Year Update)

박균성, 함태성. 2015. 환경법. 박영사.

박석순. 2016. 환경정책법규 원론. 어문학사.

박종원. 2006. GMO 규제·관리의 근거로서의 '사전배려의 원칙(Precautionary Principle)'에 관한 연구. Biosafety 7(4): 43-59.

수돗물불소화 반대 국민연대. 1999. 수돗물불소화 반대 국민연대를 결성하며 -결성취지문. 녹색평론 제49호.

오스트롬. 2010. 공유의 비극을 넘어 (윤홍근, 안도경 옮김, 알에이치코리아 2010) (원제: Governing the Commons)

장하준. 2010. 그들이 말하지 않는 23가지 (김희정 외 옮김, 부키 2010) (원제: 23 Things They Don't Tell You About Capitalism)

정정길. 1989. 정책학원론. 대명출판사.

정회성, 이규용, 정회석, 김태용, 추장민, 전대욱. 2014. 한국의 환경정책. 환경과문명. 410pp.

카슨. 1962. 침묵의 봄 (김은령 옮김, 에코리브르 2002) (원제: Silent Spring)

환경부. 2018. 제14532호, 자연환경보전법(2018.1.18 시행).

환경행정연구회. 2017. 환경정책론. 대영문화사.

Hardin, G. 1968. The Tragedy of the Commons: The population problem has no technical solution; it requires a fundamental extension in morality. Science. Vol 162: 3859. 1243-1248pp.

Margalef, R. 1958. Information theory in ecology. General Systems 3: 36-71.

McNaughton, SJ. 1967. Relationship among functional properties of California Grassland. Nature 216: 168-169.

Pielou, EC. 1975. Ecological diversity. John Wiley & Sons.

Shannon, CE Weaver, W. 1949. The mathematical theory of communication. University of Illinois Press. 117pp.

Wunder, S. 2005. Payments for environmental services: Some nuts and bolts. CIFOR Occasional Paper No. 42. ICenter for International Forestry Research.

15. 환경정책

1. cap and trade는 탄소배출권 거래에서 나오는 개념이다.

   1) 탄소배출권 거래제의 바탕이 되는 국제 협약은?

   2) 국가별 탄소배출량은 어떻게 할당되는가?

   3) 한 국가 내 개별 기업(또는 기관)의 탄소배출량은 어떻게 할당되는가?

   4) 어떤 기업이 탄소배출권을 팔고 어떤 기업이 이를 사는가?

   5) 이 거래제의 효과는 무엇인가?

   6) 우리나라에서 아직 탄소배출권 시장이 잘 형성되지 못한 이유는?

2. GMO는 사전예방의 원칙이 적용되는 대표적인 예이다.

   1) 사전예방의 원칙은 무엇인가?

   2) GMO에서 사전예방의 원칙은 어떻게 사용되었는가?

   3) 사전예방의 원칙이 주장된 또 다른 사례인 수도물불소화 논쟁에서는 사전예방의 원칙이 어떻게 사용되었는가?

   4) 안전성이 아직 불확실한 신기술에 대한 안전 입증의 책임은 누가 지는가?

3. 공유지의 비극

   1) 공유지의 비극(the tragedy of the commons)이란 무엇인가?

   2) 환경문제에서 공유지에 해당하는 것을 세 가지 예로 드시오.

   3) 공유지의 비극을 막으려면 어떻게 해야 하는지, 마을, 국가, 전 지구적 규모 각각의 대책에 대해서 설명해 보시오.

   4) 3)의 대책은 인간의 평균적인 행동이 성선설과 성악설 중 어느 쪽에 맞게 행동한다고 가정해야 효과가 있는지 토론해 보시오.

   5) 성선설이 말하는 인간의 이타적인 속성은 어떤 형태로 나타나 환경문제 해결을 시도하는가?

ENVIRONMENTAL SCIENCE

환경과학

자연과 문명에 대한 통찰과 생태학적 시선으로 본 환경문제

초판 1쇄 인쇄 2022년 2월 18일
초판 1쇄 발행 2022년 2월 28일

지은이 박상규, 김기대, 박은진, 유영한, 이규송, 한동욱

펴낸곳 지오북(GEOBOOK)
펴낸이 황영심
편집 전슬기, 정진아
교정교열 노환춘
표지디자인 THE-D
내지디자인 장영숙

주소 서울특별시 종로구 새문안로5가길 28, 1015호
(적선동, 광화문 플래티넘)
Tel_02-732-0337 Fax_02-732-9337
eMail_book@geobook.co.kr
www.geobook.co.kr
cafe.naver.com/geobookpub

출판등록번호 제300-2003-211
출판등록일 2003년 11월 27일